中 国 国 家 标 准 汇 编

2006 年修订-20

中国标准出版社　编

中 国 标 准 出 版 社

北 京

图书在版编目（CIP）数据

中国国家标准汇编：2006年修订. 20/中国标准出版社编.—北京：中国标准出版社，2007
ISBN 978-7-5066-4585-0

Ⅰ.中…　Ⅱ.中…　Ⅲ.国家标准-汇编-中国-2006
Ⅳ.T-652.1

中国版本图书馆CIP数据核字（2007）第103435号

中国标准出版社出版发行
北京复兴门外三里河北街16号
邮政编码:100045
网址 www.spc.net.cn
电话:68523946　68517548
中国标准出版社秦皇岛印刷厂印刷
各地新华书店经销
*
开本 880×1230　1/16　印张 40.25　字数 1 211 千字
2007年8月第一版　2007年8月第一次印刷
*
定价 180.00 元

ISBN 978-7-5066-4585-0
9 787506 645850 >

出版说明

1.《中国国家标准汇编》是一部大型综合性国家标准全集，自1983年起，按国家标准顺序号以精装本、平装本两种装帧形式陆续分册汇编出版。《汇编》在一定程度上反映了我国建国以来标准化事业发展的基本情况和主要成就，是各级标准化管理机构，工矿企事业单位，农林牧副渔系统，科研、设计、教学等部门必不可少的工具书。

2. 由于标准的动态性，每年有相当数量的国家标准被修订，这些国家标准的修订信息无法在已出版的《汇编》中得到反映。为此，自1995年起，新增出版在上一年度被修订的国家标准的汇编本。

3. 修订的国家标准汇编本的正书名、版本形式、装帧形式与《中国国家标准汇编》相同，视篇幅分设若干册，但不占总的分册号，仅在封面和书脊上注明“2006年修订-1,-2,-3,……”等字样，作为对《中国国家标准汇编》的补充。读者配套购买则可收齐前一年新制定和修订的全部国家标准。

4. 修订的国家标准汇编本的各分册中的标准，仍按顺序号由小到大排列(不连续)；如有遗漏的，均在当年最后一分册中补齐。

5. 2006年度发布的修订国家标准分27册出版。本分册为“2006年修订-20”，收入新修订的国家标准21项。

中国标准出版社

2007年6月

目　　录

ICS 33.100
L 06

中华人民共和国国家标准

GB/T 15540—2006
代替 GB 15540—1995

陆地移动通信设备电磁兼容技术要求和测量方法

EMC specification and test methods for land mobile communication equipment

2006-07-25 发布　　　　2007-05-01 实施

中华人民共和国国家质量监督检验检疫总局
中国国家标准化管理委员会　发布

前　言

本标准对应于 ETSI EN 301 489-1 V1.4.1(2002-08)《电磁兼容与无线电频谱问题(ERM)　无线电设备和业务的电磁兼容性标准　通用技术要求》,与 ETSI EN 301 489-1 V1.4.1 的一致性程度为非等效,主要差异如下:

——按照汉语习惯对一些编排格式进行了修改;

——将一些适用于欧洲标准的表述改为适应我国标准的表述;

——第 4 章"测量条件和配置"参考了 EN 300 339《电磁兼容与无线电频谱问题(ERM)　无线电通信设备的通用电磁兼容性》以及 EN 301 489 系列标准;

——本标准中有关杂散骚扰的部分主要依据:ETSI EN 300 113-1 V1.4.1(2002-02)《电磁兼容与无线电频谱问题(ERM)　陆地移动业务　使用连续或非连续包络调制、用于数据(或话音)传输并具有天线连接器的无线电设备　技术特性和测量方法》、ETSI EN 300 296-1 V1.1.1(2001-03)《电磁兼容与无线电频谱问题(ERM)　陆地移动业务　主要用于模拟话音的一体化天线设备　技术特性和测量方法》、ETSI EN 300 390-1 V1.2.1(2000-09)《电磁兼容与无线电频谱问题(ERM)　陆地移动业务　用于数据(或话音)传输的一体化天线设备　技术特性和测量方法》以及 ETSI EN 300 086-1 V1.2.1(2001-03)《电磁兼容与无线电频谱问题(ERM)　陆地移动业务　主要用于模拟话音并具有内部或外部天线连接器的无线电设备　第 1 部分:技术特性和测量方法》等标准。

本标准代替原标准 GB 15540—1995《陆地移动通信设备电磁兼容技术要求和测量方法》。

本标准与 GB 15540—1995 相比主要变化如下:

——原标准只涉及到模拟系统的电磁兼容问题,本标准不仅涉及到模拟系统,而且涉及到数字系统的电磁兼容问题;

——本标准的依据、测试方法和限值以及适用范围等均做了很大的修改;

——本标准虽是对原标准 GB 15540—1995 的修订,但在标准的结构上、技术上均不同,是一个全新的标准。

本标准中电信端口的传导发射部分主要依据 GB 9254,因关于测试设备在国际上尚存争议,GB 9254现暂缓执行,本标准中电信端口的传导发射部分的测试将和 GB 9254 同步,在正式执行以前可作为参考标准。

本标准由全国无线电干扰标准化技术委员会提出。

本标准由全国无线电干扰标准化技术委员会归口。

本标准起草单位:国家无线电监测中心,中国电子技术标准化研究所。

本标准主要起草人:黄标、陈世钢、李丕兰、么树波、王晓冬、宋起柱。

本标准委托标准起草单位负责解释。

本标准所代替标准的历次版本发布情况为:GB 15540—1995。

引　言

随着通信业务的迅速发展，出现了多种制式的陆地移动通信系统，如寻呼系统、GSM 系统、CDMA 系统和各种集群通信（模拟和数字）系统等，其电磁兼容问题日益突出。而原标准 GB 15540—1995《陆地移动通信设备电磁兼容技术要求和测量方法》只涉及到模拟系统的电磁兼容问题且标准的依据、测试方法和限值以及适用范围等已不能适应现在移动通信业务的发展，因此根据无线电通信行业的实际需求，针对陆地移动通信业务的电磁兼容性，特对原标准 GB 15540—1995 进行了修订。

陆地移动通信设备电磁兼容技术要求和测量方法

1 范围

本标准规定了陆地移动通信设备及其辅助设备的电磁兼容要求和测量方法及性能判据。

本标准适用于没有制定电磁兼容性能专项标准的陆地移动通信设备及其辅助设备，作为在电磁兼容性能方面的通用要求和评估依据。

如果某类陆地移动通信设备及其辅助设备有专项的产品标准或产品族标准，则这些标准在使用上优先于本标准。

2 规范性引用文件

下列文件中的条款通过本标准的引用而成为本标准的条款。凡是注日期的引用文件，其随后所有的修改单(不包括勘误的内容)或修订版均不适用于本标准，然而，鼓励根据本标准达成协议的各方研究是否可使用这些文件的最新版本。凡是不注日期的引用文件，其最新版本适用于本标准。

GB/T 6113.1—1995 无线电骚扰和抗扰度试验设备规范

GB 9254—1998 信息技术设备的无线电骚扰限值和测量方法(idt CISPR 22:1997)

GB 17625.1 电磁兼容 限值 谐波电流发射限值(设备每相输入电流≤16 A)(GB 17625.1—2003,IEC 61000-3-2:2001,IDT)

GB 17625.2 电磁兼容 限值 对额定电流不大于16 A的设备在低压供电系统中产生的电压波动和闪烁的限制(GB 17625.2—1999,idt IEC 61000-3-3:1994)

GB/T 17626.2 电磁兼容 试验和测量技术 静电放电抗扰度试验(GB/T 17626.2—1998,idt IEC 61000-4-2:1995)

GB/T 17626.3 电磁兼容 试验和测量技术 射频电磁场辐射抗扰度试验(GB/T 17626.3—1998,idt IEC 61000-4-3:1995)

GB/T 17626.4 电磁兼容 试验和测量技术 电快速瞬变脉冲群抗扰度试验(GB/T 17626.4—1998,idt IEC 61000-4-4:1995)

GB/T 17626.5 电磁兼容 试验和测量技术 浪涌(冲击)抗扰度试验(GB/T 17626.5—1999,idt IEC 61000-4-5:1995)

GB/T 17626.6 电磁兼容 试验和测量技术 射频场感应的传导骚扰抗扰度(GB/T 17626.6—1998,idt IEC 61000-4-6:1996)

GB/T 17626.11 电磁兼容 试验和测量技术 电压暂降、短时中断和电压变化的抗扰度试验(GB/T 17626.11—1999,idt IEC 61000-4-11:1994)

GB/T 17799.1 电磁兼容 通用标准 居住、商业和轻工业环境中的抗扰度试验(GB/T 17799.1—1999,idt IEC 61000-6-1:1997)

GB/T 17799.3 电磁兼容 通用标准 居住、商业和轻工业环境中的发射标准(GB/T 17799.3—2001,idt IEC 61000-6-3:1996)

ISO 7637-1:1990 车辆 传导和耦合的电气骚扰 第一部分:带有12 V额定电源电压的客车和小型商用交通工具 仅沿电源线的瞬态传导

ISO 7637-2:1990 车辆 传导和耦合的电气骚扰 第二部分:带有24 V额定电压电源的商用交通工具 仅沿电源线的瞬态传导

ITU-R SM.329-9 杂散发射

3 术语、定义和缩略语

下列术语、定义和缩略语适用于本标准。

3.1 术语和定义

3.1.1

陆地移动通信设备 land mobile communication equipment

在陆地移动通信业务中使用的无线发射或接收设备及系统。陆地移动通信设备按其用途可分为A、B、C三类：

A类：基站设备；

B类：车载移动设备；

C类：便携设备。

3.1.2

基站设备 base station equipment

在固定位置使用并由交流/直流电源直接或间接供电的陆地移动通信设备及其辅助设备。

3.1.3

车载移动设备 mobile equipment

在车辆内安装和使用并由车辆电池供电的发信机、收信机或收发信机。

3.1.4

便携设备 portable equipment

由内部电池供电进行工作的手持或便携的无线电设备及辅助设备。

3.1.5

辅助设备 ancillary equipment

与收信机或发信机相连的设备或装置，且同时满足下列条件：

- 与收信机或发信机相连，以提供额外的操作和/或控制特性(例如把控制延伸到其他位置)；
- 独立于发信机或收信机使用就不能提供单独的用户功能；
- 所连接的发信机或收信机，在没有此辅助设备时，能执行诸如收发等预定的功能(即辅助设备不是主设备基本功能的子单元)。

3.1.6

瞬态骚扰 transient disturbance or phenomena

在两相邻稳态之间变化的物理量或物理现象，其变化时间小于所关注的时间尺度。

3.1.7

一体化天线设备 integral antenna equipment

根据设备的技术说明书，测试时不能移去天线的设备。对于这类设备，天线和机箱不可分离，即天线端口和机箱端口是等同的。

3.1.8

非一体化天线设备 non-integral (removable) antenna equipment

根据设备的技术说明书，测试时可以移去天线的设备。对于这类设备，天线和机箱可以分开。

3.1.9

端口 port

指定设备与外部电磁环境的特定接口，如图1所示。

3.1.10

机箱端口 enclosure port

设备的物理边界，电磁场通过该边界辐射或照射。

注：对于一体化天线设备，本端口与天线端口不可分离。

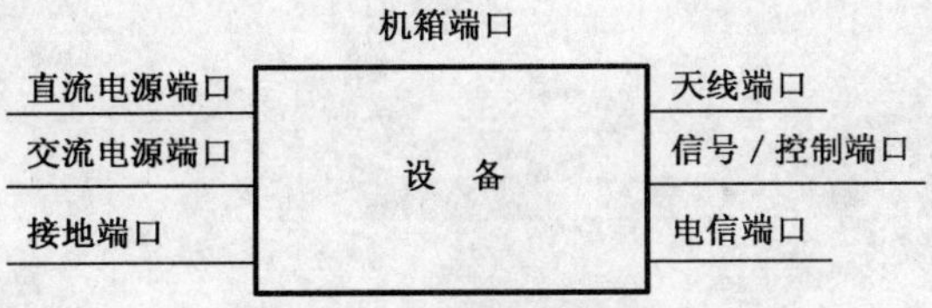

图1 端口的描述

3.1.11

电信端口 telecommunication port

与电信网络，如公共交换电信网(PSTN)、综合业务数字网(ISDN)或局域网(如以太网、令牌环网)以及类似网络相连的端口。

3.1.12

天线端口 antenna port

使用同轴电缆连接到天线的设备的端口。

3.1.13

电信中心 telecommunication center

“电信中心”是指具有以下特征的电磁环境：在地域内的供电采用48 V、60 V直流供电或者50 Hz交流200/400 V供电；必须确保直流供电的负载很少开关；内部的交流电缆必须同直流电缆和信号缆保持一定的距离以避免互耦合；直流电缆和信号线间不需要保护距离；应使用接地的金属电缆支架；必须有一定的防静电措施，例如：采用防静电地板；制定操作和维护设备的导则(例如：使用静电手镯、静电防护鞋)；必须与大功率广播发射机保持一定的距离；可以允许无线发射机的存在，但必须采取相应的措施限制向空间发射电磁场；必须限制无线移动设备在电信中心的使用。

3.1.14

杂散发射 spurious emission

必要带宽外的单个或多个频点上的发射。可以减少其电平而不影响相应的信息传输。杂散发射包括谐波发射、寄生发射、互调产物及变频产物，但不包括带外发射。

3.1.15

带外发射 out of band emission

由调制过程引起的紧靠必要带宽的单个或多个带外频点上的发射，但不包括杂散发射。

3.1.16

必要带宽 necessary bandwidth

对于给定的发射类别而言，其恰好足以保证在相应速率及在指定条件下具有所要求质量的信息传输的所需带宽。

3.1.17

发信机的备用模式 standby mode of a transmitter

发信机的一种工作模式，此时EUT已加电并可按要求发射，但未被激活。

3.1.18

空闲模式 idle mode

收信机或收发信机的一种工作模式，此时EUT已加电，可提供服务，并能对建立呼叫的要求做出响应。

3.2 **缩略语**

AC	交流
AMN	人工电源网络
BT	基站收发信机

BTS	基站
DC	直流
EMC	电磁兼容
EUT	受试设备
FER	误帧率
IF	中频
ISN	阻抗稳定网络
PEP	峰值包络功率
RF	射频
Rx	收信机
Tx	发信机
TDM	时分复用

4 测量条件和配置

4.1 一般测量条件

设备测量应在相关标准所规定的正常测量条件下进行，主要指湿度、温度和供电电压等，测量条件应记录在报告中。

测量配置和工作模式应尽可能地接近实际使用的典型情况。

当 EUT 具有可分离的一体化天线时，除非在本标准中另有规定，应按正常使用时的方式装上天线进行测量。

如果 EUT 包含多个 BT 时，应对每个 BT 的典型连接器进行测量。

要求天线连接器与测量设备或终端之间的连接电缆不影响测量结果。

测量条件、测量配置和 EUT 的工作模式均应记录在测量报告中。

4.2 测量布置

应采取适当的措施以避免抗扰度试验信号对测量设备和位于测量环境之外的、用于产生有用信号的信号源的影响。

需要时，应建立起 EUT 和测量系统之间的通信链路。

需要时，EUT 中的收信机和发信机可同时被测量，以减少测量时间。

测量应按正常工作和空闲(备用)两种工作模式进行。

4.2.1 发信机输入端口测量信号的布置

除发信机由其内部信号源调制情况外，用于给发信机提供正常调制信号的信号源应设置在测量环境之外，并与发信机的调制输入端口连接。

发信机需要通过一个内部或外部的信号源进行正常的测量调制。

4.2.2 发信机输出端口测量信号的布置

用于获取被测发信机的有用射频输出信号的测量设备应放置在测量环境之外。

对一体化天线的发信机来说，建立通信链路的有用 RF 输出信号应从 EUT 发送到测量环境内的天线上，这部天线要通过同轴电缆与外部测量设备相连。

对非一体化天线的发信机来说，建立通信链路的有用 RF 输出信号应通过屏蔽传输线如同轴电缆从天线连接器馈入到外部测量设备。应采取适当的措施，抑制屏蔽传输线外部导体进入发信机的共模电流所造成的影响。

除特殊设备要求外，EUT 的 RF 信号功率电平应设置为最大标称功率，并使用正常测量调制。

需要时，有用 RF 输出信号的频率应设置在合适的频率(或信道号)上。

4.2.3 收信机输入端口测量信号的布置

用于给收信机提供有用射频输入信号的信号源应设置在测量环境之外。

信号源应能给 EUT 提供正常调制。

对于一体化天线设备,建立通信链路所需的有用 RF 输入信号应通过测量环境内的天线馈入到 EUT,这部天线要通过同轴电缆与外部信号源相连。

对于非一体化天线设备,建立通信链路所需的有用 RF 输入信号应通过屏蔽传输线如同轴电缆连接到 EUT 的天线连接器上,同时这根线还要与外部 RF 信号源相连;应采取适当的措施,抑制屏蔽传输线外部导体进入收信机的共模电流所造成的影响。

除非另有规定(注),有用 RF 输入信号应比收信机性能标准所要求的最小电平约高 40 dB。这个 RF 信号应尽量接近正常使用时的工作电平值,并避免功率放大器发出的宽带噪声影响测量结果。

注:GSM 基站的有用 RF 输入信号的电平应为 −47 dBm,寻呼系统的有用 RF 输入信号的电平应在阈值灵敏度 60 dB以上。

4.2.4 收信机输出端口测量信号的布置

收信机输出信号的测量设备应位于测量环境之外。

如果收信机有模拟话音输出,则其音频输出通过非金属声波管耦合到位于测量环境之外的音频分析仪上或其他合适的测量设备上。也可以采用其他可行的方法把收信机输出信号连接到外部音频分析仪上或其他合适的测量设备上并记录在测量报告中。

如果收信机有非语音输出,那么输出信号应通过非传导的方式耦合到测量环境之外的外部测量设备上(如用摄像机读取显示)。如果收信机的有用输出信号可以通过输出连接器或端口输出,那么这个端口应通过正常使用下的标准电缆与测量环境外的测量设备相连。

应当确保通过耦合而给测量带来的影响最小。

4.2.5 收信机和发信机一起测量时(作为一个系统)的布置

当收信机和发信机组合成一部收发信机或组合成的设备可以同时测量时,则它们可以作为一个系统被同时测量抗扰度。这时收发信机或收信机和发信机应位于测量环境之内,并且应同时给予抗扰度试验信号。

当收发信机或收信机和发信机工作在相同频率时,发信机的有用输出信号可以通过合适的衰减器输入到收信机的输入端,作为收信机的有用输入信号。

当收发信机或收信机和发信机工作在不同模式的不同频率时,应根据不同类型的陆地移动通信设备进行布置。

当对基站(含双向滤波器)进行抗扰度试验时,耦合到收信机的有用输入信号应采用正常的测量调制。发信机应设置为最大标称功率并应建立起通信链路。

在收发信机的抗扰度试验时,EUT 可以配置成直放站模式,符合以上测量条件。

4.3 免测频段

对于陆地移动通信设备,通常在抗扰度试验时,无论是传导还是辐射测量,其工作频段为免测频段。发信机的工作频率,包括带外的发射频率,在骚扰测量中也为免测频段。对于收信机及其辅助设备,在骚扰测量中无免测频段。

抗扰度免测频段适用于工作频率在 2 GHz 以下或工作频率虽超过 2 GHz,但其射频带宽下限延伸到 2 GHz 以下的陆地移动通信设备。

对于工作频率在 2 GHz 以上,且其射频带宽未延伸到 2 GHz 以下的陆地移动通信设备,无免测频段。

不同类型的产品其免测频段不同,具体参见相关产品的国家标准。

4.3.1 抗扰度试验时发信机的免测频段

一般来说，发信机的免测频段是从中心频率减去两倍的占用带宽到中心频率加上两倍的占用带宽。

对 TDM 设备，抗扰度试验时发信机的免测频段与接收机的免测频段相等。

4.3.2 抗扰度试验时收信机的免测频段

收信机免测频段的低端频率是 EUT 接收频段的低端频率减去低端频率的 5%，免测频段的高端频率是 EUT 接收频段的高端频率加上高端频率的 5%。

4.4 收信机和收发信机的窄带响应

收信机和收发信机在抗扰度试验时，在离散频率上产生的窄带响应(杂散响应)，应通过以下方法来判断：

在抗扰度试验时，如果 9.2 和 9.5 的 RF 测量信号引起收信机不满足第 6 章的性能判据时，那么就有必要判断这种情况是由窄带响应还是由宽带现象造成的。这时测量信号频率应当再增加 2 倍于最后一级 IF 滤波器的 6 dB 标称带宽，如果合适的话，也可按设备正常工作的带宽值增加。测量信号减小同样的带宽再进行重复测量。

如果收信机在以上两种频率偏移下都符合第 6 章的性能判据，则可判为窄带响应。

如果收信机仍然不符合第 6 章的性能判据，那么有可能是由另一个窄带响应引起的。这时测量信号的频率值应增加或减少上述带宽的 2.5 倍再进行重复测量。

如果在这两种频率偏移下，收信机仍然不符合第 6 章的性能判据，则判为宽带现象，不能通过本项测量。

在抗扰度试验中，窄带响应可忽略。

4.5 正常测量调制

EMC 测量时，被测发信机应用正常测量调制进行调制，被测收信机应输入正常测量调制信号。不同陆地移动通信设备，其正常测量调制不同。

a) 对模拟话音(speech)设备：

1) 角度调制设备：

收信机有用输入信号为用 1 kHz 的正弦信号进行调制，峰值频偏为 60% 的已调信号，同时收信机应设置在标称工作频率上。发信机应用 1 kHz 的正弦音频信号进行调制。音频信号的幅度应设置到使 RF 输出信号的峰值频偏为 60%。

在角度调制使用音频侧音的情况下，应用音频解调测量来替代上述的测量。音频测量的参考电平应采用 1 kHz 的正弦音频信号且其峰值频偏为 60%。对于收信机，有用输入信号为角度调制，对于发信机，RF 输出信号为角度调制。在参考电平确定后，该 1 kHz 调制信号方可用于音频解调测量。

2) 非角度调制设备：

EUT 收信机应设置在标称工作频率上，调制信号为 1 kHz 的正弦信号；

EUT 发信机用 1 kHz 的正弦信号调制；

使用的调制方式应详细地记录在测量报告中。

b) 对其他设备(数字话音，数据、特殊响应等)：

收信机的输入信号应设置在标称工作频率上，采用正常工作时设备技术文件规定的测量信号进行调制；

发信机采用正常工作下设备技术文件规定的测量信号调制；

可采用设备专用的调制/解调设备；

使用的调制方式应详细地记录在测量报告中；

测量信号发生器(调制器)应能产生所需的连续的数据流或重复信息；

对于数据设备，测量设备应能提供该连续数据流的误比特率(BER)输出或误帧率(FER)的输出。

5 性能评定

5.1 概述

设备送检测量的同时，应提供以下产品信息并记录在检测报告中：

- 用于评估 EUT 的主要性能指标；
- 与设备技术文件中描述相一致的 EUT 功能；
- 在 EMC 测量后需要评估在正常运行条件下所需的用户控制功能和存储的数据是否丢失；
- 测量时使用的调制类型、传输特性(随机比特流，信息格式等)和用于评估 EUT 所必需的测量设备；
- 测量中与陆地移动设备连接使用的辅助设备；
- 端口的详细列表(以电源、通信、信号和控制来分类)以及最大允许电缆长度，电源端口需进一步地按交流或直流分类；
- 收信机解调器之前的 IF 滤波器带宽(不适用于 GSM BTS 设备)；
- 用于确认通信链路已建立并保持的方法；
- 设备工作频带；
- 设备的使用环境；
- 在辅助设备的抗扰度试验中，如果没有专门的判定标准，则与固定辅助设备相连的收信机、发信机或收发信机将用来判定辅助设备是否合格。

5.2 能建立连续通信链接的设备

如果陆地移动通信设备及其辅助设备的联合体能建立连续的通信链路，则第 4 章要求的正常测量调制、测量信号的布置等适用于本条款。

5.3 不提供连续通信链路的设备

如果陆地移动设备不能提供连续通信链路或需要单独测量辅助设备时，那么将根据设备的实际情况定义在 EMC 测量中和测量后可接受的性能等级或性能降级以及相应的测量方法。在这些情况下，以下详细资料应记录在测量报告中：

- EUT 在 EMC 测量中和测量后的主要功能；
- EUT 的产品说明书中所列的功能；
- 判定 EUT 是否合格的合适标准；
- 用于监测 EUT 实际性能等级和性能降级的方法。

在测量中或测量后，对设备的实际性能或降级的评估应当简单，但同时应确保设备的主要功能正常。

5.4 辅助设备

设备技术文件应明确是否测量辅助设备或依下列哪种方式进行：

a) 应用本标准中的条款：对辅助设备进行单独测量或陆地移动设备与辅助设备一起联合测试。

b) 声明其符合其他的 EMC 标准。

每一种情况都允许辅助设备与不同的收信机、发信机或收发信机一起使用。

在辅助设备的抗扰度试验中，如果没有专门的判定标准，则与固定辅助设备相连的收信机、发信机或收发信机将用来判定辅助设备是否合格。

5.5 设备分类

为了应用本标准进行 EMC 性能评估，陆地移动设备及其辅助设备可分为以下三种类型：

- 固定使用设备(如基站设备)；
- 车载设备(如移动设备)；
- 便携设备(如手持设备)。

这种分类决定了EMC测量的应用范围。然而下列情况同样适用于多种用途的陆地移动设备及其辅助设备：

- 由车载电池供电的便携设备或便携设备与辅助设备的联合，也被视为车载设备；
- 由AC或DC电源网络直接供电的便携设备、车载设备或它们的组合，也被视为是固定使用设备。

因此，多种用途的陆地移动设备及其辅助设备具有比单独应用的设备具有更多的测量要求，具体列于表1和表2。

另外，和宿主设备一起的陆地移动通信设备应符合本标准的要求。

6 通用性能判据

6.1 收信机和发信机在连续骚扰下的性能判据

除非特别说明，连续骚扰下的通用性能判据适用于所有陆地移动通信设备。

测量开始时，应建立起通信链路，测量过程中通信链路应保持。

在测量中和测量后，受试设备应按预期要求连续工作。当按预期要求使用受试设备时，不允许出现低于设备技术文件规定的最低性能等级或功能损失。在某些情况下，这个最低性能等级可以由所允许的性能劣化来代替。

测量中，EUT不应误发射，而且其实际运行状态和存储数据不能被改变。

如果EUT是发信机，则在EUT处于备用模式时也应进行测量，以确保不会误发射。

如果EUT是收发信机，则在测量过程中的任何情况下，发信机都不能误发射。

6.2 收信机和发信机在瞬态骚扰下的性能判据

除非特别说明，瞬态骚扰下的通用性能判据适用于所有陆地移动通信设备。

测量开始时，应建立起通信链路。

在测量后，受试设备应能按预期连续工作。当按预期要求使用受试设备时，不允许出现低于设备技术文件规定的最低性能等级、功能损失或数据丢失。在某些情况下，这个最低性能等级可以用所允许的性能劣化来代替。

在EMC电磁骚扰试验期间，性能降级是允许的。但实际工作模式不应改变，存储的数据不应丢失。

如果EUT是发信机，则在EUT处于备用模式时也应进行测量，以确保不会误发射。

如果EUT是收发信机，则在测量过程中的任何情况下，发信机都不能误发射。

6.3 不提供连续通信链路的设备的性能判据

对于不提供连续通信链路的陆地移动通信设备，如果上述两节要求的性能判据不适用时，设备技术文件中应明确设备的性能等级或在抗扰度试验中/测量后的性能降级，并记录在测量报告中。这些性能特性也均应在产品说明书和相关文件中列出。同时也要考虑5.3中的相关特性。

由设备技术文件规定的性能判据和前述章节中的有关内容相比，应具有相同的抗扰度性能。

6.4 对辅助设备进行单独测量时的性能判据

在对辅助设备进行单独测量时，如果其性能判据不符合以上章节的要求时，设备技术文件中应明确设备的性能等级，或在抗扰度试验中/测量后的性能降级，并记录在测量报告中。这些性能特性也均应在产品说明书和相关文件中列出。同时也要考虑5.3中的相关特性。

由设备技术文件规定的性能判据和前述章节中的有关内容相比，应具有相同的抗扰度保护。

7 适用性

在本章中，对陆地移动设备的要求也同样适用于在测量中同它们相连的辅助设备。

7.1 骚扰测量

陆地移动通信设备及其辅助设备的骚扰测量项目见表1。

表1 骚扰测量项目

测量项目	适用端口	设备测量要求			参考章条
		固定使用设备	车载移动设备	便携设备	
杂散骚扰	机箱端口	适用	适用	适用	8.7
	天线端口	适用	适用	适用	8.8
连续骚扰	辅助设备的机箱端口	适用	适用	适用	8.2
	电信端口	适用	不适用	不适用	8.6
	DC 电源输入/输出端口	适用	适用	不适用	8.3
	AC 电源输入/输出端口	适用	不适用	不适用	8.4
谐波、电压波动和闪烁	AC 电源输入端口	适用	不适用	不适用	8.5

7.2 抗扰度试验

陆地移动通信设备及其辅助设备的抗扰度试验项目见表2。

表2 抗扰度试验项目

试验项目	适用端口	设备试验要求			参考章条
		固定使用设备	车载移动设备	便携设备	
RF 电磁场	机箱端口	适用	适用	适用	9.2
静电放电	机箱端口	适用	适用	适用	9.3
电快速瞬变脉冲群（共模）	信号、电信和控制端口，DC 和 AC 电源端口	适用	不适用	不适用	9.4
RF 场感应的传导骚扰（共模）	信号、电信和控制端口，DC 和 AC 电源端口	适用	适用	不适用	9.5
电压暂降和中断	AC 电源输入端口	适用	不适用	不适用	9.6
浪涌（冲击）（共模/差模）	AC 电源输入端口，电信端口	适用	不适用	不适用	9.7
瞬变和浪涌	DC 电源输入端口	不适用	适用	不适用	9.8

8 骚扰测量方法和限值

8.1 骚扰测量条件

在正常的工作条件下，测量应在测量频段内设备产生最大骚扰的情况下进行。

测量布置应尽可能地接近实际使用的典型情况。

应当尽可能寻找接收最大的辐射发射，例如，通过改变设备的线缆布置等。

在适当的场合，单音或比特流将用于调制发信机。设备技术文件应当明确发射最大功率时的调制类型。

如果 EUT 有多个工作频带，应当设置在各频带的中心频率上；除非特别说明，使用时杂散骚扰应分别在 EUT 处于正常工作和空闲（备用）两种工作模式下进行；测量应在正常工作条件下进行。

8.2 单独测试时辅助设备的机箱端口

本项测量只适用于单独测试时的辅助设备。

测量应在辅助设备的典型配置下进行。

本测量项目评估辅助设备限制从机箱端口向外辐射的能力。

8.2.1 测量方法

测量方法按 GB 9254—1998 的第 10 章进行。

8.2.2 限值

辐射骚扰限值见表 3。

表 3 辐射骚扰限值(10 米测量距离)

频率范围/MHz	限值(准峰值)/dB(μV/m)
30～230	30
230～1 000	37
注：在过渡频率处采用较低的限值。	

另外，如果设备在电信中心使用，应采用表 4 的限值。

表 4 设备在电信中心使用时的辐射骚扰限值(10 米测量距离)

频率范围/MHz	限值(准峰值)/dB(μV/m)
30～230	40
230～1 000	47
注：在过渡频率处采用较低的限值。	

8.3 直流电源输入/输出端口

本项测量适用于固定使用的、直流电源线超过 3 m 的陆地移动设备及其辅助设备。

如果 EUT 的 DC 电源线不足 3 m，且欲连接到专用的 AC/DC 电源上，则测量就只在 8.4 中所规定的 AC 输入端口进行。如果 DC 电源电缆超过 3 m，则测量还需在陆地移动设备及其辅助设备的 DC 电源端口进行。

测量应在陆地移动设备、相关的附助设备或者陆地移动设备与辅助设备相连的典型配置下进行。

本项测量主要评估 EUT 在直流电源输入/输出端口处对内在噪声的抑制能力。

8.3.1 测量方法

测量方法参见 GB 9254—1998 中的第 9 章，这时人工电源网络(AMN)应与直流电源相连。

测量频率范围为 0.15 MHz～30 MHz，在 0.15 MHz～30 MHz，采用 50 Ω/50 μH 型 AMN。如果 EUT 是工作在 30 MHz 以下的发信机，则发信机在发射模式下的免测频段用于测量。

在 DC 输出端口的骚扰测量时，相关端口将通过 AMN 与提取电源额定电流的负载相连。

8.3.2 限值

当使用平均值检波器接收机和准峰值检波器接收机按照 8.3.1 中所述的方法测量时，EUT 应同时满足表 5 或表 6 的限值。当采用准峰值检波测量仪所测的结果满足平均值限值时，则认为设备符合两种限值的要求，就不必再进行平均值检波测量。

当 EUT 仅仅在电信中心内部使用时，表 6 的限值适用。

表 5 传导骚扰限值

频率范围/MHz	限值(准峰值)/dBμV	限值(平均值)/dBμV
0.15～0.5	66～56	56～46
0.5～5	56	46
5～30	60	50
注 1：在过渡频率处(0.50 MHz 和 5 MHz)应采用较低的限值。 注 2：在 0.15 MHz～0.5 MHz 频率范围内，限值随频率的对数呈线性减少。		

表 6 电信中心直流电源端口的传导骚扰限值

频率范围/MHz	限值(准峰值)/dBμV	限值(平均值)/dBμV
0.15～0.5	79	66
0.5～30	73	60
注：在过渡频率处(5 MHz)应采用较低的限值。		

8.4 交流电源输入/输出端口

本测量适用于交流电供电的、固定使用的陆地移动设备和辅助设备。

测量应在陆地移动设备、相关的辅助设备或陆地移动设备与辅助设备联合的典型配置下进行。

本测量评估 EUT 在交流电源输入/输出端口处对内在噪声的抑制能力。

8.4.1 测量方法

测量方法参见 GB 9254—1998 中的第 9 章。AMN 与交流电源相连。

测量的频率范围为 150 kHz～30 MHz。当 EUT 是工作在 30 MHz 以下的发信机时，则发信机在发射模式下的免测频段用于测量。

对于交流电输出端口，它应当通过 AMN 连接到能提取额定电流的负载。如果交流输出端口直接(或通过断路器)与 EUT 的交流输入端口相连，就不需要对交流输出端口再进行测量。

8.4.2 限值

当使用平均值检波器接收机和准峰值检波器接收机按照 8.4.1 中所述的方法测量时，EUT 应同时满足表 7 或表 8 的限值。当采用准峰值检波器测量的结果满足平均值限值时，则认为设备符合两种限值的要求，就不必再进行平均值检波测量。如果 EUT 只在电信中心内部使用，则使用表 8 的限值。

表 7 传导骚扰限值

频率范围/MHz	限值(准峰值)/dBμV	限值(平均值)/dBμV
0.15～0.5	66～56	56～46
0.5～5	56	46
5～30	60	50
注 1：在过渡频率处(0.50 MHz 和 5 MHz)应采用较低的限值。 注 2：在 0.15 MHz～0.5 MHz 频率范围内，限值随频率的对数呈线性减少。		

表 8 电信中心交流电源端口的传导骚扰限值

频率范围/MHz	限值(准峰值)/dBμV	限值(平均值)/dBμV
0.15～0.5	79	66
0.5～30	73	60
注：在过渡频率处(0.5 MHz)应采用较低的限值。		

8.5 谐波电流骚扰以及电压波动和闪烁

本测量项目适用于交流电源输入端口。

8.5.1 测量方法

测量按 GB 17625.1，GB 17625.2 进行。

8.5.2 限值

谐波电流、电压波动和闪烁应满足 GB 17625.1，GB 17625.2 的要求。

8.6 电信端口

本测量适用于固定使用的，且有电信端口的陆地移动通信设备或辅助设备。

测量应在陆地移动设备、相关的附助设备或者陆地移动设备与辅助设备相连的典型配置下进行。

该项目评估 EUT 在电信端口的无用发射。

8.6.1 **测量方法**

测量方法参见 GB 9254—1998 中的第 9 章。

测量频率范围为：150 kHz～30 MHz。当 EUT 是工作在 30 MHz 以下的发信机时，则发信机在发射模式下的免测频段用于测量。

8.6.2 **限值**

电信端口的限值见表 9。如果设备只在电信中心内部使用，则使用表 10 的限值。

表 9 传导骚扰限值

频率范围 MHz	电压限值/dBμV		电流限值/dBμA	
	准峰值	平均值	准峰值	平均值
0.15～0.5	84～74	74～64	40～30	30～20
0.5～30	74	64	30	20

注 1：在 0.15 MHz～0.5 MHz 内，限值随频率呈对数线性减小。

注 2：电流和电压的骚扰限值是在使用了规定的阻抗的阻抗稳定网络(ISN)的条件下导出的，该阻抗稳定网络相对于受试的电信端口呈现 150 Ω 的共模(非对称)阻抗。

表 10 电信中心电信端口传导骚扰限值

频率范围 MHz	电压限值/dBμV		电流限值/dBμA	
	准峰值	平均值	准峰值	平均值
0.15～0.5	97～87	84～74	53～43	40～30
0.5～30	87	74	43	30

注 1：在 0.15 MHz～0.5 MHz 内，限值随频率呈对数线性减小。

注 2：电流和电压的骚扰限值是在使用了规定的阻抗的阻抗稳定网络(ISN)的条件下导出的，该阻抗稳定网络相对于受试的电信端口呈现 150 Ω 的共模(非对称)阻抗。

8.7 **机箱端口的辐射杂散骚扰**

本项测量适用于非一体化天线设备的机箱端口和一体化天线设备的天线输出/输入端口的骚扰。

本测量主要评估非一体化天线设备对由机箱端口辐射出来的杂散骚扰(内部噪声)的限制能力。

对一体化天线设备而言，本测量主要评估对由天线端口和机箱辐射出来的杂散骚扰的限制能力，这一点与此类设备的的机箱端口相同。

8.7.1 **测量方法**

根据产品的类型，本项测量应在全电波暗室、半或开阔场进行。

对于辐射杂散骚扰的测量，主要是通过“替代测量法”进行，如图 2 所示。用电波暗室预校正器置换移动台来进行发射，使辐射杂散骚扰测量接收机或频谱分析仪得到相同的功率响应，则此时预校正器发射的功率就是 EUT 辐射杂散骚扰的功率电平。具体测量步骤如下：

a) 测量接收机或频谱分析仪采用峰值检波；

b) 测量天线离开 EUT 一定距离(通常为 3 m 或 10 m)；

c) 按表 11 设置测量接收机或频谱分析仪的测量带宽；

d) 在 30 MHz～12.75 GHz 频段内调谐测量接收机或频谱分析仪，找出辐射杂散骚扰频率；

e) 把测量接收机或频谱分析仪调谐到 d)中检测到的频率上，在指定高度范围内升降测量天线，使测量接收机或频谱分析仪检测到的功率电平最大；

f) 在 360°范围内转动 EUT，使测量接收机或频谱分析仪检测到的功率电平最大；

g) 再次升降测量天线，使测量接收机或频谱分析仪检测到的功率电平最大，并记录下来；

h) 用“替代测量法”确定 EUT 的辐射杂散骚扰功率；

i) 改变测量天线的极化方向，重复步骤 c)～h)；

j) 测量将按空闲(备用)模式或接收模式分别重复执行。如果辐射电平的测量值比表 11 中所给的限值低 10 dB，则不用记录。

注 1：在测量过程中，发信机用正常测量调制进行调制。发射机的带外发射不用测量。

注 2：对非一体化天线发信机，在测量过程中，天线端口应以合适的非辐射负载端接。

注 3：当采用频谱分析仪或相似仪器进行测量时，视频带宽应等于或大于测量带宽。

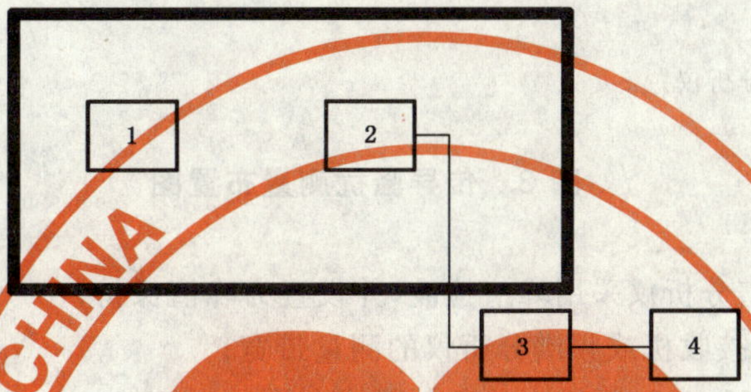

1——被测设备；

2——测试天线；

3——滤波器(必要时)；

4——频谱分析仪或测量接收机。

图 2 辐射杂散骚扰测量布置图

8.7.2 限值

辐射杂散骚扰限值见表 11。

表 11 机箱端口的辐射杂散骚扰限值

频率范围	限值(峰值)/dBm		测量带宽 kHz
	Tx 备用模式 Rx 空闲模式	Tx 激活模式	
30 MHz～230 MHz	－57(2 nW)	－36(250 nW)或－80 dBc PEP，取高值	100 kHz 或 120 kHz(注 1)
230 MHz～1 GHz	－50(10 nW)	－36(250 nW)或－80 dBc PEP，取高值	100 kHz 或 120 kHz(注 2)
1 GHz～12.75 GHz	－47(20 nW)	－30(1 μW)或－74 dBc PEP，取高值	1 MHz (注 4)
12.75 GHz～40 GHz	－47(20 nW)	－30(1 μW)或－74 dBc PEP，取高值	1 MHz (注 3 和注 4)

注 1：对于距离本地广播收信机小于 10 m 的发信机，－54 dBm(4 nW)峰值适用于 47 MHz～74 MHz、87 MHz～108 MHz 和 167 MHz～230 MHz 频段内的激活模式。

注 2：对于距离本地广播收信机小于 10 m 的发信机，－54 dBm(4 nW)峰值适用于 470 MHz～566 MHz 和 606 MHz～806 MHz 频段内的激活模式。

注 3：仅适用于那些天线作为其机械结构整体的无线电设备或部件。

注 4：测量应进行到 4 GHz 或 2×*Fc*，取其高值。如果在高于 1.5 GHz 时检测到任何杂散辐射相对于给定限值－10 dB 以上，则测量应继续进行到 12.75 GHz 或 2×*Fc*，取其高值。这里 *Fc* 为发信机必要带宽的中心频率。

8.8 天线端口的传导杂散骚扰

本项测量适用于非一体化天线设备的天线输出/输入端口。

本项测量不适用于一体化天线设备。

本项测量评估非一体化天线设备对由天线端口传导过来的杂散骚扰的抑制能力。

8.8.1 测量方法

天线端口采用一个具有充分功率吸收能力的非辐射功率衰减器进行正确端接，功率衰减器的输出端应连接测量接收机或频谱分析仪上，如图3所示。

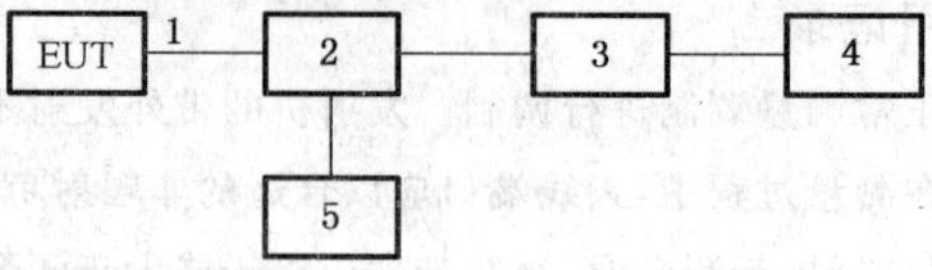

1——天线端口；

2——定向耦合器；

3——功率衰减器；

4——测量接收机或频谱分析仪；

5——系统模拟器。

图3 传导骚扰测量布置图

具体测量步骤如下：

a) 测量接收机或频谱分析仪采用峰值检波，并设置为峰值保持；

b) 按表12设置测量接收机或频谱分析仪的测量带宽；

c) 测量9 kHz～12.75 GHz频段内的杂散骚扰电平；

d) 测量将按空闲(备用)模式或接收模式分别重复执行a)～c)。如果骚扰电子的测量值比表12中所给的限值低10 dB，则不用记录。

注1：在测量过程中，发信机用正常测量调制进行调制。发射机的带外发射不用测量。

注2：当采用频谱分析仪或相似仪器进行测量时，视频带宽应等于或大于测量带宽。

注3：应考虑非辐射功率衰减器引入的由天线端口到测量端口的衰减。

8.8.2 限值

传导杂散骚扰限值见表12。

表12 天线端口的传导杂散骚扰限值

频率范围	限值(峰值)/dBm		测量带宽 kHz
	Tx备用模式 Rx空闲模式	Tx激活模式	
9 kHz～150 kHz	−57(2 nW)	−36(250 nW)或−70 dBc PEP，取高值	1 kHz
150 kHz～30 MHz	−57(2 nW)	−36(250 nW)或−70 dBc PEP，取高值	9 kHz或10 kHz
30 MHz～1 GHz	−57(2 nW)	−36(250 nW)或−80 dBc PEP，取高值	100 kHz或120 kHz(注2)
1 GHz～12.75 GHz	−47(20 nW)	−30(1 μW)或−74 dBc PEP，取高值	1 MHz(注1)
12.75 GHz～40 GHz	−47(20 nW)	−30(1 μW)或−74 dBc PEP，取高值	1 MHz(注1)

注1：测量应进行到4 GHz或2×*Fc*，取其高值。如果在高于1.5 GHz时检测到任何杂散辐射相对于给定限值−10 dB以上，则测量应继续进行到12.75 GHz或2×*Fc*，取其高值。这里*Fc*为发信机必要带宽的中心频率。

注2：对于距离本地广播收信机小于10 m的发信机，−54 dBm峰值适用于47 MHz～74 MHz、87 MHz～108 MHz、167 MHz～230 MHz、470 MHz～566 MHz以及606 MHz～806 MHz频段内的激活模式。

9 抗扰度的试验方法和等级

9.1 抗扰度试验条件

对于各种不同类型的移动通信设备，试验应按其特定的工作模式进行。

试验应在设备特定的正常工作环境和正常供电范围内进行。

如果设备是某个系统的一部分,或者与辅助设备相连,那么试验可在辅助设备的典型配置下进行,且与辅助设备相连的端口必须激活。

当陆地移动通信设备具有可分离的一体化天线时,除非在本标准中另有规定,应按正常使用时的方式装上天线进行试验。

在辅助设备的抗扰度试验中,如果没有单独的判据,那么与辅助设备相耦合的收信机或发信机将用来判断辅助设备合格与否。

如果设备有大量的端口,则应选取足够数量的端口来模拟实际工作条件并保证所有不同类型的端口得以试验。

在正常工作时需要连接的端口,试验时应同辅助设备相连,或通过一段模拟辅助设备阻抗的典型电缆相连。射频输入/输出端口要正确端接。

在正常工作中不与电缆相连的端口,如维护端口或调试端口等,在 EMC 测量时不与任何电缆相连。若为了激励 EUT,这些端口必须与电缆相连或互连电缆必须延长时,应注意保证对 EUT 的评估不因附加电缆或这些电缆的延长而受到影响。

试验时的配置和工作模式应详细地记录在测量报告中。

9.2 射频电磁场抗扰度试验(80 MHz～2 000 MHz)

本项试验适用于陆地移动通信设备及其相关的附属设备。

试验应在陆地移动设备、相关附属设备的典型配置下进行,或者在设备与辅助设备相连的典型配置下进行。

本项试验主要评估 EUT 在遭受射频电磁场骚扰时能否正常工作的能力。

9.2.1 试验方法

试验方法见 GB/T 17626.3,应满足下列要求:

- 试验等级为 3 V/m(未调制)。试验信号用 1 kHz 的正弦波信号进行 80% 的幅度调制。如果有用信号调制在 1 kHz,则音频信号采用 400 Hz。
- 试验将在 80 MHz～2 000 MHz 的频段上进行,发信机、收信机或收发信机的免测频段除外。
- 除非特别说明,收信机和发信机的频率扫描步长应是瞬时使用频率的 1%。
- 收信机离散频率上的窄带响应,应在试验中忽略。
- 试验中频率的选择和使用将在试验报告中注明。

9.2.2 性能判据

对于发信机,将应用发信机在连续骚扰下的性能判据。

对于收信机,将应用收信机在连续骚扰下的性能判据。

如果附属设备与发信机或收信机一起试验,则应用以上两条性能判据。否则,将根据设备的实际情况定义在试验中或试验后可接受的性能等级或性能降级。

9.3 静电放电抗扰度试验

本试验项目适用于陆地移动设备及其附属设备。

试验应在陆地移动设备典型配置下或设备与辅助设备相连的典型配置下进行。

本项目评估 EUT 在静电放电试验时的正常工作能力。

9.3.1 试验等级和方法

试验方法见 GB/T 17626.2。

发信机、收信机、收发信机和辅助设备,应符合下列要求:

对于接触放电,EUT 应能通过 4 kV 的测量等级;对于空气放电,EUT 应能通过 8 kV 的测量等级。其他详细情况包括中间试验等级,都包含在 GB/T 17626.2 中。

除设备技术文件中特别声明需要适当保护外，EUT 的任何裸露表面均应做静电放电试验。

9.3.2 性能判据

对于发信机，将应用发信机在瞬态骚扰下的性能判据。

对于收信机，将应用收信机在瞬态骚扰下的性能判据。

对于辅助设备，将根据设备的实际情况规定在试验中或试验后可接受的性能等级或性能降级。但是如果辅助设备同发信机或收信机连接在一起试验，以上所有的性能判据均适用。

9.4 电快速瞬变脉冲群抗扰度试验

本试验项目适用于陆地移动通信设备和辅助设备的 AC 电源端口。

如果与信号端口、电信端口、控制端口和 DC 电源端口连接的电缆长度超过 3 m，那么本试验项目也将适用于这些端口。

如果 EUT 不使用超过 3 m 长的电缆，那么本试验项目就无需在该端口上进行。对不进行本试验的端口及其原因应记录在试验报告中。

试验应在陆地移动设备的典型配置下进行或在设备与辅助设备连接的典型配置下进行。

本试验评估在一个输入/输出口上进行快速瞬变试验时，EUT 的正常工作能力。

9.4.1 试验等级和方法

试验方法见 GB/T 17626.4，但要符合以下要求：

- 信号端口、电信端口和控制端口的试验电平为开路电压 0.5 kV。
- DC 电源端口的试验电平为开路电压 1 kV。
- AC 电源端口的试验电平为开路电压 2 kV。

9.4.2 性能判据

同 9.3.2。

9.5 射频场感应的传导骚扰抗扰度试验

本试验项目适用于陆地移动通信设备和辅助设备的 AC 电源端口，也适用于电缆长度超过 3 m 的信号端口、电信端口、控制端口和直流电源端口。

试验将在设备的典型配置下进行或在无线电设备与辅助设备联合的典型配置下进行。

本试验评估在输入/输出口上加射频电磁骚扰时，EUT 的正常工作能力。

9.5.1 试验方法和等级

试验方法见 GB/T 17626.6，应满足下列要求：

- 试验等级采用试验等级 2，当转移阻抗为 150 Ω 时，试验电平的均方根值为 3 V。试验信号由 1 kHz 的音频信号进行 80% 的幅度调制。如果有用信号调制在 1 kHz，应适用 400 Hz 的测量信号调制。
- 试验应在 150 kHz～80 MHz 的频率范围内进行，EUT 的免测频段除外。
- 除非特别说明，步进频率应为瞬时频率的 1%。
- 使用的注入方法要按 GB/T 17626.6 针对设备进行选择。
- 如果收信机或作为收发信机一部分的收信机在离散频率点的响应是窄带响应，那么此响应忽略不计。
- 试验中频率的选择和使用应在试验报告中注明。

9.5.2 性能判据

同 9.2.2。

9.6 电压暂降和短时中断抗扰度试验

本试验项目适用于陆地移动通信设备及其附属设备的 AC 电源口。

试验将在设备的典型配置下或在设备和辅助设备相连的典型配置下进行。

本试验评估在 AC 电源输入端口上加电压暂降、短时中断时 EUT 的正常工作能力。

9.6.1 试验等级和方法

试验方法见 GB/T 17626.11,试验要求为:

电压暂降:供电电压下降 30%,持续时间 10 ms。

电压暂降:供电电压下降 60%,持续时间 100 ms。

电压短时中断:供电电压下降 95%以上,持续时间 5 000 ms。

9.6.2 性能判据

对于电压降低 30%,持续时间 10 ms 的电压暂降,性能判据同 9.3.2。

对于电压降低 60%、持续时间 100 ms 的电压暂降,以及电压降低 95%以上、持续时间 5 000 ms 的电压短时中断,应采用以下性能判据:

- 如果设备配备有后备电池或与后备电池相连,那么应该采用发信机或收信机在瞬态骚扰下的性能判据。
- 如果设备由 AC 电源单独供电(不使用备用电池),易失用户数据可以丢失,通信链路不需要保持,但在试验后这些功能可由用户或操作员恢复。
- 在本项目试验完成后,无意外的响应。
- 当出现功能丢失和用户数据丢失的时候,必须在试验报告中注明。
- 对于辅助设备,将根据设备的实际情况定义在试验中或试验后可接受的性能等级或性能降级。但是如果辅助设备同发信机或收信机连接在一起试验时,则以上所有性能判据均适用。

9.7 浪涌抗扰度试验

本试验适用于陆地移动设备和附属设备的 AC 电源输入端口和电信端口。

试验将在陆地移动设备的典型配置下进行或在设备和辅助设备联合的典型配置下进行。

本项目评估在 AC 电源输入端口和电信端口上施加浪涌时,EUT 的工作能力。

9.7.1 试验等级和方法

试验方法见 GB/T 17626.5,应满足下列要求:

- 对于直接连到电信网络的电信端口,线对地的测量电平应为 0.5 kV。
- 对于 AC 电源输入端口,测量电平应为开路电压 1 kV(线对地),0.5 kV(线对线)。
- 测量波形采用 1.2/50 μs 的脉冲。

9.7.2 性能判据

同 9.3.2。

9.8 车载环境下的瞬变和浪涌

本试验项目适用于车载环境下的陆地移动设备及其辅助设备。

本试验项目应在车载环境下的陆地移动设备及其辅助设备的 12 V 和 24 V 的 DC 电源输入端口上进行。

试验应在移动电台或移动电台与其相连的辅助设备联合的典型配置下进行。

本项试验主要评估车载环境下 DC 电源输入端口存在瞬态和浪涌时,EUT 的正常工作能力。

9.8.1 试验方法和等级

试验方法按 ISO 7637-1 和 ISO 7637-2 进行。

9.8.1.1 由 12 V 直流电源供电的 EUT

对于直接与 12 V 车载蓄电池相连的 EUT,应满足下述 a)的要求。

对于不直接与 12 V 车载蓄电池相连的 EUT,应满足下述 a)和 b)的测量要求。

a) 脉冲 3a 和 3b,试验等级Ⅱ,对每种脉冲,试验时间减少到 300 s,

脉冲 4,试验等级Ⅱ,5 个脉冲,脉冲具有如下特性:

$V_s = -5$ V;$V_a = -2.5$ V;$t_6 = 25$ ms;$t_7 = 50$ ms;$t_8 = 5$ s;$t_f = 5$ ms,脉冲周期 60 s。

b) 脉冲 1,试验等级Ⅱ;t_1=2.5 s;10 个脉冲;

脉冲 2,试验等级Ⅱ;t_1=2.5 s;10 个脉冲;

脉冲 7,试验等级Ⅱ;　　　　5 个脉冲。

9.8.1.2 **由 24 V 直流电源供电的 EUT**

对于直接与 24 V 车载蓄电池相连的 EUT,应满足下述 c)的要求;

对于不需要直接与 24 V 车载蓄电池相连的 EUT,应满足下述 c)和 d)的要求;

c) 脉冲 3a 和 3b,试验等级Ⅱ,对每种脉冲,测量时间减少到 5 min;

脉冲 4,试验等级Ⅱ,5 个脉冲,具有如下特性:

V_s=−10 V; V_a=−5 V; t_6=25 ms; t_7=50 ms; t_8=5 s; t_f=10 ms,脉冲周期 60 s。

d) 脉冲 1a,试验等级Ⅱ,t_1=2.5 s,R_i=25 欧姆,10 个脉冲;

脉冲 1b,试验等级Ⅱ,t_1=2.5 s,R_i=100 欧姆,10 个脉冲;

脉冲 2,试验等级Ⅱ,t_1=2.5 s,10 个脉冲。

对于在两种直流电压下工作的陆地移动设备和辅助设备,9.8.1.1 和 9.8.1.2 所述的要求都应满足。

9.8.2 **性能判据**

对于发信机,脉冲 3a 和 3b,应采用发信机在连续骚扰下的性能判据;

脉冲 1,1a,1b,2,4,应采用发信机在瞬态骚扰下的性能判据。

在试验过程中,通信链路不需维持,但在试验后可重新建立。

对于收信机,脉冲 3a 和 3b,应采用收信机在连续骚扰下的性能判据;

脉冲 1,1a,1b,2,4,应采用收信机在瞬态骚扰下的性能判据。

对于附属设备,将根据设备的实际情况定义在试验中或试验后可接受的性能等级或性能降级。但是如果辅助设备同发信机或收信机连接在一起测量,以上两条性能判据均适用。

参 考 文 献

[1] ETSI EN 301 489-1 V1.4.1(2002-08)《电磁兼容与无线电频谱问题(ERM) 无线电设备和业务的电磁兼容性标准 通用技术要求》。

[2] EN 301 489-2 V1.3.1 (2002-04)《Electromagnetic compatibility and Radio spectrum Matters (ERM) ElectroMagnetic Compatibility (EMC) standard for radio equipment and services Part 2: Specific conditions for radio paging equipment》.

[3] EN 301 489-5 V1.3.1 (2002-04)《Electromagnetic compatibility and Radio spectrum Matters (ERM) ElectroMagnetic Compatibility (EMC) standard for radio equipment and services Part 5: Specific conditions for Private land Mobile Radio (PMR) and ancillary equipment (speech and non-speech)》.

[4] EN 301 489-6 V1.2.1 (2002-04)《Electromagnetic compatibility and Radio spectrum Matters (ERM) ElectroMagnetic Compatibility (EMC) standard for radio equipment and services Part 6: Specific conditions for Digital Enhanced Cordless Telecommunications (DECT) equipment》.

[5] EN 301 489-7 V1.2.1 (2002-04)《ElectroMagnetic compatibility and Radio spectrum Matters (ERM) ElectroMagnetic Compatibility (EMC) standard for radio equipment and services Part 7: Specific conditions for mobile and portable radio and ancillary equipment of digital cellular radio telecommunications systems (GSM and DCS)》.

[6] EN 301 489-8 V1.2.1 (2002-04)《Electromagnetic compatibility and Radio spectrum Matters (ERM) ElectroMagnetic Compatibility (EMC) standard for radio equipment and services Part 8: Specific conditions for GSM base stations》.

[7] EN 301 489-16 V1.2.1 (2002-04)《Electromagnetic compatibility and Radio spectrum Matters (ERM) ElectroMagnetic Compatibility (EMC) standard for radio equipment and services Part 16: Specific conditions for analogue cellular radio communications equipment, mobile and portable》.

[8] EN 301 489-18 V1.1.1 (2000-09)《*Candidate Harmonized European Standard* (*Telecommunications series*) ElectroMagnetic compatibility and Radio spectrum Matters (ERM) ElectroMagnetic Compatibility (EMC) standard for radio equipment and services Part 18: Specific conditions for Terrestrial Trunked Radio (TETRA) equipment》.

[9] EN 301 489-23 V1.2.1 (2002-07)《Electromagnetic compatibility and Radio spectrum Matters (ERM) ElectroMagnetic Compatibility (EMC) standard for radio equipment and services Part 23: Specific conditions for IMT-2000 CDMA Direct Spread (UTRA) Base Station (BS) radio, repeater and ancillary equipment》.

[10] EN 301 489-24 V1.2.1 (2002-07)《Electromagnetic compatibility and Radio spectrum Matters (ERM) ElectroMagnetic Compatibility (EMC) standard for radio equipment and services Part 24: Specific conditions for IMT-2000 CDMA Direct Spread (UTRA) for Mobile and portable (UE) radio and ancillary equipment》.

[11] EN 301 489-25 V2.0.0 (2001-09)《*Candidate Harmonized European Standard* (*Telecommunications series*) Electromagnetic compatibility and Radio spectrum Matters (ERM) ElectroMagnetic Compatibility (EMC) standard for radio equipment and services Part 25: Specific conditions for IMT-2000 CDMA Multi-carrier Mobile Stations and ancillary e-

quipment》.

［12］ EN 301 489-26 V1.1.1（2001-09）《*Candidate Harmonized European Standard*（*Telecommunications series*）Electromagnetic compatibility and Radio spectrum Matters（ERM） ElectroMagnetic Compatibility（EMC）standard for radio equipment and services Part 26：Specific conditions for IMT-2000 CDMA Multi-carrier Base Stations and ancillary equipment》.

［13］ EN 300 339《电磁兼容与无线电频谱问题(ERM) 无线电通信设备的通用电磁兼容性》.

［14］ ETSI EN 300 113-1 V1.4.1(2002-02)《电磁兼容与无线电频谱问题(ERM) 陆地移动业务 使用连续或非连续包络调制、用于数据(或话音)传输并具有天线连接器的无线电设备 技术特性和测量方法》.

［15］ ETSI EN 300 296-1 V1.1.1(2001-03)《电磁兼容与无线电频谱问题(ERM) 陆地移动业务 主要用于模拟话音的一体化天线设备 技术特性和测量方法》.

［16］ ETSI EN 300 390-1 V1.2.1(2000-09)《电磁兼容与无线电频谱问题(ERM) 陆地移动业务 用于数据(或话音)传输的一体化天线设备 技术特性和测量方法》.

［17］ ETSI EN 300 086-1 V1.2.1(2001-03)《电磁兼容与无线电频谱问题(ERM) 陆地移动业务 主要用于模拟话音并具有内部或外部天线连接器的无线电设备 第1部分:技术特性和测量方法》等标准.

［18］ ITU-R SM.329.9 杂散发射.

ICS 17.180.20
A 26

GB

中华人民共和国国家标准

GB/T 15608—2006
代替 GB/T 15608—1995

中国颜色体系

The Chinese color system

2006-09-17 发布　　　　2007-02-01 实施

中华人民共和国国家质量监督检验检疫总局
中国国家标准化管理委员会　发布

前　言

本标准是对 GB/T 15608—1995《中国颜色体系》的修订，与 GB/T 15608—1995 相比主要变化如下：

——增加前言，删除附加说明；

——在 4.4.4 中具体规定了颜色标号的内插方法为线性内插法；

——修改 5.3、5.4 内容，修改了中国颜色体系样册中样片的色差宽容度，增加了中国颜色体系样册中样片的色差计算、标准照明体、照明观察条件、目视评价方法等方面的规定；

——在附录 A 中增加了中国颜色体系样册中样片的数量和所有颜色样片的 CIE 1931 色度坐标标准值。

本标准的附录 A 为规范性附录。

本标准由全国颜色标准化技术委员会提出并归口。

本标准由深圳海川色彩科技有限公司负责起草。

本标准主要起草人：何唯平、汤惠工、周维军、黄永衡、裴晓禹、赵蕴岚、杜方彦 、邓厚利。

本标准于 1995 年 6 月首次发布，2005 年 10 月第一次修订。

中国颜色体系

1 范围

本标准规定了颜色的分类和按颜色知觉三属性——色调、明度、彩度确定的颜色标号。

本标准适用于颜色的保存、传递、交流和识别，也适用于中国颜色体系标样的制作。

2 规范性引用文件

下列文件中的条款通过本标准的引用而成为本标准的条款。凡是注日期的引用文件，其随后所有的修改单（不包括勘误的内容）或修订版均不适用于本标准，然而，鼓励根据本标准达成协议的各方研究是否可使用这些文件的最新版本。凡是不注日期的引用文件，其最新版本适用于本标准。

GB/T 3977 颜色的表示方法

GB/T 3978 标准照明体及照明观测条件

GB/T 3979 物体色的测量方法

GB/T 7921 均匀色空间和色差公式

GB/T 15610 同色异谱的目视评价方法

3 术语和定义

下列术语和定义适用于本标准。

3.1

白色 white

物体明度大于8.5的中性色。

3.2

表面色 surface color

不透明物体表面的颜色。

3.3

彩度 chroma

用距离等明度无彩色点的视知觉特性来表示物体表面颜色的浓淡，并给予分度。颜色的三属性之一。

3.4

彩色 chromatic color

无彩色以外的颜色。

3.5

光泽 gloss

物体表面定向选择反射的性质。由于反射光的空间分布而产生的物体表面视知觉的特性，它与表面定向反射成分的大小和反射光配光曲线的尖锐程度有关。

3.6

光泽度 glossiness

用数据表述的物体表面的光泽程度。

3.7

黑色　black

物体明度小于 2.5 的中性色。

3.8

互补色　complementary color

以适当比例混合产生中性色的两种颜色。

3.9

灰色　gray

物体明度在 2.5～8.5 之间的中性色。

3.10

绝对白色　absolute white

物体明度为 10 的理想白色。

3.11

绝对黑色　absolute black

物体明度为 0 的理想黑色。

3.12

明度　value（lightness）

表示物体表面颜色明亮程度的视知觉特性值，以绝对白色和绝对黑色为基准给予分度。颜色的三属性之一。

3.13

三刺激值　tristimulus values

在三色系统中，与待测色刺激达到色匹配所需的三种参照色刺激的量。

3.14

色貌（色表）　color appearance

与色刺激和材料质地有关的颜色的主观表现。

3.15

色调（色相）　hue

表示红、黄、绿、蓝、紫等颜色的特性。颜色的三属性之一。

3.16

色卡　color chip

表示一定颜色的标准样品卡。

3.17

色卡图册　color atlas

根据特定的表色系统按一定规律所编排的颜色图册。

3.18

色空间　color space

表示颜色的三维空间。

3.19

色立体　color solid

在特定的表色系统的色空间里，表面色所占有的空间部分。

3.20

色品（度）坐标　chromaticity coordinates

三刺激值各自与它们之和的比。

在 XYZ 表色系统中，由三刺激值 X、Y、Z 可算出色品坐标 x、y、z。

$$x=\frac{X}{X+Y+Z},\quad x_{10}=\frac{X_{10}}{X_{10}+Y_{10}+Z_{10}}$$

$$y=\frac{Y}{X+Y+Z},\quad y_{10}=\frac{Y_{10}}{X_{10}+Y_{10}+Z_{10}}$$

$$z=\frac{Z}{X+Y+Z},\quad z_{10}=\frac{Z_{10}}{X_{10}+Y_{10}+Z_{10}}$$

3.21

色品图　chromaticity diagram

表示颜色色品坐标的平面图。

3.22

色温　color temperature

当光源的色品与某一温度下完全辐射体的色品相同时，该完全辐射体的绝对温度为此光源的色温。色温的符号为 T_c，单位为 K。

3.23

色域　color gamut

能够满足一定条件的颜色的集合在色品图或色空间内的范围。

3.24

视场　visual field

人眼观察物体时，物体和人眼所形成的立体角范围。

3.25

无彩色（中性色）　neutral color

无光谱选择性的物体表面色。

3.26

CIE 标准照明体　CIE standard illuminants

由 CIE 规定的入射在物体上的一个特定的相对光谱功率分布，包括：

a)　标准照明体 A：根据国际实用温标而规定的绝对温度为 2 856 K 的完全辐射体。

b)　标准照明体 C：相关色温约为 6 774 K 的平均昼光。

c)　标准照明体 D_{65}：相关色温约为 6 504 K 的平均昼光；

　标准照明体 D_{55}：相关色温约为 5 503 K 的平均昼光；

　标准照明体 D_{75}：相关色温约为 7 504 K 的平均昼光。

3.27

显色指数　color rendering index

光源显色性的度量。以被测光源下物体的颜色和参照光源下物体的颜色相符程度来表示。

3.28

颜色标号　color notations

在颜色体系中用来标记颜色的一组字符。

3.29

色匹配　color matching

使调配的颜色与给定颜色在视觉上相等或相同。

3.30

颜色体系　color system

按照人的视觉特点，使用规定的标号系统，把颜色按一定规律排列的序列。

3.31

照明观察条件 illuminating-viewing condition

照明光源、物体和观察者之间的几何条件。

3.32

中间色 intermediate color

颜色体系相邻色相混合产生的颜色，通常指色调环上的黄红、绿黄、蓝绿、紫蓝、红紫五种颜色。

3.33

色知觉 color perception

人眼对于物体颜色的整体反映。

3.34

主色 elementary color

颜色体系中规定的主要颜色，通常指色调环上的红、黄、绿、蓝、紫五种颜色。

4 颜色体系

4.1 颜色的组成

颜色由无彩色系和彩色系组成，以色立体表示(见图 1)。

4.2 无彩色系

无彩色系由绝对白色及白色、绝对黑色及黑色和由白色及黑色两者按不同比例混合成的灰色所组成，统称为中性色。

4.2.1 中性色的几何表征

中性色是一维的，形成色立体的中心轴，即图 1 的中心轴。

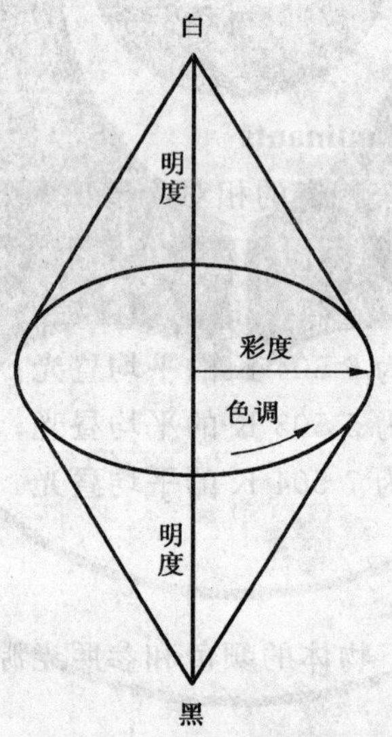

图 1 色立体

4.2.2 中性色的符号、分级

中性色的符号以 N 表示。中性色的分级及符号见表 1，以三刺激值 Y 作为各级的定标。

表 1 中性色的分级及其与三刺激值 Y 的关系

N	0.0	0.5	1.0	1.5	2.0	2.5	3.0
Y	0.00	0.32	0.91	1.81	3.04	4.67	6.74
N	3.5	4.0	4.5	5.0	5.5	6.0	6.5

表 1(续)

Y	9.31	12.43	16.14	20.50	25.53	31.26	37.71
N	7.0	7.5	8.0	8.5	9.0	9.5	10.0
Y	44.86	52.71	61.20	70.28	79.85	89.81	100.00

4.3 彩色系

彩色系由色立体中除无彩色系以外的颜色组成,彩色系的颜色具有颜色三属性色调、明度及彩度。它们在色立体中所占的色空间位置见图 1。

4.3.1 色调符号及其属性

色调以符号 H 表示。

4.3.1.1 色调环上以红(R)、黄(Y)、绿(G)、蓝(B)、紫(P)5 色作为主色。并以红为色调环逆时针方向的起点(见图 1 及图 2)。

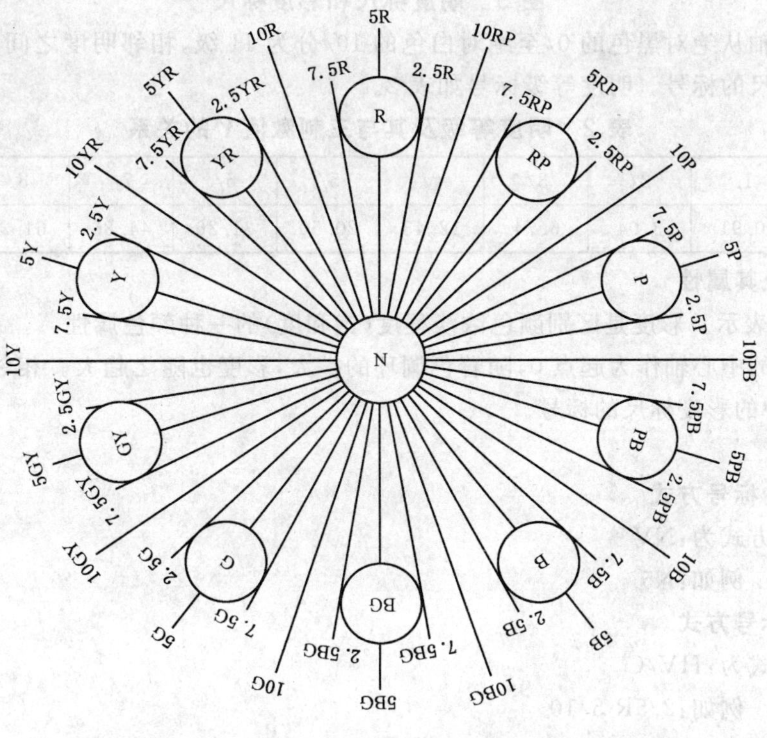

图 2 色调环的组成

4.3.1.2 在相邻两主色的中间的颜色为中间色,即红黄(YR)、黄绿(GY)、绿蓝(BG)、蓝紫(PB)、紫红(RP)5 色(见图 2)。主色与中间色组成 10 种基本色,各占圆的一个 10 等分点。

4.3.1.3 为了对色调作更细的划分,又将 10 种基本色的相邻色之间划分为 4 等分。因此,色调环上共有 40 种色调。相邻色调之间在视觉上是等距的。

4.3.1.4 色调的标号方式为数值 10—2.5—5—7.5—10(前一个 10 是本色调的起点 0,也是上一个色调的终点,后一个 10 是本色调的终点,也是下一个色调的起点 0,见图 2),后附以基本色的标号,如 10YR。凡标号为"5"的色调,是该颜色的纯正色调。40 种色调的符号见图 2。

4.3.2 明度符号及其属性

明度以符号 V 表示。明度是区别颜色明暗程度的一种颜色属性,见图 1 及图 3。

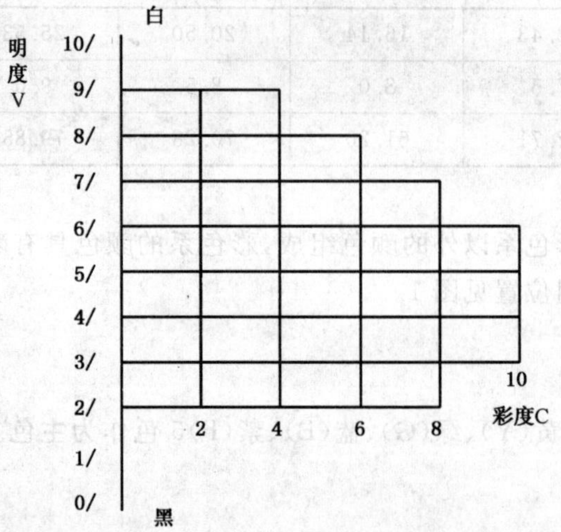

图 3 明度标尺和彩度标尺

色立体的中心轴从绝对黑色的 0/至绝对白色的 10/分为 11 级,相邻明度之间在视觉上是等距的,见图 3 中的明度标尺的标号。明度等级标号如表 2。

表 2 明度等级及其与三刺激值 *Y* 的关系

V	0/	1/	2/	3/	4/	5/	6/	7/	8/	9/	10/
Y	0.00	0.91	3.04	6.74	12.43	20.50	31.26	44.86	61.20	79.85	100.00

4.3.3 彩度符号及其属性

彩度以符号 C 表示。彩度是区别颜色浓淡程度(饱和度)的一种颜色属性。

彩度以色立体的中心轴作为起点 0,随着色调环的扩大,彩度也随之趋大。相邻彩度之间在视觉上是等距的,见图 3 中的彩度标尺的标号。

4.4 颜色标号

4.4.1 无彩色系的标号方式

中性色的标号方式为:NV

例如:N5

4.4.2 彩色系的标号方式

彩色的标号方式为:HV/C

例如:2.5R 5/10

4.4.3 颜色标号的色度值

颜色标号的色度值见附录 A。

4.4.4 颜色标号的使用

凡需要标注颜色特征时,应采用本标准中的颜色标号;如需内插,其标号值按 GB/T 7921 规定的 CIE 1976 LAB 均匀色空间用线性内插法计算得出。

为了与其他颜色体系有所区别,在需要时可在标号前加“GB”字样。

5 中国颜色体系样册

5.1 中国颜色体系样册是依据中国颜色体系标准值制作的颜色标准物质,由颜色样片组成。

5.2 中国颜色体系样册中样片的色差用 GB/T 7921 规定的 CIE 1976 LAB 均匀色空间和色差公式计算。

5.3 中国颜色体系样册中样片色差宽容度

无彩色系样品　$\Delta E \leqslant 1.0$；

彩色系样品　　$\Delta E \leqslant 3.0$。

某些高彩度和低明度样片色差宽容度可适当放宽，但须注明。

5.4　在附录 A 中给出的中国颜色体系样册中样片标准值是在 GB/T 3978 中规定的标准照明体 D_{65}、GB/T 3979 中规定的 10° 视场、GB/T 3977 中规定的 0/45 照明观察条件下得出的。

5.5　用中国颜色体系样册中样片做颜色目视评价时，应按 GB/T 15610 规定进行。

附 录 A
（规范性附录）
中国颜色体系颜色样片色度坐标标准值

Y=79.85

H	V	C	x	y	H	V	C	x	y
5R	9.0	1.0	0.3215	0.3330	5G	9.0	2.0	0.3076	0.3550
10R	9.0	1.0	0.3240	0.3355	7.5G	9.0	2.0	0.3039	0.3515
5YR	9.0	1.0	0.3263	0.3379	10G	9.0	2.0	0.3012	0.3485
10YR	9.0	1.0	0.3285	0.3423	2.5BG	9.0	2.0	0.2993	0.3458
5Y	9.0	1.0	0.3289	0.3470	5BG	9.0	2.0	0.2965	0.3418
10Y	9.0	1.0	0.3275	0.3492	7.5BG	9.0	2.0	0.2945	0.3376
5GY	9.0	1.0	0.3232	0.3498	10BG	9.0	2.0	0.2938	0.3342
10GY	9.0	1.0	0.3166	0.3478	2.5B	9.0	2.0	0.2935	0.3312
5G	9.0	1.0	0.3107	0.3440	5B	9.0	2.0	0.2936	0.3275
10G	9.0	1.0	0.3070	0.3405	7.5B	9.0	2.0	0.2945	0.3248
5BG	9.0	1.0	0.3042	0.3365	10B	9.0	2.0	0.2965	0.3225
10BG	9.0	1.0	0.3033	0.3335	2.5PB	9.0	2.0	0.2990	0.3213
5B	9.0	1.0	0.3035	0.3301	5PB	9.0	2.0	0.3018	0.3206
10B	9.0	1.0	0.3048	0.3280	7.5PB	9.0	2.0	0.3039	0.3203
5PB	9.0	1.0	0.3065	0.3275	10PB	9.0	2.0	0.3062	0.3203
10PB	9.0	1.0	0.3089	0.3273	2.5P	9.0	2.0	0.3084	0.3205
5P	9.0	1.0	0.3115	0.3276	5P	9.0	2.0	0.3120	0.3212
10P	9.0	1.0	0.3145	0.3285	7.5P	9.0	2.0	0.3141	0.3219
5RP	9.0	1.0	0.3170	0.3297	10P	9.0	2.0	0.3160	0.3226
10RP	9.0	1.0	0.3199	0.3317	2.5RP	9.0	2.0	0.3183	0.3239
2.5R	9.0	2.0	0.3266	0.3297	5RP	9.0	2.0	0.3205	0.3253
5R	9.0	2.0	0.3287	0.3314	7.5RP	9.0	2.0	0.3228	0.3268
7.5R	9.0	2.0	0.3313	0.3338	10RP	9.0	2.0	0.3245	0.3280
10R	9.0	2.0	0.3343	0.3365	5YR	9.0	3.0	0.3579	0.3522
2.5YR	9.0	2.0	0.3380	0.3400	7.5YR	9.0	3.0	0.3602	0.3582
5YR	9.0	2.0	0.3419	0.3445	10YR	9.0	3.0	0.3612	0.3637
7.5YR	9.0	2.0	0.3448	0.3485	2.5Y	9.0	3.0	0.3605	0.3694
10YR	9.0	2.0	0.3468	0.3539	5Y	9.0	3.0	0.3579	0.3746
2.5Y	9.0	2.0	0.3467	0.3582	7.5Y	9.0	3.0	0.3552	0.3781
5Y	9.0	2.0	0.3455	0.3625	10Y	9.0	3.0	0.3517	0.3808
7.5Y	9.0	2.0	0.3437	0.3650	2.5GY	9.0	3.0	0.3463	0.3827
10Y	9.0	2.0	0.3410	0.3670	5GY	9.0	3.0	0.3400	0.3831
2.5GY	9.0	2.0	0.3373	0.3682	7.5GY	9.0	3.0	0.3307	0.3805
5GY	9.0	2.0	0.3327	0.3683	10GY	9.0	3.0	0.3204	0.3748
7.5GY	9.0	2.0	0.3256	0.3663	5YR	9.0	4.0	0.3740	0.3594
10GY	9.0	2.0	0.3186	0.3627	7.5YR	9.0	4.0	0.3755	0.3675
2.5G	9.0	2.0	0.3126	0.3590	10YR	9.0	4.0	0.3755	0.3732

H	V	C	x	y
2.5Y	9.0	4.0	0.3742	0.3802
5Y	9.0	4.0	0.3702	0.3865
7.5Y	9.0	4.0	0.3665	0.3910
10Y	9.0	4.0	0.3622	0.3945
2.5GY	9.0	4.0	0.3550	0.3972
5GY	9.0	4.0	0.3470	0.3980
7.5GY	9.0	4.0	0.3355	0.3950
10GY	9.0	4.0	0.3220	0.3871
2.5Y	9.0	5.0	0.3873	0.3911
5Y	9.0	5.0	0.3828	0.3987
7.5Y	9.0	5.0	0.3782	0.4042
10Y	9.0	5.0	0.3729	0.4085
2.5GY	9.0	5.0	0.3638	0.4127
5GY	9.0	5.0	0.3552	0.4148
2.5Y	9.0	6.0	0.4000	0.4015
5Y	9.0	6.0	0.3950	0.4105
7.5Y	9.0	6.0	0.3895	0.4170
10Y	9.0	6.0	0.3832	0.4222
2.5GY	9.0	6.0	0.3722	0.4280
5GY	9.0	6.0	0.3630	0.4315
5Y	9.0	7.0	0.4062	0.4232
7.5Y	9.0	7.0	0.4007	0.4296
10Y	9.0	7.0	0.3931	0.4353
2.5GY	9.0	7.0	0.3799	0.4421
5Y	9.0	8.0	0.4167	0.4354
7.5Y	9.0	8.0	0.4112	0.4415
10Y	9.0	8.0	0.4025	0.4478
2.5GY	9.0	8.0	0.3871	0.4558
7.5Y	9.0	9.0	0.4234	0.4550
10Y	9.0	9.0	0.4141	0.4625
7.5Y	9.0	10.0	0.4345	0.4673
10Y	9.0	10.0	0.4246	0.4760

$Y=70.28$

H	V	C	x	y
5R	8.5	1.0	0.3215	0.3323
10R	8.5	1.0	0.3225	0.3335
5YR	8.5	1.0	0.3250	0.3370
10YR	8.5	1.0	0.3280	0.3420
5Y	8.5	1.0	0.3282	0.3480
10Y	8.5	1.0	0.3270	0.3496
5GY	8.5	1.0	0.3221	0.3498
10GY	8.5	1.0	0.3160	0.3462
5G	8.5	1.0	0.3101	0.3408
10G	8.5	1.0	0.3078	0.3380
5BG	8.5	1.0	0.3060	0.3350
10BG	8.5	1.0	0.3050	0.3315
5B	8.5	1.0	0.3051	0.3285
10B	8.5	1.0	0.3055	0.3278
5PB	8.5	1.0	0.3060	0.3265
10PB	8.5	1.0	0.3080	0.3252
5P	8.5	1.0	0.3132	0.3260
10P	8.5	1.0	0.3150	0.3270
5RP	8.5	1.0	0.3165	0.3278
10RP	8.5	1.0	0.3180	0.3290
2.5R	8.5	2.0	0.3276	0.3297
5R	8.5	2.0	0.3315	0.3331
7.5R	8.5	2.0	0.3329	0.3344
10R	8.5	2.0	0.3357	0.3374
2.5YR	8.5	2.0	0.3384	0.3403
5YR	8.5	2.0	0.3409	0.3445
7.5YR	8.5	2.0	0.3422	0.3476
10YR	8.5	2.0	0.3434	0.3525
2.5Y	8.5	2.0	0.3435	0.3570
5Y	8.5	2.0	0.3417	0.3604
7.5Y	8.5	2.0	0.3401	0.3620
10Y	8.5	2.0	0.3380	0.3640
2.5GY	8.5	2.0	0.3358	0.3648
5GY	8.5	2.0	0.3302	0.3655
7.5GY	8.5	2.0	0.3237	0.3637
10GY	8.5	2.0	0.3171	0.3603
2.5G	8.5	2.0	0.3107	0.3555
5G	8.5	2.0	0.3058	0.3509
7.5G	8.5	2.0	0.3022	0.3470
10G	8.5	2.0	0.3009	0.3452
2.5BG	8.5	2.0	0.3000	0.3438
5BG	8.5	2.0	0.2977	0.3381
7.5BG	8.5	2.0	0.2967	0.3340
10BG	8.5	2.0	0.2964	0.3320
2.5B	8.5	2.0	0.2961	0.3285
5B	8.5	2.0	0.2965	0.3264
7.5B	8.5	2.0	0.2967	0.3253
10B	8.5	2.0	0.2971	0.3239
2.5PB	8.5	2.0	0.2980	0.3220
5PB	8.5	2.0	0.2985	0.3213
7.5PB	8.5	2.0	0.2997	0.3203
10PB	8.5	2.0	0.3035	0.3191

H	V	C	x	y
2.5P	8.5	2.0	0.3058	0.3191
5P	8.5	2.0	0.3122	0.3200
7.5P	8.5	2.0	0.3152	0.3212
10P	8.5	2.0	0.3179	0.3227
2.5RP	8.5	2.0	0.3192	0.3234
5RP	8.5	2.0	0.3205	0.3242
7.5RP	8.5	2.0	0.3226	0.3258
10RP	8.5	2.0	0.3241	0.3269
5R	8.5	3.0	0.3412	0.3329
10R	8.5	3.0	0.3499	0.3421
2.5YR	8.5	3.0	0.3531	0.3462
5YR	8.5	3.0	0.3563	0.3524
7.5YR	8.5	3.0	0.3576	0.3566
10YR	8.5	3.0	0.3586	0.3628
2.5Y	8.5	3.0	0.3584	0.3687
5Y	8.5	3.0	0.3563	0.3740
7.5Y	8.5	3.0	0.3542	0.3769
10Y	8.5	3.0	0.3510	0.3796
2.5GY	8.5	3.0	0.3463	0.3809
5GY	8.5	3.0	0.3390	0.3813
7.5GY	8.5	3.0	0.3286	0.3785
10GY	8.5	3.0	0.3189	0.3737
2.5G	8.5	3.0	0.3087	0.3665
5G	8.5	3.0	0.3016	0.3602
7.5G	8.5	3.0	0.2968	0.3552
10G	8.5	3.0	0.2941	0.3520
5BG	8.5	3.0	0.2881	0.3415
10BG	8.5	3.0	0.2852	0.3325
5B	8.5	3.0	0.2848	0.3232
10B	8.5	3.0	0.2859	0.3183
2.5PB	8.5	3.0	0.2872	0.3155
5PB	8.5	3.0	0.2885	0.3136
7.5PB	8.5	3.0	0.2908	0.3119
10PB	8.5	3.0	0.2969	0.3100
5P	8.5	3.0	0.3108	0.3121
7.5P	8.5	3.0	0.3161	0.3145
10P	8.5	3.0	0.3209	0.3175
2.5RP	8.5	3.0	0.3237	0.3193
5RP	8.5	3.0	0.3260	0.3208
7.5RP	8.5	3.0	0.3289	0.3229
10RP	8.5	3.0	0.3309	0.3244
5R	8.5	4.0	0.3510	0.3326
10R	8.5	4.0	0.3642	0.3464
2.5YR	8.5	4.0	0.3678	0.3518
5YR	8.5	4.0	0.3717	0.3599
7.5YR	8.5	4.0	0.3730	0.3652
10YR	8.5	4.0	0.3738	0.3727
2.5Y	8.5	4.0	0.3732	0.3800
5Y	8.5	4.0	0.3706	0.3872
7.5Y	8.5	4.0	0.3680	0.3915
10Y	8.5	4.0	0.3638	0.3950
2.5GY	8.5	4.0	0.3565	0.3970
5GY	8.5	4.0	0.3474	0.3973
7.5GY	8.5	4.0	0.3332	0.3936
10GY	8.5	4.0	0.3204	0.3875
2.5G	8.5	4.0	0.3066	0.3779
5G	8.5	4.0	0.2973	0.3697
7.5G	8.5	4.0	0.2913	0.3636
10G	8.5	4.0	0.2873	0.3589
5BG	8.5	4.0	0.2785	0.3449
10BG	8.5	4.0	0.2742	0.3329
5B	8.5	4.0	0.2733	0.3199
10B	8.5	4.0	0.2749	0.3125
2.5PB	8.5	4.0	0.2765	0.3089
5PB	8.5	4.0	0.2786	0.3059
7.5PB	8.5	4.0	0.2819	0.3035
10PB	8.5	4.0	0.2904	0.3010
5P	8.5	4.0	0.3093	0.3043
7.5P	8.5	4.0	0.3170	0.3080
10P	8.5	4.0	0.3238	0.3123
2.5RP	8.5	4.0	0.3282	0.3153
5RP	8.5	4.0	0.3314	0.3174
7.5RP	8.5	4.0	0.3352	0.3200
10RP	8.5	4.0	0.3377	0.3218
7.5YR	8.5	5.0	0.3903	0.3756
10YR	8.5	5.0	0.3902	0.3837
2.5Y	8.5	5.0	0.3888	0.3923
5Y	8.5	5.0	0.3855	0.4011
7.5Y	8.5	5.0	0.3818	0.4060
10Y	8.5	5.0	0.3763	0.4104
2.5GY	8.5	5.0	0.3673	0.4141
5GY	8.5	5.0	0.3568	0.4142
7.5GY	8.5	5.0	0.3384	0.4097
10GY	8.5	5.0	0.3223	0.4021
7.5YR	8.5	6.0	0.4073	0.3853
10YR	8.5	6.0	0.4062	0.3941
2.5Y	8.5	6.0	0.4040	0.4040
5Y	8.5	6.0	0.3999	0.4144
7.5Y	8.5	6.0	0.3950	0.4200
10Y	8.5	6.0	0.3882	0.4254

H	V	C	x	y
2.5GY	8.5	6.0	0.3775	0.4308
5GY	8.5	6.0	0.3656	0.4310
7.5GY	8.5	6.0	0.3433	0.4259
10GY	8.5	6.0	0.3239	0.4170
7.5YR	8.5	7.0	0.4205	0.3935
2.5Y	8.5	7.0	0.4162	0.4138
5Y	8.5	7.0	0.4109	0.4248
7.5Y	8.5	7.0	0.4058	0.4313
10Y	8.5	7.0	0.3986	0.4383
2.5GY	8.5	7.0	0.3871	0.4453
5GY	8.5	7.0	0.3741	0.4464
7.5YR	8.5	8.0	0.4334	0.4011
2.5Y	8.5	8.0	0.4280	0.4230
5Y	8.5	8.0	0.4214	0.4346
7.5Y	8.5	8.0	0.4160	0.4420
10Y	8.5	8.0	0.4084	0.4506
2.5GY	8.5	8.0	0.3961	0.4593
5GY	8.5	8.0	0.3820	0.4614
2.5Y	8.5	9.0	0.4406	0.4332
5Y	8.5	9.0	0.4335	0.4459
7.5Y	8.5	9.0	0.4275	0.4547
10Y	8.5	9.0	0.4191	0.4639
2.5GY	8.5	9.0	0.4053	0.4735
5GY	8.5	9.0	0.3902	0.4762
2.5Y	8.5	10.0	0.4523	0.4425
5Y	8.5	10.0	0.4446	0.4562
7.5Y	8.5	10.0	0.4380	0.4662
10Y	8.5	10.0	0.4288	0.4761
2.5GY	8.5	10.0	0.4136	0.4868
5GY	8.5	10.0	0.3976	0.4903
2.5Y	8.5	11.0	0.4629	0.4508
5Y	8.5	11.0	0.4558	0.4666
7.5Y	8.5	11.0	0.4476	0.4765
10Y	8.5	11.0	0.4370	0.4861
2.5Y	8.5	12.0	0.4725	0.4580
5Y	8.5	12.0	0.4655	0.4755
7.5Y	8.5	12.0	0.4560	0.4855
10Y	8.5	12.0	0.4442	0.4950

$Y = 61.2$

H	V	C	x	y
5R	8.0	1.0	0.3210	0.3306
10R	8.0	1.0	0.3235	0.3325
5YR	8.0	1.0	0.3270	0.3368
10YR	8.0	1.0	0.3300	0.3425
5Y	8.0	1.0	0.3298	0.3475
10Y	8.0	1.0	0.3270	0.3498
5GY	8.0	1.0	0.3250	0.3500
10GY	8.0	1.0	0.3160	0.3485
5G	8.0	1.0	0.3098	0.3440
10G	8.0	1.0	0.3058	0.3398
5BG	8.0	1.0	0.3035	0.3360
10BG	8.0	1.0	0.3025	0.3305
5B	8.0	1.0	0.3035	0.3278
10B	8.0	1.0	0.3055	0.3270
5PB	8.0	1.0	0.3088	0.3265
10PB	8.0	1.0	0.3097	0.3265
5P	8.0	1.0	0.3115	0.3266
10P	8.0	1.0	0.3139	0.3270
5RP	8.0	1.0	0.3170	0.3282
10RP	8.0	1.0	0.3201	0.3301
2.5R	8.0	2.0	0.3294	0.3304
5R	8.0	2.0	0.3311	0.3316
7.5R	8.0	2.0	0.3332	0.3337
10R	8.0	2.0	0.3349	0.3355
2.5YR	8.0	2.0	0.3392	0.3400
5YR	8.0	2.0	0.3416	0.3435
7.5YR	8.0	2.0	0.3428	0.3469
10YR	8.0	2.0	0.3432	0.3505
2.5Y	8.0	2.0	0.3429	0.3557
5Y	8.0	2.0	0.3420	0.3588
7.5Y	8.0	2.0	0.3410	0.3607
10Y	8.0	2.0	0.3388	0.3631
2.5GY	8.0	2.0	0.3351	0.3645
5GY	8.0	2.0	0.3320	0.3648
7.5GY	8.0	2.0	0.3231	0.3633
10GY	8.0	2.0	0.3168	0.3599
2.5G	8.0	2.0	0.3105	0.3554
5G	8.0	2.0	0.3070	0.3525
7.5G	8.0	2.0	0.3027	0.3485
10G	8.0	2.0	0.3008	0.3465
2.5BG	8.0	2.0	0.2977	0.3421
5BG	8.0	2.0	0.2960	0.3394
7.5BG	8.0	2.0	0.2944	0.3346
10BG	8.0	2.0	0.2937	0.3312
2.5B	8.0	2.0	0.2935	0.3280
5B	8.0	2.0	0.2943	0.3252

H	V	C	x	y	H	V	C	x	y
7.5B	8.0	2.0	0.2950	0.3235	10PB	8.0	3.0	0.3001	0.3124
10B	8.0	2.0	0.2968	0.3220	2.5P	8.0	3.0	0.3028	0.3124
5PB	8.0	2.0	0.3015	0.3200	5P	8.0	3.0	0.3060	0.3128
2.5PB	8.0	2.0	0.2993	0.3206	7.5P	8.0	3.0	0.3125	0.3148
7.5PB	8.0	2.0	0.3035	0.3200	10P	8.0	3.0	0.3161	0.3163
10PB	8.0	2.0	0.3055	0.3200	2.5RP	8.0	3.0	0.3212	0.3186
2.5P	8.0	2.0	0.3071	0.3201	5RP	8.0	3.0	0.3260	0.3211
5P	8.0	2.0	0.3090	0.3203	7.5RP	8.0	3.0	0.3312	0.3242
7.5P	8.0	2.0	0.3122	0.3212	10RP	8.0	3.0	0.3364	0.3277
10P	8.0	2.0	0.3149	0.3222	2.5R	8.0	4.0	0.3507	0.3313
2.5RP	8.0	2.0	0.3182	0.3235	5R	8.0	4.0	0.3532	0.3335
5RP	8.0	2.0	0.3214	0.3250	7.5R	8.0	4.0	0.3571	0.3373
7.5RP	8.0	2.0	0.3244	0.3269	10R	8.0	4.0	0.3624	0.3432
10RP	8.0	2.0	0.3278	0.3292	2.5YR	8.0	4.0	0.3661	0.3484
2.5R	8.0	3.0	0.3400	0.3309	5YR	8.0	4.0	0.3704	0.3565
5R	8.0	3.0	0.3421	0.3326	7.5YR	8.0	4.0	0.3722	0.3620
7.5R	8.0	3.0	0.3451	0.3356	10YR	8.0	4.0	0.3733	0.3707
10R	8.0	3.0	0.3486	0.3395	2.5Y	8.0	4.0	0.3722	0.3790
2.5YR	8.0	3.0	0.3526	0.3443	5Y	8.0	4.0	0.3705	0.3840
5YR	8.0	3.0	0.3560	0.3502	7.5Y	8.0	4.0	0.3685	0.3885
7.5YR	8.0	3.0	0.3575	0.3546	10Y	8.0	4.0	0.3640	0.3929
10YR	8.0	3.0	0.3583	0.3608	2.5GY	8.0	4.0	0.3558	0.3961
2.5Y	8.0	3.0	0.3576	0.3675	5GY	8.0	4.0	0.3480	0.3970
5Y	8.0	3.0	0.3563	0.3716	7.5GY	8.0	4.0	0.3318	0.3946
7.5Y	8.0	3.0	0.3549	0.3747	10GY	8.0	4.0	0.3192	0.3879
10Y	8.0	3.0	0.3515	0.3781	2.5G	8.0	4.0	0.3083	0.3792
2.5GY	8.0	3.0	0.3456	0.3803	5G	8.0	4.0	0.3002	0.3720
5GY	8.0	3.0	0.3402	0.3808	7.5G	8.0	4.0	0.2931	0.3648
7.5GY	8.0	3.0	0.3276	0.3788	10G	8.0	4.0	0.2898	0.3606
10GY	8.0	3.0	0.3181	0.3737	2.5BG	8.0	4.0	0.2842	0.3523
2.5G	8.0	3.0	0.3095	0.3671	5BG	8.0	4.0	0.2805	0.3468
5G	8.0	3.0	0.3037	0.3621	7.5BG	8.0	4.0	0.2773	0.3394
7.5G	8.0	3.0	0.2979	0.3566	10BG	8.0	4.0	0.2749	0.3329
10G	8.0	3.0	0.2953	0.3535	2.5B	8.0	4.0	0.2734	0.3254
2.5BG	8.0	3.0	0.2910	0.3472	5B	8.0	4.0	0.2736	0.3194
5BG	8.0	3.0	0.2882	0.3431	7.5B	8.0	4.0	0.2750	0.3140
7.5BG	8.0	3.0	0.2858	0.3370	10B	8.0	4.0	0.2774	0.3110
10BG	8.0	3.0	0.2843	0.3321	2.5PB	8.0	4.0	0.2818	0.3078
2.5B	8.0	3.0	0.2834	0.3268	5PB	8.0	4.0	0.2862	0.3060
5B	8.0	3.0	0.2839	0.3224	7.5PB	8.0	4.0	0.2910	0.3052
7.5B	8.0	3.0	0.2849	0.3188	10PB	8.0	4.0	0.2948	0.3048
10B	8.0	3.0	0.2870	0.3165	2.5P	8.0	4.0	0.2985	0.3048
2.5PB	8.0	3.0	0.2905	0.3142	5P	8.0	4.0	0.3029	0.3054
5PB	8.0	3.0	0.2938	0.3130	7.5P	8.0	4.0	0.3128	0.3085
7.5PB	8.0	3.0	0.2972	0.3126	10P	8.0	4.0	0.3173	0.3106

H	V	C	x	y
2.5RP	8.0	4.0	0.3242	0.3138
5RP	8.0	4.0	0.3305	0.3172
7.5RP	8.0	4.0	0.3380	0.3215
10RP	8.0	4.0	0.3451	0.3262
2.5R	8.0	5.0	0.3622	0.3315
5R	8.0	5.0	0.3652	0.3344
7.5R	8.0	5.0	0.3696	0.3390
10R	8.0	5.0	0.3768	0.3473
2.5YR	8.0	5.0	0.3818	0.3538
5YR	8.0	5.0	0.3865	0.3633
7.5YR	8.0	5.0	0.3890	0.3710
10YR	8.0	5.0	0.3902	0.3821
2.5Y	8.0	5.0	0.3889	0.3917
5Y	8.0	5.0	0.3860	0.3978
7.5Y	8.0	5.0	0.3826	0.4028
10Y	8.0	5.0	0.3771	0.4074
2.5GY	8.0	5.0	0.3668	0.4114
5GY	8.0	5.0	0.3566	0.4129
7.5GY	8.0	5.0	0.3363	0.4101
10GY	8.0	5.0	0.3205	0.4021
2.5G	8.0	5.0	0.3072	0.3916
5G	8.0	5.0	0.2976	0.3821
7.5G	8.0	5.0	0.2885	0.3723
10G	8.0	5.0	0.2845	0.3674
2.5BG	8.0	5.0	0.2772	0.3574
5BG	8.0	5.0	0.2728	0.3505
7.5BG	8.0	5.0	0.2688	0.3418
10BG	8.0	5.0	0.2660	0.3336
2.5B	8.0	5.0	0.2645	0.3241
5B	8.0	5.0	0.2651	0.3167
7.5B	8.0	5.0	0.2670	0.3103
10B	8.0	5.0	0.2694	0.3067
2.5PB	8.0	5.0	0.2742	0.3023
5PB	8.0	5.0	0.2798	0.2997
7.5PB	8.0	5.0	0.2852	0.2985
10PB	8.0	5.0	0.2899	0.2979
2.5P	8.0	5.0	0.2949	0.2978
5P	8.0	5.0	0.3000	0.2984
7.5P	8.0	5.0	0.3132	0.3022
10P	8.0	5.0	0.3187	0.3046
2.5RP	8.0	5.0	0.3275	0.3089
5RP	8.0	5.0	0.3353	0.3131
7.5RP	8.0	5.0	0.3451	0.3189
10RP	8.0	5.0	0.3541	0.3248
2.5R	8.0	6.0	0.3738	0.3316

H	V	C	x	y
5R	8.0	6.0	0.3773	0.3351
7.5R	8.0	6.0	0.3822	0.3404
10R	8.0	6.0	0.3913	0.3511
2.5YR	8.0	6.0	0.3975	0.3588
5YR	8.0	6.0	0.4025	0.3695
7.5YR	8.0	6.0	0.4057	0.3793
10YR	8.0	6.0	0.4067	0.3928
2.5Y	8.0	6.0	0.4052	0.4036
5Y	8.0	6.0	0.4009	0.4109
7.5Y	8.0	6.0	0.3962	0.4165
10Y	8.0	6.0	0.3897	0.4213
2.5GY	8.0	6.0	0.3773	0.4263
5GY	8.0	6.0	0.3647	0.4287
7.5GY	8.0	6.0	0.3404	0.4258
10GY	8.0	6.0	0.3216	0.4166
2.5G	8.0	6.0	0.3059	0.4043
5G	8.0	6.0	0.2948	0.3925
7.5G	8.0	6.0	0.2838	0.3800
10G	8.0	6.0	0.2791	0.3744
2.5BG	8.0	6.0	0.2702	0.3626
5BG	8.0	6.0	0.2651	0.3542
7.5BG	8.0	6.0	0.2603	0.3441
10BG	8.0	6.0	0.2573	0.3342
2.5B	8.0	6.0	0.2558	0.3227
5B	8.0	6.0	0.2567	0.3140
7.5B	8.0	6.0	0.2592	0.3066
10B	8.0	6.0	0.2616	0.3023
2.5PB	8.0	6.0	0.2667	0.2968
5PB	8.0	6.0	0.2734	0.2934
7.5PB	8.0	6.0	0.2795	0.2918
10PB	8.0	6.0	0.2851	0.2911
2.5P	8.0	6.0	0.2912	0.2910
5P	8.0	6.0	0.2971	0.2916
7.5P	8.0	6.0	0.3135	0.2960
10P	8.0	6.0	0.3201	0.2988
2.5RP	8.0	6.0	0.3307	0.3040
5RP	8.0	6.0	0.3400	0.3090
7.5RP	8.0	6.0	0.3523	0.3162
10RP	8.0	6.0	0.3631	0.3234
2.5R	8.0	7.0	0.3871	0.3317
5R	8.0	7.0	0.3917	0.3361
7.5R	8.0	7.0	0.3979	0.3424
10R	8.0	7.0	0.4090	0.3565
2.5YR	8.0	7.0	0.4143	0.3641
5YR	8.0	7.0	0.4198	0.3756

H	V	C	*x*	*y*
7.5YR	8.0	7.0	0.4228	0.3883
10YR	8.0	7.0	0.4218	0.4032
2.5Y	8.0	7.0	0.4185	0.4138
5Y	8.0	7.0	0.4132	0.4217
7.5Y	8.0	7.0	0.4078	0.4278
10Y	8.0	7.0	0.4004	0.4340
2.5GY	8.0	7.0	0.3875	0.4408
5GY	8.0	7.0	0.3728	0.4444
7.5GY	8.0	7.0	0.3447	0.4406
10GY	8.0	7.0	0.3226	0.4298
2.5G	8.0	7.0	0.3047	0.4158
5G	8.0	7.0	0.2921	0.4028
7.5G	8.0	7.0	0.2791	0.3875
10G	8.0	7.0	0.2739	0.3811
2.5BG	8.0	7.0	0.2640	0.3672
5BG	8.0	7.0	0.2584	0.3575
7.5BG	8.0	7.0	0.2531	0.3460
10BG	8.0	7.0	0.2493	0.3348
2.5B	8.0	7.0	0.2468	0.3216
5B	8.0	7.0	0.2469	0.3111
7.5B	8.0	7.0	0.2493	0.3019
10B	8.0	7.0	0.2518	0.2969
2.5PB	8.0	7.0	0.2577	0.2905
5PB	8.0	7.0	0.2658	0.2859
7.5PB	8.0	7.0	0.2727	0.2839
10PB	8.0	7.0	0.2798	0.2831
2.5P	8.0	7.0	0.2869	0.2831
5P	8.0	7.0	0.2939	0.2838
7.5P	8.0	7.0	0.3139	0.2893
10P	8.0	7.0	0.3216	0.2925
2.5RP	8.0	7.0	0.3343	0.2986
5RP	8.0	7.0	0.3454	0.3045
7.5RP	8.0	7.0	0.3602	0.3132
10RP	8.0	7.0	0.3738	0.3217
2.5R	8.0	8.0	0.4005	0.3316
5R	8.0	8.0	0.4061	0.3367
7.5R	8.0	8.0	0.4135	0.3440
10R	8.0	8.0	0.4265	0.3612
2.5YR	8.0	8.0	0.4310	0.3688
5YR	8.0	8.0	0.4368	0.3810
7.5YR	8.0	8.0	0.4393	0.3965
10YR	8.0	8.0	0.4362	0.4128
2.5Y	8.0	8.0	0.4313	0.4232
5Y	8.0	8.0	0.4250	0.4319
7.5Y	8.0	8.0	0.4188	0.4385
10Y	8.0	8.0	0.4105	0.4460
2.5GY	8.0	8.0	0.3970	0.4548
5GY	8.0	8.0	0.3803	0.4598
7.5GY	8.0	8.0	0.3487	0.4555
10GY	8.0	8.0	0.3233	0.4431
2.5G	8.0	8.0	0.3034	0.4276
5G	8.0	8.0	0.2892	0.4133
7.5G	8.0	8.0	0.2743	0.3951
10G	8.0	8.0	0.2686	0.3878
2.5BG	8.0	8.0	0.2579	0.3718
5BG	8.0	8.0	0.2517	0.3607
7.5BG	8.0	8.0	0.2459	0.3479
10BG	8.0	8.0	0.2414	0.3353
2.5B	8.0	8.0	0.2379	0.3203
5B	8.0	8.0	0.2373	0.3081
7.5B	8.0	8.0	0.2396	0.2971
10B	8.0	8.0	0.2422	0.2915
2.5PB	8.0	8.0	0.2488	0.2841
5PB	8.0	8.0	0.2583	0.2785
7.5PB	8.0	8.0	0.2660	0.2762
10PB	8.0	8.0	0.2745	0.2752
2.5P	8.0	8.0	0.2826	0.2753
5P	8.0	8.0	0.2906	0.2762
7.5P	8.0	8.0	0.3142	0.2827
10P	8.0	8.0	0.3231	0.2863
2.5RP	8.0	8.0	0.3379	0.2933
5RP	8.0	8.0	0.3507	0.3000
7.5RP	8.0	8.0	0.3681	0.3101
10RP	8.0	8.0	0.3845	0.3199
7.5YR	8.0	9.0	0.4564	0.4053
10YR	8.0	9.0	0.4514	0.4235
2.5Y	8.0	9.0	0.4456	0.4345
5Y	8.0	9.0	0.4386	0.4443
7.5Y	8.0	9.0	0.4318	0.4519
10Y	8.0	9.0	0.4224	0.4601
2.5GY	8.0	9.0	0.4076	0.4700
5GY	8.0	9.0	0.3894	0.4768
7.5YR	8.0	10.0	0.4725	0.4130
10YR	8.0	10.0	0.4655	0.4330
2.5Y	8.0	10.0	0.4588	0.4445
5Y	8.0	10.0	0.4509	0.4554
7.5Y	8.0	10.0	0.4435	0.4640
10Y	8.0	10.0	0.4330	0.4730
2.5GY	8.0	10.0	0.4170	0.4840
5GY	8.0	10.0	0.3974	0.4928

H	V	C	x	y
2.5Y	8.0	11.0	0.4674	0.4509
5Y	8.0	11.0	0.4588	0.4626
7.5Y	8.0	11.0	0.4509	0.4716
10Y	8.0	11.0	0.4394	0.4804

H	V	C	x	y
2.5Y	8.0	12.0	0.4753	0.4565
5Y	8.0	12.0	0.4660	0.4690
7.5Y	8.0	12.0	0.4575	0.4785
10Y	8.0	12.0	0.4452	0.4871

$Y=52.71$

H	V	C	x	y
5R	7.5	1.0	0.3234	0.3317
10R	7.5	1.0	0.3252	0.3332
5YR	7.5	1.0	0.3285	0.3371
10YR	7.5	1.0	0.3309	0.3430
5Y	7.5	1.0	0.3301	0.3470
10Y	7.5	1.0	0.3272	0.3493
5GY	7.5	1.0	0.3244	0.3499
10GY	7.5	1.0	0.3153	0.3472
5G	7.5	1.0	0.3094	0.3426
10G	7.5	1.0	0.3062	0.3392
5BG	7.5	1.0	0.3036	0.3350
10BG	7.5	1.0	0.3027	0.3307
5B	7.5	1.0	0.3032	0.3274
10B	7.5	1.0	0.3046	0.3262
5PB	7.5	1.0	0.3072	0.3252
10PB	7.5	1.0	0.3085	0.3251
5P	7.5	1.0	0.3116	0.3254
10P	7.5	1.0	0.3145	0.3261
5RP	7.5	1.0	0.3185	0.3281
10RP	7.5	1.0	0.3212	0.3300
2.5R	7.5	2.0	0.3304	0.3304
5R	7.5	2.0	0.3325	0.3322
7.5R	7.5	2.0	0.3343	0.3341
10R	7.5	2.0	0.3364	0.3362
2.5YR	7.5	2.0	0.3403	0.3403
5YR	7.5	2.0	0.3428	0.3436
7.5YR	7.5	2.0	0.3448	0.3477
10YR	7.5	2.0	0.3457	0.3521
2.5Y	7.5	2.0	0.3456	0.3568
5Y	7.5	2.0	0.3446	0.3603
7.5Y	7.5	2.0	0.3433	0.3624
10Y	7.5	2.0	0.3408	0.3649
2.5GY	7.5	2.0	0.3362	0.3666
5GY	7.5	2.0	0.3322	0.3666
7.5GY	7.5	2.0	0.3244	0.3650
10GY	7.5	2.0	0.3163	0.3604
2.5G	7.5	2.0	0.3105	0.3559
5G	7.5	2.0	0.3061	0.3520

H	V	C	x	y
7.5G	7.5	2.0	0.3026	0.3486
10G	7.5	2.0	0.3004	0.3463
2.5BG	7.5	2.0	0.2976	0.3424
5BG	7.5	2.0	0.2955	0.3391
7.5BG	7.5	2.0	0.2936	0.3343
10BG	7.5	2.0	0.2928	0.3310
2.5B	7.5	2.0	0.2924	0.3276
5B	7.5	2.0	0.2930	0.3244
7.5B	7.5	2.0	0.2938	0.3225
10B	7.5	2.0	0.2954	0.3208
2.5PB	7.5	2.0	0.2974	0.3193
5PB	7.5	2.0	0.2995	0.3184
7.5PB	7.5	2.0	0.3018	0.3181
10PB	7.5	2.0	0.3038	0.3181
2.5P	7.5	2.0	0.3068	0.3183
5P	7.5	2.0	0.3094	0.3186
7.5P	7.5	2.0	0.3129	0.3197
10P	7.5	2.0	0.3153	0.3207
2.5RP	7.5	2.0	0.3186	0.3222
5RP	7.5	2.0	0.3231	0.3250
7.5RP	7.5	2.0	0.3255	0.3266
10RP	7.5	2.0	0.3283	0.3286
2.5R	7.5	3.0	0.3409	0.3303
5R	7.5	3.0	0.3439	0.3328
7.5R	7.5	3.0	0.3470	0.3360
10R	7.5	3.0	0.3509	0.3402
2.5YR	7.5	3.0	0.3550	0.3452
5YR	7.5	3.0	0.3582	0.3504
7.5YR	7.5	3.0	0.3603	0.3559
10YR	7.5	3.0	0.3613	0.3621
2.5Y	7.5	3.0	0.3610	0.3686
5Y	7.5	3.0	0.3595	0.3735
7.5Y	7.5	3.0	0.3575	0.3770
10Y	7.5	3.0	0.3537	0.3803
2.5GY	7.5	3.0	0.3469	0.3827
5GY	7.5	3.0	0.3403	0.3831
7.5GY	7.5	3.0	0.3289	0.3809
10GY	7.5	3.0	0.3178	0.3747

H	V	C	x	y
2.5G	7.5	3.0	0.3092	0.3677
5G	7.5	3.0	0.3025	0.3616
7.5G	7.5	3.0	0.2977	0.3569
10G	7.5	3.0	0.2945	0.3532
2.5BG	7.5	3.0	0.2906	0.3479
5BG	7.5	3.0	0.2873	0.3431
7.5BG	7.5	3.0	0.2844	0.3369
10BG	7.5	3.0	0.2824	0.3315
2.5B	7.5	3.0	0.2813	0.3260
5B	7.5	3.0	0.2816	0.3212
7.5B	7.5	3.0	0.2828	0.3173
10B	7.5	3.0	0.2850	0.3146
2.5PB	7.5	3.0	0.2881	0.3124
5PB	7.5	3.0	0.2914	0.3110
7.5PB	7.5	3.0	0.2955	0.3103
10PB	7.5	3.0	0.2985	0.3101
2.5P	7.5	3.0	0.3023	0.3102
5P	7.5	3.0	0.3066	0.3107
7.5P	7.5	3.0	0.3126	0.3127
10P	7.5	3.0	0.3165	0.3145
2.5RP	7.5	3.0	0.3218	0.3171
5RP	7.5	3.0	0.3284	0.3211
7.5RP	7.5	3.0	0.3324	0.3237
10RP	7.5	3.0	0.3370	0.3270
2.5R	7.5	4.0	0.3515	0.3302
5R	7.5	4.0	0.3554	0.3334
7.5R	7.5	4.0	0.3598	0.3376
10R	7.5	4.0	0.3655	0.3438
2.5YR	7.5	4.0	0.3699	0.3498
5YR	7.5	4.0	0.3736	0.3568
7.5YR	7.5	4.0	0.3758	0.3637
10YR	7.5	4.0	0.3767	0.3717
2.5Y	7.5	4.0	0.3762	0.3799
5Y	7.5	4.0	0.3743	0.3864
7.5Y	7.5	4.0	0.3714	0.3913
10Y	7.5	4.0	0.3663	0.3955
2.5GY	7.5	4.0	0.3573	0.3988
5GY	7.5	4.0	0.3480	0.3997
7.5GY	7.5	4.0	0.3332	0.3971
10GY	7.5	4.0	0.3191	0.3893
2.5G	7.5	4.0	0.3077	0.3799
5G	7.5	4.0	0.2987	0.3714
7.5G	7.5	4.0	0.2928	0.3653
10G	7.5	4.0	0.2885	0.3603
2.5BG	7.5	4.0	0.2837	0.3535

H	V	C	x	y
5BG	7.5	4.0	0.2791	0.3471
7.5BG	7.5	4.0	0.2753	0.3395
10BG	7.5	4.0	0.2722	0.3319
2.5B	7.5	4.0	0.2704	0.3242
5B	7.5	4.0	0.2704	0.3178
7.5B	7.5	4.0	0.2721	0.3121
10B	7.5	4.0	0.2748	0.3084
2.5PB	7.5	4.0	0.2789	0.3055
5PB	7.5	4.0	0.2834	0.3036
7.5PB	7.5	4.0	0.2891	0.3026
10PB	7.5	4.0	0.2932	0.3022
2.5P	7.5	4.0	0.2978	0.3022
5P	7.5	4.0	0.3037	0.3029
7.5P	7.5	4.0	0.3123	0.3059
10P	7.5	4.0	0.3177	0.3085
2.5RP	7.5	4.0	0.3250	0.3120
5RP	7.5	4.0	0.3336	0.3172
7.5RP	7.5	4.0	0.3394	0.3209
10RP	7.5	4.0	0.3457	0.3253
2.5R	7.5	5.0	0.3630	0.3300
5R	7.5	5.0	0.3675	0.3340
7.5R	7.5	5.0	0.3732	0.3397
10R	7.5	5.0	0.3803	0.3477
2.5YR	7.5	5.0	0.3857	0.3553
5YR	7.5	5.0	0.3899	0.3637
7.5YR	7.5	5.0	0.3926	0.3728
10YR	7.5	5.0	0.3935	0.3826
2.5Y	7.5	5.0	0.3926	0.3923
5Y	7.5	5.0	0.3899	0.3998
7.5Y	7.5	5.0	0.3859	0.4060
10Y	7.5	5.0	0.3800	0.4113
2.5GY	7.5	5.0	0.3691	0.4159
5GY	7.5	5.0	0.3568	0.4172
7.5GY	7.5	5.0	0.3379	0.4136
10GY	7.5	5.0	0.3205	0.4038
2.5G	7.5	5.0	0.3064	0.3922
5G	7.5	5.0	0.2955	0.3814
7.5G	7.5	5.0	0.2879	0.3734
10G	7.5	5.0	0.2828	0.3672
2.5BG	7.5	4.0	0.2837	0.3535
5BG	7.5	4.0	0.2791	0.3471
7.5BG	7.5	4.0	0.2753	0.3395
10BG	7.5	4.0	0.2722	0.3319
2.5B	7.5	4.0	0.2704	0.3242
5B	7.5	4.0	0.2704	0.3178

H	V	C	x	y
7.5B	7.5	4.0	0.2721	0.3121
10B	7.5	4.0	0.2748	0.3084
2.5PB	7.5	4.0	0.2789	0.3055
5PB	7.5	4.0	0.2834	0.3036
7.5PB	7.5	4.0	0.2891	0.3026
10PB	7.5	4.0	0.2932	0.3022
2.5P	7.5	4.0	0.2978	0.3022
5P	7.5	4.0	0.3037	0.3029
7.5P	7.5	4.0	0.3123	0.3059
10P	7.5	4.0	0.3177	0.3085
2.5RP	7.5	4.0	0.3250	0.3120
5RP	7.5	4.0	0.3336	0.3172
7.5RP	7.5	4.0	0.3394	0.3209
10RP	7.5	4.0	0.3457	0.3253
2.5R	7.5	5.0	0.3630	0.3300
5R	7.5	5.0	0.3675	0.3340
7.5R	7.5	5.0	0.3732	0.3397
10R	7.5	5.0	0.3803	0.3477
2.5YR	7.5	5.0	0.3857	0.3553
5YR	7.5	5.0	0.3899	0.3637
7.5YR	7.5	5.0	0.3926	0.3728
10YR	7.5	5.0	0.3935	0.3826
2.5Y	7.5	5.0	0.3926	0.3923
5Y	7.5	5.0	0.3899	0.3998
7.5Y	7.5	5.0	0.3859	0.4060
10Y	7.5	5.0	0.3800	0.4113
2.5GY	7.5	5.0	0.3691	0.4159
5GY	7.5	5.0	0.3568	0.4172
7.5GY	7.5	5.0	0.3379	0.4136
10GY	7.5	5.0	0.3205	0.4038
2.5G	7.5	5.0	0.3064	0.3922
5G	7.5	5.0	0.2955	0.3814
7.5G	7.5	5.0	0.2879	0.3734
10G	7.5	5.0	0.2828	0.3672
2.5BG	7.5	5.0	0.2766	0.3589
5BG	7.5	5.0	0.2713	0.3510
7.5BG	7.5	5.0	0.2668	0.3417
10BG	7.5	5.0	0.2632	0.3323
2.5B	7.5	5.0	0.2612	0.3227
5B	7.5	5.0	0.2614	0.3150
7.5B	7.5	5.0	0.2636	0.3080
10B	7.5	5.0	0.2666	0.3036
2.5PB	7.5	5.0	0.2711	0.2996
5PB	7.5	5.0	0.2765	0.2969
7.5PB	7.5	5.0	0.2828	0.2952
10PB	7.5	5.0	0.2878	0.2945
2.5P	7.5	5.0	0.2935	0.2944
5P	7.5	5.0	0.3009	0.2954
7.5P	7.5	5.0	0.3122	0.2989
10P	7.5	5.0	0.3189	0.3021
2.5RP	7.5	5.0	0.3285	0.3069
5RP	7.5	5.0	0.3391	0.3130
7.5RP	7.5	5.0	0.3469	0.3180
10RP	7.5	5.0	0.3549	0.3235
2.5R	7.5	6.0	0.3746	0.3296
5R	7.5	6.0	0.3797	0.3343
7.5R	7.5	6.0	0.3867	0.3414
10R	7.5	6.0	0.3950	0.3513
2.5YR	7.5	6.0	0.4015	0.3603
5YR	7.5	6.0	0.4060	0.3701
7.5YR	7.5	6.0	0.4092	0.3812
10YR	7.5	6.0	0.4100	0.3927
2.5Y	7.5	6.0	0.4086	0.4038
5Y	7.5	6.0	0.4048	0.4125
7.5Y	7.5	6.0	0.3999	0.4199
10Y	7.5	6.0	0.3931	0.4264
2.5GY	7.5	6.0	0.3803	0.4324
5GY	7.5	6.0	0.3651	0.4346
7.5GY	7.5	6.0	0.3423	0.4302
10GY	7.5	6.0	0.3217	0.4186
2.5G	7.5	6.0	0.3049	0.4048
5G	7.5	6.0	0.2920	0.3917
7.5G	7.5	6.0	0.2829	0.3816
10G	7.5	6.0	0.2769	0.3743
2.5BG	7.5	6.0	0.2694	0.3644
5BG	7.5	6.0	0.2635	0.3549
7.5BG	7.5	6.0	0.2583	0.3439
10BG	7.5	6.0	0.2544	0.3326
2.5B	7.5	6.0	0.2521	0.3212
5B	7.5	6.0	0.2525	0.3122
7.5B	7.5	6.0	0.2552	0.3040
10B	7.5	6.0	0.2587	0.2987
2.5PB	7.5	6.0	0.2635	0.2937
5PB	7.5	6.0	0.2697	0.2902
7.5PB	7.5	6.0	0.2765	0.2879
10PB	7.5	6.0	0.2826	0.2869
2.5P	7.5	6.0	0.2893	0.2868
5P	7.5	6.0	0.2981	0.2879
7.5P	7.5	6.0	0.3120	0.2921
10P	7.5	6.0	0.3201	0.2959

H	V	C	*x*	*y*
2.5RP	7.5	6.0	0.3319	0.3019
5RP	7.5	6.0	0.3445	0.3088
7.5RP	7.5	6.0	0.3545	0.3149
10RP	7.5	6.0	0.3641	0.3217
2.5R	7.5	7.0	0.3867	0.3294
5R	7.5	7.0	0.3928	0.3350
7.5R	7.5	7.0	0.4018	0.3436
10R	7.5	7.0	0.4121	0.3562
2.5YR	7.5	7.0	0.4188	0.3661
5YR	7.5	7.0	0.4241	0.3771
7.5YR	7.5	7.0	0.4273	0.3909
10YR	7.5	7.0	0.4267	0.4036
2.5Y	7.5	7.0	0.4240	0.4153
5Y	7.5	7.0	0.4190	0.4250
7.5Y	7.5	7.0	0.4130	0.4329
10Y	7.5	7.0	0.4049	0.4404
2.5GY	7.5	7.0	0.3908	0.4478
5GY	7.5	7.0	0.3734	0.4513
7.5GY	7.5	7.0	0.3470	0.4466
10GY	7.5	7.0	0.3232	0.4334
2.5G	7.5	7.0	0.3035	0.4172
5G	7.5	7.0	0.2886	0.4021
7.5G	7.5	7.0	0.2778	0.3899
10G	7.5	7.0	0.2710	0.3814
2.5BG	7.5	7.0	0.2629	0.3697
5BG	7.5	7.0	0.2563	0.3587
7.5BG	7.5	7.0	0.2505	0.3459
10BG	7.5	7.0	0.2461	0.3330
2.5B	7.5	7.0	0.2435	0.3198
5B	7.5	7.0	0.2435	0.3095
7.5B	7.5	7.0	0.2460	0.2997
10B	7.5	7.0	0.2494	0.2934
2.5PB	7.5	7.0	0.2551	0.2875
5PB	7.5	7.0	0.2624	0.2831
7.5PB	7.5	7.0	0.2703	0.2808
10PB	7.5	7.0	0.2777	0.2798
2.5P	7.5	7.0	0.2856	0.2797
5P	7.5	7.0	0.2956	0.2810
7.5P	7.5	7.0	0.3119	0.2858
10P	7.5	7.0	0.3213	0.2898
2.5RP	7.5	7.0	0.3354	0.2965
5RP	7.5	7.0	0.3500	0.3045
7.5RP	7.5	7.0	0.3619	0.3119
10RP	7.5	7.0	0.3740	0.3199
2.5R	7.5	8.0	0.3988	0.3289
5R	7.5	8.0	0.4060	0.3354
7.5R	7.5	8.0	0.4169	0.3454
10R	7.5	8.0	0.4289	0.3603
2.5YR	7.5	8.0	0.4360	0.3712
5YR	7.5	8.0	0.4417	0.3834
7.5YR	7.5	8.0	0.4446	0.3997
10YR	7.5	8.0	0.4427	0.4134
2.5Y	7.5	8.0	0.4385	0.4257
5Y	7.5	8.0	0.4323	0.4366
7.5Y	7.5	8.0	0.4253	0.4451
10Y	7.5	8.0	0.4158	0.4534
2.5GY	7.5	8.0	0.4005	0.4625
5GY	7.5	8.0	0.3810	0.4677
7.5GY	7.5	8.0	0.3513	0.4629
10GY	7.5	8.0	0.3243	0.4483
2.5G	7.5	8.0	0.3019	0.4299
5G	7.5	8.0	0.2849	0.4128
7.5G	7.5	8.0	0.2727	0.3984
10G	7.5	8.0	0.2650	0.3885
2.5BG	7.5	8.0	0.2563	0.3751
5BG	7.5	8.0	0.2491	0.3623
7.5BG	7.5	8.0	0.2428	0.3479
10BG	7.5	8.0	0.2378	0.3332
2.5B	7.5	8.0	0.2349	0.3183
5B	7.5	8.0	0.2347	0.3067
7.5B	7.5	8.0	0.2370	0.2954
10B	7.5	8.0	0.2402	0.2880
2.5PB	7.5	8.0	0.2467	0.2812
5PB	7.5	8.0	0.2551	0.2762
7.5PB	7.5	8.0	0.2641	0.2738
10PB	7.5	8.0	0.2729	0.2728
2.5P	7.5	8.0	0.2819	0.2728
5P	7.5	8.0	0.2930	0.2742
7.5P	7.5	8.0	0.3117	0.2795
10P	7.5	8.0	0.3225	0.2837
2.5RP	7.5	8.0	0.3389	0.2913
5RP	7.5	8.0	0.3554	0.3003
7.5RP	7.5	8.0	0.3693	0.3088
10RP	7.5	8.0	0.3838	0.3179
7.5YR	7.5	9.0	0.4606	0.4081
10YR	7.5	9.0	0.4576	0.4233
2.5Y	7.5	9.0	0.4521	0.4362
5Y	7.5	9.0	0.4445	0.4475
7.5Y	7.5	9.0	0.4364	0.4568
10Y	7.5	9.0	0.4262	0.4658

H	V	C	*x*	*y*
2.5GY	7.5	9.0	0.4098	0.4760
5GY	7.5	9.0	0.3888	0.4829
7.5YR	7.5	10.0	0.4756	0.4154
10YR	7.5	10.0	0.4714	0.4319
2.5Y	7.5	10.0	0.4646	0.4454
5Y	7.5	10.0	0.4555	0.4573
7.5Y	7.5	10.0	0.4465	0.4673
10Y	7.5	10.0	0.4354	0.4770
2.5GY	7.5	10.0	0.4180	0.4885

H	V	C	*x*	*y*
5GY	7.5	10.0	0.3955	0.4973
2.5Y	7.5	11.0	0.4734	0.4519
5Y	7.5	11.0	0.4636	0.4643
7.5Y	7.5	11.0	0.4539	0.4749
10Y	7.5	11.0	0.4420	0.4848
2.5Y	7.5	12.0	0.4814	0.4576
5Y	7.5	12.0	0.4708	0.4705
7.5Y	7.5	12.0	0.4605	0.4816
10Y	7.5	12.0	0.4479	0.4919

$Y=44.86$

H	V	C	*x*	*y*
5R	7.0	1.0	0.3260	0.3330
10R	7.0	1.0	0.3270	0.3340
5YR	7.0	1.0	0.3301	0.3374
10YR	7.0	1.0	0.3320	0.3435
5Y	7.0	1.0	0.3305	0.3465
10Y	7.0	1.0	0.3275	0.3488
5GY	7.0	1.0	0.3238	0.3498
10GY	7.0	1.0	0.3145	0.3458
5G	7.0	1.0	0.3089	0.3411
10G	7.0	1.0	0.3067	0.3386
5BG	7.0	1.0	0.3038	0.3338
10BG	7.0	1.0	0.3030	0.3310
5B	7.0	1.0	0.3028	0.3269
10B	7.0	1.0	0.3035	0.3253
5PB	7.0	1.0	0.3055	0.3238
10PB	7.0	1.0	0.3072	0.3235
5P	7.0	1.0	0.3118	0.3240
10P	7.0	1.0	0.3151	0.3250
5RP	7.0	1.0	0.3202	0.3280
10RP	7.0	1.0	0.3225	0.3298
2.5R	7.0	2.0	0.3315	0.3303
5R	7.0	2.0	0.3340	0.3329
7.5R	7.0	2.0	0.3356	0.3345
10R	7.0	2.0	0.3382	0.3370
2.5YR	7.0	2.0	0.3415	0.3406
5YR	7.0	2.0	0.3441	0.3437
7.5YR	7.0	2.0	0.3471	0.3485
10YR	7.0	2.0	0.3485	0.3538
2.5Y	7.0	2.0	0.3487	0.3581
5Y	7.0	2.0	0.3476	0.3619
7.5Y	7.0	2.0	0.3459	0.3644
10Y	7.0	2.0	0.3430	0.3670
2.5GY	7.0	2.0	0.3374	0.3689

H	V	C	*x*	*y*
5GY	7.0	2.0	0.3324	0.3687
7.5GY	7.0	2.0	0.3258	0.3669
10GY	7.0	2.0	0.3158	0.3611
2.5G	7.0	2.0	0.3104	0.3564
5G	7.0	2.0	0.3050	0.3515
7.5G	7.0	2.0	0.3024	0.3487
10G	7.0	2.0	0.3000	0.3460
2.5BG	7.0	2.0	0.2974	0.3427
5BG	7.0	2.0	0.2950	0.3387
7.5BG	7.0	2.0	0.2926	0.3340
10BG	7.0	2.0	0.2917	0.3307
2.5B	7.0	2.0	0.2912	0.3272
5B	7.0	2.0	0.2916	0.3234
7.5B	7.0	2.0	0.2924	0.3214
10B	7.0	2.0	0.2938	0.3194
2.5PB	7.0	2.0	0.2953	0.3178
5PB	7.0	2.0	0.2973	0.3166
7.5PB	7.0	2.0	0.3000	0.3160
10PB	7.0	2.0	0.3020	0.3159
2.5P	7.0	2.0	0.3064	0.3162
5P	7.0	2.0	0.3098	0.3168
7.5P	7.0	2.0	0.3137	0.3180
10P	7.0	2.0	0.3158	0.3190
2.5RP	7.0	2.0	0.3190	0.3208
5RP	7.0	2.0	0.3251	0.3249
7.5RP	7.0	2.0	0.3267	0.3262
10RP	7.0	2.0	0.3288	0.3280
2.5R	7.0	3.0	0.3419	0.3297
5R	7.0	3.0	0.3460	0.3331
7.5R	7.0	3.0	0.3491	0.3364
10R	7.0	3.0	0.3536	0.3409
2.5YR	7.0	3.0	0.3578	0.3462
5YR	7.0	3.0	0.3606	0.3507

H	V	C	x	y
7.5YR	7.0	3.0	0.3635	0.3573
10YR	7.0	3.0	0.3646	0.3636
2.5Y	7.0	3.0	0.3648	0.3698
5Y	7.0	3.0	0.3632	0.3757
7.5Y	7.0	3.0	0.3604	0.3796
10Y	7.0	3.0	0.3561	0.3829
2.5GY	7.0	3.0	0.3484	0.3854
5GY	7.0	3.0	0.3404	0.3857
7.5GY	7.0	3.0	0.3304	0.3832
10GY	7.0	3.0	0.3175	0.3758
2.5G	7.0	3.0	0.3088	0.3684
5G	7.0	3.0	0.3011	0.3610
7.5G	7.0	3.0	0.2975	0.3572
10G	7.0	3.0	0.2935	0.3529
2.5BG	7.0	3.0	0.2902	0.3487
5BG	7.0	3.0	0.2862	0.3431
7.5BG	7.0	3.0	0.2828	0.3368
10BG	7.0	3.0	0.2803	0.3308
2.5B	7.0	3.0	0.2790	0.3252
5B	7.0	3.0	0.2791	0.3198
7.5B	7.0	3.0	0.2805	0.3157
10B	7.0	3.0	0.2827	0.3125
2.5PB	7.0	3.0	0.2854	0.3104
5PB	7.0	3.0	0.2888	0.3088
7.5PB	7.0	3.0	0.2935	0.3078
10PB	7.0	3.0	0.2967	0.3076
2.5P	7.0	3.0	0.3017	0.3077
5P	7.0	3.0	0.3072	0.3084
7.5P	7.0	3.0	0.3128	0.3104
10P	7.0	3.0	0.3170	0.3125
2.5RP	7.0	3.0	0.3225	0.3154
5RP	7.0	3.0	0.3311	0.3210
7.5RP	7.0	3.0	0.3338	0.3232
10RP	7.0	3.0	0.3376	0.3262
2.5R	7.0	4.0	0.3524	0.3290
5R	7.0	4.0	0.3580	0.3332
7.5R	7.0	4.0	0.3628	0.3380
10R	7.0	4.0	0.3691	0.3444
2.5YR	7.0	4.0	0.3742	0.3514
5YR	7.0	4.0	0.3772	0.3572
7.5YR	7.0	4.0	0.3798	0.3657
10YR	7.0	4.0	0.3806	0.3729
2.5Y	7.0	4.0	0.3808	0.3810
5Y	7.0	4.0	0.3785	0.3890
7.5Y	7.0	4.0	0.3746	0.3945
10Y	7.0	4.0	0.3689	0.3985
2.5GY	7.0	4.0	0.3590	0.4019
5GY	7.0	4.0	0.3480	0.4028
7.5GY	7.0	4.0	0.3347	0.3999
10GY	7.0	4.0	0.3189	0.3910
2.5G	7.0	4.0	0.3071	0.3808
5G	7.0	4.0	0.2971	0.3707
7.5G	7.0	4.0	0.2925	0.3660
10G	7.0	4.0	0.2870	0.3600
2.5BG	7.0	4.0	0.2830	0.3548
5BG	7.0	4.0	0.2775	0.3474
7.5BG	7.0	4.0	0.2731	0.3396
10BG	7.0	4.0	0.2691	0.3308
2.5B	7.0	4.0	0.2670	0.3229
5B	7.0	4.0	0.2669	0.3160
7.5B	7.0	4.0	0.2688	0.3099
10B	7.0	4.0	0.2718	0.3055
2.5PB	7.0	4.0	0.2757	0.3029
5PB	7.0	4.0	0.2803	0.3010
7.5PB	7.0	4.0	0.2870	0.2997
10PB	7.0	4.0	0.2914	0.2994
2.5P	7.0	4.0	0.2969	0.2993
5P	7.0	4.0	0.3046	0.3002
7.5P	7.0	4.0	0.3118	0.3030
10P	7.0	4.0	0.3182	0.3061
2.5RP	7.0	4.0	0.3260	0.3100
5RP	7.0	4.0	0.3370	0.3171
7.5RP	7.0	4.0	0.3410	0.3202
10RP	7.0	4.0	0.3464	0.3243
2.5R	7.0	5.0	0.3640	0.3283
5R	7.0	5.0	0.3702	0.3335
7.5R	7.0	5.0	0.3772	0.3404
10R	7.0	5.0	0.3842	0.3482
2.5YR	7.0	5.0	0.3901	0.3569
5YR	7.0	5.0	0.3937	0.3642
7.5YR	7.0	5.0	0.3966	0.3749
10YR	7.0	5.0	0.3973	0.3831
2.5Y	7.0	5.0	0.3969	0.3929
5Y	7.0	5.0	0.3942	0.4021
7.5Y	7.0	5.0	0.3896	0.4095
10Y	7.0	5.0	0.3832	0.4157
2.5GY	7.0	5.0	0.3717	0.4209
5GY	7.0	5.0	0.3571	0.4221
7.5GY	7.0	5.0	0.3397	0.4175
10GY	7.0	5.0	0.3205	0.4058

H	V	C	x	y
2.5G	7.0	5.0	0.3055	0.3929
5G	7.0	5.0	0.2931	0.3806
7.5G	7.0	5.0	0.2872	0.3747
10G	7.0	5.0	0.2808	0.3671
2.5BG	7.0	5.0	0.2758	0.3606
5BG	7.0	5.0	0.2696	0.3516
7.5BG	7.0	5.0	0.2645	0.3417
10BG	7.0	5.0	0.2600	0.3309
2.5B	7.0	5.0	0.2574	0.3212
5B	7.0	5.0	0.2573	0.3131
7.5B	7.0	5.0	0.2597	0.3055
10B	7.0	5.0	0.2635	0.3001
2.5PB	7.0	5.0	0.2677	0.2966
5PB	7.0	5.0	0.2729	0.2938
7.5PB	7.0	5.0	0.2800	0.2916
10PB	7.0	5.0	0.2855	0.2907
2.5P	7.0	5.0	0.2920	0.2907
5P	7.0	5.0	0.3019	0.2920
7.5P	7.0	5.0	0.3111	0.2953
10P	7.0	5.0	0.3191	0.2993
2.5RP	7.0	5.0	0.3296	0.3047
5RP	7.0	5.0	0.3433	0.3128
7.5RP	7.0	5.0	0.3490	0.3169
10RP	7.0	5.0	0.3558	0.3221
2.5R	7.0	6.0	0.3756	0.3274
5R	7.0	6.0	0.3825	0.3335
7.5R	7.0	6.0	0.3917	0.3425
10R	7.0	6.0	0.3993	0.3516
2.5YR	7.0	6.0	0.4060	0.3620
5YR	7.0	6.0	0.4100	0.3707
7.5YR	7.0	6.0	0.4132	0.3834
10YR	7.0	6.0	0.4137	0.3926
2.5Y	7.0	6.0	0.4125	0.4040
5Y	7.0	6.0	0.4093	0.4144
7.5Y	7.0	6.0	0.4040	0.4237
10Y	7.0	6.0	0.3968	0.4322
2.5GY	7.0	6.0	0.3835	0.4393
5GY	7.0	6.0	0.3656	0.4413
7.5GY	7.0	6.0	0.3443	0.4352
10GY	7.0	6.0	0.3219	0.4210
2.5G	7.0	6.0	0.3038	0.4054
5G	7.0	6.0	0.2889	0.3908
7.5G	7.0	6.0	0.2818	0.3835
10G	7.0	6.0	0.2745	0.3743
2.5BG	7.0	6.0	0.2685	0.3664

H	V	C	x	y
5BG	7.0	6.0	0.2617	0.3557
7.5BG	7.0	6.0	0.2560	0.3437
10BG	7.0	6.0	0.2511	0.3309
2.5B	7.0	6.0	0.2480	0.3194
5B	7.0	6.0	0.2478	0.3101
7.5B	7.0	6.0	0.2507	0.3010
10B	7.0	6.0	0.2554	0.2947
2.5PB	7.0	6.0	0.2599	0.2903
5PB	7.0	6.0	0.2656	0.2866
7.5PB	7.0	6.0	0.2731	0.2836
10PB	7.0	6.0	0.2797	0.2822
2.5P	7.0	6.0	0.2872	0.2822
5P	7.0	6.0	0.2992	0.2839
7.5P	7.0	6.0	0.3103	0.2878
10P	7.0	6.0	0.3200	0.2927
2.5RP	7.0	6.0	0.3332	0.2995
5RP	7.0	6.0	0.3495	0.3085
7.5RP	7.0	6.0	0.3570	0.3135
10RP	7.0	6.0	0.3652	0.3198
2.5R	7.0	7.0	0.3863	0.3268
5R	7.0	7.0	0.3942	0.3338
7.5R	7.0	7.0	0.4063	0.3449
10R	7.0	7.0	0.4156	0.3558
2.5YR	7.0	7.0	0.4240	0.3683
5YR	7.0	7.0	0.4289	0.3788
7.5YR	7.0	7.0	0.4323	0.3938
10YR	7.0	7.0	0.4323	0.4040
2.5Y	7.0	7.0	0.4301	0.4169
5Y	7.0	7.0	0.4254	0.4286
7.5Y	7.0	7.0	0.4187	0.4386
10Y	7.0	7.0	0.4097	0.4474
2.5GY	7.0	7.0	0.3944	0.4557
5GY	7.0	7.0	0.3741	0.4592
7.5GY	7.0	7.0	0.3495	0.4533
10GY	7.0	7.0	0.3238	0.4375
2.5G	7.0	7.0	0.3021	0.4188
5G	7.0	7.0	0.2846	0.4014
7.5G	7.0	7.0	0.2764	0.3927
10G	7.0	7.0	0.2677	0.3817
2.5BG	7.0	7.0	0.2615	0.3726
5BG	7.0	7.0	0.2539	0.3600
7.5BG	7.0	7.0	0.2476	0.3459
10BG	7.0	7.0	0.2424	0.3310
2.5B	7.0	7.0	0.2397	0.3177
5B	7.0	7.0	0.2397	0.3076

H	V	C	x	y
7.5B	7.0	7.0	0.2423	0.2973
10B	7.0	7.0	0.2466	0.2894
2.5PB	7.0	7.0	0.2521	0.2841
5PB	7.0	7.0	0.2585	0.2800
7.5PB	7.0	7.0	0.2675	0.2773
10PB	7.0	7.0	0.2753	0.2761
2.5P	7.0	7.0	0.2841	0.2760
5P	7.0	7.0	0.2974	0.2779
7.5P	7.0	7.0	0.3097	0.2818
10P	7.0	7.0	0.3210	0.2867
2.5RP	7.0	7.0	0.3367	0.2942
5RP	7.0	7.0	0.3551	0.3045
7.5RP	7.0	7.0	0.3638	0.3104
10RP	7.0	7.0	0.3742	0.3178
2.5R	7.0	8.0	0.3971	0.3260
5R	7.0	8.0	0.4060	0.3340
7.5R	7.0	8.0	0.4208	0.3470
10R	7.0	8.0	0.4318	0.3594
2.5YR	7.0	8.0	0.4416	0.3738
5YR	7.0	8.0	0.4472	0.3860
7.5YR	7.0	8.0	0.4506	0.4031
10YR	7.0	8.0	0.4499	0.4141
2.5Y	7.0	8.0	0.4465	0.4284
5Y	7.0	8.0	0.4403	0.4415
7.5Y	7.0	8.0	0.4322	0.4522
10Y	7.0	8.0	0.4215	0.4615
2.5GY	7.0	8.0	0.4043	0.4711
5GY	7.0	8.0	0.3817	0.4766
7.5GY	7.0	8.0	0.3541	0.4713
10GY	7.0	8.0	0.3253	0.4543
2.5G	7.0	8.0	0.3001	0.4326
5G	7.0	8.0	0.2802	0.4123
7.5G	7.0	8.0	0.2709	0.4021
10G	7.0	8.0	0.2609	0.3893
2.5BG	7.0	8.0	0.2545	0.3788
5BG	7.0	8.0	0.2462	0.3642
7.5BG	7.0	8.0	0.2393	0.3480
10BG	7.0	8.0	0.2338	0.3309
2.5B	7.0	8.0	0.2315	0.3160
5B	7.0	8.0	0.2318	0.3051
7.5B	7.0	8.0	0.2340	0.2935
10B	7.0	8.0	0.2380	0.2840
2.5PB	7.0	8.0	0.2444	0.2780
5PB	7.0	8.0	0.2515	0.2735
7.5PB	7.0	8.0	0.2620	0.2710
10PB	7.0	8.0	0.2710	0.2700
2.5P	7.0	8.0	0.2810	0.2699
5P	7.0	8.0	0.2956	0.2720
7.5P	7.0	8.0	0.3090	0.2759
10P	7.0	8.0	0.3219	0.2808
2.5RP	7.0	8.0	0.3401	0.2890
5RP	7.0	8.0	0.3607	0.3006
7.5RP	7.0	8.0	0.3706	0.3073
10RP	7.0	8.0	0.3832	0.3157
2.5R	7.0	9.0	0.4053	0.3254
5R	7.0	9.0	0.4163	0.3343
7.5R	7.0	9.0	0.4321	0.3489
10R	7.0	9.0	0.4445	0.3627
2.5YR	7.0	9.0	0.4552	0.3785
5YR	7.0	9.0	0.4609	0.3918
7.5YR	7.0	9.0	0.4653	0.4111
10YR	7.0	9.0	0.4645	0.4230
2.5Y	7.0	9.0	0.4593	0.4380
10GY	7.0	9.0	0.3274	0.4711
2.5G	7.0	9.0	0.2984	0.4463
5G	7.0	9.0	0.2764	0.4223
7.5G	7.0	9.0	0.2660	0.4104
10G	7.0	9.0	0.2550	0.3957
2.5BG	7.0	9.0	0.2479	0.3842
5BG	7.0	9.0	0.2386	0.3679
7.5BG	7.0	9.0	0.2306	0.3501
10BG	7.0	9.0	0.2246	0.3310
2.5B	7.0	9.0	0.2219	0.3138
5B	7.0	9.0	0.2218	0.3021
7.5B	7.0	9.0	0.2241	0.2893
10B	7.0	9.0	0.2293	0.2788
2.5PB	7.0	9.0	0.2368	0.2720
5PB	7.0	9.0	0.2453	0.2677
7.5PB	7.0	9.0	0.2565	0.2650
10PB	7.0	9.0	0.2665	0.2639
2.5P	7.0	9.0	0.2778	0.2639
5P	7.0	9.0	0.2939	0.2663
7.5P	7.0	9.0	0.3084	0.2702
10P	7.0	9.0	0.3225	0.2757
2.5RP	7.0	9.0	0.3427	0.2852
5RP	7.0	9.0	0.3648	0.2976
7.5RP	7.0	9.0	0.3757	0.3048
10RP	7.0	9.0	0.3897	0.3143
2.5R	7.0	10.0	0.4135	0.3247
5R	7.0	10.0	0.4265	0.3344

H	V	C	x	y
7.5R	7.0	10.0	0.4433	0.3505
10R	7.0	10.0	0.4570	0.3656
2.5YR	7.0	10.0	0.4685	0.3827
5YR	7.0	10.0	0.4740	0.3970
7.5YR	7.0	10.0	0.4791	0.4181
10YR	7.0	10.0	0.4780	0.4307
2.5Y	7.0	10.0	0.4710	0.4464
5Y	7.0	10.0	0.4607	0.4593
7.5Y	7.0	10.0	0.4498	0.4710
10Y	7.0	10.0	0.4380	0.4815
2.5GY	7.0	10.0	0.4190	0.4935
5GY	7.0	10.0	0.3935	0.5025
7.5GY	7.0	10.0	0.3622	0.5012
10GY	7.0	10.0	0.3290	0.4879
2.5G	7.0	10.0	0.2964	0.4603
5G	7.0	10.0	0.2725	0.4326
7.5G	7.0	10.0	0.2610	0.4188
10G	7.0	10.0	0.2491	0.4021
2.5BG	7.0	10.0	0.2413	0.3897
5BG	7.0	10.0	0.2311	0.3715
7.5BG	7.0	10.0	0.2221	0.3521
10BG	7.0	10.0	0.2155	0.3310
2.5B	7.0	10.0	0.2125	0.3115
5B	7.0	10.0	0.2121	0.2989
7.5B	7.0	10.0	0.2144	0.2850
10B	7.0	10.0	0.2208	0.2735
2.5PB	7.0	10.0	0.2293	0.2660
5PB	7.0	10.0	0.2392	0.2619
7.5PB	7.0	10.0	0.2510	0.2590
10PB	7.0	10.0	0.2621	0.2580
2.5P	7.0	10.0	0.2746	0.2580
5P	7.0	10.0	0.2922	0.2608
7.5P	7.0	10.0	0.3078	0.2647
10P	7.0	10.0	0.3231	0.2706
2.5RP	7.0	10.0	0.3452	0.2815
5RP	7.0	10.0	0.3689	0.2947
7.5RP	7.0	10.0	0.3808	0.3024
10RP	7.0	10.0	0.3962	0.3128
2.5R	7.0	11.0	0.4224	0.3241
5R	7.0	11.0	0.4351	0.3346
7.5R	7.0	11.0	0.4538	0.3523
10R	7.0	11.0	0.4686	0.3687
2.5YR	7.0	11.0	0.4807	0.3871
5YR	7.0	11.0	0.4868	0.4016
7.5YR	7.0	11.0	0.4909	0.4246
10YR	7.0	11.0	0.4883	0.4370
2.5Y	7.0	11.0	0.4800	0.4529
5Y	7.0	11.0	0.4688	0.4661
7.5Y	7.0	11.0	0.4572	0.4784
7.5BG	7.0	11.0	0.2149	0.3539
10BG	7.0	11.0	0.2076	0.3311
2.5B	7.0	11.0	0.2038	0.3096
5B	7.0	11.0	0.2034	0.2961
7.5B	7.0	11.0	0.2057	0.2813
10B	7.0	11.0	0.2122	0.2682
2.5PB	7.0	11.0	0.2218	0.2599
5PB	7.0	11.0	0.2325	0.2555
7.5PB	7.0	11.0	0.2456	0.2528
10PB	7.0	11.0	0.2578	0.2521
2.5P	7.0	11.0	0.2718	0.2526
5P	7.0	11.0	0.2906	0.2554
7.5P	7.0	11.0	0.3074	0.2595
10P	7.0	11.0	0.3237	0.2656
2.5RP	7.0	11.0	0.3479	0.2774
5RP	7.0	11.0	0.3732	0.2916
7.5RP	7.0	11.0	0.3862	0.2998
10RP	7.0	11.0	0.4036	0.3110
2.5R	7.0	12.0	0.4313	0.3235
5R	7.0	12.0	0.4437	0.3346
7.5R	7.0	12.0	0.4641	0.3538
10R	7.0	12.0	0.4800	0.3715
2.5YR	7.0	12.0	0.4925	0.3910
5YR	7.0	12.0	0.4990	0.4055
7.5YR	7.0	12.0	0.5018	0.4301
10YR	7.0	12.0	0.4976	0.4424
2.5Y	7.0	12.0	0.4880	0.4585
5Y	7.0	12.0	0.4760	0.4720
7.5Y	7.0	12.0	0.4638	0.4849
10Y	7.0	12.0	0.4507	0.4970
2.5GY	7.0	12.0	0.4310	0.5116
5GY	7.0	12.0	0.4037	0.5248
7.5GY	7.0	12.0	0.3699	0.5302
10GY	7.0	12.0	0.3326	0.5204
2.5G	7.0	12.0	0.2931	0.4872
5G	7.0	12.0	0.2646	0.4523
7.5G	7.0	12.0	0.2520	0.4344
10G	7.0	12.0	0.2383	0.4137
2.5BG	7.0	12.0	0.2296	0.3995
5BG	7.0	12.0	0.2181	0.3787
7.5BG	7.0	12.0	0.2078	0.3557

H	V	C	x	y	H	V	C	x	y
10BG	7.0	12.0	0.1998	0.3312	2.5P	7.0	12.0	0.2691	0.2474
2.5B	7.0	12.0	0.1953	0.3075	5P	7.0	12.0	0.2890	0.2501
5B	7.0	12.0	0.1949	0.2933	7.5P	7.0	12.0	0.3069	0.2544
7.5B	7.0	12.0	0.1972	0.2775	10P	7.0	12.0	0.3243	0.2607
10B	7.0	12.0	0.2038	0.2629	2.5RP	7.0	12.0	0.3505	0.2733
2.5PB	7.0	12.0	0.2144	0.2539	5RP	7.0	12.0	0.3775	0.2886
5PB	7.0	12.0	0.2260	0.2491	7.5RP	7.0	12.0	0.3916	0.2972
7.5PB	7.0	12.0	0.2402	0.2467	10RP	7.0	12.0	0.4110	0.3092
10PB	7.0	12.0	0.2535	0.2464	5YR	7.0	14.0	0.5196	0.4138

$Y = 37.71$

H	V	C	x	y	H	V	C	x	y
5R	6.5	1.0	0.3274	0.3321	5GY	6.5	2.0	0.3314	0.3681
10R	6.5	1.0	0.3299	0.3351	7.5GY	6.5	2.0	0.3244	0.3657
5YR	6.5	1.0	0.3323	0.3388	10GY	6.5	2.0	0.3166	0.3611
10YR	6.5	1.0	0.3335	0.3440	2.5G	6.5	2.0	0.3103	0.3564
5Y	6.5	1.0	0.3312	0.3487	5G	6.5	2.0	0.3046	0.3515
10Y	6.5	1.0	0.3287	0.3503	7.5G	6.5	2.0	0.3018	0.3486
5GY	6.5	1.0	0.3235	0.3511	10G	6.5	2.0	0.2993	0.3461
10GY	6.5	1.0	0.3157	0.3481	2.5BG	6.5	2.0	0.2962	0.3425
5G	6.5	1.0	0.3081	0.3425	5BG	6.5	2.0	0.2933	0.3381
10G	6.5	1.0	0.3052	0.3395	7.5BG	6.5	2.0	0.2910	0.3338
5BG	6.5	1.0	0.3017	0.3343	10BG	6.5	2.0	0.2899	0.3303
10BG	6.5	1.0	0.3003	0.3303	2.5B	6.5	2.0	0.2894	0.3269
5B	6.5	1.0	0.3001	0.3263	5B	6.5	2.0	0.2899	0.3226
10B	6.5	1.0	0.3012	0.3238	7.5B	6.5	2.0	0.2910	0.3201
5PB	6.5	1.0	0.3037	0.3219	10B	6.5	2.0	0.2923	0.3183
10PB	6.5	1.0	0.3059	0.3214	2.5PB	6.5	2.0	0.2940	0.3166
5P	6.5	1.0	0.3109	0.3219	5PB	6.5	2.0	0.2958	0.3154
10P	6.5	1.0	0.3165	0.3238	7.5PB	6.5	2.0	0.2988	0.3144
5RP	6.5	1.0	0.3217	0.3271	10PB	6.5	2.0	0.3012	0.3140
10RP	6.5	1.0	0.3245	0.3293	2.5P	6.5	2.0	0.3053	0.3141
2.5R	6.5	2.0	0.3331	0.3299	5P	6.5	2.0	0.3087	0.3148
5R	6.5	2.0	0.3352	0.3319	7.5P	6.5	2.0	0.3121	0.3159
7.5R	6.5	2.0	0.3370	0.3338	10P	6.5	2.0	0.3171	0.3181
10R	6.5	2.0	0.3408	0.3375	2.5RP	6.5	2.0	0.3216	0.3207
2.5YR	6.5	2.0	0.3438	0.3409	5RP	6.5	2.0	0.3263	0.3239
5YR	6.5	2.0	0.3465	0.3447	7.5RP	6.5	2.0	0.3284	0.3257
7.5YR	6.5	2.0	0.3490	0.3495	10RP	6.5	2.0	0.3306	0.3276
10YR	6.5	2.0	0.3499	0.3540	2.5R	6.5	3.0	0.3441	0.3293
2.5Y	6.5	2.0	0.3494	0.3596	5R	6.5	3.0	0.3473	0.3321
5Y	6.5	2.0	0.3481	0.3633	7.5R	6.5	3.0	0.3508	0.3355
7.5Y	6.5	2.0	0.3462	0.3658	10R	6.5	3.0	0.3565	0.3413
10Y	6.5	2.0	0.3438	0.3677	2.5YR	6.5	3.0	0.3605	0.3463
2.5GY	6.5	2.0	0.3372	0.3692	5YR	6.5	3.0	0.3641	0.3520

H	V	C	*x*	*y*
7.5YR	6.5	3.0	0.3669	0.3589
10YR	6.5	3.0	0.3677	0.3649
2.5Y	6.5	3.0	0.3670	0.3725
5Y	6.5	3.0	0.3650	0.3782
7.5Y	6.5	3.0	0.3623	0.3818
10Y	6.5	3.0	0.3583	0.3846
2.5GY	6.5	3.0	0.3492	0.3872
5GY	6.5	3.0	0.3406	0.3866
7.5GY	6.5	3.0	0.3294	0.3828
10GY	6.5	3.0	0.3180	0.3763
2.5G	6.5	3.0	0.3082	0.3688
5G	6.5	3.0	0.3003	0.3618
7.5G	6.5	3.0	0.2962	0.3579
10G	6.5	3.0	0.2922	0.3539
2.5BG	6.5	3.0	0.2882	0.3492
5BG	6.5	3.0	0.2835	0.3427
7.5BG	6.5	3.0	0.2801	0.3361
10BG	6.5	3.0	0.2780	0.3306
2.5B	6.5	3.0	0.2769	0.3248
5B	6.5	3.0	0.2770	0.3186
7.5B	6.5	3.0	0.2785	0.3140
10B	6.5	3.0	0.2805	0.3108
2.5PB	6.5	3.0	0.2834	0.3083
5PB	6.5	3.0	0.2866	0.3067
7.5PB	6.5	3.0	0.2917	0.3055
10PB	6.5	3.0	0.2956	0.3053
2.5P	6.5	3.0	0.3009	0.3056
5P	6.5	3.0	0.3059	0.3066
7.5P	6.5	3.0	0.3113	0.3084
10P	6.5	3.0	0.3180	0.3113
2.5RP	6.5	3.0	0.3248	0.3149
5RP	6.5	3.0	0.3326	0.3198
7.5RP	6.5	3.0	0.3362	0.3226
10RP	6.5	3.0	0.3399	0.3257
2.5R	6.5	4.0	0.3551	0.3286
5R	6.5	4.0	0.3595	0.3321
7.5R	6.5	4.0	0.3647	0.3370
10R	6.5	4.0	0.3723	0.3446
2.5YR	6.5	4.0	0.3774	0.3512
5YR	6.5	4.0	0.3818	0.3588
7.5YR	6.5	4.0	0.3847	0.3678
10YR	6.5	4.0	0.3853	0.3751
2.5Y	6.5	4.0	0.3844	0.3848
5Y	6.5	4.0	0.3815	0.3924
7.5Y	6.5	4.0	0.3780	0.3974
10Y	6.5	4.0	0.3725	0.4012
2.5GY	6.5	4.0	0.3609	0.4051
5GY	6.5	4.0	0.3494	0.4052
7.5GY	6.5	4.0	0.3341	0.4004
10GY	6.5	4.0	0.3192	0.3920
2.5G	6.5	4.0	0.3060	0.3816
5G	6.5	4.0	0.2958	0.3724
7.5G	6.5	4.0	0.2905	0.3675
10G	6.5	4.0	0.2852	0.3620
2.5BG	6.5	4.0	0.2802	0.3560
5BG	6.5	4.0	0.2739	0.3471
7.5BG	6.5	4.0	0.2694	0.3384
10BG	6.5	4.0	0.2663	0.3307
2.5B	6.5	4.0	0.2645	0.3223
5B	6.5	4.0	0.2644	0.3144
7.5B	6.5	4.0	0.2662	0.3078
10B	6.5	4.0	0.2689	0.3032
2.5PB	6.5	4.0	0.2730	0.3000
5PB	6.5	4.0	0.2773	0.2980
7.5PB	6.5	4.0	0.2847	0.2967
10PB	6.5	4.0	0.2900	0.2968
2.5P	6.5	4.0	0.2963	0.2973
5P	6.5	4.0	0.3031	0.2985
7.5P	6.5	4.0	0.3104	0.3011
10P	6.5	4.0	0.3190	0.3047
2.5RP	6.5	4.0	0.3280	0.3091
5RP	6.5	4.0	0.3389	0.3158
7.5RP	6.5	4.0	0.3440	0.3196
10RP	6.5	4.0	0.3493	0.3237
2.5R	6.5	5.0	0.3680	0.3279
5R	6.5	5.0	0.3733	0.3323
7.5R	6.5	5.0	0.3807	0.3392
10R	6.5	5.0	0.3897	0.3487
2.5YR	6.5	5.0	0.3956	0.3570
5YR	6.5	5.0	0.4004	0.3665
7.5YR	6.5	5.0	0.4033	0.3778
10YR	6.5	5.0	0.4037	0.3864
2.5Y	6.5	5.0	0.4021	0.3978
5Y	6.5	5.0	0.3987	0.4070
7.5Y	6.5	5.0	0.3943	0.4137
10Y	6.5	5.0	0.3882	0.4194
2.5GY	6.5	5.0	0.3745	0.4249
5GY	6.5	5.0	0.3593	0.4253
7.5GY	6.5	5.0	0.3398	0.4197
10GY	6.5	5.0	0.3207	0.4086

H	V	C	x	y
2.5G	6.5	5.0	0.3037	0.3949
5G	6.5	5.0	0.2913	0.3831
7.5G	6.5	5.0	0.2848	0.3768
10G	6.5	5.0	0.2784	0.3697
2.5BG	6.5	5.0	0.2725	0.3624
5BG	6.5	5.0	0.2650	0.3512
7.5BG	6.5	5.0	0.2595	0.3403
10BG	6.5	5.0	0.2557	0.3309
2.5B	6.5	5.0	0.2530	0.3203
5B	6.5	5.0	0.2530	0.3108
7.5B	6.5	5.0	0.2556	0.3026
10B	6.5	5.0	0.2593	0.2970
2.5PB	6.5	5.0	0.2640	0.2928
5PB	6.5	5.0	0.2696	0.2901
7.5PB	6.5	5.0	0.2776	0.2883
10PB	6.5	5.0	0.2842	0.2879
2.5P	6.5	5.0	0.2915	0.2884
5P	6.5	5.0	0.3004	0.2898
7.5P	6.5	5.0	0.3096	0.2927
10P	6.5	5.0	0.3199	0.2970
2.5RP	6.5	5.0	0.3315	0.3027
5RP	6.5	5.0	0.3458	0.3112
7.5RP	6.5	5.0	0.3525	0.3159
10RP	6.5	5.0	0.3597	0.3215
2.5R	6.5	6.0	0.3808	0.3270
5R	6.5	6.0	0.3872	0.3322
7.5R	6.5	6.0	0.3969	0.3410
10R	6.5	6.0	0.4070	0.3523
2.5YR	6.5	6.0	0.4136	0.3622
5YR	6.5	6.0	0.4188	0.3736
7.5YR	6.5	6.0	0.4216	0.3868
10YR	6.5	6.0	0.4216	0.3968
2.5Y	6.5	6.0	0.4191	0.4099
5Y	6.5	6.0	0.4150	0.4206
7.5Y	6.5	6.0	0.4099	0.4291
10Y	6.5	6.0	0.4030	0.4366
2.5GY	6.5	6.0	0.3871	0.4439
5GY	6.5	6.0	0.3686	0.4451
7.5GY	6.5	6.0	0.3450	0.4391
10GY	6.5	6.0	0.3220	0.4256
2.5G	6.5	6.0	0.3013	0.4086
5G	6.5	6.0	0.2866	0.3943
7.5G	6.5	6.0	0.2790	0.3862
10G	6.5	6.0	0.2715	0.3775
2.5BG	6.5	6.0	0.2648	0.3688

H	V	C	x	y
5BG	6.5	6.0	0.2562	0.3553
7.5BG	6.5	6.0	0.2498	0.3421
10BG	6.5	6.0	0.2454	0.3310
2.5B	6.5	6.0	0.2419	0.3181
5B	6.5	6.0	0.2418	0.3071
7.5B	6.5	6.0	0.2452	0.2973
10B	6.5	6.0	0.2499	0.2908
2.5PB	6.5	6.0	0.2553	0.2857
5PB	6.5	6.0	0.2620	0.2824
7.5PB	6.5	6.0	0.2706	0.2799
10PB	6.5	6.0	0.2784	0.2792
2.5P	6.5	6.0	0.2867	0.2796
5P	6.5	6.0	0.2977	0.2811
7.5P	6.5	6.0	0.3088	0.2846
10P	6.5	6.0	0.3208	0.2895
2.5RP	6.5	6.0	0.3349	0.2964
5RP	6.5	6.0	0.3527	0.3066
7.5RP	6.5	6.0	0.3609	0.3122
10RP	6.5	6.0	0.3701	0.3192
2.5R	6.5	7.0	0.3915	0.3264
5R	6.5	7.0	0.3987	0.3324
7.5R	6.5	7.0	0.4105	0.3429
10R	6.5	7.0	0.4224	0.3560
2.5YR	6.5	7.0	0.4306	0.3677
5YR	6.5	7.0	0.4372	0.3813
7.5YR	6.5	7.0	0.4407	0.3970
10YR	6.5	7.0	0.4403	0.4083
2.5Y	6.5	7.0	0.4365	0.4227
5Y	6.5	7.0	0.4307	0.4343
7.5Y	6.5	7.0	0.4241	0.4434
10Y	6.5	7.0	0.4156	0.4514
2.5GY	6.5	7.0	0.3981	0.4601
5GY	6.5	7.0	0.3773	0.4634
7.5GY	6.5	7.0	0.3508	0.4584
10GY	6.5	7.0	0.3238	0.4445
2.5G	6.5	7.0	0.2986	0.4243
5G	6.5	7.0	0.2813	0.4068
7.5G	6.5	7.0	0.2726	0.3968
10G	6.5	7.0	0.2640	0.3859
2.5BG	6.5	7.0	0.2568	0.3756
5BG	6.5	7.0	0.2472	0.3597
7.5BG	6.5	7.0	0.2399	0.3440
10BG	6.5	7.0	0.2353	0.3312
2.5B	6.5	7.0	0.2320	0.3162
5B	6.5	7.0	0.2323	0.3040

H	V	C	*x*	*y*
7.5B	6.5	7.0	0.2360	0.2930
10B	6.5	7.0	0.2409	0.2852
2.5PB	6.5	7.0	0.2474	0.2793
5PB	6.5	7.0	0.2548	0.2754
7.5PB	6.5	7.0	0.2645	0.2728
10PB	6.5	7.0	0.2735	0.2722
2.5P	6.5	7.0	0.2831	0.2725
5P	6.5	7.0	0.2957	0.2744
7.5P	6.5	7.0	0.3082	0.2778
10P	6.5	7.0	0.3217	0.2829
2.5RP	6.5	7.0	0.3382	0.2905
5RP	6.5	7.0	0.3589	0.3024
7.5RP	6.5	7.0	0.3685	0.3092
10RP	6.5	7.0	0.3795	0.3172
2.5R	6.5	8.0	0.4023	0.3257
5R	6.5	8.0	0.4103	0.3325
7.5R	6.5	8.0	0.4240	0.3445
10R	6.5	8.0	0.4376	0.3592
2.5YR	6.5	8.0	0.4472	0.3725
5YR	6.5	8.0	0.4550	0.3881
7.5YR	6.5	8.0	0.4589	0.4060
10YR	6.5	8.0	0.4579	0.4184
2.5Y	6.5	8.0	0.4526	0.4339
5Y	6.5	8.0	0.4451	0.4466
7.5Y	6.5	8.0	0.4370	0.4564
10Y	6.5	8.0	0.4270	0.4650
2.5GY	6.5	8.0	0.4081	0.4752
5GY	6.5	8.0	0.3850	0.4810
7.5GY	6.5	8.0	0.3559	0.4775
10GY	6.5	8.0	0.3252	0.4636
2.5G	6.5	8.0	0.2956	0.4404
5G	6.5	8.0	0.2759	0.4197
7.5G	6.5	8.0	0.2660	0.4076
10G	6.5	8.0	0.2564	0.3944
2.5BG	6.5	8.0	0.2489	0.3825
5BG	6.5	8.0	0.2383	0.3641
7.5BG	6.5	8.0	0.2302	0.3458
10BG	6.5	8.0	0.2255	0.3313
2.5B	6.5	8.0	0.2222	0.3142
5B	6.5	8.0	0.2231	0.3009
7.5B	6.5	8.0	0.2270	0.2885
10B	6.5	8.0	0.2321	0.2796
2.5PB	6.5	8.0	0.2395	0.2728
5PB	6.5	8.0	0.2478	0.2686
7.5PB	6.5	8.0	0.2585	0.2657
10PB	6.5	8.0	0.2688	0.2652
2.5P	6.5	8.0	0.2796	0.2655
5P	6.5	8.0	0.2937	0.2678
7.5P	6.5	8.0	0.3075	0.2712
10P	6.5	8.0	0.3225	0.2765
2.5RP	6.5	8.0	0.3413	0.2848
5RP	6.5	8.0	0.3651	0.2984
7.5RP	6.5	8.0	0.3762	0.3060
10RP	6.5	8.0	0.3889	0.3151
2.5R	6.5	9.0	0.4127	0.3251
5R	6.5	9.0	0.4224	0.3327
7.5R	6.5	9.0	0.4383	0.3465
10R	6.5	9.0	0.4540	0.3632
2.5YR	6.5	9.0	0.4638	0.3779
5YR	6.5	9.0	0.4706	0.3946
7.5YR	6.5	9.0	0.4737	0.4138
10YR	6.5	9.0	0.4716	0.4268
2.5Y	6.5	9.0	0.4647	0.4428
5Y	6.5	9.0	0.4556	0.4557
7.5Y	6.5	9.0	0.4464	0.4661
10Y	6.5	9.0	0.4358	0.4752
2.5GY	6.5	9.0	0.4159	0.4866
5GY	6.5	9.0	0.3912	0.4943
7.5GY	6.5	9.0	0.3605	0.4930
10GY	6.5	9.0	0.3269	0.4804
2.5G	6.5	9.0	0.2932	0.4551
5G	6.5	9.0	0.2716	0.4305
7.5G	6.5	9.0	0.2605	0.4166
10G	6.5	9.0	0.2501	0.4015
2.5BG	6.5	9.0	0.2420	0.3883
5BG	6.5	9.0	0.2303	0.3675
7.5BG	6.5	9.0	0.2214	0.3475
10BG	6.5	9.0	0.2164	0.3315
2.5B	6.5	9.0	0.2132	0.3123
5B	6.5	9.0	0.2137	0.2980
7.5B	6.5	9.0	0.2173	0.2841
10B	6.5	9.0	0.2228	0.2738
2.5PB	6.5	9.0	0.2308	0.2660
5PB	6.5	9.0	0.2402	0.2610
7.5PB	6.5	9.0	0.2521	0.2580
10PB	6.5	9.0	0.2637	0.2577
2.5P	6.5	9.0	0.2759	0.2584
5P	6.5	9.0	0.2918	0.2611
7.5P	6.5	9.0	0.3069	0.2650
10P	6.5	9.0	0.3231	0.2709

H	V	C	x	y	H	V	C	x	y
2.5RP	6.5	9.0	0.3437	0.2803	5R	6.5	11.0	0.4460	0.3330
5RP	6.5	9.0	0.3699	0.2951	7.5R	6.5	11.0	0.4651	0.3497
7.5RP	6.5	9.0	0.3824	0.3036	10R	6.5	11.0	0.4827	0.3699
10RP	6.5	9.0	0.3968	0.3135	2.5YR	6.5	11.0	0.4922	0.3866
2.5R	6.5	10.0	0.4231	0.3244	5YR	6.5	11.0	0.4977	0.4050
5R	6.5	10.0	0.4344	0.3327	7.5YR	6.5	11.0	0.4985	0.4264
7.5R	6.5	10.0	0.4524	0.3480	10YR	6.5	11.0	0.4940	0.4400
10R	6.5	10.0	0.4701	0.3665	2.5Y	6.5	11.0	0.4843	0.4564
2.5YR	6.5	10.0	0.4798	0.3824	5Y	6.5	11.0	0.4727	0.4702
5YR	6.5	10.0	0.4855	0.4003	7.5Y	6.5	11.0	0.4617	0.4817
7.5YR	6.5	10.0	0.4875	0.4206	10Y	6.5	11.0	0.4502	0.4921
10YR	6.5	10.0	0.4842	0.4341	2.5GY	6.5	11.0	0.4291	0.5064
2.5Y	6.5	10.0	0.4757	0.4504	5GY	6.5	11.0	0.4022	0.5185
5Y	6.5	10.0	0.4651	0.4638	7.5GY	6.5	11.0	0.3688	0.5228
7.5Y	6.5	10.0	0.4548	0.4748	10GY	6.5	11.0	0.3299	0.5140
10Y	6.5	10.0	0.4436	0.4844	2.5G	6.5	11.0	0.2882	0.4832
2.5GY	6.5	10.0	0.4227	0.4971	5G	6.5	11.0	0.2627	0.4519
5GY	6.5	10.0	0.3966	0.5068	7.5G	6.5	11.0	0.2497	0.4340
7.5GY	6.5	10.0	0.3644	0.5081	10G	6.5	11.0	0.2376	0.4152
10GY	6.5	10.0	0.3282	0.4973	2.5BG	6.5	11.0	0.2285	0.3997
2.5G	6.5	10.0	0.2905	0.4701	5BG	6.5	11.0	0.2151	0.3745
5G	6.5	10.0	0.2671	0.4415	7.5BG	6.5	11.0	0.2048	0.3507
7.5G	6.5	10.0	0.2549	0.4256	10BG	6.5	11.0	0.1990	0.3319
10G	6.5	10.0	0.2437	0.4085	2.5B	6.5	11.0	0.1952	0.3085
2.5BG	6.5	10.0	0.2351	0.3943	5B	6.5	11.0	0.1954	0.2919
5BG	6.5	10.0	0.2224	0.3709	7.5B	6.5	11.0	0.1989	0.2754
7.5BG	6.5	10.0	0.2127	0.3491	10B	6.5	11.0	0.2052	0.2627
10BG	6.5	10.0	0.2074	0.3316	2.5PB	6.5	11.0	0.2148	0.2531
2.5B	6.5	10.0	0.2043	0.3103	5PB	6.5	11.0	0.2260	0.2470
5B	6.5	10.0	0.2046	0.2950	7.5PB	6.5	11.0	0.2401	0.2436
7.5B	6.5	10.0	0.2078	0.2796	10PB	6.5	11.0	0.2537	0.2433
10B	6.5	10.0	0.2138	0.2681	2.5P	6.5	11.0	0.2685	0.2442
2.5PB	6.5	10.0	0.2223	0.2592	5P	6.5	11.0	0.2878	0.2473
5PB	6.5	10.0	0.2327	0.2535	7.5P	6.5	11.0	0.3057	0.2520
7.5PB	6.5	10.0	0.2458	0.2504	10P	6.5	11.0	0.3244	0.2590
10PB	6.5	10.0	0.2586	0.2504	2.5RP	6.5	11.0	0.3487	0.2705
2.5P	6.5	10.0	0.2722	0.2514	5RP	6.5	11.0	0.3802	0.2882
5P	6.5	10.0	0.2898	0.2545	7.5RP	6.5	11.0	0.3959	0.2982
7.5P	6.5	10.0	0.3063	0.2590	10RP	6.5	11.0	0.4137	0.3098
10P	6.5	10.0	0.3237	0.2654	2.5R	6.5	12.0	0.4445	0.3228
2.5RP	6.5	10.0	0.3461	0.2760	5R	6.5	12.0	0.4575	0.3330
5RP	6.5	10.0	0.3746	0.2920	7.5R	6.5	12.0	0.4775	0.3510
7.5RP	6.5	10.0	0.3887	0.3011	10R	6.5	12.0	0.4950	0.3729
10RP	6.5	10.0	0.4047	0.3118	2.5YR	6.5	12.0	0.5041	0.3903
2.5R	6.5	11.0	0.4338	0.3237	5YR	6.5	12.0	0.5093	0.4089

H	V	C	x	y	H	V	C	x	y
7.5YR	6.5	12.0	0.5086	0.4312	2.5B	6.5	12.0	0.1863	0.3064
10YR	6.5	12.0	0.5028	0.4450	5B	6.5	12.0	0.1866	0.2887
2.5Y	6.5	12.0	0.4919	0.4615	7.5B	6.5	12.0	0.1902	0.2711
5Y	6.5	12.0	0.4794	0.4757	10B	6.5	12.0	0.1969	0.2573
7.5Y	6.5	12.0	0.4678	0.4878	2.5PB	6.5	12.0	0.2074	0.2471
10Y	6.5	12.0	0.4558	0.4988	5PB	6.5	12.0	0.2195	0.2406
2.5GY	6.5	12.0	0.4347	0.5147	7.5PB	6.5	12.0	0.2345	0.2370
5GY	6.5	12.0	0.4069	0.5292	10PB	6.5	12.0	0.2488	0.2363
7.5GY	6.5	12.0	0.3724	0.5368	2.5P	6.5	12.0	0.2650	0.2371
10GY	6.5	12.0	0.3310	0.5306	5P	6.5	12.0	0.2857	0.2402
2.5G	6.5	12.0	0.2857	0.4963	7.5P	6.5	12.0	0.3050	0.2453
5G	6.5	12.0	0.2583	0.4624	10P	6.5	12.0	0.3251	0.2527
7.5G	6.5	12.0	0.2445	0.4426	2.5RP	6.5	12.0	0.3512	0.2651
10G	6.5	12.0	0.2315	0.4219	5RP	6.5	12.0	0.3858	0.2845
2.5BG	6.5	12.0	0.2221	0.4052	7.5RP	6.5	12.0	0.4032	0.2953
5BG	6.5	12.0	0.2079	0.3780	10RP	6.5	12.0	0.4228	0.3078
7.5BG	6.5	12.0	0.1970	0.3523	5YR	6.5	14.0	0.5284	0.4164
10BG	6.5	12.0	0.1907	0.3321					

$Y=31.26$

H	V	C	x	y	H	V	C	x	y
5R	6.0	1.0	0.3290	0.3310	2.5YR	6.0	2.0	0.3464	0.3413
10R	6.0	1.0	0.3332	0.3364	5YR	6.0	2.0	0.3493	0.3459
5YR	6.0	1.0	0.3347	0.3403	7.5YR	6.0	2.0	0.3511	0.3507
10YR	6.0	1.0	0.3352	0.3445	10YR	6.0	2.0	0.3516	0.3543
5Y	6.0	1.0	0.3320	0.3512	2.5Y	6.0	2.0	0.3503	0.3613
10Y	6.0	1.0	0.3300	0.3520	5Y	6.0	2.0	0.3486	0.3650
5GY	6.0	1.0	0.3232	0.3525	7.5Y	6.0	2.0	0.3465	0.3675
10GY	6.0	1.0	0.3170	0.3507	10Y	6.0	2.0	0.3448	0.3685
5G	6.0	1.0	0.3072	0.3440	2.5GY	6.0	2.0	0.3369	0.3695
10G	6.0	1.0	0.3035	0.3405	5GY	6.0	2.0	0.3303	0.3675
5BG	6.0	1.0	0.2994	0.3348	7.5GY	6.0	2.0	0.3228	0.3643
10BG	6.0	1.0	0.2973	0.3294	10GY	6.0	2.0	0.3174	0.3611
5B	6.0	1.0	0.2971	0.3255	2.5G	6.0	2.0	0.3102	0.3565
10B	6.0	1.0	0.2987	0.3220	5G	6.0	2.0	0.3042	0.3515
5PB	6.0	1.0	0.3017	0.3198	7.5G	6.0	2.0	0.3011	0.3486
10PB	6.0	1.0	0.3045	0.3191	10G	6.0	2.0	0.2985	0.3462
5P	6.0	1.0	0.3098	0.3195	2.5BG	6.0	2.0	0.2949	0.3422
10P	6.0	1.0	0.3180	0.3225	5BG	6.0	2.0	0.2913	0.3375
5RP	6.0	1.0	0.3235	0.3260	7.5BG	6.0	2.0	0.2892	0.3336
10RP	6.0	1.0	0.3267	0.3287	10BG	6.0	2.0	0.2879	0.3298
2.5R	6.0	2.0	0.3350	0.3294	2.5B	6.0	2.0	0.2874	0.3266
5R	6.0	2.0	0.3365	0.3308	5B	6.0	2.0	0.2879	0.3216
7.5R	6.0	2.0	0.3387	0.3330	7.5B	6.0	2.0	0.2893	0.3187
10R	6.0	2.0	0.3438	0.3381	10B	6.0	2.0	0.2905	0.3171

H	V	C	x	y
2.5PB	6.0	2.0	0.2925	0.3152
5PB	6.0	2.0	0.2941	0.3141
7.5PB	6.0	2.0	0.2975	0.3125
10PB	6.0	2.0	0.3002	0.3118
2.5P	6.0	2.0	0.3040	0.3117
5P	6.0	2.0	0.3074	0.3125
7.5P	6.0	2.0	0.3102	0.3135
10P	6.0	2.0	0.3185	0.3171
2.5RP	6.0	2.0	0.3245	0.3206
5RP	6.0	2.0	0.3276	0.3228
7.5RP	6.0	2.0	0.3303	0.3251
10RP	6.0	2.0	0.3327	0.3272
2.5R	6.0	3.0	0.3466	0.3289
5R	6.0	3.0	0.3488	0.3309
7.5R	6.0	3.0	0.3527	0.3345
10R	6.0	3.0	0.3598	0.3417
2.5YR	6.0	3.0	0.3637	0.3464
5YR	6.0	3.0	0.3681	0.3535
7.5YR	6.0	3.0	0.3707	0.3608
10YR	6.0	3.0	0.3712	0.3663
2.5Y	6.0	3.0	0.3695	0.3755
5Y	6.0	3.0	0.3670	0.3810
7.5Y	6.0	3.0	0.3644	0.3844
10Y	6.0	3.0	0.3609	0.3866
2.5GY	6.0	3.0	0.3502	0.3892
5GY	6.0	3.0	0.3409	0.3877
7.5GY	6.0	3.0	0.3283	0.3825
10GY	6.0	3.0	0.3186	0.3769
2.5G	6.0	3.0	0.3076	0.3693
5G	6.0	3.0	0.2993	0.3627
7.5G	6.0	3.0	0.2948	0.3588
10G	6.0	3.0	0.2908	0.3551
2.5BG	6.0	3.0	0.2860	0.3497
5BG	6.0	3.0	0.2805	0.3422
7.5BG	6.0	3.0	0.2771	0.3354
10BG	6.0	3.0	0.2754	0.3303
2.5B	6.0	3.0	0.2744	0.3243
5B	6.0	3.0	0.2746	0.3172
7.5B	6.0	3.0	0.2762	0.3121
10B	6.0	3.0	0.2779	0.3088
2.5PB	6.0	3.0	0.2811	0.3059
5PB	6.0	3.0	0.2840	0.3043
7.5PB	6.0	3.0	0.2897	0.3028
10PB	6.0	3.0	0.2943	0.3027
2.5P	6.0	3.0	0.2999	0.3033

H	V	C	x	y
5P	6.0	3.0	0.3044	0.3045
7.5P	6.0	3.0	0.3095	0.3061
10P	6.0	3.0	0.3192	0.3100
2.5RP	6.0	3.0	0.3274	0.3143
5RP	6.0	3.0	0.3343	0.3185
7.5RP	6.0	3.0	0.3389	0.3220
10RP	6.0	3.0	0.3426	0.3252
2.5R	6.0	4.0	0.3583	0.3282
5R	6.0	4.0	0.3612	0.3308
7.5R	6.0	4.0	0.3668	0.3358
10R	6.0	4.0	0.3760	0.3448
2.5YR	6.0	4.0	0.3811	0.3509
5YR	6.0	4.0	0.3870	0.3605
7.5YR	6.0	4.0	0.3903	0.3702
10YR	6.0	4.0	0.3907	0.3776
2.5Y	6.0	4.0	0.3885	0.3890
5Y	6.0	4.0	0.3850	0.3963
7.5Y	6.0	4.0	0.3818	0.4007
10Y	6.0	4.0	0.3765	0.4042
2.5GY	6.0	4.0	0.3630	0.4088
5GY	6.0	4.0	0.3510	0.4080
7.5GY	6.0	4.0	0.3334	0.4011
10GY	6.0	4.0	0.3195	0.3932
2.5G	6.0	4.0	0.3047	0.3825
5G	6.0	4.0	0.2943	0.3743
7.5G	6.0	4.0	0.2883	0.3693
10G	6.0	4.0	0.2831	0.3642
2.5BG	6.0	4.0	0.2770	0.3573
5BG	6.0	4.0	0.2698	0.3468
7.5BG	6.0	4.0	0.2652	0.3370
10BG	6.0	4.0	0.2630	0.3305
2.5B	6.0	4.0	0.2616	0.3217
5B	6.0	4.0	0.2615	0.3126
7.5B	6.0	4.0	0.2633	0.3054
10B	6.0	4.0	0.2655	0.3005
2.5PB	6.0	4.0	0.2699	0.2967
5PB	6.0	4.0	0.2740	0.2945
7.5PB	6.0	4.0	0.2820	0.2933
10PB	6.0	4.0	0.2885	0.2938
2.5P	6.0	4.0	0.2957	0.2951
5P	6.0	4.0	0.3014	0.2966
7.5P	6.0	4.0	0.3088	0.2989
10P	6.0	4.0	0.3199	0.3031
2.5RP	6.0	4.0	0.3302	0.3081
5RP	6.0	4.0	0.3410	0.3143

H	V	C	*x*	*y*
7.5RP	6.0	4.0	0.3475	0.3188
10RP	6.0	4.0	0.3526	0.3231
2.5R	6.0	5.0	0.3725	0.3275
5R	6.0	5.0	0.3768	0.3310
7.5R	6.0	5.0	0.3848	0.3378
10R	6.0	5.0	0.3959	0.3493
2.5YR	6.0	5.0	0.4018	0.3571
5YR	6.0	5.0	0.4080	0.3690
7.5YR	6.0	5.0	0.4110	0.3809
10YR	6.0	5.0	0.4110	0.3900
2.5Y	6.0	5.0	0.4079	0.4033
5Y	6.0	5.0	0.4037	0.4125
7.5Y	6.0	5.0	0.3997	0.4185
10Y	6.0	5.0	0.3939	0.4235
2.5GY	6.0	5.0	0.3777	0.4294
5GY	6.0	5.0	0.3619	0.4289
7.5GY	6.0	5.0	0.3400	0.4223
10GY	6.0	5.0	0.3210	0.4119
2.5G	6.0	5.0	0.3017	0.3972
5G	6.0	5.0	0.2892	0.3861
7.5G	6.0	5.0	0.2821	0.3792
10G	6.0	5.0	0.2756	0.3726
2.5BG	6.0	5.0	0.2688	0.3644
5BG	6.0	5.0	0.2599	0.3508
7.5BG	6.0	5.0	0.2539	0.3387
10BG	6.0	5.0	0.2509	0.3308
2.5B	6.0	5.0	0.2481	0.3192
5B	6.0	5.0	0.2481	0.3082
7.5B	6.0	5.0	0.2510	0.2993
10B	6.0	5.0	0.2545	0.2934
2.5PB	6.0	5.0	0.2599	0.2886
5PB	6.0	5.0	0.2659	0.2860
7.5PB	6.0	5.0	0.2748	0.2845
10PB	6.0	5.0	0.2826	0.2847
2.5P	6.0	5.0	0.2909	0.2857
5P	6.0	5.0	0.2987	0.2872
7.5P	6.0	5.0	0.3080	0.2898
10P	6.0	5.0	0.3209	0.2943
2.5RP	6.0	5.0	0.3336	0.3004
5RP	6.0	5.0	0.3487	0.3094
7.5RP	6.0	5.0	0.3564	0.3148
10RP	6.0	5.0	0.3641	0.3208
2.5R	6.0	6.0	0.3867	0.3265
5R	6.0	6.0	0.3925	0.3308
7.5R	6.0	6.0	0.4028	0.3393
10R	6.0	6.0	0.4158	0.3530
2.5YR	6.0	6.0	0.4223	0.3624
5YR	6.0	6.0	0.4287	0.3766
7.5YR	6.0	6.0	0.4311	0.3904
10YR	6.0	6.0	0.4305	0.4013
2.5Y	6.0	6.0	0.4265	0.4164
5Y	6.0	6.0	0.4213	0.4274
7.5Y	6.0	6.0	0.4165	0.4350
10Y	6.0	6.0	0.4100	0.4415
2.5GY	6.0	6.0	0.3912	0.4491
5GY	6.0	6.0	0.3719	0.4495
7.5GY	6.0	6.0	0.3458	0.4437
10GY	6.0	6.0	0.3220	0.4310
2.5G	6.0	6.0	0.2984	0.4124
5G	6.0	6.0	0.2840	0.3983
7.5G	6.0	6.0	0.2758	0.3894
10G	6.0	6.0	0.2680	0.3812
2.5BG	6.0	6.0	0.2605	0.3715
5BG	6.0	6.0	0.2500	0.3548
7.5BG	6.0	6.0	0.2428	0.3403
10BG	6.0	6.0	0.2390	0.3310
2.5B	6.0	6.0	0.2350	0.3165
5B	6.0	6.0	0.2350	0.3036
7.5B	6.0	6.0	0.2390	0.2930
10B	6.0	6.0	0.2438	0.2863
2.5PB	6.0	6.0	0.2502	0.2806
5PB	6.0	6.0	0.2579	0.2777
7.5PB	6.0	6.0	0.2677	0.2758
10PB	6.0	6.0	0.2768	0.2759
2.5P	6.0	6.0	0.2861	0.2766
5P	6.0	6.0	0.2960	0.2780
7.5P	6.0	6.0	0.3072	0.2809
10P	6.0	6.0	0.3217	0.2858
2.5RP	6.0	6.0	0.3369	0.2929
5RP	6.0	6.0	0.3564	0.3045
7.5RP	6.0	6.0	0.3653	0.3108
10RP	6.0	6.0	0.3756	0.3184
2.5R	6.0	7.0	0.3975	0.3260
5R	6.0	7.0	0.4039	0.3308
7.5R	6.0	7.0	0.4153	0.3406
10R	6.0	7.0	0.4301	0.3562
2.5YR	6.0	7.0	0.4381	0.3670
5YR	6.0	7.0	0.4466	0.3839
7.5YR	6.0	7.0	0.4502	0.4003
10YR	6.0	7.0	0.4493	0.4129

H	V	C	x	y
2.5Y	6.0	7.0	0.4436	0.4290
5Y	6.0	7.0	0.4365	0.4405
7.5Y	6.0	7.0	0.4300	0.4486
10Y	6.0	7.0	0.4222	0.4557
2.5GY	6.0	7.0	0.4023	0.4650
5GY	6.0	7.0	0.3808	0.4681
7.5GY	6.0	7.0	0.3522	0.4643
10GY	6.0	7.0	0.3238	0.4525
2.5G	6.0	7.0	0.2946	0.4306
5G	6.0	7.0	0.2776	0.4131
7.5G	6.0	7.0	0.2682	0.4015
10G	6.0	7.0	0.2597	0.3907
2.5BG	6.0	7.0	0.2515	0.3791
5BG	6.0	7.0	0.2396	0.3593
7.5BG	6.0	7.0	0.2313	0.3418
10BG	6.0	7.0	0.2274	0.3314
2.5B	6.0	7.0	0.2233	0.3144
5B	6.0	7.0	0.2241	0.2999
7.5B	6.0	7.0	0.2290	0.2880
10B	6.0	7.0	0.2345	0.2804
2.5PB	6.0	7.0	0.2420	0.2738
5PB	6.0	7.0	0.2506	0.2703
7.5PB	6.0	7.0	0.2611	0.2677
10PB	6.0	7.0	0.2715	0.2678
2.5P	6.0	7.0	0.2820	0.2685
5P	6.0	7.0	0.2938	0.2704
7.5P	6.0	7.0	0.3065	0.2733
10P	6.0	7.0	0.3225	0.2786
2.5RP	6.0	7.0	0.3398	0.2864
5RP	6.0	7.0	0.3633	0.3001
7.5RP	6.0	7.0	0.3739	0.3077
10RP	6.0	7.0	0.3855	0.3164
2.5R	6.0	8.0	0.4083	0.3253
5R	6.0	8.0	0.4152	0.3307
7.5R	6.0	8.0	0.4277	0.3417
10R	6.0	8.0	0.4443	0.3589
2.5YR	6.0	8.0	0.4536	0.3711
5YR	6.0	8.0	0.4638	0.3903
7.5YR	6.0	8.0	0.4682	0.4089
10YR	6.0	8.0	0.4667	0.4229
2.5Y	6.0	8.0	0.4592	0.4399
5Y	6.0	8.0	0.4503	0.4521
7.5Y	6.0	8.0	0.4423	0.4609
10Y	6.0	8.0	0.4332	0.4687
2.5GY	6.0	8.0	0.4123	0.4798
5GY	6.0	8.0	0.3886	0.4860
7.5GY	6.0	8.0	0.3578	0.4846
10GY	6.0	8.0	0.3249	0.4743
2.5G	6.0	8.0	0.2904	0.4494
5G	6.0	8.0	0.2710	0.4283
7.5G	6.0	8.0	0.2605	0.4140
10G	6.0	8.0	0.2513	0.4003
2.5BG	6.0	8.0	0.2426	0.3868
5BG	6.0	8.0	0.2294	0.3638
7.5BG	6.0	8.0	0.2201	0.3432
10BG	6.0	8.0	0.2161	0.3316
2.5B	6.0	8.0	0.2119	0.3121
5B	6.0	8.0	0.2135	0.2961
7.5B	6.0	8.0	0.2192	0.2829
10B	6.0	8.0	0.2255	0.2745
2.5PB	6.0	8.0	0.2340	0.2670
5PB	6.0	8.0	0.2435	0.2630
7.5PB	6.0	8.0	0.2546	0.2598
10PB	6.0	8.0	0.2663	0.2598
2.5P	6.0	8.0	0.2779	0.2606
5P	6.0	8.0	0.2915	0.2630
7.5P	6.0	8.0	0.3058	0.2659
10P	6.0	8.0	0.3232	0.2716
2.5RP	6.0	8.0	0.3426	0.2800
5RP	6.0	8.0	0.3701	0.2958
7.5RP	6.0	8.0	0.3825	0.3045
10RP	6.0	8.0	0.3955	0.3144
2.5R	6.0	9.0	0.4212	0.3247
5R	6.0	9.0	0.4293	0.3308
7.5R	6.0	9.0	0.4454	0.3437
10R	6.0	9.0	0.4648	0.3635
2.5YR	6.0	9.0	0.4735	0.3770
5YR	6.0	9.0	0.4815	0.3975
7.5YR	6.0	9.0	0.4831	0.4166
10YR	6.0	9.0	0.4794	0.4308
2.5Y	6.0	9.0	0.4706	0.4479
5Y	6.0	9.0	0.4606	0.4610
7.5Y	6.0	9.0	0.4518	0.4704
10Y	6.0	9.0	0.4420	0.4786
2.5GY	6.0	9.0	0.4200	0.4909
5GY	6.0	9.0	0.3947	0.4992
7.5GY	6.0	9.0	0.3627	0.5005
10GY	6.0	9.0	0.3262	0.4912
2.5G	6.0	9.0	0.2872	0.4653
5G	6.0	9.0	0.2660	0.4400

H	V	C	x	y
7.5G	6.0	9.0	0.2543	0.4237
10G	6.0	9.0	0.2444	0.4081
2.5BG	6.0	9.0	0.2353	0.3931
5BG	6.0	9.0	0.2210	0.3670
7.5BG	6.0	9.0	0.2111	0.3444
10BG	6.0	9.0	0.2072	0.3320
2.5B	6.0	9.0	0.2034	0.3105
5B	6.0	9.0	0.2047	0.2933
7.5B	6.0	9.0	0.2097	0.2782
10B	6.0	9.0	0.2156	0.2682
2.5PB	6.0	9.0	0.2241	0.2592
5PB	6.0	9.0	0.2344	0.2535
7.5PB	6.0	9.0	0.2472	0.2503
10PB	6.0	9.0	0.2604	0.2508
2.5P	6.0	9.0	0.2736	0.2522
5P	6.0	9.0	0.2893	0.2552
7.5P	6.0	9.0	0.3052	0.2592
10P	6.0	9.0	0.3238	0.2656
2.5RP	6.0	9.0	0.3449	0.2748
5RP	6.0	9.0	0.3756	0.2923
7.5RP	6.0	9.0	0.3901	0.3021
10RP	6.0	9.0	0.4049	0.3125
2.5R	6.0	10.0	0.4340	0.3239
5R	6.0	10.0	0.4434	0.3307
7.5R	6.0	10.0	0.4628	0.3451
10R	6.0	10.0	0.4847	0.3671
2.5YR	6.0	10.0	0.4925	0.3817
5YR	6.0	10.0	0.4981	0.4034
7.5YR	6.0	10.0	0.4968	0.4231
10YR	6.0	10.0	0.4910	0.4376
2.5Y	6.0	10.0	0.4808	0.4547
5Y	6.0	10.0	0.4698	0.4687
7.5Y	6.0	10.0	0.4602	0.4788
10Y	6.0	10.0	0.4498	0.4874
2.5GY	6.0	10.0	0.4267	0.5010
5GY	6.0	10.0	0.3999	0.5116
7.5GY	6.0	10.0	0.3668	0.5159
10GY	6.0	10.0	0.3271	0.5081
2.5G	6.0	10.0	0.2838	0.4816
5G	6.0	10.0	0.2609	0.4519
7.5G	6.0	10.0	0.2480	0.4335
10G	6.0	10.0	0.2375	0.4160
2.5BG	6.0	10.0	0.2280	0.3995
5BG	6.0	10.0	0.2127	0.3701
7.5BG	6.0	10.0	0.2023	0.3455

H	V	C	x	y
10BG	6.0	10.0	0.1984	0.3322
2.5B	6.0	10.0	0.1951	0.3088
5B	6.0	10.0	0.1962	0.2904
7.5B	6.0	10.0	0.2005	0.2735
10B	6.0	10.0	0.2060	0.2620
2.5PB	6.0	10.0	0.2145	0.2515
5PB	6.0	10.0	0.2255	0.2443
7.5PB	6.0	10.0	0.2400	0.2410
10PB	6.0	10.0	0.2546	0.2420
2.5P	6.0	10.0	0.2694	0.2441
5P	6.0	10.0	0.2871	0.2476
7.5P	6.0	10.0	0.3046	0.2527
10P	6.0	10.0	0.3244	0.2597
2.5RP	6.0	10.0	0.3471	0.2698
5RP	6.0	10.0	0.3810	0.2889
7.5RP	6.0	10.0	0.3976	0.2996
10RP	6.0	10.0	0.4143	0.3105
2.5R	6.0	11.0	0.4467	0.3230
5R	6.0	11.0	0.4583	0.3310
7.5R	6.0	11.0	0.4779	0.3465
10R	6.0	11.0	0.4984	0.3707
2.5YR	6.0	11.0	0.5051	0.3857
5YR	6.0	11.0	0.5096	0.4082
7.5YR	6.0	11.0	0.5069	0.4281
10YR	6.0	11.0	0.5002	0.4431
2.5Y	6.0	11.0	0.4889	0.4601
5Y	6.0	11.0	0.4768	0.4746
7.5Y	6.0	11.0	0.4666	0.4852
10Y	6.0	11.0	0.4560	0.4945
2.5GY	6.0	11.0	0.4332	0.5100
5GY	6.0	11.0	0.4056	0.5234
7.5GY	6.0	11.0	0.3713	0.5305
10GY	6.0	11.0	0.3283	0.5253
2.5G	6.0	11.0	0.2806	0.4942
5G	6.0	11.0	0.2560	0.4629
7.5G	6.0	11.0	0.2420	0.4427
10G	6.0	11.0	0.2306	0.4236
2.5BG	6.0	11.0	0.2207	0.4056
5BG	6.0	11.0	0.2045	0.3736
7.5BG	6.0	11.0	0.1936	0.3469
10BG	6.0	11.0	0.1894	0.3327
2.5B	6.0	11.0	0.1856	0.3070
5B	6.0	11.0	0.1866	0.2870
7.5B	6.0	11.0	0.1914	0.2687
10B	6.0	11.0	0.1975	0.2564

H	V	C	*x*	*y*
2.5PB	6.0	11.0	0.2070	0.2455
5PB	6.0	11.0	0.2188	0.2377
7.5PB	6.0	11.0	0.2340	0.2336
10PB	6.0	11.0	0.2490	0.2336
2.5P	6.0	11.0	0.2648	0.2349
5P	6.0	11.0	0.2846	0.2384
7.5P	6.0	11.0	0.3037	0.2438
10P	6.0	11.0	0.3251	0.2517
2.5RP	6.0	11.0	0.3496	0.2628
5RP	6.0	11.0	0.3881	0.2843
7.5RP	6.0	11.0	0.4070	0.2963
10RP	6.0	11.0	0.4252	0.3083
2.5R	6.0	12.0	0.4594	0.3218
5R	6.0	12.0	0.4731	0.3310
7.5R	6.0	12.0	0.4927	0.3475
10R	6.0	12.0	0.5116	0.3737
2.5YR	6.0	12.0	0.5170	0.3891
5YR	6.0	12.0	0.5203	0.4121
7.5YR	6.0	12.0	0.5161	0.4322
10YR	6.0	12.0	0.5084	0.4476
2.5Y	6.0	12.0	0.4961	0.4646
5Y	6.0	12.0	0.4829	0.4796
7.5Y	6.0	12.0	0.4721	0.4907
10Y	6.0	12.0	0.4614	0.5006
2.5GY	6.0	12.0	0.4387	0.5179
5GY	6.0	12.0	0.4103	0.5340
7.5GY	6.0	12.0	0.3750	0.5442
10GY	6.0	12.0	0.3290	0.5423
2.5G	6.0	12.0	0.2772	0.5070
5G	6.0	12.0	0.2510	0.4741
7.5G	6.0	12.0	0.2359	0.4520
10G	6.0	12.0	0.2238	0.4313
2.5BG	6.0	12.0	0.2135	0.4118
5BG	6.0	12.0	0.1965	0.3771
7.5BG	6.0	12.0	0.1850	0.3482
10BG	6.0	12.0	0.1806	0.3330
2.5B	6.0	12.0	0.1764	0.3050
5B	6.0	12.0	0.1773	0.2834
7.5B	6.0	12.0	0.1825	0.2638
10B	6.0	12.0	0.1893	0.2509
2.5PB	6.0	12.0	0.1997	0.2395
5PB	6.0	12.0	0.2122	0.2312
7.5PB	6.0	12.0	0.2282	0.2264
10PB	6.0	12.0	0.2434	0.2254
2.5P	6.0	12.0	0.2603	0.2260
5P	6.0	12.0	0.2820	0.2295
7.5P	6.0	12.0	0.3028	0.2353
10P	6.0	12.0	0.3258	0.2439
2.5RP	6.0	12.0	0.3520	0.2560
5RP	6.0	12.0	0.3952	0.2798
7.5RP	6.0	12.0	0.4164	0.2929
10RP	6.0	12.0	0.4361	0.3061
2.5R	6.0	14.0	0.4845	0.3204
5R	6.0	14.0	0.4969	0.3307
7.5R	6.0	14.0	0.5172	0.3487
10R	6.0	14.0	0.5349	0.3794
2.5YR	6.0	14.0	0.5386	0.3954
5YR	6.0	14.0	0.5377	0.4187
7.5YR	6.0	14.0	0.5302	0.4390
10YR	6.0	14.0	0.5204	0.4551
2.5Y	6.0	14.0	0.5072	0.4719
5Y	6.0	14.0	0.4927	0.4875
7.5Y	6.0	14.0	0.4807	0.4990
10Y	6.0	14.0	0.4692	0.5095
2.5GY	6.0	14.0	0.4464	0.5286
5GY	6.0	14.0	0.4172	0.5496
7.5GY	6.0	14.0	0.3823	0.5684
10GY	6.0	14.0	0.3308	0.5761
2.5G	6.0	14.0	0.2700	0.5351
5G	6.0	14.0	0.2412	0.4960
7.5G	6.0	14.0	0.2244	0.4702
10G	6.0	14.0	0.2111	0.4466
2.5BG	6.0	14.0	0.1995	0.4238
5BG	6.0	14.0	0.1815	0.3835
7.5BG	6.0	14.0	0.1692	0.3508
10BG	6.0	14.0	0.1641	0.3341
2.5B	6.0	14.0	0.1586	0.3022
5B	6.0	14.0	0.1584	0.2768
7.5B	6.0	14.0	0.1630	0.2533
10B	6.0	14.0	0.1701	0.2381
2.5PB	6.0	14.0	0.1820	0.2252
5PB	6.0	14.0	0.1980	0.2157
7.5PB	6.0	14.0	0.2160	0.2098
10PB	6.0	14.0	0.2316	0.2074
2.5P	6.0	14.0	0.2510	0.2074
5P	6.0	14.0	0.2766	0.2111
7.5P	6.0	14.0	0.3016	0.2180
10P	6.0	14.0	0.3276	0.2281
2.5RP	6.0	14.0	0.3568	0.2425
5RP	6.0	14.0	0.4089	0.2714
7.5RP	6.0	14.0	0.4350	0.2867
10RP	6.0	14.0	0.4584	0.3014

$Y=25.53$

H	V	C	x	y	H	V	C	x	y
5R	5.5	1.0	0.3297	0.3308	5R	5.5	3.0	0.3540	0.3312
10R	5.5	1.0	0.3338	0.3367	7.5R	5.5	3.0	0.3581	0.3350
5YR	5.5	1.0	0.3348	0.3401	10R	5.5	3.0	0.3656	0.3425
10YR	5.5	1.0	0.3351	0.3445	2.5YR	5.5	3.0	0.3699	0.3478
5Y	5.5	1.0	0.3322	0.3499	5YR	5.5	3.0	0.3744	0.3556
10Y	5.5	1.0	0.3299	0.3513	7.5YR	5.5	3.0	0.3765	0.3621
5GY	5.5	1.0	0.3243	0.3520	10YR	5.5	3.0	0.3767	0.3696
10GY	5.5	1.0	0.3161	0.3499	2.5Y	5.5	3.0	0.3742	0.3785
5G	5.5	1.0	0.3076	0.3440	5Y	5.5	3.0	0.3710	0.3839
10G	5.5	1.0	0.3038	0.3405	7.5Y	5.5	3.0	0.3679	0.3874
5BG	5.5	1.0	0.2994	0.3342	10Y	5.5	3.0	0.3626	0.3900
10BG	5.5	1.0	0.2978	0.3290	2.5GY	5.5	3.0	0.3531	0.3919
5B	5.5	1.0	0.2979	0.3250	5GY	5.5	2.0	0.3330	0.3700
10B	5.5	1.0	0.2992	0.3222	7.5GY	5.5	2.0	0.3242	0.3666
5PB	5.5	1.0	0.3018	0.3200	10GY	5.5	2.0	0.3166	0.3622
10PB	5.5	1.0	0.3043	0.3188	2.5G	5.5	2.0	0.3098	0.3580
5P	5.5	1.0	0.3096	0.3186	5G	5.5	2.0	0.3034	0.3530
10P	5.5	1.0	0.3180	0.3213	7.5G	5.5	2.0	0.3002	0.3499
5RP	5.5	1.0	0.3237	0.3249	10G	5.5	2.0	0.2970	0.3470
10RP	5.5	1.0	0.3271	0.3280	2.5BG	5.5	2.0	0.2931	0.3426
2.5R	5.5	2.0	0.3374	0.3283	5BG	5.5	2.0	0.2893	0.3375
5R	5.5	2.0	0.3403	0.3311	7.5BG	5.5	2.0	0.2873	0.3337
7.5R	5.5	2.0	0.3428	0.3337	10BG	5.5	2.0	0.2855	0.3290
10R	5.5	2.0	0.3480	0.3389	2.5B	5.5	2.0	0.2847	0.3252
2.5YR	5.5	2.0	0.3505	0.3422	5B	5.5	2.0	0.2853	0.3203
5YR	5.5	2.0	0.3532	0.3471	7.5B	5.5	2.0	0.2865	0.3176
7.5YR	5.5	2.0	0.3545	0.3513	10B	5.5	2.0	0.2882	0.3155
10YR	5.5	2.0	0.3548	0.3561	2.5PB	5.5	2.0	0.2905	0.3135
2.5Y	5.5	2.0	0.3535	0.3630	5PB	5.5	2.0	0.2927	0.3121
5Y	5.5	2.0	0.3516	0.3667	5GY	5.5	3.0	0.3441	0.3908
7.5Y	5.5	2.0	0.3495	0.3691	7.5GY	5.5	3.0	0.3300	0.3860
10Y	5.5	2.0	0.3461	0.3709	10GY	5.5	3.0	0.3178	0.3792
2.5GY	5.5	2.0	0.3394	0.3716	2.5G	5.5	3.0	0.3065	0.3712
7.5PB	5.5	2.0	0.2960	0.3107	5G	5.5	3.0	0.2981	0.3642
10PB	5.5	2.0	0.2994	0.3100	7.5G	5.5	3.0	0.2935	0.3600
2.5P	5.5	2.0	0.3028	0.3100	10G	5.5	3.0	0.2890	0.3555
5P	5.5	2.0	0.3068	0.3106	2.5BG	5.5	3.0	0.2841	0.3498
7.5P	5.5	2.0	0.3115	0.3121	5BG	5.5	3.0	0.2787	0.3422
10P	5.5	2.0	0.3185	0.3150	7.5BG	5.5	3.0	0.2749	0.3354
2.5RP	5.5	2.0	0.3238	0.3179	10BG	5.5	3.0	0.2725	0.3286
5RP	5.5	2.0	0.3286	0.3211	2.5B	5.5	3.0	0.2713	0.3227
7.5RP	5.5	2.0	0.3322	0.3239	5B	5.5	3.0	0.2713	0.3155
10RP	5.5	2.0	0.3349	0.3262	7.5B	5.5	3.0	0.2728	0.3107
2.5R	5.5	3.0	0.3504	0.3277	10B	5.5	3.0	0.2750	0.3071

H	V	C	x	y
2.5PB	5.5	3.0	0.2782	0.3040
5PB	5.5	3.0	0.2818	0.3019
7.5PB	5.5	3.0	0.2875	0.3004
10PB	5.5	3.0	0.2931	0.3002
2.5P	5.5	3.0	0.2984	0.3007
5P	5.5	3.0	0.3037	0.3017
7.5P	5.5	3.0	0.3105	0.3036
10P	5.5	3.0	0.3191	0.3068
2.5RP	5.5	3.0	0.3270	0.3107
5RP	5.5	3.0	0.3356	0.3158
7.5RP	5.5	3.0	0.3416	0.3201
10RP	5.5	3.0	0.3462	0.3241
2.5R	5.5	4.0	0.3634	0.3270
5R	5.5	4.0	0.3677	0.3309
7.5R	5.5	4.0	0.3736	0.3361
10R	5.5	4.0	0.3834	0.3456
2.5YR	5.5	4.0	0.3894	0.3526
5YR	5.5	4.0	0.3957	0.3633
7.5YR	5.5	4.0	0.3984	0.3721
10YR	5.5	4.0	0.3983	0.3820
2.5Y	5.5	4.0	0.3946	0.3931
5Y	5.5	4.0	0.3899	0.4004
7.5Y	5.5	4.0	0.3856	0.4050
10Y	5.5	4.0	0.3785	0.4086
2.5GY	5.5	4.0	0.3663	0.4121
5GY	5.5	4.0	0.3546	0.4117
7.5GY	5.5	4.0	0.3354	0.4058
10GY	5.5	4.0	0.3186	0.3967
2.5G	5.5	4.0	0.3030	0.3849
5G	5.5	4.0	0.2925	0.3758
7.5G	5.5	4.0	0.2865	0.3703
10G	5.5	4.0	0.2809	0.3641
2.5BG	5.5	4.0	0.2752	0.3572
5BG	5.5	4.0	0.2680	0.3469
7.5BG	5.5	4.0	0.2628	0.3368
10BG	5.5	4.0	0.2598	0.3280
2.5B	5.5	4.0	0.2581	0.3200
5B	5.5	4.0	0.2577	0.3105
7.5B	5.5	4.0	0.2594	0.3037
10B	5.5	4.0	0.2620	0.2987
2.5PB	5.5	4.0	0.2662	0.2945
5PB	5.5	4.0	0.2710	0.2917
7.5PB	5.5	4.0	0.2792	0.2903
10PB	5.5	4.0	0.2867	0.2907
2.5P	5.5	4.0	0.2939	0.2917
5P	5.5	4.0	0.3006	0.2930
7.5P	5.5	4.0	0.3094	0.2953
10P	5.5	4.0	0.3195	0.2989
2.5RP	5.5	4.0	0.3301	0.3037
5RP	5.5	4.0	0.3426	0.3107
7.5RP	5.5	4.0	0.3510	0.3163
10RP	5.5	4.0	0.3576	0.3219
2.5R	5.5	5.0	0.3787	0.3262
5R	5.5	5.0	0.3843	0.3311
7.5R	5.5	5.0	0.3921	0.3379
10R	5.5	5.0	0.4034	0.3497
2.5YR	5.5	5.0	0.4102	0.3587
5YR	5.5	5.0	0.4170	0.3719
7.5YR	5.5	5.0	0.4196	0.3826
10YR	5.5	5.0	0.4190	0.3948
2.5Y	5.5	5.0	0.4144	0.4078
5Y	5.5	5.0	0.4086	0.4168
7.5Y	5.5	5.0	0.4031	0.4230
10Y	5.5	5.0	0.3953	0.4282
2.5GY	5.5	5.0	0.3806	0.4331
5GY	5.5	5.0	0.3659	0.4331
7.5GY	5.5	5.0	0.3421	0.4278
10GY	5.5	5.0	0.3201	0.4165
2.5G	5.5	5.0	0.2991	0.4008
5G	5.5	5.0	0.2864	0.3887
7.5G	5.5	5.0	0.2792	0.3813
10G	5.5	5.0	0.2719	0.3732
2.5BG	5.5	5.0	0.2654	0.3645
5BG	5.5	5.0	0.2571	0.3516
7.5BG	5.5	5.0	0.2504	0.3386
10BG	5.5	5.0	0.2463	0.3279
2.5B	5.5	5.0	0.2437	0.3174
5B	5.5	5.0	0.2434	0.3056
7.5B	5.5	5.0	0.2461	0.2970
10B	5.5	5.0	0.2498	0.2909
2.5PB	5.5	5.0	0.2552	0.2856
5PB	5.5	5.0	0.2614	0.2823
7.5PB	5.5	5.0	0.2712	0.2805
10PB	5.5	5.0	0.2802	0.2806
2.5P	5.5	5.0	0.2886	0.2814
5P	5.5	5.0	0.2974	0.2828
7.5P	5.5	5.0	0.3083	0.2855
10P	5.5	5.0	0.3204	0.2894
2.5RP	5.5	5.0	0.3336	0.2952
5RP	5.5	5.0	0.3509	0.3050
7.5RP	5.5	5.0	0.3608	0.3116
10RP	5.5	5.0	0.3710	0.3196

H	V	C	x	y
2.5R	5.5	6.0	0.3941	0.3251
5R	5.5	6.0	0.4010	0.3309
7.5R	5.5	6.0	0.4105	0.3393
10R	5.5	6.0	0.4233	0.3531
2.5YR	5.5	6.0	0.4308	0.3639
5YR	5.5	6.0	0.4379	0.3794
7.5YR	5.5	6.0	0.4401	0.3919
10YR	5.5	6.0	0.4388	0.4062
2.5Y	5.5	6.0	0.4331	0.4211
5Y	5.5	6.0	0.4262	0.4317
7.5Y	5.5	6.0	0.4193	0.4396
10Y	5.5	6.0	0.4108	0.4464
2.5GY	5.5	6.0	0.3937	0.4530
5GY	5.5	6.0	0.3763	0.4540
7.5GY	5.5	6.0	0.3480	0.4499
10GY	5.5	6.0	0.3210	0.4368
2.5G	5.5	6.0	0.2948	0.4172
5G	5.5	6.0	0.2801	0.4020
7.5G	5.5	6.0	0.2717	0.3926
10G	5.5	6.0	0.2629	0.3825
2.5BG	5.5	6.0	0.2556	0.3720
5BG	5.5	6.0	0.2463	0.3563
7.5BG	5.5	6.0	0.2382	0.3402
10BG	5.5	6.0	0.2332	0.3275
2.5B	5.5	6.0	0.2296	0.3144
5B	5.5	6.0	0.2295	0.3005
7.5B	5.5	6.0	0.2330	0.2901
10B	5.5	6.0	0.2379	0.2831
2.5PB	5.5	6.0	0.2445	0.2769
5PB	5.5	6.0	0.2520	0.2732
7.5PB	5.5	6.0	0.2632	0.2709
10PB	5.5	6.0	0.2738	0.2708
2.5P	5.5	6.0	0.2834	0.2714
5P	5.5	6.0	0.2942	0.2729
7.5P	5.5	6.0	0.3072	0.2760
10P	5.5	6.0	0.3210	0.2803
2.5RP	5.5	6.0	0.3370	0.2871
5RP	5.5	6.0	0.3592	0.2993
7.5RP	5.5	6.0	0.3705	0.3069
10RP	5.5	6.0	0.3844	0.3171
2.5R	5.5	7.0	0.4060	0.3245
5R	5.5	7.0	0.4140	0.3309
7.5R	5.5	7.0	0.4252	0.3407
10R	5.5	7.0	0.4398	0.3564
2.5YR	5.5	7.0	0.4483	0.3689
5YR	5.5	7.0	0.4556	0.3866
7.5YR	5.5	7.0	0.4581	0.4008
10YR	5.5	7.0	0.4554	0.4165
2.5Y	5.5	7.0	0.4483	0.4319
5Y	5.5	7.0	0.4396	0.4437
7.5Y	5.5	7.0	0.4318	0.4520
10Y	5.5	7.0	0.4221	0.4597
2.5GY	5.5	7.0	0.4041	0.4682
5GY	5.5	7.0	0.3852	0.4718
7.5GY	5.5	7.0	0.3543	0.4706
10GY	5.5	7.0	0.3227	0.4593
2.5G	5.5	7.0	0.2902	0.4357
5G	5.5	7.0	0.2727	0.4172
7.5G	5.5	7.0	0.2629	0.4051
10G	5.5	7.0	0.2533	0.3926
2.5BG	5.5	7.0	0.2448	0.3797
5BG	5.5	7.0	0.2344	0.3616
7.5BG	5.5	7.0	0.2255	0.3420
10BG	5.5	7.0	0.2208	0.3275
2.5B	5.5	7.0	0.2175	0.3123
5B	5.5	7.0	0.2179	0.2964
7.5B	5.5	7.0	0.2218	0.2845
10B	5.5	7.0	0.2272	0.2764
2.5PB	5.5	7.0	0.2350	0.2693
5PB	5.5	7.0	0.2436	0.2651
7.5PB	5.5	7.0	0.2558	0.2619
10PB	5.5	7.0	0.2678	0.2615
2.5P	5.5	7.0	0.2787	0.2623
5P	5.5	7.0	0.2915	0.2642
7.5P	5.5	7.0	0.3062	0.2675
10P	5.5	7.0	0.3217	0.2725
2.5RP	5.5	7.0	0.3402	0.2803
5RP	5.5	7.0	0.3659	0.2947
7.5RP	5.5	7.0	0.3790	0.3035
10RP	5.5	7.0	0.3944	0.3150
2.5R	5.5	8.0	0.4179	0.3237
5R	5.5	8.0	0.4269	0.3307
7.5R	5.5	8.0	0.4398	0.3418
10R	5.5	8.0	0.4560	0.3591
2.5YR	5.5	8.0	0.4652	0.3732
5YR	5.5	8.0	0.4726	0.3928
7.5YR	5.5	8.0	0.4750	0.4084
10YR	5.5	8.0	0.4709	0.4255
2.5Y	5.5	8.0	0.4623	0.4414
5Y	5.5	8.0	0.4518	0.4545
7.5PB	5.5	8.0	0.2485	0.2531
10PB	5.5	8.0	0.2619	0.2524

H	V	C	x	y
2.5P	5.5	8.0	0.2740	0.2534
5P	5.5	8.0	0.2887	0.2557
7.5P	5.5	8.0	0.3051	0.2593
10P	5.5	8.0	0.3223	0.2648
2.5RP	5.5	8.0	0.3435	0.2738
5RP	5.5	8.0	0.3724	0.2900
7.5RP	5.5	8.0	0.3875	0.3001
10RP	5.5	8.0	0.4045	0.3129
2.5R	5.5	9.0	0.4328	0.3230
5R	5.5	9.0	0.4433	0.3308
7.5R	5.5	9.0	0.4583	0.3438
10R	5.5	9.0	0.4756	0.3633
2.5YR	5.5	9.0	0.4837	0.3783
5YR	5.5	9.0	0.4889	0.3991
7.5YR	5.5	9.0	0.4889	0.4151
10YR	5.5	9.0	0.4828	0.4328
2.5Y	5.5	9.0	0.4733	0.4490
5Y	5.5	9.0	0.4616	0.4632
7.5Y	5.5	8.0	0.4431	0.4633
10Y	5.5	8.0	0.4323	0.4720
2.5GY	5.5	8.0	0.4133	0.4823
5GY	5.5	8.0	0.3931	0.4887
7.5GY	5.5	8.0	0.3598	0.4910
10GY	5.5	8.0	0.3237	0.4822
2.5G	5.5	8.0	0.2852	0.4549
5G	5.5	8.0	0.2652	0.4330
7.5G	5.5	8.0	0.2540	0.4180
10G	5.5	8.0	0.2437	0.4028
2.5BG	5.5	8.0	0.2340	0.3875
5BG	5.5	8.0	0.2227	0.3668
7.5BG	5.5	8.0	0.2131	0.3436
10BG	5.5	8.0	0.2088	0.3272
2.5B	5.5	8.0	0.2056	0.3099
5B	5.5	8.0	0.2067	0.2923
7.5B	5.5	8.0	0.2109	0.2788
10B	5.5	8.0	0.2169	0.2697
2.5PB	5.5	8.0	0.2257	0.2618
5PB	5.5	8.0	0.2355	0.2572
7.5Y	5.5	9.0	0.4524	0.4725
10Y	5.5	9.0	0.4407	0.4817
2.5GY	5.5	9.0	0.4206	0.4933
5GY	5.5	9.0	0.3992	0.5012
7.5GY	5.5	9.0	0.3641	0.5058
10GY	5.5	9.0	0.3246	0.4987
2.5G	5.5	9.0	0.2816	0.4701
5G	5.5	9.0	0.2598	0.4447

H	V	C	x	y
7.5G	5.5	9.0	0.2475	0.4274
10G	5.5	9.0	0.2367	0.4103
2.5BG	5.5	9.0	0.2265	0.3931
5BG	5.5	9.0	0.2146	0.3702
7.5BG	5.5	9.0	0.2043	0.3449
10BG	5.5	9.0	0.1996	0.3272
2.5B	5.5	9.0	0.1965	0.3082
5B	5.5	9.0	0.1971	0.2889
7.5B	5.5	9.0	0.2009	0.2739
10B	5.5	9.0	0.2062	0.2632
2.5PB	5.5	9.0	0.2151	0.2535
5PB	5.5	9.0	0.2257	0.2476
7.5PB	5.5	9.0	0.2412	0.2440
10PB	5.5	9.0	0.2564	0.2439
2.5P	5.5	9.0	0.2697	0.2451
5P	5.5	9.0	0.2862	0.2479
7.5P	5.5	9.0	0.3043	0.2521
10P	5.5	9.0	0.3228	0.2582
2.5RP	5.5	9.0	0.3461	0.2679
5RP	5.5	9.0	0.3785	0.2857
7.5RP	5.5	9.0	0.3961	0.2967
10RP	5.5	9.0	0.4165	0.3106
2.5R	5.5	10.0	0.4477	0.3220
5R	5.5	10.0	0.4595	0.3306
7.5R	5.5	10.0	0.4766	0.3451
10R	5.5	10.0	0.4945	0.3666
2.5YR	5.5	10.0	0.5014	0.3822
5YR	5.5	10.0	0.5042	0.4042
7.5YR	5.5	10.0	0.5018	0.4207
10YR	5.5	10.0	0.4936	0.4391
2.5Y	5.5	10.0	0.4832	0.4555
5Y	5.5	10.0	0.4703	0.4708
7.5Y	5.5	10.0	0.4606	0.4805
7.5PB	5.5	10.0	0.2340	0.2351
10PB	5.5	10.0	0.2510	0.2356
2.5P	5.5	10.0	0.2655	0.2372
5P	5.5	10.0	0.2838	0.2403
7.5P	5.5	10.0	0.3035	0.2452
10P	5.5	10.0	0.3233	0.2517
2.5RP	5.5	10.0	0.3486	0.2622
5RP	5.5	10.0	0.3845	0.2814
7.5RP	5.5	10.0	0.4045	0.2932
10RP	5.5	10.0	0.4283	0.3081
2.5R	5.5	11.0	0.4603	0.3212
5R	5.5	11.0	0.4738	0.3309
7.5R	5.5	11.0	0.4908	0.3463

H	V	C	x	y
10R	5.5	11.0	0.5075	0.3697
2.5YR	5.5	11.0	0.5130	0.3854
5YR	5.5	11.0	0.5147	0.4083
7.5YR	5.5	11.0	0.5113	0.4252
10YR	5.5	11.0	0.5023	0.4442
2.5Y	5.5	11.0	0.4910	0.4607
5Y	5.5	11.0	0.4770	0.4769
7.5Y	5.5	11.0	0.4671	0.4868
10Y	5.5	10.0	0.4482	0.4904
2.5GY	5.5	10.0	0.4270	0.5033
5GY	5.5	10.0	0.4044	0.5128
7.5GY	5.5	10.0	0.3678	0.5202
10GY	5.5	10.0	0.3250	0.5151
2.5G	5.5	10.0	0.2778	0.4856
5G	5.5	10.0	0.2544	0.4566
7.5G	5.5	10.0	0.2409	0.4369
10G	5.5	10.0	0.2296	0.4178
2.5BG	5.5	10.0	0.2189	0.3986
5BG	5.5	10.0	0.2065	0.3735
7.5BG	5.5	10.0	0.1956	0.3460
10BG	5.5	10.0	0.1905	0.3269
2.5B	5.5	10.0	0.1876	0.3063
5B	5.5	10.0	0.1879	0.2854
7.5B	5.5	10.0	0.1911	0.2689
10B	5.5	10.0	0.1960	0.2566
2.5PB	5.5	10.0	0.2048	0.2455
5PB	5.5	10.0	0.2162	0.2384
10Y	5.5	11.0	0.4541	0.4975
2.5GY	5.5	11.0	0.4328	0.5118
5GY	5.5	11.0	0.4097	0.5234
7.5GY	5.5	11.0	0.3716	0.5336
10GY	5.5	11.0	0.3259	0.5314
2.5G	5.5	11.0	0.2742	0.4984
5G	5.5	11.0	0.2493	0.4674
7.5G	5.5	11.0	0.2348	0.4457
10G	5.5	11.0	0.2229	0.4251
2.5BG	5.5	11.0	0.2118	0.4039
5BG	5.5	11.0	0.1988	0.3770
7.5BG	5.5	11.0	0.1871	0.3474
10BG	5.5	11.0	0.1812	0.3269
2.5B	5.5	11.0	0.1777	0.3045
5B	5.5	11.0	0.1778	0.2816
7.5B	5.5	11.0	0.1816	0.2640
10B	5.5	11.0	0.1871	0.2510
2.5PB	5.5	11.0	0.1967	0.2390
5PB	5.5	11.0	0.2083	0.2314

H	V	C	x	y
7.5PB	5.5	11.0	0.2274	0.2270
10PB	5.5	11.0	0.2453	0.2267
2.5P	5.5	11.0	0.2608	0.2279
5P	5.5	11.0	0.2810	0.2311
7.5P	5.5	11.0	0.3025	0.2366
10P	5.5	11.0	0.3239	0.2439
2.5RP	5.5	11.0	0.3514	0.2552
5RP	5.5	11.0	0.3913	0.2767
7.5RP	5.5	11.0	0.4135	0.2898
10RP	5.5	11.0	0.4387	0.3060
2.5R	5.5	12.0	0.4729	0.3202
5R	5.5	12.0	0.4878	0.3310
7.5R	5.5	12.0	0.5048	0.3472
10R	5.5	12.0	0.5200	0.3723
2.5YR	5.5	12.0	0.5240	0.3880
5YR	5.5	12.0	0.5244	0.4115
7.5YR	5.5	12.0	0.5200	0.4288
10YR	5.5	12.0	0.5100	0.4485
2.5Y	5.5	12.0	0.4979	0.4651
7.5PB	5.5	12.0	0.2211	0.2192
10PB	5.5	12.0	0.2397	0.2181
2.5P	5.5	12.0	0.2562	0.2189
5P	5.5	12.0	0.2781	0.2223
7.5P	5.5	12.0	0.3014	0.2285
10P	5.5	12.0	0.3245	0.2363
2.5RP	5.5	12.0	0.3541	0.2484
5RP	5.5	12.0	0.3981	0.2720
7.5RP	5.5	12.0	0.4225	0.2864
10RP	5.5	12.0	0.4491	0.3038
2.5R	5.5	14.0	0.4977	0.3188
5R	5.5	14.0	0.5118	0.3307
7.5R	5.5	14.0	0.5297	0.3489
10R	5.5	14.0	0.5426	0.3773
2.5YR	5.5	14.0	0.5446	0.3932
5YR	5.5	14.0	0.5413	0.4176
7.5YR	5.5	14.0	0.5344	0.4353
10YR	5.5	14.0	0.5216	0.4555
2.5Y	5.5	14.0	0.5083	0.4720
5Y	5.5	12.0	0.4829	0.4820
7.5Y	5.5	12.0	0.4726	0.4921
10Y	5.5	12.0	0.4592	0.5036
2.5GY	5.5	12.0	0.4378	0.5193
5GY	5.5	12.0	0.4141	0.5328
7.5GY	5.5	12.0	0.3747	0.5462
10GY	5.5	12.0	0.3263	0.5475
2.5G	5.5	12.0	0.2706	0.5113

H	V	C	x	y	H	V	C	x	y
5G	5.5	12.0	0.2441	0.4783	7.5G	5.5	14.0	0.2168	0.4718
7.5G	5.5	12.0	0.2286	0.4546	10G	5.5	14.0	0.2035	0.4467
10G	5.5	12.0	0.2161	0.4325	2.5BG	5.5	14.0	0.1904	0.4197
2.5BG	5.5	12.0	0.2046	0.4092	5BG	5.5	14.0	0.1762	0.3871
5BG	5.5	12.0	0.1912	0.3805	7.5BG	5.5	14.0	0.1625	0.3514
7.5BG	5.5	12.0	0.1787	0.3487	10BG	5.5	14.0	0.1552	0.3268
10BG	5.5	12.0	0.1721	0.3267	2.5B	5.5	14.0	0.1504	0.2995
2.5B	5.5	12.0	0.1682	0.3026	5B	5.5	14.0	0.1500	0.2712
5B	5.5	12.0	0.1681	0.2778	7.5B	5.5	14.0	0.1540	0.2493
7.5B	5.5	12.0	0.1724	0.2589	10B	5.5	14.0	0.1605	0.2335
10B	5.5	12.0	0.1786	0.2453	2.5PB	5.5	14.0	0.1719	0.2193
2.5PB	5.5	12.0	0.1889	0.2327	5PB	5.5	14.0	0.1856	0.2102
5PB	5.5	12.0	0.2007	0.2246	7.5PB	5.5	14.0	0.2079	0.2023
5Y	5.5	14.0	0.4920	0.4897	10PB	5.5	14.0	0.2281	0.1998
7.5Y	5.5	14.0	0.4810	0.5002	2.5P	5.5	14.0	0.2469	0.2003
10Y	5.5	14.0	0.4671	0.5128	5P	5.5	14.0	0.2723	0.2043
2.5GY	5.5	14.0	0.4455	0.5309	7.5P	5.5	14.0	0.3001	0.2119
5GY	5.5	14.0	0.4215	0.5484	10P	5.5	14.0	0.3259	0.2210
7.5GY	5.5	14.0	0.3813	0.5699	2.5RP	5.5	14.0	0.3594	0.2355
10GY	5.5	14.0	0.3277	0.5779	5RP	5.5	14.0	0.4118	0.2625
2.5G	5.5	14.0	0.2633	0.5384	7.5RP	5.5	14.0	0.4407	0.2794
5G	5.5	14.0	0.2338	0.4998	10RP	5.5	14.0	0.4710	0.2991

$Y=22.93$

H	V	C	x	y	H	V	C	x	y
5R	5.25	1.0	0.3301	0.3307	5R	5.25	2.0	0.3424	0.3313
10R	5.25	1.0	0.3341	0.3368	7.5R	5.25	2.0	0.3451	0.3340
5YR	5.25	1.0	0.3349	0.3400	10R	5.25	2.0	0.3504	0.3393
10YR	5.25	1.0	0.3350	0.3445	2.5YR	5.25	2.0	0.3528	0.3427
5Y	5.25	1.0	0.3323	0.3492	5YR	5.25	2.0	0.3554	0.3477
10Y	5.25	1.0	0.3298	0.3510	7.5YR	5.25	2.0	0.3564	0.3516
5GY	5.25	1.0	0.3249	0.3518	10YR	5.25	2.0	0.3566	0.3571
10GY	5.25	1.0	0.3156	0.3495	2.5Y	5.25	2.0	0.3553	0.3640
5G	5.25	1.0	0.3078	0.3440	5Y	5.25	2.0	0.3532	0.3677
10G	5.25	1.0	0.3039	0.3405	7.5Y	5.25	2.0	0.3512	0.3700
5BG	5.25	1.0	0.2994	0.3339	10Y	5.25	2.0	0.3468	0.3722
10BG	5.25	1.0	0.2980	0.3288	2.5GY	5.25	2.0	0.3408	0.3728
5B	5.25	1.0	0.2983	0.3248	5GY	5.25	2.0	0.3345	0.3714
10B	5.25	1.0	0.2995	0.3223	7.5GY	5.25	2.0	0.3250	0.3679
5PB	5.25	1.0	0.3018	0.3201	10GY	5.25	2.0	0.3161	0.3628
10PB	5.25	1.0	0.3042	0.3187	2.5G	5.25	2.0	0.3096	0.3588
5P	5.25	1.0	0.3095	0.3181	5G	5.25	2.0	0.3030	0.3539
10P	5.25	1.0	0.3180	0.3207	7.5G	5.25	2.0	0.2997	0.3507
5RP	5.25	1.0	0.3238	0.3243	10G	5.25	2.0	0.2962	0.3474
10RP	5.25	1.0	0.3273	0.3276	2.5BG	5.25	2.0	0.2921	0.3428
2.5R	5.25	2.0	0.3387	0.3277	5BG	5.25	2.0	0.2882	0.3375

H	V	C	*x*	*y*
7.5BG	5.25	2.0	0.2862	0.3338
10BG	5.25	2.0	0.2842	0.3285
2.5B	5.25	2.0	0.2832	0.3244
5B	5.25	2.0	0.2838	0.3195
7.5B	5.25	2.0	0.2849	0.3170
10B	5.25	2.0	0.2869	0.3146
2.5PB	5.25	2.0	0.2893	0.3125
5PB	5.25	2.0	0.2919	0.3110
7.5PB	5.25	2.0	0.2951	0.3097
10PB	5.25	2.0	0.2990	0.3090
2.5P	5.25	2.0	0.3021	0.3090
5P	5.25	2.0	0.3064	0.3096
7.5P	5.25	2.0	0.3122	0.3113
10P	5.25	2.0	0.3185	0.3138
2.5RP	5.25	2.0	0.3234	0.3164
5RP	5.25	2.0	0.3291	0.3202
7.5RP	5.25	2.0	0.3332	0.3232
10RP	5.25	2.0	0.3362	0.3256
2.5R	5.25	3.0	0.3525	0.3271
5R	5.25	3.0	0.3569	0.3313
7.5R	5.25	3.0	0.3611	0.3353
10R	5.25	3.0	0.3689	0.3429
2.5YR	5.25	3.0	0.3734	0.3485
5YR	5.25	3.0	0.3779	0.3568
7.5YR	5.25	3.0	0.3798	0.3628
10YR	5.25	3.0	0.3797	0.3714
2.5Y	5.25	3.0	0.3768	0.3801
5Y	5.25	3.0	0.3732	0.3855
7.5Y	5.25	3.0	0.3698	0.3891
10Y	5.25	3.0	0.3636	0.3919
2.5GY	5.25	3.0	0.3547	0.3934
5GY	5.25	3.0	0.3459	0.3925
7.5GY	5.25	3.0	0.3310	0.3879
10GY	5.25	3.0	0.3173	0.3804
2.5G	5.25	3.0	0.3059	0.3723
5G	5.25	3.0	0.2974	0.3651
7.5G	5.25	3.0	0.2927	0.3607
10G	5.25	3.0	0.2880	0.3557
2.5BG	5.25	3.0	0.2831	0.3499
5BG	5.25	3.0	0.2776	0.3422
7.5BG	5.25	3.0	0.2737	0.3354
10BG	5.25	3.0	0.2709	0.3277
2.5B	5.25	3.0	0.2696	0.3218
5B	5.25	3.0	0.2695	0.3145
7.5B	5.25	3.0	0.2709	0.3099
10B	5.25	3.0	0.2734	0.3061

H	V	C	*x*	*y*
2.5PB	5.25	3.0	0.2766	0.3029
5PB	5.25	3.0	0.2805	0.3006
7.5PB	5.25	3.0	0.2863	0.2991
10PB	5.25	3.0	0.2924	0.2989
2.5P	5.25	3.0	0.2976	0.2993
5P	5.25	3.0	0.3033	0.3002
7.5P	5.25	3.0	0.3110	0.3022
10P	5.25	3.0	0.3190	0.3051
2.5RP	5.25	3.0	0.3268	0.3087
5RP	5.25	3.0	0.3363	0.3144
7.5RP	5.25	3.0	0.3431	0.3191
10RP	5.25	3.0	0.3482	0.3235
2.5R	5.25	4.0	0.3662	0.3263
5R	5.25	4.0	0.3714	0.3310
7.5R	5.25	4.0	0.3773	0.3362
10R	5.25	4.0	0.3875	0.3460
2.5YR	5.25	4.0	0.3940	0.3535
5YR	5.25	4.0	0.4005	0.3648
7.5YR	5.25	4.0	0.4029	0.3731
10YR	5.25	4.0	0.4025	0.3844
2.5Y	5.25	4.0	0.3980	0.3953
5Y	5.25	4.0	0.3926	0.4026
7.5Y	5.25	4.0	0.3877	0.4074
10Y	5.25	4.0	0.3797	0.4111
2.5GY	5.25	4.0	0.3681	0.4139
5GY	5.25	4.0	0.3566	0.4138
7.5GY	5.25	4.0	0.3365	0.4084
10GY	5.25	4.0	0.3181	0.3987
2.5G	5.25	4.0	0.3020	0.3863
5G	5.25	4.0	0.2915	0.3767
7.5G	5.25	4.0	0.2855	0.3709
10G	5.25	4.0	0.2797	0.3641
2.5BG	5.25	4.0	0.2741	0.3571
5BG	5.25	4.0	0.2670	0.3469
7.5BG	5.25	4.0	0.2615	0.3367
10BG	5.25	4.0	0.2580	0.3267
2.5B	5.25	4.0	0.2562	0.3191
5B	5.25	4.0	0.2556	0.3093
7.5B	5.25	4.0	0.2573	0.3028
10B	5.25	4.0	0.2601	0.2976
2.5PB	5.25	4.0	0.2642	0.2933
5PB	5.25	4.0	0.2693	0.2901
7.5PB	5.25	4.0	0.2777	0.2887
10PB	5.25	4.0	0.2857	0.2890
2.5P	5.25	4.0	0.2929	0.2898
5P	5.25	4.0	0.3001	0.2910

H	V	C	x	y
7.5P	5.25	4.0	0.3097	0.2933
10P	5.25	4.0	0.3193	0.2966
2.5RP	5.25	4.0	0.3300	0.3012
5RP	5.25	4.0	0.3435	0.3087
7.5RP	5.25	4.0	0.3529	0.3149
10RP	5.25	4.0	0.3604	0.3212
2.5R	5.25	5.0	0.3822	0.3254
5R	5.25	5.0	0.3885	0.3311
7.5R	5.25	5.0	0.3961	0.3380
10R	5.25	5.0	0.4076	0.3499
2.5YR	5.25	5.0	0.4149	0.3595
5YR	5.25	5.0	0.4220	0.3734
7.5YR	5.25	5.0	0.4244	0.3835
10YR	5.25	5.0	0.4234	0.3973
2.5Y	5.25	5.0	0.4180	0.4102
5Y	5.25	5.0	0.4114	0.4191
7.5Y	5.25	5.0	0.4049	0.4255
10Y	5.25	5.0	0.3961	0.4308
2.5GY	5.25	5.0	0.3822	0.4351
5GY	5.25	5.0	0.3681	0.4354
7.5GY	5.25	5.0	0.3433	0.4309
10GY	5.25	5.0	0.3196	0.4191
2.5G	5.25	5.0	0.2976	0.4028
5G	5.25	5.0	0.2848	0.3901
7.5G	5.25	5.0	0.2776	0.3825
10G	5.25	5.0	0.2699	0.3736
2.5BG	5.25	5.0	0.2635	0.3646
5BG	5.25	5.0	0.2556	0.3520
7.5BG	5.25	5.0	0.2485	0.3385
10BG	5.25	5.0	0.2438	0.3263
2.5B	5.25	5.0	0.2412	0.3163
5B	5.25	5.0	0.2408	0.3041
7.5B	5.25	5.0	0.2434	0.2957
10B	5.25	5.0	0.2472	0.2895
2.5PB	5.25	5.0	0.2526	0.2840
5PB	5.25	5.0	0.2589	0.2803
7.5PB	5.25	5.0	0.2692	0.2783
10PB	5.25	5.0	0.2789	0.2783
2.5P	5.25	5.0	0.2874	0.2790
5P	5.25	5.0	0.2967	0.2804
7.5P	5.25	5.0	0.3085	0.2832
10P	5.25	5.0	0.3201	0.2867
2.5RP	5.25	5.0	0.3336	0.2924
5RP	5.25	5.0	0.3522	0.3025
7.5RP	5.25	5.0	0.3632	0.3098
10RP	5.25	5.0	0.3748	0.3189

H	V	C	x	y
2.5R	5.25	6.0	0.3982	0.3243
5R	5.25	6.0	0.4058	0.3309
7.5R	5.25	6.0	0.4148	0.3392
10R	5.25	6.0	0.4275	0.3531
2.5YR	5.25	6.0	0.4356	0.3646
5YR	5.25	6.0	0.4430	0.3809
7.5YR	5.25	6.0	0.4451	0.3926
10YR	5.25	6.0	0.4434	0.4088
2.5Y	5.25	6.0	0.4367	0.4236
5Y	5.25	6.0	0.4289	0.4341
7.5Y	5.25	6.0	0.4208	0.4422
10Y	5.25	6.0	0.4113	0.4491
2.5GY	5.25	6.0	0.3951	0.4552
5GY	5.25	6.0	0.3787	0.4565
7.5GY	5.25	6.0	0.3492	0.4534
10GY	5.25	6.0	0.3204	0.4401
2.5G	5.25	6.0	0.2928	0.4199
5G	5.25	6.0	0.2779	0.4041
7.5G	5.25	6.0	0.2694	0.3944
10G	5.25	6.0	0.2601	0.3832
2.5BG	5.25	6.0	0.2529	0.3722
5BG	5.25	6.0	0.2442	0.3571
7.5BG	5.25	6.0	0.2357	0.3402
10BG	5.25	6.0	0.2300	0.3256
2.5B	5.25	6.0	0.2267	0.3133
5B	5.25	6.0	0.2265	0.2987
7.5B	5.25	6.0	0.2297	0.2885
10B	5.25	6.0	0.2347	0.2813
2.5PB	5.25	6.0	0.2414	0.2748
5PB	5.25	6.0	0.2488	0.2707
7.5PB	5.25	6.0	0.2607	0.2682
10PB	5.25	6.0	0.2722	0.2680
2.5P	5.25	6.0	0.2819	0.2685
5P	5.25	6.0	0.2932	0.2701
7.5P	5.25	6.0	0.3072	0.2733
10P	5.25	6.0	0.3206	0.2773
2.5RP	5.25	6.0	0.3370	0.2839
5RP	5.25	6.0	0.3608	0.2965
7.5RP	5.25	6.0	0.3734	0.3048
10RP	5.25	6.0	0.3893	0.3163
2.5R	5.25	7.0	0.4107	0.3236
5R	5.25	7.0	0.4196	0.3309
7.5R	5.25	7.0	0.4307	0.3407
10R	5.25	7.0	0.4451	0.3565
2.5YR	5.25	7.0	0.4539	0.3699
5YR	5.25	7.0	0.4606	0.3880

H	V	C	*x*	*y*
7.5YR	5.25	7.0	0.4624	0.4010
10YR	5.25	7.0	0.4588	0.4185
2.5Y	5.25	7.0	0.4509	0.4335
5Y	5.25	7.0	0.4413	0.4455
7.5Y	5.25	7.0	0.4328	0.4539
10Y	5.25	7.0	0.4221	0.4620
2.5GY	5.25	7.0	0.4051	0.4700
5GY	5.25	7.0	0.3876	0.4738
7.5GY	5.25	7.0	0.3555	0.4742
10GY	5.25	7.0	0.3221	0.4632
2.5G	5.25	7.0	0.2877	0.4386
5G	5.25	7.0	0.2700	0.4195
7.5G	5.25	7.0	0.2600	0.4072
10G	5.25	7.0	0.2498	0.3936
2.5BG	5.25	7.0	0.2411	0.3800
5BG	5.25	7.0	0.2315	0.3629
7.5BG	5.25	7.0	0.2223	0.3421
10BG	5.25	7.0	0.2172	0.3253
2.5B	5.25	7.0	0.2143	0.3111
5B	5.25	7.0	0.2145	0.2945
7.5B	5.25	7.0	0.2178	0.2825
10B	5.25	7.0	0.2232	0.2742
2.5PB	5.25	7.0	0.2311	0.2668
5PB	5.25	7.0	0.2398	0.2623
7.5PB	5.25	7.0	0.2529	0.2587
10PB	5.25	7.0	0.2658	0.2581
2.5P	5.25	7.0	0.2768	0.2589
5P	5.25	7.0	0.2902	0.2608
7.5P	5.25	7.0	0.3060	0.2644
10P	5.25	7.0	0.3212	0.2691
2.5RP	5.25	7.0	0.3404	0.2770
5RP	5.25	7.0	0.3673	0.2917
7.5RP	5.25	7.0	0.3818	0.3012
10RP	5.25	7.0	0.3994	0.3142
2.5R	5.25	8.0	0.4232	0.3228
5R	5.25	8.0	0.4334	0.3306
7.5R	5.25	8.0	0.4465	0.3417
10R	5.25	8.0	0.4625	0.3591
2.5YR	5.25	8.0	0.4716	0.3743
5YR	5.25	8.0	0.4774	0.3941
7.5YR	5.25	8.0	0.4788	0.4081
10YR	5.25	8.0	0.4732	0.4269
2.5Y	5.25	8.0	0.4640	0.4423
5Y	5.25	8.0	0.4526	0.4558
7.5Y	5.25	8.0	0.4436	0.4646
10Y	5.25	8.0	0.4318	0.4738

H	V	C	*x*	*y*
2.5GY	5.25	8.0	0.4139	0.4837
5GY	5.25	8.0	0.3956	0.4902
7.5GY	5.25	8.0	0.3608	0.4945
10GY	5.25	8.0	0.3230	0.4867
2.5G	5.25	8.0	0.2823	0.4580
5G	5.25	8.0	0.2620	0.4356
7.5G	5.25	8.0	0.2504	0.4203
10G	5.25	8.0	0.2395	0.4042
2.5BG	5.25	8.0	0.2293	0.3879
5BG	5.25	8.0	0.2190	0.3684
7.5BG	5.25	8.0	0.2093	0.3438
10BG	5.25	8.0	0.2048	0.3247
2.5B	5.25	8.0	0.2022	0.3087
5B	5.25	8.0	0.2030	0.2901
7.5B	5.25	8.0	0.2063	0.2765
10B	5.25	8.0	0.2122	0.2671
2.5PB	5.25	8.0	0.2212	0.2589
5PB	5.25	8.0	0.2311	0.2540
7.5PB	5.25	8.0	0.2451	0.2494
10PB	5.25	8.0	0.2595	0.2484
2.5P	5.25	8.0	0.2718	0.2494
5P	5.25	8.0	0.2871	0.2517
7.5P	5.25	8.0	0.3047	0.2557
10P	5.25	8.0	0.3218	0.2611
2.5RP	5.25	8.0	0.3439	0.2704
5RP	5.25	8.0	0.3737	0.2869
7.5RP	5.25	8.0	0.3902	0.2976
10RP	5.25	8.0	0.4096	0.3120
2.5R	5.25	9.0	0.4393	0.3220
5R	5.25	9.0	0.4510	0.3307
7.5R	5.25	9.0	0.4655	0.3437
10R	5.25	9.0	0.4815	0.3631
2.5YR	5.25	9.0	0.4894	0.3789
5YR	5.25	9.0	0.4930	0.3999
7.5YR	5.25	9.0	0.4922	0.4142
10YR	5.25	9.0	0.4847	0.4339
2.5Y	5.25	9.0	0.4748	0.4496
5Y	5.25	9.0	0.4621	0.4644
7.5Y	5.25	9.0	0.4527	0.4737
10Y	5.25	9.0	0.4400	0.4835
2.5GY	5.25	9.0	0.4209	0.4946
5GY	5.25	9.0	0.4017	0.5023
7.5GY	5.25	9.0	0.3648	0.5088
10GY	5.25	9.0	0.3237	0.5029
2.5G	5.25	9.0	0.2785	0.4728
5G	5.25	9.0	0.2564	0.4473

H	V	C	*x*	*y*
7.5G	5.25	9.0	0.2437	0.4295
10G	5.25	9.0	0.2324	0.4115
2.5BG	5.25	9.0	0.2216	0.3930
5BG	5.25	9.0	0.2110	0.3719
7.5BG	5.25	9.0	0.2005	0.3452
10BG	5.25	9.0	0.1954	0.3245
2.5B	5.25	9.0	0.1927	0.3069
5B	5.25	9.0	0.1930	0.2864
7.5B	5.25	9.0	0.1961	0.2715
10B	5.25	9.0	0.2011	0.2604
2.5PB	5.25	9.0	0.2102	0.2504
5PB	5.25	9.0	0.2209	0.2444
7.5PB	5.25	9.0	0.2379	0.2405
10PB	5.25	9.0	0.2542	0.2401
2.5P	5.25	9.0	0.2675	0.2413
5P	5.25	9.0	0.2845	0.2439
7.5P	5.25	9.0	0.3038	0.2483
10P	5.25	9.0	0.3222	0.2541
2.5RP	5.25	9.0	0.3467	0.2641
5RP	5.25	9.0	0.3801	0.2821
7.5RP	5.25	9.0	0.3994	0.2937
10RP	5.25	9.0	0.4229	0.3095
2.5R	5.25	10.0	0.4553	0.3209
5R	5.25	10.0	0.4684	0.3304
7.5R	5.25	10.0	0.4842	0.3449
10R	5.25	10.0	0.4999	0.3662
2.5YR	5.25	10.0	0.5063	0.3824
5YR	5.25	10.0	0.5076	0.4046
7.5YR	5.25	10.0	0.5046	0.4194
10YR	5.25	10.0	0.4951	0.4399
2.5Y	5.25	10.0	0.4845	0.4559
5Y	5.25	10.0	0.4705	0.4720
7.5Y	5.25	10.0	0.4608	0.4815
10Y	5.25	10.0	0.4473	0.4921
2.5GY	5.25	10.0	0.4271	0.5046
5GY	5.25	10.0	0.4069	0.5135
7.5GY	5.25	10.0	0.3683	0.5226
10GY	5.25	10.0	0.3238	0.5191
2.5G	5.25	10.0	0.2744	0.4879
5G	5.25	10.0	0.2507	0.4592
7.5G	5.25	10.0	0.2370	0.4388
10G	5.25	10.0	0.2253	0.4188
2.5BG	5.25	10.0	0.2139	0.3981
5BG	5.25	10.0	0.2031	0.3754
7.5BG	5.25	10.0	0.1919	0.3463
10BG	5.25	10.0	0.1861	0.3240
2.5B	5.25	10.0	0.1834	0.3049
5B	5.25	10.0	0.1833	0.2826
7.5B	5.25	10.0	0.1860	0.2663
10B	5.25	10.0	0.1906	0.2536
2.5PB	5.25	10.0	0.1996	0.2421
5PB	5.25	10.0	0.2111	0.2351
7.5PB	5.25	10.0	0.2307	0.2318
10PB	5.25	10.0	0.2490	0.2321
2.5P	5.25	10.0	0.2633	0.2335
5P	5.25	10.0	0.2820	0.2363
7.5P	5.25	10.0	0.3028	0.2411
10P	5.25	10.0	0.3227	0.2473
2.5RP	5.25	10.0	0.3494	0.2580
5RP	5.25	10.0	0.3864	0.2773
7.5RP	5.25	10.0	0.4084	0.2897
10RP	5.25	10.0	0.4361	0.3067
2.5R	5.25	11.0	0.4679	0.3201
5R	5.25	11.0	0.4823	0.3307
7.5R	5.25	11.0	0.4979	0.3461
10R	5.25	11.0	0.5125	0.3691
2.5YR	5.25	11.0	0.5174	0.3851
5YR	5.25	11.0	0.5175	0.4083
7.5YR	5.25	11.0	0.5138	0.4236
10YR	5.25	11.0	0.5035	0.4448
2.5Y	5.25	11.0	0.4922	0.4610
5Y	5.25	11.0	0.4771	0.4782
7.5Y	5.25	11.0	0.4673	0.4877
10Y	5.25	11.0	0.4531	0.4992
2.5GY	5.25	11.0	0.4326	0.5128
5GY	5.25	11.0	0.4120	0.5234
7.5GY	5.25	11.0	0.3717	0.5353
10GY	5.25	11.0	0.3245	0.5349
2.5G	5.25	11.0	0.2707	0.5007
5G	5.25	11.0	0.2455	0.4699
7.5G	5.25	11.0	0.2308	0.4474
10G	5.25	11.0	0.2186	0.4259
2.5BG	5.25	11.0	0.2069	0.4029
5BG	5.25	11.0	0.1956	0.3789
7.5BG	5.25	11.0	0.1835	0.3477
10BG	5.25	11.0	0.1767	0.3237
2.5B	5.25	11.0	0.1734	0.3031
5B	5.25	11.0	0.1730	0.2786
7.5B	5.25	11.0	0.1763	0.2613
10B	5.25	11.0	0.1815	0.2479
2.5PB	5.25	11.0	0.1912	0.2354
5PB	5.25	11.0	0.2027	0.2279

H	V	C	*x*	*y*
7.5PB	5.25	11.0	0.2238	0.2234
10PB	5.25	11.0	0.2433	0.2230
2.5P	5.25	11.0	0.2586	0.2241
5P	5.25	11.0	0.2790	0.2272
7.5P	5.25	11.0	0.3018	0.2327
10P	5.25	11.0	0.3232	0.2396
2.5RP	5.25	11.0	0.3524	0.2511
5RP	5.25	11.0	0.3930	0.2725
7.5RP	5.25	11.0	0.4171	0.2863
10RP	5.25	11.0	0.4462	0.3046
2.5R	5.25	12.0	0.4804	0.3192
5R	5.25	12.0	0.4959	0.3308
7.5R	5.25	12.0	0.5114	0.3469
10R	5.25	12.0	0.5247	0.3715
2.5YR	5.25	12.0	0.5279	0.3873
5YR	5.25	12.0	0.5267	0.4112
7.5YR	5.25	12.0	0.5222	0.4270
10YR	5.25	12.0	0.5109	0.4489
2.5Y	5.25	12.0	0.4990	0.4653
5Y	5.25	12.0	0.4829	0.4833
7.5Y	5.25	12.0	0.4729	0.4929
10Y	5.25	12.0	0.4580	0.5053
2.5GY	5.25	12.0	0.4373	0.5201
5GY	5.25	12.0	0.4162	0.5322
7.5GY	5.25	12.0	0.3746	0.5473
10GY	5.25	12.0	0.3248	0.5505
2.5G	5.25	12.0	0.2669	0.5137
5G	5.25	12.0	0.2403	0.4807
7.5G	5.25	12.0	0.2245	0.4561
10G	5.25	12.0	0.2119	0.4331
2.5BG	5.25	12.0	0.1998	0.4077
5BG	5.25	12.0	0.1882	0.3824
7.5BG	5.25	12.0	0.1752	0.3490
10BG	5.25	12.0	0.1675	0.3232
2.5B	5.25	12.0	0.1637	0.3012
5B	5.25	12.0	0.1631	0.2746
7.5B	5.25	12.0	0.1669	0.2562
10B	5.25	12.0	0.1728	0.2422
2.5PB	5.25	12.0	0.1831	0.2289
5PB	5.25	12.0	0.1945	0.2209
7.5PB	5.25	12.0	0.2172	0.2152
10PB	5.25	12.0	0.2376	0.2141
2.5P	5.25	12.0	0.2539	0.2151
5P	5.25	12.0	0.2759	0.2184
7.5P	5.25	12.0	0.3006	0.2248

H	V	C	*x*	*y*
10P	5.25	12.0	0.3237	0.2322
2.5RP	5.25	12.0	0.3553	0.2443
5RP	5.25	12.0	0.3997	0.2677
7.5RP	5.25	12.0	0.4259	0.2828
10RP	5.25	12.0	0.4563	0.3025
2.5R	5.25	14.0	0.5050	0.3178
5R	5.25	14.0	0.5199	0.3306
7.5R	5.25	14.0	0.5365	0.3488
10R	5.25	14.0	0.5469	0.3761
2.5YR	5.25	14.0	0.5479	0.3920
5YR	5.25	14.0	0.5433	0.4170
7.5YR	5.25	14.0	0.5367	0.4333
10YR	5.25	14.0	0.5223	0.4557
2.5Y	5.25	14.0	0.5090	0.4721
5Y	5.25	14.0	0.4916	0.4909
7.5Y	5.25	14.0	0.4812	0.5008
10Y	5.25	14.0	0.4659	0.5147
2.5GY	5.25	14.0	0.4450	0.5321
5GY	5.25	14.0	0.4239	0.5477
7.5GY	5.25	14.0	0.3807	0.5708
10GY	5.25	14.0	0.3260	0.5790
2.5G	5.25	14.0	0.2595	0.5403
5G	5.25	14.0	0.2297	0.5019
7.5G	5.25	14.0	0.2126	0.4727
10G	5.25	14.0	0.1993	0.4468
2.5BG	5.25	14.0	0.1855	0.4174
5BG	5.25	14.0	0.1732	0.3891
7.5BG	5.25	14.0	0.1588	0.3517
10BG	5.25	14.0	0.1503	0.3228
2.5B	5.25	14.0	0.1459	0.2979
5B	5.25	14.0	0.1455	0.2680
7.5B	5.25	14.0	0.1491	0.2471
10B	5.25	14.0	0.1553	0.2310
2.5PB	5.25	14.0	0.1665	0.2160
5PB	5.25	14.0	0.1790	0.2071
7.5PB	5.25	14.0	0.2035	0.1982
10PB	5.25	14.0	0.2261	0.1957
2.5P	5.25	14.0	0.2446	0.1965
5P	5.25	14.0	0.2699	0.2006
7.5P	5.25	14.0	0.2992	0.2086
10P	5.25	14.0	0.3249	0.2172
2.5RP	5.25	14.0	0.3609	0.2317
5RP	5.25	14.0	0.4134	0.2577
7.5RP	5.25	14.0	0.4438	0.2754
10RP	5.25	14.0	0.4780	0.2978

$Y=20.5$

H	V	C	x	y
5R	5.0	1.0	0.3305	0.3305
10R	5.0	1.0	0.3345	0.3370
5YR	5.0	1.0	0.3350	0.3398
10YR	5.0	1.0	0.3350	0.3445
5Y	5.0	1.0	0.3325	0.3485
10Y	5.0	1.0	0.3297	0.3506
5GY	5.0	1.0	0.3255	0.3515
10GY	5.0	1.0	0.3151	0.3490
5G	5.0	1.0	0.3080	0.3440
10G	5.0	1.0	0.3041	0.3404
5BG	5.0	1.0	0.2994	0.3335
10BG	5.0	1.0	0.2983	0.3285
5B	5.0	1.0	0.2988	0.3245
10B	5.0	1.0	0.2998	0.3225
5PB	5.0	1.0	0.3018	0.3202
10PB	5.0	1.0	0.3040	0.3185
5P	5.0	1.0	0.3093	0.3175
10P	5.0	1.0	0.3180	0.3200
5RP	5.0	1.0	0.3240	0.3237
10RP	5.0	1.0	0.3276	0.3271
2.5R	5.0	2.0	0.3401	0.3270
5R	5.0	2.0	0.3447	0.3315
7.5R	5.0	2.0	0.3475	0.3344
10R	5.0	2.0	0.3529	0.3398
2.5YR	5.0	2.0	0.3553	0.3432
5YR	5.0	2.0	0.3577	0.3484
7.5YR	5.0	2.0	0.3585	0.3519
10YR	5.0	2.0	0.3585	0.3582
2.5Y	5.0	2.0	0.3572	0.3650
5Y	5.0	2.0	0.3550	0.3687
7.5Y	5.0	2.0	0.3530	0.3710
10Y	5.0	2.0	0.3476	0.3736
2.5GY	5.0	2.0	0.3423	0.3740
5GY	5.0	2.0	0.3362	0.3729
7.5GY	5.0	2.0	0.3258	0.3693
10GY	5.0	2.0	0.3156	0.3635
2.5G	5.0	2.0	0.3094	0.3597
5G	5.0	2.0	0.3025	0.3548
7.5G	5.0	2.0	0.2992	0.3515
10G	5.0	2.0	0.2953	0.3479
2.5BG	5.0	2.0	0.2910	0.3430
5BG	5.0	2.0	0.2870	0.3375
7.5BG	5.0	2.0	0.2850	0.3339
10BG	5.0	2.0	0.2827	0.3280

H	V	C	x	y
2.5B	5.0	2.0	0.2816	0.3235
5B	5.0	2.0	0.2822	0.3187
7.5B	5.0	2.0	0.2832	0.3163
10B	5.0	2.0	0.2856	0.3136
2.5PB	5.0	2.0	0.2881	0.3115
5PB	5.0	2.0	0.2911	0.3098
7.5PB	5.0	2.0	0.2942	0.3086
10PB	5.0	2.0	0.2985	0.3079
2.5P	5.0	2.0	0.3014	0.3080
5P	5.0	2.0	0.3060	0.3085
7.5P	5.0	2.0	0.3130	0.3105
10P	5.0	2.0	0.3185	0.3125
2.5RP	5.0	2.0	0.3230	0.3148
5RP	5.0	2.0	0.3297	0.3192
7.5RP	5.0	2.0	0.3343	0.3225
10RP	5.0	2.0	0.3375	0.3250
2.5R	5.0	3.0	0.3547	0.3264
5R	5.0	3.0	0.3600	0.3314
7.5R	5.0	3.0	0.3644	0.3356
10R	5.0	3.0	0.3724	0.3434
2.5YR	5.0	3.0	0.3771	0.3493
5YR	5.0	3.0	0.3817	0.3580
7.5YR	5.0	3.0	0.3833	0.3636
10YR	5.0	3.0	0.3830	0.3733
2.5Y	5.0	3.0	0.3797	0.3819
5Y	5.0	3.0	0.3756	0.3873
7.5Y	5.0	3.0	0.3719	0.3909
10Y	5.0	3.0	0.3646	0.3940
2.5GY	5.0	3.0	0.3565	0.3951
5GY	5.0	3.0	0.3478	0.3944
7.5GY	5.0	3.0	0.3320	0.3900
10GY	5.0	3.0	0.3168	0.3818
2.5G	5.0	3.0	0.3053	0.3735
5G	5.0	3.0	0.2966	0.3660
7.5G	5.0	3.0	0.2919	0.3614
10G	5.0	3.0	0.2869	0.3559
2.5BG	5.0	3.0	0.2820	0.3500
5BG	5.0	3.0	0.2765	0.3423
7.5BG	5.0	3.0	0.2724	0.3353
10BG	5.0	3.0	0.2692	0.3267
2.5B	5.0	3.0	0.2677	0.3209
5B	5.0	3.0	0.2676	0.3135
7.5B	5.0	3.0	0.2689	0.3091
10B	5.0	3.0	0.2716	0.3051

H	V	C	*x*	*y*
2.5PB	5.0	3.0	0.2749	0.3018
5PB	5.0	3.0	0.2792	0.2991
7.5PB	5.0	3.0	0.2850	0.2976
10PB	5.0	3.0	0.2916	0.2974
2.5P	5.0	3.0	0.2967	0.2977
5P	5.0	3.0	0.3028	0.2985
7.5P	5.0	3.0	0.3116	0.3007
10P	5.0	3.0	0.3189	0.3032
2.5RP	5.0	3.0	0.3265	0.3066
5RP	5.0	3.0	0.3371	0.3128
7.5RP	5.0	3.0	0.3447	0.3180
10RP	5.0	3.0	0.3504	0.3228
2.5R	5.0	4.0	0.3693	0.3255
5R	5.0	4.0	0.3753	0.3310
7.5R	5.0	4.0	0.3814	0.3363
10R	5.0	4.0	0.3920	0.3464
2.5YR	5.0	4.0	0.3989	0.3545
5YR	5.0	4.0	0.4057	0.3664
7.5YR	5.0	4.0	0.4078	0.3741
10YR	5.0	4.0	0.4070	0.3870
2.5Y	5.0	4.0	0.4017	0.3977
5Y	5.0	4.0	0.3955	0.4050
7.5Y	5.0	4.0	0.3900	0.4100
10Y	5.0	4.0	0.3809	0.4138
2.5GY	5.0	4.0	0.3700	0.4159
5GY	5.0	4.0	0.3587	0.4160
7.5GY	5.0	4.0	0.3376	0.4113
10GY	5.0	4.0	0.3176	0.4008
2.5G	5.0	4.0	0.3010	0.3878
5G	5.0	4.0	0.2905	0.3776
7.5G	5.0	4.0	0.2845	0.3715
10G	5.0	4.0	0.2784	0.3641
2.5BG	5.0	4.0	0.2730	0.3570
5BG	5.0	4.0	0.2660	0.3470
7.5BG	5.0	4.0	0.2600	0.3365
10BG	5.0	4.0	0.2560	0.3252
2.5B	5.0	4.0	0.2541	0.3181
5B	5.0	4.0	0.2534	0.3080
7.5B	5.0	4.0	0.2550	0.3018
10B	5.0	4.0	0.2580	0.2965
2.5PB	5.0	4.0	0.2620	0.2920
5PB	5.0	4.0	0.2675	0.2884
7.5PB	5.0	4.0	0.2760	0.2869
10PB	5.0	4.0	0.2847	0.2872
2.5P	5.0	4.0	0.2919	0.2877
5P	5.0	4.0	0.2996	0.2888
7.5P	5.0	4.0	0.3101	0.2912
10P	5.0	4.0	0.3191	0.2941
2.5RP	5.0	4.0	0.3299	0.2986
5RP	5.0	4.0	0.3445	0.3065
7.5RP	5.0	4.0	0.3550	0.3134
10RP	5.0	4.0	0.3634	0.3204
2.5R	5.0	5.0	0.3859	0.3246
5R	5.0	5.0	0.3931	0.3311
7.5R	5.0	5.0	0.4005	0.3380
10R	5.0	5.0	0.4121	0.3501
2.5YR	5.0	5.0	0.4199	0.3604
5YR	5.0	5.0	0.4273	0.3750
7.5YR	5.0	5.0	0.4295	0.3844
10YR	5.0	5.0	0.4282	0.4000
2.5Y	5.0	5.0	0.4218	0.4128
5Y	5.0	5.0	0.4143	0.4216
7.5Y	5.0	5.0	0.4069	0.4282
10Y	5.0	5.0	0.3970	0.4336
2.5GY	5.0	5.0	0.3840	0.4373
5GY	5.0	5.0	0.3705	0.4379
7.5GY	5.0	5.0	0.3445	0.4342
10GY	5.0	5.0	0.3190	0.4220
2.5G	5.0	5.0	0.2960	0.4050
5G	5.0	5.0	0.2831	0.3917
7.5G	5.0	5.0	0.2758	0.3838
10G	5.0	5.0	0.2677	0.3740
2.5BG	5.0	5.0	0.2615	0.3647
5BG	5.0	5.0	0.2539	0.3525
7.5BG	5.0	5.0	0.2464	0.3384
10BG	5.0	5.0	0.2411	0.3245
2.5B	5.0	5.0	0.2386	0.3152
5B	5.0	5.0	0.2381	0.3025
7.5B	5.0	5.0	0.2404	0.2943
10B	5.0	5.0	0.2444	0.2880
2.5PB	5.0	5.0	0.2498	0.2822
5PB	5.0	5.0	0.2563	0.2781
7.5PB	5.0	5.0	0.2670	0.2760
10PB	5.0	5.0	0.2775	0.2759
2.5P	5.0	5.0	0.2860	0.2764
5P	5.0	5.0	0.2959	0.2778
7.5P	5.0	5.0	0.3087	0.2807
10P	5.0	5.0	0.3197	0.2839
2.5RP	5.0	5.0	0.3335	0.2894
5RP	5.0	5.0	0.3535	0.2999
7.5RP	5.0	5.0	0.3658	0.3079
10RP	5.0	5.0	0.3789	0.3181

H	V	C	*x*	*y*
2.5R	5.0	6.0	0.4026	0.3234
5R	5.0	6.0	0.4109	0.3308
7.5R	5.0	6.0	0.4195	0.3391
10R	5.0	6.0	0.4320	0.3531
2.5YR	5.0	6.0	0.4407	0.3654
5YR	5.0	6.0	0.4484	0.3824
7.5YR	5.0	6.0	0.4505	0.3933
10YR	5.0	6.0	0.4482	0.4115
2.5Y	5.0	6.0	0.4406	0.4262
5Y	5.0	6.0	0.4317	0.4366
7.5Y	5.0	6.0	0.4225	0.4449
10Y	5.0	6.0	0.4118	0.4520
2.5GY	5.0	6.0	0.3966	0.4576
5GY	5.0	6.0	0.3812	0.4592
7.5GY	5.0	6.0	0.3505	0.4572
10GY	5.0	6.0	0.3198	0.4437
2.5G	5.0	6.0	0.2906	0.4228
5G	5.0	6.0	0.2755	0.4063
7.5G	5.0	6.0	0.2670	0.3964
10G	5.0	6.0	0.2570	0.3840
2.5BG	5.0	6.0	0.2500	0.3725
5BG	5.0	6.0	0.2420	0.3580
7.5BG	5.0	6.0	0.2330	0.3401
10BG	5.0	6.0	0.2265	0.3235
2.5B	5.0	6.0	0.2235	0.3120
5B	5.0	6.0	0.2233	0.2968
7.5B	5.0	6.0	0.2262	0.2867
10B	5.0	6.0	0.2312	0.2794
2.5PB	5.0	6.0	0.2380	0.2725
5PB	5.0	6.0	0.2453	0.2680
7.5PB	5.0	6.0	0.2581	0.2653
10PB	5.0	6.0	0.2704	0.2650
2.5P	5.0	6.0	0.2802	0.2655
5P	5.0	6.0	0.2921	0.2671
7.5P	5.0	6.0	0.3071	0.2705
10P	5.0	6.0	0.3202	0.2740
2.5RP	5.0	6.0	0.3370	0.2805
5RP	5.0	6.0	0.3625	0.2935
7.5RP	5.0	6.0	0.3765	0.3025
10RP	5.0	6.0	0.3945	0.3155
2.5R	5.0	7.0	0.4158	0.3227
5R	5.0	7.0	0.4256	0.3308
7.5R	5.0	7.0	0.4367	0.3406
10R	5.0	7.0	0.4509	0.3565
2.5YR	5.0	7.0	0.4599	0.3708
5YR	5.0	7.0	0.4659	0.3894
7.5YR	5.0	7.0	0.4671	0.4011
10YR	5.0	7.0	0.4624	0.4205
2.5Y	5.0	7.0	0.4537	0.4352
5Y	5.0	7.0	0.4431	0.4474
7.5Y	5.0	7.0	0.4338	0.4560
10Y	5.0	7.0	0.4220	0.4644
2.5GY	5.0	7.0	0.4061	0.4719
5GY	5.0	7.0	0.3902	0.4760
7.5GY	5.0	7.0	0.3567	0.4780
10GY	5.0	7.0	0.3214	0.4674
2.5G	5.0	7.0	0.2851	0.4418
5G	5.0	7.0	0.2671	0.4221
7.5G	5.0	7.0	0.2568	0.4094
10G	5.0	7.0	0.2460	0.3947
2.5BG	5.0	7.0	0.2371	0.3804
5BG	5.0	7.0	0.2284	0.3642
7.5BG	5.0	7.0	0.2189	0.3422
10BG	5.0	7.0	0.2133	0.3229
2.5B	5.0	7.0	0.2108	0.3098
5B	5.0	7.0	0.2109	0.2924
7.5B	5.0	7.0	0.2136	0.2804
10B	5.0	7.0	0.2189	0.2718
2.5PB	5.0	7.0	0.2270	0.2641
5PB	5.0	7.0	0.2357	0.2592
7.5PB	5.0	7.0	0.2497	0.2553
10PB	5.0	7.0	0.2636	0.2544
2.5P	5.0	7.0	0.2748	0.2552
5P	5.0	7.0	0.2888	0.2571
7.5P	5.0	7.0	0.3057	0.2610
10P	5.0	7.0	0.3207	0.2655
2.5RP	5.0	7.0	0.3407	0.2735
5RP	5.0	7.0	0.3688	0.2885
7.5RP	5.0	7.0	0.3849	0.2987
10RP	5.0	7.0	0.4048	0.3133
2.5R	5.0	8.0	0.4289	0.3218
5R	5.0	8.0	0.4403	0.3305
7.5R	5.0	8.0	0.4537	0.3416
10R	5.0	8.0	0.4694	0.3591
2.5YR	5.0	8.0	0.4785	0.3753
5YR	5.0	8.0	0.4826	0.3954
7.5YR	5.0	8.0	0.4828	0.4077
10YR	5.0	8.0	0.4756	0.4283
2.5Y	5.0	8.0	0.4658	0.4432
5Y	5.0	8.0	0.4535	0.4572
7.5Y	5.0	8.0	0.4441	0.4661
10Y	5.0	8.0	0.4312	0.4758

H	V	C	x	y
2.5GY	5.0	8.0	0.4145	0.4852
5GY	5.0	8.0	0.3982	0.4918
7.5GY	5.0	8.0	0.3619	0.4983
10GY	5.0	8.0	0.3222	0.4915
2.5G	5.0	8.0	0.2791	0.4614
5G	5.0	8.0	0.2585	0.4385
7.5G	5.0	8.0	0.2466	0.4227
10G	5.0	8.0	0.2350	0.4056
2.5BG	5.0	8.0	0.2243	0.3882
5BG	5.0	8.0	0.2150	0.3702
7.5BG	5.0	8.0	0.2052	0.3440
10BG	5.0	8.0	0.2005	0.3220
2.5B	5.0	8.0	0.1985	0.3073
5B	5.0	8.0	0.1990	0.2878
7.5B	5.0	8.0	0.2015	0.2740
10B	5.0	8.0	0.2071	0.2642
2.5PB	5.0	8.0	0.2164	0.2557
5PB	5.0	8.0	0.2264	0.2505
7.5PB	5.0	8.0	0.2415	0.2455
10PB	5.0	8.0	0.2569	0.2441
2.5P	5.0	8.0	0.2694	0.2452
5P	5.0	8.0	0.2854	0.2475
7.5P	5.0	8.0	0.3043	0.2519
10P	5.0	8.0	0.3212	0.2572
2.5RP	5.0	8.0	0.3444	0.2667
5RP	5.0	8.0	0.3750	0.2835
7.5RP	5.0	8.0	0.3932	0.2950
10RP	5.0	8.0	0.4150	0.3110
2.5R	5.0	9.0	0.4462	0.3209
5R	5.0	9.0	0.4593	0.3305
7.5R	5.0	9.0	0.4732	0.3435
10R	5.0	9.0	0.4879	0.3628
2.5YR	5.0	9.0	0.4954	0.3794
5YR	5.0	9.0	0.4974	0.4007
7.5YR	5.0	9.0	0.4957	0.4133
10YR	5.0	9.0	0.4867	0.4350
2.5Y	5.0	9.0	0.4764	0.4503
5Y	5.0	9.0	0.4627	0.4658
7.5Y	5.0	9.0	0.4531	0.4749
10Y	5.0	9.0	0.4393	0.4854
2.5GY	5.0	9.0	0.4213	0.4961
5GY	5.0	9.0	0.4043	0.5034
7.5GY	5.0	9.0	0.3656	0.5120
10GY	5.0	9.0	0.3226	0.5075
2.5G	5.0	9.0	0.2751	0.4758
5G	5.0	9.0	0.2527	0.4502
7.5G	5.0	9.0	0.2397	0.4317
10G	5.0	9.0	0.2278	0.4127
2.5BG	5.0	9.0	0.2164	0.3929
5BG	5.0	9.0	0.2072	0.3738
7.5BG	5.0	9.0	0.1965	0.3454
10BG	5.0	9.0	0.1909	0.3215
2.5B	5.0	9.0	0.1886	0.3054
5B	5.0	9.0	0.1886	0.2837
7.5B	5.0	9.0	0.1909	0.2688
10B	5.0	9.0	0.1957	0.2573
2.5PB	5.0	9.0	0.2050	0.2470
5PB	5.0	9.0	0.2159	0.2409
7.5PB	5.0	9.0	0.2343	0.2368
10PB	5.0	9.0	0.2518	0.2361
2.5P	5.0	9.0	0.2652	0.2372
5P	5.0	9.0	0.2827	0.2397
7.5P	5.0	9.0	0.3032	0.2442
10P	5.0	9.0	0.3216	0.2498
2.5RP	5.0	9.0	0.3474	0.2601
5RP	5.0	9.0	0.3818	0.2782
7.5RP	5.0	9.0	0.4029	0.2905
10RP	5.0	9.0	0.4298	0.3082
2.5R	5.0	10.0	0.4634	0.3196
5R	5.0	10.0	0.4780	0.3300
7.5R	5.0	10.0	0.4923	0.3446
10R	5.0	10.0	0.5057	0.3657
2.5YR	5.0	10.0	0.5116	0.3825
5YR	5.0	10.0	0.5112	0.4050
7.5YR	5.0	10.0	0.5077	0.4179
10YR	5.0	10.0	0.4967	0.4407
2.5Y	5.0	10.0	0.4859	0.4563
5Y	5.0	10.0	0.4708	0.4733
7.5Y	5.0	10.0	0.4610	0.4825
10Y	5.0	10.0	0.4464	0.4940
2.5GY	5.0	10.0	0.4273	0.5060
5GY	5.0	10.0	0.4096	0.5142
7.5GY	5.0	10.0	0.3688	0.5252
10GY	5.0	10.0	0.3225	0.5234
2.5G	5.0	10.0	0.2708	0.4904
5G	5.0	10.0	0.2468	0.4621
7.5G	5.0	10.0	0.2328	0.4409
10G	5.0	10.0	0.2206	0.4199
2.5BG	5.0	10.0	0.2086	0.3975
5BG	5.0	10.0	0.1994	0.3774
7.5BG	5.0	10.0	0.1880	0.3466
10BG	5.0	10.0	0.1815	0.3208

H	V	C	*x*	*y*
2.5B	5.0	10.0	0.1790	0.3033
5B	5.0	10.0	0.1785	0.2795
7.5B	5.0	10.0	0.1806	0.2635
10B	5.0	10.0	0.1848	0.2504
2.5PB	5.0	10.0	0.1940	0.2385
5PB	5.0	10.0	0.2057	0.2316
7.5PB	5.0	10.0	0.2272	0.2283
10PB	5.0	10.0	0.2468	0.2284
2.5P	5.0	10.0	0.2610	0.2295
5P	5.0	10.0	0.2800	0.2321
7.5P	5.0	10.0	0.3021	0.2368
10P	5.0	10.0	0.3220	0.2427
2.5RP	5.0	10.0	0.3503	0.2536
5RP	5.0	10.0	0.3885	0.2730
7.5RP	5.0	10.0	0.4125	0.2860
10RP	5.0	10.0	0.4445	0.3052
2.5R	5.0	11.0	0.4760	0.3189
5R	5.0	11.0	0.4914	0.3304
7.5R	5.0	11.0	0.5056	0.3457
10R	5.0	11.0	0.5179	0.3683
2.5YR	5.0	11.0	0.5221	0.3848
5YR	5.0	11.0	0.5205	0.4082
7.5YR	5.0	11.0	0.5165	0.4218
10YR	5.0	11.0	0.5047	0.4455
2.5Y	5.0	11.0	0.4935	0.4614
5Y	5.0	11.0	0.4773	0.4795
7.5Y	5.0	11.0	0.4676	0.4886
10Y	5.0	11.0	0.4520	0.5010
2.5GY	5.0	11.0	0.4324	0.5139
5GY	5.0	11.0	0.4144	0.5233
7.5GY	5.0	11.0	0.3719	0.5372
10GY	5.0	11.0	0.3230	0.5387
2.5G	5.0	11.0	0.2669	0.5033
5G	5.0	11.0	0.2415	0.4726
7.5G	5.0	11.0	0.2265	0.4492
10G	5.0	11.0	0.2140	0.4268
2.5BG	5.0	11.0	0.2016	0.4018
5BG	5.0	11.0	0.1922	0.3809
7.5BG	5.0	11.0	0.1797	0.3480
10BG	5.0	11.0	0.1719	0.3202
2.5B	5.0	11.0	0.1688	0.3015
5B	5.0	11.0	0.1680	0.2754
7.5B	5.0	11.0	0.1707	0.2584
10B	5.0	11.0	0.1756	0.2446
2.5PB	5.0	11.0	0.1853	0.2316
5PB	5.0	11.0	0.1967	0.2242

H	V	C	*x*	*y*
7.5PB	5.0	11.0	0.2200	0.2195
10PB	5.0	11.0	0.2411	0.2190
2.5P	5.0	11.0	0.2562	0.2201
5P	5.0	11.0	0.2768	0.2230
7.5P	5.0	11.0	0.3010	0.2286
10P	5.0	11.0	0.3225	0.2351
2.5RP	5.0	11.0	0.3534	0.2467
5RP	5.0	11.0	0.3949	0.2681
7.5RP	5.0	11.0	0.4210	0.2825
10RP	5.0	11.0	0.4543	0.3031
2.5R	5.0	12.0	0.4885	0.3180
5R	5.0	12.0	0.5045	0.3305
7.5R	5.0	12.0	0.5185	0.3465
10R	5.0	12.0	0.5297	0.3705
2.5YR	5.0	12.0	0.5321	0.3866
5YR	5.0	12.0	0.5292	0.4108
7.5YR	5.0	12.0	0.5245	0.4250
10YR	5.0	12.0	0.5118	0.4494
2.5Y	5.0	12.0	0.5001	0.4656
5Y	5.0	12.0	0.4828	0.4848
7.5Y	5.0	12.0	0.4732	0.4937
10Y	5.0	12.0	0.4568	0.5071
2.5GY	5.0	12.0	0.4367	0.5209
5GY	5.0	12.0	0.4184	0.5315
7.5GY	5.0	12.0	0.3744	0.5486
10GY	5.0	12.0	0.3231	0.5537
2.5G	5.0	12.0	0.2629	0.5164
5G	5.0	12.0	0.2362	0.4833
7.5G	5.0	12.0	0.2202	0.4577
10G	5.0	12.0	0.2074	0.4338
2.5BG	5.0	12.0	0.1946	0.4061
5BG	5.0	12.0	0.1850	0.3844
7.5BG	5.0	12.0	0.1715	0.3493
10BG	5.0	12.0	0.1626	0.3194
2.5B	5.0	12.0	0.1589	0.2996
5B	5.0	12.0	0.1579	0.2712
7.5B	5.0	12.0	0.1611	0.2532
10B	5.0	12.0	0.1667	0.2388
2.5PB	5.0	12.0	0.1769	0.2249
5PB	5.0	12.0	0.1880	0.2170
7.5PB	5.0	12.0	0.2130	0.2110
10PB	5.0	12.0	0.2354	0.2099
2.5P	5.0	12.0	0.2515	0.2110
5P	5.0	12.0	0.2736	0.2143
7.5P	5.0	12.0	0.2998	0.2208
10P	5.0	12.0	0.3229	0.2278

H	V	C	x	y
2.5RP	5.0	12.0	0.3565	0.2400
5RP	5.0	12.0	0.4013	0.2632
7.5RP	5.0	12.0	0.4295	0.2790
10RP	5.0	12.0	0.4640	0.3010
2.5R	5.0	14.0	0.5129	0.3166
5R	5.0	14.0	0.5286	0.3303
7.5R	5.0	14.0	0.5437	0.3486
10R	5.0	14.0	0.5515	0.3747
2.5YR	5.0	14.0	0.5515	0.3906
5YR	5.0	14.0	0.5455	0.4163
7.5YR	5.0	14.0	0.5392	0.4311
10YR	5.0	14.0	0.5231	0.4559
2.5Y	5.0	14.0	0.5097	0.4722
5Y	5.0	14.0	0.4911	0.4922
7.5Y	5.0	14.0	0.4814	0.5015
10Y	5.0	14.0	0.4646	0.5167
2.5GY	5.0	14.0	0.4445	0.5335
5GY	5.0	14.0	0.4264	0.5469
7.5GY	5.0	14.0	0.3801	0.5718
10GY	5.0	14.0	0.3241	0.5802
2.5G	5.0	14.0	0.2555	0.5424
5G	5.0	14.0	0.2252	0.5042
7.5G	5.0	14.0	0.2080	0.4736

H	V	C	x	y
10G	5.0	14.0	0.1949	0.4468
2.5BG	5.0	14.0	0.1802	0.4149
5BG	5.0	14.0	0.1700	0.3912
7.5BG	5.0	14.0	0.1549	0.3519
10BG	5.0	14.0	0.1452	0.3184
2.5B	5.0	14.0	0.1412	0.2962
5B	5.0	14.0	0.1407	0.2646
7.5B	5.0	14.0	0.1440	0.2446
10B	5.0	14.0	0.1499	0.2282
2.5PB	5.0	14.0	0.1608	0.2124
5PB	5.0	14.0	0.1720	0.2037
7.5PB	5.0	14.0	0.1988	0.1938
10PB	5.0	14.0	0.2240	0.1913
2.5P	5.0	14.0	0.2421	0.1924
5P	5.0	14.0	0.2674	0.1967
7.5P	5.0	14.0	0.2983	0.2050
10P	5.0	14.0	0.3238	0.2131
2.5RP	5.0	14.0	0.3624	0.2276
5RP	5.0	14.0	0.4150	0.2526
7.5RP	5.0	14.0	0.4471	0.2712
10RP	5.0	14.0	0.4855	0.2963
7.5R	5.0	16.0	0.5681	0.3500

$Y = 16.14$

H	V	C	x	y
5R	4.5	1.0	0.3353	0.3312
10R	4.5	1.0	0.3391	0.3370
5YR	4.5	1.0	0.3403	0.3418
10YR	4.5	1.0	0.3401	0.3472
5Y	4.5	1.0	0.3365	0.3515
10Y	4.5	1.0	0.3322	0.3535
5GY	4.5	1.0	0.3260	0.3536
10GY	4.5	1.0	0.3144	0.3495
5G	4.5	1.0	0.3085	0.3455
10G	4.5	1.0	0.3033	0.3409
5BG	4.5	1.0	0.2978	0.3335
10BG	4.5	1.0	0.2954	0.3278
5B	4.5	1.0	0.2952	0.3233
10B	4.5	1.0	0.2962	0.3198
5PB	4.5	1.0	0.2989	0.3169
10PB	4.5	1.0	0.3024	0.3153
5P	4.5	1.0	0.3078	0.3147
10P	4.5	1.0	0.3182	0.3177
5RP	4.5	1.0	0.3265	0.3228
10RP	4.5	1.0	0.3312	0.3270

H	V	C	x	y
2.5R	4.5	2.0	0.3456	0.3271
5R	4.5	2.0	0.3499	0.3311
7.5R	4.5	2.0	0.3532	0.3346
10R	4.5	2.0	0.3580	0.3395
2.5YR	4.5	2.0	0.3619	0.3450
5YR	4.5	2.0	0.3645	0.3509
7.5YR	4.5	2.0	0.3655	0.3562
10YR	4.5	2.0	0.3653	0.3620
2.5Y	4.5	2.0	0.3631	0.3687
5Y	4.5	2.0	0.3602	0.3722
7.5Y	4.5	2.0	0.3567	0.3748
10Y	4.5	2.0	0.3503	0.3769
2.5GY	4.5	2.0	0.3445	0.3770
5GY	4.5	2.0	0.3373	0.3755
7.5GY	4.5	2.0	0.3255	0.3709
10GY	4.5	2.0	0.3156	0.3653
2.5G	4.5	2.0	0.3085	0.3608
5G	4.5	2.0	0.3023	0.3562
7.5G	4.5	2.0	0.2978	0.3523
10G	4.5	2.0	0.2942	0.3491

H	V	C	x	y
2.5BG	4.5	2.0	0.2898	0.3443
5BG	4.5	2.0	0.2852	0.3382
7.5BG	4.5	2.0	0.2826	0.3337
10BG	4.5	2.0	0.2802	0.3272
2.5B	4.5	2.0	0.2793	0.3227
5B	4.5	2.0	0.2796	0.3174
7.5B	4.5	2.0	0.2804	0.3147
10B	4.5	2.0	0.2824	0.3114
2.5PB	4.5	2.0	0.2846	0.3085
5PB	4.5	2.0	0.2878	0.3065
7.5PB	4.5	2.0	0.2914	0.3046
10PB	4.5	2.0	0.2960	0.3038
2.5P	4.5	2.0	0.3001	0.3039
5P	4.5	2.0	0.3037	0.3043
7.5P	4.5	2.0	0.3111	0.3061
10P	4.5	2.0	0.3184	0.3089
2.5RP	4.5	2.0	0.3245	0.3119
5RP	4.5	2.0	0.3324	0.3169
7.5RP	4.5	2.0	0.3390	0.3216
10RP	4.5	2.0	0.3419	0.3239
2.5R	4.5	3.0	0.3605	0.3257
5R	4.5	3.0	0.3660	0.3307
7.5R	4.5	3.0	0.3711	0.3358
10R	4.5	3.0	0.3784	0.3431
2.5YR	4.5	3.0	0.3844	0.3511
5YR	4.5	3.0	0.3891	0.3612
7.5YR	4.5	3.0	0.3906	0.3684
10YR	4.5	3.0	0.3901	0.3772
2.5Y	4.5	3.0	0.3865	0.3858
5Y	4.5	3.0	0.3821	0.3913
7.5Y	4.5	3.0	0.3767	0.3956
10Y	4.5	3.0	0.3681	0.3988
2.5GY	4.5	3.0	0.3597	0.3997
5GY	4.5	3.0	0.3504	0.3990
7.5GY	4.5	3.0	0.3325	0.3943
10GY	4.5	3.0	0.3178	0.3869
2.5G	4.5	3.0	0.3034	0.3772
5G	4.5	3.0	0.2945	0.3696
7.5G	4.5	3.0	0.2888	0.3643
10G	4.5	3.0	0.2839	0.3592
2.5BG	4.5	3.0	0.2787	0.3529
5BG	4.5	3.0	0.2725	0.3442
7.5BG	4.5	3.0	0.2679	0.3363
10BG	4.5	3.0	0.2642	0.3263
2.5B	4.5	3.0	0.2627	0.3194
5B	4.5	3.0	0.2624	0.3112
7.5B	4.5	3.0	0.2635	0.3062
10B	4.5	3.0	0.2661	0.3016
2.5PB	4.5	3.0	0.2697	0.2973
5PB	4.5	3.0	0.2745	0.2940
7.5PB	4.5	3.0	0.2811	0.2920
10PB	4.5	3.0	0.2883	0.2916
2.5P	4.5	3.0	0.2944	0.2919
5P	4.5	3.0	0.2997	0.2926
7.5P	4.5	3.0	0.3092	0.2947
10P	4.5	3.0	0.3186	0.2980
2.5RP	4.5	3.0	0.3285	0.3027
5RP	4.5	3.0	0.3398	0.3096
7.5RP	4.5	3.0	0.3490	0.3160
10RP	4.5	3.0	0.3550	0.3209
2.5R	4.5	4.0	0.3754	0.3241
5R	4.5	4.0	0.3821	0.3301
7.5R	4.5	4.0	0.3891	0.3365
10R	4.5	4.0	0.3990	0.3461
2.5YR	4.5	4.0	0.4068	0.3563
5YR	4.5	4.0	0.4135	0.3703
7.5YR	4.5	4.0	0.4152	0.3793
10YR	4.5	4.0	0.4144	0.3910
2.5Y	4.5	4.0	0.4092	0.4016
5Y	4.5	4.0	0.4032	0.4093
7.5Y	4.5	4.0	0.3958	0.4154
10Y	4.5	4.0	0.3850	0.4199
2.5GY	4.5	4.0	0.3741	0.4221
5GY	4.5	4.0	0.3626	0.4226
7.5GY	4.5	4.0	0.3387	0.4184
10GY	4.5	4.0	0.3194	0.4094
2.5G	4.5	4.0	0.2980	0.3942
5G	4.5	4.0	0.2864	0.3835
7.5G	4.5	4.0	0.2796	0.3766
10G	4.5	4.0	0.2734	0.3695
2.5BG	4.5	4.0	0.2676	0.3616
5BG	4.5	4.0	0.2598	0.3501
7.5BG	4.5	4.0	0.2533	0.3387
10BG	4.5	4.0	0.2486	0.3252
2.5B	4.5	4.0	0.2466	0.3157
5B	4.5	4.0	0.2456	0.3047
7.5B	4.5	4.0	0.2471	0.2975
10B	4.5	4.0	0.2504	0.2917
2.5PB	4.5	4.0	0.2551	0.2859
5PB	4.5	4.0	0.2615	0.2817
7.5PB	4.5	4.0	0.2710	0.2799
10PB	4.5	4.0	0.2805	0.2798

H	V	C	x	y
2.5P	4.5	4.0	0.2886	0.2803
5P	4.5	4.0	0.2957	0.2812
7.5P	4.5	4.0	0.3072	0.2837
10P	4.5	4.0	0.3185	0.2875
2.5RP	4.5	4.0	0.3324	0.2938
5RP	4.5	4.0	0.3471	0.3024
7.5RP	4.5	4.0	0.3588	0.3105
10RP	4.5	4.0	0.3682	0.3177
2.5R	4.5	5.0	0.3923	0.3224
5R	4.5	5.0	0.4009	0.3299
7.5R	4.5	5.0	0.4093	0.3381
10R	4.5	5.0	0.4200	0.3499
2.5YR	4.5	5.0	0.4283	0.3620
5YR	4.5	5.0	0.4349	0.3784
7.5YR	4.5	5.0	0.4362	0.3896
10YR	4.5	5.0	0.4346	0.4028
2.5Y	4.5	5.0	0.4286	0.4154
5Y	4.5	5.0	0.4214	0.4246
7.5Y	4.5	5.0	0.4121	0.4328
10Y	4.5	5.0	0.4006	0.4388
2.5GY	4.5	5.0	0.3879	0.4426
5GY	4.5	5.0	0.3738	0.4438
7.5GY	4.5	5.0	0.3452	0.4407
10GY	4.5	5.0	0.3214	0.4309
2.5G	4.5	5.0	0.2926	0.4121
5G	4.5	5.0	0.2781	0.3982
7.5G	4.5	5.0	0.2701	0.3896
10G	4.5	5.0	0.2623	0.3804
2.5BG	4.5	5.0	0.2553	0.3703
5BG	4.5	5.0	0.2462	0.3561
7.5BG	4.5	5.0	0.2386	0.3416
10BG	4.5	5.0	0.2326	0.3244
2.5B	4.5	5.0	0.2302	0.3125
5B	4.5	5.0	0.2298	0.2990
7.5B	4.5	5.0	0.2324	0.2900
10B	4.5	5.0	0.2365	0.2832
2.5PB	4.5	5.0	0.2431	0.2762
5PB	4.5	5.0	0.2507	0.2716
7.5PB	4.5	5.0	0.2618	0.2688
10PB	4.5	5.0	0.2731	0.2681
2.5P	4.5	5.0	0.2824	0.2681
5P	4.5	5.0	0.2915	0.2691
7.5P	4.5	5.0	0.3053	0.2720
10P	4.5	5.0	0.3188	0.2761
2.5RP	4.5	5.0	0.3365	0.2840
5RP	4.5	5.0	0.3555	0.2948
7.5RP	4.5	5.0	0.3694	0.3043
10RP	4.5	5.0	0.3833	0.3146
2.5R	4.5	6.0	0.4092	0.3204
5R	4.5	6.0	0.4196	0.3293
7.5R	4.5	6.0	0.4293	0.3390
10R	4.5	6.0	0.4408	0.3529
2.5YR	4.5	6.0	0.4494	0.3668
5YR	4.5	6.0	0.4556	0.3853
7.5YR	4.5	6.0	0.4563	0.3985
10YR	4.5	6.0	0.4538	0.4132
2.5Y	4.5	6.0	0.4467	0.4275
5Y	4.5	6.0	0.4382	0.4383
7.5Y	4.5	6.0	0.4270	0.4486
10Y	4.5	6.0	0.4150	0.4563
2.5GY	4.5	6.0	0.4003	0.4618
5GY	4.5	6.0	0.3839	0.4644
7.5GY	4.5	6.0	0.3509	0.4629
10GY	4.5	6.0	0.3229	0.4528
2.5G	4.5	6.0	0.2867	0.4307
5G	4.5	6.0	0.2695	0.4133
7.5G	4.5	6.0	0.2605	0.4029
10G	4.5	6.0	0.2512	0.3915
2.5BG	4.5	6.0	0.2430	0.3790
5BG	4.5	6.0	0.2328	0.3621
7.5BG	4.5	6.0	0.2242	0.3443
10BG	4.5	6.0	0.2170	0.3234
2.5B	4.5	6.0	0.2144	0.3088
5B	4.5	6.0	0.2146	0.2930
7.5B	4.5	6.0	0.2183	0.2823
10B	4.5	6.0	0.2231	0.2747
2.5PB	4.5	6.0	0.2316	0.2665
5PB	4.5	6.0	0.2401	0.2618
7.5PB	4.5	6.0	0.2528	0.2579
10PB	4.5	6.0	0.2658	0.2567
2.5P	4.5	6.0	0.2763	0.2564
5P	4.5	6.0	0.2872	0.2575
7.5P	4.5	6.0	0.3033	0.2608
10P	4.5	6.0	0.3189	0.2651
2.5RP	4.5	6.0	0.3405	0.2745
5RP	4.5	6.0	0.3639	0.2874
7.5RP	4.5	6.0	0.3799	0.2982
10RP	4.5	6.0	0.3984	0.3112
2.5R	4.5	7.0	0.4243	0.3187
5R	4.5	7.0	0.4359	0.3289
7.5R	4.5	7.0	0.4476	0.3405
10R	4.5	7.0	0.4602	0.3561

H	V	C	x	y	H	V	C	x	y
2.5YR	4.5	7.0	0.4688	0.3721	7.5Y	4.5	8.0	0.4482	0.4693
5YR	4.5	7.0	0.4730	0.3913	10Y	4.5	8.0	0.4346	0.4794
7.5YR	4.5	7.0	0.4721	0.4060	2.5GY	4.5	8.0	0.4190	0.4886
10YR	4.5	7.0	0.4678	0.4212	5GY	4.5	8.0	0.4005	0.4964
2.5Y	4.5	7.0	0.4596	0.4359	7.5GY	4.5	8.0	0.3616	0.5027
5Y	4.5	7.0	0.4497	0.4482	10GY	4.5	8.0	0.3261	0.4973
7.5Y	4.5	7.0	0.4382	0.4595	2.5G	4.5	8.0	0.2763	0.4643
10Y	4.5	7.0	0.4253	0.4684	5G	4.5	8.0	0.2544	0.4404
2.5GY	4.5	7.0	0.4102	0.4758	7.5G	4.5	8.0	0.2431	0.4256
5GY	4.5	7.0	0.3927	0.4809	10G	4.5	8.0	0.2331	0.4105
7.5GY	4.5	7.0	0.3567	0.4831	2.5BG	4.5	8.0	0.2221	0.3931
10GY	4.5	7.0	0.3249	0.4749	5BG	4.5	8.0	0.2108	0.3719
2.5G	4.5	7.0	0.2817	0.4472	7.5BG	4.5	8.0	0.2015	0.3480
5G	4.5	7.0	0.2620	0.4266	10BG	4.5	8.0	0.1944	0.3220
7.5G	4.5	7.0	0.2518	0.4142	2.5B	4.5	8.0	0.1916	0.3037
10G	4.5	7.0	0.2421	0.4010	5B	4.5	8.0	0.1920	0.2841
2.5BG	4.5	7.0	0.2325	0.3861	7.5B	4.5	8.0	0.1943	0.2703
5BG	4.5	7.0	0.2217	0.3671	10B	4.5	8.0	0.1992	0.2595
7.5BG	4.5	7.0	0.2127	0.3462	2.5PB	4.5	8.0	0.2088	0.2484
10BG	4.5	7.0	0.2055	0.3228	5PB	4.5	8.0	0.2193	0.2423
2.5B	4.5	7.0	0.2028	0.3064	7.5PB	4.5	8.0	0.2355	0.2369
5B	4.5	7.0	0.2031	0.2887	10PB	4.5	8.0	0.2520	0.2352
7.5B	4.5	7.0	0.2060	0.2763	2.5P	4.5	8.0	0.2657	0.2361
10B	4.5	7.0	0.2109	0.2671	5P	4.5	8.0	0.2803	0.2378
2.5PB	4.5	7.0	0.2200	0.2575	7.5P	4.5	8.0	0.3001	0.2419
5PB	4.5	7.0	0.2295	0.2519	10P	4.5	8.0	0.3193	0.2475
7.5PB	4.5	7.0	0.2440	0.2473	2.5RP	4.5	8.0	0.3483	0.2587
10PB	4.5	7.0	0.2588	0.2457	5RP	4.5	8.0	0.3771	0.2744
2.5P	4.5	7.0	0.2710	0.2460	7.5RP	4.5	8.0	0.3980	0.2871
5P	4.5	7.0	0.2838	0.2475	10RP	4.5	8.0	0.4233	0.3043
7.5P	4.5	7.0	0.3017	0.2511	2.5R	4.5	9.0	0.4536	0.3155
10P	4.5	7.0	0.3191	0.2562	5R	4.5	9.0	0.4685	0.3277
2.5RP	4.5	7.0	0.3444	0.2665	7.5R	4.5	9.0	0.4827	0.3429
5RP	4.5	7.0	0.3705	0.2809	10R	4.5	9.0	0.4951	0.3612
7.5RP	4.5	7.0	0.3890	0.2926	2.5YR	4.5	9.0	0.5014	0.3796
10RP	4.5	7.0	0.4109	0.3078	5YR	4.5	9.0	0.5019	0.4002
2.5R	4.5	8.0	0.4393	0.3168	7.5YR	4.5	9.0	0.4977	0.4174
5R	4.5	8.0	0.4520	0.3281	10YR	4.5	9.0	0.4906	0.4335
7.5R	4.5	8.0	0.4656	0.3415	2.5Y	4.5	9.0	0.4804	0.4488
10R	4.5	8.0	0.4791	0.3585	5Y	4.5	9.0	0.4681	0.4639
2.5YR	4.5	8.0	0.4874	0.3764	7.5Y	4.5	9.0	0.4556	0.4767
5YR	4.5	8.0	0.4895	0.3962	10Y	4.5	9.0	0.4419	0.4875
7.5YR	4.5	8.0	0.4869	0.4125	2.5GY	4.5	9.0	0.4255	0.4979
10YR	4.5	8.0	0.4809	0.4281	5GY	4.5	9.0	0.4059	0.5069
2.5Y	4.5	8.0	0.4714	0.4432	7.5GY	4.5	9.0	0.3653	0.5160
5Y	4.5	8.0	0.4601	0.4571	10GY	4.5	9.0	0.3270	0.5129

H	V	C	*x*	*y*	H	V	C	*x*	*y*
2.5G	4.5	9.0	0.2723	0.4778	7.5BG	4.5	10.0	0.1850	0.3514
5G	4.5	9.0	0.2486	0.4513	10BG	4.5	10.0	0.1761	0.3210
7.5G	4.5	9.0	0.2366	0.4345	2.5B	4.5	10.0	0.1723	0.2994
10G	4.5	9.0	0.2261	0.4180	5B	4.5	10.0	0.1713	0.2755
2.5BG	4.5	9.0	0.2147	0.3983	7.5B	4.5	10.0	0.1731	0.2599
5BG	4.5	9.0	0.2033	0.3755	10B	4.5	10.0	0.1773	0.2455
7.5BG	4.5	9.0	0.1932	0.3498	2.5PB	4.5	10.0	0.1872	0.2317
10BG	4.5	9.0	0.1851	0.3216	5PB	4.5	10.0	0.1998	0.2242
2.5B	4.5	9.0	0.1818	0.3017	7.5PB	4.5	10.0	0.2213	0.2194
5B	4.5	9.0	0.1815	0.2799	10PB	4.5	10.0	0.2418	0.2191
7.5B	4.5	9.0	0.1835	0.2651	2.5P	4.5	10.0	0.2575	0.2204
10B	4.5	9.0	0.1880	0.2525	5P	4.5	10.0	0.2749	0.2228
2.5PB	4.5	9.0	0.1978	0.2400	7.5P	4.5	10.0	0.2978	0.2275
5PB	4.5	9.0	0.2094	0.2331	10P	4.5	10.0	0.3196	0.2337
7.5PB	4.5	9.0	0.2283	0.2280	2.5RP	4.5	10.0	0.3536	0.2465
10PB	4.5	9.0	0.2469	0.2270	5RP	4.5	10.0	0.3887	0.2639
2.5P	4.5	9.0	0.2616	0.2281	7.5RP	4.5	10.0	0.4145	0.2782
5P	4.5	9.0	0.2776	0.2302	10RP	4.5	10.0	0.4470	0.2988
7.5P	4.5	9.0	0.2989	0.2346	2.5R	4.5	11.0	0.4798	0.3127
10P	4.5	9.0	0.3195	0.2404	5R	4.5	11.0	0.4978	0.3271
2.5RP	4.5	9.0	0.3510	0.2525	7.5R	4.5	11.0	0.5125	0.3445
5RP	4.5	9.0	0.3830	0.2691	10R	4.5	11.0	0.5221	0.3654
7.5RP	4.5	9.0	0.4063	0.2826	2.5YR	4.5	11.0	0.5252	0.3843
10RP	4.5	9.0	0.4352	0.3016	5YR	4.5	11.0	0.5227	0.4062
2.5R	4.5	10.0	0.4678	0.3140	7.5YR	4.5	11.0	0.5158	0.4252
5R	4.5	10.0	0.4846	0.3270	10YR	4.5	11.0	0.5070	0.4423
7.5R	4.5	10.0	0.4995	0.3438	2.5Y	4.5	11.0	0.4960	0.4582
10R	4.5	10.0	0.5105	0.3634	5Y	4.5	11.0	0.4815	0.4751
2.5YR	4.5	10.0	0.5149	0.3821	7.5Y	4.5	11.0	0.4681	0.4888
5YR	4.5	10.0	0.5136	0.4034	10Y	4.5	11.0	0.4536	0.5008
7.5YR	4.5	10.0	0.5077	0.4215	2.5GY	4.5	11.0	0.4361	0.5129
10YR	4.5	10.0	0.4994	0.4381	5GY	4.5	11.0	0.4150	0.5247
2.5Y	4.5	10.0	0.4887	0.4537	7.5GY	4.5	11.0	0.3715	0.5403
5Y	4.5	10.0	0.4752	0.4698	10GY	4.5	11.0	0.3282	0.5429
7.5Y	4.5	10.0	0.4622	0.4833	2.5G	4.5	11.0	0.2642	0.5038
10Y	4.5	10.0	0.4485	0.4948	5G	4.5	11.0	0.2377	0.4721
2.5GY	4.5	10.0	0.4313	0.5062	7.5G	4.5	11.0	0.2240	0.4516
5GY	4.5	10.0	0.4107	0.5167	10G	4.5	11.0	0.2128	0.4324
7.5GY	4.5	10.0	0.3685	0.5288	2.5BG	4.5	11.0	0.2006	0.4082
10GY	4.5	10.0	0.3275	0.5284	5BG	4.5	11.0	0.1884	0.3825
2.5G	4.5	10.0	0.2681	0.4916	7.5BG	4.5	11.0	0.1768	0.3530
5G	4.5	10.0	0.2428	0.4625	10BG	4.5	11.0	0.1667	0.3205
7.5G	4.5	10.0	0.2299	0.4436	2.5B	4.5	11.0	0.1623	0.2973
10G	4.5	10.0	0.2192	0.4255	5B	4.5	11.0	0.1612	0.2713
2.5BG	4.5	10.0	0.2074	0.4035	7.5B	4.5	11.0	0.1634	0.2550
5BG	4.5	10.0	0.1958	0.3790	10B	4.5	11.0	0.1683	0.2396

H	V	C	x	y	H	V	C	x	y
2.5PB	4.5	11.0	0.1788	0.2246	7.5GY	4.5	12.0	0.3740	0.5513
5PB	4.5	11.0	0.1911	0.2163	10GY	4.5	12.0	0.3285	0.5571
7.5PB	4.5	11.0	0.2142	0.2110	2.5G	4.5	12.0	0.2602	0.5161
10PB	4.5	11.0	0.2365	0.2103	5G	4.5	12.0	0.2326	0.4820
2.5P	4.5	11.0	0.2529	0.2114	7.5G	4.5	12.0	0.2180	0.4598
5P	4.5	11.0	0.2718	0.2140	10G	4.5	12.0	0.2064	0.4395
7.5P	4.5	11.0	0.2964	0.2192	2.5BG	4.5	12.0	0.1938	0.4130
10P	4.5	11.0	0.3198	0.2259	5BG	4.5	12.0	0.1812	0.3861
2.5RP	4.5	11.0	0.3566	0.2397	7.5BG	4.5	12.0	0.1687	0.3546
5RP	4.5	11.0	0.3944	0.2586	10BG	4.5	12.0	0.1577	0.3197
7.5RP	4.5	11.0	0.4221	0.2739	2.5B	4.5	12.0	0.1527	0.2949
10RP	4.5	11.0	0.4569	0.2959	5B	4.5	12.0	0.1514	0.2670
2.5R	4.5	12.0	0.4917	0.3113	7.5B	4.5	12.0	0.1539	0.2500
5R	4.5	12.0	0.5107	0.3268	10B	4.5	12.0	0.1597	0.2338
7.5R	4.5	12.0	0.5251	0.3449	2.5PB	4.5	12.0	0.1708	0.2177
10R	4.5	12.0	0.5333	0.3670	5PB	4.5	12.0	0.1828	0.2087
2.5YR	4.5	12.0	0.5350	0.3861	7.5PB	4.5	12.0	0.2073	0.2030
5YR	4.5	12.0	0.5312	0.4085	10PB	4.5	12.0	0.2313	0.2019
7.5YR	4.5	12.0	0.5233	0.4283	2.5P	4.5	12.0	0.2483	0.2028
10YR	4.5	12.0	0.5139	0.4457	5P	4.5	12.0	0.2687	0.2055
2.5Y	4.5	12.0	0.5024	0.4620	7.5P	4.5	12.0	0.2950	0.2113
5Y	4.5	12.0	0.4869	0.4795	10P	4.5	12.0	0.3199	0.2184
7.5Y	4.5	12.0	0.4732	0.4934	2.5RP	4.5	12.0	0.3596	0.2331
10Y	4.5	12.0	0.4581	0.5061	5RP	4.5	12.0	0.4001	0.2533
2.5GY	4.5	12.0	0.4403	0.5189	7.5RP	4.5	12.0	0.4297	0.2696
5GY	4.5	12.0	0.4186	0.5321	10RP	4.5	12.0	0.4668	0.2931

$Y=12.43$

H	V	C	x	y	H	V	C	x	y
5R	4.0	1.0	0.3410	0.3320	10P	4.0	1.0	0.3185	0.3150
10R	4.0	1.0	0.3445	0.3370	5RP	4.0	1.0	0.3295	0.3218
5YR	4.0	1.0	0.3466	0.3441	10RP	4.0	1.0	0.3355	0.3268
10YR	4.0	1.0	0.3462	0.3503	2.5R	4.0	2.0	0.3521	0.3272
5Y	4.0	1.0	0.3412	0.3550	5R	4.0	2.0	0.3560	0.3305
10Y	4.0	1.0	0.3352	0.3570	7.5R	4.0	2.0	0.3600	0.3348
5GY	4.0	1.0	0.3265	0.3560	10R	4.0	2.0	0.3640	0.3390
10GY	4.0	1.0	0.3135	0.3500	2.5YR	4.0	2.0	0.3697	0.3471
5G	4.0	1.0	0.3090	0.3472	5YR	4.0	2.0	0.3725	0.3538
10G	4.0	1.0	0.3023	0.3414	7.5YR	4.0	2.0	0.3738	0.3612
5BG	4.0	1.0	0.2960	0.3334	10YR	4.0	2.0	0.3733	0.3663
10BG	4.0	1.0	0.2920	0.3270	2.5Y	4.0	2.0	0.3700	0.3730
5B	4.0	1.0	0.2910	0.3218	5Y	4.0	2.0	0.3664	0.3762
10B	4.0	1.0	0.2920	0.3165	7.5Y	4.0	2.0	0.3611	0.3792
5PB	4.0	1.0	0.2955	0.3130	10Y	4.0	2.0	0.3535	0.3809
10PB	4.0	1.0	0.3005	0.3115	2.5GY	4.0	2.0	0.3470	0.3805
5P	4.0	1.0	0.3060	0.3115	5GY	4.0	2.0	0.3387	0.3785

H	V	C	x	y
7.5GY	4.0	2.0	0.3252	0.3728
10GY	4.0	2.0	0.3156	0.3674
2.5G	4.0	2.0	0.3075	0.3621
5G	4.0	2.0	0.3020	0.3579
7.5G	4.0	2.0	0.2962	0.3532
10G	4.0	2.0	0.2929	0.3506
2.5BG	4.0	2.0	0.2884	0.3459
5BG	4.0	2.0	0.2830	0.3390
7.5BG	4.0	2.0	0.2798	0.3335
10BG	4.0	2.0	0.2772	0.3262
2.5B	4.0	2.0	0.2765	0.3218
5B	4.0	2.0	0.2765	0.3158
7.5B	4.0	2.0	0.2772	0.3128
10B	4.0	2.0	0.2787	0.3087
2.5PB	4.0	2.0	0.2805	0.3050
5PB	4.0	2.0	0.2838	0.3025
7.5PB	4.0	2.0	0.2880	0.2998
10PB	4.0	2.0	0.2930	0.2990
2.5P	4.0	2.0	0.2986	0.2990
5P	4.0	2.0	0.3010	0.2994
7.5P	4.0	2.0	0.3088	0.3010
10P	4.0	2.0	0.3183	0.3046
2.5RP	4.0	2.0	0.3263	0.3085
5RP	4.0	2.0	0.3356	0.3142
7.5RP	4.0	2.0	0.3445	0.3205
10RP	4.0	2.0	0.3472	0.3226
2.5R	4.0	3.0	0.3673	0.3249
5R	4.0	3.0	0.3731	0.3299
7.5R	4.0	3.0	0.3791	0.3360
10R	4.0	3.0	0.3856	0.3427
2.5YR	4.0	3.0	0.3930	0.3531
5YR	4.0	3.0	0.3978	0.3649
7.5YR	4.0	3.0	0.3991	0.3739
10YR	4.0	3.0	0.3985	0.3817
2.5Y	4.0	3.0	0.3945	0.3903
5Y	4.0	3.0	0.3898	0.3960
7.5Y	4.0	3.0	0.3824	0.4011
10Y	4.0	3.0	0.3722	0.4044
2.5GY	4.0	3.0	0.3635	0.4052
5GY	4.0	3.0	0.3535	0.4045
7.5GY	4.0	3.0	0.3330	0.3995
10GY	4.0	3.0	0.3189	0.3931
2.5G	4.0	3.0	0.3012	0.3816
5G	4.0	3.0	0.2919	0.3740
7.5G	4.0	3.0	0.2851	0.3677
10G	4.0	3.0	0.2803	0.3631
2.5BG	4.0	3.0	0.2748	0.3564
5BG	4.0	3.0	0.2677	0.3464
7.5BG	4.0	3.0	0.2625	0.3375
10BG	4.0	3.0	0.2583	0.3258
2.5B	4.0	3.0	0.2568	0.3176
5B	4.0	3.0	0.2562	0.3084
7.5B	4.0	3.0	0.2572	0.3028
10B	4.0	3.0	0.2597	0.2974
2.5PB	4.0	3.0	0.2635	0.2919
5PB	4.0	3.0	0.2689	0.2881
7.5PB	4.0	3.0	0.2765	0.2855
10PB	4.0	3.0	0.2843	0.2849
2.5P	4.0	3.0	0.2917	0.2851
5P	4.0	3.0	0.2961	0.2857
7.5P	4.0	3.0	0.3063	0.2878
10P	4.0	3.0	0.3181	0.2920
2.5RP	4.0	3.0	0.3309	0.2982
5RP	4.0	3.0	0.3429	0.3058
7.5RP	4.0	3.0	0.3540	0.3137
10RP	4.0	3.0	0.3605	0.3186
2.5R	4.0	4.0	0.3826	0.3223
5R	4.0	4.0	0.3902	0.3290
7.5R	4.0	4.0	0.3983	0.3367
10R	4.0	4.0	0.4072	0.3456
2.5YR	4.0	4.0	0.4162	0.3582
5YR	4.0	4.0	0.4227	0.3747
7.5YR	4.0	4.0	0.4238	0.3852
10YR	4.0	4.0	0.4230	0.3955
2.5Y	4.0	4.0	0.4180	0.4060
5Y	4.0	4.0	0.4121	0.4142
7.5Y	4.0	4.0	0.4026	0.4217
10Y	4.0	4.0	0.3897	0.4270
2.5GY	4.0	4.0	0.3788	0.4294
5GY	4.0	4.0	0.3672	0.4304
7.5GY	4.0	4.0	0.3398	0.4270
10GY	4.0	4.0	0.3214	0.4198
2.5G	4.0	4.0	0.2944	0.4020
5G	4.0	4.0	0.2816	0.3907
7.5G	4.0	4.0	0.2738	0.3828
10G	4.0	4.0	0.2675	0.3760
2.5BG	4.0	4.0	0.2612	0.3670
5BG	4.0	4.0	0.2525	0.3538
7.5BG	4.0	4.0	0.2455	0.3412
10BG	4.0	4.0	0.2400	0.3250
2.5B	4.0	4.0	0.2378	0.3128
5B	4.0	4.0	0.2366	0.3006

H	V	C	x	y
7.5B	4.0	4.0	0.2379	0.2924
10B	4.0	4.0	0.2415	0.2860
2.5PB	4.0	4.0	0.2470	0.2788
5PB	4.0	4.0	0.2545	0.2739
7.5PB	4.0	4.0	0.2652	0.2717
10PB	4.0	4.0	0.2756	0.2713
2.5P	4.0	4.0	0.2847	0.2717
5P	4.0	4.0	0.2911	0.2725
7.5P	4.0	4.0	0.3037	0.2751
10P	4.0	4.0	0.3178	0.2799
2.5RP	4.0	4.0	0.3353	0.2883
5RP	4.0	4.0	0.3501	0.2977
7.5RP	4.0	4.0	0.3634	0.3070
10RP	4.0	4.0	0.3738	0.3145
2.5R	4.0	5.0	0.3998	0.3197
5R	4.0	5.0	0.4101	0.3285
7.5R	4.0	5.0	0.4197	0.3381
10R	4.0	5.0	0.4294	0.3495
2.5YR	4.0	5.0	0.4382	0.3637
5YR	4.0	5.0	0.4437	0.3822
7.5YR	4.0	5.0	0.4439	0.3955
10YR	4.0	5.0	0.4422	0.4060
2.5Y	4.0	5.0	0.4365	0.4182
5Y	4.0	5.0	0.4296	0.4280
7.5Y	4.0	5.0	0.4181	0.4380
10Y	4.0	5.0	0.4048	0.4449
2.5GY	4.0	5.0	0.3924	0.4487
5GY	4.0	5.0	0.3777	0.4508
7.5GY	4.0	5.0	0.3459	0.4484
10GY	4.0	5.0	0.3242	0.4415
2.5G	4.0	5.0	0.2885	0.4207
5G	4.0	5.0	0.2721	0.4060
7.5G	4.0	5.0	0.2633	0.3966
10G	4.0	5.0	0.2559	0.3882
2.5BG	4.0	5.0	0.2479	0.3769
5BG	4.0	5.0	0.2371	0.3604
7.5BG	4.0	5.0	0.2295	0.3453
10BG	4.0	5.0	0.2227	0.3242
2.5B	4.0	5.0	0.2205	0.3091
5B	4.0	5.0	0.2202	0.2947
7.5B	4.0	5.0	0.2232	0.2848
10B	4.0	5.0	0.2274	0.2775
2.5PB	4.0	5.0	0.2354	0.2691
5PB	4.0	5.0	0.2441	0.2641
7.5PB	4.0	5.0	0.2557	0.2604
10PB	4.0	5.0	0.2679	0.2590

H	V	C	x	y
2.5P	4.0	5.0	0.2781	0.2586
5P	4.0	5.0	0.2863	0.2592
7.5P	4.0	5.0	0.3013	0.2621
10P	4.0	5.0	0.3176	0.2671
2.5RP	4.0	5.0	0.3400	0.2777
5RP	4.0	5.0	0.3578	0.2889
7.5RP	4.0	5.0	0.3736	0.3000
10RP	4.0	5.0	0.3885	0.3104
2.5R	4.0	6.0	0.4170	0.3168
5R	4.0	6.0	0.4300	0.3275
7.5R	4.0	6.0	0.4409	0.3388
10R	4.0	6.0	0.4513	0.3524
2.5YR	4.0	6.0	0.4597	0.3682
5YR	4.0	6.0	0.4640	0.3885
7.5YR	4.0	6.0	0.4630	0.4045
10YR	4.0	6.0	0.4603	0.4151
2.5Y	4.0	6.0	0.4538	0.4289
5Y	4.0	6.0	0.4457	0.4402
7.5Y	4.0	6.0	0.4323	0.4529
10Y	4.0	6.0	0.4186	0.4613
2.5GY	4.0	6.0	0.4046	0.4667
5GY	4.0	6.0	0.3870	0.4704
7.5GY	4.0	6.0	0.3512	0.4698
10GY	4.0	6.0	0.3263	0.4636
2.5G	4.0	6.0	0.2821	0.4402
5G	4.0	6.0	0.2623	0.4218
7.5G	4.0	6.0	0.2527	0.4108
10G	4.0	6.0	0.2443	0.4006
2.5BG	4.0	6.0	0.2347	0.3868
5BG	4.0	6.0	0.2220	0.3668
7.5BG	4.0	6.0	0.2138	0.3492
10BG	4.0	6.0	0.2060	0.3230
2.5B	4.0	6.0	0.2038	0.3049
5B	4.0	6.0	0.2045	0.2885
7.5B	4.0	6.0	0.2091	0.2770
10B	4.0	6.0	0.2138	0.2690
2.5PB	4.0	6.0	0.2241	0.2595
5PB	4.0	6.0	0.2340	0.2545
7.5PB	4.0	6.0	0.2465	0.2494
10PB	4.0	6.0	0.2603	0.2471
2.5P	4.0	6.0	0.2716	0.2460
5P	4.0	6.0	0.2815	0.2466
7.5P	4.0	6.0	0.2988	0.2498
10P	4.0	6.0	0.3173	0.2550
2.5RP	4.0	6.0	0.3445	0.2675
5RP	4.0	6.0	0.3654	0.2804

H	V	C	*x*	*y*
7.5RP	4.0	6.0	0.3838	0.2931
10RP	4.0	6.0	0.4031	0.3062
2.5R	4.0	7.0	0.4343	0.3140
5R	4.0	7.0	0.4480	0.3265
7.5R	4.0	7.0	0.4604	0.3402
10R	4.0	7.0	0.4712	0.3554
2.5YR	4.0	7.0	0.4792	0.3733
5YR	4.0	7.0	0.4812	0.3933
7.5YR	4.0	7.0	0.4778	0.4117
10YR	4.0	7.0	0.4742	0.4220
2.5Y	4.0	7.0	0.4664	0.4365
5Y	4.0	7.0	0.4573	0.4490
7.5Y	4.0	7.0	0.4432	0.4635
10Y	4.0	7.0	0.4291	0.4730
2.5GY	4.0	7.0	0.4150	0.4802
5GY	4.0	7.0	0.3956	0.4866
7.5GY	4.0	7.0	0.3566	0.4891
10GY	4.0	7.0	0.3288	0.4838
2.5G	4.0	7.0	0.2776	0.4538
5G	4.0	7.0	0.2560	0.4321
7.5G	4.0	7.0	0.2459	0.4199
10G	4.0	7.0	0.2375	0.4085
2.5BG	4.0	7.0	0.2271	0.3929
5BG	4.0	7.0	0.2139	0.3704
7.5BG	4.0	7.0	0.2053	0.3510
10BG	4.0	7.0	0.1965	0.3226
2.5B	4.0	7.0	0.1936	0.3022
5B	4.0	7.0	0.1940	0.2842
7.5B	4.0	7.0	0.1973	0.2714
10B	4.0	7.0	0.2017	0.2615
2.5PB	4.0	7.0	0.2118	0.2497
5PB	4.0	7.0	0.2223	0.2435
7.5PB	4.0	7.0	0.2374	0.2380
10PB	4.0	7.0	0.2532	0.2358
2.5P	4.0	7.0	0.2664	0.2356
5P	4.0	7.0	0.2780	0.2365
7.5P	4.0	7.0	0.2969	0.2399
10P	4.0	7.0	0.3172	0.2456
2.5RP	4.0	7.0	0.3487	0.2584
5RP	4.0	7.0	0.3725	0.2721
7.5RP	4.0	7.0	0.3937	0.2855
10RP	4.0	7.0	0.4181	0.3014
2.5R	4.0	8.0	0.4515	0.3110
5R	4.0	8.0	0.4659	0.3250
7.5R	4.0	8.0	0.4795	0.3410
10R	4.0	8.0	0.4905	0.3575

H	V	C	*x*	*y*
2.5YR	4.0	8.0	0.4978	0.3774
5YR	4.0	8.0	0.4975	0.3970
7.5YR	4.0	8.0	0.4916	0.4179
10YR	4.0	8.0	0.4872	0.4278
2.5Y	4.0	8.0	0.4780	0.4430
5Y	4.0	8.0	0.4679	0.4567
7.5Y	4.0	8.0	0.4529	0.4728
10Y	4.0	8.0	0.4385	0.4835
2.5GY	4.0	8.0	0.4242	0.4924
5GY	4.0	8.0	0.4030	0.5018
7.5GY	4.0	8.0	0.3611	0.5079
10GY	4.0	8.0	0.3306	0.5040
2.5G	4.0	8.0	0.2730	0.4677
5G	4.0	8.0	0.2496	0.4426
7.5G	4.0	8.0	0.2390	0.4291
10G	4.0	8.0	0.2307	0.4165
2.5BG	4.0	8.0	0.2195	0.3990
5BG	4.0	8.0	0.2058	0.3740
7.5BG	4.0	8.0	0.1970	0.3528
10BG	4.0	8.0	0.1872	0.3220
2.5B	4.0	8.0	0.1836	0.2994
5B	4.0	8.0	0.1838	0.2797
7.5B	4.0	8.0	0.1860	0.2658
10B	4.0	8.0	0.1900	0.2540
2.5PB	4.0	8.0	0.2000	0.2400
5PB	4.0	8.0	0.2110	0.2328
7.5PB	4.0	8.0	0.2285	0.2270
10PB	4.0	8.0	0.2463	0.2250
2.5P	4.0	8.0	0.2613	0.2257
5P	4.0	8.0	0.2744	0.2268
7.5P	4.0	8.0	0.2950	0.2305
10P	4.0	8.0	0.3170	0.2365
2.5RP	4.0	8.0	0.3527	0.2496
5RP	4.0	8.0	0.3795	0.2640
7.5RP	4.0	8.0	0.4035	0.2780
10RP	4.0	8.0	0.4330	0.2965
2.5R	4.0	9.0	0.4623	0.3093
5R	4.0	9.0	0.4793	0.3244
7.5R	4.0	9.0	0.4939	0.3421
10R	4.0	9.0	0.5035	0.3593
2.5YR	4.0	9.0	0.5085	0.3797
5YR	4.0	9.0	0.5072	0.3995
7.5YR	4.0	9.0	0.4999	0.4221
10YR	4.0	9.0	0.4952	0.4317
2.5Y	4.0	9.0	0.4852	0.4471
5Y	4.0	9.0	0.4745	0.4615

H	V	C	x	y	H	V	C	x	y
7.5Y	4.0	9.0	0.4585	0.4788	2.5G	4.0	10.0	0.2648	0.4931
10Y	4.0	9.0	0.4450	0.4900	5G	4.0	10.0	0.2380	0.4629
2.5GY	4.0	9.0	0.4304	0.4998	7.5G	4.0	10.0	0.2265	0.4469
5GY	4.0	9.0	0.4077	0.5110	10G	4.0	10.0	0.2175	0.4322
7.5GY	4.0	9.0	0.3649	0.5208	2.5BG	4.0	10.0	0.2058	0.4108
10GY	4.0	9.0	0.3321	0.5192	5BG	4.0	10.0	0.1916	0.3808
2.5G	4.0	9.0	0.2690	0.4803	7.5BG	4.0	10.0	0.1815	0.3571
5G	4.0	9.0	0.2438	0.4527	10BG	4.0	10.0	0.1698	0.3212
7.5G	4.0	9.0	0.2328	0.4379	2.5B	4.0	10.0	0.1645	0.2948
10G	4.0	9.0	0.2241	0.4243	5B	4.0	10.0	0.1631	0.2707
2.5BG	4.0	9.0	0.2126	0.4049	7.5B	4.0	10.0	0.1644	0.2555
5BG	4.0	9.0	0.1987	0.3774	10B	4.0	10.0	0.1687	0.2397
7.5BG	4.0	9.0	0.1892	0.3550	2.5PB	4.0	10.0	0.1794	0.2239
10BG	4.0	9.0	0.1784	0.3217	5PB	4.0	10.0	0.1929	0.2157
2.5B	4.0	9.0	0.1739	0.2972	7.5PB	4.0	10.0	0.2145	0.2092
5B	4.0	9.0	0.1733	0.2753	10PB	4.0	10.0	0.2360	0.2085
7.5B	4.0	9.0	0.1750	0.2607	2.5P	4.0	10.0	0.2533	0.2100
10B	4.0	9.0	0.1791	0.2468	5P	4.0	10.0	0.2689	0.2122
2.5PB	4.0	9.0	0.1895	0.2319	7.5P	4.0	10.0	0.2926	0.2169
5PB	4.0	9.0	0.2018	0.2241	10P	4.0	10.0	0.3167	0.2234
7.5PB	4.0	9.0	0.2214	0.2179	2.5RP	4.0	10.0	0.3574	0.2384
10PB	4.0	9.0	0.2411	0.2166	5RP	4.0	10.0	0.3888	0.2535
2.5P	4.0	9.0	0.2573	0.2177	7.5RP	4.0	10.0	0.4167	0.2693
5P	4.0	9.0	0.2717	0.2194	10RP	4.0	10.0	0.4499	0.2913
7.5P	4.0	9.0	0.2938	0.2236	2.5R	4.0	11.0	0.4843	0.3056
10P	4.0	9.0	0.3169	0.2298	5R	4.0	11.0	0.5054	0.3231
2.5RP	4.0	9.0	0.3551	0.2439	7.5R	4.0	11.0	0.5206	0.3430
5RP	4.0	9.0	0.3842	0.2587	10R	4.0	11.0	0.5271	0.3619
7.5RP	4.0	9.0	0.4101	0.2736	2.5YR	4.0	11.0	0.5289	0.3837
10RP	4.0	9.0	0.4415	0.2939	5YR	4.0	11.0	0.5254	0.4039
2.5R	4.0	10.0	0.4730	0.3075	7.5YR	4.0	11.0	0.5150	0.4293
5R	4.0	10.0	0.4925	0.3235	10YR	4.0	11.0	0.5098	0.4385
7.5R	4.0	10.0	0.5081	0.3427	2.5Y	4.0	11.0	0.4989	0.4545
10R	4.0	10.0	0.5162	0.3607	5Y	4.0	11.0	0.4865	0.4699
2.5YR	4.0	10.0	0.5189	0.3816	7.5Y	4.0	11.0	0.4687	0.4890
5YR	4.0	10.0	0.5165	0.4015	10Y	4.0	11.0	0.4556	0.5006
7.5YR	4.0	10.0	0.5076	0.4257	2.5GY	4.0	11.0	0.4405	0.5118
10YR	4.0	10.0	0.5027	0.4350	5GY	4.0	11.0	0.4156	0.5265
2.5Y	4.0	10.0	0.4920	0.4507	7.5GY	4.0	11.0	0.3711	0.5441
5Y	4.0	10.0	0.4805	0.4657	10GY	4.0	11.0	0.3342	0.5476
7.5Y	4.0	10.0	0.4636	0.4843	2.5G	4.0	11.0	0.2610	0.5044
10Y	4.0	10.0	0.4509	0.4958	5G	4.0	11.0	0.2332	0.4716
2.5GY	4.0	10.0	0.4359	0.5064	7.5G	4.0	11.0	0.2210	0.4546
5GY	4.0	10.0	0.4119	0.5196	10G	4.0	11.0	0.2113	0.4392
7.5GY	4.0	10.0	0.3681	0.5332	2.5BG	4.0	11.0	0.1993	0.4160
10GY	4.0	10.0	0.3332	0.5342	5BG	4.0	11.0	0.1840	0.3845

H	V	C	x	y
7.5BG	4.0	11.0	0.1733	0.3590
10BG	4.0	11.0	0.1607	0.3207
2.5B	4.0	11.0	0.1548	0.2922
5B	4.0	11.0	0.1533	0.2663
7.5B	4.0	11.0	0.1549	0.2508
10B	4.0	11.0	0.1600	0.2338
2.5PB	4.0	11.0	0.1714	0.2166
5PB	4.0	11.0	0.1846	0.2073
7.5PB	4.0	11.0	0.2075	0.2014
10PB	4.0	11.0	0.2312	0.2005
2.5P	4.0	11.0	0.2489	0.2016
5P	4.0	11.0	0.2659	0.2037
7.5P	4.0	11.0	0.2910	0.2085
10P	4.0	11.0	0.3165	0.2154
2.5RP	4.0	11.0	0.3603	0.2317
5RP	4.0	11.0	0.3937	0.2477
7.5RP	4.0	11.0	0.4232	0.2641
10RP	4.0	11.0	0.4599	0.2877
2.5R	4.0	12.0	0.4955	0.3035
5R	4.0	12.0	0.5180	0.3225
7.5R	4.0	12.0	0.5328	0.3430
10R	4.0	12.0	0.5376	0.3628
2.5YR	4.0	12.0	0.5384	0.3854
5YR	4.0	12.0	0.5337	0.4058
7.5YR	4.0	12.0	0.5218	0.4323
10YR	4.0	12.0	0.5163	0.4414
2.5Y	4.0	12.0	0.5052	0.4577
5Y	4.0	12.0	0.4918	0.4734
7.5Y	4.0	12.0	0.4732	0.4930
10Y	4.0	12.0	0.4597	0.5049
2.5GY	4.0	12.0	0.4445	0.5166
5GY	4.0	12.0	0.4188	0.5329
7.5GY	4.0	12.0	0.3735	0.5545
10GY	4.0	12.0	0.3347	0.5608
2.5G	4.0	12.0	0.2570	0.5159
5G	4.0	12.0	0.2283	0.4804
7.5G	4.0	12.0	0.2154	0.4623
10G	4.0	12.0	0.2051	0.4463
2.5BG	4.0	12.0	0.1928	0.4213
5BG	4.0	12.0	0.1766	0.3881
7.5BG	4.0	12.0	0.1653	0.3609
10BG	4.0	12.0	0.1519	0.3200
2.5B	4.0	12.0	0.1455	0.2894
5B	4.0	12.0	0.1439	0.2619
7.5B	4.0	12.0	0.1457	0.2461
10B	4.0	12.0	0.1517	0.2279
2.5PB	4.0	12.0	0.1637	0.2095
5PB	4.0	12.0	0.1767	0.1992
7.5PB	4.0	12.0	0.2007	0.1938
10PB	4.0	12.0	0.2264	0.1928
2.5P	4.0	12.0	0.2445	0.1935
5P	4.0	12.0	0.2629	0.1955
7.5P	4.0	12.0	0.2894	0.2005
10P	4.0	12.0	0.3162	0.2078
2.5RP	4.0	12.0	0.3631	0.2252
5RP	4.0	12.0	0.3985	0.2420
7.5RP	4.0	12.0	0.4297	0.2589
10RP	4.0	12.0	0.4699	0.2840

$Y=9.31$

H	V	C	x	y
5R	3.5	1.0	0.3441	0.3313
10R	3.5	1.0	0.3484	0.3374
5YR	3.5	1.0	0.3506	0.3459
10YR	3.5	1.0	0.3490	0.3524
5Y	3.5	1.0	0.3428	0.3566
10Y	3.5	1.0	0.3351	0.3579
5GY	3.5	1.0	0.3259	0.3560
10GY	3.5	1.0	0.3151	0.3511
5G	3.5	1.0	0.3079	0.3462
10G	3.5	1.0	0.3006	0.3398
5BG	3.5	1.0	0.2950	0.3325
10BG	3.5	1.0	0.2914	0.3256
5B	3.5	1.0	0.2905	0.3197
10B	3.5	1.0	0.2918	0.3152
5PB	3.5	1.0	0.2945	0.3122
10PB	3.5	1.0	0.2992	0.3102
5P	3.5	1.0	0.3053	0.3094
10P	3.5	1.0	0.3163	0.3117
5RP	3.5	1.0	0.3285	0.3178
10RP	3.5	1.0	0.3368	0.3242
2.5R	3.5	2.0	0.3572	0.3252
5R	3.5	2.0	0.3617	0.3301
7.5R	3.5	2.0	0.3656	0.3355
10R	3.5	2.0	0.3685	0.3396
2.5YR	3.5	2.0	0.3725	0.3480
5YR	3.5	2.0	0.3743	0.3552
7.5YR	3.5	2.0	0.3748	0.3615
10YR	3.5	2.0	0.3731	0.3676

H	V	C	x	y	H	V	C	x	y
2.5Y	3.5	2.0	0.3689	0.3741	2.5BG	3.5	3.0	0.2703	0.3569
5Y	3.5	2.0	0.3622	0.3781	5BG	3.5	3.0	0.2638	0.3476
7.5Y	3.5	2.0	0.3569	0.3804	7.5BG	3.5	3.0	0.2584	0.3382
10Y	3.5	2.0	0.3499	0.3817	10BG	3.5	3.0	0.2533	0.3260
2.5GY	3.5	2.0	0.3424	0.3813	2.5B	3.5	3.0	0.2513	0.3173
5GY	3.5	2.0	0.3339	0.3797	5B	3.5	3.0	0.2501	0.3077
7.5GY	3.5	2.0	0.3219	0.3751	7.5B	3.5	3.0	0.2507	0.3008
10GY	3.5	2.0	0.3131	0.3706	10B	3.5	3.0	0.2523	0.2944
2.5G	3.5	2.0	0.3048	0.3652	2.5PB	3.5	3.0	0.2558	0.2883
5G	3.5	2.0	0.2982	0.3602	5PB	3.5	3.0	0.2617	0.2830
7.5G	3.5	2.0	0.2924	0.3555	7.5PB	3.5	3.0	0.2714	0.2790
10G	3.5	2.0	0.2884	0.3515	10PB	3.5	3.0	0.2799	0.2780
2.5BG	3.5	2.0	0.2839	0.3465	2.5P	3.5	3.0	0.2887	0.2780
5BG	3.5	2.0	0.2790	0.3399	5P	3.5	3.0	0.2947	0.2785
7.5BG	3.5	2.0	0.2754	0.3341	7.5P	3.5	3.0	0.3038	0.2802
10BG	3.5	2.0	0.2717	0.3257	10P	3.5	3.0	0.3148	0.2836
2.5B	3.5	2.0	0.2706	0.3199	2.5RP	3.5	3.0	0.3294	0.2901
5B	3.5	2.0	0.2705	0.3138	5RP	3.5	3.0	0.3428	0.2982
7.5B	3.5	2.0	0.2715	0.3098	7.5RP	3.5	3.0	0.3549	0.3066
10B	3.5	2.0	0.2730	0.3052	10RP	3.5	3.0	0.3645	0.3144
2.5PB	3.5	2.0	0.2752	0.3015	2.5R	3.5	4.0	0.3894	0.3199
5PB	3.5	2.0	0.2789	0.2984	5R	3.5	4.0	0.3980	0.3281
7.5PB	3.5	2.0	0.2837	0.2954	7.5R	3.5	4.0	0.4060	0.3367
10PB	3.5	2.0	0.2896	0.2940	10R	3.5	4.0	0.4133	0.3460
2.5P	3.5	2.0	0.2959	0.2940	5YR	3.5	4.0	0.4266	0.3761
5P	3.5	2.0	0.3000	0.2943	10YR	3.5	4.0	0.4256	0.4002
7.5P	3.5	2.0	0.3066	0.2955	5Y	3.5	4.0	0.4032	0.4244
10P	3.5	2.0	0.3154	0.2980	10Y	3.5	4.0	0.3819	0.4333
2.5RP	3.5	2.0	0.3255	0.3021	5GY	3.5	4.0	0.3527	0.4333
5RP	3.5	2.0	0.3354	0.3078	10GY	3.5	4.0	0.3106	0.4184
7.5RP	3.5	2.0	0.3448	0.3140	2.5G	3.5	4.0	0.2891	0.4028
10RP	3.5	2.0	0.3508	0.3191	5G	3.5	4.0	0.2773	0.3916
2.5R	3.5	3.0	0.3733	0.3227	7.5G	3.5	4.0	0.2690	0.3831
5R	3.5	3.0	0.3798	0.3293	10G	3.5	4.0	0.2628	0.3758
7.5R	3.5	3.0	0.3858	0.3364	2.5BG	3.5	4.0	0.2567	0.3674
10R	3.5	3.0	0.3909	0.3432	5BG	3.5	4.0	0.2487	0.3553
5YR	3.5	3.0	0.4006	0.3664	7.5BG	3.5	4.0	0.2417	0.3421
10YR	3.5	3.0	0.3999	0.3848	10BG	3.5	4.0	0.2354	0.3260
5Y	3.5	3.0	0.3834	0.4019	2.5B	3.5	4.0	0.2326	0.3141
10Y	3.5	3.0	0.3666	0.4078	5B	3.5	4.0	0.2305	0.3011
5GY	3.5	3.0	0.3438	0.4063	7.5B	3.5	4.0	0.2306	0.2913
10GY	3.5	3.0	0.3122	0.3940	10B	3.5	4.0	0.2327	0.2834
2.5G	3.5	3.0	0.2972	0.3836	2.5PB	3.5	4.0	0.2371	0.2749
5G	3.5	3.0	0.2879	0.3756	5PB	3.5	4.0	0.2451	0.2678
7.5G	3.5	3.0	0.2807	0.3690	7.5PB	3.5	4.0	0.2593	0.2633
10G	3.5	3.0	0.2757	0.3635	10PB	3.5	4.0	0.2703	0.2626

H	V	C	x	y
2.5P	3.5	4.0	0.2814	0.2626
5P	3.5	4.0	0.2893	0.2635
7.5P	3.5	4.0	0.3009	0.2657
10P	3.5	4.0	0.3141	0.2699
2.5RP	3.5	4.0	0.3331	0.2787
5RP	3.5	4.0	0.3500	0.2889
7.5RP	3.5	4.0	0.3648	0.2994
10RP	3.5	4.0	0.3782	0.3096
2.5R	3.5	5.0	0.4049	0.3178
5R	3.5	5.0	0.4155	0.3277
7.5R	3.5	5.0	0.4248	0.3377
10R	3.5	5.0	0.4332	0.3491
5YR	3.5	5.0	0.4472	0.3835
10YR	3.5	5.0	0.4458	0.4113
5Y	3.5	5.0	0.4193	0.4416
10Y	3.5	5.0	0.3955	0.4535
5GY	3.5	5.0	0.3597	0.4552
10GY	3.5	5.0	0.3097	0.4389
2.5G	3.5	5.0	0.2821	0.4200
5G	3.5	5.0	0.2677	0.4062
7.5G	3.5	5.0	0.2581	0.3957
10G	3.5	5.0	0.2512	0.3873
2.5BG	3.5	5.0	0.2438	0.3770
5BG	3.5	5.0	0.2343	0.3624
7.5BG	3.5	5.0	0.2260	0.3465
10BG	3.5	5.0	0.2187	0.3260
2.5B	3.5	5.0	0.2156	0.3116
5B	3.5	5.0	0.2136	0.2967
7.5B	3.5	5.0	0.2141	0.2839
10B	3.5	5.0	0.2167	0.2747
2.5PB	3.5	5.0	0.2231	0.2645
5PB	3.5	5.0	0.2326	0.2564
7.5PB	3.5	5.0	0.2489	0.2500
10PB	3.5	5.0	0.2622	0.2485
2.5P	3.5	5.0	0.2751	0.2485
5P	3.5	5.0	0.2844	0.2495
7.5P	3.5	5.0	0.2983	0.2524
10P	3.5	5.0	0.3134	0.2574
2.5RP	3.5	5.0	0.3368	0.2683
5RP	3.5	5.0	0.3563	0.2804
7.5RP	3.5	5.0	0.3740	0.2930
10RP	3.5	5.0	0.3908	0.3056
2.5R	3.5	6.0	0.4203	0.3154
5R	3.5	6.0	0.4331	0.3268
7.5R	3.5	6.0	0.4434	0.3381
10R	3.5	6.0	0.4529	0.3514

H	V	C	x	y
5YR	3.5	6.0	0.4670	0.3897
10YR	3.5	6.0	0.4647	0.4208
5Y	3.5	6.0	0.4338	0.4571
10Y	3.5	6.0	0.4076	0.4723
5GY	3.5	6.0	0.3657	0.4768
10GY	3.5	6.0	0.3083	0.4600
2.5G	3.5	6.0	0.2747	0.4380
5G	3.5	6.0	0.2578	0.4212
7.5G	3.5	6.0	0.2473	0.4086
10G	3.5	6.0	0.2396	0.3989
2.5BG	3.5	6.0	0.2310	0.3867
5BG	3.5	6.0	0.2201	0.3695
7.5BG	3.5	6.0	0.2107	0.3507
10BG	3.5	6.0	0.2026	0.3257
2.5B	3.5	6.0	0.1993	0.3087
5B	3.5	6.0	0.1975	0.2919
7.5B	3.5	6.0	0.1983	0.2763
10B	3.5	6.0	0.2015	0.2660
2.5PB	3.5	6.0	0.2097	0.2541
5PB	3.5	6.0	0.2206	0.2453
7.5PB	3.5	6.0	0.2388	0.2373
10PB	3.5	6.0	0.2542	0.2350
2.5P	3.5	6.0	0.2688	0.2350
5P	3.5	6.0	0.2795	0.2363
7.5P	3.5	6.0	0.2957	0.2398
10P	3.5	6.0	0.3125	0.2455
2.5RP	3.5	6.0	0.3403	0.2584
5RP	3.5	6.0	0.3624	0.2721
7.5RP	3.5	6.0	0.3832	0.2867
10RP	3.5	6.0	0.4033	0.3014
5PB	3.5	7.0	0.2042	0.2305
7.5PB	3.5	7.0	0.2272	0.2222
10PB	3.5	7.0	0.2457	0.2206
2.5P	3.5	7.0	0.2627	0.2215
5P	3.5	7.0	0.2754	0.2233
7.5P	3.5	7.0	0.2934	0.2277
10P	3.5	7.0	0.3120	0.2341
5PB	3.5	8.0	0.1888	0.2163
7.5PB	3.5	8.0	0.2159	0.2080
10PB	3.5	8.0	0.2375	0.2071
2.5P	3.5	8.0	0.2567	0.2088
5P	3.5	8.0	0.2713	0.2111
7.5P	3.5	8.0	0.2910	0.2163
10P	3.5	8.0	0.3114	0.2232
10B	4.0	11.0	0.1600	0.2338
2.5PB	4.0	11.0	0.1714	0.2166

H	V	C	x	y	H	V	C	x	y
5PB	4.0	11.0	0.1846	0.2073	5R	4.0	12.0	0.5180	0.3225
7.5PB	4.0	11.0	0.2075	0.2014	7.5R	4.0	12.0	0.5328	0.3430
10PB	4.0	11.0	0.2312	0.2005	10R	4.0	12.0	0.5376	0.3628
2.5P	4.0	11.0	0.2489	0.2016	2.5YR	4.0	12.0	0.5384	0.3854
5P	4.0	11.0	0.2659	0.2037	5YR	4.0	12.0	0.5337	0.4058
7.5P	4.0	11.0	0.2910	0.2085	7.5YR	4.0	12.0	0.5218	0.4323
10P	4.0	11.0	0.3165	0.2154	10YR	4.0	12.0	0.5163	0.4414
2.5RP	4.0	11.0	0.3603	0.2317	2.5Y	4.0	12.0	0.5052	0.4577
5RP	4.0	11.0	0.3937	0.2477	5Y	4.0	12.0	0.4918	0.4734
7.5RP	4.0	11.0	0.4232	0.2641	7.5Y	4.0	12.0	0.4732	0.4930
10RP	4.0	11.0	0.4599	0.2877	10Y	4.0	12.0	0.4597	0.5049
2.5R	4.0	12.0	0.4955	0.3035	2.5GY	4.0	12.0	0.4445	0.5166

$Y=6.74$

H	V	C	x	y	H	V	C	x	y
10R	3.0	1.0	0.3532	0.3379	2.5GY	3.0	2.0	0.3368	0.3823
5YR	3.0	1.0	0.3555	0.3480	5GY	3.0	2.0	0.3281	0.3812
10YR	3.0	1.0	0.3525	0.3550	7.5GY	3.0	2.0	0.3178	0.3779
5Y	3.0	1.0	0.3447	0.3585	10GY	3.0	2.0	0.3100	0.3745
10Y	3.0	1.0	0.3350	0.3590	2.5G	3.0	2.0	0.3015	0.3691
5GY	3.0	1.0	0.3251	0.3560	5G	3.0	2.0	0.2936	0.3631
10GY	3.0	1.0	0.3170	0.3525	7.5G	3.0	2.0	0.2877	0.3583
5G	3.0	1.0	0.3066	0.3451	10G	3.0	2.0	0.2828	0.3526
10G	3.0	1.0	0.2984	0.3379	2.5BG	3.0	2.0	0.2783	0.3473
5BG	3.0	1.0	0.2937	0.3315	5BG	3.0	2.0	0.2740	0.3410
10BG	3.0	1.0	0.2907	0.3238	10P	3.0	2.0	0.3118	0.2901
5B	3.0	1.0	0.2899	0.3172	2.5RP	3.0	2.0	0.3245	0.2943
10B	3.0	1.0	0.2915	0.3135	5RP	3.0	2.0	0.3352	0.3000
5PB	3.0	1.0	0.2933	0.3111	7.5RP	3.0	2.0	0.3452	0.3062
10PB	3.0	1.0	0.2976	0.3086	10RP	3.0	2.0	0.3553	0.3148
5P	3.0	1.0	0.3044	0.3068	2.5R	3.0	3.0	0.3807	0.3200
10P	3.0	1.0	0.3135	0.3076	5R	3.0	3.0	0.3882	0.3285
5RP	3.0	1.0	0.3273	0.3130	7.5R	3.0	3.0	0.3940	0.3367
10RP	3.0	1.0	0.3385	0.3210	10R	3.0	3.0	0.3975	0.3438
2.5R	3.0	2.0	0.3635	0.3227	5YR	3.0	3.0	0.4042	0.3682
5R	3.0	2.0	0.3688	0.3295	10YR	3.0	3.0	0.4016	0.3887
7.5R	3.0	2.0	0.3725	0.3362	5Y	3.0	3.0	0.3755	0.4093
10R	3.0	2.0	0.3740	0.3403	10Y	3.0	3.0	0.3598	0.4121
2.5YR	3.0	2.0	0.3760	0.3490	5GY	3.0	3.0	0.3320	0.4084
5YR	3.0	2.0	0.3765	0.3570	10GY	3.0	3.0	0.3040	0.3950
7.5YR	3.0	2.0	0.3760	0.3620	2.5G	3.0	3.0	0.2923	0.3860
10YR	3.0	2.0	0.3730	0.3693	5G	3.0	3.0	0.2830	0.3777
2.5Y	3.0	2.0	0.3675	0.3755	7.5G	3.0	3.0	0.2754	0.3707
5Y	3.0	2.0	0.3570	0.3805	10G	3.0	3.0	0.2700	0.3639
7.5Y	3.0	2.0	0.3518	0.3820	2.5BG	3.0	3.0	0.2647	0.3575
10Y	3.0	2.0	0.3456	0.3828	5BG	3.0	3.0	0.2590	0.3491

H	V	C	x	y
7.5BG	3.0	3.0	0.2533	0.3391
10BG	3.0	3.0	0.2472	0.3263
2.5B	3.0	3.0	0.2445	0.3168
5B	3.0	3.0	0.2427	0.3067
7.5B	3.0	3.0	0.2427	0.2982
10B	3.0	3.0	0.2434	0.2906
2.5PB	3.0	3.0	0.2464	0.2837
5PB	3.0	3.0	0.2529	0.2766
7.5PB	3.0	3.0	0.2651	0.2711
10PB	3.0	3.0	0.2746	0.2696
2.5P	3.0	3.0	0.2850	0.2694
5P	3.0	3.0	0.2929	0.2699
7.5P	3.0	3.0	0.3007	0.2711
10P	3.0	3.0	0.3108	0.2736
2.5RP	3.0	3.0	0.3275	0.2804
5RP	3.0	3.0	0.3426	0.2890
7.5RP	3.0	3.0	0.3559	0.2981
10RP	3.0	3.0	0.3695	0.3093
2.5R	3.0	4.0	0.3979	0.3170
5R	3.0	4.0	0.4076	0.3270
7.5R	3.0	4.0	0.4155	0.3365
10R	3.0	4.0	0.4209	0.3464
5YR	3.0	4.0	0.4314	0.3778
10YR	3.0	4.0	0.4288	0.4059
5Y	3.0	4.0	0.3921	0.4372
10Y	3.0	4.0	0.3724	0.4413
5GY	3.0	4.0	0.3349	0.4366
10GY	3.0	4.0	0.2974	0.4164
2.5G	3.0	4.0	0.2827	0.4037
5G	3.0	4.0	0.2721	0.3928
7.5G	3.0	4.0	0.2630	0.3834
10G	3.0	4.0	0.2571	0.3755
2.5BG	3.0	4.0	0.2511	0.3679
5BG	3.0	4.0	0.2441	0.3572
7.5BG	3.0	4.0	0.2370	0.3432
10BG	3.0	4.0	0.2298	0.3271
2.5B	3.0	4.0	0.2262	0.3156
5B	3.0	4.0	0.2231	0.3017
7.5B	3.0	4.0	0.2218	0.2899
10B	3.0	4.0	0.2220	0.2800
2.5PB	3.0	4.0	0.2252	0.2700
5PB	3.0	4.0	0.2339	0.2602
7.5PB	3.0	4.0	0.2520	0.2532
10PB	3.0	4.0	0.2638	0.2522
2.5P	3.0	4.0	0.2773	0.2518
5P	3.0	4.0	0.2869	0.2527

H	V	C	x	y
7.5P	3.0	4.0	0.2973	0.2545
10P	3.0	4.0	0.3095	0.2581
2.5RP	3.0	4.0	0.3302	0.2672
5RP	3.0	4.0	0.3497	0.2784
7.5RP	3.0	4.0	0.3665	0.2902
10RP	3.0	4.0	0.3837	0.3037
2.5R	3.0	5.0	0.4112	0.3154
5R	3.0	5.0	0.4223	0.3266
7.5R	3.0	5.0	0.4311	0.3371
10R	3.0	5.0	0.4380	0.3486
5YR	3.0	5.0	0.4515	0.3851
10YR	3.0	5.0	0.4502	0.4178
5Y	3.0	5.0	0.4065	0.4588
10Y	3.0	5.0	0.3840	0.4643
5GY	3.0	5.0	0.3377	0.4600
10GY	3.0	5.0	0.2921	0.4351
2.5G	3.0	5.0	0.2743	0.4192
5G	3.0	5.0	0.2623	0.4065
7.5G	3.0	5.0	0.2518	0.3945
10G	3.0	5.0	0.2454	0.3861
2.5BG	3.0	5.0	0.2388	0.3772
5BG	3.0	5.0	0.2308	0.3650
7.5BG	3.0	5.0	0.2217	0.3480
10BG	3.0	5.0	0.2138	0.3282
2.5B	3.0	5.0	0.2096	0.3146
5B	3.0	5.0	0.2056	0.2991
7.5B	3.0	5.0	0.2031	0.2827
10B	3.0	5.0	0.2039	0.2711
2.5PB	3.0	5.0	0.2085	0.2586
5PB	3.0	5.0	0.2190	0.2469
7.5PB	3.0	5.0	0.2406	0.2377
10PB	3.0	5.0	0.2552	0.2361
2.5P	3.0	5.0	0.2713	0.2365
5P	3.0	5.0	0.2819	0.2380
7.5P	3.0	5.0	0.2946	0.2409
10P	3.0	5.0	0.3082	0.2458
2.5RP	3.0	5.0	0.3327	0.2572
5RP	3.0	5.0	0.3543	0.2702
7.5RP	3.0	5.0	0.3745	0.2846
10RP	3.0	5.0	0.3936	0.2997
2.5R	3.0	6.0	0.4245	0.3137
5R	3.0	6.0	0.4370	0.3259
7.5R	3.0	6.0	0.4466	0.3373
10R	3.0	6.0	0.4550	0.3502
5YR	3.0	6.0	0.4708	0.3912
10YR	3.0	6.0	0.4700	0.4276

H	V	C	x	y	H	V	C	x	y
5Y	3.0	6.0	0.4188	0.4786	5P	3.0	6.0	0.2769	0.2242
10Y	3.0	6.0	0.3939	0.4861	7.5P	3.0	6.0	0.2918	0.2281
5GY	3.0	6.0	0.3395	0.4837	10P	3.0	6.0	0.3067	0.2342
10GY	3.0	6.0	0.2864	0.4545	2.5RP	3.0	6.0	0.3350	0.2476
2.5G	3.0	6.0	0.2656	0.4353	5RP	3.0	6.0	0.3587	0.2622
5G	3.0	6.0	0.2523	0.4206	7.5RP	3.0	6.0	0.3825	0.2790
7.5G	3.0	6.0	0.2406	0.4059	10RP	3.0	6.0	0.4035	0.2956
10G	3.0	6.0	0.2338	0.3969	5PB	3.0	7.0	0.1835	0.2149
2.5BG	3.0	6.0	0.2265	0.3865	7.5PB	3.0	7.0	0.2150	0.2041
5BG	3.0	6.0	0.2177	0.3728	10PB	3.0	7.0	0.2366	0.2033
7.5BG	3.0	6.0	0.2068	0.3526	2.5P	3.0	7.0	0.2581	0.2053
10BG	3.0	6.0	0.1984	0.3290	5P	3.0	7.0	0.2721	0.2081
2.5B	3.0	6.0	0.1936	0.3133	7.5P	3.0	7.0	0.2890	0.2136
5B	3.0	6.0	0.1888	0.2960	10P	3.0	7.0	0.3056	0.2206
7.5B	3.0	6.0	0.1854	0.2751	5PB	3.0	8.0	0.1641	0.1970
10B	3.0	6.0	0.1868	0.2620	7.5PB	3.0	8.0	0.2013	0.1867
2.5PB	3.0	6.0	0.1927	0.2473	10PB	3.0	8.0	0.2269	0.1871
5PB	3.0	6.0	0.2048	0.2340	2.5P	3.0	8.0	0.2510	0.1899
7.5PB	3.0	6.0	0.2295	0.2231	5P	3.0	8.0	0.2672	0.1933
10PB	3.0	6.0	0.2467	0.2209	7.5P	3.0	8.0	0.2860	0.2001
2.5P	3.0	6.0	0.2653	0.2221	10P	3.0	8.0	0.3044	0.2079

$Y=4.67$

H	V	C	x	y	H	V	C	x	y
5R	2.5	1.0	0.3465	0.3265	7.5R	2.5	2.0	0.3702	0.3262
10R	2.5	1.0	0.3490	0.3346	10R	2.5	2.0	0.3746	0.3327
5YR	2.5	1.0	0.3470	0.3435	2.5YR	2.5	2.0	0.3791	0.3401
10YR	2.5	1.0	0.3452	0.3456	5YR	2.5	2.0	0.3847	0.3645
5Y	2.5	1.0	0.3375	0.3505	10YR	2.5	2.0	0.3783	0.3745
10Y	2.5	1.0	0.3275	0.3510	10Y	2.5	2.0	0.3416	0.3835
5GY	2.5	1.0	0.3195	0.3495	10GY	2.5	2.0	0.3058	0.3711
10GY	2.5	1.0	0.3090	0.3455	2.5G	2.5	2.0	0.2956	0.3649
5G	2.5	1.0	0.2995	0.3395	5G	2.5	2.0	0.2875	0.3584
10G	2.5	1.0	0.2930	0.3328	7.5G	2.5	2.0	0.2828	0.3543
5BG	2.5	1.0	0.2870	0.3250	10G	2.5	2.0	0.2785	0.3500
10BG	2.5	1.0	0.2850	0.3195	2.5BG	2.5	2.0	0.2740	0.3445
5B	2.5	1.0	0.2838	0.3147	5BG	2.5	2.0	0.2695	0.3394
10B	2.5	1.0	0.2847	0.3085	7.5BG	2.5	2.0	0.2651	0.3329
5PB	2.5	1.0	0.2880	0.3035	10BG	2.5	2.0	0.2611	0.3268
10PB	2.5	1.0	0.2910	0.3007	2.5B	2.5	2.0	0.2589	0.3222
5P	2.5	1.0	0.2977	0.2992	5B	2.5	2.0	0.2567	0.3169
10P	2.5	1.0	0.3061	0.2991	7.5B	2.5	2.0	0.2542	0.3099
5RP	2.5	1.0	0.3220	0.3040	10B	2.5	2.0	0.2535	0.3030
10RP	2.5	1.0	0.3391	0.3166	2.5PB	2.5	2.0	0.2542	0.2940
2.5R	2.5	2.0	0.3604	0.3145	5PB	2.5	2.0	0.2592	0.2845
5R	2.5	2.0	0.3664	0.3216	7.5PB	2.5	2.0	0.2685	0.2788

H	V	C	x	y
10PB	2.5	2.0	0.2765	0.2770
2.5P	2.5	2.0	0.2850	0.2770
5P	2.5	2.0	0.2931	0.2781
7.5P	2.5	2.0	0.3015	0.2800
10P	2.5	2.0	0.3090	0.2820
2.5RP	2.5	2.0	0.3180	0.2853
5RP	2.5	2.0	0.3299	0.2910
7.5RP	2.5	2.0	0.3420	0.2988
10RP	2.5	2.0	0.3528	0.3072
5R	2.5	3.0	0.3822	0.3181
10R	2.5	3.0	0.3931	0.3317
5YR	2.5	3.0	0.4069	0.3771
10YR	2.5	3.0	0.3983	0.3920
10Y	2.5	3.0	0.3519	0.4072
10GY	2.5	3.0	0.3041	0.3894
10G	2.5	3.0	0.2706	0.3609
10BG	2.5	3.0	0.2492	0.3308
5B	2.5	3.0	0.2434	0.3183
10B	2.5	3.0	0.2388	0.3004
2.5PB	2.5	3.0	0.2395	0.2884
5PB	2.5	3.0	0.2457	0.2750
7.5PB	2.5	3.0	0.2574	0.2662
10PB	2.5	3.0	0.2691	0.2638
2.5P	2.5	3.0	0.2801	0.2640
5P	2.5	3.0	0.2906	0.2655
7.5P	2.5	3.0	0.3011	0.2682
10P	2.5	3.0	0.3105	0.2713
2.5RP	2.5	3.0	0.3218	0.2758
5RP	2.5	3.0	0.3350	0.2824
7.5RP	2.5	3.0	0.3492	0.2908

H	V	C	x	y
10RP	2.5	3.0	0.3632	0.3006
5R	2.5	4.0	0.3980	0.3144
10R	2.5	4.0	0.4117	0.3302
5YR	2.5	4.0	0.4285	0.3885
10YR	2.5	4.0	0.4174	0.4084
10Y	2.5	4.0	0.3612	0.4311
10GY	2.5	4.0	0.3019	0.4085
10G	2.5	4.0	0.2626	0.3722
10BG	2.5	4.0	0.2375	0.3347
5B	2.5	4.0	0.2303	0.3194
10B	2.5	4.0	0.2245	0.2975
2.5PB	2.5	4.0	0.2252	0.2825
5PB	2.5	4.0	0.2326	0.2655
7.5PB	2.5	4.0	0.2465	0.2540
10PB	2.5	4.0	0.2618	0.2512
2.5P	2.5	4.0	0.2751	0.2515
5P	2.5	4.0	0.2880	0.2535
7.5P	2.5	4.0	0.3005	0.2570
10P	2.5	4.0	0.3119	0.2611
2.5RP	2.5	4.0	0.3255	0.2667
5RP	2.5	4.0	0.3400	0.2740
7.5RP	2.5	4.0	0.3563	0.2830
10RP	2.5	4.0	0.3735	0.2940
7.5PB	2.5	5.0	0.2329	0.2378
10PB	2.5	5.0	0.2520	0.2340
5P	2.5	5.0	0.2857	0.2389
7.5PB	2.5	6.0	0.2198	0.2225
10PB	2.5	6.0	0.2425	0.2180
5P	2.5	6.0	0.2832	0.2252

ICS 35.110
L 78

中华人民共和国国家标准

GB 15629.1101—2006

信息技术　系统间远程通信和信息交换 局域网和城域网　特定要求　第11部分：无线局域网媒体访问控制和物理层规范：5.8 GHz频段高速物理层扩展规范

Information technology—Telecommunications and information exchange between systems—Local and metropolitan area networks—Specific requirements—Part 11：Wireless LAN Medium Access Control（MAC）and Physical Layer（PHY）specifications：High-Speed Physical Layer in the 5.8 GHz Band

（ISO/IEC 8802-11：1999/Amd 1：2000，Information technology—Telecommunications and information exchange between systems—Local and metropolitan area networks—Specific requirements—Part 11：Wireless LAN Medium Access Control（MAC）and Physical Layer（PHY）specifications Amendment 1：High-Speed Physical Layer in the 5 GHz Band，MOD）

2006-01-27 发布

中华人民共和国国家质量监督检验检疫总局
中国国家标准化管理委员会　发布

前　言

本部分的6.3.8.2、6.3.8.3、6.3.8.4和6.3.9为强制性的，其余为推荐性的。

本部分修改采用国际标准ISO/IEC 8802-11:1999/Amd 1:2000(E)《信息技术　系统间远程通信和信息交换　局域网和城域网　特定要求　第11部分:无线局域网媒体访问控制(MAC)和物理(PHY)层规范:补篇1:5 GHz频段高速物理层》(2000年英文版)。

本部分是GB 15629.11—2003《信息技术　系统间远程通信和信息交换　局域网和城域网特定要求　第11部分:无线局域网媒体访问控制和物理层规范》的扩展子项，无线局域网设备除5.8 GHz频段高速物理层符合本部分外，其他特征必须符合GB 15629.11—2003《信息技术　系统间远程通信和信息交换　局域网和城域网　特定要求　第11部分:无线局域网媒体访问控制和物理层规范》和GB 15629.1102—2003《信息技术　系统间远程通信和信息交换　局域网和城域网　特定要求　第11部分:无线局域网媒体访问控制和物理层规范:2.4 GHz频段较高速物理层扩展规范》的规定。

本部分修改采用ISO/IEC 8802-11:1999/Amd 1:2000(E)，主要技术性差异如下：

——按照我国无线电管理法规，5 GHz频段无线局域网仅限于在5.8 GHz频段工作；

——在与无线电发射规范有关的章节和附录中增加了中国的内容。

为便于使用，本部分的结构与ISO/IEC 8802-11:1999/Amd 1:2000(E)相比，做了编辑性调整，详见附录NA。附录NA还列出了本部分与GB 15629.11—2003章条的对应关系。

本部分的附录A、附录B、附录D为规范性附录；附录C和附录NA为资料性附录。

本部分由中华人民共和国信息产业部提出。

本部分由中国电子技术标准化研究所归口。

本部分由西安西电捷通无线网络通信有限公司负责起草，参加单位有国家无线电监测中心、国家密码管理局商用密码研究中心、中国电子技术标准化研究所、西安电子科技大学、西安邮电学院、北京长信嘉信息技术有限公司、北京邮电大学、西安交通大学、福建星网锐捷通讯有限公司、联想(北京)有限公司、中兴通讯股份有限公司、广州杰赛科技股份有限公司、深圳市朗科科技有限公司、北京六合万通微电子技术有限公司、TCL通讯设备(惠州)有限公司、北京中电华大电子设计有限公司、北京方正连宇通信技术有限公司、北京芯光天地集成电路设计有限公司、深圳市熙和科技有限公司、北京邮电电话设备厂。

本部分主要起草人：张变玲、铁满霞、黄振海、郭宏、曹军、李大为、庞辽军、刘伟、宋起柱、叶续茂、涂学峰、窦向阳、许福英、张超、侯北萍、徐冬梅、姚忠邦、王琨、雷绪悬、黄一平、郭大伟、孙波、张平、任品毅、林善和、曹庆荣、毛周明、霍健、刘明宇、张阳、黄昱、林国强、刘培、李玲。

信息技术　系统间远程通信和信息交换 局域网和城域网　特定要求　第11部分：无线局域网媒体访问控制和物理层规范：5.8 GHz频段高速物理层扩展规范

1　范围

本部分规定了5.8 GHz频段的高速无线局域网的媒体访问控制(MAC)和物理层(PHY)规范。

本部分适用于5.8 GHz频段的无线局域网高速物理层。

2　规范性引用文件

下列文件中的条款通过本部分的引用而成为本部分条款。凡是注日期的引用文件，其随后所有的修改单(不包括勘误的内容)或修订版均不适用于本部分，然而，鼓励根据本部分达成协议的各方研究是否可使用这些文件的最新版本。凡是不注日期的引用文件，其最新版本适用于本部分。

GB 15629.11—2003　信息技术　系统间远程通信和信息交换　局域网和城域网　特定要求　第11部分：无线局域网媒体访问控制和物理层规范

3　术语和定义

GB 15629.11—2003确定的术语和定义适用于本部分。

4　缩略语

除以下定义的缩略语外，GB 15629.11—2003的第4章的缩略语适用于本部分。

BPSK	二进制相移键控
C-MPDU	编码后的MPDU
FFT	快速傅立叶变换
GI	保护间隔
IFFT	快速傅立叶逆变换
OFDM	正交频分复用
PER	分组错误率
QAM	正交振幅调制
QPSK	正交相移键控
RMS	均方根
U-NII	无需注册的国家信息骨干网

5　概述

本部分作为GB 15629.11—2003的修改，定义了5.8 GHz频段的无线局域网高速物理层规范，其中物理层采用OFDM技术。本部分主要包括OFDM PHY的具体服务参数列表、OFDM PLCP子层、OFDM PLME和OFDM PMD子层等内容，并对GB 15629.11—2003中的MAC层内容根据本部分的具体情况进行了一些修改。

除非有特殊声明，GB 15629.11—2003的内容均适用于本部分。

6 5.8 GHz 频段的 OFDM PHY 规范

6.1 简介

本章规定了正交频分复用(OFDM)系统的 PHY 实体,以及为使无线局域网基本标准 GB 15629.11—2003适合 OFDM PHY 而添加的附加内容。依据信部无[2002]277 号《关于使用 5.8 GHz频段频率事宜的通知》,系统使用 5.725GHz～5.850 GHz 频段。OFDM 系统提供速率为 6 Mbit/s、9 Mbit/s、12 Mbit/s、18 Mbit/s、24 Mbit/s、36 Mbit/s、48 Mbit/s 和 54 Mbit/s 的数据净荷通信能力。其中,对于 6 Mbit/s、12 Mbit/s 和 24 Mbit/s 的发送和接收数据速率的支持是必备的。系统采用经 BPSK/QPSK、16-QAM 或 64-QAM 调制的 52 个子载波。前向纠错采用编码率为 1/2、2/3 或 3/4 的卷积编码。

6.1.1 范围

本条规定了 5.8 GHz 频段的 OFDM 系统提供给无线局域网 MAC 的 PHY 服务。OFDM PHY 层包含以下两个协议功能:

a) PHY 会聚功能,它使得依赖于物理媒体(PMD)系统的能力与 PHY 服务适配。这个功能由 PHY 会聚规程 (PLCP)支持。PLCP 定义了一种方法,能将 PLCP 服务数据单元(PSDU)映射成适合于在两个或更多使用关联的 PMD 系统的 STA 之间发送和接收用户数据和管理信息的成帧格式。

b) PMD 系统,定义了两个或多个采用 OFDM 系统的 STA 之间通过无线媒体发送和接收数据的特性和方法。

6.1.2 OFDM PHY 功能

GB 15629.11—2003 中 5.8 的图 11 所示的参考模型规定了 5.8 GHz OFDM PHY 的结构。OFDM PHY 包含三个功能实体:PMD 功能、PHY 会聚功能和层管理功能。这些功能分别在 6.1.2.1 到 6.1.2.4 中定义。

OFDM PHY 服务通过 PHY 服务原语提供给 MAC 层,该 PHY 服务原语在 GB 15629.11—2003 第 12 章中定义。

6.1.2.1 PLCP 子层

PLCP 子层的作用是使 MAC 层操作对 PMD 子层的依赖性最小化。该功能简化了 PHY 层到 MAC 层的服务接口。

6.1.2.2 PMD 子层

PMD 子层为在两个或多个 STA 之间发送和接收数据提供了一种方法,本章与使用 OFDM 调制的 5.8 GHz 频段有关。

6.1.2.3 PHY 管理实体(PLME)

PLME 与 MAC 管理实体共同完成对本地 PHY 功能的管理。

6.1.2.4 服务规范方法

图表与状态图表示的模型是为了说明所提供的功能。区别模型和实际的实现非常重要。为了表达简明、清楚,对模型进行了优化;实际的实现方法由符合本部分的 OFDM PHY 的开发者判断。

层或子层的服务是一组能力,它提供给下一个较高层(或子层)的用户。在这里,通过描述代表每一个服务的服务原语和参数来规定抽象的服务。这个定义与任何特定的实现无关。

6.2 OFDM PHY 特定服务参数列表

6.2.1 介绍

本部分 MAC 层的结构设计与 PHY 层无关。一些 PHY 层的实现为了满足特定的 PMD 要求而需要媒体管理状态机在 MAC 子层中运行,这些基于 PHY 层的 MAC 层状态机位于被称为 MAC 子层管理实体 MLME 的子层。在特定的 PMD 实现中,MLME 可能需要作为标准 PHY SAP 原语的一部分与 PLME 相互作用。这种作用过程在物理层服务原语定义的 PLME 参数表中定义为 TXVECTOR 和 RXVECTOR。对于每个 PMD 层,这些参数列表以及它们的可能取值在特定的 PHY 规范中都有定义。本条规定 OFDM PHY 中的 TXVECTOR 和 RXVECTOR。

6.2.2 TXVECTOR 参数

表 1 中的参数是服务原语 PHY-TXSTART. request 中的 TXVECTOR 的参数列表的一部分。

表 1 TXVECTOR 参数

参 数	相 关 原 语	值
长度 (LENGTH)	PHY-TXSTART. request (TXVECTOR)	1～4095
数据速率 (DATARATE)	PHY-TXSTART. request (TXVECTOR)	6,9,12,18,24,36,48 和 54 (单位为 Mbit/s;6,12 和 24 是必备的)
服务 (SERVICE)	PHY-TXSTART. request (TXVECTOR)	对加扰器进行初始化; 7 个空比特+9 个保留的空比特
发射功率等级 (TXPWR _ LEVEL)	PHY-TXSTART. request (TXVECTOR)	1～8

6.2.2.1 TXVECTOR LENGTH

参数 LENGTH 表示 MAC 层请求 PHY 层发送的 MPDU 的八位位组数,允许的取值范围为 1～4095。PHY 在接收到开始发送的请求后用该参数确定所需传送的八位位组数。

6.2.2.2 TXVECTOR DATARATE

本参数给出了 PLCP 发送 PSDU 时使用的比特速率,具体的取值可以是表 1 中定义速率的任意值,其中,对数据速率 6Mbit/s、12Mbit/s 和 24 Mbit/s 的支持是必须,对其他速率的支持是可选的。

6.2.2.3 TXVECTOR SERVICE

本参数由 7 个空比特和 9 个保留的空比特组成。7 个空比特用于初始化加扰器,9 个保留的空比特为将来使用预留。

6.2.2.4 TXVECTOR TXPWR _ LEVEL

本参数的取值范围是 1～8,它表明管理信息库(MIB)中定义的哪一个发射功率等级(TxPower-Level)用于当前的发送。

6.2.3 RXVECTOR 参数

表 2 提供了服务原语 PHY-RXSTART. indicate 中的部分 RXVECTOR 参数列表。

表 2 RXVECTOR 参数

参 数	相 关 原 语	值
长度 (LENGTH)	PHY-RXSTART. indicate	1～4095
接收信号强度指示 (RSSI)	PHY-RXSTART. indicate (RXVECTOR)	0～RSSI 最大值
数据速率 (DATARATE)	PHY-RXSTART. request (RXVECTOR)	6,9,12,18,24,36,48 和 54 (单位为 Mbit/s)
服务 (SERVICE)	PHY-RXSTART. request (RXVECTOR)	空

6.2.3.1 RXVECTOR LENGTH

本参数用于指示在 PLCP 报头中包含的 LENGTH 字段的值,取值范围是 1～4095。MAC 及 PLCP用本参数值确定在接收到的 PSDU 传送过程中两个子层之间传送的八位位组数。

6.2.3.2 **RXVECTOR RSSI**

参数 RSSI 的取值范围是 0～RSSI 最大值。本参数值为 PHY 子层在接收 PPDU 的天线上所测得的信号能量强度值，应在接收 PLCP 前导码时进行测量。RSSI 的值是相对的，是接收到的信号强度的单调递增函数。

6.2.3.3 **DATARATE**

DATARATE 表示接收 PPDU 时所采用的数据速率。本参数允许取以下值：6、9、12、18、24、36、48或 54(单位为 Mbit/s)。

6.2.3.4 **SERVICE**

SERVICE 字段应为空。

6.3 OFDM PLCP 子层

6.3.1 介绍

本条提供了 PSDU 和 PPDU 相互转化的会聚过程。在发送期间，PSDU 和 PLCP 前导码以及头一起构成 PPDU。在接收机端，对 PLCP 前导码和头进行处理，用于辅助 PSDU 的解调和交付。

6.3.2 PLCP 帧格式

图 1 为 PPDU 的帧格式，包括 OFDM PLCP 前导码、OFDM PLCP 头、PSDU、尾比特和填充比特。PLCP 报头包括：长度(LENGTH)、速率(RATE)、保留比特、奇偶检验比特以及服务(SERVICE)字段。从调制角度看，长度、速率、预留比特和奇偶比特(加上 6 个"0"尾比特)组成了一个独立的 OFDM 符号，记为信号(SIGNAL)字段，该字段以可靠的 BPSK 调制及 1/2 编码率发送。PLCP 报头的 SERVICE 字段与 PSDU(加上 6 个"0"尾比特和填充比特)一起，标记为 DATA 字段，以 RATE 字段中指示的数据速率进行发送，并且可能组成多个 OFDM 符号。在接收到 SIGNAL 字段内的尾比特后可立即解码出 RATE 和 LENGTH 字段，这两者对于解码出该分组中的 DATA 是必需的。此外，即使接收方不支持接收到的分组中的数据速率，通过从分组的 RATE 和 LENGTH 的内容中推测出分组的持续时间，CCA 机制也可以起作用。每个字段的定义见 6.3.3、6.3.4 和 6.3.5。

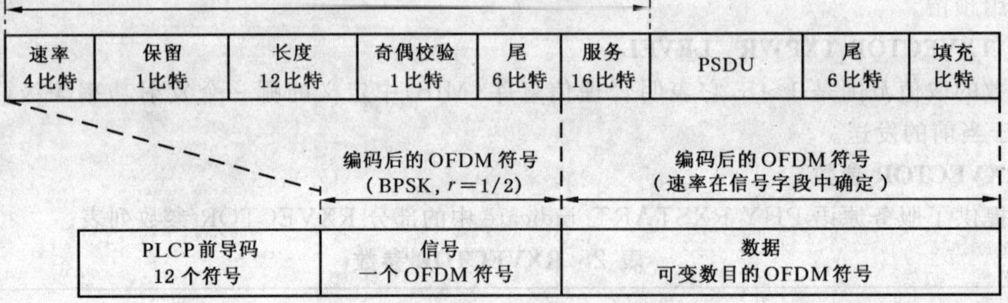

图 1 **PPDU 帧格式**

6.3.2.1 **PPDU 编码过程概述**

编码过程由如下很多步骤组成，这将在以后的条款中详细描述。以下概述是为了帮助理解后面条款中描述的细节：

a) 产生 PLCP 前导码字段。本字段由 10 个重复的"短训练序列"(用于 AGC 会聚、分集选择、定时捕获和接收机粗略频率捕获)和两个重复的"长训练序列"(用于信道估计和接收机精确频率捕获)组成，前面为保护间隔(GI)。具体见 6.3.3。

b) 通过填充合适的比特字段，从 TXVECTOR 参数的 RATE、LENGTH、SERVICE 字段中产生 PLCP 头。其中，RATE 及 LENGTH 字段首先进行编码率为 $R=1/2$ 的卷积编码，然后映射为 BPSK 编码的单个 OFDM 符号，标记为 SIGNAL 符号。为了可靠、及时地检测 RATE 和 LENGTH 字段，在 PLCP 报头中插入 6 个"0"尾比特。在将 SIGNAL 字段编码为 OFDM 符号的过程中所进行的卷积编码、交织、BPSK 调制、导频插入、傅立叶变换和保护间隔的安排等操作与后面描述的以 6 Mbit/s 速率进行数据发送时的步骤一致。SIGNAL 字段的内容不进行加扰，具体见 6.3.4。

c) 从 TXVECTOR 的 RATE 字段中计算出每个 OFDM 符号的数据比特数(N_{DBPS})、编码率(R)、每个 OFDM 子载波中的比特数(N_{BPSC})以及每个 OFDM 符号的编码比特数(N_{CBPS})，具体见 6.3.2.2。

d) 将 PSDU 加到 TXVECTOR 的 SERVICE 字段中。为使其最终长度为(N_{BPSC})的整数倍，需要补以"0"比特串(至少 6 个比特)。所得的比特串组成了分组的数据(DATA)部分，具体见 6.3.5.4。

e) 以伪随机的非 0 种子对加扰器进行初始化，产生一个加扰序列，与扩展后的数据比特流进行异或运算。具体见 6.3.5.4。

f) 将"数据"后的 6 个加扰过的"0"比特用 6 个未加扰的"0"比特(这些比特使卷积编码器返回"0 状态"，标记为"尾比特")进行替代。具体见 6.3.5.2。

g) 用卷积编码器($R=1/2$)对扩展后的加扰数据流进行编码。按照截短类型对编码器输出流的一部分进行截短，以达到所希望的编码率，具体见 6.3.5.5。

h) 将编码后的比特流以 N_{CBPS} 为单位进行分组。在每个组内按照与要求速率相关的规则进行交织(重新排序)。具体见 6.3.5.6。

i) 将编码和交织后形成的数据流分成若干个 N_{CBPS} 比特组。将比特组按调制编码表转换成复数，具体见 6.3.5.7。

j) 将复数流中每 48 个复数分成一组，每组与一个 OFDM 符号关联。在每一组中，复数从 0～47 编号，然后映射到编号为 −26～−22、−20～−8、−6～−1、1～6、8～20、22～26 的 OFDM 子载波。编号为 −21、−7、7 和 21 的子载波被跳过，然后在此插入导频子载波。与中心频率相关的子载波"0"也被忽略，填以 0 值。具体见 6.3.5.9。

k) 4 个子载波作为导频插入到 −21、−7、7、21 的位置。子载波的总数为 52(48＋4)，具体见 6.3.5.8。

l) 对于每组编号从 −26 到 26 的子载波，用傅立叶逆变换转换到时域。对傅立叶变换波形进行循环扩展，形成一个保护间隔(GI)，再用时域窗口将形成的周期性波形截短到单个 OFDM 符号长度。具体参见 6.3.5.9。

m) 从描述 RATE 和 LENGTH 的 SIGNAL 符号后开始，将 OFDM 符号连接起来。具体见 6.3.5.9。

n) 按照所要求信道的中心频率把得到的"复基带"波形向上混频到 RF 频率，并进行发射。具体见 6.3.2.4 和 6.3.8.1。

发射帧及其各部分的图例见本部分 6.3.3 中的图 4。

6.3.2.2 取决于速率的参数

取决于数据速率的调制参数的设置见表 3。

表 3 取决于速率的参数

速率/(Mbit/s)	调制方式	编码率(R)	每个子载波的编码比特(N_{BPSC})	每个 OFDM 符号的编码比特(N_{CBPS})	每个 OFDM 符号的数据比特(N_{DBPS})
6	BPSK	1/2	1	48	24
9	BPSK	3/4	1	48	36
12	QPSK	1/2	2	96	48

表 3(续)

速 率/(Mbit/s)	调制方式	编码率(R)	每个子载波的编码比特(N_{BPSC})	每个 OFDM 符号的编码比特(N_{CBPS})	每个 OFDM 符号的数据比特(N_{DBPS})
18	QPSK	3/4	2	96	72
24	16-QAM	1/2	4	192	96
36	16-QAM	3/4	4	192	144
48	64-QAM	2/3	6	288	192
54	64-QAM	3/4	6	288	216

6.3.2.3 与定时相关的参数

表 4 规定了与 OFDM PLCP 相关的定时参数列表。

表 4 与定时有关的参数

参 数	值
N_{SD}:数据子载波数	48
N_{SP}:导频子载波数	4
N_{ST}:子载波总数	52($N_{SD}+N_{SP}$)
Δ_F:子载波频率间隔	0.3125 MHz(= 20 MHz/64)
T_{FFT}:IFFT/FFT 周期	3.2 μs ($1/\Delta_F$)
$T_{PREAMBLE}$:PLCP 前导码持续时间	16 μs ($T_{SHORT}+T_{LONG}$)
T_{SIGNAL}:SIGNAL 字段 BPSK-OFDM 符号的持续时间	4.0 μs ($T_{GI}+T_{FFT}$)
T_{GI}:GI 持续时间	0.8 μs ($T_{FFT}/4$)
T_{GI2}:训练符号的 GI 持续时间	1.6 μs ($T_{FFT}/2$)
T_{SYM}:符号间隔	4 μs ($T_{GI}+T_{FFT}$)
T_{SHORT}:短训练序列的持续时间	8 μs ($10\times T_{FFT}/4$)
T_{LONG}:长训练序列的持续时间	8 μs ($T_{GI2}+2\times T_{FFT}$)

6.3.2.4 信号描述中的数学约定

发送信号以复数基带信号记法进行表示,实际的发送信号通过以下表达式与复数基带信号关联:

$$r_{(RF)}\langle t\rangle = R_e\{r\langle t\rangle \exp\langle j2\pi f_c t\rangle\} \quad \cdots\cdots(1)$$

式中:

$R_e(\cdot)$——表示对复数变量取实部;

f_c——表示载波中心频率。

发送的基带信号由几个 OFDM 符号一起构成。

$$r_{PACKET}(t) = r_{PREAMBLE}(t) + r_{SIGNAL}(t-t_{SIGNAL}) + r_{DATA}(t-t_{DATA}) \quad \cdots\cdots(2)$$

构成式(2)的子帧在 6.3.3、6.3.4 和 6.3.5.9 中定义。时间偏移值 $t_{SUBFRAME}$ 确定了相应子帧的起始时间,t_{SIGNAL} 为 16 μs,t_{DATA} 为 20 μs。

信号的所有子帧由系数为 C_k 的傅立叶逆变换构成,C_k 在 6.3.3 到 6.3.5 中定义为数据、导频或训练符号。

$$r_{SUBFRAME}(t) = w_{TSUBFRAME}(t)\sum_{k=-N_{ST}/2}^{N_{ST}/2} C_k \exp(j2\pi k\Delta_f)(t-T_{GUARD}) \quad \cdots\cdots(3)$$

表 4 描述了参数 Δ_F 和 N_{ST}。最后得到的波形是周期性的，周期为 $T_{FFT}=1/\Delta_F$ 将时间平移 T_{GUARD} 产生“循环前缀”，用于 OFDM 中可以避免与前面一帧的码间干扰（ISI）。T_{GUARD}有三种：用于短训练序列（$=0\ \mu s$）、用于长训练序列（$=T_{GI2}$）和用于数据 OFDM 符号（$=T_{GI}$），参见表 4。子帧与时域窗函数 $W_{TSUBFRAME}(t)$相乘，可以设置子帧的边界。窗函数定义为持续时间为 T 的矩形脉冲 $W_T(t)$，宽度 T 取值为 $T_{SUBFRAME}$。时域窗函数 $W_T(t)$ 取决于持续时间参数 T 的取值，可以扩展到大于一个 FFT 周期（T_{FFT}）之上。尤其在定义前导码时，需要利用扩展到多个 FFT 周期的窗函数。图 2 给出了将窗函数扩展到多于一个 T_{FFT}之上的可能性，另外给出了使用窗函数得到的平稳变换，如式(4)所示。

$$w_T(t)=\begin{cases}\sin^2\left[\left(\frac{\pi}{2}(0.5+t/T_{TR}\right]\right. & (-T_{TR}/2<t<T_{TR}/2)\\ 1 & (T_{TR}/2\leqslant t<T-T_{TR}/2)\\ \sin^2\left[\left(\frac{\pi}{2}(0.5-(t-T)/T_{TR}\right]\right. & (T-T_{TR}/2\leqslant t<T+T_{TR}/2)\end{cases}\qquad\cdots\cdots(4)$$

在不存在 T_{TR}的情况下，窗函数变成宽度为 T 的矩形脉冲。产生发射波形的规范采用矩形脉冲。在具体实现过程中，为使连续的两个分段之间过渡平滑，需要较大的 T_{TR}，这产生了持续时间为 T_{TR} 的重叠部分，如图 2 所示。过渡时间 T_{TR}大约为 100 ns。需要平滑此过渡过程，因为这样可以减少发射频谱的旁瓣。然而，频谱掩模和调制精确度是必须达到的指标，具体见 6.3.9.2 和 6.3.9.6。这里所述的时域窗函数仅仅是一种达到指标的方法，也可使用其他方法达到同样的要求，例如频域滤波等，因此过渡过程的形状及持续时间均为参考性的参数。

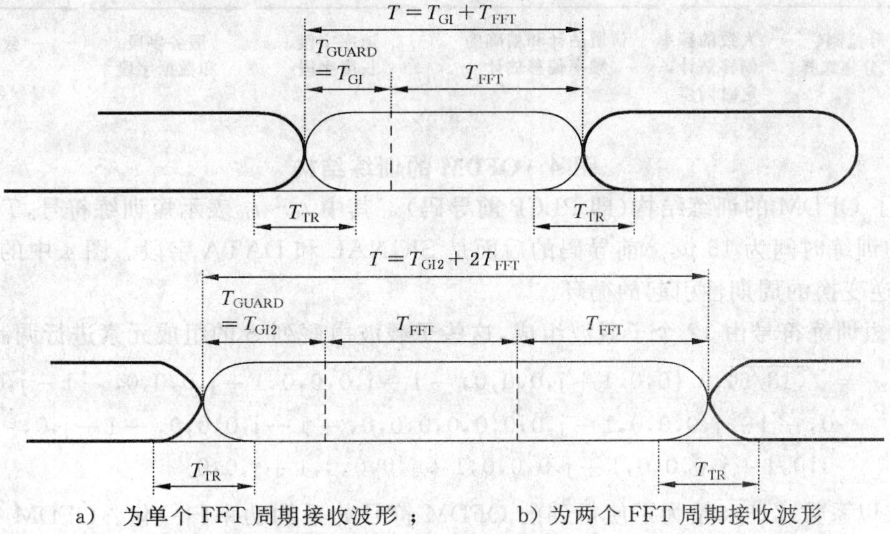

a) 为单个 FFT 周期接收波形； b) 为两个 FFT 周期接收波形

图 2 带循环扩展和加窗处理的 OFDM 帧

6.3.2.5 离散时域实现

以下有关离散时域实现的描述是参考性的。

在典型的实现中，窗函数以离散时间给出。例如，给出一个窗函数，其参数为 $T=4.0\ \mu s$，$T_{TR}=100$ ns，信号以 20 Msample/s 的速率进行采样，得到：

$$W_T[n]=W_T(nTs)=\begin{cases}1 & 1\leqslant n\leqslant 79\\ 0.5 & 0,80\\ 0 & \text{其他}\end{cases}\qquad\cdots\cdots(5)$$

实现式(3)所示的傅立叶逆变换的一般方法是采用 IFFT 算法。例如，若采用 64 点 IFFT，则系数 1 到 26 映射到相同编号的 IFFT 输入端，同时将系数－26 到－1 复制到编号为 38 到 63 的 IFFT 输入端。余下的编号为 27～37 及 0(直流)的输入端都置为 0，具体见图 3。执行 IFFT 后，对输出进行循环扩展直至要求的长度。

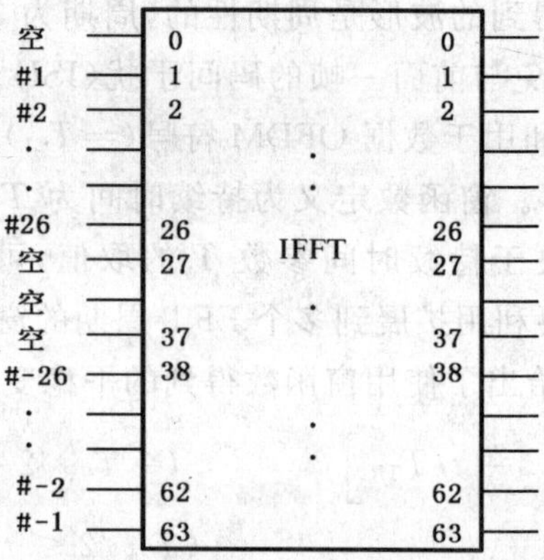

图 3　IDFT 的输入及输出

6.3.3　PLCP 前导码(SYNC)

PLCP 前导码字段用于实现同步,由 10 个短符号和 2 个长符号组成,如图 4 所示,在本条款中进行描述。

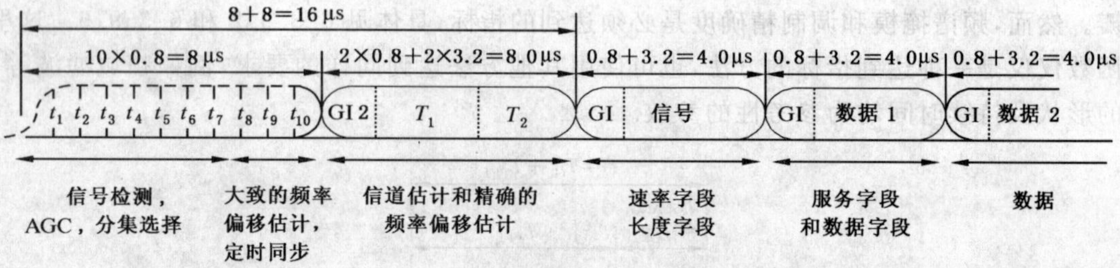

图 4　OFDM 的训练结构

图 4 给出了 OFDM 的训练结构(即 PLCP 前导码)。其中 $t_1 \sim t_{10}$ 表示短训练符号,T_1 和 T_2 表示长训练符号,总的训练时间为 16 μs。前导码的后面是 SIGNAL 和 DATA 字段。图 4 中的虚线表示的边界代表傅立叶逆变换的周期性引起的循环。

OFDM 的短训练符号由 12 个子载波组成,这些子载波由序列 S 的组成元素进行调制:

$$S_{-26,26}=\sqrt{(13/6)}\times\{0,0,1+\mathrm{j},0,0,0,-1-\mathrm{j},0,0,0,1+\mathrm{j},0,0,0,-1-\mathrm{j},0,0,0,-1-\mathrm{j},0,0,0,1+\mathrm{j},0,0,0,0,0,0,0,-1-\mathrm{j},0,0,0,-1-\mathrm{j},0,0,0,1+\mathrm{j},0,0,0,1+\mathrm{j},0,0,0,1+\mathrm{j},0,0,0,1+\mathrm{j},0,0\} \quad \cdots\cdots(6)$$

式(6)中乘以系数 $\sqrt{13/6}$ 是为了使得到的 OFDM 符号的平均功率归一化。OFDM 符号利用了 52 个子载波中的 12 个。

信号按照下式产生:

$$r_{\mathrm{SHORT}}(t)=w_{\mathrm{TSHORT}}(t)\sum_{k=-N_{\mathrm{ST}}/2}^{N_{\mathrm{ST}}/2}S_k\exp(\mathrm{j}2\pi k\Delta_{\mathrm{F}}t) \quad \cdots\cdots(7)$$

在 $S_{-26,26}$ 中,只有系数为 4 的倍数的谱线幅度不为 0,因此以上信号的周期为 $T_{\mathrm{FFT}}/4=0.8$ μs。T_{SHORT} 等于 10 个 0.8 μs 的周期(即 8 μs)。

附录 C(C.3.1,表 C.2)规定了如何产生一个短训练序列。

OFDM 的长训练符号由 53 个子载波组成(其中包含了一个直流零值),这些子载波由序列 L 的组成元素进行调制:

$$L_{-26,26}=\{1,1,-1,-1,1,1,-1,1,-1,1,1,1,1,1,1,-1,-1,1,1,-1,1,-1,1,1,1,1,0,1,-1,-1,1,1,-1,1,-1,1,-1,-1,-1,-1,-1,1,1,-1,-1,1,-1,1,-1,1,1,1,1\} \quad \cdots\cdots(8)$$

OFDM 的长训练符号按照下式产生：

$$r_{\mathrm{LONG}}(t)=w_{\mathrm{TLONG}}(t)\sum_{k=-N_{\mathrm{ST}}/2}^{N_{\mathrm{ST}}/2}L_k\exp(\mathrm{j}2\pi k\Delta_{\mathrm{F}})(t-T_{\mathrm{GI2}}) \qquad (9)$$

式中：

$T_{\mathrm{GI2}}=1.6\ \mu s$。

为了提高信道估计精确度，需要发送两个周期的长序列，因此得到：

$$T_{\mathrm{LONG}}=1.6+2\times3.2=8\ \mu s$$

附录 C(C.3.2，表 C.5)提供了产生长训练序列的实例。

短循环部分与长循环部分连结在一起，形成前导码：

$$r_{\mathrm{PREAMBLE}}(t)=r_{\mathrm{SHORT}}(t)+r_{\mathrm{LONG}}(t-T_{\mathrm{SHORT}}) \qquad (10)$$

6.3.4 SIGNAL 字段

SIGNAL 字段位于 OFDM 训练符号的后面，其中包含了 TXVECTOR 的 RATE 和 LENGTH 字段。RATE 字段给出了分组的剩余部分采用的调制类型和编码速率。在 SIGNAL 字段中，每个 OFDM 符号的编码采用子载波的 BPSK 调制及 $R=1/2$ 的卷积编码。编码过程包括卷积编码、交织、调制映射过程、导频插入和 OFDM 调制，这些过程位于以 6 Mbit/s 速率进行数据发送的过程之后，具体见 6.3.5.5、6.3.5.6、6.3.5.8。SIGNAL 字段的内容不进行加扰。

SIGNAL 字段由 24 个比特构成，如图 5 所示。0～3 这 4 个比特对 RATE 字段编码，第 4 比特为保留比特，5～16 比特对 TXVECTOR 的 LENGTH 字段编码，且首先发送最低有效位。

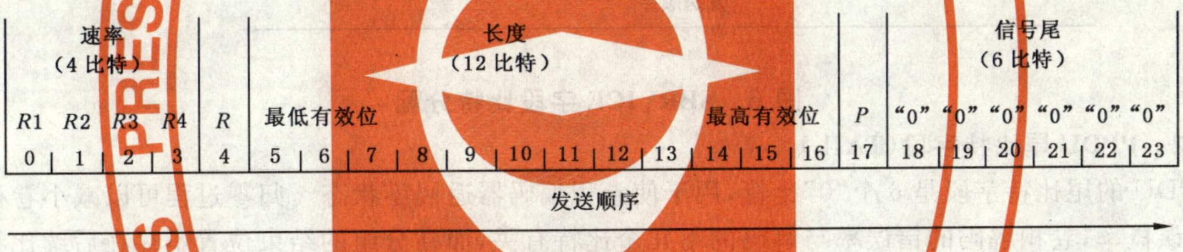

图 5 SIGNAL 字段的比特分配

附录 C(C.4)定义了 SIGNAL 字段的 OFDM 符号的产生过程。

6.3.4.1 数据速率(RATE)

根据不同的速率，比特 $R1\sim R4$ 按表 5 给出的值进行相应设置。

表 5 SIGNAL 字段的内容

速率/(Mbit/s)	$R1\sim R4$
6	1101
9	1111
12	0101
18	0111
24	1001
36	1011
48	0001
54	0011

6.3.4.2 PLCP 长度字段(LENGTH)

PLCP 的长度字段由 12 比特的无符号整数构成，给出了 MAC 层请求 PHY 层发送的 PSDU 的八位位组数。在接收到开始发送的请求后，PHY 用该值确定在 MAC 层及 PHY 层之间需传送的八位位组数。该值从由原语发布的 TXVECTOR 的 LENGTH 参数中得到，原语 PHY-TXSTART. request 的描述见 GB 15629.11—2003 中 12.3.5.4。首先发送最低有效位。该段使用 6.3.5.5 中描述的卷积编码器进行编码。

6.3.4.3 奇偶校验位(P)、保留比特(R)和信号尾(SIGNAL TAIL)

第 4 比特是保留比特，第 17 比特是第 0～16 比特的正向奇偶校验位(偶校验)，第 18～23 比特组成了 SIGNAL TAIL 字段，而且这 6 比特均被置零。

6.3.5 DATA 字段

DATA 字段包含 SERVICE 字段、PSDU、TAIL 比特和可能需要的填充(PAD)比特，见 6.3.5.2 和 6.3.5.4。DATA 字段中的所有比特都进行加扰，具体见 6.3.5.4。

6.3.5.1 服务字段(SERVICE)

SERVICE 字段中有 16 比特，标记为 0～15，“0”比特首先发送。最先发送的 0～6 比特均置为“0”，用于在接收端使解扰器同步，余下的 9 个比特(7～15)为保留比特，均置为“0”，见图 6。

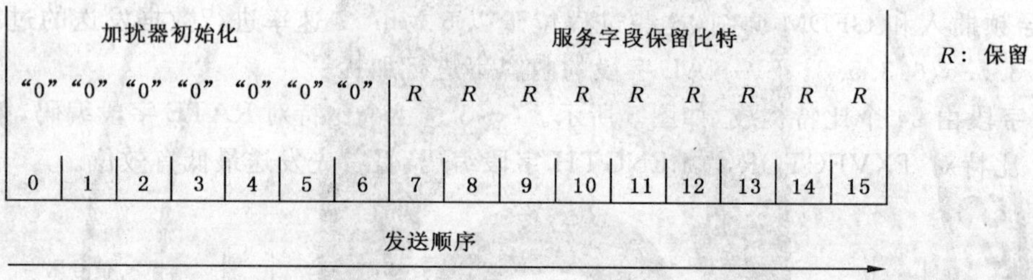

图 6 SERVICE 字段比特分配

6.3.5.2 PPDU 尾比特字段(TAIL)

PPDU 的尾比特字段是 6 个“0”比特，用于使卷积编码器返回零状态。归零过程可以减小卷积解码器的错误概率，卷积解码的错误率与解码的下几个比特有关，而在分组的结束位置不存在后续比特。在分组的最后用 6 个未加扰的“0”比特代替 6 个已加扰的“0”比特，产生 PLCP 的尾比特字段。

6.3.5.3 填充比特(PAD)

DATA 字段的比特数应当是 N_{CBPS}一个 OFDM 符号中的编码比特数目(48、96、192 或者 288 个比特)的整数倍。为了达到这个要求，报文长度被扩展至 N_{DBPS}(一个 OFDM 符号中的数据比特数目)的倍数。为了适应 TAIL 比特，至少要在原报文后扩展 6 个比特，如 6.3.5.2 所示。OFDM 符号数 N_{SYM}、DATA 字段中的比特数 N_{DATA} 和填充比特数 N_{PAD}，均可由 PSDU 的长度(LENGTH)字段计算得出，具体如下：

$$N_{SYM} = \mathrm{Ceiling}\left[(16 + 8 \times \mathrm{LENGTH} + 6)/N_{DBPS}\right] \qquad (11)$$

$$N_{DATA} = N_{SYM} \times N_{DBPS} \qquad (12)$$

$$N_{PAD} = N_{DATA} - (16 + 8 \times \mathrm{LENGTH} + 6) \qquad (13)$$

函数 Ceiling (·)指取大于或者等于括号内值的最小整数。填充比特均置 0，然后与 DATA 字段中的其他比特一起加扰。

附录 C(C.5.1)给出了包含 SERVICE 字段、PSDU、尾比特和填充比特的 DATA 字段的实例。

6.3.5.4 PLCP DATA 加扰器和解扰器

DATA 字段由 SERVICE、PSDU、尾比特和填充比特构成，并用一个长为 127 位的帧同步加扰器进行加扰。PSDU 的八位位组按发送串行比特流形式存在，比特 0 最先，比特 7 最后。帧同步加扰器使用以下的生成多项式(见图 7)：

$$S(x) = x^7 + x^4 + 1 \qquad (14)$$

当初始状态为全 1 时,加扰器循环产生的 127 比特序列为(首先使用最左边比特):00001110 11110010 11001001 00000010 00100110 00101110 10110110 00001100 11010100 11100111 10110100 00101010 11111010 01010001 10111000 1111111。加扰发送数据和解扰接收数据使用同一个加扰器。发送时,加扰器初始状态设置为伪随机非 0 态。为了能估计接收端解扰器的初始状态,在加扰前,SERVICE 字段的 7 个低有效比特置 0。

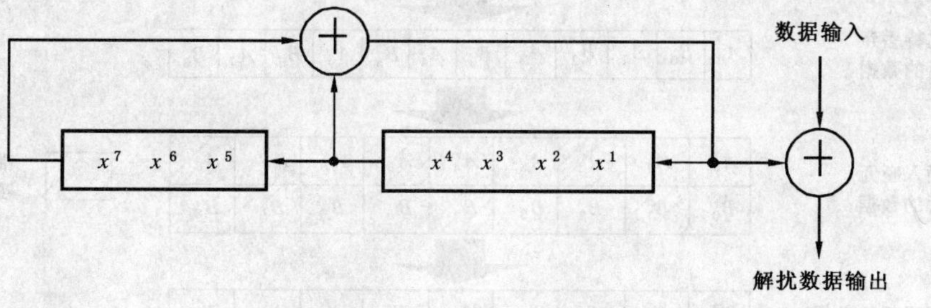

图 7 数据加扰器

附录 C(C.5.2)提供了加扰器工作的实例。

6.3.5.5 卷积编码器

由 SERVICE、PSDU、尾比特及填充比特组成的 DATA 字段按照要求的数据速率,以 $R=1/2$、3/2 或 3/4 的编码率进行卷积编码。卷积编码器使用工业标准的生成多项式,$g_0=133_8$,$g_1=171_8$,$R=1/2$,如图 8 所示。标记为“A”的比特在从编码器输出时位于比特“B”之前。若采用“删余”技术会得到更高的速率,删余是在发射端省略一些编码的比特(这样减少了发射比特数,提高了编码速率),接收端卷积解码器在省略比特的位置上插入哑元“0”,图 9 给出了删余的过程。解码时建议使用维特比(Viterbi)算法。

附录 C(C.6.1)给出了编码过程的示例。

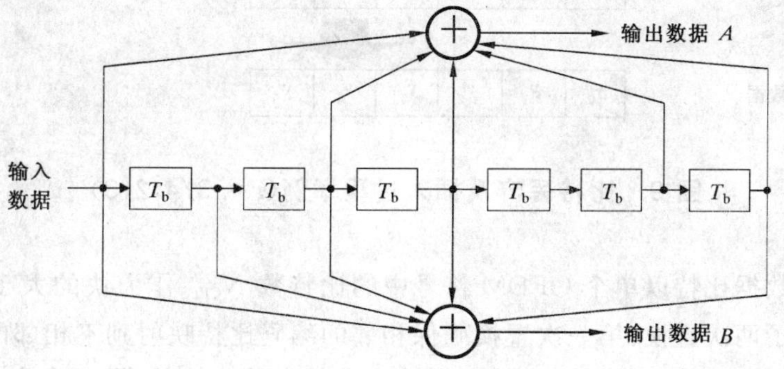

图 8 卷积编码器($k=7$)

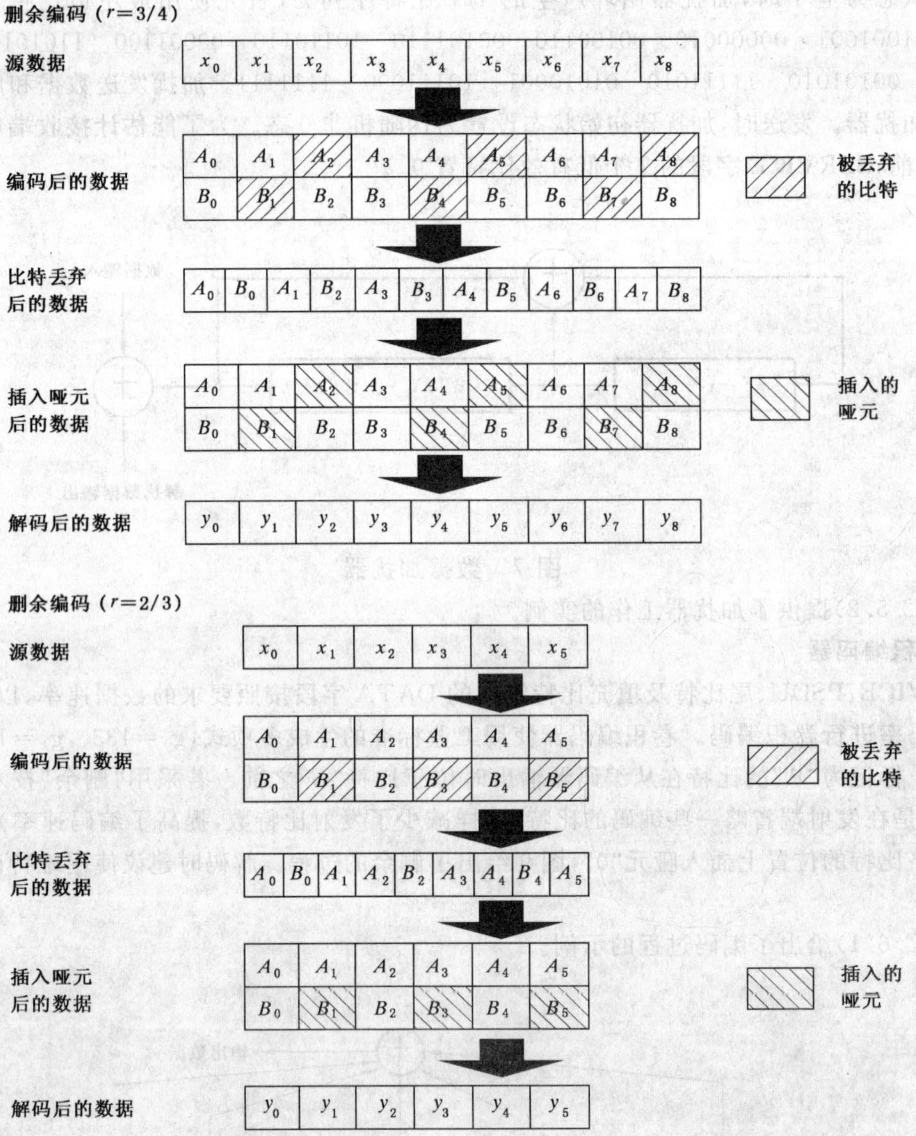

图 9　比特丢弃及插入过程举例(r= 3/4,2/3)

6.3.5.6　数据交织

所有的编码后的数据比特以单个 OFDM 符号中的比特数 N_{CBPS} 作为块的大小，使用块交织器进行交织。交织器中进行了两次置换：第一次置换确保相邻的编码比特映射到不相邻的子载波上，第二次置换确保相邻的编码比特被交替映射到星座的高有效位和低有效位比特，因而避免了低可靠性比特的长期存在。

以 k 表示第一次置换之前编码比特的序号，i 表示第一次置换后、第二次置换前的序号，j 表示第二次置换之后、调制之前的序号。

第一次置换的规则如下：

$$i = (N_{CBPS}/16)(k \bmod 16) + \mathrm{floor}(k/16) \quad k = 0,1,\cdots,N_{CBPS}-1 \qquad \cdots\cdots\cdots(15)$$

函数 floor(·)表示不超过其自变量的最大整数。

第二次置换的规则如下：

$$j = s \times \mathrm{floor}(i/s) + (i + N_{CBPS} - \mathrm{floor}(16 \times i/N_{CBPS})) \bmod s \quad i = 0,1,\cdots,N_{CBPS}-1 \qquad \cdots\cdots\cdots(16)$$

s 的值由每个子载波的编码比特数(N_{BPSC})确定,见下式:

$$s = \max(N_{BPSC}/2, 1) \qquad \cdots\cdots(17)$$

实现逆过程的去交织器也由两步置换完成。

这里用 j 表示第一次置换前的原始接收比特的序号,i 表示第一次置换后、第二次置换前的序号,k 表示第二次置换后、但还未将编码比特传到卷积解码器(维特比解码器)时的序号。

第一次置换按下式进行:

$$i = s \times \text{floor}(j/s) + (j + \text{floor}(16 \times j/N_{CBPS})) \bmod s \qquad j = 0,1,\cdots N_{CBPS} - 1 \cdots\cdots(18)$$

本式中 s 的定义同式(17)。

这个置换过程是式(16)中所定义的置换过程的逆过程。

第二次置换如下式:

$$k = 16 \times i - (N_{CBPS} - 1)\text{floor}(16 \times i/N_{CBPS}) \qquad i = 0,1,\cdots N_{CBPS} - 1 \qquad \cdots\cdots(19)$$

这个置换过程是式(15)中所定义的置换过程的逆过程。

附录 C(C.6.2)中提供了交织过程的示例。

6.3.5.7 子载波调制映射

OFDM 子载波的调制应采用 BPSK、QPSK、16-QAM 或 64-QAM 的调制方式,具体的选择取决于所要求的速率。编码和交织后的二进制串行输入数据按数目为 N_{BPSC}(1、2、4 或者 6)的比特为单位进行分组,转换为表征 BPSK、QPSK、16-QAM 或 64-QAM 星座点的复数。该转换按照格雷编码星座图映射,输入比特 b_0 为编码流中第一个数据,如图 10 所示。输出 d 由所得复数值($I+jQ$)乘以归一化因子 K_{MOD} 得到,如式(20)所示:

$$d = (I + jQ) \times k_{MOD} \qquad \cdots\cdots(20)$$

归一化因子 K_{MOD} 取决于基本调制模式,如表 6 所示。应当注意,从发送开始到结束的过程中,调制类型可能是不同的,这与图 1 中所示的信号从 SIGNAL 字段到 DATA 字段发生变化一样。乘以归一化因子的目的是对于所有的映射可以取得相同的平均功率。在实际实现中,只要设备达到 6.3.9.6 中所示的调制精确度要求,就可以使用归一化因子的近似值。

表 6 取决于调制方式的归一化因子 K_{MOD}

调制方式	K_{MOD}
BPSK	1
QPSK	$1/\sqrt{2}$
16-QAM	$1/\sqrt{10}$
64-QAM	$1/\sqrt{42}$

对 BPSK 而言,b_0 决定 I 路取值,见表 7;对于 QPSK,b_0 决定 I 路取值,b_1 决定 Q 路取值,见表 8;对于 16-QAM,b_0b_1 决定 I 路取值,b_2b_3 决定 Q 路取值,见表 9;对于 64-QAM,$b_0b_1b_2$ 决定 I 路取值,$b_3b_4b_5$ 决定 Q 路取值,见表 10。

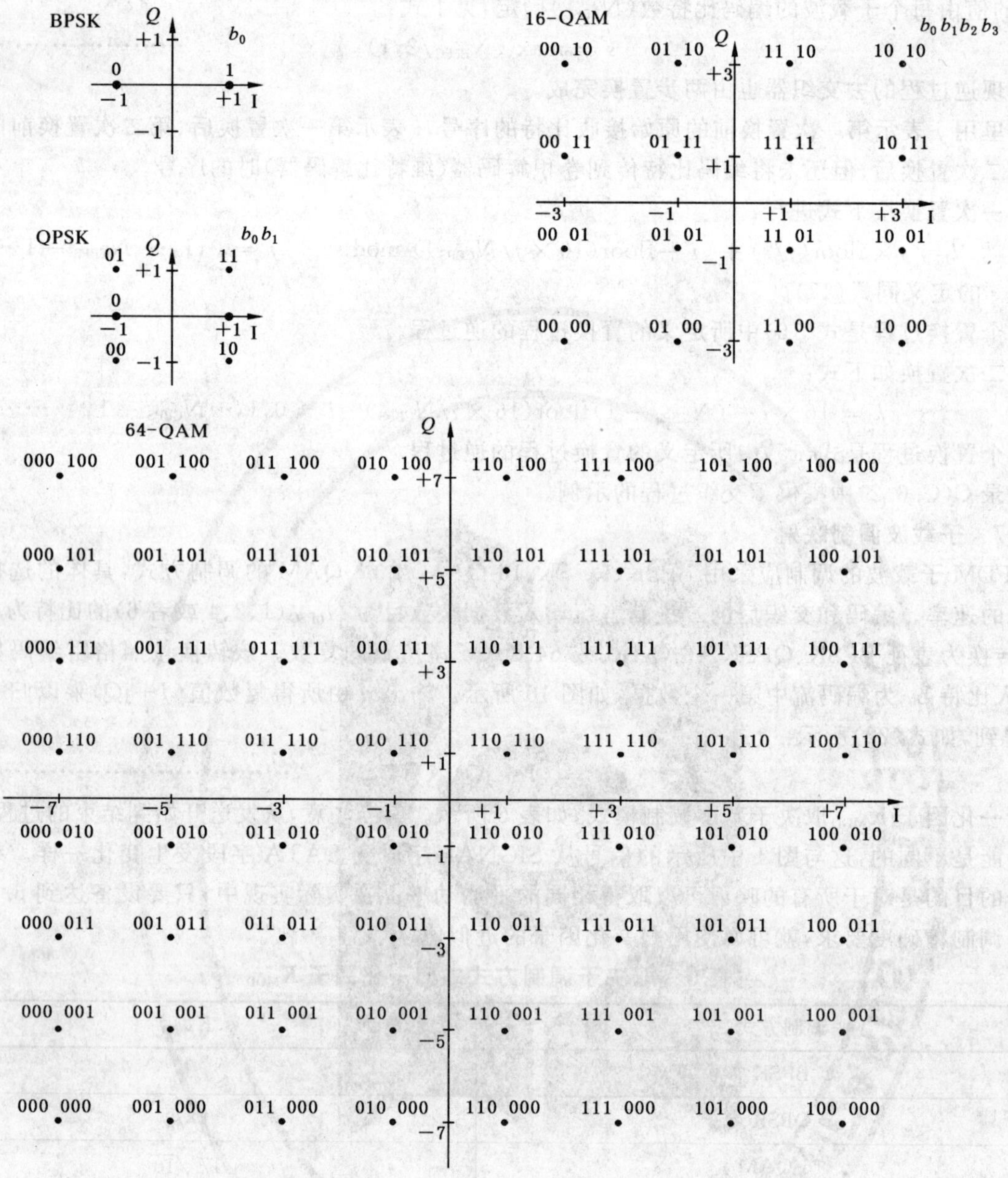

图 10 BPSK、QPSK、16-QAM 和 64-QAM 星座图比特编码

表 7 BPSK 编码表

输入比特(b_0)	I 路输出	Q 路输出
0	−1	0
1	1	0

表 8 QPSK 编码表

输入比特(b_0)	I 路输出
0	−1
1	1

输入比特(b_1)	Q 路输出
0	−1
1	1

表 9 16-QAM 编码表

输入比特($b_0 b_1$)	I 路输出	输入比特($b_2 b_3$)	Q 路输出
00	−3	00	−3
01	−1	01	−1
11	1	11	1
10	3	10	3

表 10 64-QAM 编码表

输入比特($b_0 b_1 b_2$)	I 路输出	输入比特($b_3 b_4 b_5$)	Q 路输出
000	−7	000	−7
001	−5	001	−5
011	−3	011	−3
010	−1	010	−1
110	1	110	1
111	3	111	3
101	5	101	5
100	7	100	7

6.3.5.8 导频子载波

每个 OFDM 符号的子载波中有四个用于导频信号，用于保证在频率发生漂移和存在相位噪声的情况下进行稳定的相干检测。这些导频信号被插在编号为−21、−7、7 和 21 的子载波的位置上，它们由一个二进制序列伪码进行 BPSK 调制，以防止谱线的产生。导频子载波对每个 OFDM 符号的作用见 6.3.5.9。

6.3.5.9 OFDM 调制

复数流以 $N_{SD}=48$ 为单位分组。将复数记为 $d_{k,n}$，对应第 n 个 OFDM 符号的第 k 个子载波，具体表示如下：

$$d_{k,n} = d_{k+N_{SD}\times n} \qquad k=0,\cdots,N_{SD}-1;n=0,\cdots,N_{SYM}-1 \qquad \cdots\cdots(21)$$

OFDM 符号的数目 N_{SYM} 在 6.3.5.3 中规定。

一个 OFDM 符号 $r_{DATA,n}(t)$ 定义如下：

$$r_{DATA,n}(t) = w_{TSYM}(t)\Big[\sum_{k=0}^{N_{SD}-1} d_{k,n}\exp[(j2\pi M(k)\Delta_F(t-T_{GI})] + p_{n+1}\sum_{k=-N_{ST}/2}^{N_{ST}/2} p_k\exp[j2\pi k\Delta_F(t-T_{GI})]\Big] \qquad \cdots\cdots(22)$$

其中函数 $M(k)$ 把逻辑上的子载波编号 0～47 映射为频率偏移序号−26～26，其中跳过了导频子载波的位置及第 0 个(直流)子载波位置。

$$M(k)=\begin{cases} k-26 & 0\leqslant k\leqslant 4 \\ k-25 & 5\leqslant k\leqslant 17 \\ k-24 & 18\leqslant k\leqslant 23 \\ k-23 & 24\leqslant k\leqslant 29 \\ k-22 & 30\leqslant k\leqslant 42 \\ k-21 & 43\leqslant k\leqslant 47 \end{cases} \qquad \cdots\cdots(23)$$

第 n 个 OFDM 符号的导频子载波由如下的序列 P 经傅立叶变换后产生：

$$P_{-26,26}=\{0,0,0,0,0,1,0,0,0,0,0,0,0,0,0,0,0,0,0,1,0,0,0,0,0,0,0,\\0,0,0,0,0,0,1,0,0,0,0,0,0,0,0,0,0,0,0,0,-1,0,0,0,0,0\} \quad \cdots\cdots\cdots(24)$$

导频子载波的极性由序列 P_n 决定，P_n 是以下 127 个元素序列的循环扩展：

$$P_{0\cdots126}=\{1,1,1,1,-1,-1,-1,1,-1,-1,-1,-1,1,1,-1,1,-1,-1,1,1,-1,1,1,-1,\\1,1,1,1,1,1,-1,1,1,1,-1,1,1,-1,-1,1,1,1,-1,1,-1,-1,-1,1,\\-1,1,-1,-1,1,-1,-1,1,1,1,1,1,-1,-1,1,1,-1,-1,1,-1,1,-1,1,1,\\-1,-1,-1,1,1,-1,-1,-1,-1,1,-1,-1,1,-1,1,1,1,1,-1,1,-1,1,-1,1,\\-1,-1,-1,-1,-1,1,-1,1,1,-1,1,-1,1,1,1,-1,-1,1,-1,-1,-1,1,1,1,\\-1,-1,-1,-1,-1,-1,-1\} \quad \cdots\cdots\cdots(25)$$

序列 P_n 由图 7 定义的加扰器产生，初始状态为全“1”，并且把“1”变为－1，“0”变为 1。每个序列元素用于一个 OFDM 符号。第一个元素 P_0 乘以 SIGNAL 符号的导频子载波，而从 P_1 开始的元素用于 DATA 符号。

图 11 表示子载波的频率分配。为了避免在模拟/数字(A/D)和数字/模拟(D/A)变换器的偏移处理过程中出现问题，并且考虑到射频(RF)系统的载波穿透问题，不使用降为直流的子载波(0 号子载波)。

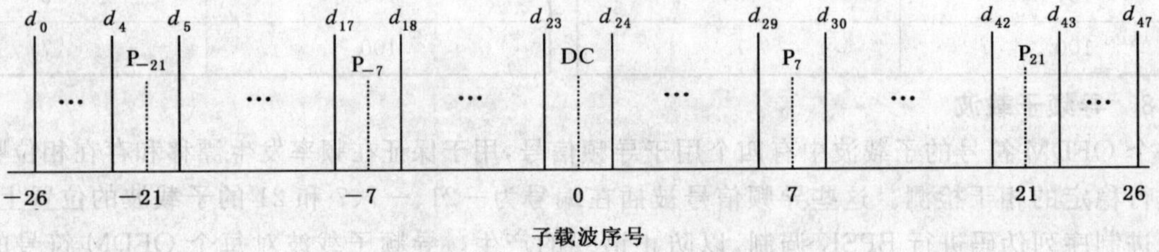

图 11　子载波频率分配

N_{SYM} 个 OFDM 符号合起来记为：

$$r_{DATA}(t)=\sum_{n=0}^{N_{SYM}-1} r_{DATA,n}(t-nT_{SYM}) \quad \cdots\cdots\cdots(26)$$

以上映射的实例见附录 C(C.6.3)，导频信号的加扰见 C.7，这些操作的最终输出见 C.8。

6.3.6　空闲信道估计(CCA)

PLCP 应提供实现 CCA 的功能，并把结果报告给 MAC 层。CCA 机制检测媒体忙闲状态，具体见 6.3.10.5。媒体状态报告由原语 PHY-CCA.indicate 指示。

6.3.7　PLCP 数据调制及调制速率变化

PLCP 前导码将采用经 OFDM 调制后的固定波形进行发送。本部分中 SIGNAL 字段以

6 Mbit/s 的速率进行 BPSK-OFDM 调制，同时应指示出用于发送 MPDU 的调制速率和编码率。发射机(接收机)根据 SIGNAL 字段中的 RATE 值对调制(解调)星座图和编码率进行初始化。TXVECTOR 中的参数 DATARATE 对 MPDU 的发送速率进行设置，参数 DATARATE 由原语 PHY-TXSTART.request 发布，具体见 6.2.2。

6.3.8　PMD 总体操作规范

6.3.8.1～6.3.8.8 给出了采用各种调制方式的 OFDM PMD 子层的总体规范，具体调制方式有 BPSK、QPSK、16-QAM 和 64-QAM。这些规范适用于 OFDM PHY 的发送、接收功能和总体操作。

6.3.8.1　概述

OFDM PHY 发射机和接收机的总体框图见图 12，表 11 列出了 OFDM PHY 的主要规范。

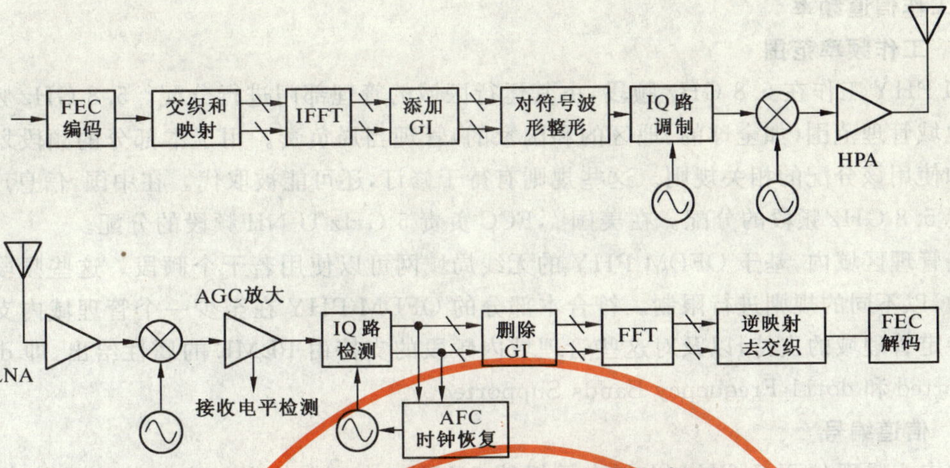

图 12 OFDM PHY 发射机和接收机框图

表 11 OFDM PHY 的主要参数

信息数据速率	6,9,12,18,24,36,48 和 54(单位为 Mbit/s;6,12 和 24 是必备的)
调制方式	BPSK OFDM QPSK OFDM 16-QAM OFDM 64-QAM OFDM
纠错码	$K=7$(64 状态)卷积码
编码率	1/2、2/3、3/4
子载波数目	52
OFDM 符号持续时间	4.0 μs
保护间隔	0.8 μs[a] (T_{GI})
占据带宽	16.6 MHz

[a] 参见 6.3.2.4。

6.3.8.2 规范要求

按本部分实现的无线局域网服从国家和地区管理机构对设备验证和工作要求的规定。基于发布本部分时已经建立的规则,PMD 规范给出了满足互操作性的最低技术要求。这些规则有待于修正,且可能被取代。隶属于区域性规则的要求在 PMD 规范中有注释。本部分不涉及与互操作性无关的规则要求,详细资料可查阅表 12。在已经确定规则的国家内,其操作可能会因为国家规则的增补或者改变而发生变化。

表 12 所列的文献阐述了标准制定时不同地域的规则要求,它们仅作参考,随时可能被改变或修订。

表 12 规章要求表

地　域	批 准 标 准	参考文献	批准的机构
中国	信息产业部无线电管理局	信部无[2002]277 号《关于使用 5.8GHz 频段频率事宜的通知》	信息产业部无线电管理局
美国[a]	Federal Communications Commission(FCC)	CFR47 第 15 部分中的 15.205、15.209 和子部分 E,15.401-15.407 部分	FCC
日本[a]	Ministry of Post and Telecommunication (MPT)	MPT 无线电设备规范 文章 49.20	MPT

[a] 提示性信息。

6.3.8.3 工作信道频率

6.3.8.3.1 工作频率范围

OFDM PHY 工作在 5.8 GHz 频段，由其运行区域的管理部门进行分配。5.8 GHz 频段的频谱分配由特定地域管理范围(如全球的、地区的和国家的)管理当局负责。用于本部分的频段划分取决于以上的分配和使用该分配的相关规则。这些规则有待于修订，还可能被取代。在中国，信息产业部无线电管理局负责 5.8 GHz 频段的分配。在美国[1)]，FCC 负责 5 GHz U-NII 频段的分配。

在一些管理区域内，基于 OFDM PHY 的无线局域网可以使用若干个频段。这些频段可以是连续或不连续的，以不同的规则进行限制。符合本部分的 OFDM PHY 在至少一个管理域内支持至少一个频段。对特定管理域的支持，以及对这些管理域内频段的支持由 PLME 的属性给出，即 dot11 RegDomain Supported 和 dot11 Frequency Bands Supported。

6.3.8.3.2 信道编号

信道的中心频率位于 5 GHz 以上的每相邻 5 MHz 的整数倍上。中心频率及信道编号的关系如下：

$$信道中心频率 = 5\,000 + 5 \times n_{ch}\ (\mathrm{MHz}) \qquad n_{ch} = 145, 146, 147, \cdots, 200 \qquad \cdots\cdots(27)$$

本定义给出了在 5 GHz～6 GHz 之间以 5 MHz 为信道间隔的编号方法，也为现行及将来的管理域中的信道设置提供了灵活性。

6.3.8.3.3 信道划分

表 13 定义了管理域内的有效工作信道的编号设置。

表 13 管理域内的有效工作信道的编号及频段

管理域	频段/GHz	信道编号	信道中心频率/MHz
中国	5.725～5.850	149 153 157 161 165[a]	5 745 5 765 5 785 5 805 5 825[a]
美国[b]	U-NII 低频段[b] (5.15～5.25)	36 40 44 48	5 180 5 200 5 220 5 240
美国[b]	U-NII 中频段[b] (5.25～5.35)	52 56 60 64	5 260 5 280 5 300 5 320
美国[b]	U-NII 高频段 (5.725～5.825)	149 153 157 161	5 745 5 765 5 785 5 805

a 为可选项。

b 仅适用于美国。

图 13 给出了本部分的信道划分方案。对于应用于中国的频率分配，在总带宽为 125 MHz 的频段

1) 提示性信息。

内提供5个信道，最外层信道的中心距离频段边缘20 MHz。对于应用于美国FCC U-NII的频率分配。在总带宽为200 MHz的低、中U-NII频段内提供8个信道，高U-NII频段在100 MHz的带宽内提供4个信道。中、低U-NII频段的最外层信道的中心距离频段边缘30 MHz，对于高U-NII频段，距离为20 MHz。

OFDM PHY工作在5.8 GHz频段，由它的工作区域的管理实体具体分配。

图13给出了中心频率，但是没有在图11所示的中心频率处分配子载波。

在多区网络拓扑结构中，使用不同信道的重叠或者相邻小区可以同时工作。

应用于中国5.8GHz频段的频率分配：125 MHz带宽内间隔为20 MHz的5个载波

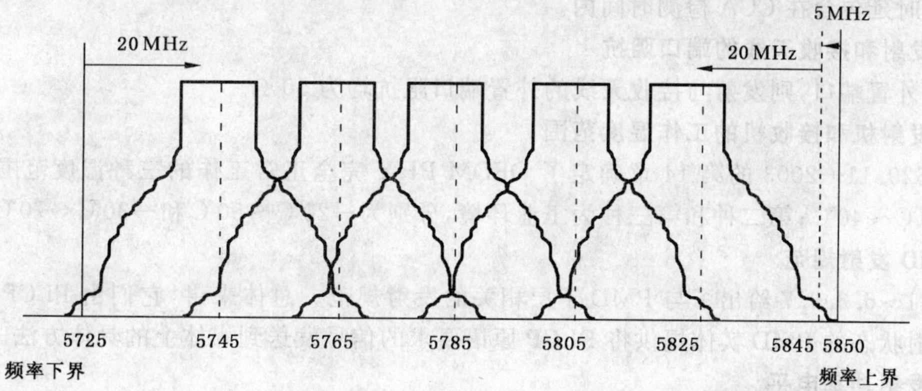

U-NII的中低频段：200 MHz带宽内间隔为20 MHz的8个载波[只适用于美国[2)]]

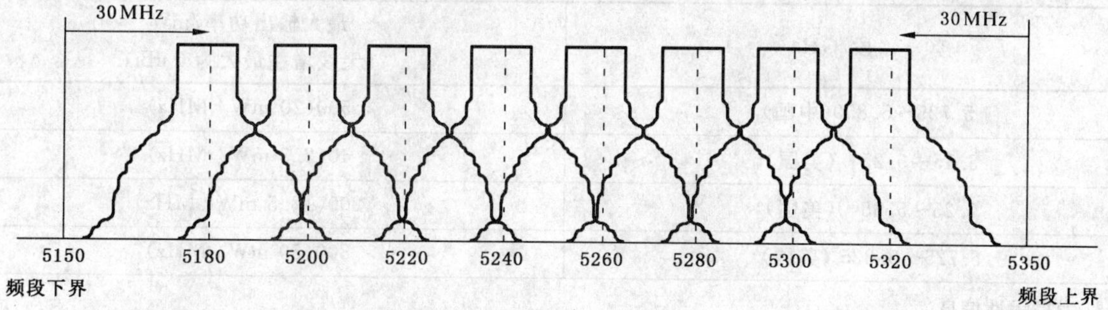

U-NII的高频段：100 MHz带宽内间隔为20 MHz的4个载波

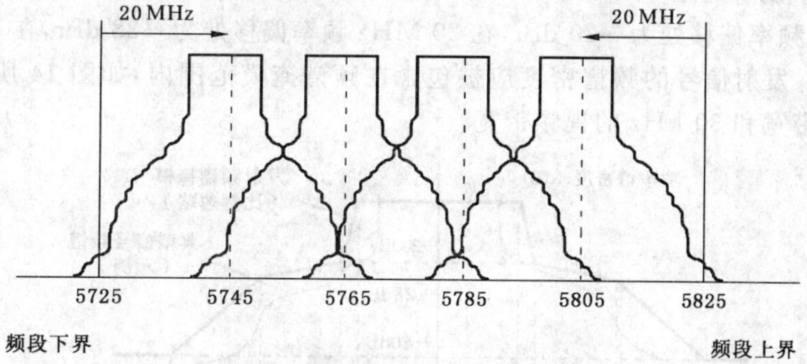

图13 中国、美国OFDM PHY的信道安排

2）提示性信息。

6.3.8.4 **发射和接收带内和带外的杂散信号**

OFDM PHY 应符合带内和带外杂散发射的管理规定。中国应参照信部无[2002]277 号《关于使用 5.8 GHz 频段频率事宜的通知》,美国[2] 应参照 FCC 15.407。

6.3.8.5 **射频的发射时延**

射频的发射时延定义为从发布原语 PMD_DATA.request 到相应符号在空中接口开始发射的间隔时间。

6.3.8.6 **时隙**

OFDM PHY 的时隙为 9 μs,是 RX 到 TX 的转换时间、MAC 处理时延和 CCA 检测时(＜4 μs)的总和。传播时延包含在 CCA 检测时间内。

6.3.8.7 **发射和接收天线的端口阻抗**

若天线外置端口,则发射与接收天线的外置端口阻抗均为 50 Ω。

6.3.8.8 **发射机和接收机的工作温度范围**

GB 15629.11—2003 的第 14 章确定了 OFDM PHY 完全正常工作的三种温度范围。第一种为办公室环境:0℃～40℃;第二种和第三种为工业环境,分别为－20℃～50℃和－30℃～70℃。

6.3.9 **PMD 发射规范**

6.3.9.1～6.3.9.7 给出了与 PMD 子层相关的发射规范。总体来讲,它们由 PLCP 发出的原语确定,处于发射状态的 PMD 实体提供将 PLCP 原语要求的信号发送到媒体上的具体方法。

6.3.9.1 **发射功率电平**

中国、美国 FCC 规定的允许输出的最大发射功率见表 14。

表 14 中国、美国[3] 发射功率电平

频　段/GHz	最大输出功率/mW (天线增益最大为 6 dBi)
5.725～5.850(中国)	500(20 mW/ MHz)
5.15～5.25 (美国)[a]	40(2.5 mW/ MHz)
5.25～5.35 (美国)[a]	200(12.5 mW/ MHz)
5.725～5.825 (美国)[a]	800(50 mW/ MHz)
[a] 为提示性信息。	

6.3.9.2 **发射频谱掩模**

发射频谱应有一段不超过 18 MHz 的 0 dBr 带宽(dBr 是信号频谱密度与信号最大频谱密度相比的 dB 数),在 11 MHz 频率偏移处为－20 dBr,在 20 MHz 频率偏移处为－28 dBr,在 30 MHz 以上的频率偏移处为－40 dBr。发射信号的频谱密度应被包含在频谱掩模范围内,如图 14 所示。测量时应使用 100 kHz 的分辨率带宽和 30 kHz 的视频带宽。

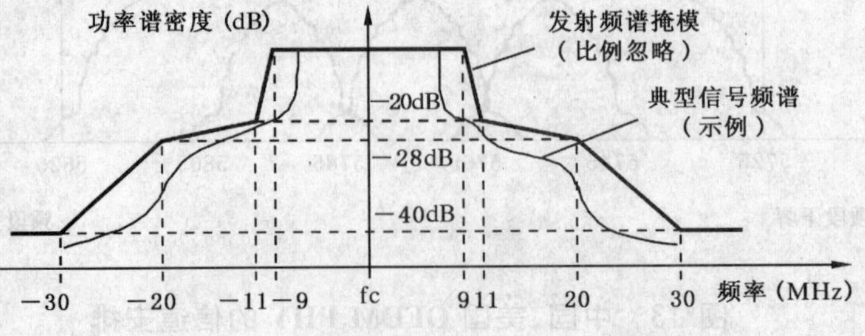

图 14 发射频谱掩模

3) 提示性信息。

6.3.9.3 杂散发射

符合本部分的设备的杂散发射情况遵循国家规定。中国应参照信部无[2002]277号《关于使用5.8 GHz频段频率事宜的通知》,美国应参照FCC 15.407。

6.3.9.4 发射时的中心频率容限

在发射时,最大的中心频率容限为$\pm 20\times 10^{-6}$,中心频率及符号时钟频率来自同一个参考振荡器。

6.3.9.5 符号的时钟频率容限

最大的符号时钟频率容限为$\pm 20\times 10^{-6}$,发射时中心频率及符号时钟频率来自同一个参考振荡器。

6.3.9.6 调制精确度

本条描述了发射调制精确度规范,6.3.9.7给出了检测方法。

6.3.9.6.1 发射机的中心频率泄露

发射机的具体实现可能会引起中心频率分量的泄露。这种泄露在接收机端以中心频率分量的能量来表示,与发射总功率相比不超过−15 dB,或者说不应超过其余子载波平均能量的2 dB。这些测试数据应来源于信道估计阶段。

6.3.9.6.2 发射频谱平滑度

在谱线−16~−1和+1~+16中,每条谱线的星座图的平均能量与它们的总体平均能量相比不超过±2dB。−26~−17和+17~+26中每条谱线的星座图的平均能量与谱线−16~−1和+1~+16的平均能量相比不超过+2/−4 dB。这些测试数据应来源于信道估计阶段。

6.3.9.6.3 发射机星座图错误

在子载波、OFDM帧和分组上取平均后的星座相对RMS错误不超过按照表15给定的不同速率的错误值。

表15 对应于不同数据速率的可允许的相对星座图错误

数据速率/(Mbit/s)	相对星座图错误/dB
6	−5
9	−8
12	−10
18	−13
24	−16
36	−19
48	−22
54	−25

6.3.9.7 发射调制精确度检测

检测发射调制精确度的设备能以20 Msample/s或更高的采样速率把发射信号转化成复数样本序列,它的精确度依赖于I/Q支路幅度、相位均衡、直流偏移、相位噪声等参数。这种方法的一种可能的实现是:使用微波合成器将信号变换到比较低的中频,然后用数字示波器采样,分解成正交分量。

采样信号的处理采用与实际接收机相似的处理方式,具体步骤如下:

a) 检测帧的起始位置;

b) 检测短序列到信道估计序列的变换,建立准确定时(使用一个样本分辨率);

c) 粗略、精确估计频率偏移量;

d) 根据估计的频率偏移量对分组进行旋转补偿;

e) 针对每个子载波估计复信道响应系数;

f) 对每个OFDM符号,先将其转换成子载波接收值,根据导频子载波估计相位,再根据估计的相位对子载波值进行旋转补偿，最后将每个子载波值除以复值的估计信道响应系数；

g) 对每个承载数据的子载波，找到最近的星座点，并计算距离该星座点的欧氏距离；

h) 计算一个分组内所有错误的 RMS 平均值。如下式：

$$Error_{\mathrm{RMS}} = \frac{\sum_{i=1}^{N_f} \sqrt{\frac{\sum_{j=1}^{L_p}\left[\sum_{k=1}^{52}\{[I(i,j,k)-I_0(i,j,k)]^2+[Q(i,j,k)-Q_0(i,j,k)]^2\}\right]}{52L_p \times P_0}}}{N_f} \quad \cdots\cdots(28)$$

式中：

L_P——分组长度；

N_f——被测量的帧的数目；

$(I_0(i,j,k),Q_0(i,j,k))$——复平面上第 i 个帧的第 j 个 OFDM 符号的第 k 个子载波的理想符号点；

$I(i,j,k),Q(i,j,k))$——复平面上第 i 个帧的第 j 个 OFDM 符号的第 k 个子载波的检测点（见图 15）；

P_0——星座的平均功率。

图 15 给出了相位平面上的向量错误。

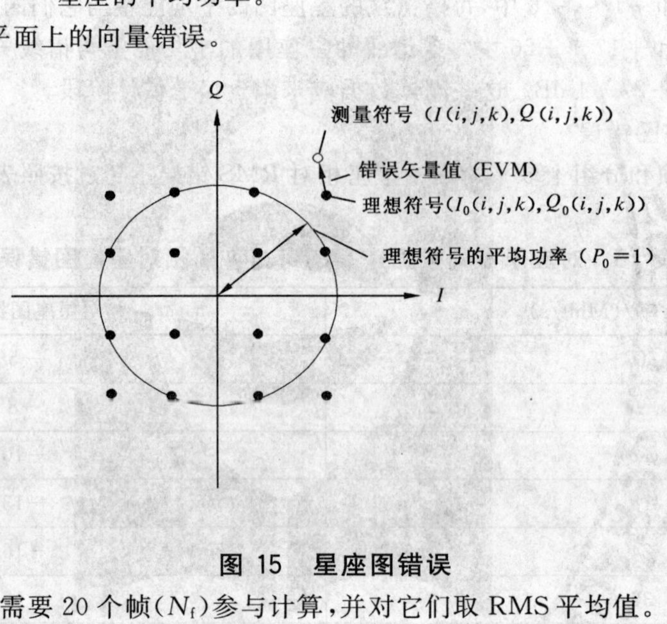

图 15 星座图错误

这种检测方案至少需要 20 个帧（N_f）参与计算，并对它们取 RMS 平均值。受检的分组长度至少有 16 个 OFDM 符号，这些符号采用随机数据。

6.3.10 PMD 接收机规范

6.3.10.1～6.3.10.5 给出了与 PMD 子层有关的接收机规范。

6.3.10.1 接收机的最小输入电平灵敏度

当 PSDU 的长度为 1000 八位位组时，使分组错误率（PER）少于 10% 的最大输入电平值如表 16 所示，这个值随数据速率的不同而变化。最小输入电平在天线连接器处测量（假设 NF 为 10 dB，实现的冗余为 5 dB）。

表 16 接收机性能要求

数据速率/(Mbit/s)	最小灵敏度/dBm	抗邻道干扰能力/dB	抗交替邻道干扰能力/dB
6	−82	16	32
9	−81	15	31
12	−79	13	29
18	−77	11	27
24	−74	8	24
36	−70	4	20
48	−66	0	16
54	−65	−1	15

6.3.10.2 抗邻道干扰能力

抗邻道干扰能力可以通过如下方法来测试：设置信号强度比表 16 中的最小灵敏度高 3 dB，提高干扰信号功率，直到对于 1000 八位位组长的 PSDU 产生 10% 的 PER，干扰信道及信号信道之间的功率差异即为相应的抗邻道干扰能力。邻道的干扰信号是标准的 OFDM 信号，与测试的信号信道中的信号不同步。对标准的 OFDM PHY 而言，对应的抗邻道干扰能力应不小于表 16 中确定的值。

6.3.10.3 抗非邻道干扰能力

抗非邻道干扰能力可以通过如下方法来测试：设置信号强度比表 16 中的最小灵敏度高 3dB，提高干扰信号功率，直到对于 1000 八位位组长的 PSDU 产生 10% 的 PER，这样即可测得抗非邻道干扰的能力。干扰信道及信号信道之间的功率差异即为相应的抗非邻道干扰能力。非邻道的干扰信号是标准的 OFDM 信号，与测试的信号信道中的信号不同步。对标准的 OFDM PHY 而言，对应的抗非邻道干扰能力应不小于表 16 中确定的值。

6.3.10.4 接收机最大输入电平

对任何基带调制方式，当输入电平在天线端测量的最大值为 −30 dBm 时，对于 1000 八位位组长的 PSDU，接收端的 PER 的最大值为 10%。

6.3.10.5 CCA 灵敏度

当一个有效的 OFDM 发送具有接收电平等于或大于 6 Mbit/s 速率相对应的最小灵敏度（−82 dBm）时，会引起 CCA 在 4 μs 内以大于 90% 的概率指示媒体为忙。如果前导码丢失，接收机将对任何超过 6Mbits/s 速率最小灵敏度 20 dB 的信号（达到 −62 dBm）给出载波侦听（CS）信号为忙的信息。

6.3.11 PLCP 发射规程

图 16 给出了 PLCP 的发射规程。为了发射数据，首先发布原语 PHY-TXSTART. request，使 PHY 实体处于发射状态，然后通过 PLME 的站管理信息对 PHY 进行设置，使其工作在合适的频率上。其他发射参数，如 DATARATE 和 TX 功率等，由 PHY-SAP 通过原语 PHY-TXSTART. request（TXVECTOR）进行设置，详见 6.2.2。

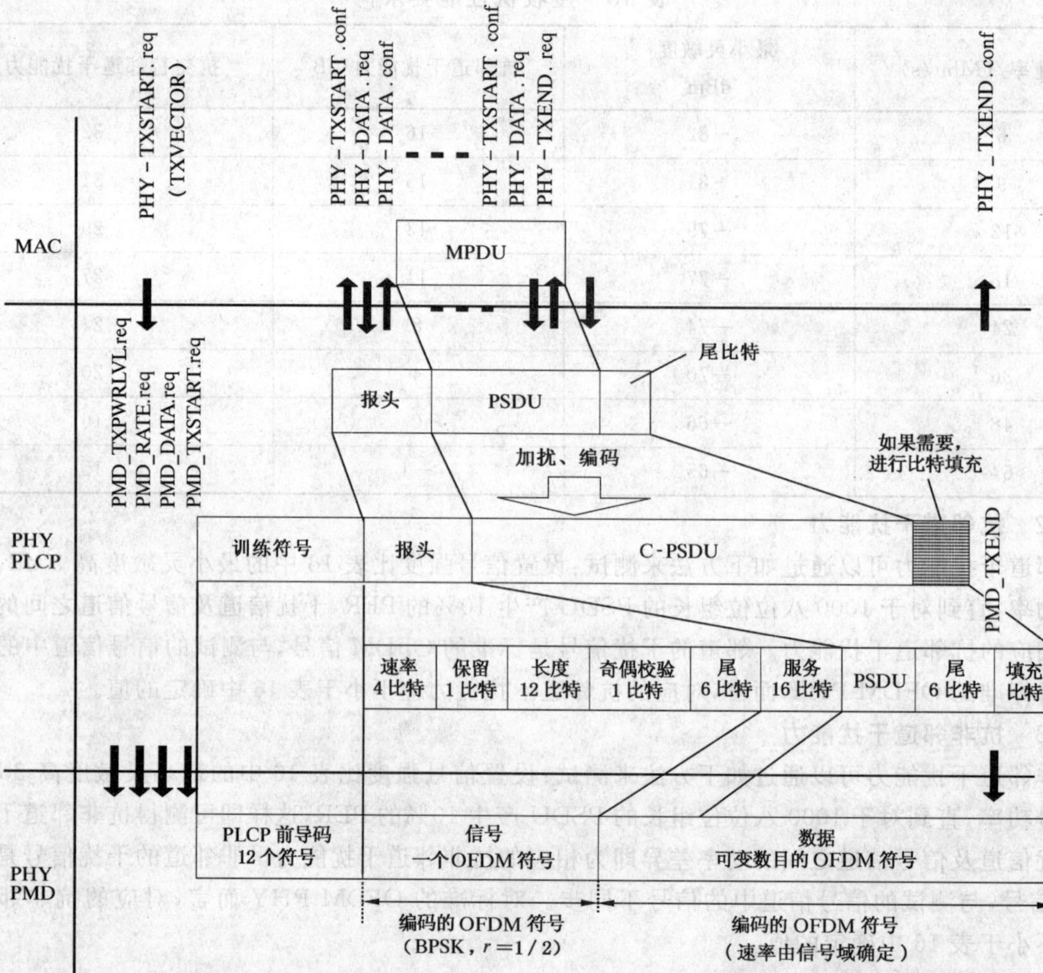

图 16　PLCP 发射规程

空闲信道由 PHY-CCA.indicate(IDLE)指示，MAC 在发布 PHY-TXSTART.request 之前判断该指示信号状态。在接收到原语 PHY-TXSTART.request(TXVECTOR)之后，PPDU 的发送过程被初始化。PHY-TXSTART.request 的 TXVECTOR 的组成部分是 PLCP 报头的参数 DATARATE、SERVICE、LENGTH 以及 PMD 参数 TXPWR_LEVEL。

PLCP 首先发布原语 PMD_TXPWRLVL 和 PMD_RATE 来对 PHY 层进行配置，然后发布 PMD_TXSTART.request，并基于在原语 PMD_TXSTART.request 中传送的参数进行 PLCP 前导码和报头的传输。一旦开始发送 PLCP 前导码，PHY 实体立即开始数据加扰和数据编码。加扰和编码后的数据通过一系列 MAC 层发出的原语 PHY-DATA.request(DATA)和 PHY 层发出的 PHY-DATA.confirm 原语在 PHY 及 MAC 层之间进行交换。如果调制速率发生了变化，则由 PLCP 报头的 SERVICE 字段进行初始化，如 6.3.2 所述。

PHY 通过来自 MAC 层的一系列数据八位位组发送过程继续发送 PSDU。PLCP 报头参数 SERVICE 和 PSDU 采用 6.3.5.5 中所述的方法进行卷积编码，在 PMD 层，数据八位位组按比特 0～7 的顺序进行发送，然后通过原语 PMD_DATA.request 提交到物理层。MAC 层发出的 PHY-TXEND.request 可以提前结束发送，并禁止 PHY-TXSTART 原语。正常的结束应在最后一个 PSDU 八位位组的最后一个比特发送结束之后，由 OFDM PHY 前导码的 LENGTH 字段中的值来决定。

分组发送结束后，PHY 实体进入接收状态（例如禁止 PHY-TXSTART 原语）。每个原语 PHY-TXEND. request 由 PHY 的原语 PHY-TXEND. confirm 进行确认。如果编码后的 PSDU（CPSDU）不是 OFDM 符号的倍数，填充一些比特使 CPSDU 的长度成为 OFDM 符号的整数倍。

PMD 在每个 OFDM 符号中插入 GI，以防止严重的延时扩展。

PLCP 发射过程的典型状态机实现见图 17。一旦处于指定的状态，就发布请求（req）和确认（confirm）。

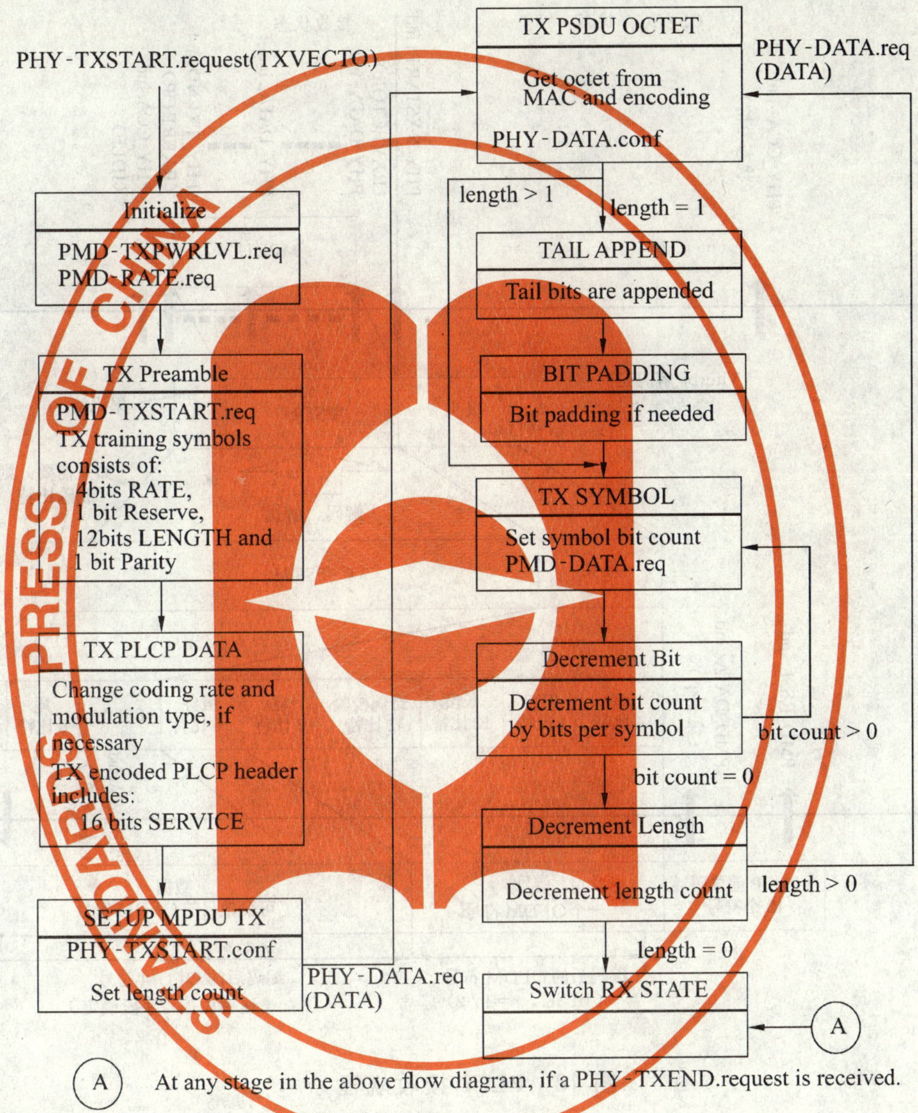

图 17 PLCP 发射状态机

6.3.12 PLCP 接收规程

PLCP 接收规程见图 18。为了接收数据，原语 PHY-TXSTART. request 被禁止，使得 PHY 实体处于接收状态。而且通过 PLME 的站点管理，将 PHY 设置到合适的工作频率上。通过 PHY-SAP 访问其他接收参数，例如 RSSI 和指定的 DATARATE。

一旦接收到 PLCP 前导码，原语 PMD _ RSSI. indicate 将向 PLCP 报告一个重要的接收信号强度等级。这个过程通过原语 PHY-CCA. indicate 向 MAC 指示信道的活动性。原语 PHY-CCA. indicate (BUSY)应先于正确接收 PCCP 帧之前进行发布。发布 PMD 原语 PMD _ RSSI 用于更新向 MAC 层报告的 RSSI 和参数。

发布原语 PHY-CCA. indicate 之后，PHY 实体开始接收训练符号，并搜索 SIGNAL 字段，以设置数据流的长度、解调类型和解码速率。一旦检测到 SIGNAL 字段，且经简单的偶数奇偶校验后无任何误码，则对 FEC 解码器进行初始化，然后接收 PLCP SERVICE 字段及数据，并进行解码(建议使用 Viterbi 解码器)，并采用 ITU-T CRC-32 进行校验。如果校验失败，PHY 接收机将返回接收空闲(RX IDLE)状态，如图 18 所示。在接收期间，如果 CCA 在整个 PLCP 处理结束之前返回 IDLE 状态的话，PHY 接收机将返回到 RX IDLE 状态。

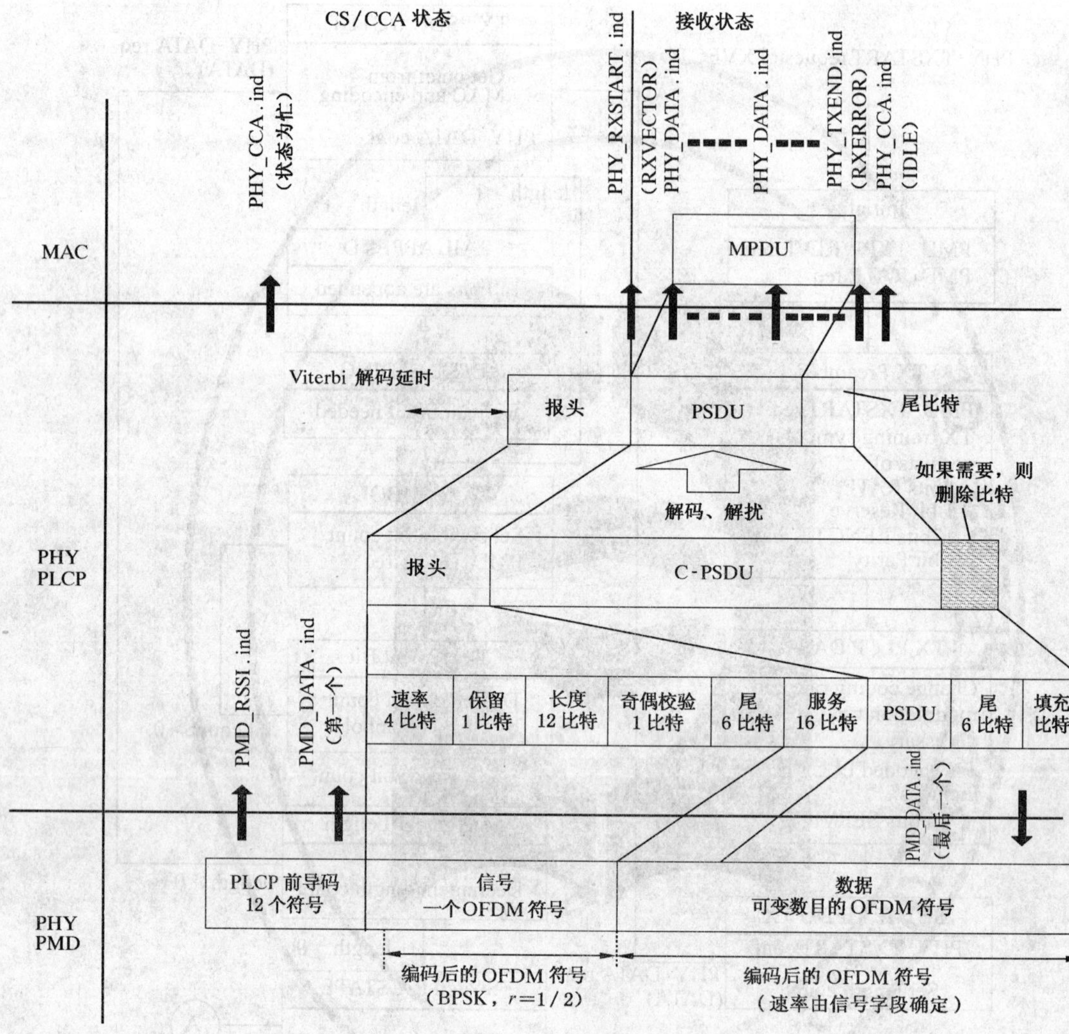

图 18　PLCP 接收规程

如果 PLCP 报头被成功接收(而且 SIGNAL 字段完全可识别且被支持)，则发布原语 PHY-RXSTART. indicate(RXVECTOR)。与该原语有关的 RXVECTOR 包括 SIGNAL 字段、SERVICE 字段、PSDU 的八位位组长度以及 RSSI。同样在此情况下，OFDM PHY 应确保 CCA 在发射帧的预期的持续时间内指示媒体为忙。预期的持续时间由 LENGTH 字段给出。

接收的 PSDU 比特重组成八位位组形式，进行解码后经过一系列 PHY-DATA. indicate (DATA)原语交换过程提交给 MAC 层。SIGNAL 字段内指示的速率变化将根据 PLCP 报头的 SERVICE 字段内的数据进行初始化，如 6.3.2 所示。PHY 继续 PSDU 的接收过程。在接收机根据 PLCP 前导码中的 LENGTH 字段的内容接收到最后一个 PSDU 八位位组的最后一个比特后，返回 RX IDLE 状态，见图 18。此时发布原语 PHY-RXEND. indicate(NoError)。

假如 RSSI 的变化导致 CCA 在 PSDU 的接收完成之前返回 IDLE 状态，错误条件原语 PHY-RX-

END.indicate(CarrierLost)应被提交至 MAC 层。OFDM PHY 应确保 CCA 在发送分组的预期持续时间内给出媒体忙信息。

如果 SIGNAL 字段指示的信息速率不可接收，则 PHY 不发布原语 PHY-RXSTART.indicate，而发布一个错误原语 PHY-RXEND.indicate(UnsuppotedRate)。如果 PLCP 报头是可以接收的，但 PLCP 报头的奇偶校验无效，则 PHY 不发布原语 PHY-RXSTART.indicate，而发布一个错误原语 PHY-RXEND.indicate(FormatViolation)。

在指定的数据长度之后接收到的任何数据都被认为是填充比特(在 OFDM 符号中起填充作用)，因此将被丢弃。

图 19 给出了一个 PLCP 接收过程的典型状态机实现。

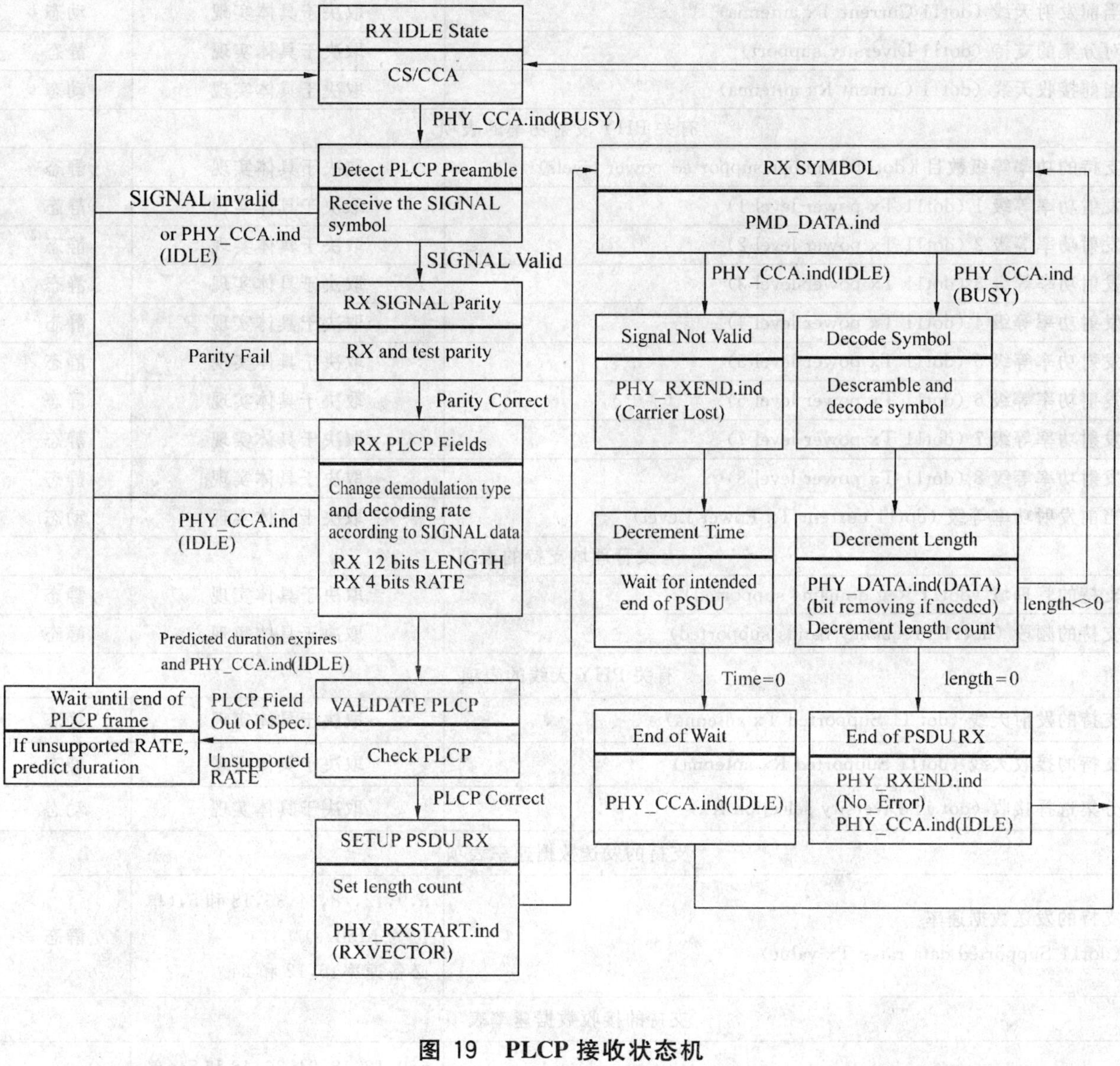

图 19 PLCP 接收状态机

6.4 OFDM PLME

6.4.1 PLME _ SAP 子层管理原语

表 17 列出了一些 MIB 属性，这些属性供 PHY 子层实体和高层管理实体(LME)的内部层使用，并通过 GB 15629.11—2003 的 10.4 定义的原语 PLME-GET、PLME-SET、PLME-RESET 和 PLME-CHARACTERISTICS 进行访问。

表 17 MIB 属性的缺省值/范围

管理对象	缺省值/范围	操作语义
有关 PHY 工作的表项		
PHY 类型（dot11 PHY type）	OFDM-5.（04）	静态
当前管理域（dot11 Current reg domain）	取决于具体实现	静态
当前频段（dot11 Current frequency band）	取决于具体实现	动态
温度类型（dot11 Temp type）	取决于具体实现	静态
有关 PHY 天线的表项		
当前发射天线（dot11 Current Tx antenna）	取决于具体实现	动态
对分集的支持（dot11 Diversity support）	取决于具体实现	静态
当前接收天线（dot11 Current Rx antenna）	取决于具体实现	动态
有关 PHY 发射功率的表项		
支持的功率等级数目（dot11 Number supported power levels）	取决于具体实现	静态
发射功率等级 1（dot11 Tx power level 1）	取决于具体实现	静态
发射功率等级 2（dot11 Tx power level 2）	取决于具体实现	静态
发射功率等级 3（dot11 Tx power level 3）	取决于具体实现	静态
发射功率等级 4（dot11 Tx power level 4）	取决于具体实现	静态
发射功率等级 5（dot11 Tx power level 5）	取决于具体实现	静态
发射功率等级 6（dot11 Tx power level 6）	取决于具体实现	静态
发射功率等级 7（dot11 Tx power level 7）	取决于具体实现	静态
发射功率等级 8（dot11 Tx power level 8）	取决于具体实现	静态
当前发射功率等级（dot11 current Tx Power Level）	取决于具体实现	动态
有关管理域支持的表项		
支持的管理域（dot11 Reg domains supported）	取决于具体实现	静态
支持的频段（dot11 Frequency bands supported）	取决于具体实现	静态
有关 PHY 天线的表项		
支持的发射天线（dot 11 Supported Tx antenna）	取决于具体实现	静态
支持的接收天线（dot11 Supported Rx antenna）	取决于具体实现	静态
分集选择接收（dot 11 Diversity selection Rx）	取决于具体实现	动态
支持的发送数据速率表项		
支持的发送数据速率 (dot11 Supported data rates Tx value)	6,9,12,18,24,36,48 和 54(单位为 Mbit/s) 必备速率:6,12 和 24	静态
支持的接收数据速率表项		
支持的接收数据速率 (dot11 Supported data rates Rx value)	6,9,12,18,24,36,48 和 54(单位为 Mbit/s) 必备速率:6,12 和 24	静态
PHY OFDM 表项		
当前频率（dot11 Current frequency）	取决于具体实现	动态
TI 阈值（dot11 TI threshold）	取决于具体实现	动态

6.4.2 OFDM PHY 管理信息库

GB 15629.11—2003 的第 13 章定义了 OFDM PHY 层的管理信息库的所有属性，表 17 中定义了具体的取值。表 17 中的"操作语义"栏包括两种类型：静态和动态。静态的 MIB 属性是固定的，不能针对特定的 PHY 实现进行修改。动态的 MIB 属性可以被管理实体修改。

6.4.3 OFDM TXTIME 的计算

由原语 PLME _ TXTIME. confirm 返回的参数 TXTIME 的值可根据下式计算：

$$TXTIME = T_{PREAMBLE} + T_{SIGNAL} + T_{SYM} \times Ceiling[(16 + 8 \times LENGTH + 6)/N_{DBPS}] \qquad \cdots\cdots\cdots\cdots(29)$$

式中：

N_{DBPS}——来自参数 DATARATE(Ceiling 函数为向上取整函数)；

N_{SYM}——由式(11)给出。

计算参数 TXTIME 的值也可以使用以下简化式：

$$TXTIME = T_{PREAMBLE} + T_{SIGNAL} + (16 + 8 \times LENGTH + 6)DATARATE + T_{SYM}/2 \qquad \cdots\cdots(30)$$

式(30)不包括循环到下一个 OFDM 符号的影响，可能存在±2 μs 的误差。

6.4.4 OFDM PHY 特性

表 18 给出了通过服务原语 PLME _ CHARACTERISTICS 提供的静态 OFDM PHY 特性。这些特性的定义见 D.2。

表 18 OFDM PHY 特性

特　　性	值
时隙 (aSlotTime)	9 μs
短的帧间隔时间 (aSIFSTime)	16 μs
CCA 时间 (aCCATime)	<4 μs
接收到发射的转换时间 (aRxTxTurnaroundTime)	<2 μs
发射时 PLCP 的时延 (aTxPLCPDelay)	取决于具体实现
接收时 PLCP 的时延 (aRxPLCPDelay)	取决于具体实现
接收到发射的切换时间 (aRxTxSwitchTime)	<<1 μs
发射功率坡升时间 (aTxRampOnTime)	取决于具体实现
发射功率坡降时间 (aTxRampOffTime)	取决于具体实现
发射时的射频时延 (aTxRFDelay)	取决于具体实现
接收时的射频时延 (aRxRFDelay)	取决于具体实现
空中传播时间 (aAirPropagationTime)	<<1 μs
MAC 层处理的时延 (aMACProcessingDelay)	<2 μs
前导码的长度 (aPreambleLength)	20 μs
PLCP 报头的长度 (aPLCPHeaderLength)	4 μs
MPDU 的最大长度 (aMPDUMaxLength)	4095
竞争窗口的最小值(aCWmin)	15
竞争窗口的最大值 (aCWmax)	1023

6.5 OFDM PMD 子层

6.5.1 应用范围及领域

本条规定了提供给 OFDM PHY 中的 PLCP 的 PMD 服务。为使遵循本规范的实现具有良好的互操作性,本条还定义了功能、电气和射频特性。本规范同整个 OFDM PHY 的关系见图 20。

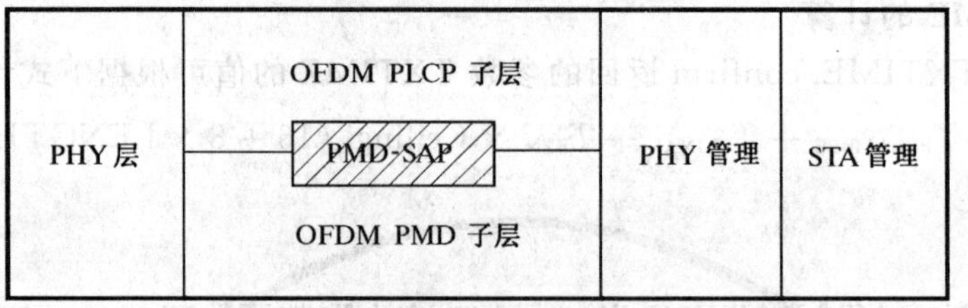

图 20 PMD 层参考模型

6.5.2 服务概述

OFDM PMD 子层接受 PLCP 子层的服务原语,提供在媒体中发送或接收数据的实际方法。对于接收过程,OFDM PHY 子层的原语和参数一起使用,将数据流、定时信息和相关的接收信号参数传递到 PLCP 子层。对于数据发送过程,提供了相似的功能。

6.5.3 相互作用概述

与 PLCP 子层有关的原语可归结为两类:

a) 支持 PLCP 对等对对等相互作用的服务原语;

b) 在本地起作用并且支持子层间相互作用的服务原语。

6.5.4 基本的服务和选项

本条规定的所有服务原语都是必备的,除非有另外声明。

6.5.4.1 PMD_SAP 对等服务原语

表 19 指示对等对对等相互作用的原语。

表 19 PMD_SAP 对等对对等服务原语

原 语	请 求	指 示	确 认	响 应
PMD_DATA	X	X	—	—

6.5.4.2 PMD_SAP 子层对子层的服务原语

表 20 规定了与子层对子层相互作用有关的原语。

表 20 PMD_SAP 子层对子层的服务原语

原 语	请 求	指 示	确 认	响 应
PMD_TXSTART	X	—	—	—
PMD_TXEND	X	—	—	—
PMD_TXPWRLVL	X	—	—	—
PMD_RATE	X	—	—	—
PMD_RSSI	—	X	—	—

6.5.4.3 PMD_SAP 服务原语参数

表 21 规定了一个或多个 PMD_SAP 服务原语所使用的参数。

表 21 PMD 原语的参数列表

参 数	相关原语	值
TXD _ UNIT	PMD _ DATA. request	1,0:一个 OFDM 符号值
RXD _ UNIT	PMD _ DATA. indicate	1,0:一个 OFDM 符号值
TXPWR _ LEVEL	PMD _ TXPWRLVL. request	1~8(8 个等级中的最大值)
RATE	PMD _ RATE. request	12 Mbit/s(用于 BPSK) 24 Mbit/s(用于 QPSK) 48 Mbit/s(用于 16-QAM) 72 Mbit/s(用于 64-QAM)
RSSI	PMD _ RSSI. indicate	RSSI 的 0~8 比特

6.5.5 PDM _ SAP 详细服务规范

本条规定了每个 PMD 原语提供的服务。

6.5.5.1 PMD _ DATA. request

6.5.5.1.1 功能

本原语定义了从 PLCP 子层到 PMD 实体的数据传输。

6.5.5.1.2 服务原语的语义

原语提供以下参数:

PMD _ DATA. request(TXD _ UNIT)

对于一个 OFDM 调制符号,TXD _ UNIT 参数由 n 个比特的"0"和"1"所构成。如果一个编码后的 MPDU(C-MPDU)的长度小于 n 比特,则填充比特"0"来形成一个 OFDM 符号。该参数代表单个数据块,PHY 层对其编码,最终形成一个 OFDM 发射符号。

6.5.5.1.3 产生条件

该原语由 PLCP 子层产生,以请求发送一个 OFDM 符号。本原语的数据时钟由 PMD 层基于 OFDM 符号时钟提供。

6.5.5.1.4 收后效果

PMD 执行数据的发送过程。

6.5.5.2 PMD _ DATA. indicate

6.5.5.2.1 功能

该原语定义了从 PMD 实体到 PLCP 子层的数据传输。

6.5.5.2.2 服务原语的语义

原语提供以下参数:

PMD _ DATA. indicate(RXD _ UNIT)

RXD _ UNIT 参数为"0"或者"1",表示经 PMD 实体卷积解码后的比特是信号字段的比特还是数据字段的比特。

6.5.5.2.3 产生条件

该原语由 PMD 实体产生,用于将接收数据转发到 PLCP 子层。PMD 层基于 OFDM 符号时钟提供该原语的数据时钟。

6.5.5.2.4 收后效果

PLCP 子层对恢复为 PLCP 会聚过程一部分的比特信息进行解释,或者把这些数据作为 MPDU 的一部分传递给 MAC 子层。

6.5.5.3 PMD _ TXSTART. request

6.5.5.3.1 功能

该原语由 PHY PLCP 子层产生,对 PMD 层的 PPDU 发送过程进行初始化。

6.5.5.3.2 服务原语的语义

原语提供以下参数：

PMD _ TXSTART. request

6.5.5.3.3 产生条件

该原语由 PLCP 子层产生，用于对 PMD 层的 PPDU 发送过程进行初始化。原语 PHY-TXSTART. request 在发布 PMD _ TXSTART 命令之前提供给 PLCP 子层。

6.5.5.3.4 收后效果

PMD _ TXSTART 对 PMD 子层的 PPDU 发送过程进行初始化。

6.5.5.4 PMD _ TXEND. request

6.5.5.4.1 功能

PHY PLCP 子层产生该原语，用于终止 PMD 层的 PPDU 发送过程。

6.5.5.4.2 服务原语的语义

原语提供以下参数：

PMD _ TXEND. request

6.5.5.4.3 产生条件

当 PLCP 子层要结束 PMD 层的 PPDU 发送过程时，PLCP 子层产生该原语。

6.5.5.4.4 接收效果

PMD _ TXEND 终止 PMD 子层的 PPDU 发送过程。

6.5.5.5 PMD _ TXPWRLVL. request

6.5.5.5.1 功能

PLCP 子层产生该原语，用于选择 PHY 发射信号时使用的功率等级。

6.5.5.5.2 服务原语的语义

原语提供以下参数：

PMD _ TXPWRLVL. request(TXPWR _ LEVEL)

TXPWR _ LEVEL 选择发送当前分组时应使用哪一种发射功率等级。可用的功率等级数目由 MIB 参数 aNumberSupportedPowerLevels 确定，在 6.3.9.1 中提供了有关 OFDM PHY 功率等级控制的更多信息。

6.5.5.5.3 产生条件

PLCP 子层产生该原语以选择一个特定的发射功率。该原语应在设置 PMD _ TXSTART 为发射状态之前使用。

6.5.5.5.4 收后效果

PMD _ TXPWRLVL 立即按 TXPWR _ LEVEL 的值设置发射功率等级。

6.5.5.6 **PMD _ RATE. request**

6.5.5.6.1 功能

PHY PLCP 子层产生该原语，用于选择 OFDM PHY 发射过程的调制速率。

6.5.5.6.2 服务原语的语义

原语提供以下参数：

PMD _ RATE. request(RATE)

RATE 选择发送 MPDU 时采用哪一种 OFDM PHY 的数据速率。6.3.8.6 给出了有关 OFDM PHY 调制速率的更多信息。6.3.7 对 OFDM PHY 的速率变化作了规定。

6.5.5.6.3 产生条件

该原语由 PLCP 子层产生，用于改变或者设置用于发送当前 PPDU 的 MPDU 部分的 OFDM PHY 调制速率。

6.5.5.6.4 收后效果

接收到 PMD _ RATE 后，将按 PMD _ RATE 选择用于随后的 MPDU 的全部发送过程的速率。本速率仅用于发送过程。OFDM PHY 仍能接收所有 OFDM PHY 支持的调制速率的数据。

6.5.5.7 **PMD _ RSSI. indicate**

6.5.5.7.1 功能

该原语由 PMD 子层产生，向 PLCP 和 MAC 实体提供接收信号强度。

6.5.5.7.2 服务原语的语义

原语提供以下参数：

PMD _ RSSI. indicate(RSSI)

RSSI 是 OFDM PHY 接收到的 RF 能量的测量值。规范支持多达 8 比特(256 个等级)的 RSSI 值。

6.5.5.7.3 产生条件

当 OFDM PHY 处于接收状态时，PMD 产生本原语。它对 PLCP 层持续有效，而 PLCP 将参数 RSSI 提供给 MAC 层实体。

6.5.5.7.4 收后效果

本参数仅作为信息提供给 PLCP 层，RSSI 可以作为 CCA 方案的一部分。

附　录　A
（规范性附录）
协议实现一致性声明（PICS）形式表

本附录的内容对 GB 15629.11—2003 附录 A 除作以下修改外，其余与 GB 15629.11—2003 附录 A 相同。

A.1　IUT（被测协议实现）配置

将 GB 15629.11—2003 附录 A 中的 IUT 配置修改如下：

项 目	IUT 配置	引用条号	状 态	支 持
*CF1	接入点	5.2	O.1	是□　否□
*CF2	独立 STA（非 AP）	5.2	O.1	是□　否□
*CF3	2.4GHz 频段的跳频扩频（FHSS）PHY	—	O.2	是□　否□
*CF4	2.4GHz 频段的直接序列扩频（DSSS）PHY	—	O.2	是□　否□
*CF5	红外 PHY	—	O.2	是□　否□
*CF6	5.8 GHz 频段的 OFDM PHY	—	O.2	是□　否□
注：上表中“引用条号”是 GB 15629.11—2003 中的条款。				

A.2　正交频分复用 PHY 功能

在 GB 15629.11—2003 附录 A 的可选参数中添加以下新条款：

项 目	特　性	引用条号	状 态	支 持
OF1：OFDM PHY 特定服务参数				
OF1.1	TXVECTOR 参数：LENGTH	6.2.2.1	M	是□　否□
OF1.2	TXVECTOR 参数：DATARATE	6.2.2.2	M	是□　否□
OF1.2.1	DATARATE ＝6.0 Mbit/s	6.2.2.2	M	是□　否□
*OF1.2.2	DATARATE ＝9.0 Mbit/s	6.2.2.2	O	是□　否□
OF1.2.3	DATARATE ＝12.0 Mbit/s	6.2.2.2	M	是□　否□
*OF1.2.4	DATARATE ＝18.0 Mbit/s	6.2.2.2	O	是□　否□
OF1.2.5	DATARATE ＝24.0 Mbit/s	6.2.2.2	M	是□　否□
*OF1.2.6	DATARATE ＝36.0 Mbit/s	6.2.2.2	O	是□　否□
*OF1.2.7	DATARATE ＝48.0 Mbit/s	6.2.2.2	O	是□　否□
*OF1.2.8	DATARATE ＝54.0 Mbit/s	6.2.2.2	O	是□　否□
OF1.3	TXVECTOR 参数：SERVICE	6.2.2.3	M	是□　否□
OF1.4	TXVECTOR 参数：TXPWR _ LEVEL	6.2.2.4	M	是□　否□
OF1.5	RXVECTOR 参数：LENGTH	6.2.3.1	M	是□　否□
OF1.6	RXVECTOR 参数：RSSI	6.2.3.2	M	是□　否□

项目	特性	引用条号	状态	支持
OF2:OFDM PLCP 子层				
OF2.1	取决于 RATE 的参数	6.3.2.2	M	是□ 否□
OF2.2	与定时有关的参数	6.3.2.3	M	是□ 否□
OF2.3	PLCP 前导码:SYNC	6.3.3	M	是□ 否□
OF2.4	PLCP 报头:SIGNAL	6.3.4	M	是□ 否□
OF2.5	PLCP 报头:LENGTH	6.3.4.1	M	是□ 否□
OF2.6	PLCP 报头:RATE	6.3.4.2	M	是□ 否□
OF2.7	PLCP 报头:奇偶性校验,保留	6.3.4.3	M	是□ 否□
OF2.8	PLCP 报头:SIGNAL TAIL	6.3.4.3	M	是□ 否□
OF2.9	PLCP 报头:SERVICE	6.3.5.1	M	是□ 否□
OF2.10	PPDU:TAIL	6.3.5.2	M	是□ 否□
OF2.11	PPDU:PAD	6.3.5.3	M	是□ 否□
OF2.12	PLCP/OFDM PHY 数据加扰器和解扰器	6.3.5.4	M	是□ 否□
OF2.13	卷积编码器	6.3.5.5	M	是□ 否□
OF2.13.1	编码率 $R = 1/2$	6.3.5.5	M	是□ 否□
OF2.13.2	删余编码 $R = 2/3$	6.3.5.5	OF1.2.7:M	是□ 否□ 不适用□
OF2.13.3	删余编码 $R = 3/4$	6.3.5.5	OF1.2.2 或者 OF1.2.4 或者 OF1.2.6 或者 OF1.2.8:M	是□ 否□ 不适用□
OF2.14	数据交织	6.3.5.6	M	是□ 否□
OF2.15	子载波调制映射	6.3.5.7	M	是□ 否□
OF2.15.1	BPSK	6.3.5.7	M	是□ 否□
OF2.15.2	QPSK	6.3.5.7	M	是□ 否□
OF2.15.3	16-QAM	6.3.5.7	M	是□ 否□
OF2.15.4	64-QAM	6.3.5.7	OF1.2.7 或者 OF1.2.8:M	是□ 否□ 不适用□
OF2.16	导频子载波	6.3.5.8	M	是□ 否□
OF2.17	OFDM 调制	6.3.5.9	M	是□ 否□
OF2.18	分组持续时间的计算	6.3.5.10	M	是□ 否□
OF2.19	CCA			
OF2.19.1	CCA:RSSI	6.3.6	M	是□ 否□
OF2.19.2	CCA:MAC 子层指示	6.3.6	M	是□ 否□

项目	特性	引用条号	状态	支持
OF2.20	PLCP数据调制和调制速率变化	6.3.7	M	是□ 否□
OF3:PMD总体工作规范				
OF3.1	占用信道带宽	6.3.8.1	M	是□ 否□
OF3.2	工作频率范围	6.3.8.2	M	是□ 否□
OF3.3	信道划分	6.3.8.3	M	是□ 否□
OF3.3.1	中国、U-NII高频段(5.725 GHz～5.825 GHz)	6.3.8.3	M	是□ 否□
OF3.3.2	中国适用频段(5.825 GHz～5.850 GHz)	6.3.8.3	O	是□ 否□
*OF3.3.3	U-NII低频段(5.15 GHz～5.25 GHz)[a]	6.3.8.3	O.1	是□ 否□
*OF3.3.4	U-NII中间频段(5.25 GHz～5.35 GHz)[a]	6.3.8.3	O.1	是□ 否□
OF3.4	工作信道数	6.3.8.3	M	是□ 否□
OF3.5	工作信道频率	6.3.8.3	M	是□ 否□
OF3.6	带内和带外杂散信号的发射和接收	6.3.8.4	M	是□ 否□
OF3.7	TX RF时延	6.3.8.5	M	是□ 否□
OF3.8	时隙	6.3.8.6	M	是□ 否□
OF3.9	发射和接收天线的端口阻抗	6.3.8.7	M	是□ 否□
OF3.10	发射和接收的工作温度范围	6.3.8.8	M	是□ 否□
OF3.10.1	类型1(0℃～40℃)	6.3.8.8	M	是□ 否□
OF3.10.2	类型2(－20℃～50℃)	6.3.8.8	O	是□ 否□
OF3.10.3	类型3(－30℃～70℃)	6.3.8.8	O	是□ 否□
OF4:PMD发射规范				
OF4.1	发射功率电平		M	是□ 否□
OF4.1.1	U-NII高频段功率电平(5.725 GHz～5.825 GHz)	6.3.9.1	M	是□ 否□ 不适用□
OF4.1.2	中国适用频率功率电平(5.825 GHz～5.850 GHz)	6.3.9.1	OF3.3.2:M	是□ 否□ 不适用□
OF4.1.3	U-NII低频段功率电平(5.15 GHz～5.25 GHz)[a]	6.3.9.1	OF3.3.3:M	是□ 否□ 不适用□
OF4.1.4	U-NII中间频段功率电平(5.25 GHz～5.35 GHz)[a]	6.3.9.1	OF3.3.4:M	是□ 否□ 不适用□
OF4.2	频谱掩模	6.3.9.2	M	是□ 否□
OF4.3	杂散	6.3.9.3	M	是□ 否□
OF4.4	中心频率容限	6.3.9.4	M	是□ 否□
OF4.5	时钟频率容限	6.3.9.5	M	是□ 否□
OF4.6	调制精确度			是□ 否□
OF4.6.1	中心频率泄露	6.3.9.6.1	M	
OF4.6.2	频谱平滑度	6.3.9.6.2	M	是□ 否□
OF4.6.3	发射机星座图错误<－5 dB	6.3.9.6.3	M	是□ 否□

项目	特性	引用条号	状态	支持
OF4.6.4	发射机星座图错误<−8 dB	6.3.9.6.3	OF1.2.2:M	是□ 否□ 不适用□
OF4.6.5	发射机星座图错误<−10 dB	6.3.9.6.3	M	是□ 否□
OF4.6.6	发射机星座图错误<−13 dB	6.3.9.6.3	OF1.2.4:M	是□ 否□ 不适用□
OF4.6.7	发射机星座图错误<−16 dB	6.3.9.6.3	M	是□ 否□
OF4.6.8	发射机星座图错误<−19 dB	6.3.9.6.3	OF1.2.6:M	是□ 否□ 不适用□
OF4.6.9	发射机星座图错误<−22 dB	6.3.9.6.3	OF1.2.7:M	是□ 否□ 不适用□
OF4.6.10	发射机星座图错误<−25 dB	6.3.9.6.3	OF1.2.8:M	是□ 否□ 不适用□
OF5:PMD 接收机规范				
OF5.1	PER = 10%时的最小输入电平灵敏度(帧长为1000八位位组)			
OF5.1.1	−82 dBm(速率为 6 Mbit/s)	6.3.10.1	M	是□ 否□
OF5.1.2	−81 dBm(速率为 9 Mbit/s)	6.3.10.1	OF1.2.2:M	是□ 否□ 不适用□
OF5.1.3	−79 dBm(速率为 12 Mbit/s)	6.3.10.1	M	是□ 否□
OF5.1.4	−77 dBm(速率为 18 Mbit/s)	6.3.10.1	OF1.2.4:M	是□ 否□ 不适用□
OF5.1.5	−74 dBm(速率为 24 Mbit/s)	6.3.10.1	M	是□ 否□
OF5.1.6	−70 dBm(速率为 36 Mbit/s)	6.3.10.1	OF1.2.6:M	是□ 否□ 不适用□
OF5.1.7	−66 dBm(速率为 48 Mbit/s)	6.3.10.1	OF1.2.7:M	是□ 否□ N/A□
OF5.1.8	−65 dBm(速率为 54 Mbit/s)	6.3.10.1	OF1.2.8:M	是□ 否□ 不适用□
OF5.2	抗邻道干扰能力	6.3.10.2	M	是□ 否□
OF5.3	抗非邻道干扰能力	6.3.10.3	M	是□ 否□
OF5.4	最大输入电平	6.3.10.4	M	是□ 否□
OF5.5	CCA 灵敏度	6.3.10.5	M	是□ 否□
OF6:PLCP 发射过程				
OF6.1	发射:基于 MAC 请求发送	6.3.11	M	是□ 否□
OF6.2	发射:格式和数据编码	6.3.11	M	是□ 否□
OF6.3	发射:定时	6.3.11	M	是□ 否□
OF7:PLCP 接收过程				
OF7.1	接收:接收和数据解码	6.3.12	M	是□ 否□

项 目	特 性	引用条号	状 态	支 持
		OF8:PHY LME		
OF8.1	PLME:支持 PLME _ SAP 管理原语	6.4.1	M	是□ 否□
OF8.2	PLME:支持 PHY 管理信息库	6.4.2	M	是□ 否□
OF8.3	PLME:支持 PHY 特性	6.4.3	M	是□ 否□
		OF9:OFDM PMD 子层		
OF9.1	PMD:支持 PMD _ SAP 对等服务原语	6.5.4.1 6.5.5.1 6.5.5.2	M	是□ 否□
OF9.2	PMD:支持 PMD _ SAP 子层到子层的服务原语	6.5.4.2 6.5.5.3 6.5.5.4 6.5.5.5 6.5.5.6 6.5.5.7	M	是□ 否□
OF9.3	PMD _ SAP 服务原语参数			
OF9.3.1	参数:TXD _ UNIT	6.5.4.3	M	是□ 否□
OF9.3.2	参数:RXD _ UNIT	6.5.4.3	M	是□ 否□
OF9.3.3	参数:TXPWR _ LEVEL	6.5.4.3	M	是□ 否□
OF9.3.4	参数:RATE(12Mbit/s)	6.5.4.3	M	是□ 否□
OF9.3.5	参数:RATE(24Mbit/s)	6.5.4.3	M	是□ 否□
OF9.3.6	参数:RATE(48Mbit/s)	6.5.4.3	M	是□ 否□
OF9.3.7	参数:RATE(72Mbit/s)	6.5.4.3	O	是□ 否□
OF9.3.8	参数:RSSI	6.5.4.3	M	
		OF10:特定地域要求		
* OF10.1	地域	6.3.8.2 6.3.8.3 6.3.8.4 6.3.9.3	M	是□ 否□

[a] 提示性信息。

附 录 B
（规范性附录）
MAC 和 PHY MIB 的 ASN.1 编码

将下列变量加入 GB 15629.11—2003 的 PHY MIB 中：

1. 在 GB 15629.11—2003 附录 D 的“主要部分”中，在“PHY 属性”结尾处加入下列文字：

"-- dot11PhyOFDMTable ∷= {dot11phy 11}"

2. 在 GB 15629.11—2003 中附录 D 的“dot11PhyOperation TABLE”部分，“dot11PHYType 属性”修改如下：

"dot11PHYType OBJECT-TYPE
SYNTAX INTEGER {fhss(1),dsss(2),irbaseband(3),ofdm(4)}
MAX-ACCESS read-only
STATUS current
DESCRIPTION"

"这是识别受 PLCP 和 PMD 支持的 PHY 类型的 8 比特整数值，当前定义的值及相应的物理类型如下：

FHSS 2.4 GHz = 01, DSSS 2.4 GHz = 02, IR Baseband = 03,
OFDM 5 GHz=04"

∷={dot11PhyOperationEntry 1}

3. 在 GB 15629.11—2003 的附录 D 中，把以下内容加到“dot11SupportedDataRateRxTABLE”部分的后面。

--＊＊
--＊dot11PhyOFDM 表
--＊＊

dot11PhyOFDMTable OBJECT-TYPE
SYNTAX SEQUENCE OF Dot11PhyOFDMEntry
MAX-ACCESS not-accessible
STATUS current
DESCRIPTION
"dot11PhyOFDMTable 属性组。实现为一个索引表，允许一个代理上有多个实例。"
∷={dot11 phy 11}

dot11PhyOFDMEntry OBJECT-TYPE
SYNTAX Dot11PhyOFDMEntry
MAX-ACCESS not-accessible
STATUS current
DESCRIPTION

"dot11PhyOFDM 的表项。
IfIndex - 每一个接口由一个 ifEntry 表示。MIB 模块中的接口表由 ifIndex 进行索引。"
INDEX{ifindex}
∷={dot11PhyOFDMTable 1}

dot11PhyOFDMEntry∷=SEQUENCE{
dot11CurrentFrequency INTEGER
dot11TIThreshold INTEGER
dot11FrequencyBandsSupported}
dot11CurrentFrequency OBJECT-TYPE
SYNTAX INTEGER(0..99)
MAX-ACCESS read-write
STATUS current
DESCRIPTION
"OFDM PHY 目前使用的信道数目"
∷={dot11PhyOFDMEntry 1}

dot11TIThreshold
SYNTAX INTEGER32
MAX-ACCESS read-write
STATUS current
DESCRIPTION
"用于检测媒体忙闲的门限。当 CCA 检测到超过门限的 RSSI 时，报告媒体为忙。"
∷={dot11PhyOFDMEntry 2}

dot11FrequencyBandSupported
SYNTAX INTEGER(1..7)
MAX-ACCESS read-only
STATUS current
DESCRIPTION
"OFDM PHY 在三个 U-NII 频段上的工作能力。三比特字段的整数值编码如下：
比特 0..保留
比特 1..保留
比特 2..能够在 5.725 GHz～5.825 GHz 内工作
比特 3..能够在 5.825 GHz～5.850 GHz 内工作(可选)
例如，对于能够在 5.725 GHz～5.825 GHz 频段内工作的具体实现，属性值取 4"
∷={dot11PhyOFDMEntry 4}

--* *
--* dot11PhyOFDMEntry 表结束
--* *

4. 在 GB 15629.11—2003 的附录 D 中，将"一致性声明"改动如下：

--* *
--* 一致性声明
--* *
dot11Compliance MODULE-COMPLIANCE
STATUS current
DESCRIPTION
"实现 GB 15629.11 MIB 的 SNMPv2 实体的一致性声明。"
MODULE-this module
MANDATORY-GROUPS{
dot11SMTbase,
dot11MACbase,dot11CountersGroup,
dot11SmtAuthenticationAlgorithms,
dot11ResourceTypeID,dot11PhyOperationComplianceGroup}

GROUP dot11PhyDSSSComplianceGroup
DESCRIPTION
"当对象 dot11PHYType 的值为 dsss 时，要求实现该组。该组和以下的组 dot11PhyIRcomplianceGroup、dot11PhyFHSSComplianceGroup 及 dot11PhyOFDMComplianceGroup 是互相排斥的。"

GROUP dot11PhyIRComplianceGroup
DESCRIPTION
"当对象 dot11PHYType 的值为 irbaseband 时，要求实现该组。该组和以下的组 dot11PhyDSSSComplianceGroup、dot11PhyFHSSComplianceGroup 及 dot11PhyOFDMComplianceGroup 是互相排斥的。"

GROUP dot11PhyFHSSComplianceGroup
DESCRIPTION
"当对象 dot11PHYType 的值为 fhss 时，要求实现该组。该组和以下的组 dot11PhyDSSSComplianceGroup、dot11PhyIRComplianceGroup 及 dot11PhyOFDMComplianceGroup 是互相排斥的。"

GROUPdot11OFDMComplianceGroup
DESCRIPTION
"当对象 dot11PHYType 的值为 ofdm 时，要求实现该组。该组和以下的组 dot11PhyDSSSComplianceGroup、dot11PhyIRComplianceGroup 及 dot11PhyFHSSComplianceGroup 是互相排斥的。"

--OPTIONAL-GROUP{dot11SMTprivacy,dot11MACStatistics,
--dot11PhyAntennaComplianceGroup,dot11PhyTxPowerComplianceGroup,
--dot11PhyRegDomainsSupportGroup,
--dot11PhyAntennasListGroup,dot11PhyRateGroup}
--

∷={dot11Compliances 1}

5.在 GB 15629.11—2003 中附录 D 的"组：一致性单元"中，将下列文字加入到"dot11CountersGroup"部分的结尾：

"dot11PhyOFDMComplianceGroup OBJECT-TYPE
OBJECTS{
  dot11CurrentFrequency，
  dot11TIThreshold，
dot11FrequencyBandsSupported}
STATUS current
DESCRIPTION
    "配置 OFDM 的属性"
∷={dot11Groups17}"

附 录 C
（资料性附录）
OFDM PHY 中对帧编码的实例

C.1 介绍

本附录提供一个 OFDM PHY 中对帧编码的实例，这个实例覆盖了基本标准定义的所有编码细节。

编码的例子实现下列步骤：

a） 产生前导码的短训练序列；

b） 产生前导码的长训练序列；

c） 产生 SIGNAL 字段比特

d） 对 SIGNAL 字段比特进行编码和交织；

e） 将 SIGNAL 字段映射到频域；

f） 插入导频；

g） 转换到时域；

h） 将数据八位位组流转化为比特流；

i） 前加 SERVICE 字段，后面加入填充比特，形成 DATA；

j） 加扰，并在尾比特处加零；

k） 用卷积编码器对 DATA 编码，并进行删余；

l） 映射为 16-QAM 的复数符号；

m） 插入导频；

n） 从频域转化到时域，附加一个循环前缀；

o） 将 OFDM 符号连接成单个时域信号。

在描述时域波形时，使用采样速率为 20Msamples/s 的复数基带信号。

本例使用的数据速率为 36Mbit/s，消息长度为 100 个八位位组。选择这些参数是为了尽可能多地阐述主要的处理特征。

a） 每个符号使用的比特数（在本例中为 4）；

b） 对卷积码进行删余；

c） 使用 LSB-MSB 交换过程进行交织；

d） 对导频子载波进行加扰。

C.2 消息

实例中被编码的消息为以下字符：

Joy，bright spark of divinity，
Daughter of Elysium，
Fire-insired we tread
Thy sanctuary。
Thy magic power re-unites
All that custom has divided，
All men become brothers
Under the sway of thy gentle wings...

将消息转化为 ASCII 码，然后加上合适的 MAC 报头和 CRC32。表 C.1 显示了最终的长度为 100

八位位组的 PSDU。

表 C.1 消息

编号(##)	值(Val)	值(Val)	值(Val)	值(Val)	值(Val)
1～5	04	02	00	2e	00
6～10	60	08	cd	37	a6
11～15	00	20	d6	01	3c
16～20	f1	00	60	08	ad
21～25	3b	Af	00	00	4a
26～30	6f	79	2c	20	62
31～35	72	69	67	68	74
36～40	20	73	70	61	72
41～45	6b	20	6f	66	20
46～50	64	69	76	69	6e
51～55	69	74	79	2c	0a
56～60	44	61	75	67	68
61～65	74	65	72	20	6f
66～70	66	20	45	6c	79
71～75	73	69	75	6d	2c
76～80	0a	46	69	72	65
81～85	2d	69	6e	73	69
86～90	72	65	64	20	77
91～95	65	20	74	72	65
96～100	61	Da	57	99	ed

C.3 前导码的产生

C.3.1 短序列的产生

前导码中的短序列部分通过其频域特征表示描述，具体见表 C.2。

表 C.2 短序列的频域表示

编号(##)	实部(Re)	虚部(Im)	编号(##)	实部(Re)	虚部(Im)	编号(##)	实部(Re)	虚部(Im)	编号(##)	实部(Re)	虚部(Im)
−32	0.0	0.0	−16	1.472	1.472	0	0.0	0.0	16	−1.472	−1.472
−31	0.0	0.0	−15	0.0	0.0	1	0.0	0.0	17	0.0	0.0
−30	0.0	0.0	−14	0.0	0.0	2	0.0	0.0	18	0.0	0.0
−29	0.0	0.0	−13	0.0	0.0	3	0.0	0.0	19	0.0	0.0
−28	0.0	0.0	−12	−1.472	−1.472	4	−1.472	−1.472	20	1.472	1.472
−27	0.0	0.0	−11	0.0	0.0	5	0.0	0.0	21	0.0	0.0
−26	0.0	0.0	−10	0.0	0.0	6	0.0	0.0	22	0.0	0.0
−25	0.0	0.0	−9	0.0	0.0	7	0.0	0.0	23	0.0	0.0
−24	1.472	1.472	−8	−1.472	−1.472	8	−1.472	−1.472	24	1.472	1.472
−23	0.0	0.0	−7	0.0	0.0	9	0.0	0.0	25	0.0	0.0
−22	0.0	0.0	−6	0.0	0.0	10	0.0	0.0	26	0.0	0.0
−21	0.0	0.0	−5	0.0	0.0	11	0.0	0.0	27	0.0	0.0
−20	−1.472	−1.472	−4	1.472	1.472	12	1.472	1.472	28	0.0	0.0
−19	0.0	0.0	−3	0.0	0.0	13	0.0	0.0	29	0.0	0.0
−18	0.0	0.0	−2	0.0	0.0	14	0.0	0.0	30	0.0	0.0
−17	0.0	0.0	−1	0.0	0.0	15	0.0	0.0	31	0.0	0.0

表 C.2 中 IFFT 的一个周期见表 C.3。

表 C.3 短序列 IFFT 的一个周期

##	Re	Im	##	Re	Im	##	Re	Im	##	Re	Im
0	0.046	0.046	16	0.046	0.046	32	0.046	0.046	48	0.046	0.046
1	−0.132	0.002	17	−0.132	0.002	33	−0.132	0.002	49	−0.132	0.002
2	0.013	−0.079	18	−0.013	−0.079	34	−0.013	−0.079	50	−0.013	−0.079
3	0.143	−0.013	19	0.143	−0.013	35	0.143	−0.013	51	0.143	−0.013
4	0.092	0.000	20	0.092	0.000	36	0.092	0.000	52	0.092	0.000
5	0.143	−0.013	21	0.143	−0.013	37	0.143	−0.013	53	0.143	−0.013
6	−0.013	−0.079	22	−0.013	−0.079	38	−0.013	−0.079	54	−0.013	−0.079
7	−0.132	0.002	23	−0.132	0.002	39	−0.132	0.002	55	−0.132	0.002
8	0.046	0.046	24	0.046	0.046	40	0.046	0.046	56	0.046	0.046
9	0.002	−0.132	25	0.002	−0.132	41	0.002	−0.132	57	0.002	−0.132
10	−0.079	−0.013	26	−0.079	−0.013	42	−0.079	−0.013	58	−0.079	−0.013
11	−0.013	0.143	27	−0.013	0.143	43	−0.013	0.143	59	−0.013	0.143
12	0.000	0.092	28	0.000	0.092	44	0.000	0.092	60	0.000	0.092
13	−0.013	0.143	29	−0.013	0.143	45	−0.013	0.143	61	−0.013	0.143
14	−0.079	−0.013	30	−0.079	−0.013	46	−0.079	−0.013	62	−0.079	−0.014
15	0.002	0.132	31	0.002	−0.132	47	0.002	−0.132	63	0.002	−0.132

短训练序列的单个周期被周期性扩展为 161 个采样(约 8ms),然后与以下的窗函数相乘:

$$W(k)=\begin{cases}0.5 & k=0\\ 1 & 1\leqslant k\leqslant 16\\ 0.5 & k=60\end{cases}$$

最后一个采样与随后的 OFDM 符号有交叠。带 161 个采样值的向量见表 C.4。这里描述的时窗特性不是规范性规范的一部分。

表 C.4 短序列的时域表示

##	Re	Im	##	Re	Im	##	Re	Im	##	Re	Im
0	0.023	0.023	40	0.046	0.046	80	0.046	0.046	120	0.046	0.046
1	−0.132	0.002	41	0.002	−0.132	81	−0.132	0.002	121	0.002	−0.132
2	−0.013	−0.079	42	−0.079	−0.013	82	−0.013	−0.079	122	−0.079	−0.013
3	0.143	−0.013	43	−0.013	0.143	83	0.143	−0.013	123	−0.013	0.143
4	0.092	0.000	44	0.000	0.092	84	0.092	0.000	124	0.000	0.092
5	0.143	−0.013	45	−0.013	0.143	85	0.143	−0.013	125	−0.013	0.143
6	−0.013	−0.079	46	−0.079	−0.013	86	−0.013	−0.079	126	−0.079	−0.013
7	−0.132	0.002	47	0.002	−0.032	87	−0.132	0.002	127	0.002	−0.132
8	0.046	0.046	48	0.046	0.046	88	0.046	0.046	128	0.046	0.046
9	0.002	−0.132	49	−0.132	0.002	89	0.002	−0.132	129	−0.132	0.002
10	−0.079	−0.013	50	−0.013	−0.079	90	−0.079	−0.013	130	−0.013	−0.079
11	−0.013	0.143	51	0.143	−0.013	91	−0.013	0.143	131	0.143	−0.013
12	0.000	0.092	52	0.092	0.000	92	0.000	0.092	132	0.092	0.000
13	−0.013	0.143	53	0.143	−0.013	93	−0.013	0.143	133	0.143	−0.013
14	−0.079	−0.013	54	−0.013	−0.079	94	−0.079	−0.013	134	−0.013	−0.079
15	0.002	−0.132	55	−0.132	0.002	95	0.002	−0.132	135	−0.132	0.002
16	0.046	0.046	56	0.046	0.046	96	0.046	0.046	136	0.046	0.046
17	−0.132	0.002	57	0.002	−0.132	97	−0.132	0.002	137	0.002	−0.132
18	−0.013	−0.079	58	−0.079	−0.013	98	−0.013	−0.079	138	−0.079	−0.013
19	0.143	−0.013	59	−0.013	0.143	99	0.143	−0.013	139	−0.013	0.143
20	0.092	0.000	60	0.000	0.092	100	0.092	0.000	140	0.000	0.092
21	0.143	−0.013	61	−0.013	0.143	101	0.143	−0.013	141	−0.013	0.143
22	−0.013	−0.079	62	−0.079	−0.013	102	−0.013	−0.079	142	−0.079	−0.013
23	−0.132	0.002	63	0.002	−0.132	103	−0.132	0.002	143	0.002	−0.132
24	0.046	0.046	64	0.046	0.046	104	0.046	0.046	144	0.046	0.046
25	0.002	−0.132	65	−0.132	0.002	105	0.002	−0.132	145	−0.132	0.002
26	−0.079	−0.013	66	−0.013	−0.079	106	−0.079	−0.013	146	−0.013	−0.079
27	−0.013	0.143	67	0.143	−0.013	107	−0.013	0.143	147	0.143	−0.013
28	0.000	0.092	68	0.092	0.000	108	0.000	0.092	148	0.092	0.000
29	−0.013	0.143	69	0.143	−0.013	109	−0.013	0.143	149	0.143	−0.013
30	−0.079	−0.013	70	−0.013	−0.079	110	−0.079	−0.013	150	−0.013	−0.079
31	0.002	−0.132	71	−0.132	0.002	111	0.002	−0.132	151	−0.132	0.002
32	0.046	0.046	72	0.046	0.046	112	0.046	0.046	152	0.046	0.046
33	−0.132	0.002	73	0.002	−0.132	113	−0.132	0.002	153	0.002	−0.132
34	−0.013	−0.079	74	−0.079	−0.013	114	−0.013	−0.079	154	−0.079	−0.013
35	0.143	−0.013	75	−0.013	0.143	115	0.143	−0.013	155	−0.013	0.143
36	0.092	0.000	76	0.000	0.092	116	0.092	0.000	156	0.000	0.092
37	0.143	−0.013	77	−0.013	0.143	117	0.143	−0.013	157	−0.013	0.143
38	−0.013	−0.079	78	−0.079	−0.013	118	−0.013	−0.079	158	−0.079	−0.013
39	−0.132	0.002	79	0.002	−0.132	119	−0.132	0.002	159	0.002	−0.132
									160	0.023	0.023

C.3.2 长序列的产生

表 C.5 提供了前导码中长训练序列的频域表示。

表 C.5 长序列的频域表示

##	Re	Im	##	Re	Im	##	Re	Im	##	Re	Im
-32	0.000	0.000	-16	1.000	0.000	0	0.000	0.000	16	1.000	0.000
-31	0.000	0.000	-15	1.000	0.000	1	1.000	0.000	17	-1.000	0.000
-30	0.000	0.000	-14	1.000	0.000	2	-1.000	0.000	18	-1.000	0.000
-29	0.000	0.000	-13	1.000	0.000	3	-1.000	0.000	19	1.000	0.000
-28	0.000	0.000	-12	1.000	0.000	4	1.000	0.000	20	-1.000	0.000
-27	0.000	0.000	-11	-1.000	0.000	5	1.000	0.000	21	1.000	0.000
-26	1.000	0.000	-10	-1.000	0.000	6	-1.000	0.000	22	-1.000	0.000
-25	1.000	0.000	-9	1.000	0.000	7	1.000	0.000	23	1.000	0.000
-24	-1.000	0.000	-8	1.000	0.000	8	-1.000	0.000	24	1.000	0.000
-23	-1.000	0.000	-7	-1.000	0.000	9	1.000	0.000	25	1.000	0.000
-22	1.000	0.000	-6	1.000	0.000	10	-1.000	0.000	26	1.000	0.000
-21	1.000	0.000	-5	-1.000	0.000	11	-1.000	0.000	27	0.000	0.000
-20	-1.000	0.000	-4	1.000	0.000	12	-1.000	0.000	28	0.000	0.000
-19	1.000	0.000	-3	1.000	0.000	13	-1.000	0.000	29	0.000	0.000
-18	-1.000	0.000	-2	1.000	0.000	14	-1.000	0.000	30	0.000	0.000
-17	1.000	0.000	-1	1.000	0.000	15	1.000	0.000	31	0.000	0.000

时域的表示通过对表 C.5 的内容进行 IFFT 得到，对结果进行循环扩展得到循环前缀，然后与 C.3.1中给出的窗函数相乘。所得的 161 个采样点的向量见表 C.6。样本经过交叠，并通过将表 C.4 的元素 160 加到表 C.6 的元素 0 中，最终附加到短序列的后面。

C.4 SIGNAL 字段的产生

C.4.1 SIGNAL 字段比特分配

信号字段的比特分配见 6.3.4 和图 5。发送比特见表 C.7，其中比特 0 首先发送。

C.4.2 SIGNAL 字段比特编码

比特由编码率为 1/2 的卷积编码器进行编码，最终产生 48 比特，见表 C.8。

C.4.3 SIGNAL 字段比特交织

编码后的比特使用 6.3.5.6 中定义的交织器进行交织，交织过程的细节分类见表 C.7，交织后的 SIGNAL 字段比特见表 C.9。

C.4.4 频域的 SIGNAL 字段

编码和交织后的比特进行 BPSK 调制，以产生频域特征，如表 C.10 所示。编号为－21、－7、7 和 21 的频率点被跳过，用于插入导频信号。

表 C.6 长序列的时域表示

＃＃	Re	Im	＃＃	Re	Im	＃＃	Re	Im	＃＃	Re	Im
0	−0.078	0.000	40	0.098	−0.026	80	0.062	0.062	120	−0.035	−0.151
1	0.012	−0.098	41	0.053	0.004	81	0.119	0.004	121	−0.122	−0.017
2	0.092	−0.106	42	0.001	−0.115	82	−0.022	−0.161	122	−0.127	−0.021
3	−0.092	−0.115	43	−0.137	−0.047	83	0.059	0.015	123	0.075	−0.074
4	−0.003	−0.054	44	0.024	−0.059	84	0.024	0.059	124	−0.003	0.054
5	0.075	0.074	45	0.059	−0.015	85	−0.137	0.047	125	−0.092	0.115
6	−0.127	0.021	46	−0.022	0.161	86	0.001	0.115	126	0.092	0.106
7	−0.122	0.017	47	0.119	−0.004	87	0.053	−0.004	127	0.012	0.098
8	−0.035	0.151	48	0.062	−0.062	88	0.098	0.026	128	−0.156	0.000
9	−0.056	0.022	49	0.037	0.098	89	−0.038	0.106	129	0.012	−0.098
10	−0.060	−0.081	50	−0.057	0.039	90	−0.115	0.055	130	0.092	−0.106
11	0.070	−0.014	51	−0.131	0.065	91	0.060	0.088	131	−0.092	−0.115
12	0.082	−0.092	52	0.082	0.092	92	0.021	−0.028	132	−0.003	−0.054
13	−0.131	−0.065	53	0.070	0.014	93	0.097	−0.083	133	0.075	0.074
14	−0.057	−0.039	54	−0.060	0.081	94	0.040	0.111	134	−0.127	0.021
15	0.037	−0.098	55	−0.056	−0.022	95	−0.005	0.120	135	−0.122	0.017
16	0.062	0.062	56	−0.035	−0.151	96	0.156	0.000	136	−0.035	0.151
17	0.119	0.004	57	−0.122	−0.017	97	−0.005	−0.120	137	−0.056	0.022
18	−0.022	−0.161	58	−0.127	−0.021	98	0.040	−0.111	138	−0.060	−0.081
19	0.059	0.015	59	0.075	−0.074	99	0.097	0.083	139	0.070	−0.014
20	0.024	0.059	60	−0.003	0.054	100	0.021	0.028	140	0.082	−0.092
21	−0.137	0.047	61	−0.092	0.115	101	0.060	−0.088	141	−0.131	−0.065
22	0.001	0.115	62	0.092	0.106	102	−0.115	−0.055	142	−0.057	−0.039
23	0.053	−0.004	63	0.012	0.098	103	−0.038	−0.106	143	0.037	−0.098
24	0.098	0.026	64	−0.156	0.000	104	0.098	−0.026	144	0.062	0.062
25	−0.038	0.106	65	0.012	−0.098	105	0.053	0.004	145	0.119	0.004
26	−0.115	0.055	66	0.092	−0.106	106	0.001	−0.115	146	−0.022	−0.161
27	0.060	0.088	67	−0.092	−0.115	107	−0.137	−0.047	147	0.059	0.015
28	0.021	−0.028	68	−0.003	−0.054	108	0.024	−0.059	148	0.024	0.059
29	0.097	−0.083	69	0.075	0.074	109	0.059	−0.015	149	−0.137	0.047
30	0.040	0.111	70	−0.127	0.021	110	−0.022	0.161	150	0.001	0.115
31	−0.005	0.120	71	−0.122	0.017	111	0.119	−0.004	151	0.053	−0.004
32	0.156	0.000	72	−0.035	0.151	112	0.062	−0.062	152	0.098	0.026
33	−0.005	−0.120	73	−0.056	0.022	113	0.037	0.098	153	−0.038	0.106
34	0.040	−0.111	74	−0.060	−0.081	114	−0.057	0.039	154	−0.115	0.055
35	0.097	0.083	75	0.070	−0.014	115	−0.131	0.065	155	0.060	0.088
36	0.021	0.028	76	0.082	−0.092	116	0.082	0.092	156	0.021	−0.028
37	0.060	−0.088	77	−0.131	−0.065	117	0.070	0.014	157	0.097	−0.083
38	−0.115	−0.055	78	−0.057	−0.039	118	−0.060	0.081	158	0.040	0.111
39	−0.038	−0.106	79	0.037	−0.098	119	−0.056	−0.022	159	−0.005	0.120
									160	0.078	0

表 C.7 SIGNAL 字段的比特分配表

编号（##）	比特	意义	编号（##）	比特	意义
0	1	RATE:R1	12	0	—
1	0	RATE:R2	13	0	—
2	1	RATE:R3	14	0	—
3	1	RATE:R4	15	0	—
4	0	保留	16	0	LENGTH(MSB)
5	0	LENGTH (LSB)	17	0	奇偶性
6	0	—	18	0	SIGNAL TAIL
7	1	—	19	0	SIGNAL TAIL
8	0	—	20	0	SIGNAL TAIL
9	0	—	21	0	SIGNAL TAIL
10	1	—	22	0	SIGNAL TAIL
11	1	—	23	0	SIGNAL TAIL

表 C.8 编码后的 SIGNAL 字段比特

##	比特	##	比特	##	比特	##	比特	##	比特	##	比特
0	1	8	1	16	0	24	0	32	0	40	0
1	1	9	0	17	0	25	0	33	1	41	0
2	0	10	1	18	0	26	1	34	1	42	0
3	1	11	0	19	0	27	1	35	1	43	0
4	0	12	0	20	0	28	1	36	0	44	0
5	0	13	0	21	0	29	1	37	0	45	0
6	0	14	0	22	1	30	1	38	0	46	0
7	1	15	1	23	0	31	0	39	0	47	0

表 C.9 交织后的 SIGNAL 字段比特

##	比特	##	比特	##	比特	##	比特	##	比特	##	比特
0	1	8	1	16	0	24	1	32	0	40	1
1	0	9	1	17	0	25	0	33	0	41	0
2	0	10	0	18	0	26	0	34	1	42	0
3	1	11	1	19	1	27	0	35	0	43	1
4	0	12	0	20	0	28	0	36	0	44	0
5	1	13	0	21	1	29	0	37	1	45	1
6	0	14	0	22	0	30	1	38	0	46	0
7	0	15	0	23	0	31	1	39	0	47	0

表 C.10　SIGNAL 字段的频域表示

##	Re	Im	##	Re	Im	##	Re	Im	##	Re	Im
−32	0.000	0.000	−16	1.000	0.000	0	0.000	0.000	16	−1.000	0.000
−31	0.000	0.000	−15	−1.000	0.000	1	1.000	0.000	17	−1.000	0.000
−30	0.000	0.000	−14	1.000	0.000	2	−1.000	0.000	18	1.000	0.000
−29	0.000	0.000	−13	−1.000	0.000	3	−1.000	0.000	19	−1.000	0.000
−28	0.000	0.000	−12	−1.000	0.000	4	−1.000	0.000	20	−1.000	0.000
−27	0.000	0.000	−11	−1.000	0.000	5	−1.000	0.000	21	X	X
−26	1.000	0.000	−10	−1.000	0.000	6	−1.000	0.000	22	1.000	0.000
−25	−1.000	0.000	−9	−1.000	0.000	7	X	X	23	−1.000	0.000
−24	−1.000	0.000	−8	−1.000	0.000	8	1.000	0.000	24	1.000	0.000
−23	1.000	0.000	−7	X	X	9	1.000	0.000	25	−1.000	0.000
−22	−1.000	0.000	−6	−1.000	0.000	10	−1.000	0.000	26	−1.000	0.000
−21	X	X	−5	1.000	0.000	11	−1.000	0.000	27	0.000	0.000
−20	1.000	0.000	−4	−1.000	0.000	12	1.000	0.000	28	0.000	0.000
−19	−1.000	0.000	−3	1.000	0.000	13	−1.000	0.000	29	0.000	0.000
−18	−1.000	0.000	−2	−1.000	0.000	14	−1.000	0.000	30	0.000	0.000
−17	1.000	0.000	−1	−1.000	0.000	15	1.000	0.000	31	0.000	0.000

通过取值{1.0,1.0,1.0,−1.0},并将它们与式(22)中定义的序列 $P_{0...126}$ 的第一个元素相乘,然后将它们分别插入到{−21,−7,7,21}的位置处,从而添加四个导频子载波。最终的频域值在表 C.11 中给出。

表 C.11　带插入导频的 SIGNAL 字段的频域表示

##	Re	Im	##	Re	Im	##	Re	Im	##	Re	Im
−32	0.000	0.000	−16	1.000	0.000	0	0.000	0.000	16	−1.000	0.000
−31	0.000	0.000	−15	−1.000	0.000	1	1.000	0.000	17	−1.000	0.000
−30	0.000	0.000	−14	1.000	0.000	2	−1.000	0.000	18	1.000	0.000
−29	0.000	0.000	−13	−1.000	0.000	3	−1.000	0.000	19	−1.000	0.000
−28	0.000	0.000	−12	−1.000	0.000	4	−1.000	0.000	20	−1.000	0.000
−27	0.000	0.000	−11	−1.000	0.000	5	−1.000	0.000	21	−1.000	0.000
−26	1.000	0.000	−10	−1.000	0.000	6	−1.000	0.000	22	1.000	0.000
−25	−1.000	0.000	−9	−1.000	0.000	7	1.000	0.000	23	−1.000	0.000
−24	−1.000	0.000	−8	−1.000	0.000	8	1.000	0.000	24	1.000	0.000
−23	1.000	0.000	−7	1.000	0.000	9	1.000	0.000	25	−1.000	0.000
−22	−1.000	0.000	−6	−1.000	0.000	10	−1.000	0.000	26	−1.000	0.000
−21	1.000	0.000	−5	1.000	0.000	11	−1.000	0.000	27	0.000	0.000
−20	1.000	0.000	−4	−1.000	0.000	12	1.000	0.000	28	0.000	0.000
−19	−1.000	0.000	−3	1.000	0.000	13	−1.000	0.000	29	0.000	0.000
−18	−1.000	0.000	−2	−1.000	0.000	14	−1.000	0.000	30	0.000	0.000
−17	1.000	0.000	−1	−1.000	0.000	15	1.000	0.000	31	0.000	0.000

C.4.5 时域上的 SIGNAL 字段

将表 C.11 的内容进行 IFFT(快速傅立叶逆变换)后,进行周期性扩展,并乘以下面的窗函数 $W(k)$,即可得到时域表达式。

$$W(k)=\begin{bmatrix}0.5 & k=0\\ 1 & 1\leqslant k\leqslant 8\\ 0.5 & k=80\end{bmatrix}$$

得到的 81 个采样值向量如表 C.12 所示,注意时窗特性不是标准化规范的一部分。

通过将一个采样值交叠到前导码上,添加 SIGNAL 字段的采样值,见表 C.6。

表 C.12 SIGNAL 字段的时域表示

##	Re	Im	##	Re	Im	##	Re	Im	##	Re	Im
0	0.031	0.000	20	0.010	−0.097	40	−0.035	0.044	60	−0.051	0.202
1	0.033	−0.044	21	−0.060	−0.124	41	0.017	−0.059	61	0.035	−0.116
2	−0.002	−0.038	22	−0.033	−0.044	42	0.053	−0.017	62	0.016	−0.174
3	−0.081	0.084	23	0.011	0.002	43	0.099	0.100	63	0.057	−0.052
4	0.007	−0.100	24	0.098	0.044	44	0.034	−0.148	64	0.062	0.000
5	−0.001	−0.113	25	0.136	0.105	45	−0.003	−0.094	65	0.033	−0.044
6	−0.021	−0.005	26	−0.021	0.005	46	−0.120	0.042	66	−0.002	−0.038
7	0.136	−0.105	27	−0.001	0.113	47	−0.136	−0.070	67	−0.081	0.084
8	0.098	−0.044	28	0.007	0.100	48	−0.031	0.000	68	0.007	−0.100
9	0.011	−0.002	29	−0.081	−0.084	49	−0.136	0.070	69	−0.001	−0.113
10	−0.033	0.044	30	−0.002	0.038	50	−0.120	−0.042	70	−0.021	−0.005
11	−0.060	0.124	31	0.033	0.044	51	−0.003	0.094	71	0.136	−0.105
12	0.010	0.097	32	0.062	0.000	52	0.034	0.148	72	0.098	−0.044
13	0.000	−0.008	33	0.057	0.052	53	0.099	−0.100	73	0.011	−0.002
14	0.018	−0.083	34	0.016	0.174	54	0.053	0.017	74	−0.033	0.044
15	−0.069	0.027	35	0.035	0.116	55	0.017	0.059	75	−0.060	0.124
16	−0.219	0.000	36	−0.051	−0.202	56	−0.035	−0.044	76	0.010	0.097
17	−0.069	−0.027	37	0.011	0.036	57	−0.049	0.008	77	0.000	−0.008
18	0.018	0.083	38	0.089	0.209	58	0.089	−0.209	78	0.018	−0.083
19	0.000	0.008	39	−0.049	−0.008	59	0.011	−0.036	79	−0.069	0.027
									80	−0.109	0.000

C.5 DATA 比特的产生

C.5.1 描述、预先添加 SERVICE 字段和填充 0

表 C.1 所示的发送消息包含 100 八位位组,或等同的 800 比特。这些比特的前面预先添加 16 比特的 SERVICE 字段,在最后附加 6 个尾比特。在得到的 822 个比特的后面填充比特“0”,以取得整数个 OFDM 符号。对于 36 Mbit/s 模式,每个 OFDM 符号有 144 个数据比特,于是比特总数为 Ceiling

(822/144)×144 = 864。因此,附加 864－822 = 42 个比特“0”。

数据比特如表 C.13 和表 C.14 所示。为明确起见,只显示了首、尾的 144 个比特。

C.5.2 加扰

得到的 864 个比特由图 7 定义的加扰器进行加扰。加扰器的初始状态为 1011101。产生的加扰序列见表 C.15。

表 C.13 最先的 144 个 DATA 比特

##	比特	##	比特	##	比特	##	比特	##	比特	##	比特
0	0	24	0	48	0	72	1	96	0	120	1
1	0	25	1	49	0	73	0	97	0	121	0
2	0	26	0	50	0	74	1	98	0	122	0
3	0	27	0	51	0	75	1	99	0	123	0
4	0	28	0	52	0	76	0	100	0	124	0
5	0	29	0	53	0	77	0	101	0	125	0
6	0	30	0	54	0	78	1	102	0	126	0
7	0	31	0	55	0	79	1	103	0	127	0
8	0	32	0	56	0	80	1	104	0	128	0
9	0	33	0	57	0	81	1	105	0	129	0
10	0	34	0	58	0	82	1	106	0	130	1
11	0	35	0	59	0	83	0	107	0	131	1
12	0	36	0	60	0	84	1	108	0	132	1
13	0	37	0	61	1	85	1	109	1	133	1
14	0	38	0	62	1	86	0	110	0	134	0
15	0	39	0	63	0	87	0	111	0	135	0
16	0	40	0	64	0	88	0	112	0	136	1
17	0	41	1	65	0	89	1	113	1	137	0
18	1	42	1	66	0	90	1	114	1	138	0
19	0	43	1	67	1	91	0	115	0	139	0
20	0	44	0	68	0	92	0	116	1	140	1
21	0	45	1	69	0	93	1	117	0	141	1
22	0	46	0	70	0	94	0	118	1	142	1
23	0	47	0	71	0	95	1	119	1	143	1

表 C.14　最后的 144 个 DATA 比特

＃＃	比特	＃＃	比特	＃＃	比特	＃＃	比特	＃＃	比特	＃＃	比特
720	0	744	0	768	1	792	1	816	0	840	0
721	0	745	0	769	0	793	1	817	0	841	0
722	0	746	0	770	1	794	1	818	0	842	0
723	0	747	0	771	0	795	0	819	0	843	0
724	0	748	0	772	0	796	1	820	0	844	0
725	1	749	1	773	1	797	0	821	0	845	0
726	0	750	0	774	1	798	1	822	0	846	0
727	0	751	0	775	0	799	0	823	0	847	0
728	1	752	0	776	1	800	1	824	0	848	0
729	1	753	0	777	0	801	0	825	0	849	0
730	1	754	1	778	0	802	0	826	0	850	0
731	0	755	0	779	0	803	1	827	0	851	0
732	1	756	1	780	0	804	1	828	0	852	0
733	1	757	1	781	1	805	0	829	0	853	0
734	1	758	1	782	1	806	0	830	0	854	0
735	0	759	0	783	0	807	1	831	0	855	0
736	1	760	0	784	0	808	1	832	0	856	0
737	0	761	1	785	1	809	0	833	0	857	0
738	1	762	0	786	0	810	1	834	0	858	0
739	0	763	0	787	1	811	1	835	0	859	0
740	0	764	1	788	1	812	0	836	0	860	0
741	1	765	1	789	0	813	1	837	0	861	0
742	1	766	1	790	1	814	1	838	0	862	0
743	0	767	0	791	1	815	1	839	0	863	0

表 C.15　种子为 1011101 的加扰序列

0	0	16	1	32	0	48	1	64	0	80	0	96	0	112	1
1	1	17	0	33	1	49	1	65	1	81	0	97	0	113	0
2	1	18	1	34	1	50	1	66	1	82	1	98	1	114	0
3	0	19	0	35	0	51	1	67	1	83	1	99	0	115	1
4	1	20	1	36	1	52	0	68	0	84	1	100	0	116	1
5	1	21	0	37	0	53	1	69	0	85	0	101	1	117	0
6	0	22	0	38	0	54	0	70	0	86	1	102	0	118	0
7	0	23	1	39	0	55	0	71	1	87	1	103	0	119	0
8	0	24	1	40	0	56	1	72	1	88	1	104	0	120	1
9	0	25	1	41	1	57	0	73	1	89	1	105	0	121	0
10	0	26	0	42	0	58	1	74	1	90	0	106	0	122	1
11	1	27	0	43	1	59	0	75	1	91	0	107	0	123	1
12	1	28	1	44	0	60	0	76	1	92	1	108	1	124	1
13	0	29	1	45	1	61	0	77	1	93	0	109	0	125	0
14	0	30	1	46	0	62	1	78	0	94	1	110	0	126	1
15	1	31	1	47	1	63	1	79	0	95	1	111	0		

加扰后，位置为 816(第 817 个比特)到 821(第 822 个比特)的 6 个比特被置为 0。加扰后的首、尾 144 比特分别见表 C.16 和 C.17。

表 C.16　加扰后最先的 144 比特

##	比特	##	比特	##	比特	##	比特	##	比特	##	比特
0	0	24	1	48	1	72	0	96	0	120	0
1	1	25	0	49	1	73	1	97	0	121	0
2	1	26	0	50	1	74	0	98	1	122	1
3	0	27	0	51	1	75	0	99	0	123	1
4	1	28	1	52	0	76	1	100	0	124	1
5	1	29	1	53	1	77	1	101	1	125	0
6	0	30	1	54	0	78	1	102	0	126	1
7	0	31	1	55	0	79	1	103	0	127	0
8	0	32	0	56	1	80	1	104	0	128	1
9	0	33	1	57	0	81	1	105	0	129	1
10	0	34	1	58	1	82	0	106	0	130	1
11	1	35	0	59	0	83	1	107	0	131	0
12	1	36	1	60	0	84	0	108	1	132	0
13	0	37	0	61	1	85	1	109	1	133	1
14	0	38	0	62	0	86	1	110	0	134	0
15	1	39	0	63	1	87	1	111	0	135	0
16	1	40	0	64	0	88	1	112	1	136	1
17	0	41	0	65	1	89	0	113	1	137	0
18	0	42	1	66	1	90	1	114	1	138	1
19	0	43	0	67	0	91	0	115	1	139	1
20	1	44	0	68	0	92	1	116	0	140	1
21	0	45	0	69	0	93	1	117	0	141	1
22	0	46	0	70	0	94	1	118	1	142	0
23	1	47	1	71	1	95	0	119	1	143	0

表 C.17 加扰后最后的 144 比特

＃＃	比特	＃＃	比特	＃＃	比特	＃＃	比特	＃＃	比特	＃＃	比特
720	0	744	0	768	1	792	0	816	0	840	0
721	1	745	0	769	0	793	0	817	0	841	0
722	1	746	0	770	1	794	1	818	0	842	0
723	1	747	1	771	0	795	1	819	0	843	0
724	1	748	0	772	0	796	0	820	0	844	1
725	1	749	1	773	0	797	0	821	0	845	1
726	0	750	1	774	0	798	0	822	0	846	1
727	1	751	1	775	0	799	0	823	0	847	0
728	1	752	0	776	1	800	1	824	1	848	1
729	0	753	0	777	1	801	0	825	1	849	1
730	0	754	1	778	1	802	0	826	0	850	1
731	0	755	1	779	0	803	0	827	1	851	1
732	1	756	1	780	1	804	1	828	1	852	0
733	0	757	0	781	1	805	1	829	1	853	0
734	1	758	0	782	0	806	0	830	0	854	1
735	0	759	1	783	0	807	0	831	0	855	0
736	0	760	0	784	0	808	1	832	0	856	1
737	0	761	0	785	0	809	1	833	1	857	1
738	1	762	0	786	1	810	0	834	1	858	0
739	0	763	1	787	0	811	0	835	1	859	0
740	0	764	0	788	1	812	1	836	1	860	1
741	1	765	1	789	0	813	0	837	1	861	0
742	1	766	0	790	0	814	1	838	1	862	0
743	1	767	1	791	0	815	0	839	1	863	1

C.6 DATA 比特的编码、交织和映射

C.6.1 DATA 比特编码

加扰后的比特使用编码率为 Ω 的卷积码进行编码。表 C.16 所示的加扰后的最先的 144 比特映射为表 C.18 所示的 192 比特。

C.6.2 DATA 比特交织

交织器定义为两次置换过程。k 表示第一次置换之前的编码比特的索引，第一次置换后、第二次置换前的索引用 i 表示，第二次置换后、调制映射之前的索引用 j 表示。k 到 i 的映射如表 C.19 所示，i 到 j 的映射如表 C.20 所示。

作为具体例子，考虑 $k=17$（编码和删余后的第 18 比特）的情况。它的映射过程为：第一次置换为 $i=13$，第二次置换为 $j=12$（调制映射前的第 13 比特）。

交织后的比特如表 C.21 所示。

表 C.18 最先的 DATA 符号的编码比特

＃＃	比特	＃＃	比特	＃＃	比特	＃＃	比特	＃＃	比特	＃＃	比特
0	0	32	1	64	0	96	1	128	1	160	1
1	0	33	0	65	1	97	0	129	1	161	1
2	1	34	0	66	0	98	0	130	0	162	1
3	0	35	1	67	0	99	0	131	0	163	0
4	1	36	1	68	1	100	1	132	0	164	0
5	0	37	1	69	0	101	1	133	0	165	0
6	1	38	0	70	1	102	1	134	0	166	0
7	1	39	1	71	0	103	1	135	0	167	0
8	0	40	1	72	1	104	1	136	0	168	1
9	0	41	0	73	1	105	1	137	1	169	1
10	0	42	1	74	1	106	0	138	0	170	0
11	0	43	1	75	1	107	0	139	0	171	1
12	1	44	0	76	1	108	0	140	0	172	0
13	0	45	1	77	0	109	0	141	0	173	0
14	0	46	0	78	1	110	0	142	1	174	1
15	0	47	1	79	1	111	0	143	1	175	1
16	1	48	1	80	1	112	1	144	0	176	1
17	0	49	0	81	1	113	1	145	1	177	1
18	1	50	0	82	1	114	0	146	1	178	1
19	0	51	1	83	0	115	0	147	0	179	0
20	0	52	1	84	1	116	1	148	0	180	1
21	0	53	0	85	0	117	0	149	0	181	0
22	0	54	1	86	0	118	0	150	0	182	1
23	1	55	0	87	0	119	0	151	0	183	1
24	1	56	0	88	1	120	0	152	0	184	1
25	1	57	0	89	1	121	1	153	0	185	0
26	1	58	0	90	0	122	1	154	0	186	1
27	1	59	1	91	0	123	1	155	1	187	1
28	0	60	1	92	0	124	0	156	1	188	0
29	0	61	1	93	0	125	0	157	0	189	0
30	0	62	0	94	1	126	1	158	0	190	1
31	0	63	1	95	0	127	1	159	0	191	0

表 C.19 第一次置换

k	*i*	*k*	*i*	*k*	*i*	*k*	*i*	*k*	*i*	*k*	*i*	*k*	*i*	*k*	*i*
0	0	24	97	48	3	72	100	96	6	120	103	144	9	168	106
1	12	25	109	49	15	73	112	97	18	121	115	145	21	169	118
2	24	26	121	50	27	74	124	98	30	122	127	146	33	170	130
3	36	27	133	51	39	75	136	99	42	123	139	147	45	171	142
4	48	28	145	52	51	76	148	100	54	124	151	148	57	172	154
5	60	29	157	53	63	77	160	101	66	125	163	149	69	173	166
6	72	30	169	54	75	78	172	102	78	126	175	150	81	174	178
7	84	31	181	55	87	79	184	103	90	127	187	151	93	175	190
8	96	32	2	56	99	80	5	104	102	128	8	152	105	176	11
9	108	33	14	57	111	81	17	105	114	129	20	153	117	177	23
10	120	34	26	58	123	82	29	106	126	130	32	154	129	178	35
11	132	35	38	59	135	83	41	107	138	131	44	155	141	179	47
12	144	36	50	60	147	84	53	108	150	132	56	156	153	180	59
13	156	37	62	61	159	85	65	109	162	133	68	157	165	181	71
14	168	38	74	62	171	86	77	110	174	134	80	158	177	182	83
15	180	39	86	63	183	87	89	111	186	135	92	159	189	183	95
16	1	40	98	64	4	88	101	112	7	136	104	160	10	184	107
17	13	41	110	65	16	89	113	113	19	137	116	161	22	185	119
18	25	42	122	66	28	90	125	114	31	138	128	162	34	186	131
19	37	43	134	67	40	91	137	115	43	139	140	163	46	187	143
20	49	44	146	68	52	92	149	116	55	140	152	164	58	188	155
21	61	45	158	69	64	93	161	117	67	141	164	165	70	189	167
22	73	46	170	70	76	94	173	118	79	142	176	166	82	190	179
23	85	47	182	71	88	95	185	119	91	143	188	167	94	191	191

表 C.20 第二次置换

i	*j*	*i*	*j*	*i*	*j*	*i*	*j*	*i*	*j*	*i*	*j*	*i*	*j*	*i*	*j*
0	0	24	24	48	48	72	72	96	96	120	120	144	144	168	168
1	1	25	25	49	49	73	73	97	97	121	121	145	145	169	169
2	2	26	26	50	50	74	74	98	98	122	122	146	146	170	170
3	3	27	27	51	51	75	75	99	99	123	123	147	147	171	171
4	4	28	28	52	52	76	76	100	100	124	124	148	148	172	172
5	5	29	29	53	53	77	77	101	101	125	125	149	149	173	173
6	6	30	30	54	54	78	78	102	102	126	126	150	150	174	174
7	7	31	31	55	55	79	79	103	103	127	127	151	151	175	175
8	8	32	32	56	56	80	80	104	104	128	128	152	152	176	176
9	9	33	33	57	57	81	81	105	105	129	129	153	153	177	177
10	10	34	34	58	58	82	82	106	106	130	130	154	154	178	178
11	11	35	35	59	59	83	83	107	107	131	131	155	155	179	179
12	13	36	37	60	61	84	85	108	109	132	133	156	157	180	181
13	12	37	36	61	60	85	84	109	108	133	132	157	156	181	180
14	15	38	39	62	63	86	87	110	111	134	135	158	159	182	183
15	14	39	38	63	62	87	86	111	110	135	134	159	158	183	182
16	17	40	41	64	65	88	89	112	113	136	137	160	161	184	185
17	16	41	40	65	64	89	88	113	112	137	136	161	160	185	184
18	19	42	43	66	67	90	91	114	115	138	139	162	163	186	187
19	18	43	42	67	66	91	90	115	114	139	138	163	162	187	186
20	21	44	45	68	69	92	93	116	117	140	141	164	165	188	189
21	20	45	44	69	68	93	92	117	116	141	140	165	164	189	188
22	23	46	47	70	71	94	95	118	119	142	143	166	167	190	191
23	22	47	46	71	70	95	94	119	118	143	142	167	166	191	190

表 C.21　最先的 DATA 符号的交织比特

＃＃	比特	＃＃	比特	＃＃	比特	＃＃	比特	＃＃	比特	＃＃	比特
0	0	32	0	64	0	96	0	128	0	160	0
1	1	33	1	65	0	97	1	129	0	161	0
2	1	34	1	66	0	98	1	130	0	162	0
3	1	35	1	67	1	99	0	131	1	163	0
4	0	36	0	68	0	100	1	132	1	164	0
5	1	37	0	69	0	101	1	133	0	165	0
6	1	38	1	70	0	102	1	134	1	166	0
7	1	39	1	71	0	103	0	135	1	167	0
8	1	40	0	72	1	104	0	136	0	168	0
9	1	41	0	73	0	105	0	137	1	169	0
10	1	42	0	74	0	106	1	138	1	170	0
11	1	43	0	75	1	107	1	139	0	171	0
12	0	44	0	76	1	108	1	140	1	172	1
13	0	45	0	77	0	109	0	141	0	173	1
14	0	46	0	78	1	110	0	142	1	174	0
15	0	47	0	79	0	111	0	143	1	175	1
16	1	48	1	80	0	112	1	144	1	176	1
17	1	49	0	81	0	113	1	145	0	177	0
18	1	50	0	82	0	114	1	146	0	178	1
19	0	51	1	83	1	115	1	147	1	179	1
20	1	52	1	84	1	116	0	148	1	180	0
21	1	53	1	85	1	117	1	149	0	181	0
22	1	54	1	86	0	118	0	150	0	182	1
23	1	55	1	87	1	119	1	151	0	183	1
24	1	56	0	88	0	120	0	152	0	184	0
25	1	57	0	89	0	121	1	153	1	185	1
26	0	58	0	90	0	122	1	154	0	186	1
27	0	59	1	91	1	123	0	155	0	187	0
28	0	60	0	92	0	124	1	156	0	188	1
29	1	61	0	93	0	125	0	157	0	189	1
30	0	62	0	94	1	126	0	158	1	190	0
31	0	63	1	95	0	127	1	159	1	191	1

C.6.3　映射为符号

将 4 个编码比特分组，并按照表 84 映射为 16-QAM 的复数符号，从而产生频域符号。例如，最先的 4 个比特(0 1 1 1)映射为复数值－0.316＋0.316j，插入到第 26 号子载波的位置。

通过取值{1.0，1.0，1.0，－1.0}，并将它们与式(22)中定义的序列 p 的第 2 个元素相乘，然后将它们分别插入到{−21,−7,7,21}的位置,从而添加四个导频子载波。

频域如表 C.22 所示。

表 C.22 最先的 DATA 符号的频域表示

##	Re	Im	##	Re	Im	##	Re	Im	##	Re	Im
−32	0.000	0.000	−16	−0.949	0.316	0	0.000	0.000	16	−0.316	−0.949
−31	0.000	0.000	−15	−0.949	−0.949	1	−0.316	0.949	17	−0.949	0.316
−30	0.000	0.000	−14	−0.949	−0.949	2	0.316	0.949	18	−0.949	−0.949
−29	0.000	0.000	−13	0.949	0.316	3	−0.949	0.316	19	−0.949	−0.949
−28	0.000	0.000	−12	0.316	0.316	4	0.949	−0.949	20	−0.949	−0.949
−27	0.000	0.000	−11	−0.949	−0.316	5	0.316	0.316	21	−1.000	0.000
−26	−0.316	0.316	−10	−0.949	−0.316	6	−0.316	−0.316	22	0.316	−0.316
−25	−0.316	0.316	−9	−0.949	−0.316	7	1.000	0.000	23	0.949	0.316
−24	0.316	0.316	−8	−0.949	−0.949	8	−0.316	0.949	24	−0.949	0.316
−23	−0.949	−0.949	−7	1.000	0.000	9	0.949	−0.316	25	−0.316	0.949
−22	0.316	0.949	−6	0.949	−0.316	10	0.949	−0.316	26	0.316	−0.316
−21	1.000	0.000	−5	0.949	0.949	11	0.949	0.316	27	0.000	0.000
−20	0.316	0.316	−4	−0.949	−0.316	12	−0.316	0.949	28	0.000	0.000
−19	0.316	−0.949	−3	0.316	−0.316	13	0.949	0.316	29	0.000	0.000
−18	−0.316	−0.949	−2	−0.949	−0.316	14	0.949	−0.316	30	0.000	0.000
−17	−0.316	0.316	−1	−0.949	0.949	15	0.949	−0.949	31	0.000	0.000

与 C.4.5 中描述的方式相同,先进行 IFFT 变换,然后进行周期性扩展,最后与窗函数相乘即可得到时域采样值。通过将一个采样值交叠到 SIGNAL 字段符号中,即可实现时域采样值的添加。

C.7 产生附加的 DATA 符号

附加的 5 个数据符号的产生过程遵循 GB 15629.11—2003 中第 5 章的规定。应当特别注意导频子载波的加扰。表 C.23 中列出了导频子载波的极性和用于 DATA 符号的序列 $p_{0...126}$ 的元素。为保持完整性,表中也包括了 SIGNAL 中的导频。通过一个采样值的交叠,符号被依次追加。

表 C.23 导频子载波的极性

i	OFDM 符号	p_i 的元素	#−21 处的导频信号	#−7 处的导频信号	#7 处的导频信号	#21 处的导频信号
0	SIGNAL	1	1.0+0j	1.0+0j	1.0+0j	−1.0+0j
1	DATA1	1	1.0+0j	1.0+0j	1.0+0j	−1.0+0j
2	DATA2	1	1.0+0j	1.0+0j	1.0+0j	−1.0+0j
3	DATA3	1	1.0+0j	1.0+0j	1.0+0j	−1.0+0j
4	DATA4	−1	−1.0+0j	−1.0+0j	−1.0+0j	1.0+0j
5	DATA5	−1	−1.0+0j	−1.0+0j	−1.0+0j	1.0+0j
6	DATA6	−1	−1.0+0j	−1.0+0j	−1.0+0j	1.0+0j

C.8 完整的分组

完整的分组如表 C.24 所示。短序列部分、长序列部分、SIGNAL 字段和 DATA 符号用加重线隔开。

表 C.24 完整的分组

##	Re	Im	##	Re	Im	##	Re	Im	##	Re	Im
0	0.023	0.023	40	0.046	0.046	80	0.046	0.046	120	0.046	0.046
1	−0.132	0.002	41	0.002	−0.132	81	−0.132	0.002	121	0.002	−0.132
2	−0.013	−0.079	42	−0.079	−0.013	82	−0.013	−0.079	122	−0.079	−0.013
3	0.143	−0.013	43	−0.013	0.143	83	0.143	−0.013	123	−0.013	0.143
4	0.092	0.000	44	0.000	0.092	84	0.092	0.000	124	0.000	0.092
5	0.143	−0.013	45	−0.013	0.143	85	0.143	−0.013	125	−0.013	0.143
6	−0.013	−0.079	46	−0.079	−0.013	86	−0.013	−0.079	126	−0.079	−0.013
7	−0.132	0.002	47	0.002	−0.132	87	−0.132	0.002	127	0.002	−0.132
8	0.046	0.046	48	0.046	0.046	88	0.046	0.046	128	0.046	0.046
9	0.002	−0.132	49	−0.132	0.002	89	0.002	−0.132	129	−0.132	0.002
10	−0.079	−0.013	50	−0.013	−0.079	90	−0.079	−0.013	130	−0.013	−0.079
11	−0.013	0.143	51	0.143	−0.013	91	−0.013	0.143	131	0.143	−0.013
12	0.000	0.092	52	0.092	0.000	92	0.000	0.092	132	0.092	0.000
13	−0.013	0.143	53	0.143	−0.013	93	−0.013	0.143	133	0.143	−0.013
14	−0.079	−0.013	54	−0.013	−0.079	94	−0.079	−0.013	134	−0.013	−0.079
15	0.002	−0.132	55	−0.132	0.002	95	0.002	−0.132	135	−0.132	0.002
16	0.046	0.046	56	0.046	0.046	96	0.046	0.046	136	0.046	0.046
17	−0.132	0.002	57	0.002	−0.132	97	−0.132	0.002	137	0.002	−0.132
18	−0.013	−0.079	58	−0.079	−0.013	98	−0.013	−0.079	138	−0.079	−0.013
19	0.143	−0.013	59	−0.013	0.143	99	0.143	−0.013	139	−0.013	0.143
20	0.092	0.000	60	0.000	0.092	100	0.092	0.000	140	0.000	0.092
21	0.143	−0.013	61	−0.013	0.143	101	0.143	−0.013	141	−0.013	0.143
22	−0.013	−0.079	62	−0.079	−0.013	102	−0.013	−0.079	142	−0.079	−0.013
23	−0.132	0.002	63	0.002	−0.132	103	−0.132	0.002	143	0.002	−0.132
24	0.046	0.046	64	0.046	0.046	104	0.046	0.046	144	0.046	0.046
25	0.002	−0.132	65	−0.132	0.002	105	0.002	−0.132	145	−0.132	0.002
26	−0.079	−0.013	66	−0.013	−0.079	106	−0.079	−0.013	146	−0.013	−0.079
27	−0.013	0.143	67	0.143	−0.013	107	−0.013	0.143	147	0.143	−0.013
28	0.000	0.092	68	0.092	0.000	108	0.000	0.092	148	0.092	0.000
29	−0.013	0.143	69	0.143	−0.013	109	−0.013	0.143	149	0.143	−0.013
30	−0.079	−0.013	70	−0.013	−0.079	110	−0.079	−0.013	150	−0.013	−0.079
31	0.002	−0.132	71	−0.132	0.002	111	0.002	−0.132	151	−0.132	−0.002
32	0.046	0.046	72	0.046	0.046	112	0.046	0.046	152	0.046	0.046
33	−0.132	0.002	73	0.002	−0.132	113	−0.132	0.002	153	0.002	−0.132
34	−0.013	−0.079	74	−0.079	−0.013	114	−0.013	−0.079	154	−0.079	−0.013
35	0.143	−0.013	75	−0.013	0.143	115	0.143	−0.013	155	−0.013	0.143
36	0.092	0.000	76	0.000	0.092	116	0.092	0.000	156	0.000	0.092
37	0.143	−0.013	77	−0.013	0.143	117	0.143	−0.013	157	−0.013	0.143
38	−0.013	−0.079	78	−0.079	−0.013	118	−0.013	−0.079	158	−0.079	−0.013
39	−0.132	0.002	79	0.002	−0.132	119	−0.132	0.002	159	0.002	−0.132
160	−0.055	0.023	200	0.098	−0.026	240	0.062	0.062	280	−0.035	−0.151
161	0.012	−0.098	201	0.053	0.004	241	0.119	0.004	281	−0.122	−0.017
162	−0.092	−0.106	202	0.001	−0.115	242	−0.022	−0.161	282	−0.127	−0.021
163	−0.092	−0.115	203	−0.137	−0.047	243	0.059	0.015	283	0.075	−0.074
164	−0.003	−0.054	204	0.024	−0.059	244	0.024	0.059	284	−0.003	0.054
165	0.075	0.074	205	0.059	−0.015	245	−0.137	0.047	285	−0.092	0.115
166	−0.127	0.021	206	−0.022	0.161	246	0.001	0.115	286	0.092	0.106
167	−0.122	0.017	207	0.119	−0.004	247	0.053	−0.004	287	0.012	0.098
168	−0.035	0.151	208	0.062	−0.062	248	0.098	0.026	288	−0.156	0.000
169	−0.056	0.022	209	0.037	0.098	249	−0.038	0.106	289	0.012	−0.098
170	−0.060	−0.081	210	−0.057	0.039	250	−0.115	0.055	290	0.092	−0.106
171	0.070	−0.014	211	−0.131	0.065	251	0.060	0.088	291	−0.092	−0.115
172	0.082	−0.092	212	0.082	0.092	252	0.021	−0.028	292	−0.003	−0.054
173	−0.131	−0.065	213	0.070	0.014	253	0.097	−0.083	293	0.075	0.074

表 C.24(续)

##	Re	Im	##	Re	Im	##	Re	Im	##	Re	Im
174	-0.057	-0.039	214	-0.060	0.081	254	0.040	0.111	294	-0.127	0.021
175	0.037	-0.098	215	-0.056	-0.022	255	-0.005	0.120	295	-0.122	0.017
176	0.062	0.062	216	-0.035	-0.151	256	0.156	0.000	296	-0.035	0.151
177	0.119	0.004	217	-0.122	-0.017	257	-0.005	-0.120	297	-0.056	0.022
178	-0.022	-0.161	218	-0.127	-0.021	258	0.040	-0.111	298	-0.060	-0.081
179	0.059	0.015	219	0.075	-0.074	259	0.097	0.083	299	0.070	-0.014
180	0.024	0.059	220	-0.003	0.054	260	0.021	0.028	300	0.082	-0.092
181	-0.137	0.047	221	-0.092	0.115	261	0.060	-0.088	301	-0.131	-0.065
182	0.001	0.115	222	0.092	0.106	262	-0.115	-0.055	302	-0.057	-0.039
183	0.053	-0.004	223	0.012	0.098	263	-0.038	-0.106	303	0.037	-0.098
184	0.098	0.026	224	-0.156	0.000	264	0.098	-0.026	304	0.062	0.062
185	-0.038	0.106	225	0.012	-0.098	265	0.053	0.004	305	0.119	0.004
186	-0.115	0.055	226	0.092	-0.106	266	0.001	-0.115	306	-0.022	-0.161
187	0.060	0.088	227	-0.092	-0.115	267	-0.137	-0.047	307	0.059	0.015
188	0.021	-0.028	228	-0.003	-0.054	268	0.024	-0.059	308	0.024	0.059
189	0.097	-0.083	229	0.075	0.074	269	0.059	-0.015	309	-0.137	0.047
190	0.040	0.111	230	-0.127	0.021	270	-0.022	0.161	310	0.001	0.115
191	-0.005	0.120	231	-0.122	0.017	271	0.119	-0.004	311	0.053	-0.004
192	0.156	0.000	232	-0.035	0.151	272	0.062	-0.062	312	0.098	0.026
193	-0.005	-0.120	233	-0.056	0.022	273	0.037	0.098	313	-0.038	0.106
194	0.040	-0.111	234	-0.060	-0.081	274	-0.057	0.039	314	-0.115	0.055
195	0.097	0.083	235	0.070	-0.014	275	-0.131	0.065	315	0.060	0.088
196	0.021	0.028	236	0.082	-0.092	276	0.082	0.092	316	0.021	-0.028
197	0.060	-0.088	237	-0.131	-0.065	277	0.070	0.014	317	0.097	-0.083
198	-0.115	-0.055	238	-0.057	-0.039	278	-0.060	0.081	318	0.040	0.111
199	-0.038	-0.106	239	0.037	-0.098	279	-0.056	-0.022	319	-0.005	0.120
320	0.109	0.000	340	0.010	-0.097	360	-0.035	0.044	380	-0.051	0.202
321	0.033	-0.044	341	-0.060	-0.124	361	0.017	-0.059	381	0.035	-0.116
322	-0.002	-0.038	342	-0.033	-0.044	362	0.053	-0.017	382	0.016	-0.174
323	-0.081	0.084	343	0.011	0.002	363	0.099	0.100	383	0.057	-0.052
324	0.007	-0.100	344	0.098	0.044	364	0.034	-0.148	384	0.062	0.000
325	-0.001	-0.113	345	0.136	0.105	365	-0.003	-0.094	385	0.033	-0.044
326	-0.021	-0.005	346	-0.021	0.005	366	-0.120	0.042	386	-0.002	-0.038
327	0.136	-0.105	347	-0.001	0.113	367	-0.136	-0.070	387	-0.081	0.084
328	0.098	-0.044	348	0.007	0.100	368	-0.031	0.000	388	0.007	-0.100
329	0.011	-0.002	349	-0.081	-0.084	369	-0.136	0.070	389	-0.001	-0.113
330	-0.033	0.044	350	-0.002	0.038	370	-0.120	-0.042	390	-0.021	-0.005
331	-0.060	0.124	351	0.033	0.044	371	-0.003	0.094	391	0.136	-0.105
332	0.010	0.097	352	0.062	0.000	372	0.034	0.148	392	0.098	-0.044
333	0.000	-0.008	353	0.057	0.052	373	0.099	-0.100	393	0.011	-0.002
334	0.018	-0.083	354	0.016	0.174	374	0.053	0.017	394	-0.033	0.044
335	-0.069	0.027	355	0.035	0.116	375	0.017	0.059	395	-0.060	0.124
336	-0.219	0.000	356	-0.051	-0.202	376	-0.035	-0.044	396	0.010	0.097
337	-0.069	-0.027	357	0.011	0.036	377	-0.049	0.008	397	0.000	-0.008
338	0.018	0.083	358	0.089	0.209	378	0.089	-0.209	398	0.018	-0.083
339	0.000	0.008	359	-0.049	-0.008	379	0.011	-0.036	399	-0.069	0.027
400	-0.149	0.035	420	-0.168	-0.043	440	-0.017	0.019	460	0.046	0.023
401	-0.109	-0.130	421	-0.066	0.028	441	-0.016	-0.074	461	-0.050	0.034
402	0.003	-0.011	422	-0.065	0.037	442	-0.005	-0.085	462	-0.024	-0.009
403	-0.003	0.083	423	0.039	0.025	443	0.066	0.062	463	0.065	0.166
404	-0.039	-0.032	424	0.078	-0.045	444	0.154	0.050	464	-0.079	0.071
405	0.051	0.048	425	-0.105	0.048	445	0.120	-0.001	465	-0.109	-0.130
406	0.136	0.173	426	-0.030	0.093	446	-0.015	0.087	466	0.003	-0.011

表 C.24(续)

##	Re	Im	##	Re	Im	##	Re	Im	##	Re	Im
407	0.047	−0.033	427	0.020	−0.086	447	0.141	0.013	467	−0.003	0.083
408	−0.042	−0.039	428	0.005	0.052	448	0.236	0.049	468	−0.039	−0.032
409	−0.071	−0.005	429	−0.014	−0.084	449	−0.025	0.067	469	0.051	0.048
410	−0.095	−0.100	430	−0.146	−0.050	450	−0.099	0.007	470	0.136	0.173
411	−0.111	−0.009	431	−0.053	0.277	451	0.022	−0.017	471	0.047	−0.033
412	−0.047	−0.086	432	−0.020	−0.011	452	0.078	−0.116	472	−0.042	−0.039
413	0.042	−0.123	433	−0.066	0.002	453	0.015	−0.092	473	−0.071	−0.005
414	−0.034	−0.095	434	0.140	0.007	454	−0.051	−0.054	474	−0.095	−0.100
415	0.012	−0.076	435	0.081	−0.144	455	0.019	0.011	475	−0.111	−0.009
416	0.061	0.049	436	−0.108	0.152	456	0.020	0.065	476	−0.047	−0.086
417	−0.034	−0.048	437	0.024	−0.024	457	−0.012	0.038	477	0.042	−0.123
418	0.096	−0.015	438	0.040	−0.168	458	−0.009	0.024	478	−0.034	−0.095
419	0.018	0.042	439	−0.057	0.055	459	0.009	−0.052	479	0.012	−0.076
480	−0.004	0.075	500	−0.011	0.061	520	−0.081	0.067	540	0.114	−0.007
481	−0.034	0.026	501	−0.028	0.060	521	−0.043	−0.139	541	0.131	0.015
482	0.011	−0.021	502	−0.111	−0.057	522	−0.084	−0.194	542	0.067	−0.017
483	0.046	−0.011	503	0.049	0.010	523	0.004	0.027	543	−0.047	−0.017
484	0.035	−0.141	504	0.140	−0.006	524	−0.083	−0.098	544	−0.069	0.100
485	0.074	−0.002	505	0.069	−0.114	525	0.037	−0.080	545	−0.034	0.026
486	0.096	0.168	506	0.014	−0.002	526	0.059	0.120	546	0.011	−0.021
487	0.044	−0.037	507	0.032	−0.048	527	−0.126	−0.082	547	0.046	−0.011
488	0.061	−0.047	508	0.149	−0.064	528	−0.011	−0.138	548	0.035	−0.141
489	0.037	0.130	509	0.070	0.001	529	−0.096	−0.108	549	0.074	−0.002
490	−0.009	0.054	510	0.006	0.006	530	−0.119	−0.015	550	0.096	0.168
491	−0.062	−0.064	511	0.067	0.080	531	0.027	0.142	551	0.044	−0.037
492	−0.101	−0.029	512	0.049	0.038	532	−0.045	−0.143	552	0.061	−0.047
493	0.011	0.024	513	−0.019	0.095	533	0.001	−0.185	553	0.037	0.130
494	0.031	−0.019	514	−0.077	0.203	534	−0.016	0.047	554	−0.009	0.054
495	0.007	0.042	515	0.030	0.063	535	−0.037	−0.054	555	−0.062	−0.064
496	−0.008	0.079	516	0.021	−0.054	536	−0.002	−0.092	556	−0.101	−0.029
497	−0.036	−0.007	517	−0.017	−0.047	537	−0.157	0.014	557	0.011	0.024
498	0.054	0.090	518	0.026	−0.011	538	−0.107	0.121	558	0.031	−0.019
499	0.017	0.109	519	−0.125	0.048	539	0.074	0.108	559	0.007	0.042
560	−0.039	0.050	580	−0.043	−0.040	600	−0.101	0.058	620	0.054	−0.070
561	−0.052	0.072	581	−0.053	0.047	601	0.027	−0.106	621	−0.003	0.034
562	0.041	0.019	582	0.112	−0.104	602	0.138	0.016	622	0.014	0.042
563	−0.084	0.178	583	−0.031	−0.081	603	−0.021	0.061	623	0.106	−0.146
564	−0.020	0.012	584	−0.009	0.024	604	0.046	−0.140	624	−0.069	0.021
565	−0.021	−0.072	585	0.087	0.081	605	−0.003	−0.055	625	−0.052	0.072
566	0.040	0.056	586	−0.003	0.075	606	−0.082	0.019	626	0.041	0.019
567	0.106	0.020	587	−0.023	0.000	607	−0.035	−0.040	627	−0.084	0.178
568	−0.057	0.041	588	0.050	0.109	608	−0.002	−0.049	628	−0.020	0.012
569	0.078	−0.058	589	0.115	0.164	609	0.117	−0.087	629	−0.021	−0.072
570	0.048	−0.088	590	0.004	0.068	610	0.028	0.031	630	0.040	0.056
571	−0.063	0.046	591	−0.014	−0.011	611	−0.035	0.139	631	0.106	0.020
572	0.087	−0.018	592	0.010	0.018	612	0.053	0.063	632	−0.057	0.041
573	0.003	−0.051	593	−0.010	0.151	613	0.000	−0.022	633	0.078	−0.058
574	−0.027	0.011	594	0.066	0.048	614	−0.083	−0.025	634	0.048	−0.088
575	−0.056	−0.015	595	0.077	−0.146	615	−0.149	0.091	635	−0.063	0.046
576	−0.058	−0.148	596	0.169	−0.074	616	−0.109	0.036	636	0.087	−0.018
577	0.086	−0.049	597	0.009	−0.011	617	−0.063	−0.195	637	0.003	−0.051
578	0.067	0.176	598	−0.215	−0.066	618	−0.149	−0.119	638	−0.027	0.011
579	0.081	0.009	599	−0.084	0.038	619	−0.090	0.016	639	−0.056	−0.015

表 C.24(续)

##	Re	Im	##	Re	Im	##	Re	Im	##	Re	Im
640	−0.078	−0.134	660	−0.003	−0.024	680	0.003	0.002	700	−0.156	−0.061
641	0.019	−0.081	661	0.114	0.048	681	0.030	−0.035	701	−0.141	−0.086
642	0.077	0.103	662	0.001	−0.009	682	−0.007	−0.050	702	0.002	0.014
643	0.076	0.047	663	−0.039	0.052	683	−0.033	0.002	703	−0.055	0.054
644	0.066	0.062	664	0.011	0.053	684	−0.018	0.020	704	−0.099	−0.120
645	0.070	0.129	665	−0.087	−0.081	685	−0.005	−0.051	705	0.019	−0.081
646	−0.049	0.031	666	−0.037	0.133	686	0.020	−0.044	706	0.077	0.103
647	−0.079	−0.060	667	0.060	−0.052	687	0.105	0.031	707	0.076	0.047
648	0.056	0.116	668	−0.150	−0.133	688	0.041	0.059	708	0.066	0.062
649	0.051	0.205	669	−0.067	0.068	689	0.052	0.033	709	0.070	0.129
650	0.093	0.056	670	0.167	−0.144	690	0.053	0.134	710	−0.049	0.031
651	0.115	0.020	671	0.011	−0.030	691	−0.010	0.071	711	−0.079	−0.060
652	0.047	−0.103	672	−0.040	−0.038	692	0.162	−0.147	712	0.056	0.116
653	−0.009	−0.067	673	−0.066	−0.182	693	0.076	−0.090	713	0.051	0.205
654	−0.122	0.060	674	−0.051	0.059	694	−0.030	−0.101	714	0.093	0.056
655	−0.062	−0.014	675	0.031	0.016	695	0.089	0.027	715	0.115	0.020
656	0.018	0.099	676	−0.186	−0.010	696	−0.070	0.223	716	0.047	−0.103
657	0.031	0.060	677	−0.117	−0.030	697	−0.109	0.003	717	−0.009	−0.067
658	0.068	−0.014	678	0.090	−0.202	698	0.042	−0.025	718	−0.122	0.060
659	−0.038	0.028	679	−0.002	−0.094	699	−0.009	0.058	719	−0.062	−0.014
720	0.123	−0.006	740	0.010	0.072	760	0.069	−0.009	780	−0.051	0.062
721	−0.050	−0.133	741	−0.023	0.011	761	−0.085	0.088	781	−0.053	−0.049
722	−0.106	−0.025	742	0.097	0.073	762	−0.104	−0.128	782	−0.155	−0.047
723	0.056	0.007	743	0.046	0.052	763	0.041	−0.100	783	0.049	0.004
724	0.083	−0.023	744	−0.071	−0.112	764	0.011	0.145	784	0.227	−0.110
725	0.054	−0.110	745	0.014	0.072	765	−0.046	0.033	785	−0.050	−0.133
726	−0.043	−0.130	746	−0.116	0.063	766	−0.051	−0.049	786	−0.106	−0.025
727	0.020	−0.080	747	−0.186	−0.092	767	0.018	0.066	787	0.056	0.007
728	0.010	−0.090	748	−0.024	−0.047	768	0.031	−0.010	788	0.083	−0.023
729	−0.181	−0.004	749	0.074	−0.017	769	−0.060	−0.056	789	0.054	−0.110
730	−0.043	−0.013	750	0.072	0.020	770	0.002	0.012	790	−0.043	−0.130
731	0.127	−0.095	751	−0.037	−0.021	771	0.056	0.010	791	0.020	−0.080
732	0.025	0.037	752	0.049	0.011	772	0.033	0.122	792	0.010	−0.090
733	−0.077	0.009	753	0.080	−0.054	773	−0.010	0.159	793	−0.181	−0.004
734	−0.084	−0.008	754	−0.088	−0.162	774	−0.056	0.006	794	−0.043	−0.013
735	−0.070	0.107	755	0.004	0.113	775	0.057	−0.050	795	0.127	−0.095
736	−0.071	0.030	756	0.071	0.105	776	0.071	−0.026	796	0.025	0.037
737	0.013	0.082	757	0.034	−0.036	777	−0.001	0.005	797	−0.077	0.009
738	0.062	0.068	758	0.063	0.136	778	0.076	0.028	798	−0.084	−0.008
739	0.042	−0.016	759	0.075	0.033	779	0.018	0.062	799	−0.070	0.107
800	−0.021	0.004	820	0.067	−0.189	840	−0.006	0.026	860	−0.013	0.079
801	0.082	−0.011	821	0.119	−0.070	841	0.009	0.080	861	0.031	0.029
802	−0.002	0.022	822	0.020	0.105	842	0.085	0.017	862	0.061	−0.015
803	0.123	−0.056	823	0.008	0.057	843	−0.155	0.095	863	−0.172	−0.015
804	−0.016	0.019	824	0.034	0.040	844	−0.010	0.084	864	0.030	−0.021
805	−0.091	0.013	825	−0.003	−0.003	845	0.145	0.012	865	0.082	−0.011
806	−0.048	−0.216	826	−0.042	0.043	846	0.064	−0.053	866	−0.002	0.022
807	−0.060	−0.079	827	−0.068	0.060	847	−0.011	−0.081	867	0.123	−0.056
808	−0.092	0.112	828	−0.058	−0.107	848	−0.048	−0.020	868	−0.016	0.019
809	0.026	−0.011	829	0.067	0.046	849	0.116	−0.008	869	−0.091	0.013
810	0.215	−0.037	830	0.069	0.086	850	0.057	−0.002	870	−0.048	−0.216

表 C.24(续)

＃＃	Re	Im	＃＃	Re	Im	＃＃	Re	Im	＃＃	Re	Im
811	0.010	−0.009	831	0.010	−0.140	851	0.008	−0.059	871	−0.060	−0.079
812	−0.117	−0.056	832	−0.049	0.002	852	0.049	−0.030	872	−0.092	0.112
813	−0.015	−0.081	833	−0.115	−0.016	853	−0.033	0.053	873	0.026	−0.011
814	−0.015	−0.125	834	−0.028	−0.027	854	−0.023	−0.139	874	0.215	−0.037
815	0.009	−0.119	835	−0.024	0.231	855	−0.118	−0.108	875	0.010	−0.009
816	−0.011	−0.079	836	0.019	0.042	856	0.065	0.098	876	−0.117	−0.056
817	−0.010	−0.053	837	0.013	−0.002	857	0.132	0.022	877	−0.015	−0.081
818	−0.071	0.058	838	−0.049	0.199	858	−0.135	0.084	878	−0.015	−0.125
819	−0.116	0.010	839	0.096	0.037	859	−0.015	0.175	879	0.009	−0.119
									880	−0.006	−0.039

附 录 D
（规范性附录）
对 GB 15629.11—2003 的修改

D.1 MAC 子层功能

D.1.1 多速率支持

多速率支持同 GB 15629.11—2003 的 9.6，并增加以下内容：

对于 5 GHz 频段的物理层（PHY），在持续时间/标识（Duration/ID）字段中指示的发送一帧所需的时间由原语 PLME-TXTIME.request 和 PLME-TXTIME.confirm 确定。发送时间（TXTIME）的计算方法见本部分 6.4.3。

D.2 层管理

D.2.1 PLME SAP 接口

PLME SAP 接口同 GB 15629.11—2003 的 10.4，并作以下修改：

D.2.1.1 PLME_CHARACTERISTICS.confirm

D.2.1.1.1 功能

该原语提供 PHY 工作参数。

D.2.1.1.2 服务原语的语义

原语参数如下：

```
PLME_CHARACTERISTICS.confirm  (
                                aSlotTime,
                                aSIFSTime,
                                aCCATime,
                                aRxTxTurnaroundTime,
                                aTxPLCPDelay,
                                aRxPLCPDelay,
                                aRxTxSwitchTime,
                                aTxRampOnTime,
                                aTxRampOffTime,
                                aTxRFDelay,
                                aRxRFDelay,
                                aAirPropagationTime,
                                aMACProcessingDelay,
                                aPreambleLength,
                                aPLCPHeaderLength,
                                aMPDUMaxLength,
                                aCWmin,
                                aCWmax
                                )
```

原语参数如下：

名　称	类型	描　述
aSlotTime (时隙时间)	整数型	MAC 用于定义 PIFS 和 DIFS 的时隙时间(单位为 μs)。见 GB 15629.11—2003的 9.2.10
aSIFSTime (SIFS 时间)	整数型	MAC 和 PHY 在空中接口接收到帧的最后一个符号到处理该帧并以空中接口的最早可能的响应帧的第一个符号作为响应所需的额定时间(单位为 μs)。见 GB 15629.11—2003 的 9.2.10
aCCATime (CCA 时间)	整数型	CCA 机制在每个时隙内评估媒体以确定媒体是忙或闲所需的最小时间(单位为 μs)
aRxTxTurnaroundTime (接收发送转换时间)	整数型	PHY 从接收状态转换到发送第一个符号所需要的最大时间(单位为 μs)。以下方程可导出 aRxTxTurnaroundTime： aTxPLCPDelay＋aRxTxSwitchTime＋aTxRampOnTime＋aTxRFDelay
aTxPLCPDelay (PLCP 发送延迟)	整数型	PLCP 把一个符号从 MAC 接口传送到 PMD 的发送数据通道上所需要的额定时间(单位为 μs)
aRxPLCPDelay (PLCP 接收延迟)	整数型	PLCP 把一个比特从 PMD 接收通道上传送到 MAC 所需要的额定时间(单位为 μs)
aRxTxSwitchTime (接收发送切换时间)	整数型	PMD 从接收切换到发送所需要的额定时间(以 μs 计)
aTxRampOnTime (发送坡升时间)	整数型	PMD 打开发射器所需要的最大时间(单位为 μs)
aTxRampOffTime (发送坡降时间)	整数型	PMD 关闭发射功率放大器所需要的额定时间(单位为 μs)
aTxRFDelay (RF 发送延迟)	整数型	在原语 PMD-DATA.request 的发布和该原语在空中接口上对应的符号的开始之间的额定时间(单位为 μs)。对 FH 为符号中心位置前 1/2 符号周期；对 DS 为符号的第一个码片中心位置前 1/2 码片周期；对 IR 为对应时隙中心位置前 1/2 时隙
aRxRFDelay (RF 接收延迟)	整数型	在空中接口中的最后符号结束和向 PLCP 发布原语 PMD-DATA.indicate 之间的额定时间(单位为 μs)。符号的结束的定义为：对 FH 为符号中心位置后 1/2 符号周期，对 DS 为符号的最后一个码片中心位置后 1/2 码片周期，对 IR 为对应时隙中心位置后 1/2 时隙
aAirPropagationTime (无线传播时间)	整数型	从发送站发送一个信号到接收站所预期时间(单位为 μs)
aMACProcessingDelay (MAC 处理延迟)	整数型	MAC 处理一帧并准备对该帧进行响应所用的额定时间(单位为 μs)
aPreambleLength (前导码长度)	整数型	当前 PHY 的前导码长度(单位为 μs)。如果已调制的前导码的实际长度值不是微秒的整数倍，应向上取整
aPLCPHeaderLength (PLCP 头的长度)	整数型	当前 PHY 的 PLCP 头的长度(单位为 μs)。如果已调制的报头的实际长度值不是微秒的整数倍，则向上取整
aMPDUMaxLength (MPDU 最大长度)	整数型	能被 PLCPPDU 运送的 MPDU 的最大八位位组数
aCWmin	整数型	竞争窗口的最小长度，单位为 aSlotTime
aCWmax	整数型	竞争窗口的最大长度，单位为 aSlotTime

D.2.1.1.3 产生条件

为响应原语 PLME-CHARACTERISTICS. request，PHY 实体所执行的原语。

D.2.1.1.4 收后效果

收到该原语后，PHY 实体将提供其工作参数。

D.2.1.2 PLME-TXTIME. request

D.2.1.2.1 功能

本原语请求物理层计算在无线媒体中传送一个物理层协议数据单元(PPDU)所需的时间。该 PPDU 包含一个确定长度的 MAC 层协议数据单元(MPDU)，并且采用了特定的格式、数据速率和信令。

D.2.1.2.2 服务原语的语义

原语参数如下：

PLME-TXTIME. request(TXVECTOR)

参数 TXVECTOR 代表 MAC 子层用于发送 MPDU 而提供给本地 PHY 实体的一系列参数，在 GB 15629.11—2003 的 12.3.4.4 和本部分的 6.4 中详细叙述(其中也定义了本地 PHY 实体)。

D.2.1.2.3 产生条件

每当 MAC 子层需要确定发送一个 MPDU 所需的时间时，产生本原语并传送至 PHY 实体。

D.2.1.2.4 收后效果

PHY 层实体接收到该原语后，产生原语 PHY-TXTIME. confirm 以传递所需的发送时间。

D.2.1.3 PLME-TXTIME. confirm

D.2.1.3.1 功能

本原语提供原语 PLME-TXTIME. request 中描述的发送 PPDU 所需的时间。

D.2.1.3.2 服务原语的语义

原语参数如下：

PLME-TXTIME. confirm(TXTIME)

TXTIME 表示 PLME-TXTIME. request 中描述的发送 PPDU 所需的时间，单位为 μs。如果计算出的时间包含小数，则向上取整。

D.2.1.3.3 产生条件

本地 PHY 实体对原语 PLME-TXTIME. request 进行响应时发送本原语。

D.2.1.3.4 收后效果

MAC 子层接收到该原语后，即取得 PPDU 的发送时间。

附 录 NA
（资料性附录）
本部分、ISO/IEC 8802-11:1999/Amd 1:2000 、GB 15629.11—2003 的章条号对应表

表 NA.1 给出了本部分与 ISO/IEC 8802-11:1999/Amd 1:2000 的编辑性差异以及与 GB 15629.11—2003的章条的对应关系一览表。

表 NA.1 本部分、ISO/IEC 8802-11:1999/Amd 1:2000、GB 15629.11—2003 的章条号对应表

本部分的章条编号	ISO/IEC 8802-11:1999/Amd 1:2000 的章条编号	GB 15629.11—2003 的章条编号
第 1 章		第 1 章
第 2 章		第 2 章
第 3 章		第 3 章
第 4 章	第 4 章	第 4 章
第 5 章		第 5 章
第 6 章	第 17 章	
附录 A	附录 A	附录 A
附录 B	附录 D	附录 D
附录 C	附录 G	附录 G
第 D.1 章	9.1	9.6
第 D.2 章	10.4	10.4

注：本部分各章条，若无明确说明，均为 GB 15629.11—2003 的新增内容。

ICS 35.110
L 78

中华人民共和国国家标准

GB/T 15629.1103—2006

信息技术　系统间远程通信和信息交换　局域网和城域网　特定要求　第11部分：无线局域网媒体访问控制和物理层规范：附加管理域操作规范

Information technology—Telecommunications and information exchange between systems—Local and metropolitan area networks—Specific requirements—Part 11：Wireless LAN Medium Access Control（MAC）and Physical Layer（PHY）Specifications：Specification for operation in additional regulatory domains

2006-01-27 发布

中华人民共和国国家质量监督检验检疫总局
中国国家标准化管理委员会　发布

前　言

本部分在技术上等同采用 ISO/IEC 8802-11:2005《信息技术　系统间远程通信和信息交换　局域网和城域网特定要求　第 11 部分:无线局域网媒体访问控制(MAC)和物理(PHY)层规范》中的相关部分。

本部分是 GB 15629.11—2003《信息技术　系统间远程通信和信息交换　局域网和城域网　特定要求　第 11 部分:无线局域网媒体访问控制和物理层规范》的子项,除在物理层相关内容符合本部分外,其他特征必须符合 GB 15629.1102—2003《信息技术　系统间远程通信和信息交换　局域网和城域网　特定要求　第 11 部分:无线局域网媒体访问控制和物理层规范》和其他扩展子项标准的规定。

为便于使用,本部分给出了它与 ISO/IEC 8802-11:2005、GB 15629.11—2003 的章节对应关系,详见附录 NA。

本部分的附录 A、附录 C 和附录 D 都为规范性附录,附录 E 和附录 NA 为资料性附录。

本部分由中华人民共和国信息产业部提出。

本部分由中国电子技术标准化研究所归口。

本部分由西安西电捷通无线网络通信有限公司和国家无线电监测中心负责起草,参加单位有国家密码管理局商用密码研究中心、中国电子技术标准化研究所、西安电子科技大学和西安邮电学院等。

本部分主要起草人:黄振海、宋起柱、铁满霞、郭宏、张变玲、苑克龙、曹军、庞辽军、李大为、刘伟、罗鹏、李建东、许福英、姚忠邦、阚润田、刘晓勇、朱志祥。

信息技术　系统间远程通信和信息交换　局域网和城域网　特定要求　第11部分：无线局域网媒体访问控制和物理层规范：附加管理域操作规范

2　规范性引用文件

在第2章中插入如下文本：

GB/T 2659—2000　世界各国和地区名称代码(eqv ISO 3166-1:1997)

4　缩略语

在第4章中以字母表顺序在适当位置插入如下文本：

EHCC　扩展双曲性叠合码

HCC　双曲性叠合码

7　帧格式

7.2.3.1　信标帧格式

在7.2.3.1的第一段结尾插入下列文本：

如果dot11MultiDomainCapabilityEnabled属性为真，则STA应该在传送的信标帧中包含一个国家信息元素。作为可选项，信标帧格式也可能包含顺序号为12和13中一者或两者描述的信息。如果发送了顺序为12和13均描述的信息，那么这些信息应该描述相同的跳频模式。注意在顺序12和13中描述的信息也可能包含在探询响应帧中。

在表5的最后插入如下行：

表5　信标帧的组成

顺　序	信　　息	备　　注
11	国家信息	当dot11MultiDomainCapabilityEnabled为真时，国家信息元素应存在
12	FH　参数	如果dot11MultiDomainCapabilityEnabled为真，可包含7.3.2.13中定义的FH参数
13	FH模式表	如果dot11MultiDomainCapabilityEnabled为真，可包含7.3.2.14中定义的FH模式表

7.2.3.8　探询请求帧格式

在7.2.3.8的第一段结尾插入下列文本：

如果dot11MultiDomainCapabilityEnabled属性为真时，STA可在探询请求帧内包含一个请求信息元素。请求信息元素的格式定义见7.3.2.15。

在表11中插入信息字段为“请求信息”的顺序号为3的项，如下：

表11　探询请求帧体

顺　序	信　　息	备　　注
3	请求信息	如果dot11MultiDomainCapabilityEnabled为真，则可被包含

7.2.3.9 探询响应帧格式

在7.2.3.9第一段结尾插入如下文本：

如果 dot11MultiDomainCapabilityEnabled 属性为真，则探询响应帧包含一个国家信息元素和所有由请求信息元素的 Requested Element ID 定义的信息元素。注意：作为探询请求帧的返回值并包含一个请求信息元素的信息可能包含 FH 参数和/或 FH 模式表，FH 参数和/或 FH 模式表可能会复制顺序号 12 和 13 所定义的可选元素。

STA 应该仅仅返回它所支持的那些信息元素。如果请求信息元素的结构不正确，那么 STA 就会忽略所请求的第一个顺序不当的信息元素和随后所请求的所有信息元素。在探询响应帧内，STA 应该采用与请求信息元素中相同的顺序返回所请求的信息元素。

在表 12 中插入顺序号为 10、11、12 和 13 项，如下：

表 12 探询响应帧体

顺 序	信 息	备 注
10	国家信息	如果 dot11MultiDomainCapabilityEnabled 为真，则包含本信息
11	FH 参数	如果 dot11MultiDomainCapabilityEnabled 为真，则可包含 7.3.2.13 中定义的 FH 参数
12	FH 模式表	如果 dot11MultiDomainCapabilityEnabled 为真，则可包含 7.3.2.14 中定义的 FH 模式表
13～n	所请求的信息元素	探询请求帧的请求信息元素所请求的元素

7.3.2 信息元素

在7.3.2的表20中插入如下信息，用新的元素 ID 来代替保留的标识符 7～15：

表 20 元素 ID

信息元素	元素标识符
国家	7
跳频模式参数	8
跳频模式表	9
请求	10
保留	11～15

插入以7.3.2.12开始的条。重新对图、表、方程式进行适当编序。

7.3.2.12 国家信息元素

国家信息元素包含必要信息，这些信息使 STA 可以验证它所处的管理域，并且配置自己的物理层使其在所处的管理域内可操作。此信息元素的格式见图 42A。

注：由于如下文本在现行标准中出现，因此这些文本可能不是必要的。在图中，字段中的所有比特位都是从 0 到 k 编号的，其中字段的长度是 k+1 比特。一个字段中的八位位组边界可以通过将字段的比特数对 8 取模而得到。在长于一个八位位组的数字字段中，各八位位组是按照比特编号递增的顺序由低到高依次排列的。在长于一个八位位组的数字字段中，各八位位组按照比特编号由低到高的顺序依次发送给 PLCP。

元素 ID	长度
国家字符串(八位位数 1、2)	
国家字符串(八位位数 3)	第一信道编号
信道数目	最大传输功率电平
…	
第一信道编号	信道数目
最大传输功率电平	填充(若需要)

图 42A 国家信息元素

本信息元素的元素 ID 为 7。本信息元素的长度是可变的,因为其中可能包含不止一个由第一信道编号、信道数目和最大传输功率电平字段组成的三元组。该信息元素的最小长度是 8 个八位位组。

元素中的国家字串字段长度为 3 个八位位组。在发送信标帧或探询响应帧之前,AP 应将本字段的值设置为 dot11CountryString 属性中包含的值。接收到本元素后,STA 应将 dot11CountryString 字段的值设置为本字段中包含的值。

第一信道编号字段的长度为 1 个八位位组。它应该包含一个正整数的值来表示该信息元素中描述的子频带的最低信道号码。每一对第一信道和信道数目字段描述的信道组不应该相互覆盖,且信道的编号应该单调递增。

子元素的信道数目字段的长度为 1 个八位位组。

最大传输功率电平字段的值是有正负的,长度为 1 个八位位组。它表示所允许的最大传输功率,单位 dBm。

填充字段的长度为 0 或 1 个八位位组。国家信息元素的长度应能被 2 整除。如果其长度不能被 2 整除,则用填充来增加一个八位位组。填充字段的值为 0。

7.3.2.13 跳频模式参数信息元素

跳频模式参数信息元素中包含了允许 STA 用 HCC 和 EHCC 算法来计算代码族的必要信息。9.9.2.1中描述了 HCC 和 EHCC 算法。该信息元素的格式见图 42B。

元素 ID	长度
素数基数	信道数目

图 42B 跳频模式参数信息元素

该信息元素的元素 ID 应为 8。该元素的长度为 4 个八位位组。

该元素的素数基数字段表示在 HCC 和 EHCC 算法中使用的素数基数(N)。该字段的值为正整数。该字段的长度是 1 个八位位组。

该元素的信道数目字段表示 HCC 和 EHCC 算法中族索引(a)的最大值。该字段的值是正整数,不小于素数基数减 3($N-3$)。该字段的长度为 1 个八位位组。

7.3.2.14 跳频模式表信息元素

跳频模式表信息元素包含着必要信息,这些信息使跳频实现能产生必要的跳频序列使其在收到信息元素的管理域内可操作。该信息元素的格式见图 42C。

元素 ID	长度
标记	集的总数
模数	偏移量
随机数表(八位位数 1、2)	
…	
随机数表(八位位数 $N-1$、N)	

图 42C 跳频模式表信息元素

该信息元素的元素 ID 为 9。信息元素的长度是可变的。信息元素的长度在长度字段中指示。

标记字段的值为1时，表示当前使用的是随机数表；标记字段的值为0时，表示当前未使用随机数表，跳频索引方式将被用来决定跳频序列。该字段的长度是1个八位位组。

集的总数字段表示一个跳频模式中所有的集的总数。该字段的长度是1个八位位组。

模数和偏移量字段表示将在方程式中使用的值，这些方程式从随机数表信息中产生跳频序列。这两个字段的长度均为1个八位位组。

随机数表字段的长度可变，它是一个八位位组的矢量数，用来表示跳频序列应当遵循的随机序列。随机数表字段的长度是由此元素的长度字段减4得到的。

使用两个等式从跳频信息元素和跳频模式表信息元素中的信息产生跳频序列。公式(1)，当跳频模式表信息元素中的标记字段值为1时，则应该使用随机数表方式。公式(2)，当跳频模式表信息元素中的标记字段值为0时，则应该使用跳频索引方式。

$$f_x(i) = [b(i) + x]\mathrm{mod}(m) + q \quad \cdots\cdots(1)$$

$$f_x(i) = [(i-1) \times x]\mathrm{mod}(m) + q \quad \cdots\cdots(2)$$

$$x = n \times p + s - 1 \quad \cdots\cdots(3)$$

式中：

i——索引；

m——模数；

q——偏移量；

n——集的数目；

p——当前模式；

s——当前集的号码。

i、p 和 s 的值在跳频信息元素中建立。m、n 和 q 的值在跳频模式表信息元素中建立。

7.3.2.15 请求信息元素

该元素在探询请求帧中，用来请求做出响应的STA在探询响应帧内包含所请求的信息。该信息元素的格式见图42D。

该信息元素的元素标识符为10。此信息元素的长度是可变的。该信息元素的长度在长度字段内表示。

所请求的元素标识符是响应STA的探询响应帧内将要包含的元素列表。所请求的元素标识符应该以元素标识符递增的顺序排列。

STA应仅返回它所支持的那些信息元素。如果请求信息元素的构成不正确，那么STA可忽略所请求的第一个顺序不当的信息元素和随后所请求的所有信息元素。在探询响应帧内，STA应采用与请求信息元素中相同的顺序来返回所请求的信息元素。

元素 ID	长度
请求元素 ID1	请求元素 ID2
…	
请求元素 ID $N-1$	请求元素 ID N

图 42D' 请求信息元素

9 MAC子层功能描述

按照如下插入9.9，对图、表、方程式重新进行适当编号。

9.9 管理域间的操作

WLAN的PHY层服从从一个地域有效地变换到另一个地域的规则。期望建立一种机制：允许建立符合性实现，能满足多种不同的规则集合。本章的目的是允许符合性设备能在一个以上的管理域内工作。本章描述了当 dot11MultiDomainCapabilityEnabled 属性为真时，实现支持多个管理域间的跨域移动和工作的 STA 所要求的机制。

注：本条款并没有排除获取以下信息的需求：设备将在其中工作的每个管理域内可接受的类型、管理批准、设备授权、设备认证等。本章描述的机制为 STA 提供了验证其所在的管理域的信息，以及停止那些在所处的管理域中不可接受类型的操作。在实施时，实现者有义务提供相关证据来证明符合特定管理机构的要求。

本章提供了跨管理域操作的框架。然而，配置单个 STA 的方法超出了本标准的范围。在 STA 开始正常工作前，它必须为在特定的管理域内工作而做出正确配置。当工作在 IBSS 中时，一定要特别注意。

9.9.1 进入管理域的操作

对于能够在不同管理域内工作的 STA，当丢失了与 ESS 的连接时，默认应被动扫描。被动扫描仅仅使用 STA 的接收能力，因此是符合管理要求的。决定失去连接的超时时间取决于不同的系统，这超出了本标准的范围。

当 STA 进入管理域时，它应该被动扫描以知道至少一个有效的信道，即它在此信道上检测到了符合本标准的帧。信标帧包含了国家代码、最大允许传输功率，以及可用管理域信道等信息。作为可选项，信标帧也可定期地包含着将要在探询响应帧中返回的管理域信息。一旦 STA 获取了能满足管理域传输要求的信息，STA 就会给 AP 发送一个探询请求来获取包含在探询响应帧内的其他管理域信息，除非这些信息已提前在信标帧内被接收。然后 STA 就具有了将它的 PHY 配置为可在管理域内工作的充分信息。

9.9.2 对跳频 PHY 的支持

9.9.2.1 决定跳频模式

当在一个没有方法确定 14.6.8 或附录 B 跳频表中所描述的跳频模式的管理域中工作时，跳频模式应由 AP 使用 HCC 或 EHCC 来决定。HCC 跳频序列来自于对组做字段操作的简单公式。关于 HCC 放置算子功能的细节，请见参考书目。放置算子功能见如下公式(4)。

$$y_{\mathrm{HCC}}(k,a)=\frac{a}{k}\mathrm{mod}N \qquad \mathrm{for}, a\in J'_{\mathrm{N}} \qquad \cdots\cdots(4)$$

式中：

N——素数基数；

a——族索引；

k——在分组 J'_{N} 中。

J'_{N}是当包含 0 值的元素被从 J_{N}字段中去掉以后剩下的组。

因此，k 值不能为 0。$1/k$ 的值是字段 J_{N} 中 k 的相反数。k 的相反数在组 J_{N} 中是整数 w，这样($k*w$)mod $N=1$ 为 y_{HCC} 而计算出来的值是信道号码，a 对应跳频模式号码，k 对应跳频模式的索引。代码族是从素数基数 N 产生的 $N-1$ 套跳频模式。没有值等于第 14 章中的跳频集。每个跳频模式包含 $N-1$ 个信道。

例如，设想一个支持 10 个信道的代码族，这个代码族的素数基数为 11。HCC 算法产生的代码族见表 22A。

用于计算跳频序列的 HCC 方法只产生长度为 $N-1$ 的序列。EHCC 算法将 HCC 算法进行扩展，以支持更大数量的可能的跳频序列长度。EHCC 算法通过称为“对角线删除法”的处理来工作，由此产生 $N-2$ 个信道和 $N-3$ 个信道的跳频模式。

使用表 22A 中相同的例子来说明，使用 HCC 算法时，代码族不能产生长度为 9 或 8 的代码，因为 9 或 8 都不能通过某个素数减 1 而得到。然而，表 22A 中数组的对角线代表了组的终点。因此，代码长度为 9 或 8 的代码族可以很容易地通过将阵列去掉对角线来产生。表 22B 显示了长度为 9(通过将 10 的对角线去掉来实现)的代码族。

表 22A　HCC 代码族　$N=11$；族以(SEQ)1 到 10 作为索引

SEQ \ INDEX (k) →	1	2	3	4	5	6	7	8	9	10
1	1	6	4	3	9	2	8	7	5	10
2	2	1	8	6	7	4	5	3	10	9
3	3	7	1	9	5	6	2	10	4	8
4	4	2	5	1	3	8	10	6	9	7
5	5	8	9	4	1	10	7	2	3	6
6	6	3	2	7	10	1	4	9	8	5
7	7	9	6	10	8	3	1	5	2	4
8	8	4	10	2	6	5	9	1	7	3
9	9	10	3	5	4	7	6	8	1	2
10	10	5	7	8	2	9	3	4	6	1

表 22B　EHCC 代码族　长度=9，$N=11$；族以(SEQ) 1 到 9 作为索引

SEQ \ INDEX (k) →	1	2	3	4	5	6	7	8	9
1	1	6	4	3	9	2	8	7	5
2	2	1	8	6	7	4	5	3	9
3	3	7	1	9	5	6	2	4	8
4	4	2	5	1	3	8	6	9	7
5	5	8	9	4	1	7	2	3	6
6	6	3	2	7	1	4	9	8	5
7	7	9	6	8	3	1	5	2	4
8	8	4	2	6	5	9	1	7	3
9	9	3	5	4	7	6	8	1	2

表 22B 现在包含了全部由 1 组成的近似对角线(从左上到右下)。这是去掉上一步操作中原始对角线($p-1$)一个必然的数学属性，对任意素数 p 都有此属性。

扩展一下这个过程，表 22C 显示了代码长度为 8 的代码族(通过将表 22B 中每一行值为 1 的条目去掉，将一行中剩下的每个数减 1，然后丢弃最后一行得到)。

表 22C　EHCC 代码族　长度=8,N=11;族以(SEQ) 1 到 8 作为索引

SEQ \ INDEX (k)	1	2	3	4	5	6	7	8
1	5	3	2	8	1	7	6	4
2	1	7	5	6	3	4	2	8
3	2	6	8	4	5	1	3	7
4	3	1	4	2	7	5	8	6
5	4	7	8	3	6	1	2	5
6	5	2	1	6	3	8	7	4
7	6	8	5	7	2	4	1	3
8	7	3	1	5	4	8	6	2

为了得到长度为 $N-2$ 的代码族,通过 HCC 算法计算出的长度为 $N-1$ 的代码族应该通过删除值为 1 和 $N-1$ 的代码族的对角线,删除代码族中为 $N-1$ 和 $N-2$ 的代码系数,将代码族阵列中剩下的值减去 1 而进行修改。这使得产生了($N-3$)乘以($N-3$)的方阵,阵列的值从 1 到 $N-3$。

当使用通过 HCC 或 EHCC 算法计算出来的跳频模式时,FH 参数设置元素中的值应该按照如下规则设置:

a) 跳频集字段应为 0;跳频集字段的值 0 表示使用的是 HCC/EHCC 算法,而且跳频模式字段包含 HCC/EHCC 族索引,跳频索引字段包含 ECC/EHCC 索引。

b) 使用的代码的族索引应该在跳频模式字段中。

c) 索引应该在跳频索引字段中。

11　MAC 子层管理实体

11.1.3.3　初始化 BSS

在 11.1.3.3 第一段的结尾处插入如下文本:

如果 dot11MultiDomainCapabilityEnabled 属性为真,STA 不应发起 BSS(无论基础结构 BSS 还是 IBSS),除非可以构造一个包含国家信息元素的结构正确的信标帧并设置了 dot11MultiDomainCapabilityEnabled 属性。

11.1.3.4　与 BSS 的同步

在 11.1.3.4 第一段的结尾处插入如下文本:

如果 dot11MultiDomainCapabilityEnabled 属性为真,则收到了包含国家信息元素的信标帧或探询响应帧的 STA 应该采用加入 BSS 时的元素中的参数。如果当前的信标帧或探询响应帧中存在跳频模式参数元素且 dot11MultiDomainCapabilityEnabled 属性为真,则 STA 应该采用跳频模式参数元素中的模式参数,并且通过 7.3.2.13 或 7.3.2.14 中定义的算法来计算跳频模式。为了使用 FH 参数集元素中的恰当的模式、集和索引的值,STA 应采用加入 BSS 时所使用的值。当 STA 使用国家代码的设置工作时,dot11RegDomainsSupportedEntry 应该设置为 Other。

14　2.4 GHz 工业、科学和医药领域(ISM)频段的跳频扩频(FHSS)物理层(PHY)规范

14.8.2　FH PHY 属性

在 14.8.2 的表 49 中,为 dot11RegDomainsSupported 插入一个新的默认值,如下:

Other=X‘00’

14.8.2.1　**FH PHY 属性定义**

14.8.2.1.20　**dot11CurrentSet(当前组)**

在 14.8.2.1.20 第一段的结尾处插入如下文本：

当 dot11MultiDomainOperationImplemented 为 true 时，此值应为 0。值为 0 表示跳频模式是从最近收到的信标帧或探询响应帧的跳频表信息元素中得到的。

附 录 A
(规范性附录)
协议实现一致性声明(PICS)形式表

A.4 PICS 形式表

A.4.3 IUT 配置

在表的底部插入下列行:

*CF8	是否实现多域的工作能力?	7.3.2.13 7.3.2.14 9.9,11.1.3.4	O.3	是□ 否□

如条款 A.4.10,插入下列表:

A.4.10 管理域扩展

项目	协 议 能 力	引用条号	状 态	支 持
MD1	国家信息元素 dot11MultiDomainCapabilityEnabled 属性 dot11MultiDomainCapabilityEnabled 长度 国家字符串 信道数字段 第一信道号 最大传输功率点评 信道数目	7.2.3.1, 7.2.3.9 7.3.2.12	CF8:M	是□ 否□ 不适用□
MD2	在探询请求帧中包含请求信息	7.2.3.8	CF8:O	是□ 否□ 不适用□
MD3	跳频模式参数 元素 ID 素数基数 信道数目	7.3.2.13	((CF3 或(CF7 和 HRD32))和 CF8:M	是□ 否□ 不适用□
MD4	跳频模式信息元素 格式 元素 ID 随机表方法	7.3.2.14	((CF3 或(CF7 和 HRD32))和 CF8:M	是□ 否□ 不适用□
MD5	请求信息元素 格式 元素 ID 请求的元素 ID 的顺序	7.3.2.15	CF8:M	是□ 否□ 不适用□

项目	协 议 能 力	引用条号	状 态	支 持
MD5	进入管理域 丢失同其 ESS 的连接 用于学习的被动扫描 信标信息 发送探询请求	9.9.1	CF8:M	是□ 否□ 不适用□
MD6	确定跳频模式 (不带表格的调频索引方法,带表格的跳频索引方法,和 HCC/EHCC)	7.3.2.14 9.9.2.1	((CF3 或(CF7 和 HRD32))和 CF8:M	是□ 否□ 不适用□
MD7	漫游需要带国家信息元素的信标帧	11.1.3.3	CF8:M	是□ 否□ 不适用□
MD8	接收到信标后采取的行动	11.1.3.4	CF8:M	是□ 否□ 不适用□
MD9	忽略不正确形成的请求信息元素	7.2.3.9	CF8:O	是□ 否□ 不适用□
MD10	跳频模式置位属性	14.8.2.1.20	((CF3 或(CF7 和 HRD32))和 CF8:M	是□ 否□ 不适用□

附 录 C
(规范性附录)
MAC 操作的形式描述

C.2 MAC 状态机的数据类型和算子定义

对 C.2 中的 MAC 状态机数据类型做如下修改：

用如下内容替代 StationConfig Table 中的 Package macmib 中的有关内容：

StationConfig 表

```
* * * * * * * * * * * * * * * * * * * * * * * * * * * * * * * * * * * * * * * * * * *
remote dot11MediumOccupancyLimit TU nodelay；
synonym dot11CfPollable Boolean = <<package macsorts>> sCFPollable；
remote dot11CfpPeriod Integer nodelay；
remote dot11CfpMaxDuration Integer nodelay；
remote dot11AuthenticationResponseTimeOut Integer nodelay；
synonym dot11PrivacyOptionImplemented Boolean = true；
remote dot11PowerManagementMode PsMode = sta _ active；
remote dot11DesiredSSID Octetstring nodelay；
remote dot11DesiredBSSType BssType nodelay；
remote dot11OperationalRateSet Octetstring nodelay；
remote dot11BeaconPeriod TU nodelay；
remote dot11DtimPeriod Integer nodelay；
remote dot11AssociationResponseTimeOut TU nodelay；
remote dot11DisassociateReason ReasonCode nodelay；
remote dot11DisassociateStation MacAddr nodelay；
remote dot11DeauthenticateReason ReasonCode nodelay；
remote dot11DeauthenticateStation MacAddr nodelay；
remote dot11AuthenticateFailStatus StatusCode nodelay；
remote dot11AuthenticateFailStation MacAddr nodelay；
synonym dot11MultiDomainOperationImplemented Boolean = true；
```

紧接" unsup _ rate==mkOS(18,2)；"后在 Package macsorts 和 StatusCode 的定义中插入下列文本：

```
no _ short _ preamble == mkOS(19, 2)；
no _ Pbcc == mkOS(20, 2)；
no _ agility == mkOS(21, 2)；
```

插入 Package macsorts 的下列各项文本，能力字段位元指派分类的定义，正好在 "endnewtype 能力" 上面：

```
cShortPreamble == S8(0,0,0,0,0,1,0,0) // 0x00；    /* Short Preamble 802.11b */
```

cPBCC == S8(0,0,0,0,0,0,1,0) // 0x00; /* PBCC 802.11b */

cChannelAgility == S8(0,0,0,0,0,0,0,1) // 0x00; /* Channel Agility 802.11b */

cShortPreamble == S8(0,0,0,0,0,1,0,0) // 0x00; /* Short Preamble 802.11b */

插入 Package macsorts 的下列各项文本，ElementID 分类的定义，仅仅在上面 "endnewtype ElementID"：

eCountry == mkOS(7, 1); /* Country Information (8:254) */

eHopParm == mkOS(8, 1); /* FH Hopping Parameters (4) */

eHopTable == mkOS(9,1); /* FH Hopping Table (6:254) */

eRequest == mkOS(10, 1); /* Request (3:254) */

紧接" unsup _ rate==mkOS(18,2);"后在 Package macsorts 和 StatusCode 的定义中插入下列文本：

no _ short _ preamble == mkOS(19, 2);

no _ Pbcc == mkOS(20, 2);

no _ agility == mkOS(21, 2);

插入 Package macsorts 的下列各项文本，能力字段位元指派分类的定义，正好在 "endnewtype 能力" 上面：

cShortPreamble == S8(0,0,0,0,0,1,0,0) // 0x00; /* Short Preamble 802.11b */

cPBCC == S8(0,0,0,0,0,0,1,0) // 0x00; /* PBCC 802.11b */

cChannelAgility == S8(0,0,0,0,0,0,0,1) // 0x00; /* Channel Agility 802.11b */

cShortPreamble == S8(0,0,0,0,0,1,0,0) // 0x00; /* Short Preamble 802.11b */

插入 Package macsorts 的下列各项文本，ElementID 分类的定义，仅仅在上面 "endnewtype ElementID"：

eCountry == mkOS(7, 1); /* Country Information (8:254) */

eHopParm == mkOS(8, 1); /* FH Hopping Parameters (4) */

eHopTable == mkOS(9, 1); /* FH Hopping Table (6:254) */

eRequest == mkOS(10, 1); /* Request (3:254) */

从 Package macmib 划除，秘密表格的定义文本 "remote dot11PrivacyInvoked Boolean nodelay;"

插入 Package macmib，在"操作表"下面 文字框包含下列各项：

```
/*****************************************
*   MultiDomainCapability Table
*****************************************/
remote dot11MultiDomainCapabilityEnabled  Boolean nodelay;
remote dot11CountryString  Octetstring nodelay;
```

C.3 用于 MAC 站的状态机

使下列各项成为变化到 C.3 的 MAC 站状态机：

在简图 sta _ Mm _ svc _ 1.1a 中插入。在文本符号开始方面"/* Intra-MAC remote variables */"行包含"dot11MultiDomainCapabilityEnabledBoolean:= false"；并且更新简图名字到"sta _ Mm _ svc1.1b"。

简图 sta _ Start _ Ibss _ 3c 的插入，在来自判定符号"yBtyp" 的分支上，在判定符号之前"parameters valid"新的判定符号包含"dot11MultiDomainOperationImplemented"。在来自这个新的判定符号的分支上，判定符号包含"dot11MultiDomainCapabilityEnabled 'and country information valid'"由于(false) 参加分支从那已存在的"parameters valid"判定符号并且(true) 连接到顶端的分支那已存在的"parameters valid"判定符号。那(false)分支从被插入的判定符号包含"dot11MultiDomainOperationImplemented" 连接在顶端的已存在的变迁流量那已存在的"parameters valid"判定符号。更新简图命名到"sta _ Start _ Ibss _ 3d" 。

{早先的文本提供从 11.1.3.3 开始 BSS 变化。}

在简图 sta _ TSF _ Ibss _ 5a 中插入，在和输入"Tbcn" 的变变换始方面，仅仅在上面输出符号"Xport，送(ytdu，imed)" 判定符号包含"dot11MultiDomainCapabilityEnabled"。在来自这个新的判定符号的分支上，任务符号包含"add country information element"参加来自这决策的分支符号连接到已存在的输出符号。更新对"sta _ TSF _ Ibss _ 5b" 的简图名字。

{早先的文本提供 IBSS 信标的国家信息元素的插入。}

在简图 sta _ Scan _ 2d 中插入，在决策" ystype " 的分支一个新的判定符号中包含"dot11MultiDomainCapabilityEnabled并且国家信息有效的"。连接(true)分支从这个新的判定符号到任务符号在已存在的(active _ scan) 者的启动分支。连接这个新的判定符号的分支到分支那"parameters valid"比较早的在相同的变换中的判定符号。更新对"sta _ Scan _ 2e" 的简图名字。

{早先的文本防止激活的缺乏有效的国家信息扫描。}

在简图中插入"和输入的变迁开始的 sta _ Join _ 4c"信标。" 仅仅在上面任务符号"采用来自 yrdu 的数值"新的判定符号包含"dot11MultiDomainCapabilityEnabled"。连接这个新的判定符号的分支到已存在的任务符号。连接这个新的判定符号的分支到另外的新决策符号包含"在信标中的'目前国家信息"由于(true) 个连接的分支到已存在的任务 symbo 和(false)连接到新的"nextstate-"符号的分支。更新简图命名到"sta _ Join _ 4d"。

{早先的文本提供从 11.1.3.3 开始 BSS 变化。}

C.4 MAC 接入点的状态机

使下列各项变化成为到 C.4 的 MAC 接入点状态机：

插入到文本符号开始的简图 ap _ Mm _ svc _ 1b"/* MAC 内遥远的变量 */"行包含"dot11MultiDomainCapabilityEnabled Boolean:=false;"并且更新简图名字到"ap _ Mm _ svc _ 1c"。

简图 ap _ Start _ Bss _ 2b 的插入，在来自判定符号"yBtyp" 的分支上，在判定符号之前"parameters valid"新的判定符号包含"dot11MultiDomainOperationImplemented"。在来自这个新的判定符号的分支上，判定符号包含" dot11MultiDomainCapabilityEnabled并且国家信息有效的" 由于(false) 参加分支的从已存在的"参数有效的"判定符号和(true) 连接到顶端的分支已存在的"参数有效的"判定符号。(false)分支从被插入的判定符号包含"dot11MultiDomainOperationImplemented" 连接在顶端的已存在的变迁流量那已存在的"参数有效的"判定符号。更新简图命名到"ap _ Start _ Bss _ 2c" 。

早先的文本提供从 11.1.3.3 开始 BSS 变化。}

在简图 ap _ TSF _ bss _ 3b 中插入，在和输入"Tbcn" 的变迁开始方面，仅仅在上面输出符号

"Xport,送(ytdu,imed)" 判定符号包含"dot11MultiDomainCapabilityEnabled"。在来自这个新的判定符号的分支上,任务符号包含"国家信息元素"参加来自这一个决策的分支符号连接到已存在的输出符号。

在由输入"ProbeReq(yRdu)" 开始的变迁中,仅仅在输入符号下面插入任务符号包含"进程请求信息元件(如果现在) 依照 7.3.2.14"和正好在输出上面,符号"送"判定符号包含"dot11MultiDomainCapabilityEnabled"。在来自这个新的判定符号的分支上,任务符号包含"国家信息元素"参加来自这决策的分支符号连接到已存在的输出符号。对"ap _ TSF _ bss _ 3c" 的更新简图名字。

{早先的文本提供插入 BSS 信标和探询的响应国家信息元素和探询请求信息元素。}

附 录 D
（规范性附录）
MAC 和 PHY 管理信息库的 ASN.1 编码

在 dot11RegDomainsSupported 表格中插入新的描述数值：插入
Other = X'00'

在 附录 D“主要的部分”，在目的站管理属性的结尾插入下列各项文本：
-- dot11MultiDomainCapabilityTable ::= {dot11smt 7}

在附录 D“SMT 站配置表格”，在 dot11StationConfigEntry 列表的结尾插入下列文本：

dot11MultiDomainCapabilityImplemented TruthValue,
dot11MultiDomainCapabilityEnabled TruthValue,
dot11CountryString OCTETSTRING

在附录 D 的"主要的部分" 中，为目的 PHY 属性插入下列各项文本：
-- dot11EHCCHoppingPatternTable ::= {dot11phy 13}

为目的 dot11StationConfigEntry 元素定义 dot11AuthenticateFailStation 在后插入下列各项元素：

```
dot11MultiDomainCapabilityImplemented OBJECT-TYPE
        SYNTAX TruthValue
        MAX-ACCESS read-write
        STATUS current
        DESCRIPTION
        "当值为真时，本属性指示站的实现有能力支持多个管理域。否则，不具备这个能力。本属
        性的默认数值是假。"

::= { dot11StationConfigEntry 21 }
    dot11MultiDomainCapabilityEnabled OBJECT-TYPE
        SYNTAX TruthValue
        MAX-ACCESS read-write
        STATUS current

        DESCRIPTION
        "当值为真时，本属性指示站在多重管理域中工作的能力被激活。否则，能力没有被激活。
        本属性的默认数值是假。"

::= { dot11StationConfigEntry 22 }
    dot11CountryString OBJECT-TYPE
        SYNTAX OCTET STRING (SIZE (3))
        MAX-ACCESS read-only
        STATUS current
```

DESCRIPTION
"本属性鉴别站正在其内工作的国家。本字符串的最初二个八位位组是二个字符国家代码，在 ISO/IEC 3166-1 描述。第三八位位组将是下列各项：
a) ASCII 空间字符，如果正在工作的站的符合的规章包含了国家的所有环境；
b) ASCII 'O'字符，如果正在工作的站的符合的规章仅仅用于户外环境；
c) ASCII 'I'字符，如果正在工作的站的符合的规章仅仅用于室内环境。"
::= { dot11StationConfigEntry 23 }

对附录 D 的 802.11 MIB 的，在 MAC 模板属性之前插入下列各项变化：

```
-- * * * * * * * * * * * * * * * * * * * * * * * * * * * * * * * * * * * * * * * * *
-- * dot11MultiDomainCapability TABLE
-- * * * * * * * * * * * * * * * * * * * * * * * * * * * * * * * * * * * * * * * * *
dot11MultiDomainCapabilityTable OBJECT-TYPE
      SYNTAX SEQUENCE OF Dot11MultiDomainCapabilityEntry
      MAX-ACCESS not-accessible
      STATUS current
      DESCRIPTION
      "这个(概念上的)属性表格,用于跨域移动。"

::= { dot11smt 7 }

dot11MultiDomainCapabilityEntry OBJECT-TYPE
      SYNTAX Dot11MultiDomainCapabilityEntry
      MAX-ACCESS not-accessible
      STATUS current
      DESCRIPTION
      "多重域能力表格的一项 （概念上的行）。

      IfIndex ——每个 GB 15629.11 接口由一个 ifEntry 来表示。这个 MIB 模块中的接口表由 if-
      Index 索引。"

      INDEX { ifIndex,
              dot11MultiDomainCapabilityIndex}

::={dot11MultiDomainCapabilityTable 1}

Dot11MultiDomainCapabilityEntry ::=
        SEQUENCE {
                dot11MultiDomainCapabilityIndex        Integer32,
                dot11FirstChannelNumber                Integer32,
                dot11NumberofChannels                  Integer32,
                dot11MaximumTransmitPowerLevel         Integer32}
```

```
dot11MultiDomainCapabilityIndex OBJECT-TYPE
        SYNTAX Integer32
        MAX-ACCESS not-accessible
        STATUS current
        DESCRIPTION
        "在多重域能力表中,用于确定柱型对象实例的辅助变量。"
    ::= { dot11MultiDomainCapabilityEntry 1}

    dot11FirstChannelNumber OBJECT-TYPE
        SYNTAX Integer32
        MAX-ACCESS read-write
        STATUS current
        DESCRIPTION
        "本属性应指示用于关联域国家字符串的子频带中最低的信道数目的值。本属性的默认值
        应为零。"
    ::= { dot11MultiDomainCapabilityEntry 2}

    dot11NumberofChannels OBJECT-TYPE
        SYNTAX Integer32
        MAX-ACCESS read-write
        STATUS current
        DESCRIPTION
        "本属性应指示用于关联域国家字符串的子频带中允许的信道总数的值。本属性的默认值
        应为零。"
    ::= { dot11MultiDomainCapabilityEntry 3}

    dot11MaximumTransmitPowerLevel OBJECT-TYPE
        SYNTAX Integer32
        MAX-ACCESS read-write
        STATUS current
        DESCRIPTION
         "本属性应指示用于关联域国家字符串的子频带中允许的最大的发送功率,单位为 dBm。
         本属性的默认值为零。"
    ::= { dot11MultiDomainCapabilityEntry 4}

    -- * * * * * * * * * * * * * * * * * * * * * * * * * * * * * * * * * * * * * * *
    -- * End of dot11MultiDomainCapability TABLE
    -- * * * * * * * * * * * * * * * * * * * * * * * * * * * * * * * * * * * * * * *
```

在附录 D "dot11PhyFHSS 表格"中,在 dot11PhyFHSSEntrySequence 列表结束的时候插入下列文本:

```
dot11EHCCPrimeRadix                    Integer32,
```

```
dot11EHCCNumberofChannelsFamilyIndex        Integer32,
dot11EHCCCapabilityImplemented              TruthValue,
dot11EHCCCapabilityEnabled                  TruthValue,
dot11HopAlgorithmAdopted                    INTEGER,
dot11RandomTableFlag                        TruthValue,
dot11NumberofHoppingSets                    Integer32,
dot11HopModulus                             Integer32,
dot11HopOffset                              Integer32
```

在 dot11CurrentIndex 后面的 dot11PhyFHSSEntry 定义结束时插入下列元素：

```
dot11EHCCPrimeRadix OBJECT-TYPE
    SYNTAX Integer32
    MAX-ACCESS read-write
    STATUS current

    DESCRIPTION
    "本属性指示 HCC 和 EHCC 算法中用作素数基数(N)的值。"
::= { dot11PhyFHSSEntry 8 }

dot11EHCCNumberofChannelsFamilyIndex OBJECT-TYPE
    SYNTAX Integer32
    MAX-ACCESS read-write
    STATUS current
    DESCRIPTION
      "本属性指示在 HCC 和 EHCC 算法中用于组索引(a)的最大值。本字段的数值不应小
      于素数基数减 3( N-3)。被允许值的有效范围是( N-1)、( N-2)和(N-3)"
::= { dot11PhyFHSSEntry 9 }

dot11EHCCCapabilityImplemented OBJECT-TYPE
    SYNTAX TruthValue
    MAX-ACCESS read-write
    STATUS current
    DESCRIPTION
      "当值为真时,本属性指示站的实现有能力产生决定跳频模式的 HCC 或 EHCC 算法。若
      值为假则该能力不具备。本属性默认值是假。"
::= { dot11PhyFHSSEntry 10 }

dot11EHCCCapabilityEnabled OBJECT-TYPE
    SYNTAX TruthValue
    MAX-ACCESS read-write
    STATUS current
    DESCRIPTION
      "当值为真时,本属性指示站的使用 HCC 或 EHCC 算法决定跳频模式的能力被使能。
      若值为假则表示未被使能。本属性的默认值是假。"
```

::= { dot11PhyFHSSEntry 11 }

dot11HopAlgorithmAdopted OBJECT-TYPE
SYNTAX INTEGER { current(0), hop _ index(1), hcc(2) }
MAX-ACCESS read-write
STATUS current
DESCRIPTION
"本属性指示哪种算法用于产生跳频模式。有效的数值是：
0——GB 15629.11—2003 第 14 章所定义的跳频模式
1——跳频索引方法(由或没有带表格)
2——HCC/EHCC 方法

::= { dot11PhyFHssEntry 12 }

dot11RandomTableFlag OBJECT-TYPE
SYNTAX TruthValue
MAX-ACCESS read-write
STATUS current
DESCRIPTION
" 当值为真时,本属性指示随机表格存在。当值为假时,它指示随机表格不存在,跳频索引方法将用来确定跳频序列。本属性的默认值是真。"

::= { dot11PhyFHSSEntry 13 }

dot11NumberofHoppingSets OBJECT-TYPE
SYNTAX Integer32
MAX-ACCESS read-only
STATUS current
DESCRIPTION
"集合数目字段指示跳频模式中的集合的总数。"

::= { dot11PhyFHSSEntry 14 }

dot11HopModulus OBJECT-TYPE
SYNTAX Integer32
MAX-ACCESS read-only
STATUS current
DESCRIPTION
"用于跳频集合的允许的信道数目。该值由设备正在其中工作的国家的国家代码的管理机构确定。"

::= { dot11PhyFHSSEntry 15 }

```
dot11HopOffset OBJECT-TYPE
        SYNTAX Integer32
        MAX-ACCESS read-write
        STATUS current
        DESCRIPTION
      "跳频集合中的下一个位置。"

  ::= { dot11PhyFHSSEntry 16 }

  -- * * * * * * * * * * * * * * * * * * * * * * * * * * * * * * * * * * * * * *
  -- * dot11 Hopping Pattern TABLE
  -- * * * * * * * * * * * * * * * * * * * * * * * * * * * * * * * * * * * * * *
  dot11HoppingPatternTable OBJECT-TYPE
        SYNTAX SEQUENCE OF Dot11HoppingPatternEntry
        MAX-ACCESS not-accessible
        STATUS current
        DESCRIPTION

          "跳频实现所必需的属性表格(概念性的),该表格能产生工作在关联域国家字符串的子频
          段中所需要的跳频序列。"

  ::= { dot11phy 13 }

dot11HoppingPatternEntry OBJECT-TYPE
        SYNTAX Dot11HoppingPatternEntry
        MAX-ACCESS not-accessible
        STATUS current
        DESCRIPTION
        "跳频模式表格的一项(概念上看,一个行),该表格指示后续的随机跳频序列。"

          IfIndex ——每个 GB 15629.11 接口由一个 ifEntry 表示。这个 MIB 模块中的接口表由
          ifIndex 来索引。"

            INDEX { ifIndex,
                 dot11HoppingPatternIndex}

  ::= {dot11HoppingPatternTable 1}

Dot11HoppingPatternEntry ::=
          SEQUENCE {
          dot11HoppingPatternIndex                    Integer32,
          dot11RandomTableFieldNumber                 Integer32}
```

dot11HoppingPatternIndex OBJECT-TYPE
SYNTAX Integer32
MAX-ACCESS not-accessible
STATUS current

DESCRIPTION
"在跳频模式表中,用于确定柱型对象实例的辅助变量。"

::={ dot11HoppingPatternEntry 1}

dot11RandomTableFieldNumber OBJECT-TYPE
SYNTAX Integer32
MAX-ACCESS read-write
STATUS current

DESCRIPTION
"本属性应指示关联域国家字符串的子频段的跳频序列中的开始信道号的值。本属性的默认值应为零。"

::={ dot11HoppingPatternEntry 2}

-- *
-- * End of dot11 Hopping Pattern TABLE
* *

在"可选择的组"部分做以下改动:

-- OPTIONAL-GROUPS { dot11SMTprivacy, dot11MACStatistics,
-- dot11PhyAntennaComplianceGroup, dot11PhyTxPowerComplianceGroup,
-- dot11PhyRegDomainsSupportGroup,
-- dot11PhyAntennasListGroup, dot11PhyRateGroup,
-- dot11SMTbase3, dot11MultiDomainCapabilityGroup,
-- dot11PhyFHSSComplianceGroup2 }
--
::={ dot11Compliances 1 }

在{dot11Groups 19}之后插入下列各项对象组:

dot11SMTbase3 OBJECT-GROUP
OBJECTS { dot11MediumOccupancyLimit,
dot11CFPollable,
dot11CFPPeriod,
dot11CFPMaxDuration,
dot11AuthenticationResponseTimeOut,

```
            dot11PrivacyOptionImplemented,
            dot11PowerManagementMode,
            dot11DesiredSSID, dot11DesiredBSSType,
            dot11OperationalRateSet,
            dot11BeaconPeriod, dot11DTIMPeriod,
            dot11AssociationResponseTimeOut,
            dot11DisassociateReason,
            dot11DisassociateStation,
            dot11DeauthenticateReason,
            dot11DeauthenticateStation,
            dot11AuthenticateFailStatus,
            dot11AuthenticateFailStation,
            dot11MultiDomainCapabilityImplemented,
            dot11MultiDomainCapabilityEnabled,
            dot11CountryString
            }
        STATUS current
        DESCRIPTION
          "当STA能实现多重域工作时,SMTbase3对象类为STA提供必要的支持,以管理
          STA内的处理过程,以便STA可作为WLAN网络的一部分协同工作。当多域能力选
          项实现时,本对象组应被实现。"
    ::= {dot11Groups 20 }

dot11MultiDomainCapabilityGroup OBJECT-GROUP
      OBJECTS {
            dot11FirstChannelNumber,
            dot11NumberofChannels,
            dot11MaximumTransmitPowerLevel
            }
      STATUS current
      DESCRIPTION
      "当多域能力选项被实现时,dot11MultiDomainCapabilityGroup对象类提供必要的对象,
        用于管理STA的可用信道。"
    ::= {dot11Groups 21}

dot11PhyFHSSComplianceGroup2 OBJECT-GROUP
      OBJECTS {dot11HopTime, dot11CurrentChannelNumber, dot11MaxDwellTime,
            dot11CurrentDwellTime, dot11CurrentSet, dot11CurrentPattern,
            dot11CurrentIndex, dot11EHCCPrimeRadix,
dot11EHCCNumberofChannelsFamilyIndex,
            dot11EHCCCapabilityImplemented, dot11EHCCCapabilityEnabled,
            dot11HopAlgorithmAdopted, dot11RandomTableFlag,
dot11NumberofHoppingSets,
```

dot11HopModulus, dot11HopOffset, dot11RandomTableFieldNumber}

STATUS current

DESCRIPTION

"当多域能力选项被实现时,配置用于工作的跳频的属性。"

::= { dot11Groups 22 }

附 录 NA
（资料性附录）
本部分、ISO/IEC 8802-11:2005、GB 15629.11—2003 的章条号对应表

表 NA.1 给出了本部分与 ISO/IEC 8802-11:2005 及 GB 15629.11—2003 的章条对应一览表。

表 NA.1 本部分、ISO/IEC 8802-11:2005、GB 15629.11—2003 的章条号对应表

本部分的章条编号	ISO/IEC 8802-11:2005 的章条编号	GB 15629.11—2003 的章条编号
第 2 章	第 2 章	第 2 章
第 4 章	第 4 章	第 4 章
第 7 章	第 7 章	第 7 章
第 9 章	第 9 章	第 9 章
附录 A	附录 A	附录 A
附录 C	附录 C	附录 C
附录 D	附录 D	附录 D
参考文献	附录 E	参考文献

注：本部分各章条，若无明确说明，均为 GB 15629.11—2003 的新增内容。

参 考 文 献

插入下列各项到参考文献中。并且以合适方式进行重新编号：

[B4] Engwer, D. and Zweig, J., . Algorithmically Derived Hop Sequences,. submission 99/195 to the IEEE P802.11 Working Group, September 1999.

[B5] Maric, S. V. and Titlebaum, E. L., . A Class of Frequency Hop Codes with Nearly Ideal Characteristics for Use in Multiple-Access Spread-Spectrum Communications and Radar and Sonar Systems. *IEEE Transactions on Communications*, Vol. 40, No. 9, September 1992, pp. 1442-1447.

ICS 35.110
L 78

中华人民共和国国家标准

GB 15629.1104—2006

信息技术 系统间远程通信和信息交换 局域网和城域网 特定要求 第11部分：无线局域网媒体访问控制和物理层规范：2.4 GHz频段更高数据速率扩展规范

Information technology—Telecommunications and information exchange between systems—Local and metropolitan area networks—Specific requirements—Part 11: Wireless LAN Medium Access Control(MAC) and Physical Layer (PHY) Specifications: Further Higher Data Rate Extension in the 2.4 GHz Band

(ISO/IEC 8802-11:2005/Amd 4:2005,MOD)

2006-01-27 发布

中华人民共和国国家质量监督检验检疫总局
中国国家标准化管理委员会 发布

前言

本部分的6.4.1、6.4.2、6.4.3和6.4.7为强制性的，其余为推荐性的。

本部分修改采用国际标准ISO/IEC 8802-11:2005/Amd 4:2005《信息技术　系统间远程通信和信息交换　局域网和城域网　特定要求　第11部分：无线局域网媒体访问控制(MAC)和物理(PHY)层规范：2.4 GHz频段更高数据速率扩展规范》(2005年英文版)。

本部分是GB 15629.11—2003《信息技术　系统间远程通信和信息交换　局域网和城域网特定要求　第11部分：无线局域网媒体访问和物理层规范》的子项，除2.4GHz频段的更高数据速率扩展必须符合本部分外，无线局域网的其他特征必须符合GB 15629.11—2003《信息技术　系统间远程通信和信息交换　局域网和城域网特定要求　第11部分：无线局域网媒体访问和物理层规范》、GB 15629.1102—2003《信息技术　系统间远程通信和信息交换　局域网和城域网特定要求　第11部分：无线局域网媒体访问控制和物理层规范：2.4 GHz频段较高速物理层扩展规范》第6章及其他扩展子项国家标准的规定。

本部分与ISO/IEC 8802-11:2005/Amd 4:2005相比，主要技术性差异为：在与无线电发射规范有关的章节和附录中，增加了中国的内容。

为便于使用，本部分的结构与ISO/IEC 8802-11:2005/Amd 4:2005相比，做了编辑性调整，详见附录NA。附录NA还列出了本部分与GB 15629.11—2003章条的对应关系。

本部分的附录A、附录B、附录C和附录D都为规范性附录，附录NA为资料性附录。

本部分由中华人民共和国信息产业部提出。

本部分由中国电子技术标准化研究所归口。

本部分由西安西电捷通无线网络通信有限公司负责起草，参加单位有国家无线电监测中心、国家密码管理局商用密码研究中心、中国电子技术标准化研究所、西安电子科技大学、西安邮电学院、北京长信嘉信息技术有限公司、北京邮电大学、西安交通大学、福建星网锐捷通讯有限公司、联想(北京)有限公司、中兴通讯股份有限公司、广州杰赛科技股份有限公司、北京六合万通微电子技术有限公司、TCL通讯设备(惠州)有限公司、北京中电华大电子设计有限公司、北京方正连宇通信技术有限公司、北京芯光天地集成电路设计有限公司、深圳市熙和科技有限公司、北京邮电电话设备厂。

本部分主要起草人：郭宏、曹军、黄振海、铁满霞、庞辽军、张变玲、宋起柱、刘伟、李大为、叶绫茂、涂学峰、雷绪恳、孙波、郭大伟、邓开勇、王琨、徐冬梅、姚忠邦、黄一平、窦向阳、许福英、张阳、林善和、任品毅、张平、曹庆荣、毛周明、霍健、刘明宇、黄昱、林国强、刘培。

信息技术 系统间远程通信和信息交换 局域网和城域网 特定要求 第11部分：无线局域网媒体访问控制和物理层规范：2.4 GHz 频段更高数据速率扩展规范

1 范围

本部分规定了直接序列扩频系统(DSSS)无线局域网的物理层高性能扩展规范，是对 GB 15629.11—2003 第 15 章和 GB 15629.1102—2003 第 6 章规定的无线局域网物理层的修改。在本部分中物理层被称为扩展速率 PHY(ERP)。物理层工作于 2.4 GHz ISM 频段。

本部分适用于 2.4 GHz 频段无线局域网更高数据速率扩展。

2 规范性引用文件

下列文件中的条款通过本部分的引用而成为本部分的条款。凡是注日期的引用文件，其随后所有的修改单(不包括勘误的内容)或修订版均不适用于本部分，然而，鼓励根据本部分达成协议的各方研究是否可使用这些文件的最新版本。凡是不注日期的引用文件，其最新版本适用于本部分。

GB 15629.11—2003 信息技术 系统间远程通信和信息交换 局域网和城域网 特定要求 第11部分：无线局域网媒体访问控制和物理层规范

GB 15629.1101—2006 信息技术 系统间远程通信和信息交换 局域网和城域网 特定要求 第11部分：无线局域网媒体访问控制和物理层规范：5.8 GHz 频段高速物理层扩展规范

GB 15629.1102—2003 信息技术 系统间远程通信和信息交换 局域网和城域网 特定要求 第11部分：无线局域网媒体访问控制和物理层规范：2.4 GHz 频段较高速物理层扩展规范

3 术语和定义

除以下术语和定义外，GB 15629.11—2003 确定的术语和定义适用于本部分。

3.1

保护机制 protection mechanism

在发送一个接收器可能理解或不理解的帧之前，试图更新所有接收站(STA)的网络分配向量(NAV)的任何过程称为保护机制。

3.2

保护机制帧 protection mechanism frame

作为保护机制过程的一部分发送的任何帧。

4 缩略语

除以下缩略语外，GB 15629.11—2003 第 4 章和 GB 15629.1102—2003 第 4 章的缩略语适用于本部分。

DSSS-OFDM	在 6.7 规则下采用 DSSS-OFDM 调制的 PHY
ERP	符合第 6 章的扩展速率 PHY
ERP-PBCC	在 6.6 规则下采用扩展速率 PBCC 调制的 PHY
ERP-CCK	在第 6 章规则下采用 CCK 调制的 PHY

ERP-DSSS	在第 6 章规则下采用 DSSS 调制的 PHY
ERP-DSSS/CCK	在第 6 章规则下采用 DSSS 或 CCK 调制的 PHY
ERP-OFDM	在 6.5 规则下采用 OFDM 调制的 PHY
EVM	错误向量级
NonERP	符合 GB 15629.11—2003 的第 15 章或 GB 15629.1102—2003 的第 6 章,但不符合本部分第 6 章的非扩展速率 PHY

5 概述

本部分作为 GB 15629.11—2003 和 GB 15629.1102—2003 的修改,定义了 2.4 GHz 频段无线局域网的更高数据速率扩展物理层规范,其中物理层采用直接序列扩频(DSSS)。本部分主要包括 HR/DSSS PHY 的具体服务参数列表、高速 PLCP 子层、高速 PLME 和高速 PMD 子层等内容。本部分根据具体情况,对 GB 15629.11—2003 的 MAC 层等内容进行了一些修改(详见附录 B)。

除非有特殊声明,GB 15629.11—2003 和 GB 15629.1102—2003 的内容均适用于本部分。

6 扩展速率 PHY 规范

6.1 概述

本章规定了直接序列扩频系统无线局域网的物理层高性能扩展规范,是对 GB 15629.11—2003 第 15 章、GB 15629.1102—2003 第 6 章规定的无线局域网物理层的扩展规范。在本部分中物理层被称为扩展速率 PHY(ERP)。物理层工作于 2.4 GHz ISM 频段。

6.1.1 引言

ERP 基于值为 1 Mbit/s 和 2 Mbit/s 的净荷数据速率(如 GB 15629.11—2003 的第 15 章所描述,使用 DSSS 调制)和值为 1 Mbit/s、2 Mbit/s、5.5 Mbit/s 和 11 Mbit/s 的净荷数据速率(如 GB 15629.1102—2003 的第 6 章所描述,使用 DSSS、CCK 和可选的 PBCC 调制)。ERP 从 GB 15629.1101—2006 引伸而来,提供附加的净荷数据速率 6 Mbit/s、9 Mbit/s、12 Mbit/s、18 Mbit/s、24 Mbit/s、36 Mbit/s、48 Mbit/s 和 54 Mbit/s。在这些速率中,数据速率为 1 Mbit/s、2 Mbit/s、5.5 Mbit/s、11 Mbit/s、6 Mbit/s、12 Mbit/s和 24 Mbit/s 的发送和接收能力是必备的。

本部分还定义了另外两种可选的、净荷数据速率为 22 Mbit/s 和 33 Mbit/s 的 ERP-PBCC 调制模式。一个 ERP-PBCC 站点可以单独实现值为 22 Mbit/s 的净荷数据速率,也可以实现值为 22 Mbit/s 和 33 Mbit/s 的净荷数据速率。一种称为 DSSS-OFDM 的可选调制模式也合并了值为 6 Mbit/s、9 Mbit/s、12 Mbit/s、18 Mbit/s、24 Mbit/s、36 Mbit/s、48 Mbit/s 和 54 Mbit/s 的净荷数据速率。

6.1.2 工作模式

所有符合本条的 ERP 系统的无线电部分应实现 GB 15629.1101—2006 的第 6 章和 GB 15629.1102—2003 的第 6 章中的所有的必备模式,除非它使用 GB 15629.1102—2003 的 6.4.6 中规定的 2.4 GHz 频段和信道计划。ERP 有能力对所有符合 GB 15629.11—2003 的第 15 章和 GB 15629.1102—2003 的第 6 章的 PLCP 和全部 ERP-OFDM PLCP 解码。此外,所有符合 ERP 的设备应能发送和接收短前导码,这对于符合 GB 15629.1102—2003 的第 6 章的 PHY 是(并仍然是)可选的,但在本章中是必备的。

无论何时请求空闲信道估计(CCA),ERP 有能力检测 ERP 和符合 GB 15629.1102—2003 的第 6 章规定的前导码。因为并非在所有的情况下保护机制均是必需的,因此用于所有前导码类型的 ERP CCA 机制应随时激活。

ERP BSS 能工作于可用的 ERP 模式(本章规定的 PHY)和 NonERP 模式(在 GB 15629.11—2003 的第 15 章和 GB 15629.1102—2003 的第 6 章中规定的 PHY)的任何组合。例如,BSS 能工作于仅有 ERP-OFDM 的模式下,ERP-OFDM 和 ERP-DSSS/CCK 的混合模式下,或者 ERP-DSSS/CCK 和 NonERP 的混合模式下。当选项被使能时,各种组合也被允许。

实现 ERP 所必需的对基础标准的改变总结如下：

a) ERP-DSSS/CCK

PHY 使用 GB 15629.1102—2003 的第 6 章的能力，下列情况例外：

1) 对 GB 15629.1102—2003 中的 6.2.2.2 规定的短 PLCP PPDU 头格式能力的支持是必备的。

2) CCA(见 GB 15629.1102—2003 的 6.4.8.4)具有可检测本章所有必备的同步符号的机制。

3) 最大输入信号电平(见 GB 15629.1102—2003 的 6.4.8.2)是－20 dBm。

4) 将发射中心频率和符号时钟频率锁定到同一参考振荡器是必备的。

b) ERP-OFDM

PHY 使用 GB 15629.1101—2006 的第 6 章的能力，下列情况例外：

1) 频率规划符合 GB 15629.1102—2003 的 6.4.6.1 和 6.4.6.2，而不是 GB 15629.1101—2006 的 6.3.8.3。

2) CCA 具有可检测本章所有必备的同步符号的机制。

3) 频率精确度(见 GB 15629.1101—2006 的 6.3.9.4 和 6.3.9.5)是 $\pm 25\times 10^{-6}$。

4) 最大输入信号电平(见 GB 15629.1101—2006 的 6.3.10.4)是－20 dBm。

5) 按照 GB 15629.1102—2003 的 6.3.3 规定，时隙为 20 μs，例外的是当 BSS 仅由 ERP STA 组成时，可使用可选的 9 μs 时隙。

6) 按照 GB 15629.1102—2003 的 6.3.3 规定，SIFS 时间是 10 μs。详见 6.3.2.3。

c) ERP-PBCC(可选项)

这是一种使用 256 态分组二进制卷积码对净荷进行编码的单载波调制方案。这是对 GB 15629.1102—2003 的第 6 章规定的 PBCC 调制的扩展。在 6.6 中定义了净荷数据速率为 22 Mbit/s和 33 Mbit/s 的 ERP-PBCC 模式。

d) DSSS-OFDM(可选)

1) 这是一种将 DSSS 前导码和头与 OFDM 净荷传输结合起来的混合调制。净荷数据速率为 6 Mbit/s、9 Mbit/s、12 Mbit/s、18 Mbit/s、24 Mbit/s、36 Mbit/s、48 Mbit/s 和 54 Mbit/s的 DSSS OFDM 模式在 6.7 中定义。

2) 如果使用可选的 DSSS-OFDM 模式，则该模式中支持速率与 ERP-OFDM 支持速率相同。

2.4 GHz ISM 频段是共享媒体，与其他装置如符合 15629.11 的第 15 章和符合 GB 15629.1102—2003 的第 6 章的 STA 的共存，对维持第 6 章(ERP)STA 的高性能而言是重要的问题。ERP 调制(ERP-OFDM 、ERP-PBCC 和 DSSS-OFDM)从设计上是与现有符合 GB 15629.11—2003 的第 15 章和符合 GB 15629.1102—2003 的第 6 章的 STA 共存的。共存通过包括虚载波侦听(RTS/CTS 或 CTS-to-self)、载波侦听和碰撞避免协议以及 MSDU 分段等在内的多种方式达到。

6.1.3 范围

本章规定了 ERP 实体和为适应它而与 GB 15629.11—2003、GB 15629.1102—2003 和其他无线局域网扩展标准中的章的一些偏离。本章的内容通过与先前的相关章比较来组织，以避免过多重复。

扩展速率 PHY 层由以下两个协议功能组成：

a) 物理层会聚功能，它使得依赖于物理媒体(PMD)系统的能力与可用 PHY 服务适配。这个功能由 PHY 会聚规程(PLCP)支持。PLCP 定义了一种方法，将 MAC 子层协议数据单元(MPDU)映射到帧格式中，这种帧格式适合于在两个或更多使用关联的 PMD 系统的 STA 之间发送或接收用户数据和管理信息，PHY 交换的是包含 PLCP 服务数据单元(PSDU)的 PHY 协议数据单元(PPDU)。MAC 使用 PHY 服务，因此每一个 MPDU 对应在一个 PPDU 中携带的一个 PSDU。

b) PMD 系统，其功能定义了两个或多个 STA(每个 STA 均使用 ERP)之间通过无线媒体发送或接收数据的特性和方法。

6.1.4 扩展速率 PHY 层功能

ERP 的结构在 GB 15629.1102—2003 的 6.4.1 中图 11 所示的 ISO/IEC 基本参考模型中作了描述。ERP 包含三个功能实体:PMD 功能、PHY 会聚功能(PLCP)和层管理功能。

ERP 服务通过在 GB 15629.11—2003 的第 12 章中描述的 PHY 服务原语提供给 MAC。互操作性通过使用 GB 15629.11—2003 的 9.2.1 规定的载波侦听机制和 B.2.6 规定的保护机制来保证。这种机制允许 NonERP 站点知道有它们不能解调的 ERP 通信量以便于它们可以针对该通信量延迟媒体。

6.2 专门针对 PHY 的服务参数列表

GB 15629.11—2003 MAC 的结构的目标是与 PHY 相独立。一些 PHY 实现要求依赖于 PHY 的 MAC 状态机运行于 MAC 子层以满足特定的 PMD 要求。依赖于 PHY 的 MAC 状态机存在于定义为 MAC 子层管理实体(MLME)的子层中。在特定的 PMD 实现中,MLME 可能需要与 PLME 相结合作为一般 PHY SAP 原语的一部分。这些相互作用由 PLME 参数列表定义,该参数列表当前在 PHY 服务原语中定义为 TXVECTOR 和 RXVECTOR。这些参数和它们可能代表的值,在对应于每个 PMD 的具体 PHY 规范内定义。本条针对 ERP 的 TXVECTOR 和 RXVECTOR。用于 RXVECTOR 和 TXVECTOR 的服务参数将遵照 GB 15629.1101—2006 的 6.2.2 和 6.2.3。

几种服务原语包括一个参数向量。DATARATE 和 LENGTH 在 GB 15629.11—2003 的 12.3.4.4 中描述。其余的参数考虑为管理参数,并对 PHY 是特定的。

表 1 中的参数定义为 PHY-TXSTART.request 服务和 PLME-TXTIME.request 原语的 TXVECTOR 参数列表的一部分。

表 1 TXVECTOR 参数

参 数	值
DATARATE	用于发送 PSDU 的速率,单位为 Mbit/s 允许值取决于 MODULATION 参数值: ERP-DSSS:1 和 2 ERP-CCK:5.5 和 11 ERP-OFDM:6,9,12,18,24,36,48 和 54 ERP-PBCC:5.5,11,22 和 33 DSSS-OFDM:6,9,12,18,24,36,48 和 54
LENGTH	以八位位组为单位的 PSDU 长度 范围:1～4095
PREAMBLE_TYPE	用于传输 PPDU 的前导码 允许值取决于 MODULATION 参数值(枚举类型): ERP-OFDM:空 ERP-DSSS, ERP-CCK, ERP-PBCC, DSSS-OFDM :SHORTPREAMBLE, LONGPREAMBLE
MODULATION	用于传输 PSDU 的调制方式 枚举类型:ERP-DSSS,ERP-CCK,ERP-OFDM,ERP-PBCC,DSSS-OFDM
SERVICE	加扰器初始化向量 当选定的调制方式为 ERP-OFDM 或 DSSS-OFDM 时,如 GB 15629.1101—2006 的 6.3.5.1 中描述,7 位空比特用于加扰器初始化。剩余位保留。 对于所有其他以 ERP-DSSS 短或长前导码开始的 ERP 调制,表 3 定义了 SERVICE 字段比特,而且 SERVICE 字段不适用于 TXVECTOR,因此整个字段保留
TXPWR_LEVEL	发射功率等级。这些等级的定义取决于具体实现。 1～8

表2中的参数定义为服务原语 PHY-RXSTART.indicate 中 RXVECTOR 参数列表的一部分。当实现要求使用这些向量时，这些参数的一部分或全部可被用于向量。

表 2 RXVECTOR 参数

参　数	值
DATARATE	用于接收 PSDU 的速率，单位为 Mbit/s 允许值取决于 MODULATION 参数值： ERP-DSSS：1 和 2 ERP-CCK：5.5 和 11 ERP-OFDM：6，9，12，18，24，36，48 和 54 ERP-PBCC：5.5，11，22 和 33 DSSS-OFDM：6，9，12，18，24，36，48 和 54
LENGTH	以八位位组为单位的 PSDU 长度 范围：1～4095
PREAMBLE_TYPE	在接收 PPDU 时检测到的前导码类型 允许值取决于 MODULATION 参数值(枚举类型)： ERP-OFDM：空 ERP-DSSS，ERP-CCK，ERP-PBCC，PBCC， DSSS-OFDM：SHORTPREAMBLE，LONGPREAMBLE
MODULATION	用于接收 PSDU 时的调制方式 枚举类型：ERP-DSSS，ERP-CCK，ERP-OFDM，ERP-PBCC，DSSS-OFDM
SERVICE	空
RSSI	RSSI 为 ERP 接收到的 RF 能量的度量。其 8 比特值范围为 0 到 GB 15629.1101—2006 的 6.2.3.2 中描述的 RSSI 最大值

6.3 扩展速率 PLCP 子层

6.3.1 引言

本条为 ERP 提供 PHY 层会聚过程(PLCP)。会聚过程规定在发送端 PSDU 如何转换为 PPDU，在接收端 PSDU 如何自 PPDU 转换而来。在数据传输过程中，通过将 PSDU 附加至扩展速率 PLCP 前导码和头后形成 PPDU。在接收端，PLCP 前导码和头被处理以协助 PSDU 的解调和交付。

6.3.2 PPDU 格式

ERP STA 支持三种不同的前导码和头格式。第一种是 6.3.2.1 描述的长前导码和头。(这种格式基于 GB 15629.1102—2003 中的 6.2.2.1，并对其中定义的保留比特重新定义)当采用值为 1 Mbit/s、2 Mbit/s、5.5 Mbit/s 和 11 Mbit/s 的数据速率时，PPDU 提供与 GB 15629.1102—2003 的第 6 章规定的 STA 的互操作性；在可选 DSSS-OFDM 调制采用所有 OFDM 速率时，以及可选 ERP-PBCC 调制采用所 ERP-PBCC 速率时，PPDU 都可对以上 STA 提供互操作性。第二种是 6.3.2.2 描述的短前导码和头。(这种格式基于 GB 15629.1102—2003 的 6.2.2.2，在该条中它是可选的。)短前导码支持速率 2 Mbit/s、5.5 Mbit/s 和 11 Mbit/s，同时也支持 DSSS-OFDM 和 ERP-PBCC。第三种是 6.3.2.3 规定的 ERP-OFDM 前导码和头。(这种格式基于 GB 15629.1101—2006 的 6.3.2。)如 6.3.2.4 和 6.3.2.5 中所描述，ERP 有两种可选的 PPDU 格式，用于支持可选的 DSSS-OFDM 调制速率。

6.3.2.1 长前导码 PPDU 格式

在 GB 15629.1102—2003 的 6.2.2.1 的图 1 中示出了长前导码 PPDU 的基本格式。这种前导码适用于 1 Mbit/s、2 Mbit/s、5.5 Mbit/s 和 11 Mbit/s(GB 15629.1102—2003 的第 6 章)模式并兼容于使用这些模式的 BSS。为了支持包括在 ERP 内的可选模式，长前导码 PPDU 仅与 GB 15629.1102—

2003 的 6.2.2.1 有如下内容的不同：

a) 使用服务(SERVICE)字段中的一个比特以指示何时可选的 ERP-PBCC 模式正被使用。

b) 使用 SERVICE 字段中的两个附加比特以解决可选的 ERP-PBCC-22 和 ERP-PBCC-33 模式被使用时的长度二义性。

c) 三种附加的可选速率由以下 SIGNAL 字段八位位组给出(其最低有效位首先被发送)。

 1) X‘DC’(最高有效位到最低有效位)对应于 22 Mbit/s ERP-PBCC。

 2) X‘21’(最高有效位到最低有效位)对应于 33 Mbit/s ERP-PBCC。

 3) X‘1E’(最高有效位到最低有效位)对应于全部 DSSS-OFDM 速率。

SERVICE 字段中定义了三个比特用于支持 ERP 标准的可选模式。表 3 以表格方式示出 SERVICE 字段内的比特的分配情况。比特 b0、b1 和 b4 被保留,并应设置为 0。比特 b2 用于指示发送频率和符号时钟来自同一振荡器。对于所有 ERP 系统,锁定时钟比特(b2)应设置为 1。比特 b3 用于指示数据是否采用可选的 ERP-PBCC 进行调制。注意,对 GB 15629.1102—2003 的 6.2.3.4 中定义的比特 b3,如在 6.3.3.2 中定义,ERP-PBCC 模式现在有附加的可选速率 22 Mbit/s 和 33 Mbit/s。比特 b5、b6 和 b7 用于解决可选的 ERP-PBCC-11 到 ERP-PBCC-33 模式的数据字段长度二义性。6.6 充分定义了这些比特。位 b7 也用于解决 CCK 11 Mbit/s 模式下的数据字段长度二义性,并在 GB 15629.1102—2003 的 6.2.3.5 中定义。对于 CCK,比特 b3、b5 和 b6 设置为 0。

表 3 SERVICE 字段比特定义

b0	b1	b2	b3	b4	b5	b6	b7
保留	保留	锁定时钟比特 0＝未锁定 1＝锁定	调制选择 0＝Not ERP-PBCC 1＝ERP-PBCC	保留	长度扩展比特 (ERP-PBCC)	长度扩展比特 (ERP-PBCC)	长度扩展比特

6.3.2.1.1 ERP PLCP 长度字段计算

对于不是 PBCC 的长、短前导码模式,长度字段应按 GB 15629.1102—2003 的 6.2.3.5 的规定计算。

6.3.2.1.2 ERP-PBCC PLCP 长度(LENGTH)字段计算

对于 ERP PBCC PLCP 长度字段,发送的值应由 GB 15629.1102—2003 的 6.4.5.6 中描述的 PMD-TXSTART.request 原语发布的参数 LENGTH 和 DataRate(数据速率)确定。

在 TXVECTOR 中提供的长度字段以八位位组为单位,为包含进 PLCP LENGTH 字段中,转换为以微秒为单位。长度扩展比特被提供以解决八位位组数量的二义性,该数量对任何超过 8 Mbit/s 的数据速率用整数 μs 来描述。这些比特用于指示哪一个较小的、可能的八位位组数是正确的。

——11 Mbit/s PBCC(见 GB 15629.1102—2003 的 6.2.3.5)。

——22 Mbit/s ERP-PBCC。长度＝(八位位组数＋1)×4/11,向上取整;如果凑整值小于 4/11,则 SERVICE 字段的比特 b6 和 b7 的每一个应指示为‘0’;如果凑整值大于或等于 4/11 但小于 8/11,则 SERVICE 字段的比特 b6 应指示为‘0’,比特 b7 应指示为‘1’;如果凑整值大于或等于 8/11,则 SERVICE 字段的比特 b6 应指示为‘1’,比特 b7 应指示为‘0’。

——33 Mbit/s ERP-PBCC。长度＝(八位位组数＋1)×8/33,向上取整;如果凑整值小于 8/33,则 SERVICE 字段的比特 b5、b6 和 b7 的每一个应指示为‘0’;如果凑整值大于或等于 8/33 但小于 16/33,则 SERVICE 字段的比特 b5 应指示为‘0’,比特 b6 应指示为‘0’,比特 b7 应指示为‘1’;如果凑整值大于或等于 16/33 但小于 24/33,则 SERVICE 字段的比特 b5 应指示为‘0’,比特 b6 应指示为‘1’,比特 b7 应指示为‘0’;如果凑整值大于或等于 24/33 但小于 32/33,则 SERVICE 字段的比特 b5 应指示为‘0’,比特 b6 位应指示为‘1’,比特 b7 应指示为‘1’;如果凑整值等于或大于 32/33,则 SERVICE 字段的比特 b5 应指示为‘1’,比特 b6 应指示为‘0’,比特b7应指示为‘0’。

在接收端,MPDU中的八位位组数计算如下:

——22 Mbit/s ERP-PBCC 八位位组数=(长度×11/4)-1,向下取整;如果SERVICE字段的比特b6为‘0’、比特b7为‘1’,则减去1;或者如果SERVICE字段的比特b6为‘1’、比特b7为‘0’,则减去2。

——33 Mbit/s ERP-PBCC 八位位组数=(长度×33/8)-1,向下取整;如果SERVICE字段的比特b5为‘0’、比特b6为‘0’、比特b7为‘1’,则减去1;或者如果SERVICE字段的比特b5为‘0’、比特b6为‘1’、比特b7为‘0’,则减去2;或者如果SERVICE字段的比特b5为‘0’、比特b6为‘1’、比特b7为‘1’,则减去3;或者如果SERVICE字段的比特b5为‘1’、比特b6为‘0’、比特b7为‘0’,则减去4。

表4示出了速率为22 Mbit/s时若干ERP-PBCC分组长度的计算示例。

表4 ERP-PBCC-22的长度计算示例

发送八位位组数	(八位位组数+1)×4/11	长度	长度扩展比特b6	长度扩展比特b7	长度×11/4	Floor(X)	接收八位位组数
1023	372.364	373	0	1	1 025.75	1025	1023
1024	372.727	373	0	0	1 025.75	1025	1024
1025	373.091	374	1	0	1 028.50	1028	1025
1026	373.455	374	0	1	1 028.50	1028	1026

6.3.2.2 短前导码PPDU格式

在GB 15629.1102—2003的6.2.2.2中图2示出了短前导码PPDU的基本格式。对ERP而言,对这种前导码的支持是必备的。短前导码适用于2 Mbit/s、5.5 Mbit/s和11 Mbit/s模式。短PLCP SERVICE字段和RATE字段的比特与长PLCP SERVICE字段和RATE字段的比特相同,见6.3.2.1中的定义。

6.3.2.3 ERP-OFDM PPDU格式

在GB 15629.1101—2006的6.3.2到6.3.5中描述了ERP-OFDM PLCP PPDU的格式、前导码和头。对于ERP-OFDM模式,包含SERVICE字段、PSDU、TAIL比特和PAD比特的DATA字段应遵循GB 15629.1101—2006的6.3.5。

对于ERP-OFDM模式,ERP包之后是称为信号扩展的6 μs长的无传输期间。该扩展的目的是按6.8.3中定义计算的TXTIME时引起一个包含附加的6 μs的传输持续时间间隔。GB 15629.1101—2006的第6章中规定的分组的SIFS时间是16 μs,GB 15629.1102—2003的第6章中规定的分组的SIFS时间是10 μs。在GB 15629.1101—2006的第6章中SIFS时间较长,是为了提供额外时间以完成卷积解码过程。由于第6章中的分组采用值为10 μs的SIFS时间,这个额外的6 μs长度扩展确保在发送器计算MAC头中的Duration字段时合并在每个ERP-OFDM传输之后的6 μs空闲时间。这确保正确设定符合GB 15629.1102—2003的第6章的STA的NAV值。

在GB 15629.11—2003的9.2.1中描述的载波侦听机制将NAV状态和带物理载波侦听的STA的发送器状态结合起来,以确定媒体的忙/闲状态。帧间的时间间隔称为帧间间隔(IFS)。STA应通过使用CCA机制确定媒体在规定的时间间隔内是空闲的。时隙边界的起始基准是媒体中前一帧最后一个符号的结束点。对于ERP-OFDM帧,这包括长度扩展。对于ERP-OFDM帧,STA应产生PHY RX_END指示,在媒体中前一帧最后一个符号结束后6 μs。这种调整应由基于本地配置信息集的STA使用PLME SAP完成。

6.3.2.4 DSSS-OFDM长前导码PPDU格式

前面在6.3.2.1和6.3.2.2中描述的长、短前导码和头均被用于DSSS-OFDM。

对于所有 DSSS-OFDM 速率和前导码模式，在 GB 15629.1102—2003 的 6.2.3.3 中描述的 PLCP SIGNAL 字段的值应设置为 3 Mbit/s，即 8 比特值设为 X'IE'(最高有效位到最低有效位)。对于 DSSS-OFDM，该只是用于 BSS 兼容性的默认设置，并确保 NonERP 站读取长度字段并使媒体延迟相应时间，即使因不支持该速率而不能解调 MPDU。

图 1 示出了长前导码的 PPDU 格式。如图 1，PSDU 附加于 PLCP 前导码和 PLCP 头的后面。PLCP 前导码与在 GB 15629.1102—2003 的 6.2.3.1 和 6.2.3.2 中描述的相同。PLCP 头类似于 6.3.2.1 中的描述。PSDU 格式几乎等同于 GB 15629.1101—2006 的第 6 章中规定的 PLCP。其差别在 6.3.3.4 中进行描述。

GB 15629.1102—2003 的 6.2.4 中的加扰器用于加扰 DSSS-OFDM PLCP 头，GB 15629.1101—2006 的 6.3.5.4 中规定的加扰器用于加扰 OFDM 段中的数据符号。

6.3.2.4.1 DSSS-OFDM PLCP 长度字段计算

对于长、短前导码 PLCP 两种情况，根据数据分组长度，字段长度计算如下：

LENGTH = PSDUsyncOFDM + PSDUSignalOFDM +... 4 × Ceiling((PLCPServiceBits + 8 × (NumberOfOctets) + PadBits)/N_{DBPS}) + SignalExtension

式中：

PSDUsyncOFDM——8 μs (OFDM 长训练符号)；

PSDUSignalOFDM——4 μs；

Ceiling(x)——返回大于或等于自变量 x 的最小整数值；

PLCPServiceBits——8 bits；

NumberOfOctets——PSDU 中的数据八位位组的数目；

PadBits——6 bits；

N_{DBPS}——每个 OFDM 符号中的数据比特数；

SignalExtension——6 μs。

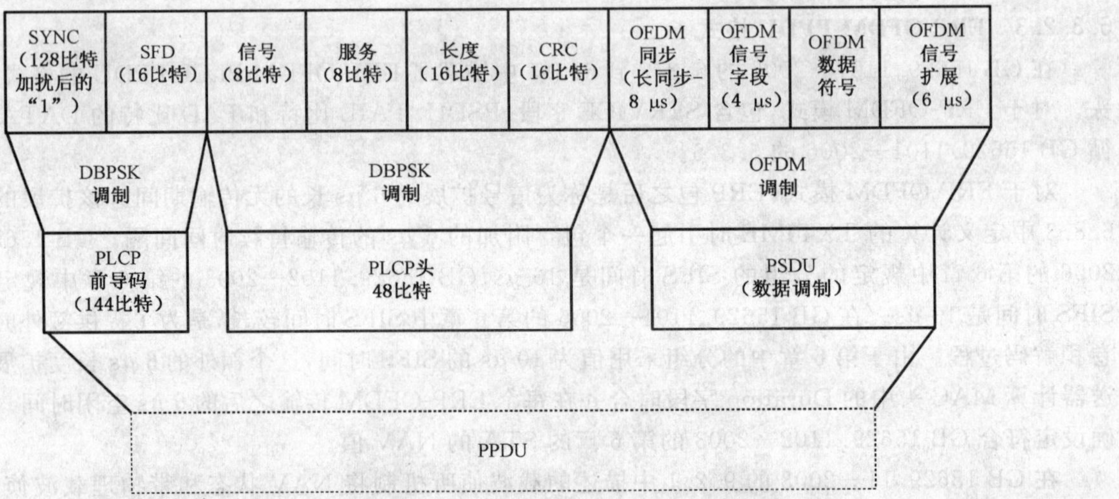

图 1 用于 DSSS-OFDM 的长前导码 PPDU 格式

长度字段的单位为微秒，并对应于 PSDU 的计算的长度。注意信号字段中的长度扩展比特对于 DSSS-OFDM 而言是不需要的，或者不被使用。

6.3.2.5 短 DSSS-OFDM PLCP PPDU 格式

短 PLCP 前导码和头用于通过减少与前导码和头相关的开销使吞吐量最大化。图 2 示出了短前导码 PLCP PPDU 格式。如图 2，PSDU 附加于 PLCP 前导码和 PLCP 头的后面。短 PLCP 前导码在

GB 15629.1102—2003 的 6.2.3.8 和 6.2.3.9 中进行了描述。在 6.3.2.4 中描述了 PLCP 头。PSDU 的格式与 GB 15629.1101—2006 中规定的 PLCP 的格式几乎等同。6.3.3.4 描述了其差别。

6.3.3 PLCP 数据调制和速率变化

6.3.3.1 长、短前导码格式

长、短 PLCP 前导码和长 PLCP 头应使用速率为 1 Mbit/s 的 DBPSK 调制进行发送。短 PLCP 头应使用速率为 2 Mbit/s 的调制进行发送。组合的 SIGNAL 和 SERVICE 字段应指示用于发送 PSDU 的调制方式和速率。发送器和接收器应从 PSDU 的首个八位位组开始，初始化由 SIGNAL 和 SERVICE 字段指示的调制方式和速率。PSDU 发送速率应通过 TXVECTOR 中的 DATARATE 参数设定，TXVECTOR 是由在 GB 15629.1102—2003 的 6.4.5.1 中描述的原语 PHY-TXSTART.request 发布的。

四种调制方式，即 1 Mbit/s 和 2 Mbit/s ERP-DSSS 以及 5.5 Mbit/s 和 11Mbit/s ERP-CCK 是必备的，规定见 GB 15629.1102—2003 中的 6.4.6.3。

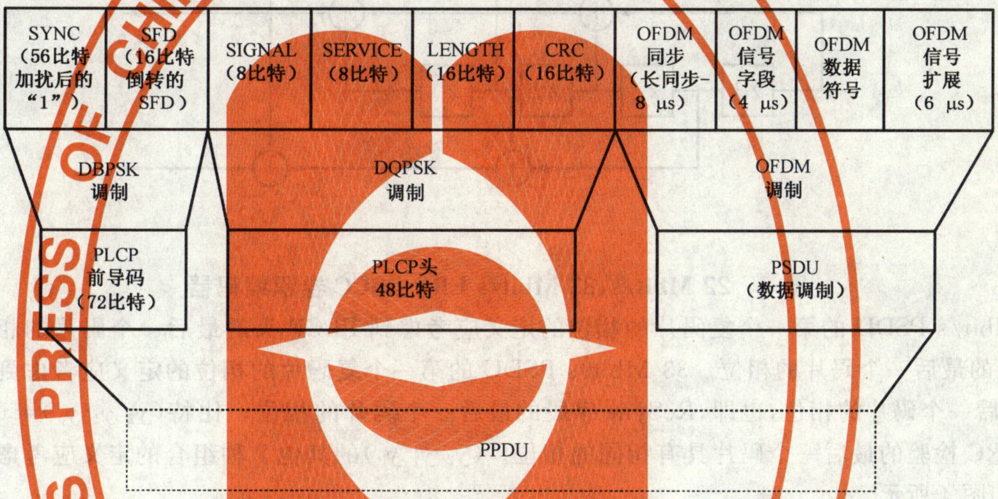

图 2 用于 DSSS-OFDM 的短前导码 PPDU 格式

对于增强速率 PHY(ERP)，规定了四种可选的 ERP-PBCC 调制格式和数据速率。它们应基于分组二进制卷积编码(PBCC)5.5 Mbit/s、11 Mbit/s、22 Mbit/s 和 33 Mbit/s 调制。在 GB 15629.1102—2003 的 6.4.6.6 中描述了速率为 5.5 Mbit/s 和 11Mbit/s 的两种格式。这些模式不要求 GB 15629.1102—2003 的 6.4.7.3 中定义的频谱掩码做任何改变。

6.3.3.2 ERP-PBCC 22 Mbit/s 和 33 Mbit/s 格式

在 PBCC 编码器中，输入数据首先采用分组二进制卷积码进行编码。掩码(如在 GB 15629.1102—2003 的 6.4.6.6 中的 PBCC 模式中所定义)在通过信道传输前应用于编码数据。

采用的分组二进制卷积码是 256 状态、速率为 2/3 的码。码的生成矩阵由公式 1 给出。

$$G=\begin{bmatrix}1+D^4 & D & D+D^3\\ D^3 & 1+D^2+D^4 & D+D^3\end{bmatrix} \qquad \cdots\cdots(1)$$

在八进制计数法中，该生成矩阵由公式 2 给出。

$$G=\begin{bmatrix}21 & 2 & 12\\ 10 & 25 & 12\end{bmatrix} \qquad \cdots\cdots(2)$$

由于系统以帧(PPDU)为基础，编码器应处于状态零，也即，在每个 PPDU 的起始点，所有的存储器单元均包含零。编码器也应在每个 PPDU 结束点被置为一个已知状态，以防止接近 PPDU 结束点的数

据比特被不正确地解码。这可通过在发送之前附加一个全零的八位位组到 PPDU 结束点，对接收的每个 PPDU 丢弃最后的八位位组来达到。

图 3 示出了一个编码器方框图。它由两条各自包含四个存储单元的路径组成。对于每对输入的数据比特，产生三个输出比特。卷积码的输出映射为一个 8-PSK 星座，分组二进制卷积编码器的每个3 比特输出序列用于产生一个符号。这得到每符号两信息比特的吞吐量。在 ERP-PBCC-22 和 ERP-PBCC-33 中，输入数据流被分为相邻比特对。每一对中，第一个比特送入卷积编码器的上面的输入端，第二个比特送入卷积编码器的较低的输入端。图 3 给出了第 j 个输入比特对(b_{2j}，b_{2j+1})的图示。

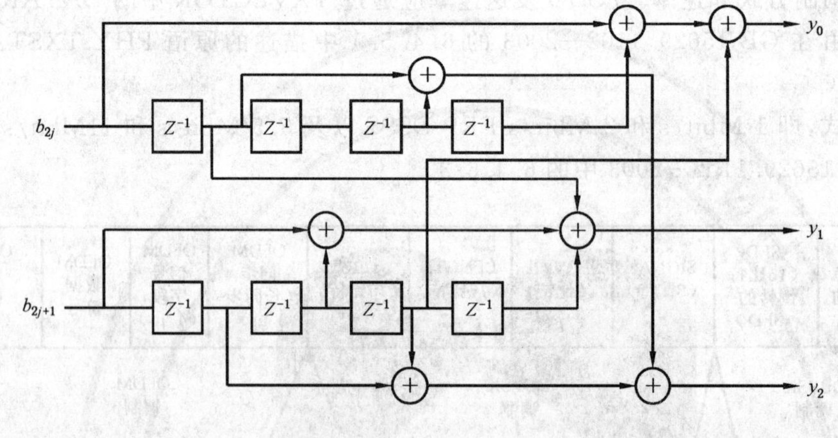

图 3　22 Mbit/s、33 Mbit/s ERP-PBCC 卷积编码器

22 Mbit/s PSDU 的第一个复码片的相位的定义应考虑到 PLCP 头的最后一个码片的相位，也即，CRC 检验的最后一个码片的相位。33 Mbit/s PSDU 的第一个复码片的相位的定义应考虑到时钟切换部分的最后一个码片的相位，也即，ReSync 字段的最后一个码片的相位。比特(y_2 y_1 y_0)＝(0,0,0)应指示与 CRC 检验的最后一个码片具有相同的相位。(y_2 y_1 y_0)的其他 7 种组合的定义应考虑到这个参考相位，如图 4 所示。

从 BCC 输出到 8-PSK 星座点的映射由一个伪随机掩码序列确定。这个掩码序列与 GB 15629.1102—2003 的 6.4.6.6 中描述的序列相同。如图 4 所示的这个序列的二进制当前值在每个给定时间点取得。

对于分组的数据部分而言，ERP-PBCC 模式通过使用 16.5 MHz 时钟达到 33 Mbit/s 的数据速率。在其他方面，数据部分等同于 22 Mbit/s ERP-PBCC 调制。前导码的结构与时钟速度与 GB 15629.1102—2003 的第 6 章中规定的相同。前导码和数据部分之间加了一个额外的时钟切换部分，其格式在下面描述。每个时钟域应使用相同的脉冲形状。

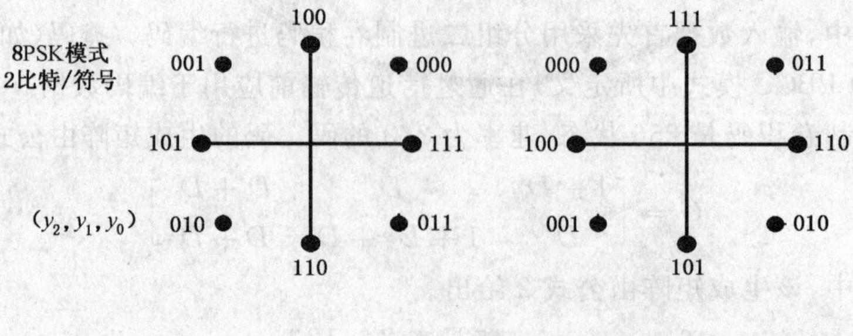

图 4　ERP-PBCC-22 和 ERP-PBCC-33 掩码映射

当时钟从 11 MHz 转换至 16.5 MHz 时，使用图 5 的时钟转换结构。

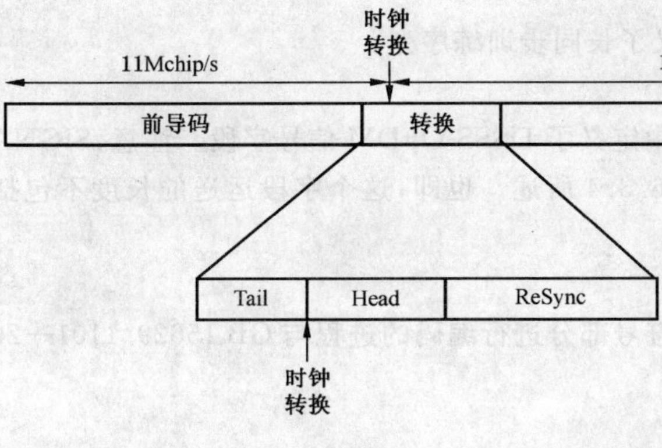

图 5　33 Mbit/s 时钟转换

尾是速率为 11 Mchip/s 时的 3 个时钟周期，头是速率为 16.5 Msymbol/s（QPSK）时的 3 个时钟周期。重新同步是速率为 16.5 Msymbol/s 时的 9 个时钟周期。整个时钟切换时间(尾、头和重新同步)为 1 μs。尾比特为 1 1 1，头比特为 0 0 0，重新同步比特为 1 0 0 0 1 1 1 0 1。调制方式为 BPSK，它和先前符号的相位是同步的。

6.3.3.3　ERP-OFDM 格式

ERP-OFDM 帧格式的 PLCP 调制和速率变化遵照 GB 15629.1101—2006 中的 6.3.7。

6.3.3.4　长、短 DSSS-OFDM PLCP 格式

在 GB 15629.1102—2003 的 6.2.4 中，加扰器用于对 DSSS-OFDM PLCP 头进行加扰，在 GB 15629.1101—2006 的 6.3.5.4 中的加扰器用于对 OFDM 段中的数据符号进行加扰。

6.3.3.4.1　DSSS-OFDM PLCP PSDU 编码过程综述

本条包含形成 DSSS-OFDM PLCP 的 PSDU 部分的定义和规程。图 6 示出了 DSSS-OFDM PSDU 的扩展图解。PSDU 由四个主要部分组成。第一部分是长同步训练序列，由 OFDM 解调器用于捕获接收器参数。用于 DSSS-OFDM 的长同步训练序列等同于 GB 15629.11—2003 的 6.3.3 中描述的长训练符号；第二部分是 OFDM SIGNAL 字段，提供有关 OFDM 数据速率和 OFDM 数据部分长度的解调器信息。DSSS-OFDM 的 SIGNAL 字段等同于 GB 15629.1101—2006 的 6.3.4 中描述的 SIGNAL 字段。SIGNAL 字段后是 PSDU 的数据部分。对 PSDU 的数据部分的调制规程等同于 GB 15629.1101—2006 的 6.3.2.1 中描述的步骤(c)到(m)。在数据部分后，DSSS-OFDM 的 PSDU 附加信号扩展部分，为 OFDM 解调器提供附加的处理时间。该信号扩展是一个无传输期间，如 6.3.3.4.5 中所述。

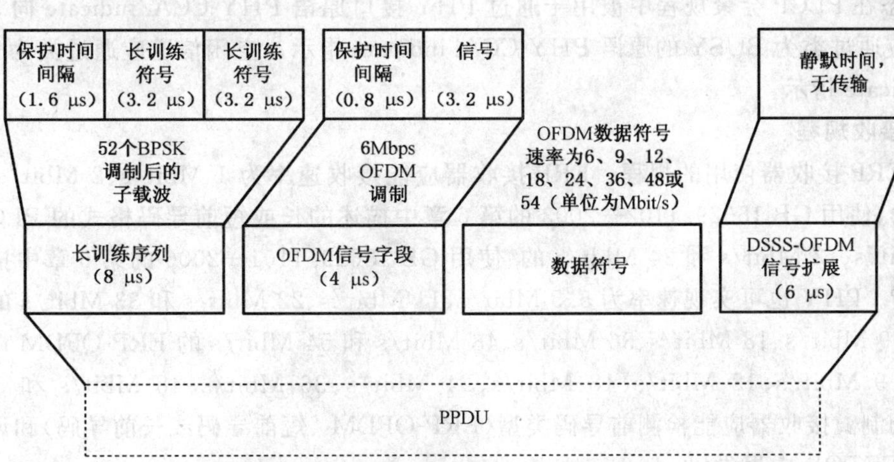

图 6　DSSS-OFDM PSDU

6.3.3.4.2 **长同步训练序列定义**

GB 15629.1101—2006 的 6.3.3 定义了长同步训练序列。

6.3.3.4.3 **OFDM 信号字段定义**

在 GB 15629.1101—2006 的 6.3.4 中定义了 DSSS-OFDM 信号字段。注意，SIGNAL 字段运送的长度的计算如 GB 15629.1101—2006 的 6.3.4 所述。也即，这个字段运送的长度不包括在 6.3.3.4.5 中描述的信号扩展。

6.3.3.4.4 **数据符号定义**

用于对 DSSS-OFDM PSDU 的数据符号部分进行编码的进程与 GB 15629.1101—2006 的 6.3.2.1 中的步骤(c)到(m)相同。

6.3.3.4.5 **DSSS-OFDM 信号扩展**

DSSS-OFDM 信号扩展应是一个长度为 6 μs 的无传输期间。插入这个期间用于允许有更多时间去完成 OFDM 段波形的卷积解码且仍满足 ERP 的 10 μs SIFS 要求。

6.3.4 **PLCP 发送规程**

发送规程将取决于要求的数据速率和调制方式。对于数据速率 1 Mbit/s、2 Mbit/s、5.5 Mbit/s、11 Mbit/s、22 Mbit/s 和 33 Mbit/s，PLCP 发送规程应遵循 GB 15629.1102—2003 中的 6.2.5。对于 ERP-OFDM 速率 6 Mbit/s、12 Mbit/s 和 24 Mbit/s，以及速率 9 Mbit/s、18 Mbit/s、36 Mbit/s、48 Mbit/s和 54 Mbit/s，PLCP 发送规程应遵循 GB 15629.1101—2006 中的 6.3.11。

对于采用长或短 PLCP 前导码和头的可选 DSSS-OFDM 模式，发送规程与 GB 15629.1102—2003 的 6.2.5 中所述的规程相同，除了使用 DSSS-OFDM 能发送较高速率的 PSDU 外，发射规程没有变化。

6.3.5 CCA

PLCP 应提供执行空闲信道评定 CCA 和向 MAC 报告评定结果的能力。对于所有支持的前导码和头类型，CCA 机制应检测到"媒体忙"的情况。也即，对于 GB 15629.1101—2006 的 6.3.3 中和 GB 15629.1102—2003 的 6.2.2 中规定的 PLCP PPDU，CCA 机制应检测到媒体为忙。6.4.6 给出了 CCA 机制的性能要求。

ERP 应提供按照下列方法执行 CCA 的能力：

CCA 模式(ED 和 CS)：载波侦听(CS)和超出阈值的能量的结合。CCA 应具有载波侦听机制来检测第 6 章所有必备的同步符号。CCA 模式的载波侦听应包括巴克码同步检测和 OFDM 同步符号检测。至少当天线上接收到具有超出 ED 阈值的能量的 PPDU 时，CCA 应报告忙。

能量检测状态应由 PMD 原语 PMD_ED 给定。载波侦听状态应由 PMD_CS 给定。PMD_ED 和 PMD_CS 的状态在 PLCP 会聚规程中被用于通过 PHY 接口原语 PHY-CCA.indicate 向 MAC 指示活动性。忙信道应通过类为 BUSY 的原语 PHY-CCA.indicate 指示。空闲信道应通过类为 IDLE 的原语 PHY-CCA.indicate 指示。

6.3.6 **PLCP 接收规程**

本条描述 ERP 接收器使用的规程。ERP 接收器应能接收速率为 1 Mbit/s、2 Mbit/s、5.5 Mbit/s 和 11 Mbit/s 的、使用 GB 15629.1102—2003 的第 6 章中描述的长或短前导码格式的 PLCP，且应能接收速率为 6 Mbit/s、12 Mbit/s 和 24 Mbit/s 的、使用 GB 15629.1101—2006 的第 6 章中描述的调制和前导码的 PLCP。PHY 也可实现速率为 5.5 Mbit/s、11 Mbit/s、22 Mbit/s 和 33 Mbit/s 的 ERP-PBCC 调制，和速率为 9 Mbit/s、18 Mbit/s、36 Mbit/s、48 Mbit/s 和 54 Mbit/s 的 ERP-OFDM 调制，和/或速率为 6 Mbit/s、9 Mbit/s、12 Mbit/s、18 Mbit/s、24 Mbit/s、36 Mbit/s、48 Mbit/s 和 54 Mbit/s 的 DSSS-OFDM 调制。接收器应能检测前导码类型(ERP-OFDM 、短前导码或长前导码)和调制类型。这些值应在 RXVECTOR 中报告(见 6.2) 。

当接收到 PPDU 时，接收器应首先区分 ERP-OFDM 前导码和单载波调制(长或短前导码)。若前导码为 ERP-OFDM 前导码，PLCP 接收规程应遵循 GB 15629.1101—2006 的 6.3.12 中描述的规程。

否则，接收器然后应区分 GB 15629.1102—2003 的 6.2.2 中描述的长前导码和短前导码。然后接收器应解调 SERVICE 字段以确定调制类型(如 6.3.2.1 或 6.3.2.2 中规定)。对于使用 ERP-DSSS、ERP-CCK 或 ERP-PBCC 调制的短前导码和长前导码，接收器应遵循 GB 15629.1102—2003 的 6.2.6 描述的接收规程。

支持 DSSS-OFDM 的接收器能够接收 GB 15629.11—2003 的第 15 章规定的所有速率和 GB 15629.1101—2006 的第 6 章、GB 15629.1102—2003 的第 6 章中规定的所有必备速率。如果 SERVICE 字段指示为 3 Mbit/s，接收器应尝试接收 DSSS-OFDM 分组。对于具有 DSSS-OFDM 能力的接收器而言，剩余的接收规程与 GB 15629.1102—2003 的 6.2.6 中描述的接收规程相同；除了能接收 PSDU 中的 DSSS-OFDM 外，接收规程没有改变。如果收到 DSSS-OFDM，接收器应处理调制转移要求，如 6.7.2 所述。然后接收器应遵循 5.8 GHz 频段无线局域网的 OFDM 物理层规范的 6.3.12 中描述的接收规程。

6.4 ERP PMD 操作规范(通用)

6.4.1 到 6.4.7 提供了 ERP PMD 子层的通用规程。这些规程除特别注明外均基于 GB 15629.1101—2006 的 6.3.8。

6.4.1 规章要求

所有系统应遵守本地管理单位对 2.4 GHz 频段的操作要求。在我国，应遵守国务院信息产业行政主管部门信息产业部无线电管理局文件信部无[2002]353 号。对于美国[1)]，参照 FCC 15.247，15.249，15.205 和 15.209。对于欧洲[1)]，参见 ETS 300-328。对于日本[1)]，参见 MPHPT 条款 49-20。

6.4.2 信道工作频率

ERP 应工作于 GB 15629.1102—2003 的 6.4.6.2 规定的，中国、美国[1)]、欧洲[1)]和日本[1)]的管理机构所分配的频率范围内。如在日本[1)]，OFDM 不允许工作在 14 信道。信道编号和工作信道的数量应遵循 GB 15629.1102—2003 的 6.4.6.2 中的表 9。

6.4.3 发射和接收带内与带外的杂散发射

ERP 应符合相应管理单位设定的关于 2.4 GHz 频段的带内和带外杂散发射。在中国，应符合国务院信息产业主管部门无线电管理机构文件信部无[2002]353 号。

6.4.4 时隙

时隙为 20 μs。只有当 BSS 仅包含能支持 9 μs 时隙选项的 ERP STA 时，可选用 9 μs 时隙。如果网络中有一个或多个已关联的非 ERP STA 时，则不应使用 9 μs 时隙选项。对于 IBSS，与 20 μs 时隙时间一致，短时隙子字段应设为 0。

6.4.5 SIFS 值

ERP 应使用 10 μs 的 SIFS。

6.4.6 CCA 性能

如果没有 CCA“媒体忙”指示，CCA 应指示 TRUE。CCA 参数服从下列各项标准：

a) 在 PHY 时隙的开始时刻，当接收器天线连接器处存在信号功率为 −76 dBm 或更大的有用信号时，接收器的 CCA 指示器应在 CCA_Time 时间内以概率为 CCA_Detect_Probability 报告信道忙。CCA_Time 是值为 RxTxTurnaroundTime 的时隙时间。CCA_Detect_Probability 是 CCA 正确应答有效信号的概率。这些参数的值见表 5。注意，CCA 检测概率和功率电平是性能要求。

b) 当接收到正确的 PLCP 头时，ERP PHY 应在 PLCP LENGTH 字段指示的持续时间内保持 CCA 信号不激活(信道忙)。万一在接收过程中出现载波侦听丢失，则 CCA 应在已发送的 PPDU 的预期的持续时间内指示媒体忙。

---

1) 提示性信息。

表 5 CCA 参数

参 数	时隙=20 μs	时隙=9 μs
SlotTime (时隙)	20 μs	9 μs
RxTxTurnaroundTime(接收发送转换时间)	5 μs	5 μs
CCA_Time(CCA 时间)	15 μs	4 μs
CCA_Detect_Probability(CCA 检测概率)	>99%	>90%

6.4.7 PMD 发射规范

PMD 发射规范应遵循 GB 15629.1101—2006 的 6.3.9,除了发射功率电平(GB 15629.1101—2006 的 6.3.9.1)、发射中心频率容限(GB 15629.1101—2006 的 6.3.9.4)和符号时钟频率容限(GB 15629.1101—2006 的 6.3.9.5)。如果产生的信号违反频带发射限制,管理要求可能会在最大发射功率和频谱掩码的组合上有影响。

6.4.7.1 发射功率电平

最大发射功率电平应满足本地管理机构的要求。参见 GB 15629.1102—2003 的 6.4.7.1 中的表 19。

6.4.7.2 发射中心频率容限

发射中心频率最大容限应为 $\pm 25 \times 10^{-6}$。发射中心频率和符号时钟频率应来自于同一个参考振荡器(已锁定)。

6.4.7.3 符号时钟频率容限

符号时钟频率容限最大应为 $\pm 25 \times 10^{-6}$。发射中心频率和符号时钟频率应来自于同一个参考振荡器(已锁定的振荡器)。这意味着载波和符号定时的误差(以 10^{-6} 计)应是相同的。

6.5 ERP 工作规范

本条描述 PMD 子层的接收规范。ERP-OFDM 模式的接收规范应遵循 GB 15629.1101—2006 的 6.3.10,除了接收器最大输入电平(GB 15629.1101—2006 的 6.3.10.4)和抗邻道干扰能力(GB 15629.1101—2006 的 6.3.10.2)。ERP-DSSS 模式的接收规范应遵循 GB 15629.1102—2003 的 6.4.8,除了接收器的最大输入电平(GB 15629.1102—2003 的 6.4.8.2)。

6.5.1 接收器最小输入电平灵敏度

ERP-OFDM 模式的分组差错率(PER)在 PSDU 长度为 1 000 个八位位组、输入电平为 GB 15629.1101—2006 的 6.3.10 中表 16 所示时,应低于 10%。输入电平对每种数据速率是特定的,并在天线连接器出测得。假定噪声系数(NF)为 10 dB,实现的损耗为 5 dB。ERP-DSSS 模式的 PER 应如 GB 15629.1102—2003 的 6.4.8.1 中的规定。

6.5.2 相邻信道抑制

在 2.4 GHz 频段,相邻信道间隔为±25 MHz。通过将期望信号的强度设定为超出与速率相关的灵敏度(在GB 15629.1101—2006 的 6.3.10 的表 16 中规定)3dB,并且将干扰信号的功率提高,直至对 1 000 八位位组长的 PSDU 产生 10%的分组差错率,即可测得相邻信道抑制。干扰信道和期望信道间的功率差别就是相应的相邻信道抑制。相邻信道的干扰信号应与 OFDM 信号一致,并在测试时与信道中的信号不同步。对于 OFDM PHY,其相应的抑制应不低于 GB 15629.1101—2006 的 6.3.10 中表 16 的规定值。

GB 15629.1101—2006 的表 16 中的交替相邻信道抑制,对 ERP 将不作要求。

ERP-DSSS 模式的相邻信道抑制应遵循 GB 15629.1102—2003 的 6.4.8.3。

6.5.3 接收器最大输入电平能力

对于支持的任意调制信号和数据速率(如 1 Mbit/s、2 Mbit/s、5.5 Mbit/s、6 Mbit/s、9 Mbit/s、11 Mbit/s、12 Mbit/s、18 Mbit/s、22 Mbit/s、24 Mbit/s、33 Mbit/s、36 Mbit/s、48 Mbit/s 和 54 Mbit/s),在

天线连接器处测得的输入电平为−20 dBm 时，长度为 1 000 八位位组的分组的 PER 值应小于 10%。

6.5.4 发射频谱掩模

ERP-OFDM 模式的发射频谱掩模应遵循 GB 15629.1101—2006 的 6.3.9.2，其图示见图 14。ERP-DSSS 模式的发射频谱掩模应遵循 GB 15629.1102—2003 的 6.4.7.3，其图示见图 19。

6.6 ERP-PBCC 工作规范

除特别注明外，ERP-PBCC 的接收器规范应遵循 GB 15629.1102—2003 的 6.4.8。

这些可选模式为系统提供了取得 22 Mbit/s 和 33 Mbit/s 数据速率的能力，这些数据速率的模式与 GB 15629.11—2003 第 15 章和 GB 15629.1102—2003 的第 6 章中规定的 BSS 完全后向兼容，且不要求附加的协调或保护机制。对 ERP 规定了四种可选的 ERP-PBCC 调制格式和数据速率。这些调制格式和数据速率应基于分组二进制卷积编码（PBCC）的 5.5 Mbit/s、11 Mbit/s、22 Mbit/s 和 33 Mbit/s 调制。速率为 5.5 Mbit/s 和 11 Mbit/s 的情况在 GB 15629.1102—2003 的 6.4.6.6 描述。

6.6.1 接收器最小输入电平灵敏度

对于 22 Mbit/s ERP-PBCC 模式，在天线连接器处测得的输入电平为−76 dBm 时，长度为 1024 八位位组的 PSDU 的分组差错率应低于 8×10^{-2}。对于 33 Mbit/s ERP-PBCC 模式，相应输入电平应为−74 dBm。

6.6.2 接收器相邻信道抑制

在使用 ERP-PBCC 调制、长度为 1024 个八位位组的 PSDU 的 FER 为 8×10^{-2} 时，相邻信道抑制应等于或优于 35 dB。相邻信道抑制应采用以下方法测量。输入速率相同的、电平超出 6.6.1 规定的值 6 dB的 ERP-PBCC 调制信号。在相邻信道（间隔为 25 MHz，由信道编号规定）中，输入一个以类似方式（符合 GB 15629.1102—2003 的 6.4.7.3 中规定的发送掩模）调制的信号，电平超出 6.6.1 规定的电平 41 dB。该相邻信道信号应来自于一个不同的信号源，该信号源不应是参考信道进行频率移位后的版本。在这些条件下，其 FER 值应不差于 8×10^{-2}。

6.7 DSSS-OFDM 工作规范

这个可选模式为系统提供了使用 OFDM 的能力，使用 OFDM 的模式与 GB 15629.11—2003 的第 15 章和 GB 15629.1102—2003 的第 6 章规定的 BSS 完全兼容，且不要求附加的协调机制，也即不需要保护机制。该兼容性要求使用 GB 15629.1102—2003 的第 6 章规定的长和短前导码，并包含信号扩展字段以匹配 GB 15629.1102—2003 的第 6 章规定的 SIFS 间隔。通过重新使用 GB 15629.1102—2003 的第 6 章规定的前导码，这种可选模式确保当 ERP 站和 NonERP 站交互工作时，GB 15629.1102—2003 的第 6 章规定的 CCA 和短帧间间隔(SIFS)正常工作。当该选项被激活时，ERP-OFDM 和 DSSS-OFDM 应支持相同速率。DSSS-OFDM PMD 发送和接收规范应遵循 6.5 中的相关的 ERP-OFDM 规范。

6.7.1 综述

DSSS 系统的可选扩展建立在值为 1 Mbit/s、2 Mbit/s、5.5 Mbit/s 和 11 Mbit/s 的净荷数据速率（具体描述见 GB 15629.1102—2003 的第 6 章）的基础上，以在重用 GB 15629.1102—2003 的第 6 章规定的（短、长）前导码时，提供值为 6 Mbit/s、9 Mbit/s、12 Mbit/s、18 Mbit/s、24 Mbit/s、36 Mbit/s、48 Mbit/s和 54 Mbit/s 的净荷数据速率。在本条中描述的这种能力称之为 DSSS-OFDM。这种可选的能力通过将 OFDM 调制与 DSSS 前导码相结合，补充了第 6 章中描述的扩展速率 OFDM 模式。作为结果，对于 DSSS-OFDM 而言，GB 15629.1102—2003 的 6.2.2 描述的 PPDU 的格式相对没有发生变化。主要的变化在于 PSDU 的格式。GB 15629.1102—2003 的第 6 章规定的单载波 PSDU 被替换为非常类似于 GB 15629.1101—2006 的第 6 章所描述的 PSDU。本条突出说明其差别。此外，6.7.2 规定了从由巴克符号调制的前导码到由 OFDM 调制的 PSDU 的转移的无线电和物理层行为。

6.7.2 单载波到多载波转移要求

DSSS-OFDM 波形的频谱掩模应满足 GB 15629.1101—2006 的 6.3.9.6.2 的图 14 中示出的要求。

分组的单载波信号段应与分组的多载波（OFDM）段有一致的关系。信号的全部特性应可从一个符号传送至下一个，即使转移到 OFDM 段。这使得整个分组期间的高性能、一致的接收器工作。这种要求本质上与 GB 15629.11—2003 的第 15 章、GB 15629.1101—2006 的第 6 章、GB 15629.1102—2003 的第 6 章中规定的没有差别。区别在于那些章使用只用单载波或只用多载波的信令方案。与此相反，对于这种模式，在单个分组中既使用了单载波，又使用了多载波。

本条规定单载波段与 OFDM 段之间的连贯关系，以便接收器不需要任何必备的重新获得参数过程便可有机会跟踪转移过程。单载波前导码和头提供了在常规的噪声估计精确度条件下用于解调 OFDM 段所需的全部参数信息。尽管为了方便，在 OFDM 段的开始提供了多载波同步特征，但是是否和如何使用多载波同步以重新获取必备参数由实施者决定。多载波同步不是必须的。分组始终是一致的。

如图 7 所示，理想的转移将提供恒定的载波频率和相位、恒定的功率、恒定的频谱和恒定的时序关系。文中“恒定”意味着在整个转移过程中，设定各部分频率和时序的时钟振荡器是同一的。这允许在整个转移过程中频率和时间跟踪环路的工作不受干扰。下面几段为传输信号建立理想的转移特性。附加的段规定了实施的保真度和精确度。

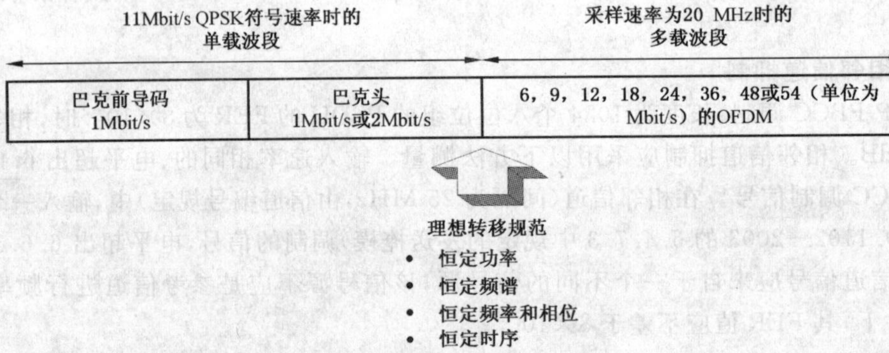

图 7　单载波到多载波转移定义

6.7.2.1　频谱绑定要求

频谱绑定要求允许接收器对信道状态信息的估计能从单载波分组段转移到多载波分组段。这个要求在单载波段和多载波段的端到端的频率响应之间建立了一致的关系。

在接收单载波前导码和头期间，接收器可以估计信道脉冲响应。实际上，这可以通过巴克码的相干性实现。信道脉冲响应包含与信号因滤波器和多径而遭受的线性失真有关的端到端的频率响应信息。这种失真可通过均衡器或其他一般都知道的技术进行缓解。

在单载波分组段期间产生的信道脉冲响应估计将包括用于控制单载波发送频谱和发送脉冲响应的单载波脉冲整形以及滤波频率响应。单载波脉冲整形滤波器可能与多载波段的整形技术截然不同。

频谱绑定要求规定单载波信号的线性失真和多载波信号的线性失真具有已知关系。这种关系由本规范定义，并且所有符合规范的发射的无线电应遵循这种关系。这将允许任何接收器开发在单载波段期间得到的信道信息，并在需要时在多载波段期间重用这些信息。

为取得频谱绑定，本规范详细列举了三个要素。所有这三个要素都是必需的，以下三条将进行讨论。第一个要素集中在单载波分组段和多载波分组段共同的失真。第二个要素处理 OFDM 分组段独有的脉冲整形。第三个要素处理单载波分组段独有的脉冲整形。由于 GB 15629.1101—2006 的第 6 章已包含了类似的多载波脉冲整形，从渐进角度考虑，这里先讨论多载波脉冲形状再讨论单载波脉冲形状。

6.7.2.1.1　共同的线性失真

与单载波和多载波脉冲整形不同，发射信号产生的设计应能为接收器的解调算法提供线性失真的连续性。图 8 图解了共同的线性失真要求，图中显示出接收器的处理假定在所有波形段均引起了占支配地位的线性失真。接收器观察到的是由于不完美的发射无线电滤波器、多径滤波和不完美的接收无线电滤波器。总之，接收器无法将失真分解为独立的物理组成部分，而只能观察综合影响。本规范仅约束发射无线电的线性失真，因为这是确保互操作的必要条件。图 8 中描述的软切换是实现转换的概念上的要素。

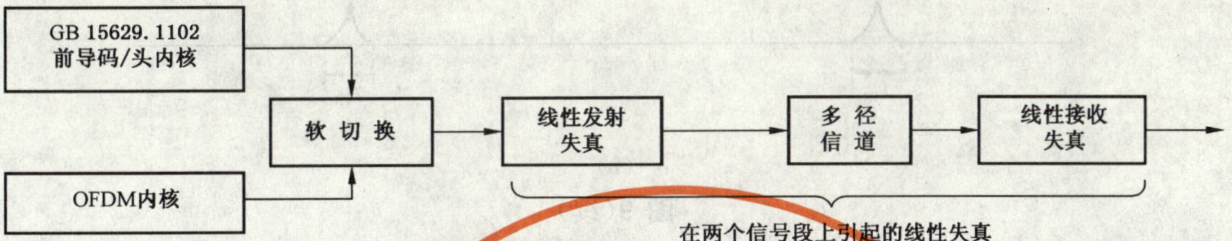

图 8　单载波和多载波信号段共同的线性失真

简而言之，这种共同的线性失真要求表明发射无线电的占支配地位的滤波器将对全部波形段保持不变和共有。一旦接收器确定了端到端的脉冲响应，信道信息就被假定对单载波信号和多载波信号是共用的。这就使得线性失真缓解技术的接收器设计不要求在转换为 OFDM 后进行重新捕获。

6.7.2.1.2　DSSS-OFDM 段独有的符号整形

OFDM 频谱整形可采用两种机制达到：

1）　时域卷积滤波可用于对频谱整形；

2）　OFDM 符号的起始和终止的时域窗口逐渐缩小可用于使频谱整形。第二种机制可视为频域卷积。第一种机制对于 OFDM 和单载波应是共有的，如果该机制是占支配地位的失真机制。第二种机制可能是 OFDM 段独有的，因为它不影响 52 个子载波的频率响应。

出于前条描述的原因，采用时域卷积滤波的第一种频谱整形机制对单载波和多载波段应是共有的。接收器将看不到分组内部频率响应的不连续。

卷积滤波可采用不同的安排方式。一种选择是单载波段和多载波段共用一个滤波器。另一种选择是基于采样速率和比特精度的明显不同，采用两个不同的物理滤波器实现，一个用于单载波段，第二个用于多载波段。选择第二种方式，设计者应确保滤波器的频率响应对两种分组段是共同的。

第二种整形机制通过时域子载波的起始和终止处的整形而使用频域卷积，可能对 OFDM 段是独有的。这种独有的技术是可接受的，因为它不修改 52 个子载波的必需的频率响应。

在 GB 15629.1101—2006 的第 6 章中描述了通过使用时域窗使 OFDM 符号的起始和终止逐渐缩小的频谱整形方法，这种频谱整形对符合第 6 章的系统是相同的。方便起见，在此重复 GB 15629.1101—2006 的第 6 章中的一个相关的图，在本条中编号为图 9。GB 15629.1101—2006 的第 6 章建议逐渐缩小的转换时间间隔是 0.1 μs。

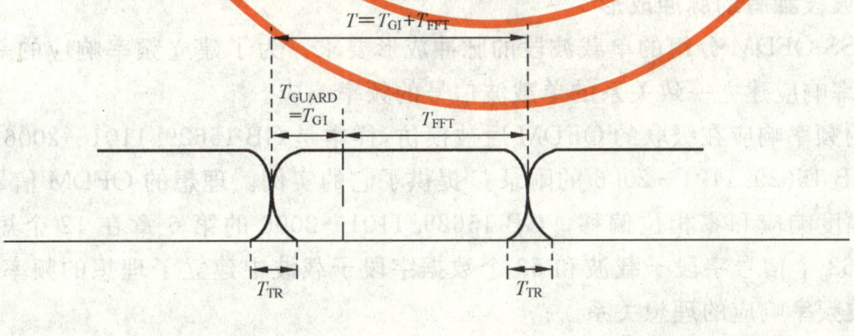

图 9　通过 OFDM 符号起始和终止的整形取得的频谱整形

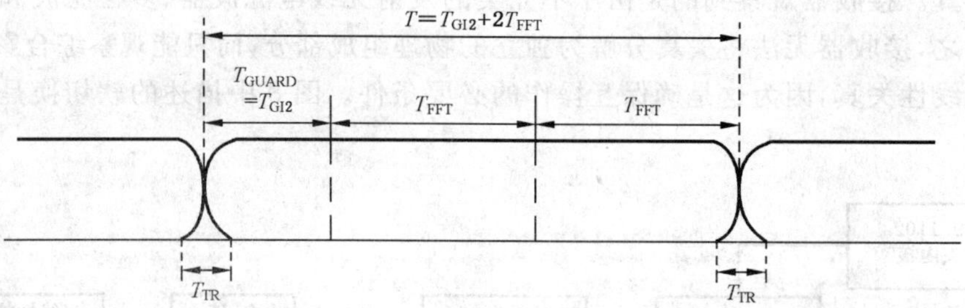

(b)

图 9(续)

图 10 示出了两种情况下单个子载波的功率谱的时域窗的效果。第一种情况是一个 OFDM 符号的矩形时域成窗。第二种情况是转换时间为 0.1 μs 的 OFDM 符号的时域成窗，这是在 GB 15629.1101—2006 的第 6 章中建议的。注意在依赖于频率的幅度滚降上的差别。将 52 个独立子载波功率谱密度相加得到合成的 52 子载波功率谱。

这种类型的 OFDM 频谱控制不影响单独子载波的相关幅度和相位。然而，它影响每个子载波的率谱密度。因此，这种类型的频谱控制对于单载波和多载波分组段的相关频谱有良性影响，这就是为什么它的独有性的理由。

为了达到设计目标，实施者可在发射无线电处安排频谱整形。一些频谱整形可使用时域卷积滤波达到，有些可通过 OFDM 的时域成窗达到。在任何一种情况下，发射的实现都应提供一致的频率响应。

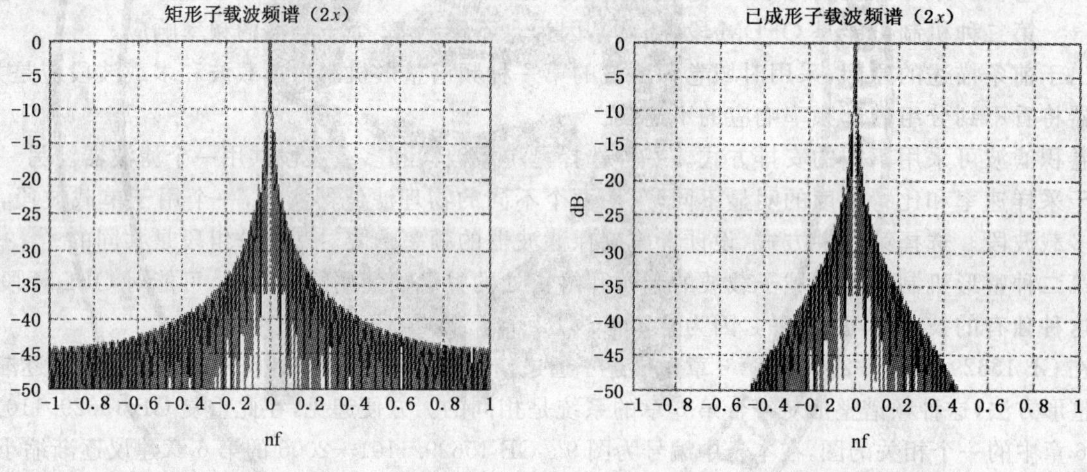

图 10 用于矩形成窗和 GB 15629.1101—2006 建议的成窗的子载波频谱

6.7.2.1.3 单载波段独有的脉冲成形

本条描述 DSSS-OFDM 分组的单载波段的脉冲成形要求。为了建立频率响应的一致性，有必要规定与 OFDM 的频率响应建立一致关系的单载波信号的频率响应。

单载波脉冲的频率响应在级联的 OFDM 后被模仿，样本是 GB 15629.1101—2006 的第 6 章中描述的 OFDM 信号，GB 15629.1101—2006 的附录 C 提供了它的实例。理想的 OFDM 信号在 52 个子载波范围具有平坦的幅度响应和零相位偏移。GB 15629.1101—2006 的第 6 章在 12 个短同步子载波、52 个长同步子载波、52 个信号字段子载波和 52 个数据字段子载波中建立了理想的频率响应关系。同样也定义了与单载波频率响应的理想关系。

相对于理想的 OFDM，这里建立 DSSS-OFDM 信号的单载波部分应具有的脉冲形状。在特殊实现下，偏离理想状态是可接受的，但是只限于在 OFDM 信号的通带内对单载波信号和多载波信号而言是共同的方式。这个要求提供了必需的频率响应一致性。

单载波脉冲的频率响应在以级联方式发送的 OFDM 后被模仿。单载波脉冲从时间成窗的 sinc 函数得到,该函数在图 11 和公式 3 中示出。sinc 函数是理想的砖墙滤波器的时间响应。砖墙滤波器的带宽设置为与理想的 OFDM 信号带宽相同。具体地说,砖墙滤波器的带宽是 GB 15629.1101—2006 的第 6 章规定的子载波间隔的值 20/64 MHz(即 312.5 kHz)的 52 倍。

$$h_{\mathrm{IdealBW}}(t)=f_{\mathrm{W}}\frac{\sin(\pi f_{\mathrm{W}}t)}{\pi f_{\mathrm{W}}t}=f_{\mathrm{W}}\mathrm{sinc}(f_{\mathrm{W}}t) \qquad \cdots\cdots(3)$$

式中:

$f_{\mathrm{W}}=52(20/64)\mathrm{MHz}$

砖墙滤波器的无限脉冲响应成窗为经验值,可使用汉宁窗的连续时间版本。汉宁窗和 sinc 函数的覆盖图如公式 4 和图 12 所示。

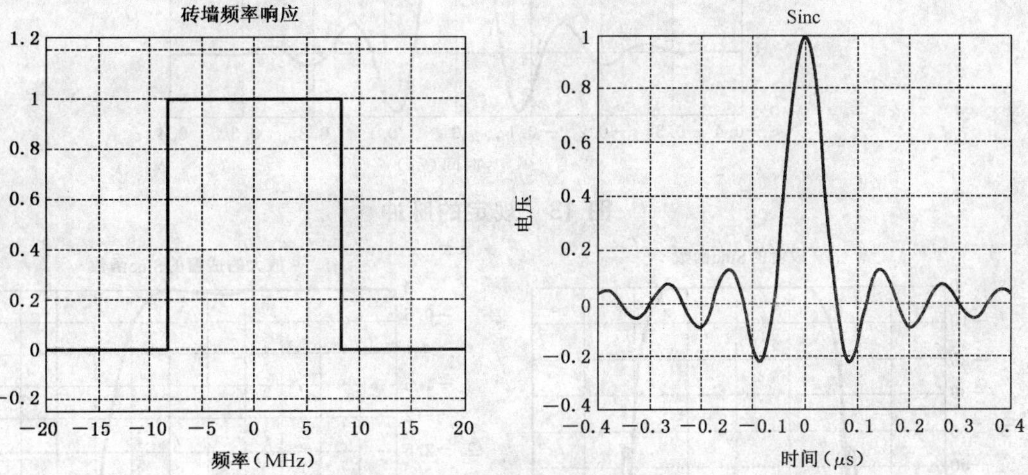

图 11 基本的砖墙滤波器

$$h_{\mathrm{Window}}(t)=0.5\left[1+\cos\left(2\pi\frac{t}{t_{\mathrm{WPAN}}}\right)\right] \qquad \cdots\cdots(4)$$

$T_{\mathrm{SPAN}}=0.8\ \mu\mathrm{s}$

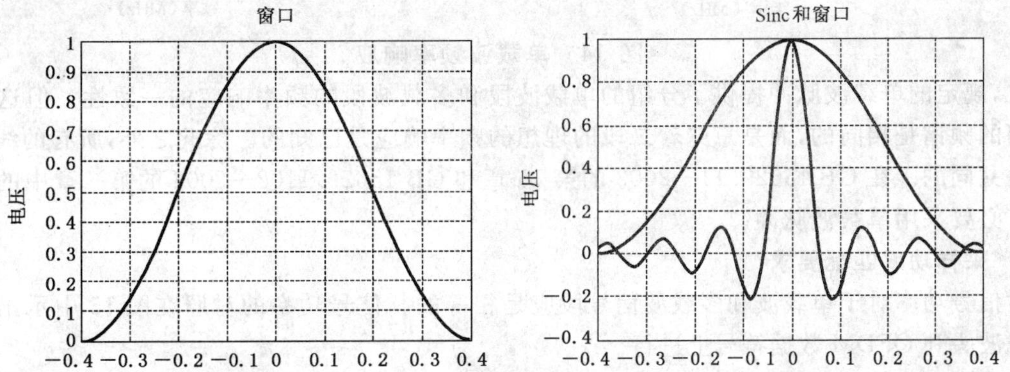

图 12 连续时间汉宁窗

规定用于单载波分组段的脉冲从如公式 5 和图 13 所示的窗口的应用得到。注意其持续时间等于 GB 15629.1101—2006 的第 6 章中规定的短同步周期,仅为 0.8 μs。

$$p(t)=h_{\mathrm{Window}}h_{\mathrm{IdealBW}}(t) \qquad \cdots\cdots(5)$$

导出的脉冲的频率响应如图 14 所示。这个脉冲产生一个单载波信号,其频谱与 OFDM 信号的频谱大致相同。这意味着即使存在多径,接收器在接收信号功率方面实质上不发生改变。在 OFDM 信号最外面的子载波点上,单载波频谱仅降低大约 4 dB。这被认为是足够的,因为单载波前导码和头的持续时间比 GB 15629.1101—2006 的第 6 章规定的同步持续时间要长。因而有充分的时间来产生足够精确的信道脉冲响应信息。

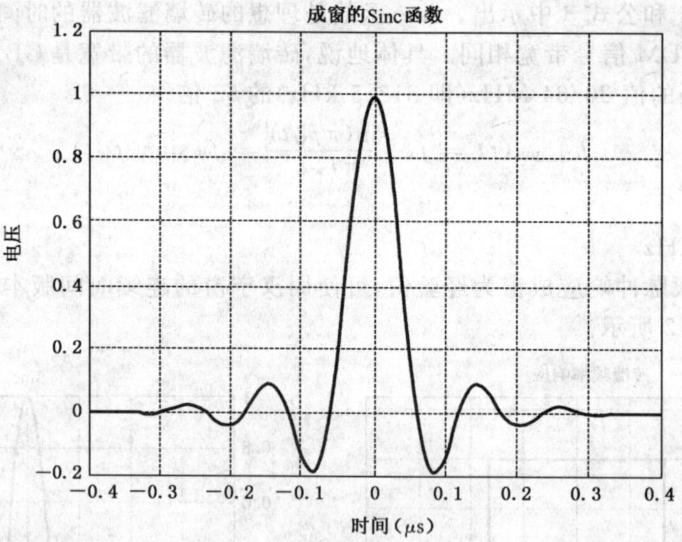

图 13　规定的脉冲

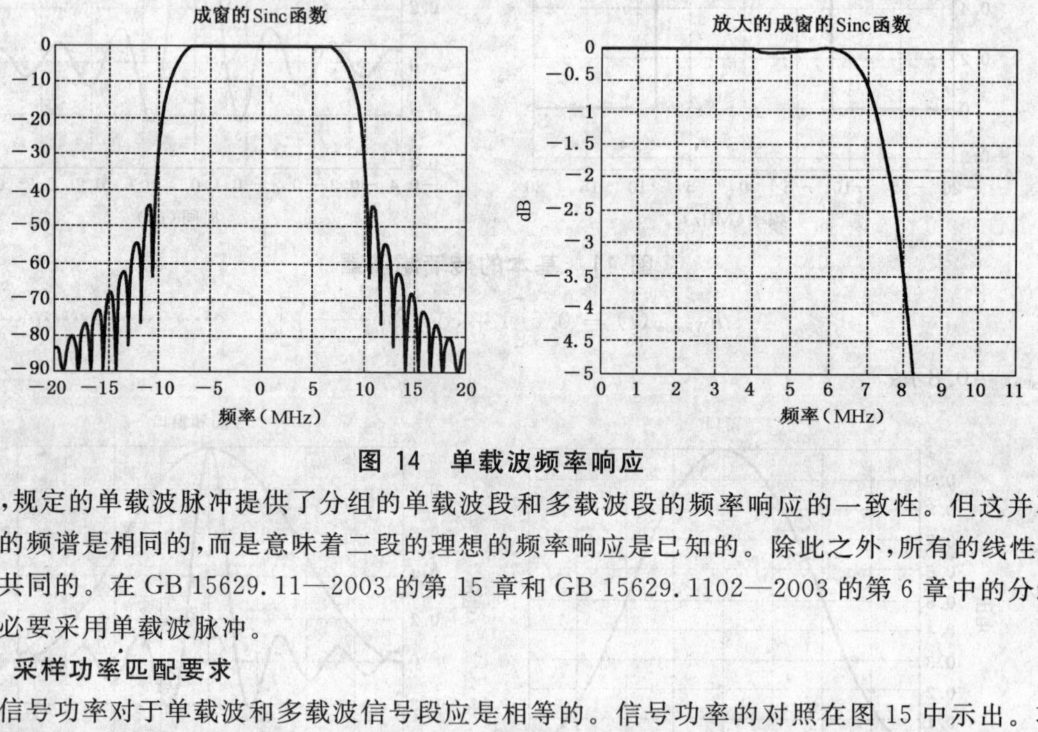

图 14　单载波频率响应

总之，规定的单载波脉冲提供了分组的单载波段和多载波段的频率响应的一致性。但这并不意味着两段间的频谱是相同的，而是意味着二段的理想的频率响应是已知的。除此之外，所有的线性失真对二者都是共同的。在 GB 15629.11—2003 的第 15 章和 GB 15629.1102—2003 的第 6 章中的分组传输期间没有必要采用单载波脉冲。

6.7.2.2　采样功率匹配要求

发射信号功率对于单载波和多载波信号段应是相等的。信号功率的对照在图 15 中示出。功率测量在单载波头和 OFDM 数据符号上进行。

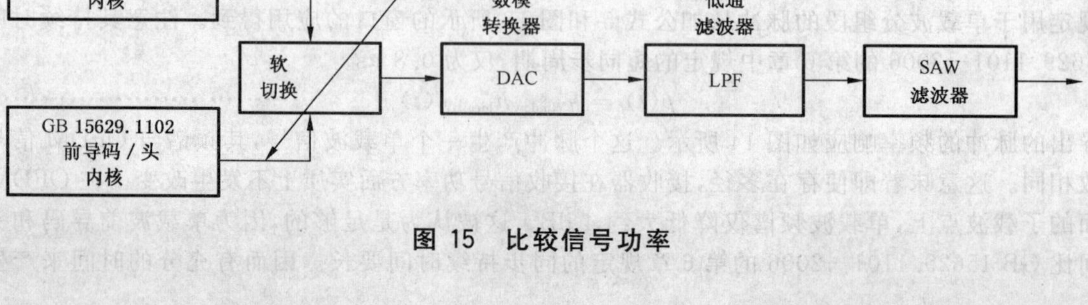

图 15　比较信号功率

6.7.2.3 **转换时间校准**

本条描述单载波和多载波信号如何进行时间校准。单载波信号使用 11 MHz 的码片速率。OFDM 信号使用 20 MHz 的基本采样速率。如图 16 所示，在 1 μs 的界限内首先校准 11 MHz 时钟和 20 MHz 时钟，即可很容易校准这两种信号。

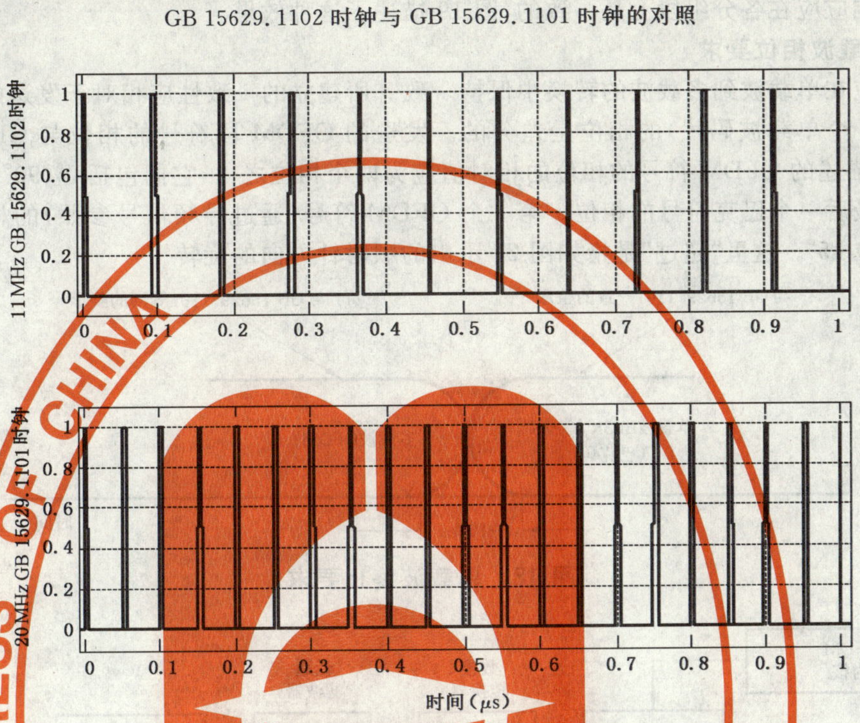

图 16　11 MHz 和 20 MHz 时钟校准

前导码和头的 11 个巴克码片的发送与定时起始点一起进行。第一个巴克码片的发送与定时起始点同步，随后发送余下的 10 个码片。这个过程在整个前导码和头持续期间不断重复。

连续时间单载波脉冲的峰值应校准到这个起始点上，如图 17 所示。

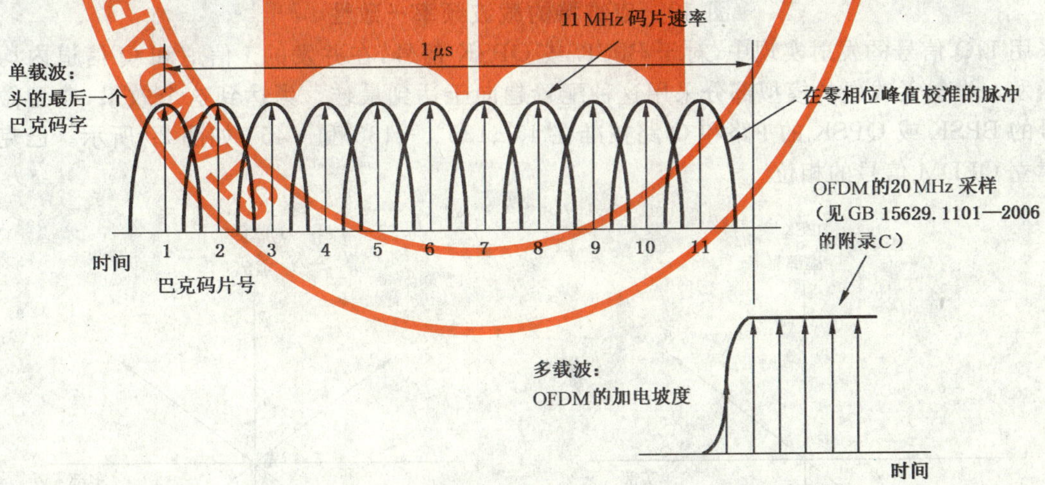

图 17　单载波到 OFDM 时间校准

第一个完整的 OFDM 样本在 1 μs 起始点边界处进行发送，如图 17 所示。波形逐渐变窄的过程可能在此以前发生，该峰值对应于 GB 15629.1101—2006 的附录 C 中的第一个完整样本。

6.7.2.4 **单载波终止**

分组的单载波段应在额定的 0.1 μs 内终止，其整形与 GB 15629.1101—2006 的第 6 章中描述的相同,如图 18 所示。不需要完全冲洗单载波脉冲整形滤波器,这可使转换时间开销最小化。对于满足 GB 15629.1101—2006 的 6.3.9.2 定义的频谱掩模的基本要求,这是有参考意义的。

该终止过程可在基带处理器处明确地完成,或由发射无线电中的滤波器提供。

6.7.2.5 转换载波频率要求

载波频率响应应在各分组段上是一致的,图 19 描述了这种效果。

6.7.2.6 转换载波相位要求

载波相位应在单载波到多载波的转换中保持一致。所建立的一致性应相对于发送的最后一个巴克符号(最后的 11 个单载波码片)的相位是差分的。发送的 OFDM 段符号的相位与 GB 15629.1101—2006 的第 6 章描述的 OFDM 符号的相位的相对值应为四个相位之一,它们包括 0°、90°、180°或 270°,具体取值依赖于最后一个巴克符号的相位。第一个 OFDM 符号(通过导频信号参照)的相位应超过最后巴克符号的相位 45°。这里"超过"是指如图 21 示出的顺时针方向的旋转。

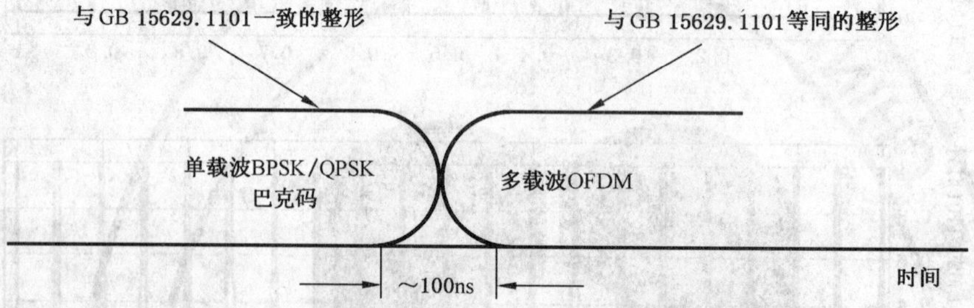

图 18 单载波终止要求

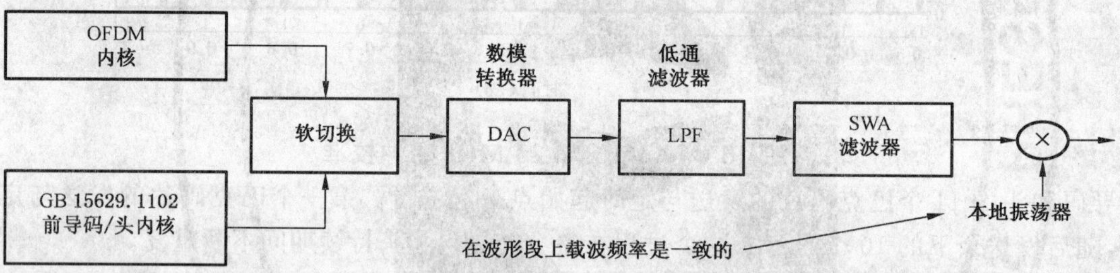

图 19 应维持的载波频率一致性

在采用 I/Q 信号的发射实现中,对于 BPSK 或 QPSK 信号,在并发的 I 信道和 Q 信道内均应最大限度地激发。发射无线电的模拟部分采用这种配置趋向于达到最佳。为达到这个效果,典型做法是将巴克符号的 BPSK 或 QPSK 的 I 路和 Q 路校准在 45°、135°、−135°和−45°,如图 20 所示。巴克符号校准用以建立 OFDM 信号的相位。

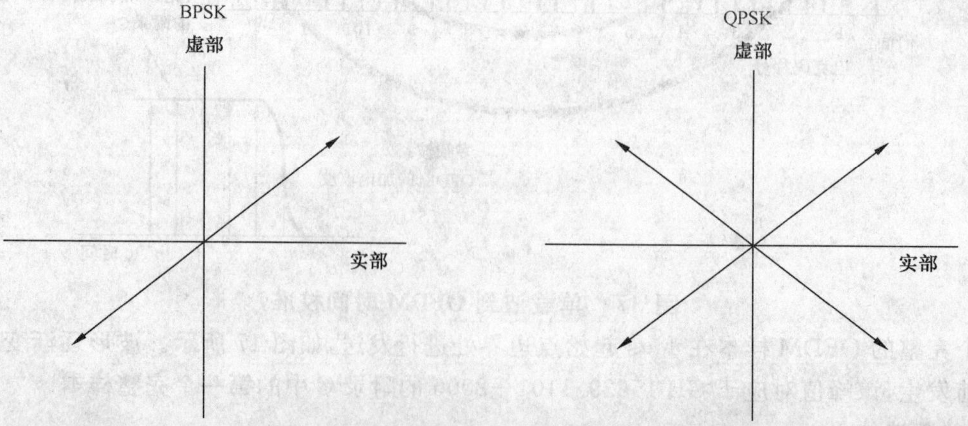

图 20 I/Q 信道最大激发时的 BPSK 和 QPSK 信号

图 21 举例说明了在符合本规范的头内的最后一个巴克符号(不是最后码片)和随后的 OFDM 符号之间的相位关系。例如,如果最后一个巴克符号的相位是在第一象限的 45°,则 OFDM 符号的相位将如 GB 15629.1101—2006 的附录 C 所描述进行发送,而不做修改。然而,如果最后一个巴克码元的相位在第二象限(相位为 135°),则 OFDM 符号的相位与 GB 15629.1101—2006 的附录 C 中的样本的相位相比,将旋转 90°。如果最后一个巴克符号的相位在第三象限(相位为 −135°),则 OFDM 符号的相位与 GB 15629.1101—2006 的附录 C 中的样本的相位相比,将旋转 180°。如果最后一个巴克符号的相位在第四象限(相位为 −45°),则 OFDM 符号的相位与 GB 15629.1101—2006 的附录 C 中的样本的相位相比,将旋转 270°。

如果发射器以与 I/Q 坐标的其他角度关系产生巴克符号,则 OFDM 符号应以超过最后 11 码片的巴克符号的相位 45°的相位发送。

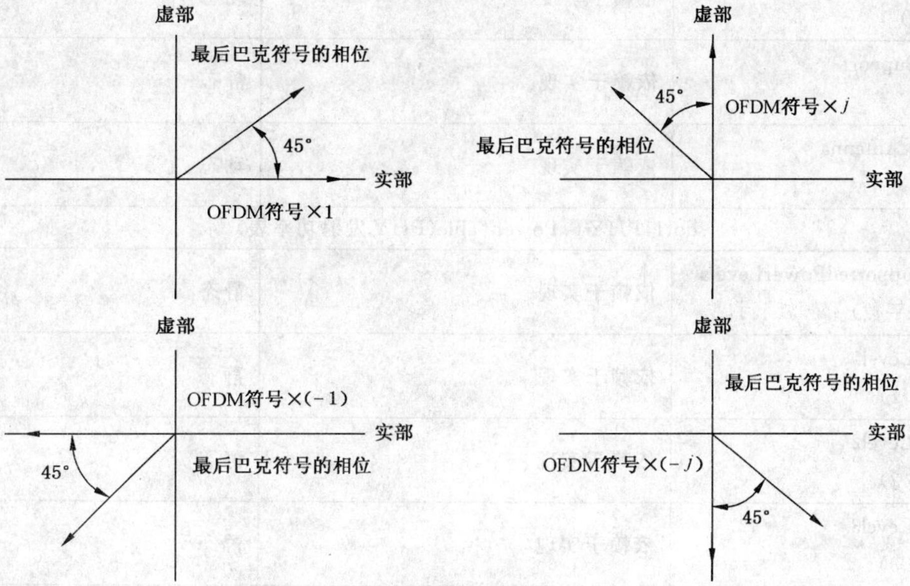

图 21 通过最后巴克符号建立的首个 OFDM 段符号的相位

6.7.2.7 发射调制精度要求

前面的条中建立的发射调制要求没有提及必需的精度。GB 15629.1101—2006 的 6.3.9.7 描述了精度。

对给定的发送分组,必需的精度依赖于数据速率。分组精度通过分组的 OFDM 部分的数据速率设定。前导码和头在发射时的精度要求同分组的 OFDM 部分的精度要求相同。对于分组的单载波部分,EVM 被解释为归一化的均方误差(NMSE)。

6.8 ERP PLME

6.8.1 PLME SAP

表 6 列出了可以被 PHY 子层实体和高层管理实体(LME)的内层访问的附加的 MIB 属性。这些属性通过 GB 15629.11—2003 的 10.4 定义的 PLME-GET、PLME-SET、PLME-RESET 和 PLME-CHARACTERISTICS 等原语访问。

6.8.2 MIB

附录 D 定义了包含本规范的附加内容的高速率 PHY MIB 属性,表 6 中定义了明确的值。

6.8.3 TXTIME(发送时间)

对于基于 TXVECTOR 中的参数的每种调制类型,计算 TXTIME 的值。对于采用 DSSS、CCK 和 PBCC 调制格式的 1 Mbit/s、2 Mbit/s、5.5 Mbit/s 和 11 Mbit/s 速率模式,TXTIME 值的计算在 GB 15629.1102—2003 的 6.3.4 中描述。

表 6 MIB 属性默认值/范围

被管理对象	默认值/范围	操作语义
dot11PHYOperationTable(PHY 操作表)		
dot11PHYType(物理层类型)	ERP(X'06')	静态
dot11CurrentRegDomain(当前管理区域)	依赖于实现	静态
dot11TempType(温度类型)	依赖于实现	静态
dot11PHYAntennaTable(PHY 天线表)		
dot11CurrentTxAntenna(当前发射天线)	依赖于实现	动态
dot11DiversitySupport(分集支持)	依赖于实现	静态
dot11CurrentRxAntenna(当前接收天线)	依赖于实现	动态
dot11PHYTxPowerTable(PHY 发射功率表)		
dot11NumberSupportedPowerLevels(支持的功率电平数)	依赖于实现	静态
dot11TxPowerLevel1(发射功率电平 1)	依赖于实现	静态
dot11TxPowerLevel2(发射功率电平 2)	依赖于实现	静态
dot11TxPowerLevel3(发射功率电平 3)	依赖于实现	静态
dot11TxPowerLevel4(发射功率电平 4)	依赖于实现	静态
dot11TxPowerLevel5(发射功率电平 5)	依赖于实现	静态
dot11TxPowerLevel6(发射功率电平 6)	依赖于实现	静态
dot11TxPowerLevel7(发射功率电平 7)	依赖于实现	静态
dot11TxPowerLevel8(发射功率电平 8)	依赖于实现	静态
dot11CurrentTxPowerLevel(当前发射功率)	依赖于实现	动态
dot11PHYDSSSTable(PHY DSSS 表)		
dot11CurrentChannel(当前信道)	依赖于实现	动态
dot11RegDomainsSupportedTable(支持的管理区域表)		
dot11RegDomainsSupportedValue(s)(支持的管理区域值)	依赖于实现	静态

表 6(续)

被管理对象	默认值/范围	操作语义
dot11PHYAntennasListTable(PHY 天线列表)		
dot11SupportedTxAntenna (支持的发射天线)	依赖于实现	静态
dot11SupportedRxAntenna (支持的接收天线)	依赖于实现	静态
dot11DiversitySelectionRx (分集选择接收)	依赖于实现	动态
dot11SupportedDataRatesTxTable(支持的发送数据速率表)		
dot11SupportedDataratesTxValue (支持的发送数据速率值)	X‘02’=1 Mbit/s X‘04’=2 Mbit/s X‘0B’=5.5 Mbit/s X‘16’=11 Mbit/s X‘0C’=6 Mbit/s X‘12’=9 Mbit/s X‘18’=12 Mbit/s X‘24’=18 Mbit/s X‘2C=22 Mbit/s X‘30’=24 Mbit/s X‘42=33 Mbit/s X‘48’=36 Mbit/s X‘60’=48 Mbit/s X‘6C’=54 Mbit/s	静态
dot11SupportedDataRatesRxTable(支持的接收数据速率表)		
dot11SupportedDataRatesRxValue (支持的接收数据速率值)	X‘02’=1 Mbit/s X‘04’=2 Mbit/s X‘0B’=5.5 Mbit/s X‘16’=11 Mbit/s X‘0C’=6 Mbit/s X‘12’=9 Mbit/s X‘18’=12 Mbit/s X‘24’=18 Mbit/s X‘2C=22 Mbit/s X‘30’=24 Mbit/s X‘42=33 Mbit/s X‘48’=36 Mbit/s X‘60’=48 Mbit/s X‘6C’=54 Mbit/s	静态
dot11HRDSSSPHYTable(HRDSSS PHY 表)		
dot11ShortPreambleOptionImplemented (实现的短前导码选项)	真	静态
dot11PBCCOptionImplemented (实现的 PBCC 选项)	依赖于实现	静态

表 6(续)

被管理对象	默认值/范围	操作语义
dot11ChannelAgilityPresent (现有信道灵活性)	依赖于实现	静态
dot11ChannelAgilityEnabled (信道灵活性使能)	假/布尔	动态
	dot11PHYERPTable(PHY ERP 表)	
dot11ERP-PBCCOptionImplemented (实现的 ERP-PBCC 选项)	假/布尔	静态
dot11DSSS-OFDM OptionImplemented (实现的 DSSS-OFDM 选项)	假/布尔	静态
dot11DSSS-OFDM OptionEnabled (DSSS-OFDM 选项使能)	假/布尔	动态
dot11ShortSlotTimeOptionImplemented (实现的短时隙选项)	假/布尔	静态
dot11ShortSlotTimeOptionEnabled (短时隙选项使能)	假/布尔	动态

6.8.3.1 **ERP-OFDM TXTIME 计算**

TXTIME 参数的值由原语 PLME-TXTIME. confirm 返回,其计算方法如公式 6 所示。

$$\text{TXTIME} = T_{\text{PREAMBLE}} + T_{\text{SIGNAL}} + T_{\text{SYM}} \times \text{Ceiling}((16 + 8 \times \text{LENGTH} + 6)/N_{\text{DBPS}}) + \text{Signal Extension} \quad \cdots\cdots(6)$$

式中:

T_{PREAMBLE}、T_{SIGNAL}和 T_{SYM}在 GB 15629.1101—2006 的 6.3.2.3 中的表 4 规定;

N_{DBPS}——每符号的数据比特的数目,从 GB 15629.1101—2006 的 6.3.2.2 中的表 3 中的 DATARATE 参数得到;

Ceiling(x)——返回大于或等于 x 的最小整数值;

Signal Extension——6 μs。

6.8.3.2 **ERP-PBCC TXTIME 计算**

TXTIME 参数的值由原语 PLME-TXTIME. confirm 返回,应按下列公式计算:

对于 PBCC 5.5 Mbit/s and 11 Mbit/s,见 GB 15629.1102—2003 的 6.3.4;

对于 ERP-PBCC-22 Mbit/s,采用公式(7):

$$\text{TXTIME} = \text{PreambleLength} + \text{PLCPHeaderTime} + \text{Ceiling}(((\text{LENGTH} + \text{PBCC}) \times 8)/\text{DATARATE}) \quad \cdots\cdots(7)$$

对于 ERP-PBCC-33 Mbit/s,采用公式(8):

$$\text{TXTIME} = \text{PreambleLength} + \text{PLCPHeaderTime} + \text{Ceiling}(((\text{LENGTH} + \text{PBCC}) \times 8)/\text{DATARATE}) + \text{ClkSwitchTime} \quad \cdots(8)$$

式中:

LENGTH 和 DATARATE 是从相应的原语 PLME-TXTIME. request 的参数 TXVECTOR 中得出的值。

"PBCC"——若参数 TXVECTOR 的 SIGNAL 值规定 ERP-PBCC,则 PBCC 的值为 1;否则该值为 0;

PreambleLength——若参数 TXVECTOR 的 PREAMBLE_TYPE 值指示为"LONGPREAM-BLE",

则该值为 144 μs；若参数 TXVECTOR 的 PREAMBLE_TYPE 值指示为“SHORTPREAMBLE”，则该值为 72 μs；

PLCPHeaderTime——若参数 TXVECTOR 的 PREAMBLE_TYPE 值指示为“LONGPREAM-BLE”，则该值为 48 μs；若参数 TXVECTOR 的 PREAMBLE_TYPE 值指示为“SHORTPREAMBLE”，则该值为 24 μs；

LENGTH——以八位位组为单位；

DATARATE——以 Mbit/s 为单位；

ClkSwitchTime——定义为 1 μs；

Ceiling(x)——返回大于或等于 x 的最小整数值。

6.8.3.3 DSSS-OFDM TXTIME 计算

TXTIME 参数的值由原语 PLME-TXTIME. confirm 返回，应按公式(9)计算：

$$\begin{aligned}TXTIME = & PreambleLengthDSSS + PLCPHeaderTimeDSSS \\ & + PreambleLengthOFDM + PLCPSignalOFDM + 4 \times Ceiling((PLCPServiceBits \\ & + 8 \times (NumberOfOctets) + PadBits)/N_{DBPS}) + SignalExtension \quad (9)\end{aligned}$$

式中：

PreambleLength——若参数 TXVECTOR 的 PREAMBLE_TYPE 值指示为“LONGPREAMBLE”，则该值为 144 μs；若参数 TXVECTOR 的 PREAMBLE_TYPE 值指示为“SHORTPREAMBLE”，则该值为 72 μs；

PLCPHeaderTime——若参数 TXVECTOR 的 PREAMBLE_TYPE 值指示为“LONGPREAMBLE”，则该值为 48 μs；若参数 TXVECTOR 的 PREAMBLE_TYPE 值指示为“SHORTPREAMBLE”，则该值为 24 μs；

Ceiling(x)——返回大于或等于 x 的最小整数值；

PreambleLengthOFDM——8 μs；

PLCPSignalOFDM——4 μs；

PLCPServiceBits——16 比特；

NumberOfOctets——PSDU 中的数据八位位组的数目；

PadBits——6 比特；

SignalExtension——6 μs；

N_{DBPS}——每 OFDM 符号的的数据比特的数目。

6.8.4 ERP-OFDM PLCP PSDU 定义

为了 MAC 定时计算的目的，表 7 中的 DSSS PHY 特性应用于 ERP。

时隙应为 20 μs，除非 BSS 仅包含支持短时隙选项的 ERP STA。在发送关联请求和重新关联请求 MMPDU 时，通过将短时隙子字段设定为 1，STA 指示支持短时隙时间。如果 BSS 仅包含支持短时隙选项的 ERP STA，可使用可选的 9 μs 时隙时间。AP 通过将在 GB 15629.11—2003 的 7.3.1.4 中描述的所有信标、探询响应、关联响应和重新关联的 MMPDU 的短时隙时间子字段设置为 1，指示使用 9 μs 的时隙时间。如果 BSS 指示短时隙，则 STA 应使用短时隙。

表 7　扩展速率 PHY 特性

特　　性	值
aSlotTime(时隙)	长时隙＝20 μs，短时隙＝9 μs
aSIFSTime(短的帧间间隔)	10 μs
aCCATime(CCA 时间)	＜15(对长时隙)，或者＜4 μs(对短时隙)，见 6.4.6

表 7(续)

特　性	值
aRxTxTurnaroundTime (从接收到发射的往返时间)	<5 μs
aTxRxTurnaroundTime (从发射到接收的往返时间)	<10 μs
aTxPLCPDelay (发射时 PLCP 的延迟)	实现中可选择满足 aRxTxTurnaroundTime 要求的任意值
ARxPLCPDelay (接收时 PLCP 的延迟)	实现中可选择满足 aSIFSTime 和 aCCATime 要求的任意值
aRxTxSwitchTime (从接收到发射的切换时间)	≪1 μs
aTxRampOnTime (发射接通坡度时间)	实现中可选择满足 aRxTxTurnaroundTime 要求的任意值
aTxRampOffTime (发射断开坡度时间)	实现中可选择满足 aSIFSTime 要求的任意值
ATxRFDelay (发射时的射频延迟)	实现中可选择满足 aRxTxTurnaroundTime 要求的任意值
ARxRFDelay (接收时的射频延迟)	实现中可选择满足 aSIFSTime 和 aCCATime 要求的任意值
aAirPropagationTime (空中传播时间)	≪1 μs
aMACProcessingDelay (MAC 处理延迟)	<2 μs
aPreambleLength (前导码长度)	20 μs
aPLCPHeaderLength (PLCP 头长度)	4 μs
aMPDUMaxLength (MPDU 的最大长度)	4095
aCWmin(0)	31
aCWmin(1)	15
aCWmin (竞争窗口的最小值)	设定 aCWmin()
aCWmax (竞争窗口的最大值)	1023

6.9 扩展速率 PMD 子层

6.9.1 应用的范围和字段

本条描述用于 ERP 的、提供给 PLCP 的 PMD 服务。

6.9.2 服务综述

ERP 子层接受 PLCP 子层服务原语,并提供从媒体发送或接收数据的实际方法。对于接收功能而言,扩展速率 PMD 子层原语和参数的结合作用的结果是得到数据流、定时信息和交付到 PLCP 子层的关联的接收信号参数。对于数据发送也提供了相似的功能。

6.9.3 交互作用综述

和 PLCP 子层相关联的原语分成如下两个基本类别：

a) 支持 PLCP 对等对对等交互作用的服务原语；

b) 有本地意义并且支持子层到子层的交互作用的服务原语。

6.9.4 基本服务和选项

除非另行规定，本条中描述的所有服务原语均是必备的。

6.9.4.1 PMD_SAP 对等对对等服务原语

表 8 指示了用于对等对对等交互作用的原语。

表 8 PMD_SAP 对等对对等服务

原 语	请 求	指 示	证 实	响 应
PMD_Data	X	X		

6.9.4.2 PMD_SAP 子层对子层服务原语

表 9 指示了用于子层对子层交互作用的原语。

表 9 PMD_SAP 子层对子层服务

原 语	请 求	指 示	证 实	响 应
PMD_TXSTART	×			
PMD_TXEND	×			
PMD_ANTSEL	×			
PMD_TXPWRLVL	×			
PMD_MODULATION	×			
PMD_PREAMBLE	×			
PMD_RATE	×			
PMD_RSSI		×		
PMD_SQ		×		
PMD_CS		×		
PMD_ED		×		

6.9.4.3 PMD_SAP 服务原语参数

表 10 示出了用于一个或多个 PMD_SAP 服务原语的参数。

表 10 PMD 原语的参数列表

参 数	关联原语	值	描 述
TXD_UNIT	PMD_DATA. request	$0\sim2^{n}-1$，其中 n 是对应于原语 PMD_MODULATION. request 和 PMD_RATE. request 中规定的调制和速率的每符号比特数	这个参数代表单个数据块，依次被 PMD 使用，编码为一个发送符号。
RXD_UNIT	PMD_DATA. indicate	$0\sim2^{n}-1$，其中 n 是对应于原语 PMD_MODULATION. request 和 PMD_RATE. request 中规定的调制和速率的每符号比特数	这个参数代表已被 PMD 实体解调的单个符号。

表 10(续)

参 数	关联原语	值	描 述
MODULATION	PMD _ MODULATION. request	ERP-DSSS, ERP-CCK, PBCC, ERP-PBCC, ERP-OFDM, DSSS-OFDM	针对 PMD 层的 MODULATION 参数规定。ERP 调制格式用于传输 PPDU 中的 PSDU 部分。
PREAMBLE	PMD_PREAMBLE. request	0 为长时隙,1 为短时隙	当适用时,PREAMBLE 选择哪种 ERP 前导码类型用于 PLCP 传输。它不适用于 ERP-OFDM 格式。
ANT_STATE	PMD_ ANTSEL. request	1～256	ANT_STATE 选择哪个可用天线用于传输。可用天线的数目由 MIB 表参数决定。
TXPWR_LEVEL	PMD_TXPWRLVL. request	1～8 (最大为 8 级)	TXPWR_LEVEL 选择应采用哪种可选发送功率电平传输当前 PPDU。可用功率电平数由 MIB 表参数决定。
RATE	PMD_RATE. request	1 Mbit/s 为 X'0A' 2 Mbit/s 为 X'14' 5.5 Mbit/s 为 X'37' 11 Mbit/s 为 X'6E' 22 Mbit/s 为 X'DC' 33 Mbit/s 为 X'21' 12 Mbit/s BPSK 为 X'75' 24 Mbit/s QPSK 为 X'E7' 48 Mbit/s 16 QAM 为 X'4B' 72 Mbit/s 64QAM 为 X'AA'	RATE 选择哪种 ERP 数据速率用于 PSDU 传输。注意,OFDM 速率如同 GB 15629.1101—2006 的 6.3.7 和 6.5.5 中规定,是原始的、未编码的速率,代表存在于该接口上的速率。
RSSI	PMD_RSSI. indicate	RSSI 的 8 比特 (256 级)	RSSI 是收到的 RF 能量的量度。把 RSSI 的值映射为实际接收功率依赖于具体实现。见 6.9.5.10。
SQ	PMD_SQ. indicate	SQ 的 8 比特	这个参数是 ERP 在 PLCP 前导码和头期间接收到的信号质量的量度。不适用于 ERP-OFDM 格式。见 6.9.5.11。
CS	PMD_CS. indicate	DISABLED 为 0,ENABLED 为 1	PMD_CS(前导码检测)原语连同 PMD_ED 原语一起,通过 PLCP 层原语 PHY-CCA 提供 CCA 状态。PMD_CS 指示值为 ENABLED 和 DISABLED 的二元状态。当检测到巴克码或 OFDM 同步信号时,PMD_CS 为 ENABLED;否则,PMD_CS 为 DISABLED。

表 10(续)

参 数	关联原语	值	描 述
ED	PMD_ED. indicate	DISABLED 为 0,ENABLED 为 1	PMD_ED(能量检测)原语和 PMD_SQ 原语一起,通过 PHY-CCA 原语在 PLCP 层提供 CCA 状态。PMD_ED 指示值为 ENABLED 和 DISABLED 的二元状态。当 PMD_RSSI 中指示的 RSSI 大于检测门限时,PMD_ED 为 ENABLED;否则,PMD_ED 为 DISABLED。

6.9.5 **PMD_SAP 详细服务规范**

以下各条描述每个 PMD 原语提供的服务。

6.9.5.1 **PMD_DATA. request**

本原语与 GB 15629.1101—2006 的 6.5.5.1 和 GB 15629.1102—2003 的 6.4.5.1 规定的原语相同,除了为反映 6.9.4.3 中规定的支持的 ERP 调制格式而将参数 TXD_UNIT 在范围上进行扩展之外。

6.9.5.2 **PMD_DATA. indicate**

本原语与 GB 15629.1101—2006 的 6.5.5.2 和 GB 15629.1102—2003 的 6.4.5.2 规定的原语相同,除了为反映 6.9.4.3 中规定的支持的 ERP 调制格式而将参数 RXD_UNIT 在范围上进行扩展之外。

6.9.5.3 **PMD_MODULATION. request**

本原语与 GB 15629.1102—2003 的 6.4.5.3 规定的原语相同,除了为反映 6.9.4.3 中规定的支持的 ERP 调制格式而将参数 MODULATION 在范围上进行扩展之外。

6.9.5.4 **PMD_PREAMBLE. request**

本原语与 GB 15629.1102—2003 的 6.4.5.4 中规定的原语相同,包括参数 PREAMBLE 的定义在内。

本原语不用于与 ERP-OFDM 调制传输的关联。

6.9.5.5 **PMD_TXSTART. request**

本原语与 GB 15629.1101—2006 的 6.5.5.3 和 GB 15629.1102—2003 的 6.4.5.6 规定的原语相同。

6.9.5.6 **PMD_TXEND. request**

本原语与 GB 15629.1101—2006 的 6.5.5.4 和 GB 15629.1102—2003 的 6.4.5.7 规定的原语相同。

6.9.5.7 **PMD_ANTSEL. request**

本原语与 GB 15629.1102—2003 的 6.4.5.8 规定的原语相同,包括参数 ANT_STATE 的定义。

6.9.5.8 **PMD_TXPRWLVL. request**

本原语与 GB 15629.1101—2006 的 6.5.5.5 规定的原语相同,包括参数 TXPWR_LEVEL 的定义。

6.9.5.9 **PMD_RATE. request**

除了参数 RATE 范围扩展了以外,本原语与 GB 15629.1101—2006 的 6.5.5.6 和 GB 15629.1102—2003 的6.4.5.10规定的原语相同。参数 RATE 范围扩展的目的是为了把6.9.4.3中规定的支持 ERP 传输速率包括在内。

6.9.5.10 **PMD_RSSI. indicate**

本原语与 GB 15629.1101—2006 的 6.5.5.7 和 GB 15629.1102—2003 的 6.4.5.11 规定的原语相同，包括参数 RSSI。本原语用于辅助如漫游判决等的链路最优化算法。

6.9.5.11 **PMD_SQ. indicate**

本原语与 GB 15629.1102—2003 的 6.4.5.12 规定的原语相同，包括参数 SQ。本原语不用于与 ERP-OFDM 调制的接收的关联。本原语用于辅助如漫游判决等的链路最优化算法。

6.9.5.12 **PMD_CS. indicate**

本原语与 GB 15629.1102—2003 的 6.4.5.13 规定的原语相同，除了因用于 6.3.5 描述的所有 ERP 调制类型而将用途扩展以外。

6.9.5.13 **PMD_ED. indicate**

本原语与 GB 15629.1102—2003 的 6.4.5.14 规定的原语相同，除了因用于 6.3.5 描述的所有 ERP 调制类型而将用途扩展以外。

附 录 A
（规范性附录）
协议实现一致性声明(PICS)形式表

本附录内容除对 GB 15629.11—2003 附录 A 作以下修改外，其余与 GB 15629.11—2003 附录 A 相同。

A.1 IUT 配置

将 GB 15629.11—2003 附录 A 中的 IUT 配置修改如下：

项目	IUT 配置	引用条号	状 态	支 持
	IUT 的配置是什么？			
*CF1	接入点(AP)	5.2	O.1	是□ 否□
*CF2	独立站点(不是 AP)	5.2	O.1	是□ 否□
*CF3	2.4 GHz 频段物理层的跳频扩频	—	O.2	是□ 否□
*CF4	2.4 GHz 频段物理层的直接序列扩频	—	O.2	是□ 否□
*CF5	红外物理层	—	O.2	是□ 否□
*CF6	5.8 GHz 频段物理层 OFDM	—	O.2	是□ 否□
*CF7	高速物理层	—	O.2	是□ 否□
*CF8	是否实现多域的工作能力	B.1.4.2, B.1.4.3,	O.3	是□ 否□
*CF9	扩展速率 PHY 层	6	O.2	是□ 否□ 不适用□
注 1：表中“引用条号”栏，除*CF8、*CF9 外是指 GB 15629.11—2003 中的条款。 注 2：*CF8 中“引用条号”栏 B.1.4.2，B.1.4.3 是指本部分。 注 3：*CF9 中“引用条号”栏是指本部分。				

A.2 MAC 协议能力

将 GB 15629.11—2003 附录 A 中的 MAC 协议能力修改如下：

项 目	协 议 能 力	引用条号	状 态	支 持
	是否支持下列 MAC 协议能力？			
PC1	链路验证服务	5.4.3.1 5.4.3.2 5.7.6,5.7.7 8.1,附录 C	M	是□ 否□
PC1.1	链路验证状态	5.5	M	是□ 否□
PC1.2	开放系统链路验证	8.1.1	M	是□ 否□
PC2	鉴别服务	8	M	是□ 否□
PC2.1	WAI	8.3	M	是□ 否□
PC2.2	鉴别服务管理	8.5	M	是□ 否□

表(续)

项　目	协 议 能 力	引用条号	状　态	支　持
PC3	保密服务	8	O	是□ 否□
PC3.1	WPI	8.4	PC3:M	是□ 否□ 不适用□
PC3.2	保密服务管理	8.5	PC3:M	是□ 否□ 不适用□
PC4	DCF	9.1,9.2,附录 C	M	是□ 否□
PC4.1	NAV 功能	9.2.1,9.2.5, 9.3.2.2	M	是□ 否□
PC4.2	帧间间隔使用和定时	9.2.3,9.2.5, 9.2.10	M	是□ 否□
PC4.3	随机退避功能	9.2.4	M	是□ 否□
PC4.4	DCF 访问规程	9.2.5.1,9.2.5.5	M	是□ 否□
PC4.5	随机退避规程	9.2.5.2	M	是□ 否□
PC4.6	恢复规程和重传限制	9.2.5.3	M	是□ 否□
PC4.7	RTS/CTS 规程	9.2.5.4,9.2.5.6, 9.2.5.7	M	是□ 否□
PC4.8	直接 MPDU 传送	9.2.6	M	是□ 否□
PC4.9	广播和组播 MPDU 传送	9.2.7	M	是□ 否□
PC4.10	MAC 级确认	9.2.2,9.2.8	M	是□ 否□
PC4.11	重复帧检测和恢复	9.2.9	M	是□ 否□
*PC5	PC	9.1,9.3,附录 C	CF1:O	是□ 否□ 不适用□
PC5.1	CFP 结构和定时的维护	9.3.1,9.3.2	PC5:M	是□ 否□ 不适用□
PC5.2	来自 PC 的 PCF MPDU 传送	9.3.3	PC5:M	是□ 否□ 不适用□
*PC5.3	PC 的 PC MPDU 传送	9.3.3	PC5:O	是□ 否□ 不适用□
PC5.4	重叠 PC 的相应规定	9.3.3.2	PC5:M	是□ 否□ 不适用□
PC5.5	轮询列表维护	9.3.4	PC5.3:M	是□ 否□ 不适用□
*PC6	CF-Pollable	9.1,9.3,附录 C	CF2:O	是□ 否□ 不适用□
PC6.1	CFP 结构和定时的解释	9.3.1,9.3.2	PC6:M	是□ 否□ 不适用□
PC6.2	PCF MPDU 发送到/从 CF-Pollable STA	9.3.3	PC6:M	是□ 否□ 不适用□
PC6.3	轮询列表更新	9.3.4	PC6:M	是□ 否□ 不适用□
PC7	分段	9.2,9.4,附录 C	M	是□ 否□
PC8	重组	9.2,9.5,附录 C	M	是□ 否□
PC9	MAC 数据业务	9.1.5,9.8,附录 C	M	是□ 否□
PC9.1	可重新排序组播业务等级	9.8	M	是□ 否□
PC9.2	严格排序业务等级	9.8	O	是□ 否□
PC10	多速率支持	9.6,附录 C	M	是□ 否□
*PC11	多特殊 MPDU 支持	9.8,附录 C	O	是□ 否□
PC11.1	多特殊 MPDU 发送限制	9.8	PC11:M	是□ 否□ 不适用□

表(续)

项 目	协 议 能 力	引用条号	状 态	支 持
PC12	定时同步	11.1,附录 C	M	是□ 否□
PC12.1	基础结构网络中的定时	11.1.1.1, 11.1.4	CF1:M	是□ 否□ 不适用□
PC12.2	IBSS 中的定时	11.1.1.2, 11.1.4	CF2:M	是□ 否□ 不适用□
PC12.3	信标生成功能	11.1.2	M	是□ 否□ 不适用□
PC12.4	TSF 同步和精确度	11.1.2	M	是□ 否□
PC12.5	基础结构 BSS 初始化	11.1.3	CF1:M	是□ 否□ 不适用□
PC12.6	IBSS 初始化	11.1.3	CF2:M	是□ 否□ 不适用□
PC12.7	被动扫描	11.1.3	CF2:M	是□ 否□ 不适用□
PC12.8	主动扫描	11.1.3	CF2:M	是□ 否□ 不适用□
PC12.9	探测响应	11.1.3	M	是□ 否□
PC12.10	跳频同步功能	11.1.3	CF3:M	是□ 否□ 不适用□
PC13	基础结构功率管理	11.2.1,附录 C	M	是□ 否□
PC13.1	STA 功率管理模式	11.2.1.1, 11.2.1.8	CF2:M	是□ 否□ 不适用□
PC13.2	TIM 发送	11.2.1.2, 11.2.1.3	CF1:M	是□ 否□ 不适用□
PC13.3	CP 期间 AP 功能	11.2.1.4	CF1:M	是□ 否□ 不适用□
PC13.4	CFP 期间 AP 功能	11.2.1.5	PC5:M	是□ 否□ 不适用□
PC13.5	CP 期间接收功能	11.2.1.6	CF2:M	是□ 否□ 不适用□
PC13.6	CFP 期间接收功能	11.2.1.7	PC6:M	是□ 否□ 不适用□
PC13.7	老化功能	11.2.1.9	CF1:M	是□ 否□ 不适用□
PC14	IBSS 功率管理	11.2.2,附录 C	CF2:M	是□ 否□ 不适用□
PC14.1	功率管理的初始化	11.2.2.2	CF2:M	是□ 否□ 不适用□
PC14.2	STA 功率状态转换	11.2.2.3	CF2:M	是□ 否□ 不适用□
PC14.3	ATIM 和帧发送	11.2.2.4	CF2:M	是□ 否□ 不适用□
PC15	关联和重新关联	5.4,5.7 11.3,附录 C	M	是□ 否□
PC15.1	关联状态	5.5	M	是□ 否□
PC15.2	STA 关联规程	11.3.1	CF2:M	是□ 否□ 不适用□
PC15.3.	AP 关联规程	11.3.2	CF1:M	是□ 否□ 不适用□
PC15.4	STA 重新关联规程	11.3.3	CF2:M	是□ 否□ 不适用□
PC15.5	AP 重新关联规程	11.3.4	CF1:M	是□ 否□ 不适用□
PC16	设置 dot11ShortPreambleOptionImplemented 为 1	B.1.3.1	CF9:M	是□ 否□ 不适用□
PC17	设定 PBCC 子字段(见引用条号)	B.1.3.1	CF9:M	是□ 否□ 不适用□
PC18	设定 DSSS-OFDM 子字段(见引用条号)	B.1.3.1	CF9:M	是□ 否□ 不适用□
PC19	设定信道灵敏子字段(见引用条号)	B.1.3.1	CF9:M	是□ 否□ 不适用□
PC20	设定短的时隙子字段(见引用条号)	B.1.3.1	CF9:M	是□ 否□ 不适用□

表(续)

项目	协议能力	引用条号	状态	支持
PC21	监视器每一个接收到的短时隙子字段并进行操作(见引用条号)	B.1.3.1	CF9:M	是□ 否□ 不适用□
PC22	以引用条号中描述的格式和内容,在每个发送的信标或探询响应中,传送 ERP 信息元素	B.1.3.1	CF9:M	是□ 否□ 不适用□
PC23	在需要使用 ERP-OFDM 调制发送信息之前,接收 ERP 信息元素和使用保护机制	B.1.3.1	CF9:M	是□ 否□ 不适用□
PC24	基于在引用条号描述的特性速率集确定 aCWmin 的值	B.2.3	CF9:M	是□ 否□ 不适用□
PC25	以小于等于接收速率的最大基本速率,并以相同的 PHY 选项来传输控制响应帧;如果没有基本速率满足上述标准时,则使用最大的必备速率选项来传输控制响应帧	B.2.4	CF9:M	是□ 否□ 不适用□
PC26	以基本速率集的速率传送广播帧或多播帧	B.2.4	CF9:M	是□ 否□ 不适用□
PC27	单播帧时以速率切换机制选定的、并为目的 STA 所支持的任何速率传送的	B.2.4	CF9:M	是□ 否□ 不适用□
PC28	不要以高于 OperationalRateSet 中的最大速率的数据速率传输数据	B.2.4	CF9:M	是□ 否□ 不适用□
PC29	采用 ERP 信息元素以控制保护机构的使用(见引用条号)	B.2.6	CF9:M	是□ 否□ 不适用□
PC30	更新 NAV 为足够长以覆盖帧和任何响应	B.2.6	CF9:M	是□ 否□ 不适用□
PC31	支持 CTS-to-self 序列的传输(见引用条号)	B.2.3, B.2.2,B.2.5	CF9:O	是□ 否□ 不适用□
PC32	支持 CTS-to-self 序列的接收(见引用条号)	B.2.3, B.2.2,B.2.5	CF9:M	是□ 否□ 不适用□
PC33	更新 NAV	B.2.6	CF9:M	是□ 否□ 不适用□
注:"项目"栏从 PC16 开始,表中"引用条号"栏是本部分外,其余都是指 GB 15629.11—2003 中的条款。				

A.3 ERP 物理层功能

GB 15629.11—2003 附录 A 的最后增加 ERP 物理层功能如下:

项目	PHY 特征	引用条号	状态	支持
*ERP1	发送并接收 ERP-DSSS 数据的速率为 1 和 2 Mbit/s 及 ERP-CCK 数据速率为 5.5 和 11 Mbit/s	6.3.2	CF9:M	是□ 否□ 不适用□
ERP1.1	发送并接收 ERP OFDM 的数据速率为 6,12,和 24 Mbit/s	6.3.2	CF9:M	是□ 否□ 不适用□
ERP1.2	以 9 Mbit/s 数据速率发射和接收 ERP-OFDM	6.3.2	ERP1:O	是□ 否□ 不适用□

表(续)

项 目	PHY 特征	引用条号	状 态	支 持
ERP1.3	以 18 Mbit/s 数据速率发射和接收 ERP-OFDM	6.3.2	ERP1:O	是□ 否□ 不适用□
ERP1.4	以 36 Mbit/s 数据速率发射和接收 ERP-OFDM	6.3.2	ERP1:O	是□ 否□ 不适用□
ERP1.5	以 48 Mbit/s 数据速率发射和接收 ERP-OFDM	6.3.2	ERP1:O	是□ 否□ 不适用□
ERP1.6	以 54 Mbit/s 数据速率发射和接收 ERP-OFDM	6.3.2	ERP1:O	是□ 否□ 不适用□
*ERP2	以 22 Mbit/s 数据速率发射和接收 ERP-PBCC	6.3.2	CF9 与 HRDS9.1 与 HRDS9.2:O	是□ 否□ 不适用□
ERP2.1	以 33 Mbit/s 数据速率发射和接收 ERP-PBCC	6.3.2	ERP2:O	是□ 否□ 不适用□
*ERP3	以与 ERP-OFDM 相同的速率发送和接收的 DSSS-OFDM 数据	6.3.2	CF9:O	是□ 否□ 不适用□
ERP4	支持 ERP3 所需要的 PPDU 格式(见引用条号)	6.3.2	CF9:O	是□ 否□ 不适用□
ERP5	能发送并且接收长和短的 DSSS 以及 OFDM 前导码	6.3.2	CF9:M	是□ 否□ 不适用□
ERP6	对于 DSSS-OFDM 、ERP-PBCC、锁时钟和长度扩展(b0,b2,b3,b5,b6 和 b7)设置服务字段比特	6.3.2.1	CF9:M	是□ 否□ 不适用□
ERP7	把长和短的前导码 PPDU 服务字段的 b1 和 b4 设置成零	6.3.2.1	CF9:M	是□ 否□ 不适用□
ERP8	把所有长和短的前导码 PPDU 服务字段的 b2 将设置为 1	6.3.2.1	CF9:M	是□ 否□ 不适用□
ERP9	按引用条号设定长和短的前导码 PPDU 服务字段的 b5、b6 和 b7	6.3.2.1, 6.3.2.1.2	CF9:M	是□ 否□ 不适用□
ERP10	当采用保护机制时,可使用 GB 15629.11—2003 的第 15 章或者 GB 15629.1102—2003 的第 6 章速率	B.2.6	CF9:M	是□ 否□ 不适用□
ERP11	在所有长的和短的 DSSS-OFDM PPDU 格式中,信号字段速率设置为 3 Mbit/s(见引用条号)	6.3.2.4	ERP3:M	是□ 否□ 不适用□
ERP12	DSSS-OFDM 信号扩展长度的计算	6.3.2.4.1	ERP3:M	是□ 否□ 不适用□
ERP13	在 PPDU 的始端,设定 ERP PBCC 编码器的状态为 0	6.3.3.2	ERP2:M	是□ 否□ 不适用□
ERP14	相对于头设置 ERP-PBCC 的相位	6.3.3.2	ERP2:M	是□ 否□ 不适用□
ERP15	把相同的脉冲波形用于 22 和 33 Mbit/s	6.3.3.2	ERP2:M	是□ 否□ 不适用□
ERP16	增加 6 μs 的信号扩展	6.3.3.2	CF9:M	是□ 否□ 不适用□

表(续)

项目	PHY 特征	引用条号	状态	支持
ERP17	在长前导巴克码、短前导巴克码和OFDM上同时发生CCA	6.3.5	CF9:M	是□ 否□ 不适用□
ERP18	在门限和载波上的CCA能量检测	6.3.5	CF9:M	是□ 否□ 不适用□
ERP19	若信号字段指示为3 Mbit/s,则解码为DSSS-OFDM	6.3.6	CF9:M	是□ 否□ 不适用□
ERP20	能自动监测长前导巴克码、短的前导巴克码和OFDM格式,并正确接收	6.3.6	CF9:M	是□ 否□ 不适用□
ERP21	遵循本地制定的频率分配要求	6.4.1	CF9:M	是□ 否□ 不适用□
ERP22	采用2.4 GHz的频率计划	6.4.2	CF9:M	是□ 否□ 不适用□
ERP23	遵循用于调整杂散发射规则	6.4.3	CF9:M	是□ 否□ 不适用□
ERP24	时隙要求	6.4.4	CF9:M	是□ 否□ 不适用□
ERP25	执行短时隙选项	6.4.4	CF9:M	是□ 否□ 不适用□
ERP26	使用10 μs SIFS时间	6.4.6	CF9:M	是□ 否□ 不适用□
ERP27	遵循规定的传输功率要求	6.4.7.1	CF9:M	是□ 否□ 不适用□
ERP28	$\pm 25\times 10^{-6}$频率容限	6.4.7.2	CF9:M	是□ 否□ 不适用□
ERP29	使用锁住时钟	6.4.7.2, 6.4.7.3	CF9:M	是□ 否□ 不适用□
ERP30	容限为−20 dBm;的输入电平	6.5.3	CF9:M	是□ 否□ 不适用□
ERP31	使用指定的发射掩码	6.5.4	CF9:M	是□ 否□ 不适用□
ERP32	符合所有支持数据速率的灵敏度	6.5.1	CF9:M	是□ 否□ 不适用□
ERP33	在GB 15629.1101—2006的6.3.10.1表16中是抑制相邻信道或者在GB 15629.1102—2003的6.4.8.3中是适用信道	6.5.2	CF9:M	是□ 否□ 不适用□
ERP34	ERP-DSSS到OFDM是相干的转换	6.7.2, 6.7.2.7	ERP3:M	是□ 否□ 不适用□
ERP35	ERP-DSSS和OFDM的信号成形是相同的	6.7.2.1	ERP3:M	是□ 否□ 不适用□
ERP36	对ERP-DSSS和OFDM码段,发射功率相等	6.7.2.2	ERP3:M	是□ 否□ 不适用□
ERP37	校准转换时间	6.7.2.3	ERP3:M	是□ 否□ 不适用□
ERP38	把转换相位设定为45°	6.7.2.3	ERP3:M	是□ 否□ 不适用□
ERP39	计算ERP-OFDM的发射时间	6.8.3.1	CF9:M	是□ 否□ 不适用□
ERP40	计算ERP-PBCC的发射时间	6.8.3.2	ERP2:M	是□ 否□ 不适用□
ERP41	计算DSSS-OFDM的发射时间	6.8.3.3	ERP3:M	是□ 否□ 不适用□
ERP42	当建立与长的时隙相关联的STA时,恢复到20 ms时隙	B.1.3.1	CF9:M	是□ 否□ 不适用□
ERP43	支持TXVECTOR和RXVECTOR(见引用条号)	B.2.1	CF9:M	是□ 否□ 不适用□
ERP44	平滑地终止单载波段	6.7.3.4	ERP3:M	是□ 否□ 不适用□

附 录 B
（规范性附录）
对 GB 15629.11—2003 和 GB 15629.1102—2003 的修改

B.1 帧格式

帧格式及其说明同 GB 15629.11—2003 并作以下修改。

B.1.1 控制帧

B.1.1.1 清除待发(CTS)帧格式

在 GB 15629.11—2003 的 7.2.1.2 末插入以下的段落。

如果 CTS 是交换中的第一帧并且未决数据或管理帧需要确认，则其持续时间值为发送未决数据或管理帧所需时间(以 μs 计)，还要加上一个 SIFS 间隔，一个 ACK 帧和一个附加 SIFS 间隔。如果 CTS 是交换中的第一帧并且未决数据或管理帧不需要确认，则其持续时间值为发送未决数据或管理帧所需时间(以 μs 计)，还要加上一个 SIFS 间隔。如果算出的持续时间是一个带小数的微秒数，则该值按四舍五入取整数。

B.1.2 管理帧

本条是对 GB 15629.11—2003 的 7.2.3、表 5、表 7、表 8、表 9、表 10、表 11 和表 12 的修改。

在 GB 15629.11—2003 的 7.2.3 最后段落之后插入以下的句子：

在各帧中固定字段和帧元素的排序可能存在不连续。保留顺序是升序排列。

B.1.2.1 信标帧格式

本条是对 GB 15629.11—2003 中表 5 的修改。

表 B.1 信标帧体

顺序	信息	备注
1	时戳	—
2	信标间隔	—
3	能力信息	—
4	SSID	—
5	支持速率	—
6	FH 参数集合	FH 参数集合信息元素出现在由采用跳频 PHY 的 STA 产生的信标帧中
7	DS 参数集合	DS 参数集合信息元素出现在由采用直接序列 GB 15629.11—2003 的第 15 章、GB 15629.1102—2003 的第 6 章和 PHY 的第 6 章的 STA 产生的信标帧中
8	CF 参数集合	CF 参数集合信息元素仅出现在由支持 PCF 的 AP 产生的信标帧中
9	IBSS 参数集合	IBSS 参数集合信息元素仅出现在由 IBSS 内的 STA 产生的信标帧中
10	TIM 参数集合	TIM 信息元素仅出现在由 AP 产生的信标帧中
11	国家信息	如果 dot11MultiDomainCapabilityEnabled 为真，这个信息元素被包含
12	FH 参数	如果 dot11MultiDomainCapabilityEnabled 为真，在 B.1.4.2 中的 FH 参数被包含
13	FH 图案表	如果 dot11MultiDomainCapabilityEnabled 为真，在 B.1.4.3 中的 FH 图案表被包含
14～18	保留	—

表 B.1(续)

顺 序	信 息	备 注
19	ERP 信息	ERP 信息元素出现在由采用 ERP PHY 时 STA 的信标帧中,在其他情况下是可选择地出现的
20	扩展支持速率	在任何时候,有多于八种以上支持速率时,扩展支持速率元素就会出现;否则,它是可选的

B.1.2.2 关联请求帧格式

本条是对 GB 15629.11—2003 中表 7 的修改。

表 B.2 关联请求帧体

顺 序	信 息	备 注
1	能力信息	
2	侦听间隔	
3	SSID	
4	支持速率	
5	扩展支持速率	扩展支持速率元素出现在任何有多于八种以上支持速率时;否则,它是可选的

B.1.2.3 关联响应帧格式

本条是对 GB 15629.11—2003 中表 8 的修改。

表 B.3 关联响应帧体

顺 序	信 息	备 注
1	能力信息	
2	状态码	
3	关联 ID(AID)	
4	支持的速率	
5	扩展支持速率	扩展支持速率元素出现在任何有多于八种以上支持速率时;否则,它是可选的

B.1.2.4 重新关联请求帧格式

本条是对 GB 15629.11—2003 中表 9 的修改。

表 B.4 重新关联请求帧体

顺 序	信 息	备 注
1	能力信息	
2	侦听间隔	
3	当前 AP 地址	
4	SSID	
5	支持速率	
6	扩展支持速率	扩展支持速率元素出现在任何有多于八种以上支持速率时;否则,它是可选的

B.1.2.5 重新关联响应帧格式

本条是对 GB 15629.11—2003 中表 10 的修改。

表 B.5 重新关联响应帧体

顺序	信息	备注
1	能力信息	
2	状态码	
3	AID	
4	支持的速率	
5	扩展支持速率	扩展支持速率元素出现在任何有多于八种以上支持速率时；否则，它是可选的

B.1.2.6 探询请求帧格式

本条是对 GB 15629.11—2003 中表 11 的修改。

表 B.6 探询请求帧体

顺序	信息	备注
1	SSID	
2	支持的速率	
3	要求信息	如果 dot11MultiDomainCapabilityEnabled 为真，则包含要求信息
4	扩展支持速率	扩展支持速率元素出现在任何有多于八种以上支持速率时；否则，它是可选的

B.1.2.7 探询响应帧格式

本条是对 GB 15629.11—2003 中表 12 的修改。

表 B.7 探询响应帧体

顺序	信息	备注
1	时戳	
2	信标间隔	
3	能力信息	
4	SSID	
5	支持速率	
6	FH 参数集合	FH 参数集合信息元素出现在由采用 PHY 的 STA 产生的信标帧中
7	DS 参数集合	DS 参数集合信息元素出现在采用直接序列 GB 15629.11—2003 的第 15 章、GB 15629.1102—2003 的第 6 章和第 6 章的 PHY，由 STA 产生的信标帧中
8	CF 参数集合	CF 参数集合信息元素仅出现在由支持 PCF 的 AP 产生的探询响应帧中
9	IBSS 参数集合	IBSS 参数集合信息元素仅出现在由 IBSS 的 STA 产生的探询响应帧中
10	国家信息	如果 dot11MultiDomainCapabilityEnabled 为真，则包含这个信息
11	FH 参数	如果 dot11MultiDomainCapabilityEnabled 为真，则包含 B.1.4.2 中的 FH 参数
12	FH 图案表	如果 dot11MultiDomainCapabilityEnabled 为真，则包含 B.1.4.3 中的 FH 图案表
13～17	要求信息元素	探询请求帧的要求信息元素
18	ERP 信息	ERP 信息出现在采用 ERP PHY 时，由 STA 产生的探询响应帧中
19	扩展支持速率	扩展支持速率元素出现在任何有多于八种以上支持速率时；否则，它是可选的

B.1.3 管理帧体组成部分

管理帧体组成部分同 GB 15629.11—2003，并作以下修改。

B.1.3.1 能力信息字段

本条是对 GB 15629.11—2003 中 7.3.1.4 和图 27 的修改。

修改 GB 15629.11—2003 中 7.3.1.4 中第 1、2 段如下：

能力信息字段包含用于指示请求或广播的可选能力的多个子字段。

能力信息字段的长度是两个八位位组。能力信息字段由以下的子字段组成：ESS、IBSS、CF-Pollable、CF-PollReq、保密、短前导码、分组二进制卷积码(PBCC)、信道灵活性、短时隙和 DSSS-OFDM 。能力信息字段的格式由图 B.1 说明。如果 ERP 支持的速率集中包含了第 6 章中所有的必备速率，则没有作为 STA 支持 ERP 的子字段提供给 ERP。

用如下内容替换 GB 15629.11—2003 的图 27：

0	1	2	3	4	5	6	7	8 9	10	11 12	13	14 15
ESS	IBSS	CF pollable	CF poll Req	加密	短前导码	PBCC	信道灵活性	保留	短时隙	保留	DSSS-OFDM	保留

2八位位组

图 B.1 能力信息固定字段

修改 GB 15629.1102—2003 的附录 C.1.1 第 3 段，并在该段后插入所示正文：

AP 及 IBSS 中的 STA 在传输的字类型为信标、探询响应、联结响应和重新联结响应的管理 MMPDU 中的将短前导码子字段设置为 1，以表明在 BSS 中允许使用短前导码，短前导码定义见 GB 15629.1102—2003 的 6.2.2.2。为表明不允许使用短前导码选项，在 BSS 内传输的信标、探询响应、联结响应和重新联结响应管理 MMPDU 中的短前导码子字段设置为 0。(AP 及 IBSS 中的 STA 在传输的信标、探询响应、联结响应和重新联结响应 MMPDU 中设置 PBCC 子字段为 1，以表明PBCC调制选项在 BSS 中是允许的，如 GB 15629.1102—2003 的 6.4.6.6 和本部分的 6.6 所规定。为了表明 PBCC 调制的选项是不允许的，那么在 BSS 中传输的信标、探询响应、联结响应和重新联结响应 MMPDU 中的 PBCC 子字段将被置为 0)。

在 GB 15629.1102—2003 的附录 C.1.1.第 3 段之后插入以下的正文：

因为所有 ERP STA 均支持长、短前导码两种格式，ERP STA 应将 MIB 变量 dot 11 Short Preamble Option Implemented 设置为真。

修改 GB 15629.1102—2003 的附录 C.1.1 第 5 段如下：

能力信息字段中的 B7 用于表明被 HR/DSSS 或 ERP PHY 所使用的信道灵活性。当使用信道灵活性时，STA 将此位设置为 1，否则将此位设置为 0。

在 GB 15629.1102—2003 的附录 C.1.1 的最后一段前插入以下段：

当 MIB 属性 dot11ShortSlotTimeOptionImplemented 和 dot11ShortSlotTimeOptionEnabled 为真时，在发送联结请求和重新联结请求的 MMPDU 中 STA 应将短时隙子字段设置为 1。否则，在发送联结请求和重新联结请求的 MMPDU 中 STA 应将短时隙子字段设置为 0。

如果 STA 不支持短时隙联结，则从 STA 长时隙联结后的第一个信标开始，AP 应使用长时隙。在发送信标、探询响应、联结响应和重新联结响应的 MMPDU 中 AP 应设置短时隙子字段，以表明本 BSS 中当前使用的短时隙值。

当 MIB 属性 dot 11 Short Preamble Option Implemented 为真时，STA 将短时隙子字段设置为 1，则在发送或接收来自 STA 已加入或启动的 BSS 中的信标、探测响应、联结响应和重新联结响应的 MMPDU 时，STA 应将 MAC 变量 aSlotTime 设置为短时隙值。当 MIB 属性 dot 11 Short Preamble Option Implemented 为真时，STA 将短时隙子字段设置为 0，则在发送或接收来自 STA 已加入或启动的 BSS 中的信标、探测响应、联结响应和重新联结响应的 MMPDU 时，STA 应将 MAC 变量 aSlotTime 设置为长时隙值。当 MIB 属性 dot11ShortSlotTimeOptionImplemented 为假时，STA 应始终设置 MAC 变量 aSlotTime 为长时隙值。当 MIB 属性 dot 11 Short Preamble Option Implemented 未出现或当 PHY 仅支持一个时隙值，则 STA 应将 MAC 变量设置为适合附属 PHY 的时隙值。

对于 IBSS，短时隙子字段应设置为 0。

在发送信标传输标识、探询响应、联结响应和重新联结响应等的管理 MMPDU 时，在 IBSS 中 AP 及 STA 应将 DSSS-OFDM 子字段设置为 1，用以指示在该 BSS 中允许使用 DSSS-OFDM（见 6.7）。为指示不允许使用 DSSS-OFDM，在 BSS 内发送信标、探询响应、联结响应和重新联结响应等的管理 MMPDU 中 DSSS-OFDM 子字段应设置为 0。

当 MIB 属性 dot11DSSS-OFDM OptionImplemented 和 dot11DSSS-OFDM OptionEnable 为真时，在发送信标、探询响应、联结响应和重新联结响应的管理 MMPDU 中 STA 应将 DSSS-OFDM 子字段设置为 1。否则，在发送联结请求和重新联结请求的 MMPDU 中 STA 应将 DSSS-OFDM 子字段设置为 0。

修改 GB 15629.1102—2003 的附录 C.1.1 最后一段如下：

能力信息字段的未使用位保留。

B.1.3.2 状态码字段

本条是对 GB 15629.11—2003 中表 18 的修改。

表 B.8 状态码

状态码	含义
0	成功
1	非特定失败
2～9	保留
10	不支持能力信息字段中的所有请求能力
11	由于不能证实联结存在而拒绝重新联结
12	由于超出本部分范围的原因而拒绝联结
13	响应方 STA 不支持特定的认证算法
14	接收到认证处理序号超出期望值的认证帧
15	由于呼叫失败而拒绝认证
16	由于等待序列的下一帧超 时而拒绝认证
17	由于 AP 不能处理额外的联结 STA 而拒绝联结
18	由于请求发起方 STA 不支持 BSSBasicRateSet 参数集中的所有数据速率，联结被拒绝
19	由于请求发起方 STA 不支持短前导码选项，联结被拒绝
20	由于请求发起方 STA 不支持 PBCC 调制，联结被拒绝
21	由于请求发起方 STA 不支持信道灵活性选项，联结被拒绝
22～24	保留
25	由于请求站不支持短时隙选项，联结被拒绝
26	由于请求站不支持 DSSS-OFDM 选项，联结被拒绝
27～65 535	保留

B.1.4 信息元素

本条是对 GB 15629.11—2003 中表 19 的修改。

表 B.9 元素 ID

信息元素	元素 ID
SSID	0
支持的速率	1
FH 参数集合	2
DS 参数集合	3
CF 参数集合	4
TIM	5
IBSS 参数集合	6
保留	7～16
保留	17～41
ERP 信息	42
保留	43～49
扩展支持速率	50
保留	51～255

B.1.4.1 支持速率元素

修改 GB 15629.11—2003 的 7.3.2.2 的前两段如下：

支持速率元素规定原语 MLME_Join. request 和 MLME_Start. Request 中所描述的 OperationalRate-Set(操作速率集合)参数中多达八种速率的值。信息字段编码为 1～8 个八位位组，每个八位位组描述单个支持速率。如果可选速率集的速率数超过 8，则应生成扩展速率以规范其余的支持速率；否则，扩展速率的使用是可选的。

在信标、探询响应、联结响应和重新联结响应管理帧中，每个属于 BSS 基本速率集的支持速率均被编码成一个八位位组，其最高比特(编号为 7 的比特)设置为 1 并且 0 到 6 位设置为 GB 15629.11—2003 的 10.4.4.2 中表的 DATA_RATE 行的有效范围列的合适值(例如，属于 BSS 基本速率集的 1Mbit/s 速率编码为 X82)。而不属于 BSS 基本速率集的速率被编码成最高比特设置为 0，并且 0 到 6 位设置为 GB 15629.11—2003 的 10.4.4.2 中表的 DATA_RATE 行的有效范围列的合适值(例如，不属于 BSS 基本速率集的 2 Mbit/s 速率编码为 X04)。管理帧其他类型中每个支持速率八位位组的最高位比特被接收方 STA 忽略。

在 GB 15629.11—2003 的 7.3.2.2 末插入以下段：

如果在所传输的 MMPDU 的能力信息的信息字段内 DSSS-OFDM 位设置为 1，则接收和发送的 STA 应能辨识包含 DSSS-OFDM 和 ERP-OFDM 共用速率的帧中所传输的任何支持速率，以表明指定速率支持 DSSS-OFDM 和 ERP-OFDM。然而，若这些速率中的任一个被表明为基本速率(BSSSBasicRateSet 中的速率)，则由 STA 接收和发送的已被表明的基本速率仅能应用于 ERP-OFDM 调制方式和速率。如果在 MMPDU 的发送能力字段中 PBCC 位设置为 1，则接收和发送 STA 仅能辨识帧中所传输的包含 PBCC 和 CCK 共用速率的任何支持速率，以表明指定速率支持 PBCC 和 CCK。然而，若这些速率中速率任一个被表明为基本速率，则由 STA 接收和发送的已被表明的基本速率仅能应用于 CCK 调制方式和速率。即如果速率被指定为基本速率，则基本速率的表明不适用于 DSSS-OFDM，PBCC或者 ERP-PBCC。

在 GB 15629.11—2003 的 7.3.2 末插入以下条：

B.1.4.2 ERP 信息元素

ERP 信息元素包含不具备第 6 章(ERP-OFDM)数据速率能力的 BSS 中的 GB 15629.11 的第 15 章或者 GB 15629.1102—2003 的第 6 章站点已有的信息。它也包含使用保护机制来优化 BSS 性能和长或短巴克前导码的 ERP 信息元素发送器(BSS 中为 AP 或 IBSS 中为 STA)的要求,使用帧元素的规定见图 B.2。

如果 BSS 中一个或多个 NonERP STA 相联结,则在传送 ERP 信息元素中 Use_Protection 位应设置为 1。

在 IBSS 中,用户保护比特的设置留给 STA。在 IBSS 里,没有联结的一致概念;因此,对于设置用户保护比特的典型算法将考虑到网络上的通信模式和历史。若一个 IBSS 的单元发现一个或多个相同 IBSS 的 NonERP STA 单元,那么在 ERP 传送的信标帧和探询响应帧的信息元内,用户保护比特应设置为 1 。

当 NonERP STA 与 BSS 联结时,NonERP_Present 比特应设置为 1。NonERP_Present 比特可被另行设置为包括 1 但不仅限于 1 的例子,有下列情况:

a) NonERP 基础结构或者独立的 BSS 重叠(NonERP BSS 可以通过信标的接收检测到,在该信标中,支持速率只包含 GB 15629.11 的第 15 章或者 GB 15629.1102—2003 的第 6 章的速率。)

b) 在 IBSS 中,若信标帧从 IBSS 参与者之一那里接收到,其中支持速率集仅包含 GB 15629.11 的第 15 章或者 GB 15629.1102—2003 的第 6 章的速率。

c) 管理帧(除了探询请求)以仅包括 GB 15629.11 的第 15 章或者 GB 15629.1102—2003 的第 6 章速率的支持速率集接收。

在去往或来自 ERP AP 或 ERP STA 已经加入或启动的 BSS 的 MMPDU 中,当 Use_Protection 比特发送或接收值为 1,ERP AP 和 ERP STA 应调用保护机制。在其他时间 ERP AP 和 ERP STA 可额外地调用保护机制。在去往或来自 ERP AP 已加入或启动 BSS 的 MMPDU 中,当 Use_Protection 比特发送或接收值为 0,ERP AP 和 ERP STA 可禁止使用保护机制。

当没有与 BSS 联结的 NonERP STA 并且 ERP 信息元素发送器的 dot11ShortPreambleOptionImplemented MIB 变量设置为真(true),则 Barker_Preamble_Mode 比特应设置为 0。如果一个或多个联结的 NonERP STA,如同它们的能力信息字段所描述的,没有短前导码能力,或者如果 ERP 信息元素发送 dot11ShortPreamble-OptionImplemented MIB 变量被设置为假(false),则 ERP 信息元素发送器应将 Barker_Preamble_Mode 比特设置为 1。

如果一个 IBSS 成员检测到相同 IBSS 中的一个或多个非短前导码能力 STA,那么在被发送的 ERP 信息元素内 Barker_Preamble_Mode 比特应该设置成 1。

在去往或来自 ERP AP 或 ERP STA 已经加入或启动的 BSS 的 MMPDU 中,当发送或接收 ERP 信息元素的 Barker_Preamble_Mode 值为 1,ERP AP 和 ERP STA 应使用长前导码发送 GB 15629.11 的第 15 章、GB 15629.1102—2003 的第 6 章和本部分第 6 章的帧,而不论来自同一接收或发送的包含 ERP 信息元素的 MMPDU 的短前导码能力比特的值如何。在其他时间发送 GB 15629.11 的第 15 章、GB 15629.1102—2003 的第 6 章和本部分第 6 章帧时,ERP AP 和 ERP STA 可额外地使用长前导码。在去往或来自 ERP AP 或 ERP STA 已经加入或启动的 BSS 的 MMPDU 中,当发送或接收 ERP 信息元素的 Barker_Preamble_Mode 值为 0,ERP AP 和 ERP STA 可使用短前导码发送 GB 15629.11 的第 15 章、GB 15629.1102—2003 的第 6 章和本部分第 6 章的帧,而不论来自相同一接收或发送的 MMPDU 的短前导码能力比特的值如何。NonERP STA 和 NonERP AP 可遵循本段的规则。

Use_Protection 比特设置建议包含在 B.2.6 中。

ERP 信息元素格式如图 B.2 所示。

元素ID	长度（1）	无ERP存在	使用保护	巴克前导码模式	r3	r4	r5	r6	r7
八位位组 1	1	1							

图 B.2　ERP 信息元素

位 r3～r7 是预留比特，设置成 0，并且在接收时忽略。注意，这部分长度是可变的并且将来可能被扩展。

B.1.4.3　扩展支持速率元素

扩展支持速率元素规定原语 MLME_JOIN. request 和 MLME_START. Request 所描述的 OperationalRateSet 中没有载入的速率。信息字段编码为 1～255 个八位位组，每个八位位组描述单个支持速率。

在信标、探询响应、联结响应和重新联结响应等的管理帧中，每个由 GB 15629.11 的 10.3.10.1 定义的属于 BSS 基本速率集的支持速率均被编码成最高比特（编号为 7 的比特）为 1 并且编号为 6 到 0 的比特为 GB 15629.11 的 10.4.4.2 中表的 DATA_RATE 行的有效范围列的适当值的单个八位位组（例如，属于 BSS 基本速率集的 1Mbit/s 速率编码为 X‘82’），而不属于 BSS 基本速率集的速率被编码成最高比特为 0，6 到 0 位设置为 GB 15629.11 的 10.4.4.2 中表的 DATA_RATE 行的有效范围列的适当值。（例如，不属于 BSS 基本速率集的 2 Mbit/s 速率编码为 X‘04’）。其他管理帧类型中每个扩展支持速率元素八位位组的最高比特被接收方 STA 忽略。

如果 STA 支持的不是 BSS 基本速率集中的全部数据速率，则为了避免与 BSS 相联结，STA 可使用信标和探询响应管理帧中的 BSS 基本速率集信息。

对支持 8 种或少于 8 种的数据速率的站来说，对于包括支持速率元素的所有帧类型中包含扩展支持速率元素的情况，扩展支持速率是可选的。对于支持 8 种以上数据速率的站，扩展支持速率元素应包含在所有包含支持速率元素的帧类型中。

扩展支持速率元素具有图 B.3 所示的格式。

元素ID	长度	扩展支持速率
八位位组 1	1	1～255

图 B.3　扩展支持速率元素格式

B.2　MAC 子层功能

MAC 子层功能同 GB 15629.11，并作以下修改。

B.2.1　分布式协调功能（DCF）

修改 GB 15629.11 中 9.2 的第 11 段：

媒体访问协议允许 STA 支持不同的数据速率集。所有的 STA 应能以 MLME_Join. request 和 MLME_Start. request 原语规定的参数 aBasicRateSet 中的所有数据速率接收和发送。为了支持 RTS/CTS 和虚拟载波侦听机制的相应操作，所有 STA 都应能够检测 RTS 和 CTS 帧。

在 GB 15629.11 的 9.2.10 之后插入以下的条：

B.2.2　NAV 分配

当一个节点需要分配 NAV 信息，例如，为传送非基本速率帧而预留媒体（在 BSS 内其他节点可能侦听不到非基本速率帧），节点可能首先传送一个 RA 字段等于它本身的 MAC 地址（CTS-to-self）和保护待决传输的持续时间值的 CTS 帧，还可能加上一个 ACK 帧。

CTS-to-self NAV 分配机制的网络开销成本低于 RTS/CTS NAV 分配机制，但 CTS-to-self 对隐藏节点和碰撞的稳定性不如 RTS/CTS。采用 NAV 分配机制的 STA 应选择如 CTS-to-self 或 RTS/CTS 适合给定网络条件这样的机制。当采用 CTS-to-self 机制时如果出错，则 STA 应切换到一个更稳固的机制。

B.2.3 PLME aCWmin 特性的确定

在第 6 章扩展速率 PHY 条件下，aCWmin 值取决于请求者的特性速率集。当 STA 作为 IBSS 一员操作时，这个特性速率集等于 IBSS 支持速率集。当 STA 和 AP 相联结时，特性速率集等于 AP 的支持速率集。在所有其他情况下，它等于 STA 的必备速率集。如果特性速率集仅包括集 1、2、5.5、11 中的速率，则 MAC 变量 aCWmin 设置为 aCWmin(0)；否则，aCWmin 设置为 aCWmin(1)。如果 aCWmin 返回值是标量，则 MAC 常设变量 aCWmin 为 aCWmin 返回标量值。

B.2.4 多速率支持

本条是对 GB 15629.11 的 9.6 的修改。

某些 PHY 具有多数据速率传输能力，为了提高数据传送性能，允许动态速率切换。执行速率切换的算法超出了本部分的范围，但是为了确保具有多速率能力的 PHY 之间能够共存和互操作性，本部分定义了一组所有 STA 应遵循的规则。

初始化帧交换的全部控制帧应以 BSSBasicRateSet 速率中的一个速率传送，除非允许传输 STA 保护机制并且控制帧是一个保护机制帧；在这种情况下，以 B.2.6 中确定的保护帧发送速率的特殊规则速率发送控制帧。

地址 1 字段的所有组播或广播的帧应以 BSS 基本速率集中的一个速率发送，无论它们属于何种类型或子类型。

地址 1 中带有一个单播接收器的数据类型和/或管理类型 MPDU，应以速率切换机制的任一种支持的数据速率发送。没有站应以目的 STA 不支持的速率发送单播帧，它在管理帧的支持速率和扩展速率支持元素中有报告。对于 Data＋CF-ACK、Data＋CF-Poll＋CF-ACK 及 CF-Poll＋CF-ACK 类型的帧，选定的用于发送帧的速率必须被接收方 STA 和 ACK 的目的方的 STA 支持。

在任何情况下 STA 都不能以高于 OperationalRateSet 中的最高速率启动数据或管理帧的发送，OperationalRateSet 是原语 MLME_JOIN.request 的一个参数。

为了允许发送的 STA 计算持续时间/ID 字段的内容，接收帧响应的 STA 应以在帧交换序列(如 GB 15629.11—2003 中 9.7 的定义)中最近的帧相同的速率以及与接收帧相同的调制类型，如果该速率属于 PHY 必备速率，或属于 BSS 基本速率集中的 PHY 速率的最大可能速率，发送控制响应(CTS 或 ACK)。如果基本速率集中没有速率符合这些条件的速率，则应答接收帧所发送的控制帧应以小于或等于接受帧速率的 PHY 的最大可能速率以及与接收帧相同的调制类型发送。此外，除非 PHY 选项与使用 BSSBasicRateSet 的要求相抵触，控制响应帧应以与接收帧相同的 PHY 选项发送。

假若可选择速率的控制响应帧的持续时间与原来选择速率时的控制响应帧的持续时间相同，并且可选择速率属于 BSS 基本速率集或 PHY 的必备速率集，而且在可选择速率的控制响应帧的调制方式与接收帧的相同，则可使用控制响应帧的可选择速率。

对 GB 15629.1101—2006 的第 6 章来说 GB 15629.1102—2003 的第 6 章和本部分第 6 章 PHY，为了用于 Duration/ID 字段发送一个帧所需时间是用 PLME TXTTIME.requst(见 10.4.6(GB 15629.1101—2006 的 D.2.2))和 PLME TXTTIME.confirm(见 10.4.7)两个原语确定的。TXTTIME 时间间隔的计算方法在 17.4.3 中定义。就 PHY 选项的不同，两个原语都在 GB 15629.1101—2006 的 6.4.3、GB 15629.1102—2003 的 6.3.4、本部分的 6.8.3.1、6.8.3.2 或者 6.8.3.3 中定义。

B.2.5 帧交换序列

修改 GB 15629.11—2003 中表 20 如下：

表 B.10　帧序列

序　　列	序列中的帧数	用　　途
{ CTS- } Data(bc/mc)	1 或 2	广播或组播 MSDU
{ CTS- } Mgmt(bc)	1 或 2	广播 MMPDU
CTS-[Frag-ACK-]Last-ACK	3 或更多	受保护的定向 MSDU 或 MMPDU
{RTS－CTS－}[Frag－ACK－]Last－ACK	2	定向 MSDU 或 MMPDU
PS-Poll－ACK	2	缓发的 PS-Poll 响应
PS-Poll－[Frag－ACK－]Last－ACK	3	立即的 PS-Poll 响应
DTIM(CF)－[≤CF-Sequence >－]{CF-End}	2 或更多	CFP 的开始
[<CF-Sequence>－＝{CF-End}	2 或更多	在丢失 ACK 或媒体占用边界之后 CFP 继续

注 1：[　]内的项在序列中可以不出现或多次出现；
注 2：{　}内的项在序列中可以不出现或只出现一次；
注 3：隔离号"—"代表帧间的 SIFS 时间间隔；
注 4："Data(bc/mc)"代表地址 1 字段中为广播或组播地址的任何类型数据帧；
注 5："Mgmt(bc)"代表 DA 字段中为广播地址的任何管理类型帧；
注 6："RTS"代表子类型为 RTS 的控制帧；
注 7："CTS"代表子类型为 CTS 的控制帧；
注 8："ACK"代表子类型为 ACK 的控制帧；
注 9："Frag"代表地址 1 字段中为独立地址的数据类型 MPDU 或管理类型 MMPDU，其多分段字段设置为 1；
注 10："Last"代表地址 1 字段中为独立地址的数据类型 MPDU 或管理类型 MMPDU，其多分段字段设置为 0；
注 11："PS-Poll"代表子类型为 PS-Poll 的控制帧；
注 12："DTIM(CF)"代表子类型为信标的管理帧，它包含一个 DTIM 信息元素，且该信息元素的参数集合元素中的 CFPDurRemaining 字段值为非零；
注 13："CF-End"代表 CF-End 或 CF-End＋ACK(若<CF-Sequence>之前的最后一个帧是需要 AP 确认的管理帧或数据帧)类型的控制帧。

在 GB 15629.11—2003 的第 9 章的末尾插入以下条：

B.2.6 保护机制

保护机制的目的是保证 STA 不发送数据类型的 MPDU 或者不发送带有 ERP-OFDM 前导码和头的 MMPDU，除非已 STA 已准备更新接收 NonERP STA 的 NAV。更新 NAV 时间应大于或者等于发送数据和任何请求响应帧所要求的总时间。当 ERP 信息元素的 Use_Protection 字段设置为 1(见 GB 15629.11—2003 的 9.2.6 中的要求)，ERP STA 对于数据类型 ERP-OFDM MPDU 或 MMPDU 应使用保护机制(如 RTS/CTS 或 CTS-to-self)。保护机制帧应 GB 15629.11 的第 15 章或者 GB 15629.1102—2003 的第 6 章的其中一种必备速率并使用 GB 15629.11 的第 15 章或者 GB 15629.1102—2003 的第 6 章的其中一种必备波形发送，这样 BSA 内的全部 STA 利用它们的 CCA 功能，即使不能检测到 ERP OFDM 的信号，也能知道交换的持续时间。

注意，当用第 6 章选项，ERP-PBCC 或者 DSSS-OFDM 时，不必使用保护机制，因为这些帧以 DSSS 头开始。

在 BSS 仅由 ERP STAs 组成，相邻共同信道的 BSS 具有 NonERP 通信的情况下，AP 可以要求保护机制保护 BSS 业务免受干扰。这将使 NAV 传播至 BSS 基本速率集调制信息范围内的所有附属 STA 和相邻公共信道 BSS 的所有 STA。整个 BSS 期间传播 NAV 的帧包含：RTS/CTS /ACK 帧；具有"多碎片"字段集，设置为 1 的全部数据帧；被发送来应答以"多碎片"字段设置为 1 的数据帧方式进入帧系列 PS-Poll 的所有数据帧；具有非零 CF 时间的信标帧和 CF-End 帧。

当 RTS/CTS 被用作保护机制的时候，存在这样一些情况，例如 NAV 重新置位(如 GB 15629.11—2003 的 9.2.5.4 所指出的)，一个隐藏的站点可以重新置位它的 NAV，这可能引起冲突。类似情况发生的可能性很低，因此不必考虑其对整个系统操作的重大损害。着手解决这一可能情况的机制将是使用备用的保护机制，或恢复备用的调制方法。

如果保护机制正在使用,则对于最终片段和控制响应码片段序列只能使用 ERP OFDM 调制。

当使用 RTS/CTS 作为保护机制时,计算 RTS/CTS NAV 字段的规则不变。

此外,如果保护机制帧传送 STA 的 BSS 的 BSSBasicRateSet 中任何一种速率为 GB 15629.11—2003 的第 15 章或 GB 15629.1102—2003 的第 6 章的速率,则保护机制帧将以 GB 15629.11—2003 的第 15 章或 GB 15629.1102—2003 的第 6 章的那些基本速率中之一发送。

B.3 层管理

层管理同 GB 15629.11—2003,并作以下修改。

B.3.1 PLME_DSSSTESTMODE

本条是对 GB 15629.11—2003 中 10.4.4 所定义的原语的修改。

原语参数如下:

```
PLME-DSSSTESTMODE.request  (
                            TEST_ENABLE,
                            TEST_MODE,
                            SCRAMBLE_STATE,
                            SPREADING_STATE,
                            DATA_TYPE,
                            DATA_RATE,
                            PREAMBLE_TYPE,
                            MODULATION_CODE_TYPE
                            )
```

名　　称	类　型	有效范围	描　　述
TEST_ENABLE	布尔值	真、假	如为真,根据余下的参数决定 PHY 测试模式
TEST_MODE	整数	1,2,3	TEST_MODE 选择下列三种工作状态之一: 01——透明接收 02——持续发送 03——50%工作周期
SCRAMBLE_STATE	布尔值	真、假	如为"真",置加扰器的工作状态为 ON
SPREADING_STATE	布尔值	真、假	如为"真",选择码片的工作状态
DATA_TYPE	整数	1,2,3	对于三种用于测试发送部分的数据模式,任选其一;例如:全为 1,全为 0 及随机数据模式
DATA-RATE	整数型	2,4,11,12, 18,22,24, 36,44,48, 66,72,96, 108	从速率中选择: 02=1Mbit/s 04=2 Mbit/s 11=5.5 Mbit/s 12=6 Mbit/s 18=9 Mbit/s 22=11 Mbit/s 24=12 Mbit/s 36=18 Mbit/s 44=22 Mbit/s 48=24 Mbit/s 66=33 Mbit/s 72=36 Mbit/s 96=48 Mbit/s 108=54 Mbit/s

表(续)

名　称	类　型	有效范围	描　述
PREAMBLE_TYPE	布尔值	空,0,1	选择前导码长度: 0——长 1——短 可为空
MODULATION _ CODE _TYPE	整数型	空,0,1,2	选择其中调制码选项之一 0=不可选择调制模式 1=可选择 ERP-PBCC 模式 2=可选择 DSSS-OFDM 模式 可为空

B.4　高速率直接序列扩频(HR/DSSS) PHY 规范

高性能直接序列扩频(HR/DSSS) PHY 规范同 GB 15629.1102—2003,并作以下修改。

B.4.1　高速率 PLCP 子层

本条是对 GB 15629.1102—2003 的 6.2 的修改。

B.4.1.1　PPDU 格式

修改 GB 15629.1102—2003 的 6.2.2.2 的标题和第一段如下:

B.4.1.1.1　短 PPDU 格式

短 PLCP 前导码和头(HR/DSSS/short)对 HR/DSSS 被规定为可选的。短前导码和头可用于使开销最小化,进而使网络数据吞吐量最大化。带有 HR/DSSS/short 的 PPDU 的格式中在 GB 15629.1102—2003 的图 2。对第 6 章 STA 来说,这种短前导码和头类型的支持是必备的。

附 录 C
（规范性附录）
MAC 操作的形式描述

对 GB 15629.11—2003 中 C.2 MAC 状态机的数据类型和算子定义修改如下：

```
Package macsorts                                                    3120_d\Frame_4(31)
/*  …Frame类公理接上页     */
 setTs(f,tm)==SubStr(f,0,24)//mkOS(fix(tm),1)//
   mkOS((fix(tm)/256),1)//mkOS((fix(tm)/65536),1)//
   mkOS((fix(tm)/16777216),1)//
   mkOS((fix(tm0/4294967296),1)//
   mkOS(((fix(tm)/4294967296/256),1)//
   mkOS(((fix(tm)/4294967296/65536),1)//
   mkOS(((fix(tm)/4294967296/16777216),1)//
         SubStr(f,32,Length(f)-32););
       for all stat in StatusCode(
        status(f)==SubStr(f,26,2);
        setStatus(f,stat)==
          SubStr(f,0,26)//stat/SubStr(f,28,Length(f)-28);
        suthStat(f)==SubStr(f,28,2););
     for all rea in ReasonCode( reason(f)==SubStr(f,24,2); );
     for all alg in LinkVerifyType(
         LinkVerifyType(f)==SubStr(f,24,2); );
     for all u in TU(
         beaxonlnt(f)==octetVal(f(32))+(octetVal(f(33))*256);
     listenlnt(f)==octetVal(f(26))+(octetVal(f(27))*256););
        for all sta in Assocld(
         Ald(f)==octetVal(f(28))+(octetVal(f(29))*256);
         setAld(f,sta)==SubStr(f,0,28)//mkOS(sta mod 256,1)//
             mkOS(sta/256,1)//SubStr(f,30,Length(f)-30);););));
        for all kid in KeyIndexRange(
          keyId(f) == octetVal(f(27)) / 64;
          setKeyId(f, kid) == Modify!(f, 27, mkOS(kid * 64)); ); )));
endnewtype Frame;

/***********************************************************
 *         ReasonCode(原因代码)类
 ***********************************************************/

newtype ReasonCode inherits Octetstring operators all;
  adding literals unspec_reason, linkverify_not_valid,
   delinkverify_lv_ss,
   inactivity, ap_overload, class2_err, class3_err,
   disas_lv_ss, asoc_not_linkverify;
  axioms
   unspec_reason==mkOS(1,2); linkverify_not_valid==mkOS(2,2);
   delinkverify_lv_ss==mkOS(3,2); inactivity==mkOS(4,2);
   ap_overload==mkOS(5,2); class2_err==mkOS(6,2);
   class3_err==mkOS(7,2); disas_lv_ss==mkOS(8,2);
   asoc_not_linkverify==mkOS(9,2);
endnewtype ReasonCode;

/***********************************************************
 *         StatusCode(状态代码)类
 ***********************************************************/
newtype StatusCode inherits Octetstring operators all;
  adding literals successful, unspec_fall, unsup_cap,
    reason_no_asoc, fail_other, unsupt_alg,linkverify_seq_fall,
    chlng_fail, linkverify_timeout, ap_full, unsup_rate no_short_preamble,
  no_Pbcc, no_agility, no_short_slot, no_dsss_ofdm;
  axioms
   successful==mkOS(0,2); unspec_failure==mkOS(1,2);
   unsup_cap==mkOS(10,2);reasoc_no_asoc==mkOS(11,2);
   fail_other==mkOS(12,2); unsupt_alg==mkOS(13,2);
   linkverify_seq_fail==mkOS(14,2); chlng_fail==mkOS(15,2);
   linkverify_timeout==mkOS(16,2); ap_full==mkOS(17,2);
   unsup_rate==mkOS(18,2);
   no_short_preamble == mkOS(19, 2);
    no_Pbcc == mkOS(20, 2); no_agility == mkOS(21, 2);
    no_short_slot == mkOS(24, 2); no_dsss_ofdm == mkOS(25, 2);
endnewtype StatusCode;
```

Package macsorts　　　　3122_d\MgmtFields(31)

```
/*********************************************************
*        ElementID类
*********************************************************/

newtype ElementID inherits Octetstring operators all;
  adding literals eSsId, eSupRates, eFhParms, eDsParms,
    eCfParms, eTim, eIbParms eERP,eCtext, eExtSupRates;
  axioms
    eSsld==mkOS(0,1);/*服务集标识(0: 32) */
    eSupRates==mkOS(1,1);/*支持速率 (1: 8) */
    eFhParms==mkOS(2,1);/*FH参数集 (5) */
    eDsParms==mkOS(3,1);/*DS参数集 (1) */
    eCfParms==mkOS(4,1);/*CF参数集 (6) */
    eTim==mkOS(5,1);/*通信量信息图 (4: 254) */
    eIbParms==mkOS(6,1);/*IBSS参数集 (2) */
    eCountry == mkOS(7, 1); /* Country Information (8:254) */
    eHopParm == mkOS(8, 1); /* FH Hopping Parameters (4) */
    eHopTable == mkOS(9, 1); /* FH Hopping Table (6:254) */
    eRequest == mkOS(10, 1); /* Request (3:254) */
    eCtext == mkOS(16, 1); /* challenge text (128, see 8.1.2.2) */
    eERP == mkOS(42, 1); /* ERP Information element */
    eExtSupRates == mkOS(50, 1); /* Extended Supported Rates (1:255) */
endnewtype ElementID;
```

```
/*******************************************************
*        Capability (能力) 字段比特赋值类
*******************************************************/

newtype Capability Inherits Bitstring operators all;
adding literals cEss, cIbss,cPollable,cPollReq , cPrivacy,cShortPreamble,
cPBCC, cChannelAgility, cShortSlot, cDsssOfdm;
axioms
  cEss==S8(1,0,0,0,0,0,0,0)//0x00;/*ESS能力 */
  cIbss==S8(0,1,0,0,0,0,0,0)//0x00;/*IBSS能力 */
  cPollable==S8(0,0,1,0,0,0,0,0)//0x00;/*CF-pollable(站),PC存在(ap)*/
  cPollReq==S8(0,0,0,1,0,0,0,0)//0x00;/*非CF轮询请求(站),PC轮询(ap)*/
  cShortPreamble == S8(0,0,0,0,0,1,0,0) // 0x00; /* Short Preamble */
  cPBCC == S8(0,0,0,0,0,0,1,0) // 0x00; /* PBCC */
  cChannelAgility == S8(0,0,0,0,0,0,0,1) // 0x00; /* Channel Agility */
  cShortSlot == 0x00 // S8(0,1,0,0,0,0,0,0); /* Short Slot Time */
  cDsssOfdm == 0x00 // S8(0,0,0,0,1,0,0,0); /* DSSS-OFDM modulation */
endnewtype Capability;
```

```
/*********************************************************
*     IBSS参数集类
*********************************************************/

newtype IbssParms inherits Octetstring operators all;
  adding operators
    atimWin:IbssParms->TU;
    setAtimWin:IbssParms, TU->IbssParms;
  axioms
    for all ib in IbssParms( for all u in TU(
      atimWin(ib)==octetVal(ib(0))+(octetVal(ib(1))*256);
      setAtimWin(ib,u)==mkOS(u mod 256,1)//mkOS(u/256,1);));
endnewtype IbssParms;
```

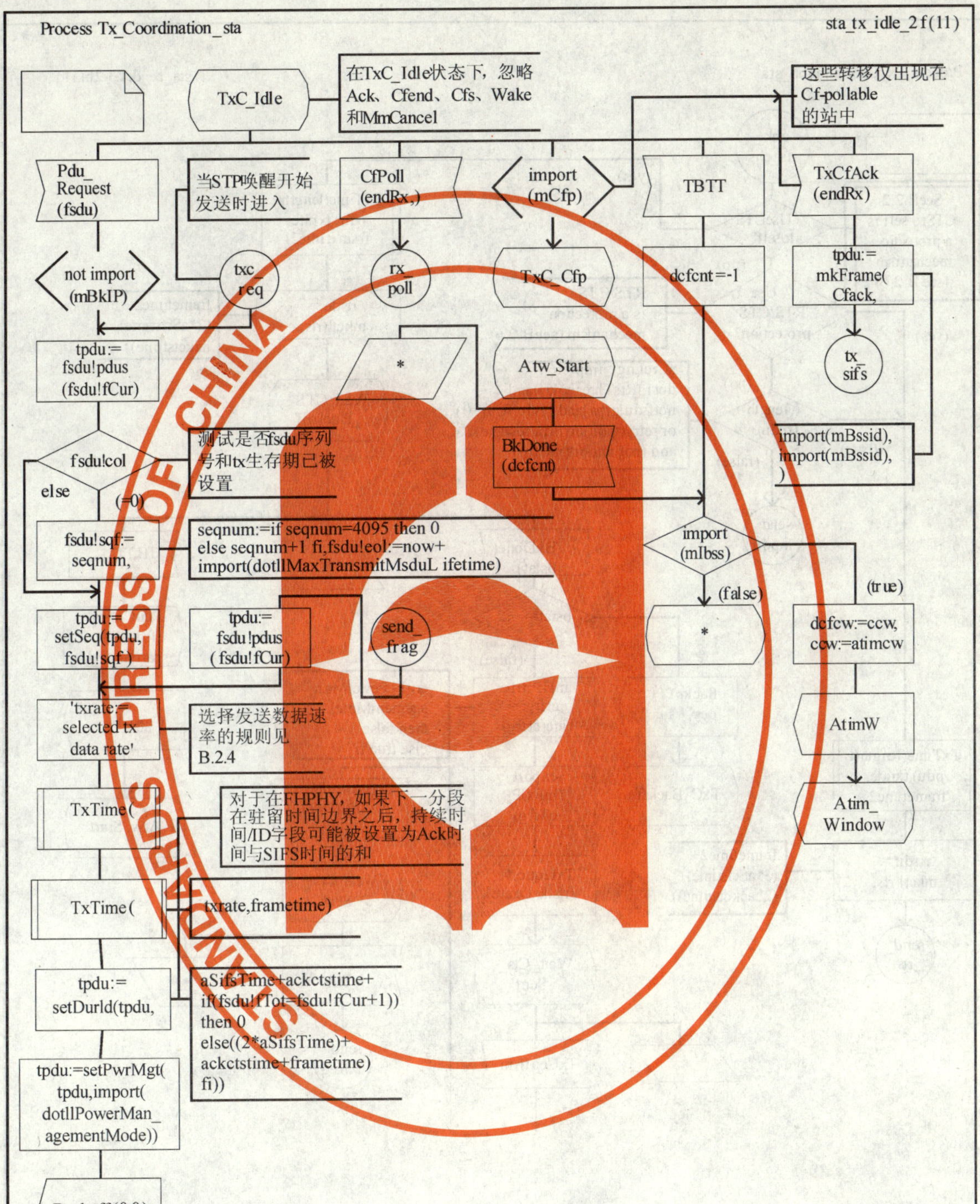

Process Tx_Coordination_sta
sta_tx_idle_2 f(11)
TxC_Idle
在TxC_Idle状态下，忽略Ack、Cfend、Cfs、Wake和MmCancel
这些转移仅出现在Cf-pollable的站中
Pdu_Request (fsdu)
当STP唤醒开始发送时进入
CfPoll (endRx,)
import (mCfp)
TBTT
TxCfAck (endRx)
not import (mBkIP)
txc_req
rx_poll
TxC_Cfp
dcfcnt:=-1
tpdu:= mkFrame(Cfack,
tx_sifs
tpdu:= fsdu!pdus (fsdu!fCur)
*
Atw_Start
fsdu!col
测试是否fsdu序列号和tx生存期已被设置
BkDone (dcfcnt)
import(mBssid), import(mBssid),)
else
(=0)
fsdu!sqf:= seqnum,
seqnum:=if seqnum=4095 then 0 else seqnum+1 fi,fsdu!eol:=now+ import(dotllMaxTransmitMsduL ifetime)
import (mIbss)
(false)
(true)
tpdu:= setSeq(tpdu, fsdu!sqf)
tpdu:= fsdu!pdus (fsdu!fCur)
send_frag
dcfcw:=ccw, ccw:=atimcw
'txrate:= selected tx data rate'
选择发送数据速率的规则见B.2.4
AtimW
TxTime(
对于在FHPHY，如果下一分段在驻留时间边界之后，持续时间/ID字段可能被设置为Ack时间与SIFS时间的和
Atim_Window
TxTime(
txrate,frametime)
tpdu:= setDurId(tpdu,
aSifsTime+ackctstime+ if(fsdu!fTot=fsdu!fCur+1)) then 0 else((2*aSifsTime)+ ackctstime+frametime) fi))
tpdu:=setPwrMgt(tpdu,import(dotllPowerMan_ agementMode))
Backoff(0,0)
chk_rts_cts

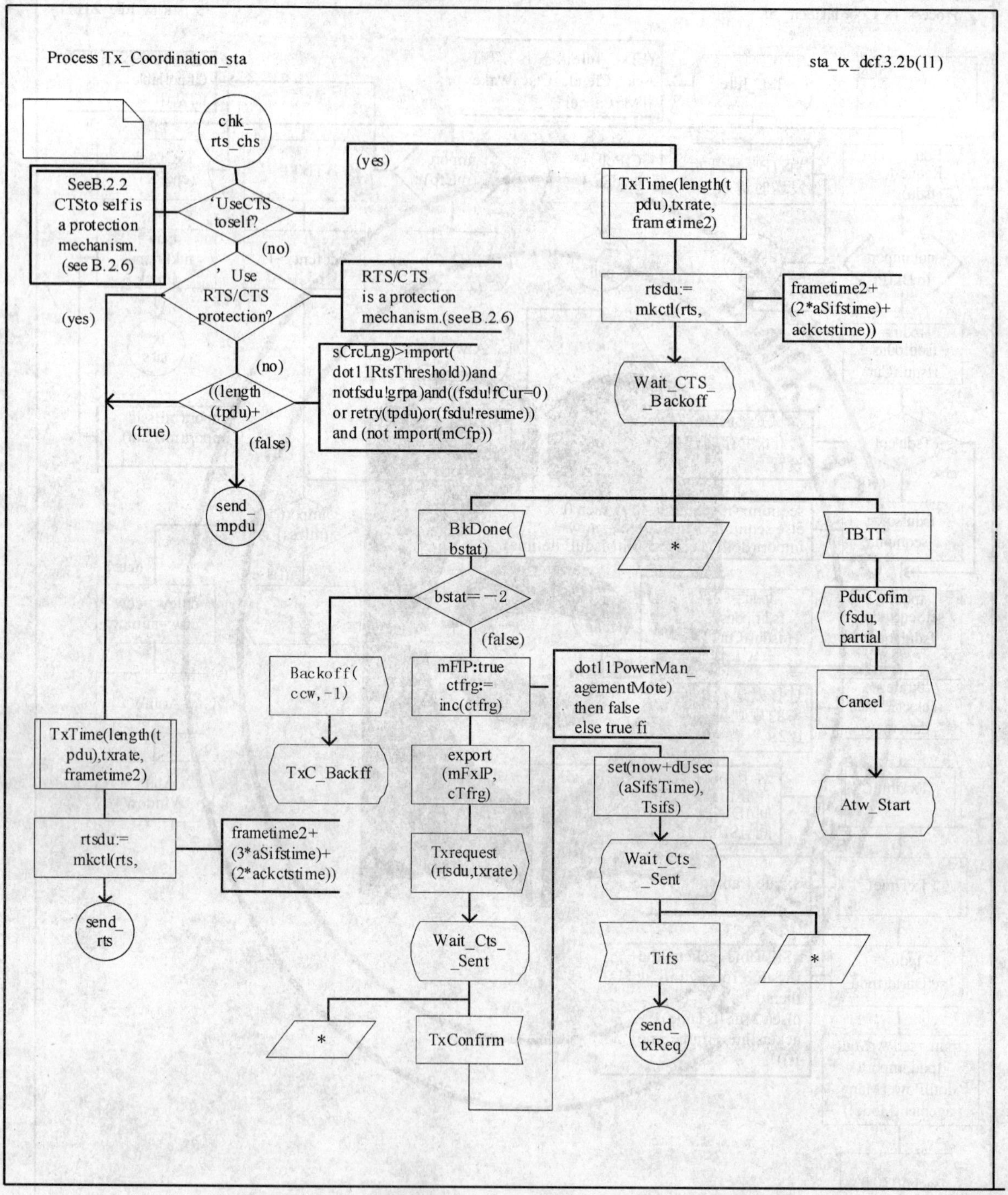
Process Tx_Coordination_sta
sta_tx_dcf.3.2b(11)
chk_ rts_chs
SeeB.2.2 CTSto self is a protection mechanism. (see B.2.6)
'UseCTS toself?
(yes)
(no)
TxTime(length(tpdu),txrate, frametime2)
' Use RTS/CTS protection?
RTS/CTS is a protection mechanism.(seeB.2.6)
rtsdu:= mkctl(rts,
frametime2+ (2*aSifstime)+ ackctstime))
(yes)
(no)
((length (tpdu)+
sCrcLng)>import(dot11RtsThreshold))and notfsdu!grpa)and((fsdu!fCur=0) or retry(tpdu)or(fsdu!resume)) and (not import(mCfp))
Wait_CTS_ _Backoff
(true)
(false)
send_ mpdu
BkDone(bstat)
*
TBTT
bstat=−2
PduCofim (fsdu, partial
(false)
Backoff(ccw, -1)
mFIP:true ctfrg:= inc(ctfrg)
dot11PowerMan_ agementMote) then false else true fi
Cancel
TxC_Backff
export (mFxIP, cTfrg)
set(now+dUsec (aSifsTime), Tsifs)
Atw_Start
TxTime(length(tpdu),txrate, frametime2)
rtsdu:= mkctl(rts,
frametime2+ (3*aSifstime)+ (2*ackctstime))
Txrequest (rtsdu,txrate)
Wait_Cts_ _Sent
send_ rts
Wait_Cts_ _Sent
Tifs
*
*
TxConfirm
send_ txReq

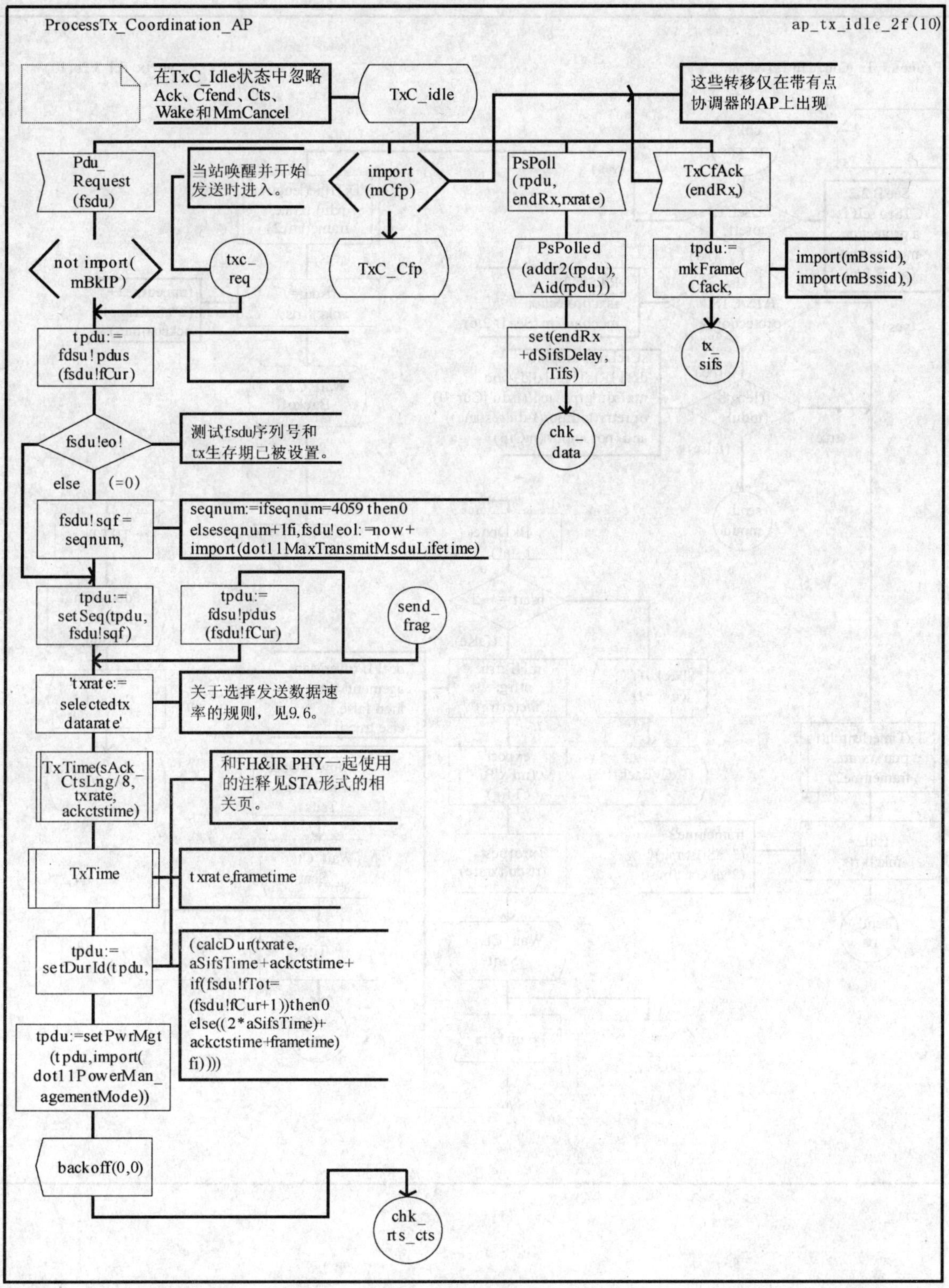
ProcessTx_Coordination_AP
ap_tx_idle_2f(10)
在TxC_Idle状态中忽略Ack、Cfend、Cts、Wake和MmCancel
TxC_idle
这些转移仅在带有点协调器的AP上出现
Pdu_Request (fsdu)
当站唤醒并开始发送时进入。
import (mCfp)
PsPoll (rpdu, endRx,rxrate)
TxCfAck (endRx,)
TxC_Cfp
PsPolled (addr2(rpdu), Aid(rpdu))
tpdu:= mkFrame(Cfack,
import(mBssid), import(mBssid),)
not import(mBkIP)
txc_req
tpdu:= fdsu!pdus (fsdu!fCur)
set(endRx +dSifsDelay, Tifs)
tx_sifs
chk_data
fsdu!eo!
测试fsdu序列号和tx生存期已被设置。
else
(=0)
fsdu!sqf= seqnum,
seqnum:=ifseqnum=4059 then0 elseseqnum+1fi,fsdu!eol:=now+ import(dot11MaxTransmitMsduLifetime)
tpdu:= setSeq(tpdu, fsdu!sqf)
tpdu:= fdsu!pdus (fsdu!fCur)
send_frag
'txrate:= selectedtx datarate'
关于选择发送数据速率的规则，见9.6。
TxTime(sAck_CtsLng/8, txrate, ackctstime)
和FH&IR PHY一起使用的注释见STA形式的相关页。
TxTime
txrate,frametime
tpdu:= setDurId(tpdu,
(calcDur(txrate, aSifsTime+ackctstime+ if(fsdu!fTot= (fsdu!fCur+1))then0 else((2*aSifsTime)+ ackctstime+frametime) fi)))
tpdu:=setPwrMgt (tpdu,import(dot11PowerManagementMode))
backoff(0,0)
chk_rts_cts

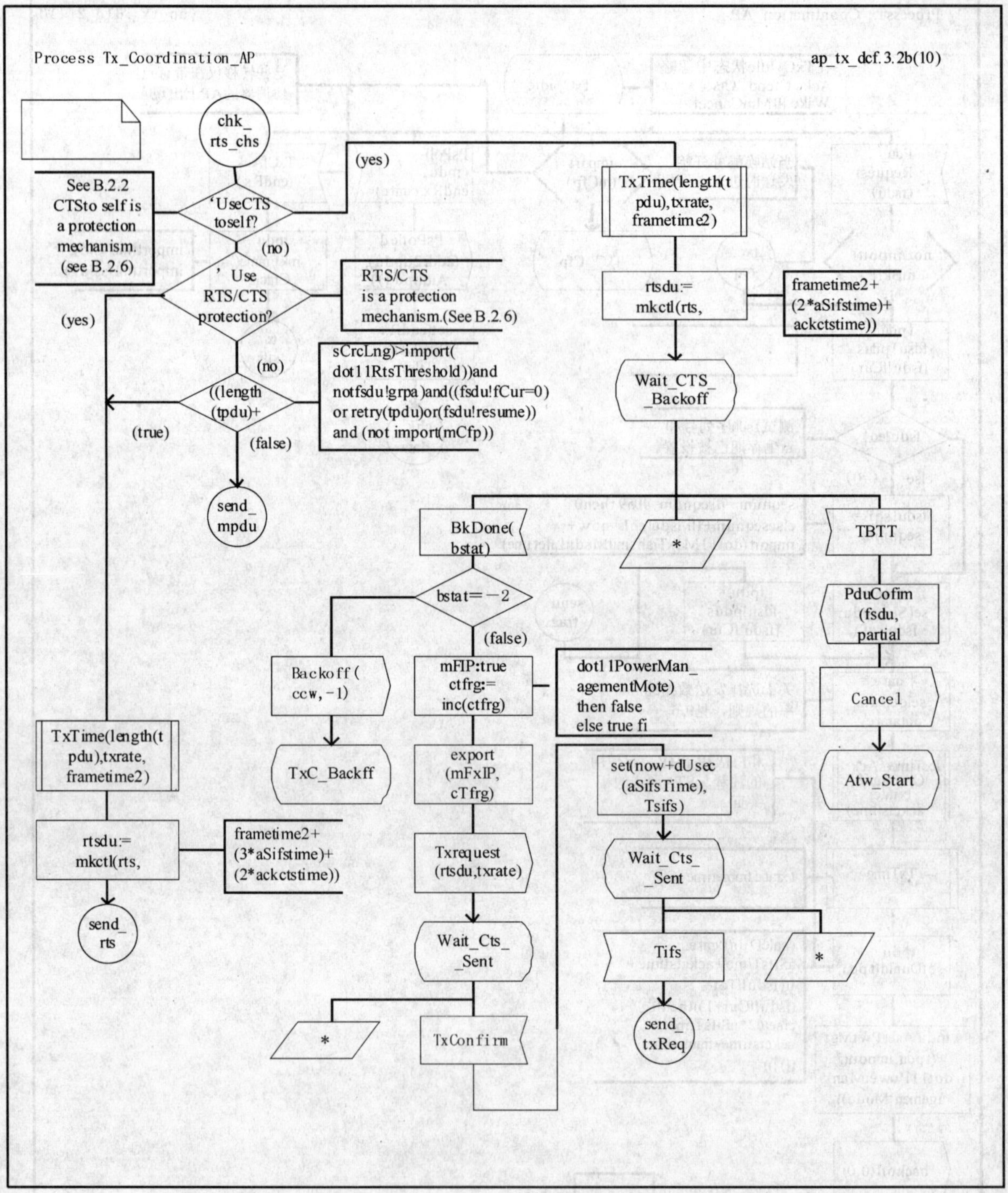
Process Tx_Coordination_AP
ap_tx_dcf.3.2b(10)
chk_
rts_chs
See B.2.2
CTSto self is
a protection
mechanism.
(see B.2.6)
'UseCTS
toself?
(yes)
(no)
'Use
RTS/CTS
protection?
RTS/CTS
is a protection
mechanism.(See B.2.6)
(yes)
(no)
((length
(tpdu)+
sCrcLng)>import(
dot11RtsThreshold))and
notfsdu!grpa)and((fsdu!fCur=0)
or retry(tpdu)or(fsdu!resume))
and (not import(mCfp))
(true)
(false)
send_
mpdu
TxTime(length(t
pdu),txrate,
frametime2)
rtsdu:=
mkctl(rts,
frametime2+
(3*aSifstime)+
(2*ackctstime))
send_
rts
TxTime(length(t
pdu),txrate,
frametime2)
rtsdu:=
mkctl(rts,
frametime2+
(2*aSifstime)+
ackctstime))
Wait_CTS_
_Backoff
BkDone(
bstat)
*
TBTT
bstat=-2
(false)
Backoff(
ccw,-1)
TxC_Backff
mFIP:true
ctfrg:=
inc(ctfrg)
dot11PowerMan_
agementMote)
then false
else true fi
export
(mFxIP,
cTfrg)
Txrequest
(rtsdu,txrate)
Wait_Cts_
_Sent
*
TxConfirm
set(now+dUsec
(aSifsTime),
Tsifs)
Wait_Cts_
_Sent
Tifs
*
send_
txReq
PduCofim
(fsdu,
partial
Cancel
Atw_Start

附 录 D
（规范性附录）
MAC 和 PHY 管理信息库的 ASN.1 编码

```
dot11PHYType OBJECT-TYPE
    SYNTAX INTEGER {fhss(1),dsss(2),irbaseband(3),ofdm(4),hrdsss(5),erp(6)}
    MAX-ACCESS read-only
    STATUS current
    DESCRIPTION
      "该值是 8 比特整数值,用于标识连接的 PLCP 和 PMD 支持的 PHY 类型。
    目前定义的值和它们对应的 PHY 类型是:
      FHSS 2.4 GHz=01,DSSS 2.4 GHz=02,IR Baseband=03,
      OFDM 5GHz=04,HRDSSS=05,ERP=06"
    ::= {dot11PhyOperationEntry 1}

dot11RTSThreshold OBJECT-TYPE
    SYNTAX INTEGER (0..2347)
    MAX-ACCESS read-write
    STATUS current
    DESCRIPTION
      "本属性应指示 MPDU 中的八位位组数,小于该值(MPDU)将不执行 RTS/CTS 握手。
      除了 RTS/CTS 用如一个交叉调制的时候,保护机制在 B.2.6 定义。当 MPDU 是数据帧
      或管理帧,MPDU 在地址 1 字段是一个单个地址,并且 MPDU 的长度大于该阈值,RTS/
      CTS 握手应在帧交换序列的开始时刻执行(额外的细节,参考 9.7 中的表 21)。将此属性
      设置为比最大的 MSDU 长度还大,将关闭该 STA 发送数据或管理类型的帧时的 RTS/
      CTS 握手。此属性值设为 0,将打开 STA 发送所有数据帧或管理帧时的 RTS/CTS 握
      手。该属性的默认值为 2347。"
    ::= {dot11PhyOperationEntry 2}
    dot11SupportedDataRatesTxIndex OBJECT-TYPE
      SYNTAX Integer32 (1..255)
      MAX-ACCESS not-accessible
      STATUS current
      DESCRIPTION
        "标识访问的数据速率的索引对象。范围是从 1 到 255。"
    ::= {dot11SupportedDataRatesTxEntry 1}
dot11SupportedDataRatesRxIndex OBJECT-TYPE
      SYNTAX Integer32 (1..255)
      MAX-ACCESS not-accessible
      STATUS current
      DESCRIPTION
        "标识访问的数据速率的索引对象。范围是从 1 到 255。"
    ::=  {dot11SupportedDataRatesRxEntry 1}
```

```
--dot11PhyERPTable::= {dot11phy 14}
--* * * * * * * * * * * * * * * * * * * * * * * * * * * * * * * * * * * * * * * * * * * * * *
--* dot11PhyERPEntry TABLE
--* * * * * * * * * * * * * * * * * * * * * * * * * * * * * * * * * * * * * * * * * * * * * *
dot11PhyERPTable OBJECT-TYPE
        SYNTAX SEQUENCE OF Dot11PhyERPEntry
        MAX-ACCESS not-accessible
        STATUS current
        DESCRIPTION
        "dot11PhyERPEntry 的属性项目。由 ifIndex 索引的表来实现，
        并允许在一个代理上有多个实例。"
    ::=  {dot11phy 14}
    dot11PhyERPEntry OBJECT-TYPE
        SYNTAX Dot11PhyERPEntry
        MAX-ACCESS not-accessible
        STATUS current
        DESCRIPTION
            "dot11PhyERPEntry 表的项目。
            ifIndex——每个本标准接口由一个 ifEntry 表示。MIB 模块中的接口表
            由 ifIndex 索引。"
        INDEX {ifIndex}
    ::= {dot11PhyERPTable 1}
Dot11PhyERPEntry ::=SEQUENCE {
        dot11ERPPBCCOptionImplemented TruthValue,
        dot11ERPBCCOptionEnabled TruthValue,
        dot11DSSSOFDM OptionImplemented TruthValue,
        dot11DSSSOFDM OptionEnabled TruthValue,
        dot11ShortSlotTimeOptionImplemented TruthValue,
        dot11ShortSlotTimeOptionEnabled TruthValue }
dot11ERPPBCCOptionImplemented OBJECT-TYPE
        SYNTAX TruthValue
        MAX-ACCESS read-only
        STATUS current
        DESCRIPTION
            "当本属性为真时，将指出 ERPPBCC 调制选项定义在 6.6 被实现。
            这属性的默认数值是假。"
    ::=  {dot11PhyERPEntry 1}
dot11ERPBCCOptionEnabled OBJECT-TYPE
        SYNTAX TruthValue
        MAX-ACCESS read-write
        STATUS current
        DESCRIPTION
        "当本属性为真时，将指出 ERPPBCCoption 在 6.6 定义是激活。
```

```
        这属性的默认数值是假。"
    ::= {dot11PhyERPEntry 2}
dot11DSSSOFDM OptionImplemented OBJECT-TYPE
        SYNTAX TruthValue
        MAX-ACCESS read-only
        STATUS current
        DESCRIPTION
        "当本属性为真时，将指出 DSSS-OFDM 选项定义在 6.7 被实现。
        这属性的默认数值是假。"
    ::= {dot11PhyERPEntry 3}
dot11DSSSOFDM OptionEnabled OBJECT-TYPE
        SYNTAX TruthValue
        MAX-ACCESS read-write
        STATUS current
        DESCRIPTION
        "当本属性为真时，将指出 DSSS-OFDM 选项在 6.7 定义是激活。
        这属性的默认数值是假。"
    ::= {dot11PhyERPEntry 4}
dot11ShortSlotTimeOptionImplemented OBJECT-TYPE
        SYNTAX TruthValue
        MAX-ACCESS read-write
        STATUS current
        DESCRIPTION
            "当本属性为真时，将指出短时隙间隔选项定义在 B.1.3.1 被实现。
            这属性的默认数值是假。"
    ::= {dot11PhyERPEntry 5}
dot11ShortSlotTimeOptionEnabled OBJECT-TYPE
        SYNTAX TruthValue
        MAX-ACCESS read-write
        STATUS current
        DESCRIPTION
            "当本属性为真时，将指出短时隙间隔选项定义的在 B.1.3.1 是激活。
            这属性的默认数值是假。"
    ::= {dot11PhyERPEntry 6 }
-- * * * * * * * * * * * * * * * * * * * * * * * * * * * * * * * * * * * * * * * * * * *
-- * End of dot11PhyERPEntry TABLE
-- * * * * * * * * * * * * * * * * * * * * * * * * * * * * * * * * * * * * * * * * * * *
```

Insert a new compliance group to the compliance statements just before the section. OPTIONAL-GROUPS.:

```
    GROUP dot11PhyERPComplianceGroup
        DESCRIPTION
            "当对象 dot11PHYType 的值为 ERP，这个组的实现是必需的。
            这个组独立于 dot11PhyIRComplianceGroup 和
```

```
        dot11PhyFHSSComplianceGroup。"
```

Insert the following text into the GB 15629. 11—2003 MIB in Annex D, after the definition of the dot11PhyFHSSComplianceGroup2 Object Group:

```
dot11PhyERPComplianceGroup OBJECT-GROUP
        OBJECTS {dot11CurrentChannel,
          dot11ShortPreambleOptionImplemented,
          dot11ChannelAgilityPresent,
          dot11ChannelAgilityEnabled,
          dot11DSSSOFDMOptionImplemented,
          dot11DSSSOFDMOptionEnabled,
          dot11PBCCOptionImplemented,
          dot11ERPPBCCOptionImplemented,
          dot11ShortSlotTimeOptionImplemented,
          dot11ShortSlotTimeOptionEnabled }
        STATUS current
        DESCRIPTION
          " ERP 配置属性。"
    ::=   { dot11Groups 24}
```

附 录 NA
（资料性附录）
本部分、ISO/IEC 8802-11:2005/Amd 4:2005、GB 15629.11—2003 的章条号对应表

表 NA.1 给出了本部分与 ISO/IEC 8802-11:2005/Amd 4:2005 的编辑性差异以及与 GB 15629.11—2003 的章条对应一览表。

表 NA.1 本部分、ISO/IEC 8802-11:2005/Amd 4:2005、GB 15629.11—2003 的章条号对应表

本部分的章条编号	ISO/IEC 8802-11:2005/Amd 4:2005 的章条编号	GB 15629.11—2003 的章条编号
第 1 章		第 1 章
第 2 章		第 2 章
第 3 章	第 3 章	第 3 章
第 4 章	第 4 章	第 4 章
第 5 章		第 5 章
第 6 章	第 19 章	
附录 A	附录 A	附录 A
第 B.1 章	第 7 章	第 7 章
第 B.2 章	第 9 章	第 9 章
第 B.3 章	第 10 章	第 10 章
第 B.4 章	第 18 章	
附录 C	附录 C	附录 C
附录 D	附录 D	附录 D

注：本部分各章条，若无明确说明，均为 GB 15629.11—2003 的新增内容。

ICS 43.040.60
A 91

中华人民共和国国家标准

GB 15740—2006
代替 GB 15740—1995

汽车防盗装置

Protective devices against unauthorized use of motor vehicles

2006-09-01 发布　　2007-09-01 实施

中华人民共和国国家质量监督检验检疫总局
中国国家标准化管理委员会　发布

前言

本标准全部技术内容为强制性的。

本标准代替 GB 15740—1995《汽车防盗装置性能要求》。

本标准修改采用 ECE R18 法规(02 系列,1997 年 9 月 3 日实施)《关于机动车防盗装置认证的统一规定》。

在附录 D 中列出本标准部分章条编号与 ECE R18 法规章条编号的对照表。

删除 ECE R18-02 中认证申请、认证批准、认证标志、车型修改、产品一致性、产品非一致性处理等内容,其原因是标准体系与法规体系的形式差异所致。

为便于使用,对于 ECE R18 技术要求部分作以下修改:

——ECE R18-02 中的第 2 章和第 14 章定义作为本标准的第 2 章;

——删除 ECE R18-02 中的第 7 章和附件 5;

——“本法规”改为“本标准”;

——增加资料性附录 D。

本标准的附录 A、附录 B、附录 C 为规范性附录;附录 D 为资料性附录。

本标准与 GB 15740—1995 的差异:

——本标准名称按照 ECE R18 法规的名称修改为《汽车防盗装置》;

——本标准适用范围扩大至 M 类和 N 类汽车(本版第 1 章);

——本标准增加了“车辆型式”和“滚动代码”的术语定义(本版第 2 章);

——本标准增加了 N 类和 M_2、M_3 类汽车防盗装置的一般要求和特殊要求(本版第 3、4、5、6 章)。

本标准由国家发展和改革委员会提出。

本标准由全国汽车标准化技术委员会归口。

本标准起草单位:中国汽车技术研究中心。

本标准主要起草人:王阳,孙振东,朱彤。

本标准所代替标准的历次版本情况为:

——GB 15740—1995。

汽车防盗装置

1 范围

本标准规定了汽车防盗装置的要求和试验方法。

本标准适用于M类和N类汽车的防盗装置。

2 术语和定义

2.1

车辆型式 vehicle type

在下列主要方面没有差异的车辆：

2.1.1 制造厂对车辆型式的描述；

2.1.2 起防盗装置作用的车辆部件的布置和设计；

2.1.3 防盗装置型式。

2.2

防盗装置 device to prevent unauthorized use

设计用来防止非法将发动机或车辆其他的主要动力源正常起动的系统与至少下面所列系统之一共同组成的装置：

a) 转向机构锁止系统；

b) 传动系锁止系统；

c) 换挡机构锁止系统。

2.3

转向机构 steering

转向盘、转向柱及其覆盖件、转向轴、转向机以及所有直接影响防盗装置有效性的部件。

2.4

组合 combination

经专门设计和制造的启动锁止系统的变化组合。

2.5

钥匙 key

开启锁止系统的装置，且该锁止系统只能用其进行操作。

2.6

滚动代码 rolling code

在每次传动系运行后，随机变化组合的几个元素组成的电子代码。

3 M_1类和N_1类汽车防盗装置的一般要求

3.1 防盗装置的设计应满足只有当其不起作用时，才能完成以下操作：

3.1.1 用正常的操作方法起动发动机；

3.1.2 使车辆转向、用车辆自身的动力驱动。

3.2 使用同一钥匙应符合3.1的要求。

3.3 用钥匙插入锁中来实现工作的系统，在3.1所述的状态已经起动或已处在起动的位置之前，其钥匙拔不出来。但4.1.5所述的情况除外。

3.4 3.1所述的防盗装置以及车辆上与其工作有关的零件的设计应保证该装置不会被迅速、无意地开启或是用廉价的、容易隐藏的、一般公众容易携带和制造的工具所损坏或失效。

3.5 防盗装置应作为一个原装部件安装在车辆上(即该装置由制造商在车辆第一次销售前安装在车辆上)。其安装方法应保证当其处于锁止状态时,即使是在其壳体被拆除的情况下,如不使用特殊工具,也不能使其解体。如果拆卸螺钉使防盗装置失效,螺钉则应由固定在防盗装置上的零件覆盖,或使用防拆卸螺钉。

3.6 机械锁止系统使用的钥匙应包括不少于1 000种的不同组合,如果一年中制造的车辆少于1 000辆,则其组合数应与车辆数相等。在一种车型的所有汽车中,同一组合的出现率应不大于1/1 000。

3.7 电动/电子锁止系统(如遥控锁),应至少有50 000种变化且编入滚动代码,和/或扫描5 000种变化至少需要24小时。

3.8 锁和钥匙上不应有可见代码。

3.9 锁的设计、制造和安装要保证当其处于锁止位置时,除用所配钥匙以外,使用任何钥匙不能以小于2.45 N·m的扭矩转动锁芯,并且:

3.9.1 对于带有销式制栓的锁芯,布置在相邻位置的,在相同方向工作的完全相同的制栓不应超过两个。同一把锁中,相同的制栓不应超过总数的60%;

3.9.2 对于带有片式制栓的锁芯,布置在相邻位置的,在相同方向工作的完全相同的制栓不应超过两个。同一把锁中,相同的制栓不应超过总数的50%。

3.10 在车辆行驶时,防盗装置不应发生任何意外操作错误的锁止,以及可能危及安全的偶然性锁止。

3.10.1 防盗装置应在首先将发动机控制装置放到停机的位置,再执行一个动作之后,才能被锁止,而该动作不应是发动机停机状态的延续。

3.10.2 防盗装置,如果用拔出钥匙来实现锁止,在防盗装置锁止前,钥匙必须有一个至少2 mm的移动量或是增加人控功能以防止钥匙的偶然拔出或部分拔出。

3.11 辅助动力只能用于防盗装置的锁止和开启,防盗装置应能够在不需要辅助动力的条件下保持在锁止位置。

3.12 在开启防盗装置之前,用正常方式不能起动车辆的驱动系统。

3.13 防盗装置不应妨碍驻车制动器的释放。

3.14 对配备驾驶员报警系统的防盗装置,当驾驶员侧车门打开时,如果防盗装置没有起作用或有任何钥匙未被拔出,报警系统应即被触发。

4 M_1类和N_1类汽车防盗装置的特殊要求

除第3章中所述的一般要求外,防盗装置还应符合以下特殊要求:

4.1 作用在转向机构上的防盗装置

4.1.1 作用在转向机构上的防盗装置应能使转向失效。在发动机起动以前,正常的转向功能应能恢复。

4.1.2 当防盗功能解除后,防盗装置不应妨碍车辆的转向功能。

4.1.3 防盗装置按附录A规定的试验方法完成在每个方向上的2 500次锁止循环磨损试验后,应符合3.10、4.1.1、4.1.2和4.1.4的要求。

4.1.4 防盗装置在处于锁止位置时,应满足下列要求:

4.1.4.1 在转向机构不发生危及安全的损坏条件下,防盗装置应能承受静态条件下绕转向轴的、在两个方向上施加的300 N·m的扭矩。

4.1.4.2 带限扭矩的转向机构的防盗装置应能承受连续施加的或间断施加的至少100 N·m的扭矩。防盗装置的锁止系统在完成附录B规定的试验后,应能承受连续施加的或间断施加的至少100 N·m的扭矩。

4.1.4.3 含有在转向轴锁止状态下允许转向盘自由转动的机械系统的防盗装置,锁止系统应能承受静态条件下绕转向轴的、在两个方向上施加的200 N·m的扭矩。

4.1.5 如果防盗装置的钥匙能从锁止转向机构的位置以外的某一位置上拔出来,其设计应保证手动操纵到达该位置并且拔出钥匙的动作不应无意识地被实现。

4.1.6 如果施加4.1.4.1,4.1.4.2及4.1.4.3所规定的扭矩时部件失效,而转向系统仍保持锁止,则系统符合要求。

4.2 作用在传动系上的防盗装置

4.2.1 作用在传动系上的防盗装置应能阻止汽车驱动轮的转动。

4.2.2 当防盗功能解除后,防盗装置不应妨碍车辆的传动功能。

4.2.3 当钥匙在防盗装置的锁中时,即使是防止发动机起动的机构已经工作或处于工作位置,传动系也不应被无意识地锁止。

4.2.4 防盗装置的设计和制造应保证其经受了每个方向2 500次锁止循环磨损试验后,仍完全有效。

4.2.5 如果防盗装置的钥匙从锁止传动系的位置以外的某一位置上拔出来,其设计应保证手动操纵到达该位置并且拔出钥匙的动作不应无意识地被实现。

4.2.6 在传动系不发生危及安全的损坏的条件下,防盗装置应能承受静态条件下在两个方向上施加的,大于正常施加在传动系上的最大扭矩50%的静扭矩。试验扭矩的确定不是按发动机的最大扭矩,而是按离合器或自动变速器所能传递的最大扭矩来计算。

4.3 作用在换档机构上的防盗装置

4.3.1 作用在换档机构上的防盗装置应能阻止任何档位变化。

4.3.2 对于手动变速器,应在倒档位置锁止变速杆,也允许在空档位置锁止变速杆。

4.3.3 对于有“驻车”位置的自动变速器,应在“驻车”位置锁止,也允许在空档和/或倒档位置锁止。

4.3.4 对于没有“驻车”位置的自动变速器,应在空档和/或倒档位置锁止。

4.3.5 防盗装置的设计和制造应保证其经受了每个方向2 500次锁止循环磨损试验后,仍完全有效。

5 M_2、M_3类和N_2、N_3类汽车防盗装置的一般要求

5.1 防盗装置的设计应满足只有当其不起作用时,才能完成以下操作:

5.1.1 用正常的操作方法起动发动机;

5.1.2 使车辆转向、用车辆自身的动力驱动。

5.2 使用同一钥匙应符合5.1的要求。

5.3 用钥匙插入锁中来实现工作的系统,在5.1所述的状态已经起动或已放在起动的位置之前,其钥匙不能从锁中取出。但6.1.5所述的情况除外。

5.4 防盗装置以及车辆上与其工作有关的零件的设计应保证该装置不会被迅速、无意地开启或是用廉价的、容易隐藏的、一般公众容易携带和制造的工具所损坏或失效。

5.5 防盗装置应作为一个原装部件安装在车辆上(即该装置由制造商在车辆第一次销售前安装在车辆上)。其安装方法应保证当其处于锁止状态时,即使是在其壳体被拆除的情况下,如不使用特殊工具,也不能使其解体。如果拆卸螺钉使防盗装置失效,那么螺钉应由固定在防盗装置上的零件覆盖,或使用防拆卸螺钉。

5.6 机械锁止系统使用的钥匙应包括不少于1 000种的不同组合,如果一年中制造的车辆少于1 000辆,则其组合数应与车辆数相等。在一种车型的所有汽车中,同一组合的出现率应不大于1/1 000。

5.7 锁和钥匙上不应有可见代码。

5.8 锁的设计、制造和安装要保证当其处于锁止位置时,除用所配钥匙以外,使用任何钥匙不能以小于2.45 N·m的扭矩转动锁芯,并且:

5.8.1 对于带有销式制栓的锁芯,布置在相邻位置的,在相同方向工作的完全相同的制栓不应超过两

个。同一把锁中，相同的制栓不应超过总数的60%；

5.8.2 对于带有片式制栓的锁芯，布置在相邻位置的，在相同方向工作的完全相同的制栓不应超过两个。同一把锁中，相同的制栓不应超过总数的50%。

5.9 在车辆行驶时，防盗装置不应发生任何可能危及安全的偶然性锁止。

5.9.1 防盗装置应在首先将发动机控制装置放到停机的位置，再执行一个动作之后，才能被锁止，而该动作不应是发动机停机状态的延续。

5.9.2 防盗装置，如果用拔出钥匙来实现锁止，在防盗装置锁止前，钥匙必须有一个至少2 mm的移动量或是增加人控功能以防止钥匙的偶然拔出或部分拔出。

5.10 辅助动力只能用于防盗装置的锁止和开启，防盗装置应只能用机械的方式保持在锁止位置。

5.11 在开启防盗装置之前，用正常方式不能起动车辆的动力系统。

5.12 防盗装置不应妨碍驻车制动器的释放。

5.13 对配备驾驶员报警系统的防盗装置，当驾驶员侧车门打开时，如果防盗装置没有起作用或有任何钥匙未被拔出，报警系统应即被触发。

6 M_2、M_3类和N_2、N_3类汽车防盗装置的特殊要求

除第5章中所述的一般要求外，防盗装置还应符合以下特殊要求：

6.1 作用在转向机构上的防盗装置

6.1.1 作用在转向机构上的防盗装置应能使转向失效。

6.1.2 当防盗功能解除后，防盗装置不应妨碍车辆的转向功能。

6.1.3 防盗装置按附录C规定的试验方法完成在每个方向上的2 500次锁止循环磨损试验后，应符合5.9、6.1.1、6.1.2和6.1.4的要求。

6.1.4 防盗装置在处于锁止位置时，在转向机构不发生危及安全的损坏条件下，防盗装置应能承受静态条件下绕转向轴的、在两个方向上施加的200 N·m的扭矩。

6.1.5 如果防盗装置的钥匙能从锁止转向机构的位置以外的某一位置上拔出来，其设计应保证手动操纵到达该位置并且拔出钥匙的动作不应无意识地被实现。

6.2 作用在传动系上的防盗装置

6.2.1 作用在传动系上的防盗装置应能阻止汽车驱动轮的转动。

6.2.2 当防盗功能解除后，防盗装置不应妨碍车辆的传动功能。

6.2.3 当钥匙在防盗装置的锁中时，即使是防止发动机起动的机构已经工作或处于工作位置，传动系也不应被无意识地锁止。

6.2.4 防盗装置的设计和制造应保证其经受了每个方向的2 500次锁止循环磨损试验后，仍完全有效。

6.2.5 如果防盗装置的钥匙从锁止传动系的位置以外的某一位置上拔出来，其设计应保证手动操纵到达该位置并且拔出钥匙的动作不应无意识地被实现。

6.2.6 在传动系不发生危及安全的损坏的条件下，防盗装置应能承受静态条件下在两个方向上施加的，大于正常施加在传动系上的最大扭矩50%的静扭矩。试验扭矩的确定不是按发动机的最大扭矩，而是按离合器或自动变速器所能传递的最大扭矩来计算。

6.3 作用在换档机构上的防盗装置

6.3.1 作用在换档机构上的防盗装置应能阻止任何档位变化。

6.3.2 对于手动变速器，应在倒档位置锁止变速杆，也允许在空档位置锁止变速杆。

6.3.3 对于有“驻车”位置的自动变速器，应在“驻车”位置锁止，也允许在空档和/或倒档位置锁止。

6.3.4 对于没有“驻车”位置的自动变速器，应在空档和/或倒档位置锁止。

6.3.5 防盗装置的设计和制造应保证其经受了每个方向2 500次锁止循环磨损试验后，仍完全有效。

7 附加设备

7.1 本标准允许防盗装置安装声响或视觉报警装置，也允许选装防止车辆被盗用的附加装置，但附加装置应使用独立的方法起动。

7.2 若防盗装置装备声响或视觉报警装置，则报警装置所发出的信号应是不超过 30 s 的时间内自动停止的短暂信号。只有当报警装置再一次被起动时，信号才能重新开始。

7.2.1 如果采用声响信号，信号可由安装在车辆上的声响报警装置发出。

7.2.2 如果采用视觉信号，信号应由车辆报警灯的闪烁发出。

附 录 A
（规范性附录）
作用在转向机构上的防盗装置的磨损试验（M_1 类和 N_1 类汽车）

A.1 试验设备

试验设备应包括：

A.1.1 用于安装本标准 2.2 规定的带有防盗装置的转向机构样品的夹具。

A.1.2 用钥匙开启和锁止防盗装置的装置。

A.1.3 用于使转向轴相对于防盗装置转动的装置。

A.2 试验方法

A.2.1 将带有防盗装置的转向机构样品安装在 A.1.1 所述的夹具上。

A.2.2 试验程序的一个循环包括下列步骤：

A.2.2.1 起始位置

开启防盗装置，将转向轴旋转到防盗装置不能啮合的位置，但允许转向机构在任何位置锁止的型式除外。

A.2.2.2 置于工作状态

用钥匙将防盗装置从开启位置转到锁止位置。

A.2.2.3 起动[1)]

旋转转向轴以使作用其上的扭矩在防盗装置啮合的瞬间为 40 N·m±2 N·m。

A.2.2.4 开启

用正常方式开启防盗装置，为了开启方便，将扭矩降至 0。

A.2.2.5 复位[1)]

转向轴旋转到防盗装置不能啮合的位置。

A.2.2.6 反向旋转

重复 A.2.2.2，A.2.2.3，A.2.2.4 及 A.2.2.5 程序，但转向轴旋转方向相反。

A.2.2.7 相邻的两次啮合的时间间隔应至少为 10 s。

A.2.3 按照本标准 4.1.3 要求的次数重复进行磨损循环试验。

1）允许转向装置在任何位置锁止的防盗装置不受 A.2.2.3 和 A.2.2.5 规定的限制。

附 录 B
（规范性附录）
作用在具有限制扭矩装置的转向机构上的防盗装置的试验

B.1 试验设备

试验设备应包括：

B.1.1 适于安装转向机构的相关部件的夹具，或如果在整车上试验时，能从地面举起全部转向车轮的夹具系统；

B.1.2 能产生并测量本标准 B.2.3 所述的转向盘上扭矩的装置。测量误差不大于 2%。

B.2 试验方法说明

B.2.1 如果试验在整车上进行，则试验时车辆的转向车轮应离开地面。

B.2.2 转向锁应锁止转向机构。

B.2.3 扭矩施加在转向盘上。

B.2.4 1 个试验循环包括：先旋转转向盘 90°，接着反向旋转 180°，然后再按照初始方向旋转 90°。

1 个循环＝＋90°/－180°/＋90° 误差在±10%以内。（如图 B.1 所示）

B.2.5 1 个循环的持续时间为 20 s±2 s。

B.2.6 应进行 5 个试验循环。

B.2.7 在每个试验循环中，扭矩的最小值应大于本标准 4.1.4.2 的规定值。

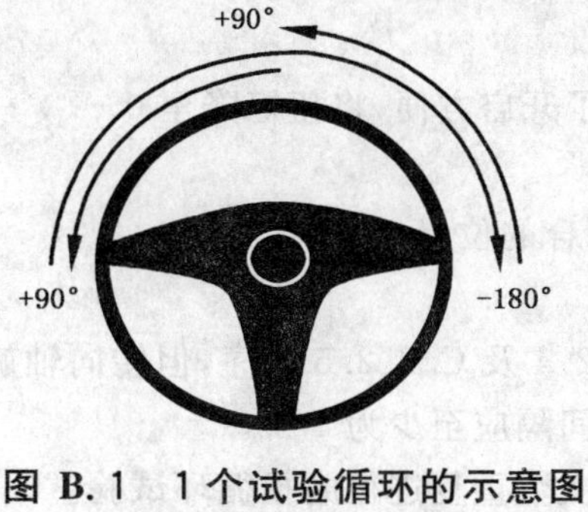

图 B.1 1 个试验循环的示意图

附 录 C
（规范性附录）
作用在转向机构上的防盗装置的磨损试验（M_2、M_3 类和 N_2、N_3 类汽车）

C.1 试验设备

试验设备应包括：

C.1.1 用于安装本标准 2.2 规定的装有防盗装置的转向机构样品的夹具。

C.1.2 用钥匙开启和锁止防盗装置的装置。

C.1.3 用于使转向轴相对于防盗装置转动的装置。

C.2 试验方法

C.2.1 将带有防盗装置的转向机构样品安装在 C.1.1 所述的夹具上。

C.2.2 试验程序的一个循环包括下列步骤：

C.2.2.1 起始位置

开启防盗装置，将转向轴旋转到防盗装置不能啮合的位置，但允许转向机构在任何位置锁止的型式除外。

C.2.2.2 置于工作状态

用钥匙将防盗装置从开启位置转到锁止位置。

C.2.2.3 起动[2)]

旋转转向轴以使作用其上的扭矩在防盗装置啮合的瞬间为 5.85 N·m±0.25 N·m。

C.2.2.4 开启

用正常方式开启防盗装置，为了开启方便，将扭矩降至 0。

C.2.2.5 复位[2)]

转向轴旋转到防盗装置不能啮合的位置。

C.2.2.6 反向旋转

重复 C.2.2.2，C.2.2.3，C.2.2.4 及 C.2.2.5 程序，但转向轴旋转方向相反。

C.2.2.7 相邻的两次啮合的时间间隔应至少为 10 s。

C.2.3 按照本标准 6.1.3 要求的次数重复进行磨损循环试验。

2）允许转向装置在任何位置锁止的防盗装置不受 C.2.2.3 和 C.2.2.5 规定的限制。

附　录　D
（资料性附录）
本标准章条编号与 ECE R18 章条编号对照表

表 D.1　本标准章条编号与 ECE R18 章条编号对照

本标准章条编号	ECE R18 标准章条编号
1	1
2	2、14
—	14.1
2.1	2.1、14.2
2.2	2.2、14.3
2.3	2.3、14.4
2.4	2.4、14.5
2.5	2.5、14.6
2.6	2.6
—	3
—	4
3	5
3.1	5.1
3.2	5.2
3.3	5.3
3.4	5.4
3.5	5.1
3.6	5.2
3.7	5.3
3.8	5.4
3.9	5.9
3.10	5.10
3.11	5.11
3.12	5.12
3.13	5.13
3.14	5.14
4	6
4.1	6.1
4.2	6.2
4.3	6.3
—	7
—	8
—	9
—	10
—	11
—	12
—	13

表 D.1(续)

本标准章条编号	ECE R18 标准章条编号
—	15
—	16
5	17
5.1	17.1
5.2	17.2
5.3	17.3
5.4	17.4
5.5	17.5
5.6	17.6
5.7	17.7
5.8	17.8
5.9	17.9
5.10	17.10
5.11	17.11
5.12	17.12
5.13	17.13
6	18
6.1	18.1
6.2	18.2
6.3	18.3
—	19
—	20
—	21
—	22
7	23
—	24
—	25
—	附件 1
—	附件 2
—	附件 3
附录 A	附件 4-1
附录 B	附件 4-2
—	附件 5
附录 C	附件 6
附录 D	—

ICS 97.040.30
Y 61

中华人民共和国国家标准

GB/T 15765—2006
代替 GB/T 15765—1995

房间空气调节器用
全封闭型电动机-压缩机

Hermetic motor-compressors for room air conditioners

2006-06-16 发布　　2006-12-01 实施

中华人民共和国国家质量监督检验检疫总局
中国国家标准化管理委员会　发布

前 言

本标准代替 GB/T 15765—1995《房间空气调节器用全封闭型电动机-压缩机》。

本标准与 GB/T 15765—1995 相比主要技术内容有如下变化：

——适用范围中名义制冷量从 9 000 W 扩大到 18 000 W；

——适用范围中增加了 R407C、R410A 制冷剂压缩机和涡旋压缩机；

——增加了名义值、过冷度、过热度、变速（变频）压缩机和变容量压缩机的名词术语和解释；

——型式分类中增加了转速控制分类和容量变化分类，取消了规格和型号的表示方法；

——在技术要求中增加了产品规格书的要求，明示生产企业产品的制冷量、COP 等各类名义值等限值；

——标准中所用工况点采用饱和露点温度代替原来所有的压力值；

——考虑涡旋压缩机测试的实际情况，增加 18.3℃吸气温度作为可选；

——振动测试方法增加涡旋压缩机的峰-峰振幅值的测试方法；

——取消“电机绕组温度”和“壳体温度”的要求；

——增加变速（变频）压缩机的试验方法和考核内容；

——将验收规则调整为附录，作为资料性附录。

本标准的附录 A 是资料性附录。

本标准由中国轻工业联合会提出。

本标准由全国家用电器标准化技术委员会（SAC/TC46）归口并解释。

本标准起草单位：中国家用电器研究院、西安庆安制冷设备有限公司、广州日用电器研究所、上海日立电器有限公司、松下万宝（广州）压缩机有限公司、大连三洋压缩机有限公司、艾默生电气（苏州）有限公司谷轮涡旋压缩机厂、广东美芝制冷设备有限公司、三菱电机（广州）压缩机有限公司、沈阳华润三洋压缩机有限公司、西安大金庆安压缩机有限公司。

本标准主要起草人：李一、陈兰娟、李晓明、周易、谭亮、王贻任、汪振强、孙民、蔡水旺、赵旭、王学敏、贾伟强、宋力强、王幼寅。

本标准所代替标准的历次版本发布情况为：GB/T 15765—1995 为首次发布。

房间空气调节器用
全封闭型电动机-压缩机

1 范围

本标准规定了房间空气调节器用全封闭型电动机-压缩机的术语和定义、产品分类、技术要求、试验方法及标志、包装、运输、贮存的要求。

本标准适用于制冷剂为 R22、R407C 和 R410A，其名义制冷量不超过 18 000 W 的房间空气调节器用全封闭型电动机-压缩机(以下简称压缩机，包括转子式压缩机、涡旋式压缩机和活塞式压缩机)。

制冷剂为其他类型的同类压缩机可参照使用。

2 规范性引用文件

下列文件中的条款通过本标准的引用而成为本标准的条款。凡是注日期的引用文件，其随后所有的修改单(不包括勘误的内容)或修订版均不适用于本标准，然而，鼓励根据本标准达成协议的各方研究是否可使用这些文件的最新版本。凡是不注日期的引用文件，其最新版本适用于本标准。

GB/T 1019—1989 家用电器包装通则

GB/T 4214.1—2000 声学 家用电器及类似用途器具噪声测试方法 第 1 部分：通用要求(eqv IEC 60704-1:1997)

GB 4706.17—2004 家用和类似用途电器的安全 电动机-压缩机的特殊要求(IEC 60335-2-34:1999,IDT)

GB/T 5773—2004 容积式制冷压缩机性能试验方法(ISO 917:1989,MOD)

GB/T 7725—2004 房间空气调节器(ISO 5151:1994,NEQ)

3 术语和定义

本标准采用下列术语和定义：

3.1

名义值 rated parameter

产品规格书中标称的数值。

3.2

过冷度 degree of super-cooling

与压缩机排气压力相对应的制冷剂沸点温度和节流装置前液态制冷剂的温度之间的差值。

3.3

过热度 degree of super-heating

压缩机吸气口处制冷剂吸气温度与压缩机吸气压力相对应的制冷剂露点温度之间的差值。

3.4

变速压缩机 variable speed compressor

变频压缩机 variable frequency compressor

通过使用变速(变频)控制装置使转速改变的压缩机。

3.5

变容量压缩机 variable capacity compressor

通过机械和(或)电气方法使容量改变的压缩机。

4 产品分类

4.1 按结构型式分类

a） 转子式压缩机；

b） 涡旋式压缩机；

c） 活塞式压缩机。

4.2 按电源型式分类

a） 单相电源压缩机；

b） 三相电源压缩机。

4.3 按转速控制型式分类

a） 定速压缩机；

b） 变速(变频)压缩机。

4.4 按容量变化分类

a） 定容量压缩机；

b） 变容量压缩机。

5 技术要求

5.1 产品规格书

压缩机制造厂商应根据需求向压缩机用户提供产品规格书，产品规格书应包括压缩机名义制冷量、输入功率、性能系数、工作电流、名义噪声值、名义振动值、整机残余水分含量、整机内部杂质含量和过负荷条件等项目及本标准所规定的测试条件。

5.2 压缩机适用于空调器工作的环境温度

压缩机适用于空调器工作的环境温度见 GB/T 7725—2004 的 4.2.4。

5.3 使用性能要求

5.3.1 制冷量及性能系数(*COP*)

按 6.2 和 6.4 规定的方法进行试验，实测制冷量应不小于其名义值的 95%，各类压缩机实测性能系数(*COP*)应不小于相应表 1～表 6 中规定限值的 95%。

注 1：性能系数(*COP*)是指压缩机的实测制冷量与实测输入功率的比值，变速(变频)压缩机的性能系数计算时不计入变速(变频)控制装置的功率损耗。

注 2：表 5、表 6 性能系数限定值不适用于活塞式压缩机。

注 3：变速(变频)压缩机的性能系数(*COP*)是指在名义值对应的转速(频率)下的实测值。

注 4：变容量压缩机性能系数限定值暂不定。

表 1 R22 制冷剂转子式压缩机性能系数的限值

气缸名义工作容积/cm^3		≤8.5	>8.5～15	>15～25	>25～40	>40～52	>52～100
性能系数/(W/W)	单相	2.90	2.90	2.95	3.00	3.00	3.00
	三相	*	*	*	*	3.05	3.10
注：* 表示暂无此压缩机。							

表 2 R22 制冷剂涡旋式压缩机性能系数的限值

气缸名义工作容积/cm^3		≤52	>52～75	>75～100
性能系数/(W/W)	单相	3.00	3.05	3.05
	三相	3.05	3.10	3.15

表 3 R22 制冷剂活塞式压缩机性能系数的限值

气缸名义工作容积/cm³		≤15	>15～25	>25～40	>40～75	>75～130
性能系数/(W/W)	单相	2.35	2.40	2.45	2.50	2.55
	三相	2.45	2.55	2.65	2.75	2.80

表 4 R22 制冷剂变速(变频)压缩机的性能系数的限值

气缸名义工作容积/cm³		≤8.5	>8.5～15	>15～25	>25～40	>40～52
性能系数/(W/W)	交流变速	2.90	2.90	2.90	2.95	2.95
	直流变速	2.95	2.95	2.95	3.00	3.00

表 5 R407C 制冷剂压缩机性能系数的限值

气缸名义工作容积/cm³		≤8.5	>8.5～15	>15～25	>25～40	>40～52	>52～75	>75～100
性能系数/(W/W)	单相	2.85	2.85	2.90	2.95	2.95	2.95	2.95
	三相	*	*	*	*	2.95	3.00	3.05
	变速(变频)	2.85	2.85	2.85	2.90	2.90	*	*
注：* 表示暂无此压缩机。								

表 6 R410A 制冷剂压缩机性能系数的限值

气缸名义工作容积/cm³		≤5.8	>5.8～10	>10～17	>17～28	>28～36	>36～70
性能系数/(W/W)	单相	2.75	2.75	2.85	2.85	2.85	2.85
	三相	*	*	*	*	2.90	2.90
	交流变速	2.85	2.85	2.85	2.90	2.90	2.90
	直流变速	2.95	2.95	2.95	3.00	3.00	3.00
注：* 表示暂无此压缩机。							

5.3.2 启动性能

定速压缩机按 6.3 规定的方法进行试验，压缩机均应能正常启动。

注：变速(变频)压缩机、变容量压缩机此项目不适用。

5.3.3 输入功率和工作电流

按 6.4 规定的方法进行试验，其实测输入功率和工作电流值应不超过名义值的 110%。

5.3.4 噪声

压缩机运转时，不应有异常声音。

按 6.5 规定的方法进行试验，各类压缩机实测(A 计权)声功率噪声值应不大于相应表 7～表 9 中规定的限值，其中对于变速(变频)压缩机在名义值对应的转速(频率)下测得的噪声值不应超过压缩机的噪声名义值，并且该噪声名义值要符合国家有关法律法规、标准的要求。

注：变容量压缩机噪声限定值暂不定。

表 7 转子式压缩机噪声的限值

气缸名义工作容积/cm³	≤8.5	>8.5～15	>15～25	>25～35	>35～52	>52～100
R22 制冷剂压缩机(A 计权)声功率级噪声值/dB	60	63	66	68	72	74
R407C 制冷剂压缩机(A 计权)声功率级噪声值/dB	62	65	68	71	74	76

表 7(续)

气缸名义工作容积/cm³	≤5.8	>5.8～10	>10～17	>17～24	>24～36	>36～70
R410A 制冷剂压缩机 (A 计权)声功率级噪声值/dB	63	67	69	72	75	77

表 8 涡旋式压缩机噪声的限值

气缸名义工作容积/cm³	≤52	>52～75	>75～100
R22 制冷剂压缩机 (A 计权)声功率级噪声值/dB	67	70	73
R407C 制冷剂压缩机 (A 计权)声功率级噪声值/dB	69	72	75
气缸名义工作容积/cm³	≤36	>36～52	>52～70
R410A 制冷剂压缩机 (A 计权)声功率级噪声值/dB	70	73	76

表 9 活塞式压缩机噪声的限值

气缸名义工作容积/cm³	≤15	>15～25	>25～40	>40～75	>75～130
(A 计权)声功率级噪声值/dB	61	63	66	69	72

5.3.5 振动

在噪声测定后,维持压缩机和代用制冷系统的工作状态不变,用测振仪测量规定点的振动加速度或峰—峰振幅值。

按 6.6.1 规定的方法,转子式压缩机在其规定的各测量点测得的切向振动加速度最大值(变速(变频)压缩机在名义值对应的转速(频率)下测试)应不大于表 10 规定的限值。

按 6.6.2 规定的方法,涡旋式压缩机在其规定的各测量点测得的各个方向的峰—峰振幅值最大值(变速(变频)压缩机在名义值对应的转速(频率)下测试)应不大于表 11 规定的限值。

按 6.6.3 规定的方法进行试验,活塞式压缩机在其规定的各测量点测得的法向振动加速度最大值(变速(变频)压缩机在名义值对应的转速(频率)下测试)应不大于表 12 规定的限值。

注:变容量压缩机振动限定值暂不定。

表 10 转子式压缩机振动的限值

气缸名义工作容积/cm³	≤8.5	>8.5～15	>15～25	>25～40	>40～100
切向最大振动加速度(有效值)/(m/s²)	30				

表 11 涡旋式压缩机振动的限值

气缸名义工作容积/cm³	≤52	>52～75	>75～100
峰—峰振幅值/μm	60	80	90

表 12 活塞式压缩机振动的限值

气缸名义工作容积/cm³	≤15	>15～25	>25～40	>40～130
法向最大振动加速度(有效值)/(m/s²)	5.0	7.0	10.0	13.0

5.3.6 压缩机壳体的气密性

按 6.7 规定的方法进行试验,壳体(含被固定在壳体上的密封零件)不允许渗漏。

5.3.7 整机残余水分含量

按 6.8 规定的方法进行试验,其整机残余水分含量应不大于表 13 的限值。

表 13　压缩机残余水分的限值

R22、R407C 制冷剂压缩机气缸名义工作容积/cm^3	≤15	＞15～25	＞25～40	＞40～55	＞55～75	＞75～130
R410A 制冷剂压缩机气缸名义工作容积/cm^3	≤10	＞10～17	＞17～28	＞28～38	＞38～52	＞52～70
整机残余水分含量/mg	150	200	250	300	400	600

5.3.8　整机内部杂质含量

按 6.9 规定的方法进行试验，其整机内部杂质含量应不大于表 14 的限值。

注：变容量压缩机杂质含量限定值暂不定。

表 14　压缩机杂质含量的限值

R22、R407C 制冷剂压缩机气缸名义工作容积/cm^3		≤25	＞25～40	＞40～75	＞75
R410A 制冷剂压缩机气缸名义工作容积/cm^3		≤17	＞17～28	＞28～52	＞52
整机内部杂质含量/mg	活塞式	150	200	300	500
	转子式和涡旋式	100	150	150	150

5.3.9　加速寿命试验

按 6.10 规定的方法进行试验，试验结束后，制冷量及性能系数(COP)的下降不应超过原实测值的 5%；噪声值不应超过原实测值 3 dB。

5.3.10　启动耐久性试验

定速压缩机按 6.11 规定的方法进行 6 万次试验后，压缩机应能继续工作，不应出现下列故障：

a)　压缩机机械性损坏，试验压比无法维持；

b)　悬挂(或支承)弹簧损坏，引起噪声明显增加，或导致压缩机启动和停机时，出现撞击；

c)　压缩机内部出现电气短路或断路。

注：变速(变频)压缩机此项目不适用。

5.4　其他技术要求

5.4.1　压缩机成品应封入不低于大气压力的干燥氮气或空气(露点温度在－35℃以下)。

5.4.2　压缩机通常应按设计要求和规定的注油量注入冷冻机油。

5.4.3　压缩机壳体表面涂漆应均匀一致，不应有漏涂、划痕、锈斑等缺陷。

6　试验方法

6.1　试验条件

6.1.1　环境温度

除特殊规定外，一般试验的环境温度为 (25±10)℃。

6.1.2　被测压缩机周围应是正常使用状态，除对气流敏感的试验有特殊规定外，一般其周围空气流速应在 1.0 m/s 以下，周围 500 mm 距离内不应有影响试验的冷热源。

6.1.3　试验用电源的电压波动值和频率波动值均不应大于 1%；

6.1.4　变速(变频)压缩机制冷量、性能系数、噪声、振动测试及各项试验时所用的变速(变频)控制装置可由压缩机厂家提供或推荐。

6.1.5　测量用仪表应在有效使用期内，并附有检定合格证，其型式和测量精度应符合表 15 的规定。

表 15 一般试验仪器仪表的精度

仪表分类	仪表类型	仪表准确度	
		用于型式检验和出厂检验的抽检项目	用于出厂检验的必检项目
温度测量仪表	玻璃水银温度计 热电偶 电阻温度计 温差计	(1) 量热器的加热或冷却介质和制冷剂的进出口温度：±0.1℃ (2) 压缩机吸气温度，流量节流装置前温度：±0.2℃ (3) 其他温度：±0.2℃	±1℃
压力测量仪表	水银压力计 压力表	(1) 吸入压力(绝对压力读数)±1% (2) 对高压侧制冷剂压力(绝对压力读数)±1%	不低于 1.5 级
电工测量仪表	指示仪表	不低于 0.5 级	不低于 1 级
	累积仪表	不低于 1 级	不低于 1 级
噪声测量仪器	精密声级计等	1 dB 频率范围：20 Hz～12 500 Hz	
振动测量仪器	测振仪	±0.01 m/s^2	
质量测量仪器	天平	±0.5 mg	±0.5 mg

6.2 制冷量试验

按 GB/T 5773—2004 进行试验，其试验条件应符合表 16 或表 17 的规定。

表 16 制冷量试验条件 单位：℃

冷凝温度(露点温度)	蒸发温度(露点温度)	过冷度	吸气温度	环境温度
54.4±0.3	7.2±0.2	8.3±0.2	35±0.5	35±1

表 17 制冷量试验条件 单位：℃

冷凝温度(露点温度)	蒸发温度(露点温度)	过冷度	吸气温度	环境温度
54.4±0.3	7.2±0.2	8.3±0.2	18.3±0.5	35±1

6.3 启动性能试验

带有全部电气附件的压缩机接入启动性能试验装置(见图 1)。每次试验前其截流阀预先按 6.11 调到适合的位置。将系统抽空并充入适量的制冷剂，打开均压阀，压缩机运转 5 min 后，调整充入的制冷剂量，使系统的平衡压力为(27±3)℃对应的饱和压力，关闭均压阀。

a) 升电压启动：在压缩机接线端子处测量的端电压为 1.06 倍的额定电压时，连续启动压缩机 3 次，每次启动进入工况后，立即停机，并用均压阀使系统恢复到平衡压力；

b) 降电压启动：在压缩机接线端子处测量的端电压为 0.85 倍的额定电压时，连续启动压缩机 3 次，每次启动进入工况后，立即停机，并用均压阀使系统恢复到平衡压力。

注：电源变压器应有足够的容量，以保证试验时在压缩机上所测得的闭路试验电压不少于试验电压的 95%。

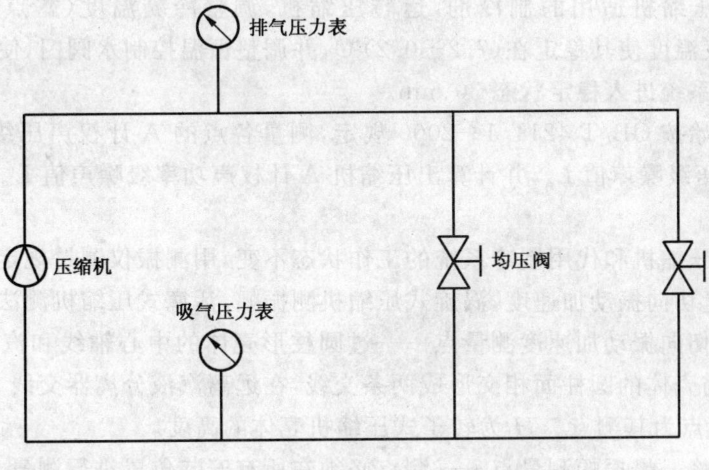

图 1 启动性能试验装置

6.4 输入功率和工作电流测量

在按 6.2 规定测定制冷量时，用功率表、安培表测定压缩机在该试验工况条件下运行时的输入功率、工作电流值。

6.5 噪声测量

本标准采用 GB/T 4214.1—2000 作为压缩机 A 计权声功率级噪声水平的测定方法。

被测压缩机置于符合 GB/T 4214.1—2000 中 4.4.1 测试环境要求的场合。测试环境为半消声室，压缩机应装上自身配用的减振垫。将其放置在处于半消声室地面中央的刚性平台上(不带固定螺栓)，其刚性平台质量为被测压缩机质量的 10 倍以上，压缩机用非刚性连接管接入置于半消声室外的代用制冷系统(图 2 为推荐的代用制冷系统)。

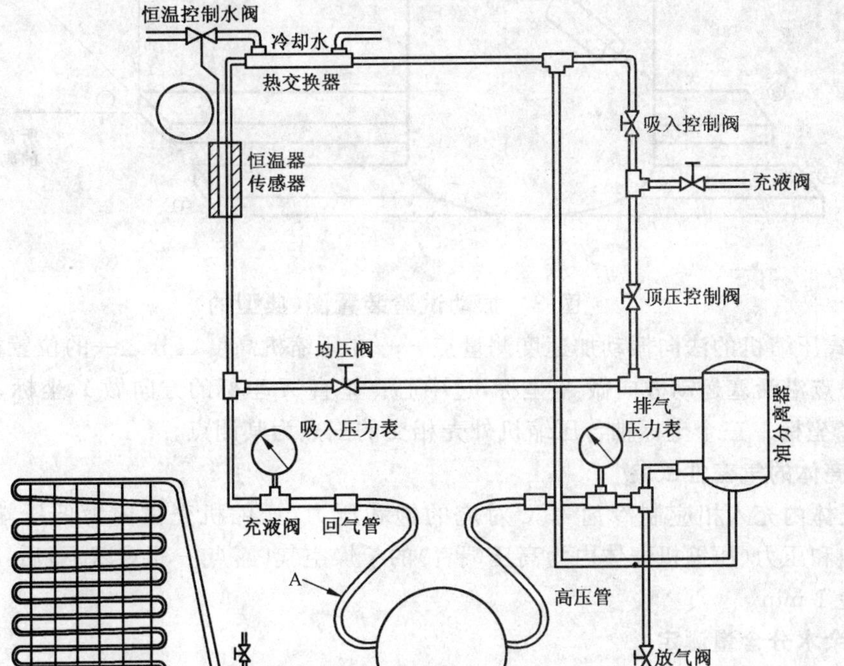

注：A 是回气温度测量点，A 与压缩机外壳之间的距离约为 30 cm。

图 2 推荐的代用制冷系统

系统抽空并充入该压缩机适用的制冷剂，运转压缩机，调整冷凝温度(露点温度)使其稳定在(54.4±0.3)℃，调整蒸发温度使其稳定在(7.2±0.2)℃，并调整恒温控制水阀门，使回气温度同制冷量试验中相同的吸气温度，系统进入稳定状态 30 min。

系统稳定后，即可开始按 GB/T 4214.1—2000 规定，测量各点的 A 计权声压级噪声值，然后求出测量表面平均 A 计权声压级噪声值 L_p，并计算出压缩机 A 计权声功率级噪声值 L_w。

6.6 振动测量

在噪声测定后，维持压缩机和代用制冷系统的工作状态不变，用测振仪测量规定点的振动加速度或振幅。转子式压缩机测量切向振动加速度，涡旋式压缩机测振幅，活塞式压缩机测法向振动加速度。

6.6.1 转子式压缩机的切向振动加速度测量点——过圆柱形壳体的中心轴线和汽液分离器中心轴线做一纵截面。该纵截面与壳体的圆柱面相交形成两条交线，在远离汽液分离器交线上取中心，和距中点各为 1/3 H 的两点，该三点为其测点。H 为转子式压缩机壳体的高度。

6.6.2 涡旋式压缩机的峰—峰振幅测量点——测点必须在所有安装位置进行测量，并尽可能靠近安装点。另外，在压缩机机壳或者机体上吸气和排气管接头处也应当进行测量。

测量方向在吸气和排气接头处，必须在三个方向正交方向上进行测量；在安装位置处，在三个方向上进行测量。在吸气和排气接头处，一个方向必须平行于接头处的管道方向，剩余两个方向中的一个应当描述接头处压缩机机体的切向运动，第三个方向根据正交要求定。如图 3 所示。

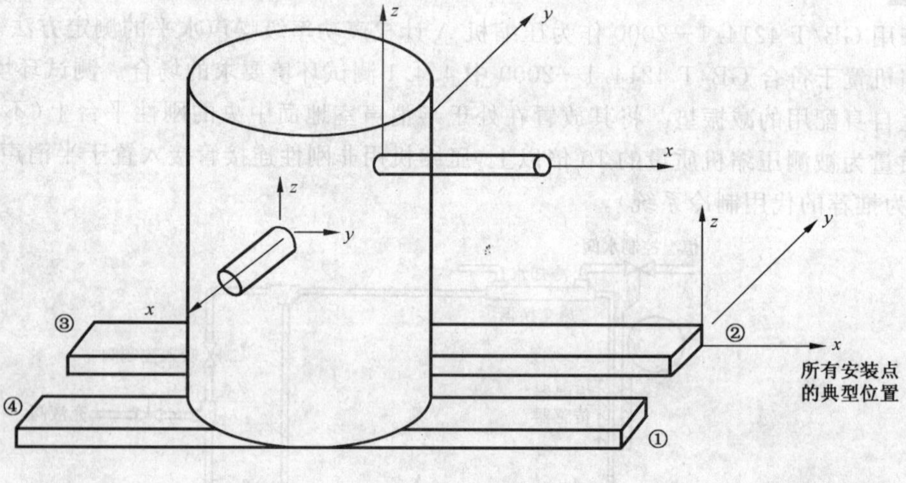

图 3 振动试验装置图(典型的)

6.6.3 活塞式压缩机的法向振动加速度测量点——在压缩机高度二分之一的位置截取横截面，在该横截面上过中心点沿活塞运动方向做 X 坐标，过中心点垂直 X 坐标的方向做 Y 坐标，过横截面中心做该面的垂线为 Z 坐标。三个坐标轴与压缩机外壳相交的三点为其测点。

6.7 压缩机壳体的气密性试验

压缩机壳体内充入相应制冷剂 43℃对应的饱和压力(压缩机壳体内为低压端者)或相应制冷剂 65℃对应的饱和压力(压缩机壳体内为高压端者)的干燥空气(露点－35℃以下)后，浸入温度高于 15℃的水槽中视检 1 min。

6.8 整机残余水分含量测定

将未封入冷冻机油的压缩机置于恒温干燥箱内(如果压缩机中已充了保护气体，则应将保护气体放出，直到压力与环境压力相平衡)。吸排气管同时接入水分测量装置，如图 4 所示。干燥箱内温度调到(125±5)℃，为了缩短压缩机的加热时间，运行绕组通入适量的加热电流，使其绕组温度达到箱内温度。在截止阀关闭的状态下，启动真空泵，当系统内绝对压力达到200 Pa以下时，冷凝管放入冰桶(－70℃)冷浴，然后逐渐打开截止阀，试验应持续 4h，4h 后系统内绝对压力不应超过 5 Pa，这时停机。反之试验无效。

停机后，从装置上取下冷凝管，将其管口封好，当冷凝管的温度与环境温度相等时读出(或用分析天平称出)管中水的重量。

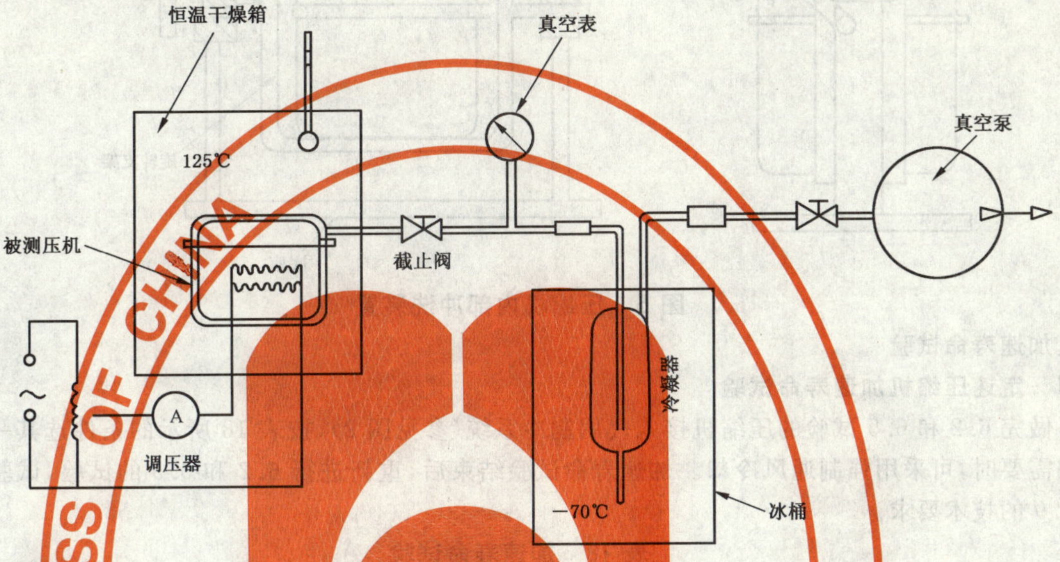

注：冰桶内装半缸(约 1 L)甲醇或酒精，然后放入干冰，保持其要求的温度。

图 4 整机残余水分含量测试装置

6.9 整机内部杂质含量检测

6.9.1 取所需面积孔隙度为 5 μm 过滤纸或孔径为 5 μm 的 O 型混合纤维树脂微孔滤膜或 5 μm 粉末烧结过滤片，放入烘箱，加温到 60～70℃，保持 10 min，过滤片从烘箱取出后立即称重并记录过滤片质量(可同时烘干若干片，取一片称一片)。然后立即放入干燥皿内保存。

6.9.2 在净化室内将压缩机中的冷冻机油倒出，用已知质量的滤片过滤，然后将带滤出物的滤片放入清洁的汽油中浸泡足够的时间，以稀释滤片吸附的冷冻机油，最后取出带滤出物的滤片，待汽油挥发后，放入烘箱加温到 60～70℃保持 10 min 后，称重，此重量减去滤片质量为油中杂质的质量。

6.9.3 将不少于 0.8 L 已过滤的冲洗液(R141b)灌入压缩机壳体内密封好，将压缩机固定在图 5 所示的冲洗装置上，以每秒一转的速度顺时针方向旋转 10 转，逆时针方向旋转 10 转，这样交替进行达 100 s，然后倒出冲洗液，用已知质量的干燥过滤片过滤。这样的冲洗过滤程序共进行 3 次，不更换过滤片。最后将带滤出物的滤片按 6.9.2 的规定，放入清洁汽油中浸泡足够的时间，并烘干、称重。把从油中和壳体清洗中收集到的杂质质量相加即为压缩机内部杂质含量。

6.9.4 整机由于结构限制，冲洗液及冷冻机油无法全部倒出的压缩机。可在生产现场(外壳封闭前)对相应的待装配零件进行检测，但冷冻机油要按设计要求数量取样测试。

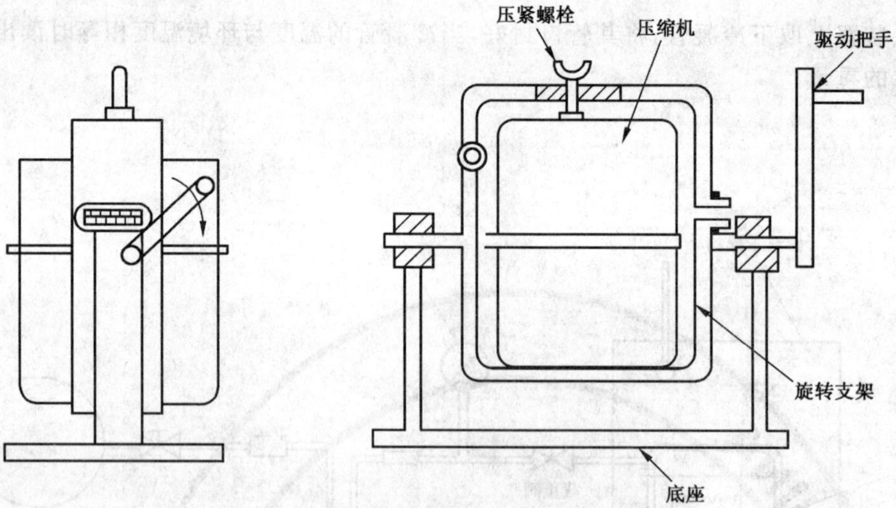

图 5　压缩机内部冲洗装置

6.10　加速寿命试验

6.10.1　定速压缩机加速寿命试验

将做完 6.2 和 6.5 试验的压缩机接入代用制冷系统(参见图 2),按表 18 所示的条件选其一连续运行。如需要时,可采用强制通风冷却。加速寿命试验结束后,重新进行 6.2 和 6.5 的试验,试验完应符合 5.3.9 的技术要求。

表 18　加速寿命试验

电源	冷凝温度(露点温度)	蒸发温度(露点温度)	时间
额定工作电压和频率	(66±2)℃	(6±2)℃	2 000 h
额定工作电压和频率	(69±2)℃	(6±2)℃	1 000 h

6.10.2　变速(变频)压缩机加速寿命试验

将做完 6.2 和 6.5 试验的变速(变频)压缩机接入代用制冷系统(参见图 2),按产品规格书中记载的压力保证范围中 A 点的频率或转速及过负荷条件连续运行(如图 6 所示)。如需要时,可采用强制通风冷却。2 000 h 后,重新进行 6.2 和 6.5 的试验,试验完应符合 5.3.9 的技术要求。

也可以按产品规格书的过负荷条件(冷凝温度增加 3℃)连续运行。如需要时,可采用强制通风冷却。1 000 h 后,重新进行 6.2 和 6.5 的试验,试验完应符合 5.3.9 的技术要求。

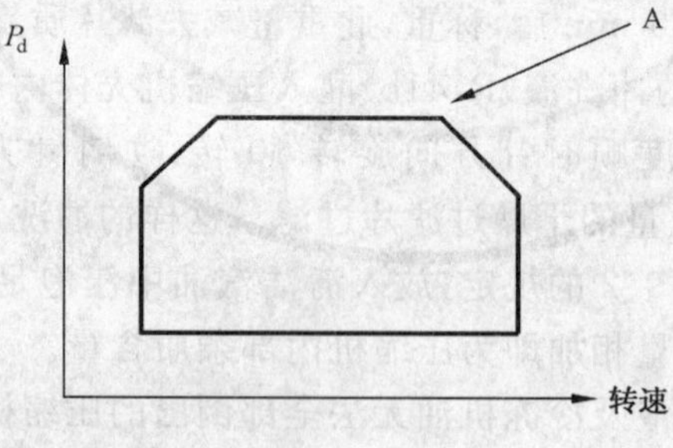

注:A 点是压缩机在最大冷凝压力下最大转速时的点。

图 6　变速(变频)压缩机压力保证图

6.11　启动耐久性试验方法

将压缩机接入启动耐久性试验装置(见图 7),将其抽空后,充入适量制冷剂,关闭均压阀,启动并运行压缩机,调整截流阀,使冷凝温度(露点温度)稳定在(54.4±2)℃,调整蒸发温度(露点温度)使其稳定在(7.2±2)℃ ,然后停机,试验前准备工作结束。压缩机按照自行设定的试验周期进行启动耐久性试验，但在每个试验周期中，压缩机工作必须达到或超过上述的试验压比，然后停机，在压缩机重新启动前，机芯与外壳之间的连接件应达到静止状态，系统内的压力应达到平衡（可通过均压阀使系统压力快速平衡）。试验一直连续进行6万次循环为止，或出现故障不能继续试验为止。试验期间，系统内的平衡压力应保持稳定，发现其平衡压力降低时，应及时补充制冷剂，允许压缩机外部采用强制冷却，以避免试验期间过热保护器动作。

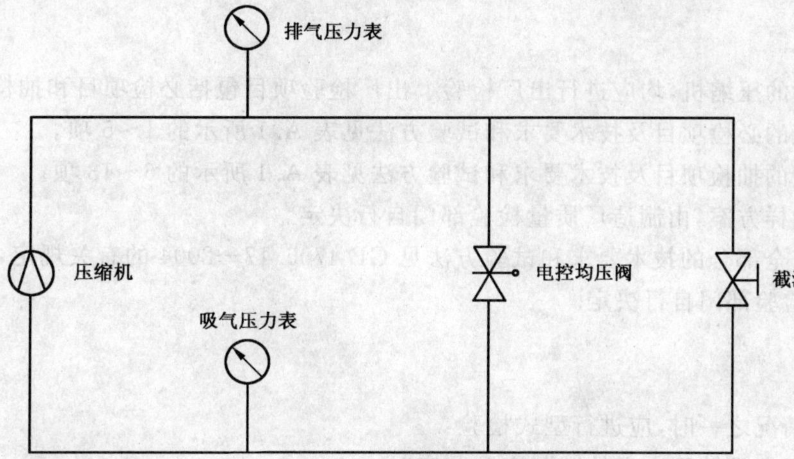

图7 启动耐久性试验装置

7 标志、包装、运输、贮存

7.1 标志

7.1.1 每台压缩机上应有耐久性铭牌固定在明显位置，铭牌的技术要求和标识内容应符合GB 4706.17—2004的规定。

7.1.2 接线标志

铭牌上无接线标志的压缩机，在接线端子附近的壳体上或接线端子盖上应有耐久性接线标志。

7.2 包装和运输

压缩机包装应符合GB/T 1019—1989的有关规定，压缩机的包装和运输，可按订货合同的规定办理。压缩机在包装箱内应固定可靠，并有防潮和防震措施。保证产品在正常运输装卸和保存时，不致损坏和碰伤，包装箱外面应使用不褪色颜料标明下列内容：

a) 产品名称、型号；

b) 产品批号；

c) 净重、毛重；

d) 包装外形尺寸：长×宽×高；

e) 制造厂名称；

f) 储运注意事项：如“小心轻放”、“不可倒置”、“防潮”等文字或符号。

7.3 贮存

7.3.1 产品应贮存在防雨、防漏、通风良好的仓库中，并且周围不应有腐蚀气体存在。

7.3.2 压缩机只有在使用时，才允许拔出密封橡胶堵头，在运输和贮存过程中不应出现堵头脱落或松动。

附 录 A
（资料性附录）
检 验 规 则

A.1 出厂检验

A.1.1 凡提出交货的压缩机，均应进行出厂检验。出厂检验项目包括必检项目和抽检项目。

A.1.1.1 出厂检验的必检项目及技术要求和试验方法见表 A.1 所示的 1～5 项。

A.1.1.2 出厂检验的抽检项目及技术要求和试验方法见表 A.1 所示的 6～13 项。

A.1.2 出厂检验抽样方案，由制造厂质量检验部门自行决定。

A.1.3 出厂检验安全部分的技术要求和试验方法见 GB 4706.17—2004 的有关规定，必检项目和抽检项目由制造厂质量检验部门自行决定。

A.2 型式检验

压缩机在下列情况之一时，应进行型式检验：

a) 新产品或老产品转厂生产的试制定型鉴定时；

b) 正式生产后，如结构、材料、工艺有较大改变，可能影响产品性能时；

c) 时隔一年以上再生产时。

A.2.1 型式检验应包括本标准表 A.1 中除 1、3、4 项以外所规定的全部试验项目。

A.2.2 型式检验样品总数为 8 台，其中，一台为开盖的样品，供结构检验用。一台为由制造厂单独制备的堵转样品，供堵转试验用。

出厂检验和型式检验项目及不合格分类见表 A.2 的规定，型式检验所采用的抽样方案、判别水平、样本大小、不合格质量水平、合格判定数和不合格判定数见表 A.3 的规定。

第一次抽样的 2 台样品完成性能试验后，任选其中 1 台进行安全试验（即致命缺陷试验项目的测试）。在安全试验中，若出现 1 台项不合格，则判该批产品不合格。

表 A.1 检验内容一览表

序号	检验项目	技术要求		试验方法	
		GB 4706.17—2004	本标准	GB 4706.17—2004	本标准
1	冷态电气强度	参照 16 章制造厂自定		16 章	
2	接地装置（非直接连接不需要）	27 章		27 章	
3	制冷量的代替试验		参照 5.3.1 自定		自定
4	生产线壳体气密试验		参照 5.3.6 自定		自定
5	外观要求		5.4.3		视检
6	防触电保护	8 章		8 章	
7	泄漏电流	16 章		16 章	
8	制冷量		5.3.1		6.2
9	启动性能试验		5.3.2		6.3
10	工作电流		5.3.3		6.4
11	噪声		5.3.4		6.5

表 A.1（续）

序号	检　验　项　目	技术要求		试验方法	
		GB 4706.17—2004	本标准	GB 4706.17—2004	本标准
12	振动		5.3.5		6.6
13	壳体气密性		5.3.6		6.7
14	整机残余水分含量		5.3.7		6.8
15	整机内部杂质含量		5.3.8		6.9
16	潮态电气强度	15、16章		15、16章	
17	非正常工作	19章		19章	
18	其他的安全试验	21～32章		21～32章	
19	加速寿命试验		5.3.9		6.10
20	启动耐久性试验		5.3.10		6.11

表 A.2　出厂检验和型式检验项目不合格分类

检验项目	不合格性质		
	致命缺陷	B类不合格	C类不合格
冷态电气强度	√		
接地装置(非直接连接不需要)	√		
制冷量的代替试验		√	
壳体气密性		√	
外观要求			√
防触电保护	√		
泄漏电流	√		
制冷量		√	
启动性能试验		√	
工作电流		√	
噪声		√	
振动			√
整机残余水分含量		√	
整机内部杂质含量		√	
潮态电气强度	√		
连续过载试验	√		
最终断开试验	√		
转子堵转试验	√		
机械强度试验	√		
爬电距离、电气间隙、穿通绝缘距离	√		
耐热、耐燃、耐漏电地起痕	√		
其他的安全检验	√		
加速寿命试验		√	
启动耐久性		√	

表 A.3 型式检验判定

判别水平	抽样方案 二次抽样	样本大小	不合格质量水平			
			B类不合格 RQL= 80		C类不合格 RQL=100	
			Ac	Re	Ac	Re
Ⅱ	第一次	$n_1=2$	0	2	0	3
	第二次	$n_2=2$	1	2	3	4

A.2.3 抽样的样品分组检验方案(见图 A.1)。

A.2.4 型式检验的样品除 1 台开盖样品和 1 台堵转样品外,均应从交货产品中随机抽取。

A.3 验收

订货方有权检查产品质量。交货时,订货方案按出厂检验项目验收,根据订货方的要求,供货方应提供型式检验报告。验收的质量指标和抽样方案由制造厂同订货方共同商定。如订货方对产品质量有怀疑时,可由双方商定增加型式检验中的部分试验项目或全部试验项目。如仍有争议,则由法定质量监督部门进行仲裁。

压缩机制造厂应保证从发货之日起 18 个月内,在用户遵守产品规格书所示各项规定的条件下,对产品因制造不良而发生损坏或不能正常工作时,制造厂应负责更换。

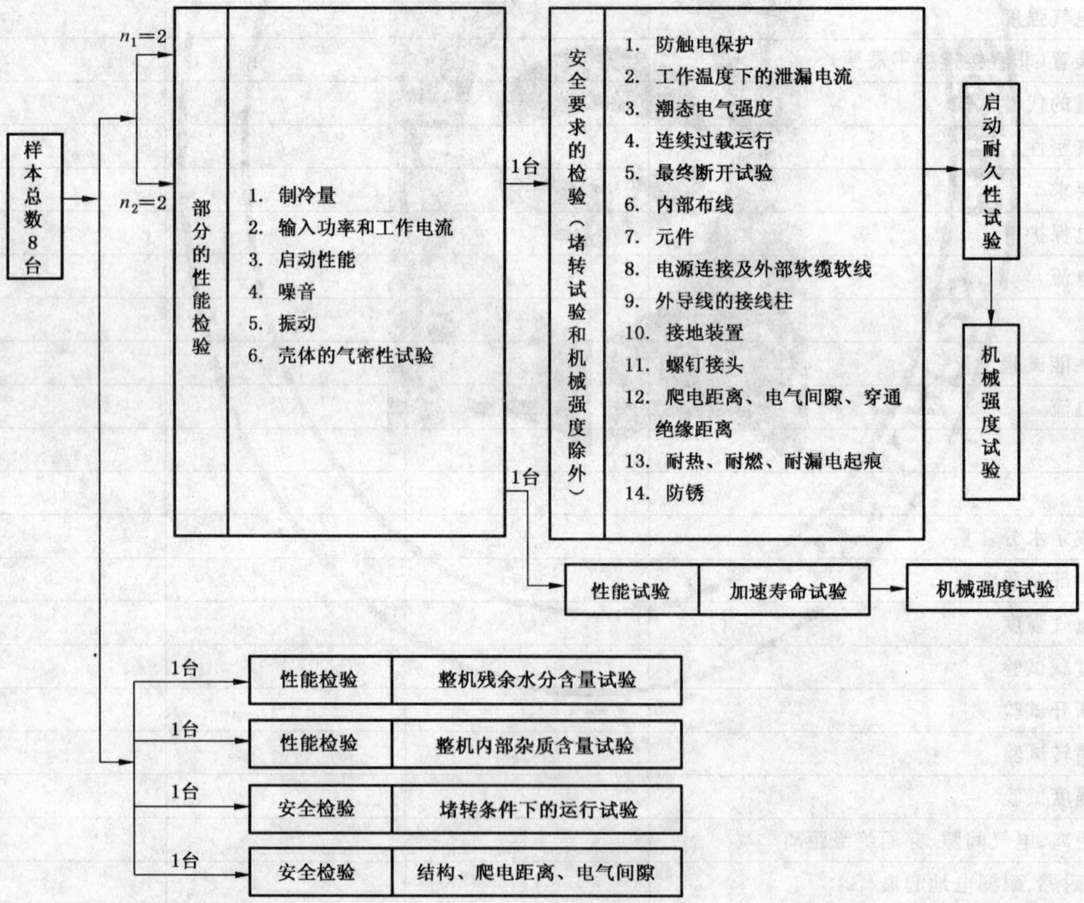

注:检验顺序可参考此图的检验顺序进行。

图 A.1 型式检验的分组检验方案图

ICS 65.020.40
B 64

中华人民共和国国家标准

GB/T 15776—2006
代替 GB/T 15776—1995

造林技术规程

Artificial afforestation technical regulations

2006-07-12 发布　　　　2006-12-01 实施

中华人民共和国国家质量监督检验检疫总局
中国国家标准化管理委员会　发布

前 言

植树造林是林业的基础工作，也是培育森林资源的根本措施。为了指导和规范植树造林，以提高造林成效，特修订本标准。

工程造林包括人工造林、飞播造林、封山(沙)育林三种方式，其中飞播造林、封山(沙)育林的标准已经制定并颁布实施，本标准中不再涉及飞播造林、封山(沙)育林的相关内容。

本标准代替 GB/T 15776—1995《造林技术规程》。本标准与 GB/T 15776—1995 相比，主要有以下变化：

——增加了术语和定义、造林方法的适用条件、生态公益林混交造林比例、林冠下造林、造林综合合格以及附录 B、附录 C、附录 D 等内容；

——修订了苗木处理、施肥、造林分区、各种整地方法的适用条件、未成林抚育和附录 A；

——删除了林种确定、飞播造林和封山(沙)育林以及附录 B、附录 C 等内容。

本标准的附录 A、附录 C、附录 D 为规范性附录，附录 B 为资料性附录。

本标准由国家林业局提出并归口。

本标准负责起草单位：国家林业局调查规划设计院。

本标准主要起草人：李忠平、唐小平、王恩苓、翁国庆、樊喜斌、蒋三乃、王瑞辉、苏付保、周洁敏、王红春。

本标准于 1995 年首次发布，本次为第一次修订。

造林技术规程

1 范围

本标准规定了人工造林设计、造林方法、造林树种选择和造林密度、种植点配置、整地、造林用种子、苗木及其处理、造林施肥、栽植、未成林抚育管护、检查验收和造林技术档案等方面的技术要求。

本标准适用于全国范围适宜造林地段的人工造林(含林冠下造林)以及四旁植树,不包括飞播造林。

2 规范性引用文件

下列文件中的条款通过本标准的引用而成为本标准的条款。凡是注日期的引用文件,其随后所有的修改单(不包括勘误的内容)或修订版均不适用于本标准,然而,鼓励根据本标准达成协议的各方研究是否可使用这些文件的最新版本。凡是不注日期的引用文件,其最新版本适用于本标准。

GB 6000 主要造林树种苗木质量分级
GB 7908 林木种子质量分级
GB/T 14175 林木引种
GB/T 15783 主要造林树种林地化学除草技术规程
GB/T 18337.2 生态公益林建设 规划设计通则
GB/T 18337.3 生态公益林建设 技术规程
GB/T 20391—2006 毛竹林丰产技术
LY/T 1000 容器育苗技术
LY/T 1058—1991 日本落叶松速生丰产林
LY/T 1384—1999 杉木速生丰产林
LY/T 1385—1999 长白落叶松、兴安落叶松速生丰产林
LY/T 1435—1999 红松速生丰产林
LY/T 1436—1999 柠檬桉速生丰产林
LY/T 1495—1999 杨树人工速生丰产用材林
LY/T 1496—1999 马尾松速生丰产林
LY/T 1527—1999 水杉速生丰产用材林
LY/T 1528—1999 湿地松速生丰产用材林
LY/T 1557—2000 名特优经济林基地建设技术规程
LY/T 1559—1999 红皮云杉人工林速生丰产技术
LY/T 1607—2003 造林作业设计规程
"国家特别规定的灌木林地"的规定(林资发[2004]14号)

3 术语和定义

下列术语和定义适用于本标准。

3.1

造林 afforestation

在宜林地、无立木林地、疏林地、灌木林地和有林地上通过人工措施形成、恢复或改善森林、林木、灌

木林的过程。

3.2

人工造林　artificial afforestation

播种造林、植苗造林和分殖造林的总称。

3.2.1

播种造林　seeding

把林木种子通过人工直接播种到造林地而培育森林的造林方法。

3.2.1.1

穴播　seeding in hole

在局部整地的造林地上，按一定的行间距挖穴(坑)播种的方法。

3.2.1.2

条播　seeding in line

在经过全面整地或带状整地的造林地上，按一定的行距进行条带状播种的方法。

3.2.2

植苗造林　afforestation by seedlings

以苗木为造林材料进行栽植的造林方法。

3.2.3

分殖造林　vegetative reproduction

利用树木的营养器官(如枝、干、根、地下茎等)作为造林材料直接造林的方法。

3.2.3.1

插木造林　planting of slip

利用树木的一段树干，或树木或苗木的一段枝条做插穗，直接插植于造林地的方法。

3.2.3.1.1

插条造林　afforestation by cuttings

截取树木或苗木的一段枝条做插穗，直接插植于造林地的方法。

3.2.3.1.2

插干造林　direct slip planting

将幼树树干或大树粗枝直接插于造林地的方法。

3.2.3.2

地下茎造林　afforestation by rhizome

利用竹类地下茎的繁殖能力进行竹类造林的方法。

3.2.3.2.1

移栽母竹　transplanting mother bamboo with rhizome

从原有竹林中挖取母竹进行栽植的造林方法。

3.2.3.2.2

移鞭　transplanting bamboo rhizome

从成年竹林中挖取2年～5年生鞭芽饱满的竹鞭进行造林的方法。

3.2.3.2.3

分蔸造林　planting of bamboo's root

利用合轴型竹类蔸的芽进行栽植的造林方法。

3.3

四旁(零星)植树　planting the "four around(around villages, homes, roads and rivers)"

在村旁、宅旁、路旁和水旁栽植竹、木，连续面积达不到0.067 hm^2。

3.4

伐前更新　regeneration before harvesting

在结束主伐或更新伐之前形成更新层的森林更新方式。

3.5

更新造林　planting of regeneration

在采伐迹地、火烧迹地、林中空地上通过人工造林重新形成森林的过程。

3.6

林冠下造林　afforesting the canopy base; planting in stand

为了伐前更新，或改善森林结构与功能进而提高其质量，或培育需要在林冠遮荫条件下才能正常生长发育的树种而在已有林分中进行造林的过程。

3.6.1

伐前更新造林　planting of regeneration before harvesting

在森林采伐前通过人工造林措施进行更新的过程。包括用材林成过熟林主伐以前的更新造林和生态公益林更新采伐以前的更新造林。

3.6.2

有林地补植　replanting under canopy

为提高林分密度、改善林分结构、提高林分质量以充分发挥林地生产力和森林多功能效益而在有林地上补植苗木的过程。

3.7

造林地　afforestation land

实施造林作业的地段。

3.8

适地适树　favored tree for suitable land (adaptive area and tree species)

使造林树种的生物学、生态学特性与造林地的立地条件相适应，以充分发挥造林地的生产潜力，达到该立地在当前的技术经济和管理条件下可能达到的高产水平或高效益。

3.9

造林区域　planting region

自然地理条件、社会经济条件和当前的林业发展状况相对一致，造林目的相同并采取相似的造林措施、在地域上相连的区域。

3.10

幼树　small sapling; juvenile tree; young growth; youngling

生长稳定尚未长大的树，其年龄处于幼龄龄组阶段。对于天然林，特点通常为与主林层不属于同一林木世代，其胸径多在检尺径以下，或高度不及主林层一半。对于人工林，则年龄在三年(南方，不包括三年)或五年(北方，不包括五年)以上、胸径在检尺径以下生长稳定的林木。

3.11

纯林　pure stand

由一种树种组成，或虽由多种树种组成，但主要树种的株数或断面积或蓄积量占总株数或总断面积或总蓄积量 80%(不含)以上的森林。

3.12

混交林　mixed stand

由两种或两种以上树种组成的森林，其中主要树种的株数或断面积或蓄积量占总株数或总断面积或总蓄积量的 80%(含)以下。混交方式有株间混交、行间混交、带状混交、块状混交以及植生组混交等。

3.12.1

株间混交　mixed by single trees

在同一种植行内隔株种植两种以上树种的混交方法。

3.12.2

行间混交　mixed by rows

一种树种的单行和其他树种的单行依次栽植的混交方法。

3.12.3

带状混交　mixed by strips

一种树种连续种植2行以上构成的“带”，与其他树种构成的“带”依次种植的混交方法。

3.12.4

块状混交　mixed by group

将一种树种栽成一小片，与另一栽成一小片的树种依次配置的混交方法。

3.12.5

植生组混交　mixed by clumps

种植点为群状配置时，在一小块状地上密集栽植同一树种，与相距较远的密集种植另一树种的小块状地相混交的方法。

3.13

造林典型设计　afforestation model

造林典型设计是在某一造林地区，分别不同的立地类型，按其适宜的造林树种，依据造林技术规程，编制适用于该造林地区一定立地类型、一定林种和树种的造林技术设计图表。

3.14

造林密度　planting density

初植密度

栽植密度

单位面积造林地上的栽植点数或播种点(穴)数。

3.15

整地　site preparation; land preparation

植苗或播种前清理造林地上有碍于造林作业的地被物或采伐剩余物，以蓄水保墒、提高造林成活率、促进林木生长为目的而进行的局部或全面的翻松土壤措施。

3.16

树种配置　plant composition

营造混交林时各混交树种的比例及混交方式。

3.17

种植点配置　disposing of planting point

播种点或栽植点在造林地上的间距及其排列方式。

3.18

林业有害生物　forest pests

危害森林、林木和林木种子正常生长并造成经济损失的病、虫、动植物等有害生物。

3.19

林业检疫性有害生物　forest quarantine pests

对其受威胁的地区具有潜在经济重要性，但尚未在该地区发生，或已经发生但分布不广，由国家和省级人民政府确定为检疫性的林业有害生物。

3.20

感病指数 index of decease infection

将感染病害的植株按照病情的严重程度划分为若干个发病等级，然后给每个发病等级赋予一个适当的代表数值，以该数值乘以该发病等级的植株数得该发病级别的总代表数值，各发病等级的总代表数值之和除以最高一级的代表数值与总植株数之积为感病指数。

3.21

造林成活率 the survival rate of trees planted

以小班或造林地块为单位，造林一年或一个生长季后，造林地上具有成活苗木的种植点数与作业设计的总种植点数的百分比。造林株数以穴为单位计算。

3.22

造林面积保存率 reserving rate of planting area

对于某一年度的造林面积，达到成林年限后，达到成林验收标准的造林地面积与造林总面积（即通过成林验收面积与未通过成林验收面积之和）的百分比。

4 总则

4.1 人工造林要坚持因地制宜、适地适树、科学造林。

4.2 人工造林要坚持森林资源可持续发展与生物多样性保护、生态保护和社会经济发展相结合。

4.3 人工造林应按规划设计，按设计施工，按项目组织管理，按技术标准进行检查验收，积极推行报账制、合同制、监理制等管理制度。

5 造林作业设计

5.1 作业设计对象

国有林场造林、重点工程造林和具有一定规模的其他形式的造林，应按有关要求进行造林作业设计。

5.2 作业设计依据

造林作业设计依据为林业主管部门批复的造林规划、计划和造林项目实施方案、经批复的项目可行性研究报告、森林资源调查成果以及相关规定等。

5.3 造林作业设计的主要内容

在对造林地调查和立地类型划分的基础上，进行造林典型设计或造林模式设计，提出造林用工、苗木、肥料和费用等的安排以及避免或减少对生态环境产生负面影响的对策或措施。具体程序和内容按照 LY/T 1607—2003、GB/T 18337.2 的规定执行。

5.4 作业设计审批

造林作业设计应在造林施工前编制，报林业主管部门或造林项目审批（审核）部门批准。

没有作业设计或虽有设计但未经批准的，不得施工。作业设计一经批准，应遵照实施。如因特殊情况需要变更时，应在设计单位修改后，再报原设计批准部门批准。

6 造林方法适用条件

6.1 播种造林适用条件

6.1.1 一般条件：

a) 土壤湿润疏松、立地条件较好的造林地；

b) 鸟兽害较轻的地区；

c) 具有大粒种子的树种，或者发芽迅速、生长较快、适应性强的中小粒种子的树种；

d) 种子来源丰富的树种。

6.1.2 穴播造林适用于各种立地条件以及手工或小型机械的播种造林。

6.1.3 条播适用于土地平坦以及手工或各种机械的播种造林。

6.2 植苗造林适用条件

各种立地条件以及可以人工培育苗木的各树种，特别是干旱、水土流失严重或地表植被覆盖度高以及鸟兽害危害严重的造林地。

6.3 分殖造林适用条件

a) 能够迅速产生大量不定根、地下茎的树种。

b) 造林地水分条件较好。

7 种子和苗木

7.1 一般规定

a) 严格执行森林植物检疫制度、种苗质量检验制度，并接受有关部门监督。要采用具有生产经营许可证、植物检疫证书、质量检验合格证书和产地标签的种子和苗木以及其他繁殖材料。

b) 禁止使用带有病虫的种子、苗木和其他繁殖材料。

7.2 种子

播种造林种子的质量应达到 GB 7908 或相应地方标准规定的合格种子的标准。

要积极推广种源适宜的良种，优先选用优良种源和良种基地生产的种子。

7.3 苗木

7.3.1 裸根苗

应使用 GB 6000 规定的Ⅰ、Ⅱ级苗木。

营造速生丰产用材林，应选用优良种源、良种基地的种子培育的、并达到 GB 6000 规定的Ⅰ级苗木以及优育无性系苗木。

营造经济林，执行 LY/T 1557—2000 的规定。

未制定国家标准的树种，应选用品种优良、根系发达、生长发育良好、植株健壮的苗木。

7.3.2 容器苗

执行 LY/T 1000 的规定。

7.4 种条

7.4.1 插条

宜选用采穗圃、苗圃培育的插条。

没有采穗圃时，可从中壮年的优良母树上选取 3 年以内的枝条，插条采集时间为树木秋季落叶后到春季发芽前进行。

插条的直径以 1 cm～2 cm 为宜，插穗长约 20 cm～40 cm。

对于根部容易萌生不定芽的树种，可从发育健壮的母树根部挖取，根径不小于 1 cm～2 cm，根插穗长约 20 cm。采集时间为秋季树木落叶后、土壤结冻之前，或者春季土壤已经解冻但树木发芽之前。

7.4.2 插干

对于可进行插干造林的树种，要选用 1 年～4 年生、直径 2 cm～5 cm 并截成 1 m～5 m 长的枝干。

7.4.3 蔸

将连根挖出的母竹，在根蔸以上 150 cm～200 cm 处截断。

8 造林技术

8.1 树种选择与栽植密度

8.1.1 树种选择

8.1.1.1 树种选择原则

a) 根据森林主导功能和经营目标选择造林树种，优先选择生态目的和经济目的相结合的树种。

b) 树种的生物学、生态学特性与造林地立地条件相适应。

c) 根据经营目标，因地制宜地确定针叶树种和阔叶树种、乔木和灌木的合理比例，选择多树种造林，防止树种单一化。

d) 选择稳定性好、抗性强的树种。

e) 优先选择优良乡土树种，慎用外来树种。需要引进外来树种时，应选择经引种试验并达到GB/T 14175标准的树种。

f) 对容易引起地力衰退的树种，种植一、二代后，应更换适宜造林树种。

8.1.1.2 防护林

a) 应根据防护对象选择适宜树种，一般应具有生长快、防护性能好、抗逆性强、生长稳定等优良性状。

b) 营造农田、经济林园、苗圃和草（牧）场防护林的主要树种应具有树体高大、树冠适宜、深根性等特点。经济林园防护林树种应具有隔离防护作用且没有与林园树种有共同病虫害或是其中间寄主。

c) 风沙地、盐碱地和水湿地区的树种应分别具有相应的抗性。

d) 在干旱、半干旱地区可分别优先选用耐干旱的灌木树种、亚乔木树种。

e) 严重风蚀、干旱地区，要注意选择根系发达、耐风蚀、干旱的树种。

8.1.1.3 用材林

树种应具有生长快、产量高、抗病虫害以及符合用材目的、适应特定工艺要求等特性。以木材利用为主的树种还应具有树干通直、材质好的特性。

8.1.1.4 经济林

a) 树种应具有优质、丰产等性状。

b) 根据市场需求，重点选择当地生产潜力大和市场前景好的名、特、优、新树（品）种。

8.1.1.5 薪炭林

a) 树种应具有生长快、生物量高、萌芽力强、热值高、燃烧性能好的特性。

b) 适应性强，在较差的立地条件下能正常生长。

8.1.1.6 特种用途林

树种应具备特种用途所要求的性状。

8.1.1.7 灌木树种

8.1.1.7.1 要求

灌木树种选择除应考虑 8.1.1.1～8.1.1.6 的要求外，还应考虑 8.1.1.7.2～8.1.1.7.3 的要求。

8.1.1.7.2 400 mm 降水量以上地区

热带亚热带岩溶地区、干热（干旱）河谷等生态环境脆弱地带可因地制宜地选择灌木树种；其他地区营造商品林时，可选用灌木树种。

热带亚热带岩溶地区、干热（干旱）河谷等生态环境脆弱地带根据《“国家特别规定的灌木林地”的规定》（林资发[2004]14 号）确定。

8.1.1.7.3 400 mm 降水量以下地区（见附录 D）

a) 营造生态公益林时，可优先选择灌木树种。

b) 营造商品林时，要根据经营目的和灌溉条件选择树种。对于地表水、地下水缺乏地区，可优先选择灌木经济树种。

8.1.2 树种配置

a) 为提高人工林的抗逆性能和综合效益，维护和提高林地生产力，应因地制宜地营造混交林。

b) 生态公益林应根据情况分别选择针叶树种与阔叶树种混交、落叶树种与常绿树种、乔木树种与灌木树种混交的方式营造混交林。混交方式根据树种生物学特性和立地条件确定。营造生态公益林混交林的比重应占生态公益林年度作业设计总面积或年度施工面积的30%以上。

c) 年均降水量400 mm以下的干旱地区，或热带亚热带岩溶地区、干热(干旱)河谷等生态环境脆弱地带，可加大灌木树种的比重。

d) 生态公益林人工更新时，宜保留天然幼树，使之形成混交林。

e) 经济林应配置相应的授粉品种。

8.1.3 栽植密度

8.1.3.1 根据林种、树种和立地条件确定造林密度。主要造林树种的适宜初植密度见附录A，一般造林树种的最低初植密度参见附录B。经济林造林密度执行LY/T 1557—2000的规定。附录A和附录B中的造林分区主要根据自然地理条件、当前的林业建设状况划分，全国划分为8个造林区域(不含港、澳、台)，各造林区域范围见附录C。

8.1.3.2 以下情况，在适宜的造林密度范围内，初植密度可适当大些：

a) 除母树林和实验林以外的生态公益林、薪炭林、以培育中小径材为目标的用材林、矮化密植的经济林；

b) 进行间伐或平茬利用的林种；

c) 湿润、半湿润水土流失地区；

d) 热带、亚热带岩溶地区。

8.1.3.3 以下情况，在适宜的造林密度范围内，初植密度可适当小些：

a) 北方没有灌溉条件的干旱、半干旱地区的造林；

b) 干热(干旱)河谷等生态环境脆弱地带和风沙危害严重地区的造林；

c) 培育大径材，不进行间伐的用材林；

d) 乔木经济林；

e) 平原地区长期进行林农间种或机械作业的造林。

8.1.3.4 石质山地、有岩石裸露的造林地，应按实际情况扣除不能造林的面积后确定造林密度。

8.1.3.5 营造生态公益林时，造林地上有苗木、幼树的，可根据造林目的和苗木、幼树的数量和分布格局以及苗木和幼树树种的混交特性，纳入初植造林密度。纳入初植造林密度的，应参加造林成活率和保存率的计算。但对于林冠下造林，造林成活率以栽植点(穴)数为基础计算，已有苗木、幼树不参加造林成活率的计算。

8.1.3.6 速生丰产林的栽植密度可执行LY/T 1058—1991、GB/T 20391—2006、LY/T 1384—1999、LY/T 1385—1999、LY/T 1435—1999、LY/T 1436—1999、LY/T 1495—1999、LY/T 1496—1999、LY/T 1527—1999、LY/T 1528—1999、LY/T 1559—1999的规定。

8.2 种植点配置

8.2.1 配置原则

按照林种、立地条件、树种和确定的造林密度进行种植点配置。

8.2.2 种植行的走向

a) 在平地造林时，种植行宜南北走向。

b) 在坡地造林时，种植行宜选择沿等高线走向。

c) 在风害严重地区，种植行宜与主风向垂直。

8.2.3 配置方式

8.2.3.1 正方形配置

正方形配置时，种植点位于正方形的顶点。此种配置方式适宜于用材林、经济林。

8.2.3.2 长方形配置

长方形配置时，通常行距大于株距，有利于间种和机械化作业。此种配置方式适宜于平原地区造林以及机械化造林。

8.2.3.3 **品字形配置**

品字形配置时，相邻两行的各株相对位置错开排列成品字形，或等腰三角形，种植点位于等腰三角形的顶点。品字形配置适宜于生态公益林。

8.2.3.4 **正三角形配置**

正三角形配置时，由于相邻植株的距离都相等，行距小于株距，种植点位于正三角形的顶点。本配置是品字形配置的特殊情形。此种配置方式适宜于经济林。

8.2.3.5 **群状配置**

植株在造林地上呈不均匀的群丛状分布，群内植株密集(3 株～20 株)，群间距离较大。此种配置方式适宜次生林改造或立地条件较差的地方营造生态公益林。

8.2.3.6 **自然配置**

在造林地上随机地配置种植点，这种配置没有规整的株行距，似天然林中的林木分布。此种配置方式适宜于生态公益林。

8.2.3.7 **不规则配置**

根据造林地的土壤分布条件或林间空地情况，进行不规则的种植点配置。此种配置适宜于石质山地和林冠下造林。

8.3 **整地**

8.3.1 **一般原则**

应根据林种、树种、造林方式和地形地势条件选择整地方式和整地规格。

在整地前进行林地清理，以改善造林地的卫生条件和造林条件。注意清除林业有害植物，鼠害发生严重地区要先降低鼠口密度，然后造林。

除适宜于全面整地的造林地，整地时应尽可能地保留造林地上的原有植被。

沙地在造林前可以不整地。

8.3.2 **造林地清理**

8.3.2.1 **适用条件**

适用于杂草灌木丛生、堆积有采伐剩余物，不进行林地清理无法整地或整地很困难的造林地。林地清理时应保留林地上的苗木、幼树。林地清理分为带状清理、团块状清理和全面清理三种方式。

8.3.2.2 **带状清理**

a) 窄带：割带 1 m，保留 1 m。适用于灌丛矮、密度小的阳坡，及营造耐荫性树种的造林地。

b) 中带：割带 3 m，保留 1 m。适用于缓、斜坡，灌木中等密度的造林地。

c) 宽带：割带 4 m 以上，保留带不宽于 3 m。适用于灌丛较高、密度大或营造喜光树种。

8.3.2.3 **团块状清理**

以栽植点为中心，对半径 0.5 m 范围内的杂、灌进行清理。

8.3.2.4 **全面清理**

仅适用于有比较严重病虫害的造林地、经营集约度相当高的商品林造林地。

8.3.3 **整地方式**

8.3.3.1 **穴状整地**

8.3.3.1.1 **适用条件**

穴状整地适用于各林种、各树种和各立地条件，尤其是山地陡坡、水蚀和风蚀严重地带的造林地整地。

8.3.3.1.2 **整地规格**

穴状整地采用圆形或方形坑穴，大小因林种和立地条件而异。穴径和穴深均在 30 cm 以上，大苗造林、竹林、经济林、培育大径材的用材林以及速生丰产用材林整地规格要大些，穴径和深度分别宜在 50 cm和 40 cm 以上。

8.3.3.2 带状整地

8.3.3.2.1 适用条件

带状整地适宜于山地缓坡、丘陵和北方草原地区的各林种的造林地整地，但不适宜于有风蚀的地区。其中，山地、丘陵带状整地要沿等高线进行，其形式有水平阶、水平槽、反坡梯田等。

8.3.3.2.2 整地规格

带状整地规格为带宽 60 cm 以上，深度 40 cm 以上。带长根据地形确定，每隔一定距离应保留长为 0.5 m～1.0 m 自然植被。

8.3.3.3 鱼鳞坑整地

8.3.3.3.1 适用条件

鱼鳞坑整地适用于干旱、半干旱地区的坡地以及需要蓄水保土的石质山地的造林地整地，包括黄土高原地区。

8.3.3.3.2 整地规格

鱼鳞坑为近似半月形的坑穴，外高内低，长径沿等高线方向展开，一般为 0.6 m～1.0 m，短径略小于长径，深度为 30 cm 以上。

8.3.3.4 全面整地

8.3.3.4.1 适用条件

地势较平坦处的商品林地、抑螺防病林和林农间作。

8.3.3.4.2 整地规格

全面整地连片面积不能过大，深度 30 cm 以上。

8.3.4 整地时间

a) 在造林一个月前或上年秋、冬季进行整地。在有冻拔害的地区和土壤质地较好的湿润地区，可以随整随造。
b) 干旱、半干旱地区造林整地，应在雨季前或雨季进行，也可随整随造。
c) 流动沙地、半固定沙地必须先设置沙障，待沙地固定后再造林。

8.4 种苗处理和施肥

8.4.1 种子处理

8.4.1.1 种子消毒

在病虫害比较严重的地区，特别是对于针叶树种子，在播种前可利用药剂进行拌种处理，或用药液进行浸种或闷种，对于皮厚和小粒种子还可用适度热水浸种；在可能发生鸟兽害的地区，可用药剂拌种。

8.4.1.2 种子催芽

春季播种时，对于深休眠种子、强迫休眠种子要进行催芽处理。秋季播种时，则不宜进行催芽处理。

8.4.2 苗木处理

8.4.2.1 地上部分处理

a) 对于常绿阔叶树种的苗木，或带叶栽植的落叶阔叶树种苗木，可采用去梢、剪枝或去叶等措施。
b) 在干旱多风地区，或者造林时间延误时，对于萌芽能力强的树种，可进行截干处理，留干高度为地上部分 5 cm～10 cm，不超过 15 cm。
c) 采用药剂或抗蒸腾剂进行喷洒处理。

8.4.2.2 根系处理

a) 对于受伤的根系、发育不正常的偏根、短截过长主根和侧根，可进行适当地修剪。
b) 对于阔叶树种、毛竹，可在栽植前将根系蘸上稀稠适当的泥浆。
c) 对于越冬过程中容易失水的苗木，栽植前可用清水或流水浸泡。
d) 在病虫害危害严重的地段造林，可以采用化学药剂蘸根。
e) 对于栽植后恢复期较长树种的苗木，或不易生根的种殖材料，可采用促生根材料处理。

f） 在干旱、半干旱地区，黄土高原等水土流失比较严重地区，可施用保水材料。

8.4.3 施肥

8.4.3.1 原则

根据林种、树种和土壤营养条件，采取配方施肥，做到适时、适度、适量。

8.4.3.2 基肥

对于土壤贫瘠地块，可施用基肥。基肥要采用充分腐熟的有机肥。营造商品林时，基肥要一次施足，营造生态公益林时，可视立地条件确定施或不施基肥。基肥在栽植前结合整地施于穴底。

8.4.3.3 追肥

商品林可施用追肥。追肥宜采用复合肥。追肥一般在栽植后1年～3年施用。

8.5 播种和栽植

8.5.1 播种造林

8.5.1.1 播种造林方法

a） 播种量

播种量根据树种的生物学特性、种子质量、立地条件和造林密度确定。

b） 穴播

在植穴中均匀地播入数粒（大粒种子）至数十粒（小粒种子），然后覆土镇压，覆土厚度一般为种子直径的2倍～3倍，土壤粘重的可适当薄些，沙性土壤可适当厚些。

c） 条播

在播种带上播种成单行或双行，连续或间断，播种入土或播后覆土镇压，覆土厚度一般为种子直径的3倍～5倍，土壤粘重的可适当薄些，沙性土壤可适当厚些。

8.5.1.2 播种造林时间

雨季适宜于小粒种子播种造林。

秋季适宜于大粒、硬壳、休眠期长、不耐贮藏的种子播种造林。

8.5.2 植苗造林

8.5.2.1 裸根苗栽植技术

8.5.2.1.1 栽植技术

根据林种、树种、苗木规格和立地条件选用适宜的栽植方法。栽植时要保持苗木立直，栽植深度适宜，苗木根系伸展充分，并有利于排水、蓄水保墒。

8.5.2.1.2 穴植

穴植可用于栽植各种裸根苗。穴的大小和深度应略大于苗木根系。苗干要竖直，根系要舒展，深浅要适当，填土一半后提苗踩实，再填土踩实，最后覆上虚土。

8.5.2.1.3 缝植

缝植一般用于新采伐迹地、沙地栽植松柏类小苗。在已整地的造林地上用锄或锹开缝，放入苗木，深浅适当，不窝根，拔出工具，踏实土壤。

8.5.2.1.4 沟植

沟植主要用于地势平坦、机械或畜力拉犁整地的造林地造林。将苗木按一定的株距摆放在开好的沟里，再扶正、覆土、压实。

8.5.2.2 容器苗栽植技术

容器苗采用穴植法。穴的大小和深度应适当大于容器，以便容器苗植入。栽植技术与裸根苗基本一致，栽植时要去掉苗木根系不易穿透或不易分解的容器。

8.5.2.3 植苗造林时间

除春季高温、少雨、低湿的川滇大部分地区外，全国其他地区基本上可以进行春季造林。

雨季、秋季适合于全国各地造林。但雨季造林要选择蒸腾强度较小或萌芽能力强的树种，并掌握好雨情，以下过一、二场透雨、出现连阴天时为最好时机。在西北和北方地区，秋季造林可在树木已经落叶至土壤冻结前进行，宜选择落叶阔叶树种造林。

冬季造林主要适宜于气温适宜、土壤不结冻的华南、西南地区。华中地区也可以适度地开展冬季造林。

容器苗和带土坨苗木可不受季节限制，但以雨季造林为佳。

8.5.3 分殖造林

8.5.3.1 分殖造林技术

8.5.3.1.1 插干造林

a） 插条造林

扦插宜用直插。对于落叶阔叶树种，在干旱、风沙危害严重的地区造林时，应深埋插穗，使其刚好被土覆盖；在水分条件较好或土壤含盐量较高的造林地造林时，则插穗可露出地面 3 cm～5 cm。对于常绿针叶树种，插植深度可为插穗长度的三分之一至二分之一。

b） 插干造林

每穴直插插干一株，插植深度在 30 cm 以上。在干旱、地下水位 2 m 以下地区营造杨柳类树种，可以采用机械钻孔插干深栽。

8.5.3.1.2 地下茎造林

a） 移栽母竹

从竹林外缘或竹丛周围挖取 1 年～2 年生、保留有竹鞭的母竹，其中来鞭 30 cm～40 cm、去鞭 40 cm～70 cm。栽植时注意使鞭根舒展，分层填土踏实，覆以厚层杂草。

b） 移鞭

竹鞭应在造林前 1 个月挖出，尽量多带宿土，截成约 100 cm 长，平埋在挖好的沟内，覆土约 10 cm，使略高于地面，并踩实。

c） 分蔸造林

将挖出的母竹竹竿自地表以上 20 cm～30 cm 处截断，栽植竹蔸，利用竹蔸上的芽发育成笋。

8.5.3.2 分殖造林时间

插条和插干造林的时间与裸根苗的造林时间基本一致，随树种和地区不同，可在春季、秋季插植。常绿树种可随采随插，落叶树种可随采随插或采条后经贮藏再插。在水分条件不充足的地区，插条造林在充沛的雨季进行。

地下茎造林，除寒冷以及酷热天气外，其他时间均可以进行小规模造林。大面积栽植时，单轴型竹类可在生长缓慢的冬季和早春进行，合轴型竹类可在 1 月～3 月进行。

8.6 未成林抚育管护与保护

8.6.1 灌溉

造林时或造林后，应及时进行浇灌。为保证新造林地的浇灌，可以根据建设条件建设林地水利设施，采用节水灌溉技术。

8.6.2 补植

造林成活率没有达到合格标准的造林地，应在造林季节及时进行补植、补播。播种造林要及时地进行间苗定株，植苗造林的补植应用同龄苗木。

8.6.3 抚育

8.6.3.1 抚育次数

造林后应及时进行松土除草，与扶苗、除蔓等结合进行，对穴外影响幼树生长的高密杂草，要及时割除。连续进行 3 年～5 年，每年 1 次～3 次。商品林次数可适当多些，生态公益林次数可适当少些。对于实行林农间作的，可以结合间作作业进行抚育。有冻拔害的地区，第一年以除草为主，可减少松土次数。

8.6.3.2 抚育技术与措施

8.6.3.2.1 松土

松土应做到里浅外深，不伤害苗木根系，深度一般为 5 cm～10 cm，干旱地区应深些，丘陵山区可结合抚育进行扩穴，增加营养面积。当年冬季应采取覆土、盖草等防寒(旱)措施。

8.6.3.2.2 除草

根据需要，采取适宜的除草措施。采用化学药剂除草时，执行 GB/T 15783 的规定。

8.6.3.2.3 平茬

对具有萌芽能力的树种，因干旱、冻害、机械损伤以及病虫兽危害造成生长不良的，应及时平茬复壮嫩芽。

8.6.3.2.4 以耕代抚

a) 适用条件

以耕代抚适用于平坡、缓坡的造林地。

b) 以耕代抚方式

以林为主方式：造林后的 2 年～5 年，通过间种农作物或牧草，以耕代抚，促进苗木生长。林木郁闭后，停止间作。以林为主的以耕代抚方式要防止水土流失和土地沙化。间作作物以矮杆植物为宜，不应种植不利于林木生长的植物。

以农(牧)为主方式：田间以行状、窄带状栽植树木。可长期实行间作。间种树种应选择深根性、枝叶较稀疏和经济价值高的树种。

8.6.3.2.5 栽培管理

栽植的经济林要按照 LY/T 1557—2000 的规定进行栽培管理。

8.6.4 管护

对新造林地、未成林地要加强管护，除了有计划的割草、未成林抚育和林农间作外，可以采取工程措施，建设封禁设施，避免人、畜随意进入。

8.6.5 保护

要做好森林防火和病虫害防治工作。森林病虫害防治要贯穿营造林全过程，采用以生物防治为主的综合防治法，协调使用各种防治方法，提高森林抗御病虫害的能力。生态公益林和经济林要尽量避免采用化学防治法。

8.6.6 林地灌溉、管护和保护设施建设可按照 GB/T 18337.3 的规定执行。

9 林冠下造林

9.1 伐前更新造林

9.1.1 适用条件

a) 天然更新等级不良的成、过熟林地；

b) 用材林成、过熟林主伐前 3 年～5 年；

c) 生态公益林达到更新采伐年龄更新采伐前 5 年～10 年；

d) 郁闭度在 0.7(含)以下。

9.1.2 伐前更新造林方式

伐前更新造林采用植苗造林方式。

9.1.3 树种选择与栽植密度

9.1.3.1 树种选择

除了要根据 8.1.1 的原则选择树种外，还要选择幼龄耐庇荫的树种，能够在林冠下正常生长发育，并与林地上已有的幼苗、幼树共生形成稳定的森林生态系统。

9.1.3.2 栽植密度

伐前更新造林的栽植密度根据造林树种、立地条件和附录A或附录B确定。林地上已有的苗木、幼树参加栽植密度的计算。

人工栽植的株数或种植点数应占栽植密度的40%(不含)以上。

9.1.4 种植点配置

伐前更新造林应根据林地上的林木、苗木和幼树的分布格局进行种植点配置,同时要防止林木采伐对苗木的损害。

9.1.5 整地

伐前更新造林宜采用穴状整地,穴的深度、宽度均不超过50 cm。在穴状整地前可在穴的周边适当地进行林地清理。

9.1.6 种子和苗木

种子和苗木符合7.1、7.2、7.3的规定。

9.1.7 种子、苗木处理和施肥

种子和苗木的处理符合8.4.1、8.4.2的规定。

伐前更新造林可施基肥。在上层林木采伐前,不宜施追肥。

9.1.8 栽植

植苗方法采用穴植或缝植。

播种和栽植时间见8.5.2的规定。

9.2 有林地补植

9.2.1 适用条件

郁闭度在0.5(不含)以下、林分结构不合理的中幼龄林。

9.2.2 造林方法

补植造林采用植苗造林方式。

9.2.3 树种选择与栽植株数

9.2.3.1 树种选择

除了要根据8.1.1的原则选择树种外,还要选择耐庇荫的树种,能够在林冠下正常地生长发育,并能与已有的林木形成健康的森林生态系统。

9.2.3.2 栽植株数

林冠下补植的株数根据已有林木的树种、株数、年龄、立地条件以及造林树种的特性确定。已有林木树种为喜光树种、株数少、年龄大、立地条件好,则造林株数可适当多些。

补植株数(穴)不宜超过林地上已有株数的40%(含)。

9.2.4 种植点配置

补植造林应根据已有林木的分布格局进行种植点配置。宜配置在林间空地、林木分布稀疏处,也可以进行植生组配置。

9.2.5 整地

林冠下造林宜采用穴状整地,穴的深度、宽度均不超过50 cm。在穴状整地前可在穴的周边适当地进行林地清理。

9.2.6 种子和苗木

种子和苗木符合7.1、7.2、7.3的规定。

9.2.7 种子、苗木处理和施肥

种子和苗木的处理符合8.4.1、8.4.2的规定。

9.2.8 栽植

植苗方法采用穴植或缝植。

栽植时间见 8.5.2 的规定。

10 检查验收

10.1 一般规定

在造林施工期间，造林项目管理单位应对各项作业随时检查验收，发现问题及时纠正；造林结束后，要根据造林作业设计及时对造林施工质量进行全面检查验收。造林一年后对造林成活率、森林病虫害发生与危害情况、公益林混交林比例进行检查，造林后 3 年～5 年进行成林验收和造林保存率检查。

10.2 检查内容和方法

10.2.1 造林面积

按作业设计图逐块核实，或用仪器实测。

造林面积按水平面积计算。

凡造林面积连续成片在 0.067 hm^2 以上的，按片林统计，其他按四旁造林统计。

林带行数在两行及两行以上且乔木林带行距不超过 4 m(不含)、灌木林带行距不超过 2 m(不含)，连续面积在 0.067 hm^2 以上的，按片林统计。缺口长度不超过宽度 3 倍的林带按一条林带计算，否则应视为两条林带。单行林带按四旁造林统计。

当造林小班检查面积与作业设计面积差异(以检查面积为分母)在 5%(含)以内，以作业设计面积为准。当检查面积与作业设计面积差异在 5%(不含)以上，以检查面积为准。

10.2.2 造林成活率

以小班或造林地块为单位，采用随机抽样方法检查造林成活率。成片造林面积在 6.66 hm^2 以下、6.67 hm^2～30 hm^2、30.01 hm^2 以上的，抽样强度分别为造林面积的 5%、3%、2%；防护林带抽样强度为 10%；对于坡地，抽样应包括不同部位和坡度。

造林成活率按式(1)、式(2)计算：

$$P = \frac{\sum_{i=1}^{n} S_i \times P_i}{S} \times 100\% \qquad \cdots\cdots(1)$$

$$P_i = \frac{n_i}{N_i} \times 100\% \qquad \cdots\cdots(2)$$

式中：

P——(小班)造林成活率，%；

S_i——第 i 样地面积(样行长度)；

P_i——第 i 样地(样行)成活率，%；

S——样地总面积(样行总长度)；

n_i——第 i 样地(行)成活株(穴)数；

N_i——第 i 样地(行)栽植总株(穴)数；

n——样地数或样行数。

造林成活率保留一位小数。

速生丰产林分别按速生丰产树种相应的标准检查验收。

10.2.3 造林作业质量

检查造林是否按照作业设计进行施工。

10.2.4 未成林林业有害生物发生情况

检查内容包括：

a) 是否有林业检疫性有害生物及林业补充检疫性有害生物；

b) 蛀干类有虫株率；

c) 感病指数。

其中感病指数、蛀干类有虫株率分别按式(3)、式(4)计算：

$$I=\frac{\sum B_i\times V_i}{B\times V}\times 100 \qquad \cdots\cdots(3)$$

$$A=\frac{\sum C_i}{\sum N_i}\times 100\% \qquad \cdots\cdots(4)$$

式中：

I——感病指数；

B——感病总株数；

B_i——第 i 发病等级的株数；

V_i——第 i 发病等级的代表数值；

V——发病最重一级的代表数值；

A——(小班)蛀干类有虫株率，%；

C_i——第 i 样地(样行)蛀干类有虫株数；

N_i——第 i 样地(行)栽植总株(穴)数。

10.2.5 生态公益林混交林比例

以年度造林作业设计总面积或年度造林作业面积为总体，检查生态公益林混交林的面积，并计算生态公益林混交林面积占年度造林作业设计总面积或年度造林作业面积的百分比。

10.3 检查验收结果评价

10.3.1 评价指标和标准

10.3.1.1 造林面积核实率

年度实施造林作业的各小班相应的作业设计面积之和与各小班检查面积之和的百分比。造林面积核实率应达到100%。

10.3.1.2 造林合格

达到以下造林成活率的小班，为造林合格小班：

a) 年均降水量在400 mm以上地区，成活率在85%以上(含85%)；

b) 年均降水量在400 mm以下地区，热带亚热带岩溶地区、干热(干旱)河谷等生态环境脆弱地带，成活率在70%以上(含70%)。

10.3.1.3 造林综合合格

商品林同时满足以下3项条件、生态公益林在混交林比例达到30%(含)以上并同时满足以下3项条件时为造林综合合格：

a) 造林合格；

b) 未成林未受林业有害生物严重危害；

同时具备以下条件为未受林业有害生物严重危害：

——没有林业检疫性有害生物及林业补充检疫性有害生物；

——蛀干类有虫株率在20%(含)以下；

——感病指数在50(含)以下。

c) 造林施工符合作业设计。

10.3.2 结果评定

10.3.2.1 造林合格面积和造林合格率

达到10.3.1.2标准的造林面积为造林合格面积。

造林合格面积与当年造林总面积的百分比为造林合格率，按式(5)计算：

$$D=\frac{\sum_{i=1}^{q}H_i}{S}\times 100\% \quad \cdots\cdots(5)$$

式中：

D——造林合格率；

H_i——(小班)造林合格面积；

S——年度造林面积；

q——造林合格小班数。

经补植的造林合格面积只参加补植前造林年度的造林合格率计算，不同造林年度的造林合格面积不能一起计算造林合格率。

10.3.2.2 造林综合合格面积和造林综合合格率

a) 达到10.3.1.3标准的造林面积为造林综合合格面积。

b) 造林综合合格率按式(6)计算：

$$G=\frac{D+E+F}{3} \quad \cdots\cdots(6)$$

式中：

G——造林综合合格率；

D——造林合格率；

E——未受林业有害生物严重危害率；

F——作业设计符合率。

未受林业有害生物严重危害率(E)、作业设计符合率(F)分别按式(7)和式(8)计算：

$$E=\frac{\sum_{i=1}^{m}L_i}{S}\times 100\% \quad \cdots\cdots(7)$$

式中：

L_i——未受林业有害生物严重危害(小班)面积；

S——年度造林面积；

m——未受林业有害生物严重危害的小班数。

$$F=\frac{\sum_{i=1}^{k}W_i}{S}\times 100\% \quad \cdots\cdots(8)$$

式中：

W_i——造林作业符合作业设计的(小班)面积；

S——年度造林面积；

k——造林作业符合作业设计的小班数。

c) 当生态公益林混交林比例在30%(不含)以下时，则生态公益林造林综合合格面积为零。

10.3.3 造林改进措施

10.3.3.1 补植

造林成活率满足以下条件的，需要进行补植：

a) 年均降水量在400 mm以上地区，造林成活率在41%～84%之间；

b) 年均降水量在400 mm以下地区，热带亚热带岩溶地区、干热(干旱)河谷等生态环境脆弱地带，造林成活率在41%～69%之间。

10.3.3.2 调整

生态公益林混交林比例达不到30%以上的，要调整到30%以上。

没有按作业设计进行造林施工的，要按照作业设计的要求施工。

10.3.3.3 未成林林业有害生物防治

发生有害生物危害的，按林业有害生物防治相关技术标准进行除治。

10.4 成林验收和造林面积保存率

造林后达到成林年限时，进行成林验收。

当乔木林郁闭度达到0.2(含)以上或灌木林盖度达到30%(含)以上、未成林未发生林业有害生物，进入成林。

根据成林面积和与成林面积相对应的造林年度的造林总面积计算造林面积保存率。

11 造林技术档案

11.1 造林技术档案是分析造林生产活动，评价造林成效，拟定经营措施的依据，各造林小班均要纳入造林技术档案管理。

11.2 国有林场造林、重点工程造林和各种所有制投资的工程造林，均要建立造林技术档案，纳入造林技术档案管理。

11.3 造林技术档案主要内容

造林作业设计文件、图表，造林面积，整地方式和规格，林种、造林树种、立地条件、造林方法、密度，种苗来源(包括产地、植物检疫证书、质量检验合格证书和标签等)、规格和处理，保水材料和肥料，未成林抚育管护，病虫兽害种类和防治情况，造林施工单位、施工日期，监理单位、监理人员、监理日期，施工、监理的组织、管理、检查验收和成林验收情况，各工序用工量及投资等。

附 录

（规范性

各造林区域主要造林树种

表 A.1

树 种	东北区		华北中原区		中南华东区		东南沿海及热带区	
	生态公益林	商品林	生态公益林	商品林	生态公益林	商品林	生态公益林	商品林
红松	2 200～3 000	3 300～4 400						
落叶松	1 650～3 300	2 400～5 000	1 650～2 500	2 400～5 000	1 500～2 000	2 400～5 000		
樟子松	1 650～2 500	1 650～3 300	1 000～1 800	1 650～3 300				
云杉、冷杉	2 500～5 000	3 333～5 000	2 200～3 300	1 667～3 000	2 000～2 500	1 800～2 250		
侧柏、柏木			1 110～3 500	2 500～5 000	2 500～5 000	2 500～5 000	2 500～5 000	2 500～5 000
油松、黑松、白皮松	3 000～5 000	3 000～5 000	1 110～4 000	3 000～5 000	2 250～3 500	2 000～2 500		
白桦	1 500～2 200	1 600～2 000	1 600～2 200	1 600～2 000	1 500～2 000	1 600～2 000	1 500～2 000	1 600～2 000
胡桃楸、水曲柳、黄菠萝	2 200～3 300	4 400～6 600	2 200～3 300	4 400～6 600	750～2 250	625～2 000		
蒙古栎、辽东栎、角栎	1 600～2 200	3 000～6 000	1 500～2 000	3 000～6 000				
白蜡			1 250～2 200	1 200～2 200	1 200～2 000	1 150～2 200	1 000～2 000	1 000～2 000
桤木、蒙自桤木					2 250～3 000	1 800～2 700		
榆树	1 500～4 000	1 350～3 300	800～1 600	1 000～3 000	833～2 500	800～2 000	800～1 600	800～2 000
椴树	1 667～3 000	1 667～3 000	1 500～2 500	1 200～2 000	1 200～1 800	1 250～2 000		
杨树	1 350～3 300	390～3 300	600～1 600	330～3 300	400～1 000	300～ 600		
白杨								
黑杨								
刺槐	1 650～6 000	1 650～6 000	1 110～2 500	1 650～6 000	1 050～1 500	750～900	2 000～2 500	1 650～6 000
泡桐			630～900	195～1 500	630～900	195～750		
栲、红椎、米槠、甜椎、青檀			830～1 800	800～2 000	1 200～1 800	900～1 200	1 667～3 333	1 667～3 333
华山松、黄山松			1 200～1 800	3 000～6 750	3 000～6 000	1 200～3 600		
云南松、思茅松、高山松							1 667～3 333	1 667～3 333
马尾松、火炬松、湿地松					1 050～2 500	900～1 800	1 667～3 333	1 667～3 333
杉木					1 650～4 500	1 050～3 000	1 667～3 333	1 667～3 333
水杉、池杉、落羽杉、水松					1 500～2 500	1 250～2 500	1 500～2 500	1 667～2 500
秃杉、油杉					1 500～3 000	1 300～2 500	1 500～3 000	1 200～2 000
柳杉					2 400～4 500	1 500～3 500	1 500～3 500	2 500～4 500
香樟					1 350～4 500	1 200～3 600	630～860	1 350～3 000
楠木、红豆树					1 800～3 600	1 050～1 800	1 667～3 000	2 500～3 000
木荷、火力楠、观光木、含笑					2 400～3 600	1 200～2 250	1 250～2 500	1 000～2 500
栓皮栎、麻栎、槲栎、黄山栎、白栎、锐齿栎、锥栎					1 667～2 500	1 500～2 500	1 500～2 200	1 200～2 200
青冈栎、桤木					1 650～3 600	1 500～3 000	1 650～3 000	1 667～3 750
喜树					1 100～2 250	1 050～1 800	1 100～2 250	1 100～1 667
相思类					1 200～3 300	1 200～3 300	1 200～3 300	1 667～3 300
木麻黄					1 500～2 500	2 000～3 000	1 667～3 300	2 500～5 000
苦楝、川楝、麻楝			750～1 000		630～900	450～750	625～800	400～700
香椿、臭椿	1 600～3 000		750～1 000		2 000～3 000	900～1 500	2 500～3 000	2 000～3 600
桉树					2 500～5 000	1 200～2 500	1 200～2 500	1 667～5 000
黑荆树					1 800～3 600	1 667～2 500	1 000～1 500	800～1 600
沙棘、紫穗槐、山皂角、枸杞	1 667～3 500	1 650～3 300	1 650～3 300	1 650～3 000			1 650～3 300	1 650～3 300
沙拐枣/踏朗、梭梭								
柽柳、沙柳、毛条、柠条	1 240～5 000	1 240～5 000	1 650～5 000	1 240～5 000				
山桃、山杏			500～1 000	400～800	500～1 000	500～ 800		
毛竹					450～ 600	300～600	450～600	500～920
大型丛生竹（麻竹等）					500～825	278～500	500～825	500～625
秋茄、白骨壤、木榄					4 000～20 000		5 000～20 000	
无瓣海桑、海桑、红海榄等					4 400～6 670		4 000～6 000	

A

附录）

造林适宜初植密度表

单位为株每公顷

长江上中游区		青藏高原冻融区		黄河上中游区		三北风沙区	
生态公益林	商品林	生态公益林	商品林	生态公益林	商品林	生态公益林	商品林
1 500～2 000	2 400～5 000					1 650～3 300	2 400～5 000
		1 667～3 500	2 500～3 500			1 650～2 500	1 650～3 300
1 500～1 800	1 350～1 650	2 000～3 300	1 667～2 500			1 500～3 000	2 000～5 000
1 667～4 350	1 111～3 500	1 667～3 300	1 500～3 300	3 000～5 000	2 500～4 000	2 500～4 000	2 000～4 000
2 000～2 500	1 050～1 350			1 667～3 000	1 667～2 500	1 500～3 000	1 667～2 500
1 500～2 200	1 600～2 000			1 500～2 200	1 600～2 000	1 500～2 200	1 600～2 000
625～2 000	500～2 000			1 000～2 500	750～2 250		
				2 000～5 000	1 667～4 000	1 667～4 000	2 000～4 000
2 100～2 850	1 500～2 500			1 650～3 000	1 500～3 000		
833～2 000	800～2 000			1 200～2 500	1 350～2 000	833～2 000	1 000～2 500
1 200～2 000	1 250～2 000					1 667～2 500	2 000～3 000
400～1 000	200～ 800	1 667～3 000	2 500～3 500	800～1 667	600～1 000	625～1 500	700～1 200
		2 000～2 500	1 650～6 000	1 000～3 000	1 200～4 000	1 000～2 500	1 200～3 000
500～900	400～ 800						
1 050～1 650	900～1 050						
1 500～4 500	1 200～3 000						
1 500～3 000	1 200～2 500	1 667～3 300	1 667～3 300				
1 050～2 250	900～1 500						
1 650～4 500	1 500～3 600						
1 200～2 500	1 200～2 500						
1 600～2 500	1 200～2 000						
1 500～3 500	1 200～3 000						
1 200～3 600	1 050～3 000						
1 500～2 500	900～1 500						
1 200～3 000	1 050～1 800						
900～2 000	1 100～2 000						
1 500～3 300	1 350～3 000						
1 050～1 800	900～1 500						
600～900	450～ 600						
900～1 500	600～1 350						
2 250～4 500	1 050～2 250						
1 800～3 600	1 667～2 500						
		3 300～10 000	5 000～10 000	1 650～3 300	1 650～3 300	1 650～3 300	1 650～3 300
				660～1 650	800～1 500	700～1 500	800～1 667
		3 000～6 000	3 000～6 000	1 250～4 000	1240～5 000	1 000～4 000	1 240～5 000
						600～1 000	400～1 000
450～600	285～450						
500～825	278～500						

附　录　B
（资料性附录）
各造林区域一般造林树种造林最低初植密度表

表 B.1

单位为株(穴)每公顷

树　种	东北区		华北中原区		中南华东区		东南沿海及热带区		长江上中游区		青藏高原冻融区		黄河上中游区		三北风沙区	
	生态公益林	商品林	生态公益林	商品林	生态公益林	商品林	生态公益林	商品林	生态公益林	商品林	生态公益林	商品林	生态公益林	商品林	生态公益林	商品林
柳树(四旁)			600		500											
杨树(四旁)			500		250											
柳树			600	400	833	400	833	400	833	625	1 667	1 200	600	800		
国槐	1 111	1 111	750	750	1 000	833			1 000	833					1 000	1 111
青杆、白杆	2 222	2 000	2 200	1 667									2 222	1 667	1 600	1 667
银杏	1 000	800	500	400	833	556	500	600	833	625			500	400	833	1 000
沙地柏、铺地柏	1 111	1 000	1 650	1 000	1 000	833	1 650	1 000	1 000	833			1 650	1 000	1 111	1 667
高山栎			2 500	2 500											1 600	1 667
藏柏							1 667	1 667	1 800	1 667	1 667	1 500	1 667	1 667	833	1 000
胡杨															625	667
岷江柏木、冲天柏、圆柏类			1 667	1 667	1 667	1 500	1 667	1 667	1 667	1 500					1 667	2 000
桑树			833	667	1 600	1 600	800	667	1 500	1 500	1 600	1 600	750	800		
枫香、元宝枫、五角枫、黄连木、漆树			800	417	667	400	1 000	900	833	400					800	1 000
火炬树			1 250	1 250			1 333	1 333					1 333	1 333	1 111	1 250
沙杏			800	800			1 000	800							800	1 000
香榧					1 000	833			1 000	833						
桧柏、杜松			1 667	1 000	1 000	833	1 667	1 667	1 000	833					1 250	1 600
红杉					1 200	1 000			1 200	1 000						
南洋楹、凤凰木					630	333	625	333								
油茶					1 250	1 111	1 250	625	1 200	1 050						
漆树、黄连木			800	417	667	400	1 000	900	833	400					800	1 000
银桦、木棉(四旁)					330	333	500	333	500	333						

表 B.1（续）

单位为株(穴)每公顷

树种	东北区		华北中原区		中南华东区		东南沿海及热带区		长江上中游区		青藏高原冻融区		黄河上中游区		三北风沙区	
	生态公益林	商品林	生态公益林	商品林	生态公益林	商品林	生态公益林	商品林	生态公益林	商品林	生态公益林	商品林	生态公益林	商品林	生态公益林	商品林
悬铃木、枫杨(四旁)					405	333	400	400	405	333						
厚朴					1 000	1 111	1 000	1 111	900	1 050						
千年桐					278	278	278	200	278	278						
三年桐					833	625	833	300	700	600						
鹅掌楸					1 250	833			900	750						
泡桐(农桐间作)			278	278												
胡颓子			800	1 667	1 600	1 500	2 222	2 000	900	833						
红豆杉、云南红豆杉					625	625	1 667	1 667	1 667	1 667						
黄杉、金钱松					1 111	900	1 111	1 111	1 111	900						
福建柏					2 000	1 667	2 000	1 667								
白椎、甜槠、刺椎、滇青冈、福建青冈					2 000	1 600			2 000	1 600						
檫木					750	600	750	600	667	600						
香果树、连香树、白辛树、伯乐树、槭树、灯台树、山桐子、软枣树					833	600	833	600	833	600						
南洋楹、凤凰木					630	333	625	333								
山苍子			3 333	2 000	3 000	2 000	3 000	1 667	2 500	2 000						
水青冈					1 667	1 500	1 667	1 667	1 667	1 500						
枫杨、酸枣					833	1 350	1 333	1 111	833	1 350						
刺楸					1 667	1 667	1 667	1 667	1 667	1 667						
重阳木、秋枫					833	625	833	625	833	625						
柚木					625	625	625	625	625	625						
任豆树、土密树、厚壳桂、藜蒴、马蹄荷、苦刺					1 250	1 200	1 250	1 250	1 250	1 050						
米老排					1 333	1 250	1 250	1 667								
榕树类					625	278	625	333								

表 B.1（续）

单位为株（穴）每公顷

树种	东北区		华北中原区		中南华东区		东南沿海及热带区		长江上中游区		青藏高原冻融区		黄河上中游区		三北风沙区	
	生态公益林	商品林	生态公益林	商品林	生态公益林	商品林	生态公益林	商品林	生态公益林	商品林	生态公益林	商品林	生态公益林	商品林	生态公益林	商品林
蚬木					2 000	2 000	2 000	2 000								
擎天树、格木、菜豆树、杜英、肥牛树、鸭脚木					1 667	1 500	1 667	1 667	1 667	1 500						
红椿					1 000	625	1 000	625	800	600						
栾树					833	625	833	625	800	600						
女贞					1 667	1 500	1 667	1 667	1 500	1 200						
南岭黄檀、黄檀					833	625	833	625	833	625						
余甘子					1 111	900	1 250	1 111	1 111	900						
新银合欢、滇合欢、香合欢、金合欢					1 667	1 500	1 667	1 667	1 667	1 500						
杜仲			1 250	1 200	1 667	1 333	1 250	1 250	1 050	900						
印楝					667	625	625	625	667	833						
马桑、密油枝、黄荆						1 500	1 500									
合欢					1 000	833	833	833	1 000	1 111						
皂荚			833	833	833	833	833	833	833	833						
树菠萝					278	278	278	278		833						
柠檬								625		833						
澳洲坚果					400	278	400	278		278						
橡胶							333	500		500						
菠萝蜜								333		333						
莲雾								500		500						
红毛丹								500		500						
棕榈藤						833		800		800						
椰子								180		278						
琼海棠							500									

表 B.1（续）

单位为株(穴)每公顷

树种	东北区		华北中原区		中南华东区		东南沿海及热带区		长江上中游区		青藏高原冻融区		黄河上中游区		三北风沙区	
	生态公益林	商品林	生态公益林	商品林	生态公益林	商品林	生态公益林	商品林	生态公益林	商品林	生态公益林	商品林	生态公益林	商品林	生态公益林	商品林
海南榄仁							500									
海南粗榧							1 000									
白木香							1 000									
花梨							1 250									
牡荆					5 000	6 667	5 000	6 667								
丛生竹					500	500	500	500	500	500						
散生竹					360	300	333	333	360	300						
灌木柳类													833	833	625	833
扁桃													833	833	833	833
胡枝子	1 667	1 600	1 667	1 667	2 500	6 667			2 500	6 667					1 000	1 111
沙冬青													667	667	625	667
丁香、黄栌	800	556	800	625											1 667	1 667

注 1：造林初植密度含造林地上已有的幼苗、树木株数。

注 2：营造混交林时，最低初植密度为各混交树种的最低造林密度乘以相应混交比例的和。

附　录　C
（规范性附录）
造林区域范围表

表 C.1

区域	省、市、县
东北区	黑龙江：呼兰县、方正县、宾县、依兰县、拜泉县、依安县、克山县、克东县、萝北县、绥滨县、集贤县、宝清县、友谊县、饶河县、鸡东县、虎林县、林甸县、肇州县、嘉荫县、林口县、东宁县、穆棱县、桦川县、抚远县、桦南县、汤原县、勃利县、德都县、逊克县、嫩江县、孙吴县、绥花河市、阿城市、同江市、富锦市、铁力市、密山市、海林市、宁安市、北安市、五大连池市、绥化市、安达市、肇东市、海伦市、绥棱县、兰西县、明水县、青冈县、庆安县、望奎县、尚志市、双城市、五常市、巴彦县、通河县、木兰县、延寿县、呼玛县、塔河县、漠河县
	吉林：农安县、双阳县、永吉县、磐石县、梨树县、伊通满族自治县、东辽县、东丰县、通化县、辉南县、柳河县、靖宇县、抚松县、长白朝鲜族自治县、乾安县、前郭尔罗斯蒙古族自治县、梅河口市、集安市、九台市、桦甸市、蛟河市、榆树市、舒兰市、临江市、德惠市、延吉市、图们市、敦化市、龙井市、珲春市、和龙市、安图县、汪清
	辽宁：长海县、岫岩满族自治县、抚顺县、新宾满族自治县、清原满族自治县、本溪满族自治县、桓仁满族自治县、宽甸满族自治县、北镇满镇自治县、辽阳县、灯塔县、铁岭县、西丰县、瓦房店市、海城市、普兰店市、东港市、开原市、庄河市、大石桥市、盖州市、凤城市
	内蒙古：科右前旗、乌兰浩特市、扎赉特旗、阿尔山市、扎兰屯市、阿荣旗、莫力达瓦旗、鄂伦春自治旗、牙克石市、根河市、额尔古纳市
三北风沙区	黑龙江：齐齐哈尔市郊区、泰来县、龙江县、甘南县、富裕县、讷河市、大庆市郊区、杜尔伯特蒙古族自治县、肇源县
	吉林：洮北区、大安市、洮南市、镇赉县、通榆县
	辽宁：昌图县、法库县、铁法市、康平县、新民市、辽中县、台安县、盘山县、大洼县、彰武县、阜新蒙古族自治县、阜新市、黑山县、北宁市、盘锦市、北票市、义县、凌海市、朝阳县、朝阳市、锦州市、建平县、凌源市、喀喇沁左翼蒙古族自治县、建昌县、绥中县、兴城市、葫芦岛市
	内蒙古：陈巴尔虎旗、鄂温克旗、海拉尔区、满洲里市、新巴尔虎左旗、新巴尔虎右旗、突泉县、科右中旗、科尔沁区、库伦旗、科左后旗、奈曼旗、开鲁县、扎鲁特旗、霍林郭勒市、科左中旗、松山区、红山区、元宝山区、敖汉旗、喀喇沁旗、宁城县、阿鲁科尔沁旗、巴林左旗、巴林右旗、林西县、克什克腾旗、翁牛特旗、二连浩特市、锡林浩特市、阿巴嘎旗、苏尼特左旗、苏尼特右旗、东乌珠穆沁旗、西乌珠穆沁旗、太仆寺旗、镶黄旗、正镶白旗、正蓝旗、多伦县、集宁区、丰镇市、察右前旗、察右中旗、察右后旗、商都县、化德县、兴和县、四子王旗、武川县、石拐矿区、白云鄂博矿区、固阳县、达茂旗、东胜区、达拉特旗、准格尔旗、鄂托克前旗、鄂托克旗、杭锦旗、乌审旗、伊金霍洛旗、临河区、五原县、磴口县、乌拉特前旗、乌拉特中旗、乌拉特后旗、杭锦后旗、海勃湾区、海南区、乌达区、阿拉善左旗、阿拉善右旗、额济纳旗

表 C.1（续）

区域	省、市、县
三北风沙区	河北:承德县、兴隆县、隆化县、平泉县、滦平县、丰宁满族自治县、围场满族蒙古族自治县、宽城满族自治县、宣化县、康保县、张北县、阳原县、赤城县、沽源县、怀安县、怀来县、崇礼县、尚义县、蔚县、涿鹿县、万全县
	山西:大同市、朔州市
	甘肃:威武市、金昌市、张掖市、酒泉市、嘉峪关市
	新疆:乌鲁木齐县、石河子市、吐鲁番市、托克逊县、哈密市、伊吾县、巴里坤哈萨克自治县、和田市、和田县、洛浦县、民丰县、皮山县、策勒县、墨玉县、于田县、阿克苏市、温宿县、沙雅县、拜城县、阿瓦提县、库车县、柯坪县、新和县、乌什县、喀什市、巴楚县、泽普县、伽师县、叶城县、岳普湖县、疏勒县、麦盖提县、英吉沙县、莎车县、疏附县、塔什库尔干塔吉克自治县、阿图什市、阿合奇县、乌恰县、阿克陶县、库尔勒市、和静县、尉犁县、和硕县、且末县、博湖县、轮台县、若羌县、焉耆回族自治县、昌吉市、阜康市、米泉县、奇台县、玛纳斯县、吉木萨尔县、呼图壁县、木垒哈萨克自治县、博乐市、精河县、温泉县、奎屯市、伊宁市、伊宁县、特克斯县、尼勒克县、昭苏县、新源县、霍城县、巩留县、察布查尔锡伯自治县、塔城市、额敏县、裕民县、乌苏县、沙湾县、托里县、和布克赛尔蒙古自治县、阿勒泰市、青河县、吉木乃县、富蕴县、布尔津县、福海县、哈巴河县
	陕西:榆林市(榆阳区、神木县、府谷县、定边县、靖边县、横山县、佳县)
	北京(远郊区):平谷区、密云县、怀柔区、延庆县
黄河上中游区	内蒙古:卓资县、凉城县、新城区、回民区、玉泉区、赛罕区、土默特左旗、托克托县、清水河县、和林格尔县、东河区、昆都仑区、青山区、九原区、土默特右旗 山西:忻府区、原平市、定襄县、宁武县、静乐县、神池县、五寨县、苛岚县、河曲县、保德县、偏关县、古交市、阳曲县、清徐县、娄烦县、吕梁市、介休市、灵石县、侯马市、霍州市、汾西县、吉县、安泽县、大宁县、浮山县、古县、隰县、襄汾县、翼城县、永和县、乡宁县、曲沃县、洪洞县、蒲县、河津市、永济市、闻喜县、新绛县、平陆县、垣曲县、绛县、稷山县、芮城县、夏县、万荣县、临猗县 河南:义马市、灵宝市、渑池县、卢氏县、陕县 陕西:西安市、延安市、铜川市、渭南市、咸阳市、宝鸡市(陈仓区、金台区、渭滨区、千阳县、陇县、凤翔县、麟游县、扶风县、眉县、岐山县)、榆林市(米脂县、吴堡县、绥德县、子洲县、清涧县)、商洛市(洛南县) 甘肃:庆阳市、平凉市、天水市、定西市、临夏州、兰州市、白银市、甘南州(合作市、临潭县、桌尼县、玛曲县、碌曲县、夏河县) 青海:海东地区、西宁市 宁夏:全区

表 C.1（续）

区域	省、市、县
华北中原区	北京(近郊区)：朝阳区、海淀区、房山区、门头沟区、大兴区、昌平区、顺义区
	天津：市辖区、蓟县、宝坻县、宁河县、静海县
	河北：平山县、井陉县、栾城县、正定县、行唐县、灵寿县、高邑县、赵县、赞皇县、深泽县、无极县、无氏县、邯郸县、永年县、曲周县、馆陶县、魏县、成安县、大名县、涉县、鸡泽县、丘县、广平县、肥乡县、临漳县、磁县、邢台县、柏乡县、任县、清河县、宁晋县、威县、隆尧县、临城县、广宗县、临西县、内丘县、平乡县、巨鹿县、新河县、南和县、满城县、清苑县、阜平县、徐水县、定兴县、唐县、高阳县、容城县、望都县、安新县、曲阳县、蠡县、顺平县、博野县、雄县、平原县、迁西县、迁安县、滦南县、丰润县、玉田县、唐海县、乐亭县、滦县、昌黎县、卢龙县、抚宁县、沧县、青县、东光县、海兴县、盐山县、肃宁县、南皮县、吴桥县、献县、孟村回族自治县、固安县、永清县、香河县、大城县、文安县、大厂回族自治县、武安市、霸州市、遵化市、辛集市、藁城市、晋州市、新乐市、泊头市、任丘市、黄骅市、河间市、三河市、涿州市、安州市、安国市、高碑店市、南宫市、沙河市、鹿泉市、丰南市、衡水市、冀州市、深州市、饶阳县、枣强县、故城县、阜城县、安平县、武邑县、景县、武强县
	山东：全省
	山西：忻州市(繁峙县、代县、五台县)、阳泉市、晋中市(榆次区、榆社县、左权县、和顺县、昔阳县、寿阳县、太谷县、祁县、平遥县)、长治市、晋城市、临汾市、运城市
	河南：濮阳市、安阳市、鹤壁市、新乡市、焦作市、济源市、洛阳市、郑州市、开封市、商丘市、周口市、许昌市、平顶山市、漯河市、驻马店市
长江上中游区	江西：上饶市、景德镇市、九江市、南昌市、宜春市、萍乡市
	河南：南阳市、信阳市
	湖北：随洲市、襄樊市、十堰市、神农架林区、宜昌市、恩施市
	湖南：张家界市、湘西州、长沙市、常德市、益阳市、岳阳市、株洲市、湘潭市、衡阳市、郴州市、永州市、邵阳市、怀化市、娄底市
	重庆：全市
	四川：全省
	贵州：全省
	云南：韶通市、曲靖市、昆明市、楚雄州、大理州、保山市、潞西州、怒江州、丽江市、迪庆州
	西藏：芒康县、左贡县、察隅县
	陕西：安康市、汉中市、商洛市(商州市、丹凤县、商南县、山阳县、镇安县、柞水县)、宝鸡市(凤县、太白县)
	甘肃：陇南地区、甘南州(舟曲县、迭部县)
	青海：甘德县、久治县、达日县、班玛县

表 C.1(续)

区域	省、市、县
中南华东(南方)区	上海:全市
	江苏:全省
	浙江:全省
	安徽:全省
	福建:宁德市、南平市、福州市、泉州市的德化县、三明市、龙岩市
	江西:鹰潭市、抚州市、吉安市、新余市、赣州市
	湖北:黄冈市、黄石市、鄂州市、武汉市、孝感市、荆门市、天门市、荆州市、仙桃市、咸宁市
	广东:梅州市、河源市、韶关市、清远市、肇庆市
	广西:贺州市、桂林市、柳州市、河池市
东南沿海及热带区	福建:莆田市、泉州市(鲤城区、丰泽区、洛江区、泉港区、石狮市、晋江市、南安市、惠安县、安溪县、永春县、金门县)、厦门市、漳州市
	广东:潮州市、汕头市、揭阳市、汕尾市、惠州市、东莞市、深圳市、广州市、中山市、佛山市、江门市、云浮市、阳江市、茂名市、湛江市、珠海市
	广西:南宁市、梧州市、贵港市、玉林市、钦州市、北海市、房城港市、崇左市、百色市、来宾市
	海南:全省
	云南:文山州、红河州、玉溪市、思茅市、临沧市、西双板纳州
青藏高原冻融区	西藏:拉萨市、那曲地区、山南地区、日喀则地区、阿里地区、昌都县、江达县、贡觉县、类乌齐县、丁青县、察隅县、八宿县、洛隆县、边坝县、林芝县、工布江达县、米林县、墨脱县、波密县、郎县
	青海:海北州、海南州、黄南州、海西州、玉树州、果洛州(玛多县、玛沁县)

附 录 D
（规范性附录）
年均降水量 400 mm 以下地区范围县名单

表 D.1

省(区)	县(区、市)
山西	大同市南郊区、新荣区、大同县、天镇县、山阴县、怀仁县、应县、阳高县、朔城区、河曲县
陕西	横山县、靖边县、佳县、定边县、榆阳区、神木县、府谷县
宁夏	除泾源县、隆德县和六盘山自然保护区以外的所有县(市)
青海	西宁市、刚察县、海晏县、平安县、民和县、乐都县、循化县、贵德县、共和县、尖扎县、玛多县、德令哈市、格尔木市、乌兰县、都兰县、天峻县、祁连县、贵南县、曲麻莱县、兴海县、茫崖镇、大柴旦镇、冷湖镇
甘肃	古浪县、兰州市城关区、七里河区、西固区、安宁区、红古区、永登县、皋兰县、嘉峪关市、金昌区、永昌县、白银市白银区、平川区、靖远县、景泰县、玉门市、酒泉市、敦煌市、金塔县、肃北县、阿克塞县、安西县、张掖市、肃南县、民乐县、临泽县、高台县、山丹县、武威市凉州区、民勤县、永靖县、会宁县、定西县、通渭县、榆中县
新疆	除新源、昭苏县以外的所有县(市)
河北	张北县、蔚县、围场县、张家口市区、怀来县、丰宁县、赤城县、沽源县、尚义县、阳原县、怀安县、康保县、涿鹿县、宣化县、万全县、崇礼县
黑龙江	泰来县
吉林	松原市宁江区、前郭尔罗斯县、长岭县、扶余县、镇赉县、大安市、洮南市、白城市洮北区、通榆县、乾安县
辽宁	凌源市、喀左县、北票市、朝阳县、龙城区、双塔区、建平县
内蒙古	海拉尔区、牙克石市、额尔古纳市、突泉县、科尔沁右翼中旗、通辽市科尔沁区、扎鲁特旗、奈曼旗、赤峰市红山区、元宝山区、松山区、巴林左旗、林西县、翁牛特旗、克什克腾旗、多伦县、正蓝旗、太仆寺旗、正镶白旗、集宁市、商都县、卓资县、察右前旗、丰镇市、东胜区、准格尔旗、土默特左旗、托克托县、武川县、阿拉善右旗、额济纳旗、包头市东河区、青山区、昆都仑区、九原区、石拐区、白云矿区、土默特右旗、固阳县、达茂旗、乌海市海勃湾区、海南区、乌达区、巴林右旗、锡林浩特市、二连浩特市、东乌珠穆沁旗、阿巴嘎旗、苏尼特左旗、苏尼特右旗、镶黄旗、西乌珠穆沁旗、四子王旗、化德县、察右后旗、察右中旗、临河市、乌拉特中旗、五原县、杭锦后旗、磴口县、乌拉特后旗、乌拉特前旗、鄂托克旗、伊金霍洛旗、达拉特旗、杭锦旗、乌审旗、鄂托克前旗、阿拉善左旗、满洲里市、陈巴尔虎旗、鄂温克旗、新巴尔虎左旗、新巴尔虎右旗、开鲁县、阿鲁科尔沁旗、乌兰浩特市、科右前旗、阿尔山市、扎赉特旗、霍林郭勒市、科左中旗、科左后旗、敖汉旗、宁城县、喀喇沁旗、兴和县、凉城县、和林格尔县、清水河县、新城区、赛罕区、回民区、玉泉区
西藏	日土县、噶尔县、札达县、革吉县、普兰县、改则县、措勤县、仲巴县、萨嘎县、吉隆县、昂仁县、定日县、定结县、萨迦县、拉孜县、谢通门县、申扎县、尼玛县、岗巴县、康马县、白朗县、江孜县、仁布县、南木林县、班戈县、乃东县、琼结县、措美县、贡嘎县、洛扎县、曲松县、扎囊县、错那县、隆子县、浪卡子县、尼木县、曲水县、堆龙德庆县

ICS 79.040
B 68

中华人民共和国国家标准

GB/T 15779—2006
代替 GB/T 15779—1995

旋切单板用原木

Log of peeled veneer

2006-07-12 发布　　2006-12-01 实施

中华人民共和国国家质量监督检验检疫总局
中国国家标准化管理委员会　发布

前言

本标准是对GB/T 15779—1995《旋切单板用原木》的修订。

本标准对原标准的主要修改和补充有：

——检尺径由原标准自26 cm以上，改为自20 cm以上；

——修改了心材腐朽及抽心的材质指标限度；

——新增加了环裂、弧裂限度的要求；

——新增加了节子断面不允许有腐朽的要求。

本标准从实施之日起，代替GB/T 15779—1995。

本标准由国家林业局提出。

本标准由中国木材标准化技术委员会归口。

本标准由黑龙江省林产工业研究所负责起草。

本标准主要起草人：黄晓山、关放、李琳、李晓琴、宋润慧、林利民。

本标准由中国木材标准化技术委员会负责解释。

本标准所代替标准的历次版本发布情况为：

——GB/T 15779—1995。

旋切单板用原木

1 范围

本标准规定了旋切单板用原木的主要树种、尺寸、材质指标及材积计算等。

本标准适用于制作胶合板的旋切单板用原木。

2 规范性引用文件

下列文件中的条款通过本标准的引用而成为本标准的条款。凡是注日期的引用文件，其随后所有的修改单(不包括勘误的内容)或修订版均不适用于本标准，然而，鼓励根据本标准达成协议的各方研究是否可使用这些文件的最新版本。凡是不注日期的引用文件，其最新版本适用于本标准。

GB/T 144—2003 原木检验(ISO 4475:1989,MOD)

GB 4814—1984 原木材积表

GB/T 17659.1 原木锯材批量检查抽样、判定方法 第1部分:原木批量检查抽样、判定方法

LY/T 1511—2002 原木产品 标志 号印

3 要求

3.1 树种

3.1.1 针叶树

马尾松、云杉、云南松、樟子松、落叶松等。

3.1.2 阔叶树

椴木、水曲柳、山枣、桦木、枫香、杨木、槭木、荷木、拟赤杨等。

3.2 尺寸

3.2.1 检尺长

2 m、2.6 m、4 m、5.2 m、6 m。长级公差:允许$^{+6}_{-2}$ cm。

3.2.2 检尺径

自20 cm以上，按2 cm进级。

3.3 材质指标

见表1。

表1 材质指标

缺陷名称	允许限度	
	针叶树	阔叶树
活节、死节	节子直径不得超过检尺径的30%	
	节子断面不允许有腐朽	
	任意材长1 m范围内的节子个数不得超过	
	8个	4个
漏节	全材长范围内不允许	
边材腐朽	全材长范围内不允许	
心材腐朽、抽心	心材腐朽直径、抽心直径不得超过检尺径的20%	

表 1（续）

<table>
<tr><td rowspan="2">缺陷名称</td><td colspan="2">允许限度</td></tr>
<tr><td>针叶树</td><td>阔叶树</td></tr>
<tr><td rowspan="2">虫眼</td><td colspan="2">虫眼最多 1 m 材长范围内的个数不得超过</td></tr>
<tr><td>10 个</td><td>5 个</td></tr>
<tr><td>纵裂、外夹皮</td><td colspan="2">纵裂、外夹皮长度不得超过检尺长的 30%</td></tr>
<tr><td>弯曲</td><td colspan="2">最大弯曲拱高不得超过内曲水平长的 2%</td></tr>
<tr><td>偏枯、外伤</td><td colspan="2">深度不得超过检尺径的 20%</td></tr>
<tr><td>双丫材、炸裂</td><td colspan="2">全材长范围内不允许</td></tr>
<tr><td rowspan="2">环裂、弧裂</td><td colspan="2">在同一断面上的 25 cm^2 正方形中，环裂、弧裂不得超过 3 条</td></tr>
<tr><td colspan="2">环裂半径、弧裂拱高不得超过检尺径的 10%</td></tr>
<tr><td colspan="3">注 1：需对树种、材质及尺寸有特殊要求的，可由双方协议商定。
注 2：本表未列缺陷不予计算。</td></tr>
</table>

4　抽样方法、检验方法、材积计算及产品标志

4.1　抽样、判定方法

按 GB/T 17659.1 规定执行。

4.2　检验方法

尺寸检量和材质评定按 GB/T 144—2003 规定执行。

4.3　材积计算

按 GB 4814—1984 规定执行。

4.4　产品标志

按 LY/T 1511—2002 规定执行。

ICS 79.040
B 60

中华人民共和国国家标准

GB/T 15787—2006
代替 GB/T 15787—1995

原木检验术语

Terms in log inspection

2006-07-12 发布 2006-12-01 实施

中华人民共和国国家质量监督检验检疫总局
中国国家标准化管理委员会 发布

前言

本标准代替 GB/T 15787—1995《原木检验术语》。

本标准与 GB/T 15787—1995 相比，主要从以下方面进行了修改：

——增加了与 GB/T 144—2003《原木检验》关系密切，且在检验操作中易引起争议的下列术语：商品材名称、树腿和肥大部分、大头呈圆兜、斧口上缘、伐木楂口、全材长、原有直径、全材长范围内、同方向原有直径、径向检量、不正形断面、裂缝垂直宽度、沟条内侧、沟条外侧、等内材、等外材、原木标志。

——增加了原标准未列，需要扩展的术语：圆材、原条、规格原木。

——删除了与 GB/T 144—2003《原木检验》无直接关系，本身的含义已经很清楚，属于基本术语的下列术语：标准尺寸、尺寸分级、公差、偏差、正偏差、负偏差、让尺、号印加盖。

——修改了原标准中解释不当，或含义不清，或用语不准确，或随生产变化而变动的下列术语：原木、原木检验、双丫材、双心材、大头连岔材、劈裂材、商品材树种、尺寸检量、断面中心、平均径、原木正常部位、材积、材质评定、材种、检尺长范围内、检尺长范围外。

——将原标准中的术语“长度”修改为“材长”，“直径”修改为“原木直径”。

本标准的附录 A 和附录 B 为资料性附录。

本标准由国家林业局提出。

本标准由中国木材标准化技术委员会归口。

本标准起草单位：黑龙江生态工程职业学院。

本标准主要起草人：朴世一、徐庆福、张志文、齐向东、王桂荣、李永喜、王春祥、李晓琴。

本标准由中国木材标准化技术委员会负责解释。

本标准所代替标准的历次版本发布情况为：

——GB/T 15787—1995。

原 木 检 验 术 语

1 范围

本标准规定了原木检验的术语和定义。

本标准适用于原木产品和原木检验。

2 术语和定义

2.1

圆材 round wood

圆形的木材。包括原条和原木。

2.1.1

原条 stem wood

经过打枝后未进行横截造材的伐倒木。

2.1.2

原木 log

圆木

经过横截造材所形成的圆形木段。

2.1.2.1

规格原木 specification log

尺寸符合原木产品标准规定的原木。

2.2

原木检验 log inspection

对原木产品进行树种识别、尺寸检量、材质评定、材种区分、材积计算和标志工作的总称。

2.2.1

双丫材 double branch log

小头呈两个分岔，具有两个独立断面的原木。

2.2.2

双心材 double heart log

小头断面有两个髓心，两组年轮系统，外围全部或一侧环包有共同年轮的原木。

2.2.3

大头连岔材 butt with branch log

在树干两个分岔下部造材形成，大头断面有两个髓心并呈两组年轮系统的原木。

2.2.4

劈裂材 split log

受到外力的作用，原木断面被撕裂成两块以上分裂断面或局部裂块脱落的原木。

2.2.5

剖开材 dissected log

半圆材

原木沿材长直径方向锯剖为两等分或接近两等分的木材。

2.2.6

树腿和肥大部分　tree root part

在原木大头形成的不规则的凹兜或圆兜。

2.3

商品材名称　commercial timber name

以木材的树种识别特征相似、材性及材质相近为原则，适当归类后统一命名的木材的商用名称。

2.3.1

商品材树种　merchantable timber species

按商品材名称归类的树种。

2.3.2

针叶树材　coniferous timber

木材产自针叶树，裸子植物，不具有导管。

2.3.3

阔叶树材　broad leaves timber

木材产自阔叶树，被子植物，通常具有导管。

2.4

尺寸检量　log size measurement

对原木检尺长和检尺径的检量和确定。

2.4.1

材长　log length

原木长度

原木两端断面之间相距最短处检量的尺寸。

2.4.2

全材长　log all length

原木两端头之间检量的最大尺寸。

2.4.3

检尺长　length class

长级

标准长

按标准规定，经过进舍后的长度。

2.4.4

长级公差　length tolerance

材长相对于检尺长所允许的尺寸变动量。

2.4.5

断面中心　cross center

原木断面中心，即原木断面形心、几何中心。

2.4.6

原木直径　log diameter

通过原木断面中心检量的尺寸。

2.4.7

短径　short diameter

通过原木断面中心的最短直径。

2.4.8

长径 long diameter

通过短径中心与之相垂直的直径。

2.4.9

最长径 longest diameter

与短径相垂直的最大直径。

2.4.10

平均径 average diameter

长径与短径或最长径与短径的平均值。

2.4.11

检尺径 diameter class

径级

标准径

按标准规定,经过进舍后的直径。

2.4.12

原有直径 primary diameter

原木断面损坏之前的直径。

2.4.12.1

同方向原有直径 homeo-direction primary diameter

特指小头已脱落劈裂材,与劈裂厚度的检量方位相同的方向上检量的原有直径。

2.4.13

原木正常部位(最细处) normal diameter position

两头粗中间细原木的直径最小处。

2.4.14

伐木楂口 felling cut/undercut

伐木时树干根部位留下的上下锯口。

2.4.15

斧口上缘 axe cut coboundary

向原木干身方向位于最里侧的落斧起点。

2.4.16

大头呈圆兜 gibbous section

原木大头在采伐作业中形成的近似圆锥形的端部。

2.5

原木缺陷 log defect

凡呈现在原木上降低质量、影响使用的各种缺点。

2.6

原木材质评定 log quality appraising

对原木进行缺陷检量、等级评定、检验鉴定的过程。

2.6.1

检尺长范围内 length class inside

以检尺长终止线为界的原木材身范围。

2.6.2

检尺长范围外 length class outside

自检尺长终止线到端头的不足进级的长度范围。

2.6.3

全材长范围内 all length inside

原木的整体,包括检尺长范围内和检尺长范围外。

2.6.4

径向检量 radial measurement

通过原木断面中心,且与原木轴线(断面中心的连线)成垂直的方向上检量。

2.6.5

裂缝垂直宽度 vertical check breadth

裂缝宽度

裂口宽度

与劈裂或裂纹的开裂方向成垂直方向检量的缝隙尺寸。

2.6.6

不正形断面 anomalistic fracture plane

非圆形、非椭圆形等不规则几何图形断面。

2.6.7

沟条内侧 slit inside

将尺杆横贴于沟条处原木表面时,位于两个贴尺点里侧的沟条部分。

2.6.8

沟条外侧 slit outboard

将尺杆横贴于沟条处原木表面时,位于自两个贴尺点及外侧的原木表面。

2.6.9

等内材 rank lumber

材质达到锯切用原木 3 等及 3 等以上等级标准的原木。

2.6.10

等外材 cull lumber

材质低于锯切用原木 3 等等级标准的原木。

2.7

原木材积 log volume

按标准规定检尺径和检尺长计算的原木体积。

2.8

原木标志 log marking

将原木的树种、材种、长级、径级、等级和检验责任者标记在原木上。

2.9

材种 wood-assortment

按不同用途和不同的使用质量要求所划分的原木产品种类。

附 录 A
（资料性附录）
汉语拼音索引

Z

附　录　B
（资料性附录）
英　文　索　引

A

B

C

D

F

G

H

L

M

N

P

R

S

T

V

W

参 考 文 献

[1] GB/T 15787—1995　原木检验术语

[2] GB/T 11917—1989　制材工艺术语

[3] GB/T 144—2003　原木检验

[4] GB/T 155—1995　原木缺陷

[5] GB/T 143.1—1995　锯切用原木　树种、主要用途

[6] GB/T 143.2—1995　针叶树锯切用原木尺寸、公差、分等

[7] GB/T 4813—1995　阔叶树锯切用原木尺寸、公差、分等

[8] GB/T 4812—1995　特级原木

ICS 65.150
B 52

中华人民共和国国家标准

GB/T 15806—2006
代替 GB/T 15806—1995

青鱼、草鱼、鲢、鳙鱼卵受精率计算方法

Methods for calculating fertilization rate of eggs of black carp, grass carp, silver carp and bighead carp

2006-08-03 发布　　2006-11-01 实施

中华人民共和国国家质量监督检验检疫总局
中国国家标准化管理委员会　发布

前　言

本标准是对 GB/T 15806—1995《青鱼、草鱼、鲢、鳙鱼卵受精率计算方法》进行修订而成。修订时，在结构上增加了前言；在内容上保留了 GB/T 15806—1995 中科学、合理和行之有效的内容，仅作了部分修改与补充。

本标准由中华人民共和国农业部提出。

本标准由全国水产标准化技术委员会淡水养殖分技术委员会归口。

本标准起草单位：中国水产科学研究院长江水产研究所、华中农业大学。

本标准主要起草人：周瑞琼、曹克驹、徐忠法、何力。

本标准所代替标准的历次版本发布情况为：

——GB/T 15806—1995。

青鱼、草鱼、鲢、鳙鱼卵受精率计算方法

1 范围

本标准给出了青鱼(*Mylopharyngodon piceus* Richardson)、草鱼(*Ctenopharyngodon iddllus* Cuvier et Valenciennes)、鲢(*Hypophthalmichthys molitrix* Cuvier et Valenciennes)、鳙(*Aristichthys nobilis* Richardson)的活体受精卵与未受精卵的主要发育形态特征和受精率的计算方法。

本标准适用于青鱼、草鱼、鲢、鳙鱼人工繁殖中鱼卵受精率的统计。其他产漂浮性卵的鱼类人工繁殖时卵子受精率的计算亦可参照使用。

2 术语和定义

下列术语和定义适用于本标准。

2.1

受精卵 fertilized egg

成熟精子通过成熟卵的受精孔,进入卵质,经卵的激动和修整,雌雄两性原核融合,形成的一个有生命的新细胞。

2.2

受精率 fertilization rate

受精卵数占参与受精的总卵数的百分比。

3 受精卵与未受精卵的发育形态特征

3.1 受精卵

3.1.1 正常的卵受精后卵膜吸水膨胀,围卵腔扩大,在水温 18℃～28℃条件下,经 1.5 h～2.5 h,卵膜直径由产出时的 1.2 mm～2.0 mm 增大到 4.5 mm～6.5 mm。

3.1.2 胚盘隆起,动物极卵裂正常,分裂沟整齐,分裂球排列规则,大小一致。

3.1.3 卵球富有弹性,外观色泽晶莹,卵膜透亮,胚盘和卵质的轮廓清晰。

3.2 未受精卵

3.2.1 未受精卵经水激动后能进行短暂的发育,卵膜吸水膨胀速度比受精卵慢,膨胀度小。

3.2.2 胚盘隆起比正常受精卵慢 4 min～8 min,分裂不规则,分裂球数目不等,大小不一,排列不整齐,分裂速度慢,有假高囊胚外形,无真正的囊胚结构,很难发育到高囊胚期。

3.2.3 卵球扁塌,弹性差,卵色灰暗,卵膜不透明,胚盘和卵质亦不太透明。假高囊胚隆起后,卵球开始变为灰白浑浊。

4 受精率的计算方法

4.1 取样时间

以受精卵发育至高囊胚期时取样为准。在水温 18℃～28℃时,受精后 2.0 h～3.5 h 取样为宜。此时受精卵与未受精卵极易分辨。

4.2 取样数量及计算方法

从孵化设备中随机取卵 100 粒～200 粒,放入培养皿中。用肉眼或借助各类放大镜进行观察,按第 3 章的规定正确鉴别受精与否,记录受精卵数或未受精卵数,重复两次取样、观察,按式(1)计算受精率,受精率的数值以%表示。

$$R = \frac{X_1}{\sum X} \times 100 \qquad \cdots\cdots (1)$$

式中：

R——受精率，%；

X_1——两次取样受精卵总数；

$\sum X$——两次取样总卵数。

ICS 71.100.40
G 72

中华人民共和国国家标准

GB/T 15818—2006
代替 GB/T 15818—1995

表面活性剂生物降解度试验方法

Test method for biodegradability of surfactants

2006-08-21 发布 2007-01-01 实施

中华人民共和国国家质量监督检验检疫总局
中国国家标准化管理委员会 发布

前　言

本标准是对 GB/T 15818—1995《阴离子和非离子表面活性剂生物降解度试验方法》的修订。

本标准与 GB/T 15818—1995 相比主要变化如下：

——修订了标准名称；

——增加了术语与定义；

——修订了生物降解度计算公式；

——修订了原标准附录 B.1 非离子表面活性剂的测定方法；

——增加了阳离子和两性离子表面活性剂的测定方法；

——增加了烷基多苷类表面活性剂的测定方法；

——修订了原标准附录 B.2 的泡沫体积法；

——增加了 DT-90 试验；

——修正了山梨醇脂肪酸酯的归属。

本标准的附录 A、附录 B、附录 C、附录 D 和附录 E 均为规范性附录。

本标准由中国轻工业联合会提出。

本标准由全国表面活性剂和洗涤用品标准化技术委员会归口。

本标准起草单位：中国日用化学工业研究院、国家洗涤用品质量监督检验中心(太原)。

本标准主要起草人：赵郁梅、秦勇。

本标准于 1995 年 12 月 8 日首次发布，本次为第一次修订。

本标准自实施之日起，代替 GB/T 15818—1995。

引　言

GB/T 15818—1995《阴离子和非离子表面活性剂生物降解度试验方法》是等效采用日本工业标准JIS K 3363—1990《合成洗涤剂生物降解度试验方法》制定的。10年来精细化工行业得到了长足的发展，出现多种新型的阴离子型、非离子型表面活性剂，且两性离子、阳离子型表面活性剂的生产和使用量也逐年扩大，为保证此类产品与环境的相容性，特在原标准基础上增加有关检测产品内容和检测方法要求，修订完成本标准。

表面活性剂生物降解度试验方法

1 范围

本标准规定了表面活性剂初级生物降解度的试验方法。

本标准适用于测定具有磺酸基和硫酸基的阴离子表面活性剂；聚氧乙烯基团单链 EO 加合数为3～40和二、三、四链总 EO 加合数 6～60 的表面活性剂；烷基糖苷类表面活性剂；阳离子与两性离子表面活性剂和具较丰富泡沫的表面活性剂的生物降解度。本标准亦适用于洗涤剂中上述表面活性剂生物降解度的测定。

2 规范性引用文件

下列文件中的条款通过本标准的引用而成为本标准的条款。凡是注日期的引用文件，其随后所有的修改单(不包括勘误的内容)或修订版均不适用于本标准，然而，鼓励根据本标准达成协议的各方研究是否可使用这些文件的最新版本。凡是不注日期的引用文件，其最新版本适用于本标准。

GB/T 5173　表面活性剂和洗涤剂　阴离子活性物的测定　直接两相滴定法(eqv ISO 2271：1989)

GB/T 5174　表面活性剂　洗涤剂　阳离子活性物含量的测定(eqv ISO 2871.1:1988、ISO 2871.2:1990)

GB/T 5327　表面活性剂名称术语(idt ISO 862:1984)

GB/T 5328　表面活性剂简化分类(idt ISO 2123:1972)

GB/T 5560　非离子表面活性剂　聚乙二醇含量和非离子活性物(加成物)含量的测定 Weilbull 法(idt ISO 2268:1972)

GB/T 13173.1　洗涤剂样品分样法(eqv ISO 607:1980)

GB/T 13173.2　洗涤剂中总活性物含量的测定

GB/T 13173.3　洗涤剂中非离子表面活性剂含量的测定(离子交换法)(neq JIS K3362:1998)

GB/T 19464　烷基糖苷

QB/T 2344　两性表面活性剂　脂肪烷基二甲基甜菜碱

3 术语与定义

下列术语和定义适用于本标准：

3.1

生物降解　biodegradability

有机物在生命有机体的复杂活动下发生的分子降解。

3.2

初级生物降解　primary biodegradability

原始母体分子特性在一定程度上的消失。

3.3

消失时间 DT-90　disappear time

表面活性剂生物降解度达到初始浓度的 90％时所消耗的时间。

4 方法概要

以表面活性剂试样经培养驯化的活性污泥做降解生物源，加入试验份中进行振荡培养，测定培养周期中表面活性剂的减少量，得到试样的 DT-90 和规定时间的生物降解度。

5 仪器和设备

普通实验室仪器和以下器皿、设备：

5.1 振荡培养瓶

容量 1 000 mL，用棉塞塞紧，于烘箱中在 170℃灭菌 1 h～2 h。

5.2 振荡培养机

振幅 24 mm～51 mm，振荡频率 200 次/min～250 次/min 的回转式振荡机，或振幅 50 mm～100 mm振荡频率 100 次/min～130 次/min 的往复式振荡机。

5.3 压力蒸汽灭菌器

额定温度 126℃，额定压力 0.14 MPa。

6 试剂和材料

除非另有说明，在分析中仅使用确认为分析纯的试剂和蒸馏水或去离子水或相当纯度的水。

6.1 氯化铵(GB/T 658)；

6.2 磷酸氢二钾(HG/T 3487)；

6.3 硫酸镁(GB/T 671)；

6.4 氯化钾(GB/T 646)；

6.5 硫酸亚铁(GB/T 664)；

6.6 酵母浸膏(生化试剂)；

6.7 直链十二烷基苯磺酸钠：含量 95%以上，生物降解度大于 99%；

6.8 直链十二醇聚氧乙烯醚(7EO)：含量 98%以上，生物降解度大于 99%；

6.9 微生物源

活性污泥取自处理民用废水的污水处理厂，活性污泥悬浊物的浓度应调整为 10 000 mg/L～20 000 mg/L，采样后在 5 h 内使用。

6.10 甲醛(GB/T 685)。

7 测试程序

7.1 试样的制备

7.1.1 试样若以洗涤剂或其他混合物形式存在时应按 GB/T 5173、GB/T 13173.1、GB/T 13173.2、GB/T 13173.3 制备表面活性剂试样。

7.1.2 试验份参照物(6.7、6.8)制成中性 1 g/L 溶液，备用。

7.1.3 分离后的表面活性剂试样制成中性 1 g/L 溶液，备用。

7.2 基础营养基溶液的制备

用于试验的培养基溶液组成如下：

水	1 000 mL
氯化铵	3.0 g
磷酸氢二钾	1.0 g
硫酸镁	0.25 g
氯化钾	0.25 g
硫酸亚铁	0.002 g
酵母浸膏	0.3 g

酵母浸膏在使用前加入。已加入酵母浸膏的营养基溶液存放超过 8 h，则要进行高压灭菌处理(于

0.11 MPa～0.13 MPa,122℃～125℃,灭菌 20 min),试验中所采用的水应不含抑菌物。

7.3 试验溶液的制备

7.3.1 在含 500 mL 基础营养基溶液(7.2)的培养瓶中,加入试验份(7.1),浓度约 30 mg/L。

7.3.2 为了验证试验条件,在另一份 500 mL 基础营养基溶液(7.2)中加入直链十二烷基苯磺酸钠溶液或直链十二醇聚氧乙烯醚(7EO)溶液(7.1.2)作为对照试验培养瓶,使浓度约 30 mg/L。

7.3.3 空白试验液 基础营养基溶液(7.2)500 mL,不加表面活性剂。

7.4 活性污泥的接种

在 7.3 的各培养瓶中,分别加入 5 mL 活性污泥悬浊液(6.9)。

7.5 培养

将培养瓶安装在振荡培养机(5.2)上,于 25℃±30℃进行振荡,开始培养 72 h。

7.6 驯化

量取基础营养基溶液(7.2)500 mL 于驯化瓶中,加入培养液(7.5)5 mL,加入试验溶液(7.1.2)、(7.1.3)后,将驯化瓶安装在振荡培养机(5.2)上,于 25℃±3℃进行振荡,开始驯化 72 h。

7.7 生物降解度试验

量取基础营养基溶液(7.2)500 mL 于降解瓶中,加入驯化液(7.6)5 mL,加入试验溶液(7.1.2)、(7.1.3)后,将降解瓶安装在振荡培养机(5.2)上,于 25℃±3℃进行振荡,振荡 30 min 后取样。按附录中相应的定量方法测定初始降解液的表面活性剂浓度。以后根据要求在需要时间内取样测定,逐步得到 DT-90 试验结果。或在满 7 d 及满 8 d 时,分别从各降解液瓶中取样测定降解液中的表面活性剂浓度。测定方法据试样特性分别按附录 A、附录 B、附录 C、附录 D、附录 E 进行,附录中涉及的表面活性剂测定方法可根据工作曲线直接使用,也可按一元回归方程 $y=a+bx$ 计算使用。

如果不及时测定,则按每 100 mL 阴离子表面活性剂试样溶液中加入 1 mL 甲醛溶液(6.10)以便保存。其他表面活性剂试验溶液不可加甲醛保存,否则会影响结果的准确性。

8 结果计算

表面活性剂的生物降解度由降解初始质量浓度(mg/L)或初始泡沫体积(mL)与降解后质量浓度(mg/L)或降解后泡沫体积(mL)之差对降解初始浓度或初始体积的比值,求出相应时间的表面活性剂降解百分率,按下式计算出生物降解度 D,所得结果修约至小数点后一位。

$$D=\frac{\rho_0-\rho_x}{\rho_0}\times 100 \quad 或 \quad D=\frac{V_0-V_x}{V_0}\times 100 \qquad \cdots\cdots(1)$$

式中:

D——x 时间后的生物降解度,%;

ρ_0——降解开始时降解液中表面活性剂的浓度,mg/L;

ρ_x——降解 x 时间后降解液中表面活性剂的浓度,mg/L;

V_0——降解开始时降解液中表面活性剂的泡沫体积,mL;

V_x——降解 x 时间后降解液中表面活性剂的泡沫体积,mL。

9 试验条件

如果参照物直链十二烷基苯磺酸钠的生物降解度低于 97.5%或直链十二醇聚氧乙烯醚(7EO)的生物降解度低于 95.0%,以及第 7 天和第 8 天的降解度之差大于 2.0%时,则试验无效。

10 结果报告

根据要求,DT-90 的结果以降解度达到 90%所消耗的时间报出;和(或)最终降解结果以第 7 天的降解度(%)报出。

附 录 A
（规范性附录）
阴离子表面活性剂的测定——亚甲基蓝法

A.1 方法概要

阴离子表面活性剂与亚甲基蓝形成的络合物用三氯甲烷萃取，然后用分光光度法测定阴离子表面活性剂含量。

A.2 应用范围

本方法适用于含磺酸基和硫酸基的阴离子表面活性剂。

A.3 试剂

A.3.1 阴离子表面活性剂

按 GB/T 5173 测定纯度。

表面活性剂标准溶液：称取相当于 100% 的参照物(6.7)1 g(准确至 0.001 g)，用水溶解、转移并定容至 1 000 mL，混匀。此溶液阴离子表面活性剂质量浓度为 1 g/L。移取此溶液 10.0 mL，于 1 000 mL 容量瓶中，加水定容，混匀，则该使用溶液阴离子表面活性剂质量浓度为 0.01 mg/mL。

A.3.2 硫酸(GB/T 625)

A.3.3 磷酸二氢钠(GB/T 1267)

磷酸二氢钠洗涤液：将磷酸二氢钠 50 g 溶于水中，加入硫酸(A.3.2)6.8 mL，定容至 1 000 mL。

A.3.4 亚甲基蓝

亚甲基蓝溶液：称取亚甲基蓝 0.1 g，用水溶解并稀释至 100 mL，移取此溶液 30 mL，用磷酸二氢钠洗涤液(A.3.3)稀释至 1 000 mL。

A.3.5 三氯甲烷(GB/T 682)。

A.4 仪器

普通实验室仪器和分光光度计，波长 360 nm～800 nm。

A.5 工作曲线的绘制

准确移取质量浓度为 0.01 mg/mL 阴离子表面活性剂使用溶液(A.3.1)0 mL(作为空白参比液)、3.0 mL、6.0 mL、9.0 mL、12.0 mL、15.0 mL，分别于 250 mL 分液漏斗中，加水使总体积达 100 mL。加入亚甲基蓝溶液(A.3.4)25 mL，混匀后加入三氯甲烷(A.3.5)15 mL，振荡 30 s，静置分层；若水层中蓝色褪去，应补加亚甲基蓝溶液 10 mL，再振荡 30 s，静置 10 min。

将三氯甲烷层放入另一 250 mL 分液漏斗中(切勿将界面絮状物随三氯甲烷带出)，重复萃取至三氯甲烷层无色。

合并的三氯甲烷萃取液中加入磷酸二氢钠溶液(A.3.3)50 mL，振荡 30 s，静置 10 min，将三氯甲烷层通过洁净的脱脂棉过滤到 100 mL 容量瓶中，加入三氯甲烷 5 mL 到分液漏斗中，重复萃取至三氯甲烷层无色，所有的三氯甲烷层均经脱脂棉过滤到 100 mL 容量瓶中，再以少许三氯甲烷淋洗脱脂棉，定容，混匀。

用分光光度计于波长 650 nm、10 mm 比色池，以空白参比液做参比，测定试液的净吸光值。以表面活性剂质量(μg)为横坐标，净吸光值为纵坐标，绘制工作曲线或以一元回归方程 $y=a+bx$ 计算。

A.6 降解试液中表面活性剂含量的测定

准确移取适量体积(降解初始取样量 2 mL～5 mL,降解过程取样量可适当增加至 50 mL)的降解液(7.7)于 250 mL 分液漏斗中,加水至 100 mL,以下步骤按 A.5"加入亚甲基蓝溶液 25 mL……定容,混匀"程序进行。

以同样程序测定空白试验液(7.3.3)。

用分光光度计于波长 650 nm、10 mm 比色池,以空白试验液做参比,测定试液的净吸光值,由净吸光值与工作曲线或 $y=a+bx$ 计算得到表面活性剂质量浓度,以 $\mu g/mL$ 表示。

A.7 结果计算

阴离子表面活性剂的质量浓度按式(A.1)计算:

$$\rho=\frac{m}{V} \qquad \cdots\cdots\cdots\cdots (A.1)$$

式中:

ρ——阴离子表面活性剂的质量浓度,$\mu g/mL$;

m——从工作曲线或计算得到的试液中阴离子表面活性剂含量,μg;

V——取样体积,mL。

附　录　B
（规范性附录）
乙氧基型表面活性剂的测定——硫氰酸钴法

B.1　方法概要

乙氧基型表面活性剂与硫氰酸钴所形成的络合物用三氯甲烷萃取，然后用分光光度法测定表面活性剂含量。

B.2　应用范围

本方法适用于聚氧乙烯型单链 EO 加合数 3～40，双链、三链、四链总 EO 加合数 6～60 的表面活性剂以及聚乙二醇（摩尔质量 300 g/mol～1 000 g/mol）、聚醚等表面活性剂。

B.3　试剂

B.3.1　表面活性剂

按 GB/T 13173.3 测定纯度。

表面活性剂标准溶液：称取相当于 100％的参照物（6.8）1 g（准确至 0.001 g），用水溶解，转移并定容至 1 000 mL，混匀。此溶液表面活性剂质量浓度为 1 g/L。移取此溶液 25.0 mL 于 250 mL 容量瓶中，加水定容，混匀，则该使用溶液表面活性剂质量浓度为 0.1 mg/L。

B.3.2　硫氰酸铵（GB/T 660）

B.3.3　硝酸钴（六水合物）（GB/T 15898）

B.3.4　苯（GB/T 690）

B.3.5　硫氰酸钴铵溶液

将 620 g 硫氰酸铵（B.3.2）和 280 g 硝酸钴（B.3.3）溶于少量水中，混合均匀后定容至 1 000 mL，然后分别用 30 mL 苯萃取两次后备用。

B.3.6　氯化钠（GB/T 1266）

B.3.7　三氯甲烷（GB/T 682）

B.4　仪器

普通实验室仪器；

紫外分光光度计，波长 200 nm～800 nm。

B.5　工作曲线的绘制

准确移取质量浓度为 0.1 mg/mL 表面活性剂使用溶液（B.3.1）0 mL（作为空白参比液）、5.0 mL、10.0 mL、20.0 mL、25.0 mL、30.0 mL、35 mL，分别于 250 mL 分液漏斗中，加水使总体积达 100 mL，加入硫氰酸钴铵溶液（B.3.5）15 mL，稍混匀加入 35.5 g 氯化钠（B.3.6），充分振荡 1 min，静置 15 min 后加入三氯甲烷（B.3.7）15 mL，再振荡 1 min，静置 15 min 后将三氯甲烷层放入 50 mL 容量瓶中（切勿将界面絮状物随三氯甲烷层带出），再重复萃取两次，用三氯甲烷定容，混匀。

用紫外分光光度计于波长 319 nm、10 mm 比色池，以空白参比液做参比，测定试液的净吸光值。以表面活性剂质量（μg）为横坐标，净吸光值为纵坐标，绘制工作曲线或以一元回归方程 $y=a+bx$ 计算。

B.6　降解试液中表面活性剂含量的测定

准确移取降解试液（7.7）50.0 mL 于 250 mL 分液漏斗中，加水 50 mL（降解近终点时降解试液移取量应增加至 100 mL,不再补加水),以下步骤按 B.5“加入硫氰酸钴铵溶液 15 mL……用三氯甲烷定容,混匀”程序进行。

以同样程序测定空白试验液(7.3.3)。

用紫外分光光度计于波长 319 nm、10 mm 比色池,以空白试验液做参比,测定试液的净吸光值。由净吸光值与工作曲线或 $y=a+bx$ 计算得到表面活性剂质量浓度,以 μg/mL 表示。

B.7 结果计算

乙氧基型表面活性剂的质量浓度按式(B.1)计算:

$$\rho=\frac{m}{V} \qquad \cdots\cdots(B.1)$$

式中:

ρ——乙氧基型表面活性剂质量浓度,μg/mL;

m——从工作曲线或计算得到的试液中乙氧基型表面活性剂含量,μg;

V——取样体积,mL。

注:阴离子表面活性剂、阳离子表面活性剂、两性表面活性剂及聚乙二醇的存在,会影响分析结果的准确性,应预先分离除去。聚乙二醇的分离见 GB/T 5560;其他表面活性剂的分离见 GB/T 13173.3。

附 录 C
（规范性附录）
阳离子和两性离子表面活性剂的测定——金橙-2 法

C.1 总则

pH＝1 缓冲体系适用于两性离子表面活性剂、阳离子表面活性剂及二者混和物；pH＝5 缓冲体系适用于阳离子表面活性剂。当试样为阳离子和两性离子表面活性剂混合物时，在 pH＝5 时得到阳离子表面活性剂的吸光值，在 pH＝1 时得到阳离子和两性离子表面活性剂的总吸光值，二者之差即为两性离子表面活性剂吸光值。

C.2 阳离子表面活性剂的测定

C.2.1 方法概要

阳离子表面活性剂与金橙-2 在 pH＝5 的缓冲条件下形成的络合物用三氯甲烷萃取，然后用分光光度法测定阳离子表面活性剂含量。

C.2.2 应用范围

本方法适用于阳离子表面活性剂。

C.2.3 试剂

C.2.3.1 十六烷基三甲基溴化铵溶液

按 GB/T 5174 测定纯度。

表面活性剂标准溶液：称取相当于 100％的十六烷基三甲基溴化铵 1.0 g(准确至 0.001 g)，用水溶解，转移并定容至 1 000 mL，混匀，此溶液表面活性剂质量浓度为 1 g/L。移取此溶液 10.0 mL 于 1 000 mL容量瓶中，加水定容，混匀，则该使用溶液表面活性剂质量浓度为 0.01 mg/mL。

C.2.3.2 金橙-2 溶液

称取 0.1 g 金橙-2 溶于 100 mL 水中，混匀。

C.2.3.3 乙酸(GB/T 676)

0.2 mol/L 乙酸溶液。

C.2.3.4 无水乙酸钠(GB/T 694)

0.2 mol/L 乙酸钠溶液。

C.2.3.5 缓冲溶液，pH＝5

量取 0.2 mol/L 乙酸溶液 59 mL，0.2 mol/L 乙酸钠溶液 141 mL 混匀备用。

C.2.3.6 三氯甲烷(GB/T 682)

C.2.4 仪器

普通实验室仪器；

分光光度计，波长 360 nm～800 nm。

C.2.5 工作曲线的绘制

准确移取浓度为 0.01 mg/mL 表面活性剂使用溶液(C.2.3.1)0 mL(作为空白参比液)、5.0 mL、10.0 mL、15.0 mL、20.0 mL、25.0 mL、30.0 mL、35.0 mL 分别于 250 mL 分液漏斗中，加水使体积达 100 mL，加入 pH＝5 缓冲溶液(C.2.3.5)10 mL，金橙-2 溶液(C.2.3.2)3 mL，混匀后加入三氯甲烷 10 mL，振荡 30 s，静置 10 min 后放入 50 mL 容量瓶中(切勿将絮状物随三氯甲烷带出)，重复萃取，直至三氯甲烷无色，用三氯甲烷定容，混匀。

用分光光度计于波长 485 nm、10 mm 比色池，以空白参比液做参比，测定试液的净吸光值。以表面活性剂质量(μg)为横坐标,净吸光值为纵坐标,绘制工作曲线或以一元回归方程 $y=a+bx$ 计算。

C.2.6 降解试液中表面活性剂含量的测定

准确移取降解液(7.7)10 mL 于 250 mL 分液漏斗中,以下步骤按 C.2.5“加水至 100 mL……用三氯甲烷定容,混匀”程序进行。

以同样程序测定空白试验液(7.3.3)。

用分光光度计于波长 485 nm、10 mm 比色池,以空白试验液做参比,测定试液的净吸光值。由净吸光值与工作曲线或 $y=a+bx$ 计算得到表面活性剂浓度,以 μg/mL 表示。

C.2.7 结果计算

阳离子表面活性剂的质量浓度按式(C.1)计算:

$$\rho=\frac{m}{V} \qquad \cdots\cdots(C.1)$$

式中:

ρ——阳离子表面活性剂质量浓度,μg/mL;

m——从工作曲线或计算得到的试液中阳离子表面活性剂含量,μg;

V——取样体积,mL。

C.3 两性离子表面活性剂的测定

C.3.1 方法概要

两性离子表面活性剂与金橙-2 在 pH=1 的缓冲条件下形成的络合物用三氯甲烷萃取,然后用分光光度法测定两性离子表面活性剂含量。

C.3.2 应用范围

本方法适用于两性离子表面活性剂,也适用于阳离子表面活性剂及二者的混合物。

C.3.3 试剂

C.3.3.1 脂肪烷基二甲基甜菜碱溶液

按 QB/T 2344 测定纯度。

表面活性剂标准溶液:准确称取相当于 100% 的脂肪烷基二甲基甜菜碱 1.0 g(准确至 0.001 g),用水溶解,转移并定容至 1 000 mL,混匀。此溶液表面活性剂质量浓度为 1 g/L。移取此溶液 10.0 mL 于 1 000 mL 容量瓶中,加水定容,混匀,则该使用溶液表面活性剂质量浓度为 0.01 mg/mL。

C.3.3.2 金橙-2 溶液

配制同 C.2.3.2。

C.3.3.3 盐酸(GB/T 62)

0.2 mol/L 盐酸溶液。

C.3.3.4 氯化钾(GB/T 646)

0.2 mol/L 氯化钾溶液。

C.3.3.5 缓冲溶液,pH=1

量取 0.2 mol/L 盐酸溶液(C.3.3.3)97 mL,0.2 mol/L 氯化钾溶液(C.3.3.4)53 mL,加水 50 mL 摇匀备用。

C.3.3.6 三氯甲烷(GB/T 682)。

C.3.4 仪器

同 C.2.4。

C.3.5 工作曲线的绘制

参照 C.2.5 进行。

C.3.6 降解试液中表面活性剂含量的测定

参照 C.2.6 进行。

C.3.7 结果计算

表面活性剂的质量浓度参照 C.2.7 计算。

附 录 D
（规范性附录）
烷基糖苷类表面活性剂的测定——蒽酮法

D.1 方法概要

烷基糖苷类表面活性剂在酸性体系中水解生成的糖可与蒽酮反应，生成绿色的络合物，以分光光度法测定表面活性剂含量。

D.2 应用范围

本方法适用于烷基糖苷类和糖酯类的表面活性剂。

D.3 试剂

D.3.1 烷基糖苷溶液

按 GB/T 19464 测定纯度。

表面活性剂标准溶液：称取相当于 100% 的烷基糖苷 1.0 g（准确至 0.001 g），用水溶解，转移并定容至 1 000 mL，混匀。此溶液表面活性剂质量浓度为 1 g/L。移取此溶液 5.0 mL 用水稀释至 100 mL，混匀，则该使用溶液表面活性剂质量浓度为 0.05 mg/mL。

D.3.2 蒽酮

D.3.3 硫酸（GB/T 625）

D.3.4 蒽酮硫酸试剂

取 0.08 g 蒽酮溶于 100 mL 硫酸中（此溶液需保存在冰箱内，隔数日应重新更换）。

D.4 仪器

普通实验室仪器和

D.4.1 分光光度计，360 nm～800 nm；

D.4.2 纳氏比色管，10 mL。

D.5 工作曲线的绘制

准确移取质量浓度为 0.05 μg/mL 的表面活性剂（D.3.1）使用溶液 0 mL（作为空白参比液）、0.25 mL、0.50 mL、1.00 mL、1.50 mL、2.00 mL 于纳氏比色管（D.4.2）中，加水至 2.0 mL，滴加 5.0 mL蒽酮硫酸试剂（D.3.4）加盖置沸水浴中加热 5 min 后，取出立即冷却，摇匀，放置 50 min 后用分光光度计于波长 625 nm、10 mm 比色池，以空白参比液做参比，测定试液的净吸光值。以表面活性剂质量（μg）为横坐标，净吸光值为纵坐标，绘制工作曲线或以一元回归方程 $y=a+bx$ 计算。

D.6 降解液中表面活性剂含量的测定

准确移取降解液（7.7）2.0 mL 到纳氏比色管（D.4.2）中，以下步骤按 D.5 中“滴加 5.0 mL 蒽酮硫酸试剂，……摇匀”程序进行。

用同样程序测定空白试验液（7.3.3）。

用分光光度计于波长 625 nm、10 mm 比色池，以空白试验液为参比，测定试液的净吸光值。由净吸光值与工作曲线或 $y=a+bx$ 计算得到表面活性剂质量浓度，以 μg/mL 表示。

D.7 结果计算

烷基糖苷类表面活性剂的质量浓度按式(D.1)计算：

$$\rho = \frac{m}{V} \qquad \cdots\cdots (D.1)$$

式中：

ρ——烷基糖苷类表面活性剂质量浓度，$\mu g/mL$；

m——从工作曲线或计算得到的试液中烷基糖苷类表面活性剂含量，μg；

V——取样体积，mL。

附 录 E
（规范性附录）
泡 沫 体 积 法

E.1 方法概要

在规定条件下振荡试液，以生成泡沫体积测定表面活性剂含量。

E.2 应用范围

当表面活性剂不适用附录A、B、C、D等方法测定，但同时又具较丰富泡沫的试样可以使用本方法。

E.3 仪器

具塞量筒，100 mL，分度值1 mL。

E.4 测定

在具塞量筒中注入降解试液(7.7)至50.0 mL，盖好塞子用力上下振荡50次(每秒2次)，静置30 s后仔细观测试液和泡沫的总体积，重复试验，取两次测定结果的平均值，同时取空白试验液测定。

E.5 结果计算

表面活性剂的泡沫体积按式(E.1)计算：

$$V = V_1 - V_2 \qquad \text{(E.1)}$$

式中：

V——泡沫的净体积，mL；

V_1——试液和泡沫的总体积，mL；

V_2——空白试验液和泡沫的总体积，mL。

ICS 83.140.30
G 33

中华人民共和国国家标准

GB/T 15819—2006
代替 GB/T 15819—1995

灌溉用聚乙烯(PE)管材 由插入式管件引起环境应力开裂敏感性的试验方法和技术要求

Polyethylene (PE) pipes for irrigation laterals—Test method and specification of susceptibility to environmental stress cracking induced by insert-type fittings

(ISO 8796:2004,MOD)

2006-02-21 发布　　2006-08-01 实施

中华人民共和国国家质量监督检验检疫总局
中国国家标准化管理委员会　发布

前　言

本标准修改采用国际标准 ISO 8796:2004《灌溉支管用聚乙烯(PE32 和 PE40)管材——由插入式管件引起的环境应力开裂敏感性——试验方法和技术要求》。

本标准技术内容与 ISO 8796:2004 一致,主要差别是:

国际标准适用于符合 ISO 8779 中与插入式管件配合的 PE32 和 PE40 管材,本标准按我国实际使用情况,未规定所用聚乙烯管材的等级。

本标准代替 GB/T 15819—1995《灌溉支管用聚乙烯(PE)25 管材　由插入式管件引起环境应力开裂敏感性的试验方法和技术要求》。

本标准与 GB/T 15819—1995 版相比主要变化如下:

——取消对管材 PE 材料等级的限制;

——原标准中所用试剂为纯试剂,现改为 10%浓度溶液;

——增加"对试样进行 24 h 状态调节"的要求;

——将试验条件:温度(50±2)℃、时间 30 min 改为温度(70±2)℃、时间 60 min;

——对试验方法作了调整。

本标准由中国轻工业联合会提出。

本标准由全国塑料制品标准化技术委员会管材、管件及阀门分技术委员会(TC 48/SC 3)归口。

本标准由福建亚通新材料科技股份有限公司、新疆天业股份有限公司起草。

本标准主要起草人:魏作友、薛惠钦、魏健。

本标准所代替标准的历次版本发布情况为:GB/T 15819—1995。

灌溉用聚乙烯(PE)管材由插入式管件引起环境应力开裂敏感性的试验方法和技术要求

1 范围

本标准规定了灌溉用聚乙烯(PE)管材由插入式管件引起环境应力开裂敏感性的试验方法和技术要求。

本标准适用于用插入式管件配合的灌溉用聚乙烯(PE)压力管材的环境应力开裂敏感性试验方法。

2 术语和定义

下列术语和定义适用于本标准。

2.1 插入式管件

利用其表面的环状锯齿或其他形状,使管材涨大而被箍紧的管件,见图 1。

图 1 插入式管件示意图

3 原理

经状态调节的管段两端 180°弯折,以形成两个 U 弯,并在(70±2)℃下将其浸于含活性溶液的玻璃烧杯中放置 1h,然后将管段取出擦拭干净后检查弯折处的可见裂纹。

4 设备

具有恒温、鼓风装置的烘箱,能使温度控制在(70±2)℃范围内。试样放入烘箱后,5 min 内应能重新达到试验温度。

注:如果恒温浴也有与上述烘箱相同的热性能,则可用恒温浴代替烘箱。

5 试剂

未稀释的壬基酚聚氧乙烯醚(TX-10),化学结构式为:$C_9H_{19}-C_6H_4-O[-CH_2CH_2O-]_{10}H$,应保存于密闭容器中。

6 试样

每组 5 个试样,应分别从同一批管材的 5 卷盘管上取样,试样长度约为 $20d_n$(d_n 为管材的公称直径)。

试样应无任何裂纹。

7 试验步骤

7.1 在将试样弯折前，试样在(23±2)℃的环境温度下进行不少于 24 h 的状态调节。

7.2 将试样两端朝两个互相垂直的平面内 180°弯折，使试样在这两个互相垂直的平面内形成两个“U”形弯折，弯折处应距试样端口 $3d_n$ 以上[见图 2a)和图 2b)]。用箍带或 PE 环绑住弯折以保持弯折状态[见图 2b)]。

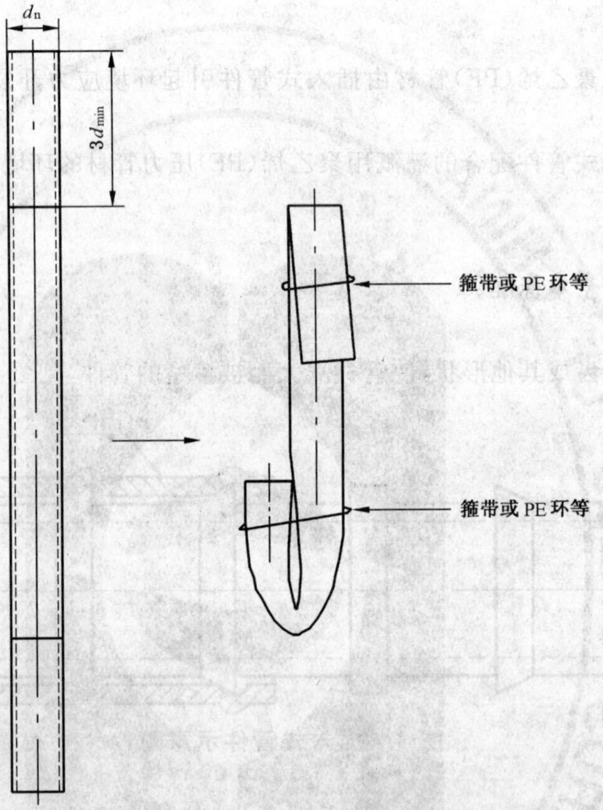

图 2 试样制备

7.3 取 10%新鲜溶剂和 90%水在烧杯中混合制备活性溶液，用磁力搅拌器搅拌 1h。每次试验取新鲜溶液。

7.4 将所有试样浸置于装有浓度为 10%活性水溶液(质量分数)的烧杯中，然后将烧杯置于烘箱或恒温浴中。

7.5 在(70±2)℃的鼓风烘箱或恒温浴中放置 60 min 后，取出烧杯。

7.6 将所有的试样从烧杯中取出并擦净弯折处的溶液。

7.7 用肉眼全面检查每个弯折处是否出现可见裂纹。

8 结果判定

试验结果按以下规则判定。

8.1 每一弯折若出现一处或一处以上裂纹为不合格(不包括由用于保持弯折状态的箍带或 PE 环导致的裂纹)。

8.2 试样弯折处变白不应判为不合格。

8.3 记录不合格的弯折总数，每个试样的两个弯折应独立进行判定和计算裂纹数。

9 重复试验

如果一组试样中有一个弯折不合格而其他九个合格，应再取一组试样(5个试样，10个弯折)重复进行整个试验。

10 技术要求

试样不合格弯折数不超过10%判定试验合格。

11 试验报告

试验报告应包括以下内容：

a) 本标准编号；

b) 所有用于表征试样的必要内容；

c) 管材公称尺寸；

d) 试样数量；

e) 不合格弯折总数；

f) 试验结果(管材是否通过试验的判定)；

g) 试验时间。

ICS 91.220
P 97

GB

中华人民共和国国家标准

GB 15831—2006
代替 GB 15831—1995

钢管脚手架扣件

Steel tube scaffold couplers

2006-09-12 发布　　2007-03-01 实施

中华人民共和国国家质量监督检验检疫总局
中国国家标准化管理委员会　发布

前言

本标准第5章中5.1～5.5、5.7、5.8.1、5.8.2是强制性条款，其余是推荐性条款。

本标准参考了国际标准ISO 4054—1980《钢管脚手架、对接销和底板要求及检验程序》。

本标准代替GB 15831—1995《钢管脚手架扣件》，与GB 15831—1995相比主要修改如下：

——5.4将扭转刚度旋转角修改为扭转刚度试验位移值的要求。

——5.6增加了对扣件用脚手架钢管公称外径、壁厚的允许偏差及力学性能的要求。

——5.7增加了对铆钉及旋转扣件中心铆钉尺寸的要求。

——5.8取消了外观检验的部分要求。

——5.8.11增加了在产品铸件上铸出生产年号的要求。

——第6章增加了对扣件用螺栓、钢管试验方法的要求。

本标准由中华人民共和国建设部提出。

本标准由建设部建筑工程标准技术归口单位中国建筑科学研究院归口。

本标准负责起草单位：中国建筑科学研究院建筑机械化研究分院。

本标准参加起草单位：云南省云海玛钢有限公司、孟村回族自治县机械厂、北京圆三角玛钢厂。

本标准主要起草人：王峰、李桂华、王悦儒、赵长生、孟晓东、廉成湖。

本标准首次发布日期1995年12月。

钢管脚手架扣件

1 范围

本标准规定了钢管脚手架扣件分类、技术要求、试验方法、检验规则、标志、包装、运输和贮存。

本标准适用于建筑工程中钢管公称外径为48.3 mm的脚手架、井架、模板支撑等使用的由可锻铸铁或铸钢制造的扣件，也适用于市政、水利、化工、冶金、煤炭和船舶等工程中使用的扣件。公称外径为51 mm的钢管脚手架扣件及在用的扣件也可参照本标准执行。

2 规范性引用文件

下列文件中的条款通过本标准的引用而成为本标准的条款。凡是注日期的引用文件，其随后所有的修改单(不包括勘误的内容)或修订版均不适用于本标准，然而，鼓励根据本标准达成协议的各方研究是否可使用这些文件的最新版本。凡是不注日期的引用文件，其最新版本适用于本标准。

GB/T 95　平垫圈　C级　(GB/T 95—2002,EQV ISO 7091:2000)

GB/T 196　普通螺纹　基本尺寸(GB/T 196—2003,ISO 724:1993,MOD)

GB/T 228　金属材料　室温拉伸试验方法(GB/T 228—2002,EQV ISO 6892:1998)

GB/T 700　碳素结构钢

GB/T 867　半圆头铆钉

GB/T 2828.1　计数抽样检验程序　第1部分:按接收质量限(AQL)检索的逐批检验抽样计划(GB/T 2828.1—2003,ISO 2859-1:1999,IDT)

GB/T 3091　低压流体输送用焊接钢管(GB/T 3091—2001,NEQ ISO 559:1991)

GB/T 3098.1　紧固件机械性能　螺栓、螺钉和螺柱(GB/T 3098.1—2000,IDT ISO 898-1:1999)

GB/T 3098.2　紧固件机械性能　螺母　粗牙螺纹(GB/T 3098.2—2000,IDT ISO 898-2:1999)

GB/T 9440　可锻铸铁件(GB/T 9440—1988,NEQ ISO 5922:1981)

GB/T 11352　一般工程用铸造碳钢件(GB/T 11352—1989,NEQ ISO 3755:1975)

3 术语定义和符号

3.1 术语和定义

下列术语和定义适用于本标准。

3.1.1

钢管脚手架扣件　steel tube scaffold couplers

用可锻铸铁或铸钢制造的用于固定脚手架、井架等支撑体系的连接部件，简称扣件。

3.1.2

直角扣件　right angle coupler

连接两根呈垂直交叉钢管的扣件。

3.1.3

旋转扣件　swivel coupler

连接两根呈任意角度交叉钢管的扣件。

3.1.4

对接扣件　sleeve coupler

连接两根对接钢管的扣件。

3.1.5

底座　base-plate

用于承受脚手架立柱荷载的可锻铸铁件或铸钢件。

3.2　符号

f:扭转刚度试验的位移值;

P:荷载;

Δ:抗拉试验的位移值;

Δ_1:横管的位移值;

Δ_2:竖管上扣件盖板的位移值。

4　分类

4.1　主参数

扣件主参数为钢管外径,单位:mm。

4.2　扣件型式

扣件按结构型式分直角扣件、旋转扣件、对接扣件和底座,扣件型式见图1。

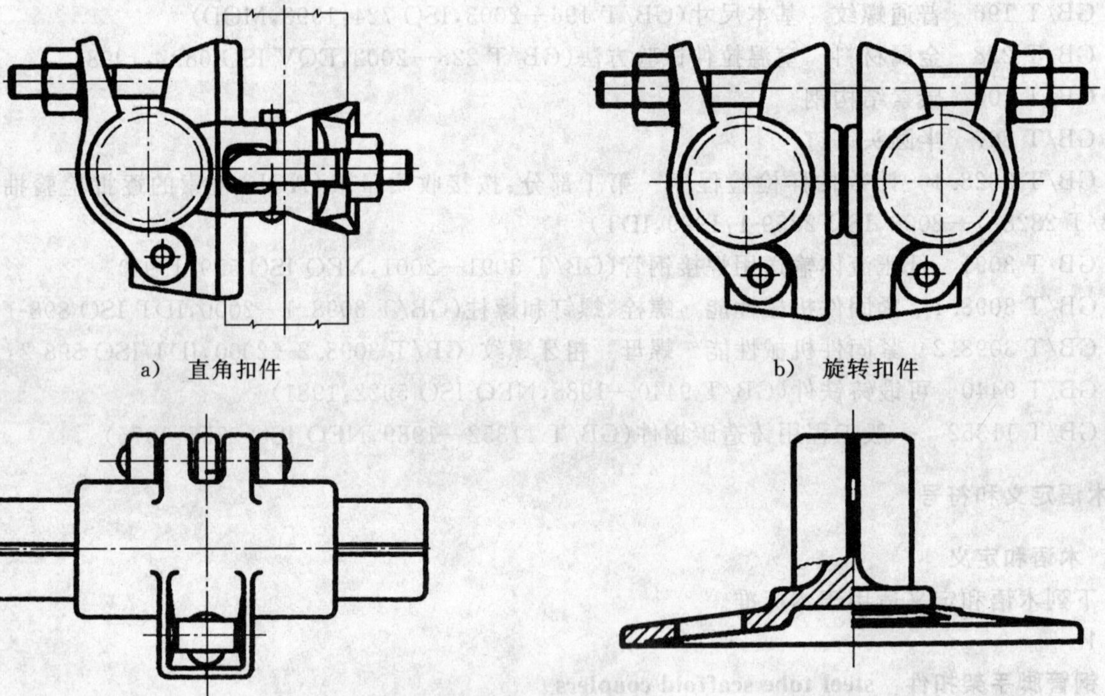

a)　直角扣件　　b)　旋转扣件　　c)　对接扣件　　d)　底座

图1　扣件型式示意图

4.3　代号

扣件代号:GK:钢管脚手架扣件;

型式代号:Z:直角;U:旋转;D:对接;DZ:底座;

变型更新代号:A、B、C……分别为第1次更新、第2次更新、第3次更新……。

4.4　扣件型号

扣件型号由扣件代号、型式代号、主参数、变型更新代号以及所执行标准的代号组成。型号说明如下:

□ □ □ □ GB 15831—2006

变型更新代号：用 A、B、C…… 表示

主参数：脚手架钢管外径，单位：mm

型式代号：Z：直角；U：旋转；D：对接；DZ：底座

扣件代号：GK

4.5 标记示例

a) 脚手架钢管外径为 48.3 mm，第 1 次变型更新的直角扣件。

标记为：GKZ48A GB 15831—2006

b) 脚手架钢管外径为 48.3 mm，第 1 次变型更新的底座。

标记为：GKDZ48A GB 15831—2006

5 技术要求

5.1 扣件应按规定程序批准的图样进行生产。

5.2 扣件铸件的材料应采用 GB/T 9440 中所规定的力学性能不低于 KTH 330-08 牌号的可锻铸铁或 GB/T 11352 中 ZG 230—450 铸钢。

5.3 扣件在主要部位不得有缩松、夹渣、气孔等铸造缺陷。扣件应严格整形，与钢管的贴和面应紧密接触，应保证扣件抗滑、抗拉性能。

5.4 扣件与底座的力学性能应符合表 1 的要求。

表 1 扣件力学性能

性能名称	扣件型式	性能要求
抗滑	直角	$P=7.0$ kN 时，$\Delta_1\leqslant7.00$ mm；$P=10.0$ kN 时，$\Delta_2\leqslant0.50$ mm
	旋转	$P=7.0$ kN 时，$\Delta_1\leqslant7.00$ mm；$P=10.0$ kN 时，$\Delta_2\leqslant0.50$ mm
抗破坏	直角	$P=25.0$ kN 时，各部位不应破坏
	旋转	$P=17.0$ kN 时，各部位不应破坏
扭转刚度	直角	扭力矩为 900 N·m 时，$f\leqslant70.0$ mm
抗拉	对接	$P=4.0$ kN 时，$\Delta\leqslant2.00$ mm
抗压	底座	$P=50.0$ kN 时，各部位不应破坏

5.5 扣件（除底座外）应经过 65 N·m 扭力矩试压，扣件各部位不应有裂纹。

5.6 扣件用脚手架钢管应采用 GB/T 3091 中公称外径为 48.3 mm 的普通钢管，其公称外径、壁厚的允许偏差及力学性能应符合 GB/T 3091 的规定。

5.7 扣件用 T 型螺栓、螺母、垫圈、铆钉采用的材料应符合 GB/T 700 的有关规定。螺栓与螺母连接的螺纹均应符合 GB/T 196 的规定，垫圈的厚度应符合 GB/T 95 的规定，铆钉应符合 GB/T 867 的规定。T 型螺栓 M12，其总长应为（72±0.5）mm，螺母对边宽应为（22±0.5）mm，厚度应为（14±0.5）mm；铆钉直径应为（8±0.5）mm，铆接头应大于铆孔直径 1 mm；旋转扣件中心铆钉直径应为（14±0.5）mm。

5.8 外观和附件质量要求

5.8.1 扣件各部位不应有裂纹。

5.8.2 盖板与座的张开距离不得小于 50 mm；当钢管公称外径为 51 mm 时，不得小于 55 mm。

5.8.3 扣件表面大于 10 mm^2 的砂眼不应超过 3 处，且累计面积不应大于 50 mm^2。

5.8.4 扣件表面粘砂面积累计不应大于 150 mm^2。

5.8.5 错箱不应大于 1 mm。

5.8.6 扣件表面凸(或凹)的高(或深)值不应大于 1 mm。

5.8.7 扣件与钢管接触部位不应有氧化皮,其他部位氧化皮面积累计不应大于 150 mm^2。

5.8.8 铆接处应牢固,不应有裂纹。

5.8.9 T 型螺栓和螺母应符合 GB/T 3098.1、GB/T 3098.2 的规定。

5.8.10 活动部位应灵活转动,旋转扣件两旋转面间隙应小于 1 mm。

5.8.11 产品的型号、商标、生产年号应在醒目处铸出,字迹、图案应清晰完整。

5.8.12 扣件表面应进行防锈处理(不应采用沥青漆),油漆应均匀美观,不应有堆漆或露铁。

6 试验方法

6.1 试验条件及方法

6.1.1 试验应采用 GB/T 3091 中公称外径为 48.3 mm、壁厚为 3.5 mm 的钢管,其外表面应均匀涂覆红丹漆,并应在油漆干燥后进行试验。每做一次试验,扣件应移动一个紧固位置。

6.1.2 试验所用的液压式万能材料试验机和百分表的精度应为±1%,扭转刚度试验装置用的砣精度应为±2%,定力式扭力扳手精度应为±5%,环规、塞规应为 3 级精度。

6.1.3 试验用扣件的 T 型螺栓、螺母、垫圈应是未经使用过的合格品。

6.1.4 试验时,在横管上的直角扣件、旋转扣件的盖板与座之间的开口应向上。

6.1.5 扣件试验时,紧固螺栓的扭力矩应为 40 N·m。

6.1.6 扣件进行各项负荷试验时,加荷速度应控制在 300 N/s~400 N/s。

6.1.7 试验中总荷载应包括预加荷载。

6.2 直角扣件力学性能试验

6.2.1 抗滑性能试验

扣件在做抗滑性能试验时,当施于横管上(扣件两侧)竖向等速增加的荷载 P 达到规定值时,测量位移值 Δ_1 和 Δ_2(见图 2)。

单位为毫米

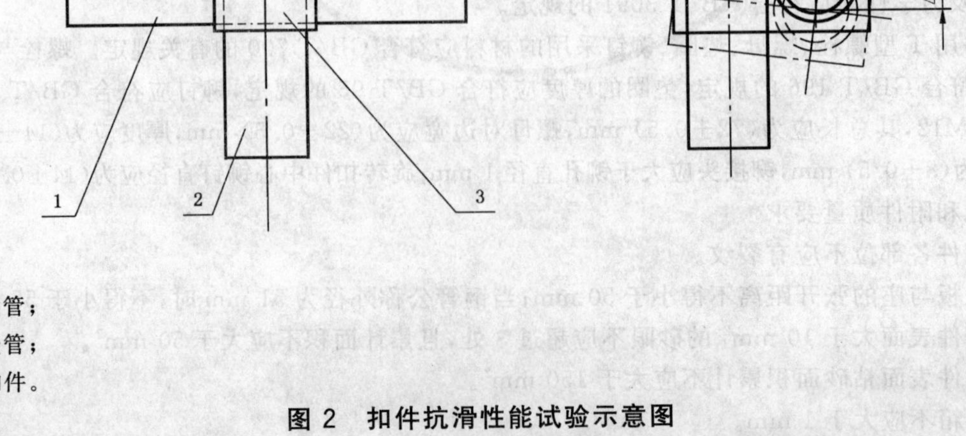

1——横管;

2——竖管;

3——扣件。

图 2 扣件抗滑性能试验示意图

在预加荷载 P 为 1.0 kN 时，将位移测量仪表调整到零点。当 P 增加至 7.0 kN 时，记下 Δ_1 值；当 P 增加至 10.0 kN 时，记下 Δ_2 值。

扣件的两个圆弧面均应进行试验。

6.2.2 抗破坏性能试验

抗滑性能试验后，未损坏的扣件可用作抗破坏性能试验。此时，应在扣件下部附加一个防滑支承垫(见图 3)。当 P 为 25.0 kN 时，扣件各部位不得破坏。

试验只做一个圆弧面。

单位为毫米

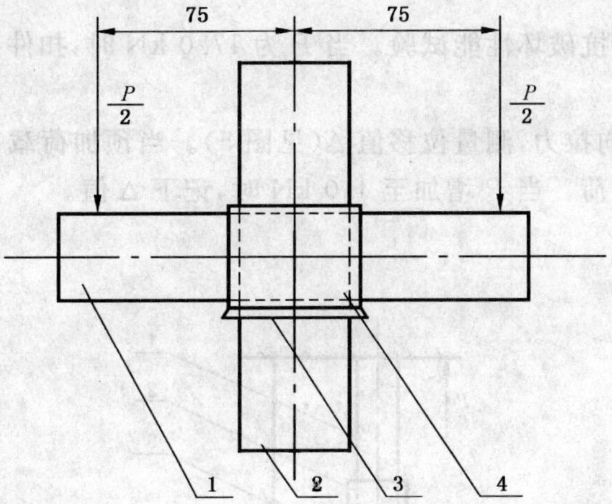

1——钢管；
2——竖管；
3——支承垫；
4——扣件。

图 3 扣件抗破坏性能试验示意图

6.2.3 扭转刚度性能试验

扣件安装在两根互相垂直的钢管上。横管长 2 000 mm 以上，在距中心 1 000 mm 处的横管上加荷载 P，在无荷载端距中心 1 000 mm 处测量横管位移值 f(见图 4)。

单位为毫米

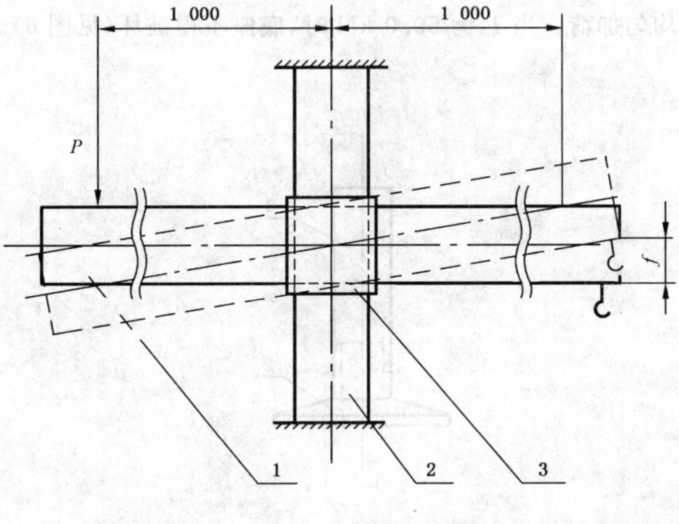

1——横管；
2——竖管；
3——扣件。

图 4 扣件扭转刚度性能试验示意图

在预加荷载 P 为 20 N 时，将测量仪表调整到零点。第一级加荷 80 N，然后以每 100 N 为一级加荷，直加到 900 N。在每级荷载下应立即记录测读值 f。

6.3 旋转扣件力学性能试验

6.3.1 抗滑性能试验

试验方法应符合本标准 6.2.1 的规定，预加荷载 P 应为 0.2 kN。当 P 增加至 7.0 kN 时，记下 Δ_1 值；当 P 增加至 10.0 kN 时，记下 Δ_2 值。

试验只做一个圆弧面。

6.3.2 抗破坏性能试验

在抗滑性能试验后，进行抗破坏性能试验。当 P 为 17.0 kN 时，扣件各部位不得破坏。

6.4 对接扣件抗拉性能试验

扣件承受等速增加的轴向拉力，测量位移值 Δ(见图 5)。当预加荷载 P 为 1.0 kN 时，将位移测量仪表调整到零点，然后继续加荷。当 P 增加至 4.0 kN 时，记下 Δ 值。

单位为毫米

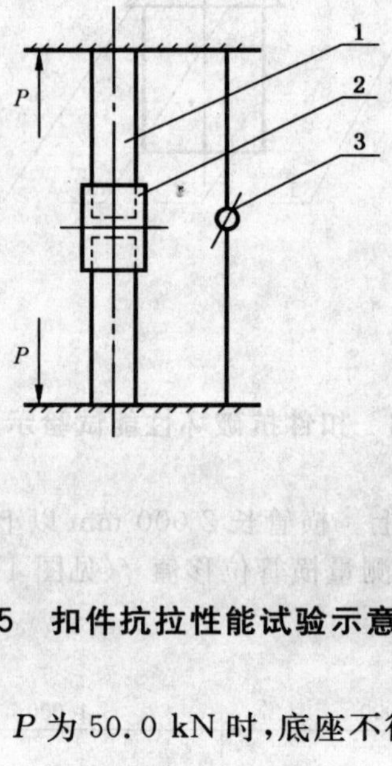

1——钢管；
2——扣件；
3——量具。

图 5 扣件抗拉性能试验示意图

6.5 底座抗压性能试验

以 1.0 kN/s 的速度均匀加荷。当 P 为 50.0 kN 时，底座不得破坏(见图 6)。

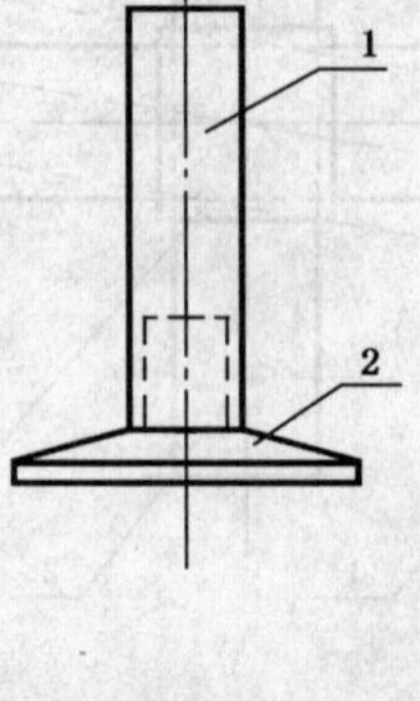

1——钢管；
2——底座。

图 6 底座抗压性能试验示意图

6.6 T型螺栓实物拉力试验

T型螺栓实物拉力试验方法应符合 GB/T 3098.1 的规定。

6.7 钢管力学性能试验

6.7.1 钢管的拉伸试验方法应符合 GB/T 228 和 GB/T 3091 的规定。

6.7.2 钢管试样应符合 GB/T 228 的规定。

6.8 扣件铸件材料力学性能试验

6.8.1 可锻铸铁力学性能试验方法应符合 GB/T 9440 的规定。

6.8.2 铸钢力学性能试验方法应符合 GB/T 11352 的规定。

7 检验规则

7.1 检验分类

扣件的检验分为出厂检验和型式检验。

7.2 出厂检验

7.2.1 出厂检验由生产厂质量检验部门按出厂检验要求进行检验，检验合格并签发产品出厂合格证后方准出厂。

7.2.2 出厂检验项目应符合表 2 的规定。

7.3 型式检验

7.3.1 凡属下列情况之一时应进行型式检验：

a) 新产品或老产品转厂生产的试制定型检定；

b) 正式生产后，如结构、材料、工艺有较大改变，可能影响产品性能时；

c) 正常生产时，累计 30 万件或连续生产 3 个月时；

d) 产品长期停产后，恢复生产时；

e) 出厂检验结果与上次型式检验有较大差异时；

f) 国家质量监督机构提出进行型式检验的要求时。

当型式检验不合格，产品应停止验收、停止出厂，由厂方采取有效措施，直至型式检验合格后才能恢复验收。

7.3.2 型式检验项目应符合表 2 的规定。

表 2 检验项目

序号	检验项目	检验方法	判定依据	型式检验	出厂检验
1	外观	直观法	5.3、5.8	√	√
2	直角扣件力学性能	6.2	5.4	√	√
3	旋转扣件力学性能	6.3	5.4	√	√
4	对接扣件抗拉性能	6.4	5.4	√	√
5	底座抗压	6.5	5.4	√	√
6	扣件铸件材料力学性能	6.8	5.2	—	√

7.4 抽样方法

7.4.1 按 GB/T 2828.1 中规定的正常检验二次抽样方案进行抽样(见表 3)。

表 3　正常检验二次抽样方案

项目类别	检验项目	检查水平	AQL	批量范围	样本	样本大小	Ac	Re
主要项目	抗滑性能 抗破坏性能 扭转刚度性能 抗拉性能 抗压性能	S-4	4	281～500	第一	8	0	2
					第二	8	1	2
				501～1 200	第一	13	0	3
					第二	13	3	4
				1 201～10 000	第一	20	1	3
					第二	20	4	5
一般项目	外观	S-4	10	281～500	第一	8	1	3
					第二	8	4	5
				501～1 200	第一	13	2	5
					第二	13	6	7
				1 201～10 000	第一	20	3	6
					第二	20	9	10

7.4.2　被检产品采用随机抽样。

7.4.3　抽样的批量范围

每批扣件必须大于 280 件。当批量超过 10 000 件，超过部分应作另一批抽样。

7.5　判定方法

7.5.1　单件直角扣件、旋转扣件和对接扣件应符合本标准 5.1～5.5、5.8.1 和 5.8.2 的要求，以及 5.8.3～5.8.12 中不少于七项要求，外观和附件质量为合格；底座应符合本标准 5.1～5.4 和 5.8.1 的要求，以及 5.8.3～5.8.7、5.8.11 和 5.8.12 中不少于四项要求，外观质量为合格。

7.5.2　批量产品按表 3 进行判定。

7.5.3　产品的力学性能、外观和附件质量均合格，才能称为合格。

7.6　经检验不予验收的产品，属外观、附件等一般项目的，允许生产厂返工，复检合格可提交验收。

8　标志、包装、运输和贮存

8.1　标志

8.1.1　产品上应铸出：

a）生产年号；

b）商标；

c）产品型号。

8.1.2　产品标志应设置在产品合格证上，应标明：

a）生产厂名；

b）商标；

c）产品型号；

d）数量；

e）生产日期；

f）检验员印记。

8.2 包装

扣件应分类包装，捆扎要牢固，每袋(箱)重量不超过 30 kg，每包应有产品合格证，包装上应标明：

a) 生产厂名；

b) 许可证号标记和编号；

c) 产品型号；

d) 数量。

8.3 运输

根据用户要求可采取各种运输方法。

8.4 贮存

产品存放应防锈、防潮。

ICS 55.180
G 43

GB

中华人民共和国国家标准

GB/T 15846—2006
代替 GB/T 15846—1995

集装箱门框密封条

The door gasket for freight container

2006-12-14 发布　　2007-05-01 实施

中华人民共和国国家质量监督检验检疫总局
中国国家标准化管理委员会　发布

前言

本标准代替 GB/T 15846—1995《集装箱门框密封条》。

本标准与 GB/T 15846—1995 的差异如下：

——将拉伸强度由“≥14 MPa”修订为“≥7 MPa”，适用于普通货物通用集装箱和保温集装箱(见1995 年版的表 1，本版的表 2)；

——将拉断伸长率由“≥400%”修订为“≥200%”，适用于普通货物通用集装箱和保温集装箱(见1995 年版的表 1，本版的表 2)；

——将门框密封条适用环境温度由“－45℃～＋100℃”修订为“－45℃～＋80℃”，与集装箱实际运作更贴切(见 1995 年版的 4.4，本版的 4.5)；

——将门框密封条在正常使用条件下，其使用寿命由上一版的“三年”修订为“不少于 5 年”，使之与集装箱体的寿命要求同步(见 1995 年版的 4.6，本版的 4.6)；

——压缩永久变形增加一项室温(23℃)条件下的检测，适用于箱主的特殊要求(见 4.3 表 2)。

本标准的附录 A 是资料性附录。

本标准由中华人民共和国交通部提出。

本标准由全国集装箱标准化技术委员会(SAC/TC 6)归口。

本标准起草单位：交通部水运科学研究院、广东东莞市聚宝橡塑制品有限公司、江阴海达橡塑制品有限公司。

本标准主要起草人：王大展、钱振宇、张东望、史艳秋、李继春。

本标准所代替标准的历次版本发布情况为：GB/T 15846—1995。

集装箱门框密封条

1 范围

本标准规定了以三元乙丙(EPDM)或等效的特种橡胶为基材的集装箱门框密封条的产品分类、技术要求、试验方法、检验规则以及标志、包装、运输和贮存等要求。

本标准适用于普通货物通用集装箱和保温集装箱门框风雨密和气密胶条。

2 规范性引用文件

下列文件中的条款通过本标准的引用而成为本标准的条款。凡是注日期的引用文件,其随后所有的修改单(不包括勘误的内容)或修订版均不适用于本标准,然而,鼓励根据本标准达成协议的各方研究是否可使用这些文件的最新版本。凡是不注日期的引用文件,其最新版本适用于本标准。

GB/T 528 硫化橡胶或热塑性橡胶拉伸应力应变性能的测定(GB/T 528—1998,eqv ISO 37:1994)

GB/T 531 橡胶袖珍硬度计压入硬度试验方法(GB/T 531—1999,idt ISO7619:1986)

GB/T 1682 硫化橡胶低温脆性的测定 单试样法(GB/T 1682—1994,eqv ISO 812:1991)

GB/T 3512 硫化橡胶或热塑性橡胶 热空气加速老化和耐热试验(GB/T 3512—2001,eqv ISO 188:1998)

GB/T 3672.1—2002 橡胶制品的公差 第1部分:尺寸公差(ISO 3302-1:1996,IDT)

GB/T 5721 橡胶密封制品标志、包装、运输、贮存的一般规定

GB/T 7392—1998 系列1集装箱的技术要求和试验方法 保温集装箱(idt ISO 1496-2:1996)

GB/T 7759 硫化橡胶、热塑性橡胶 常温、高温和低温下压缩永久变形测定(GB/T 7759—1996,eqv ISO 815:1991)

GB/T 7762 硫化橡胶或热塑性橡胶 耐臭氧龟裂 静态拉伸试验(GB/T 7762—2003,ISO 1431-1:1989,MOD)

3 产品分类

3.1 按功能分

按其功能分为两类:风雨密胶条(普通货物通用集装箱用)和气密胶条(保温集装箱用)。

3.2 按结构分

以产品截面分"J"型、"C"型、"E"型、"CO"型、"O"型、"JC"混合型和复式组合型。集装箱门框密封胶条的截面形式参见附录A。

4 技术要求

4.1 外观

集装箱门框密封条外观质量应该符合表1的要求。

表 1 集装箱门框密封条外观质量判定要求

序号	缺陷(每条密封条)			判定要求
	名称	位置	数量(处)	
1	脱层		—	不允许有
2	裂缝		—	不允许有
3	气泡	唇口边线上	—	不允许有
		表面	2	允许存在,但气泡直径不得大于 1.5 mm
4	杂质	每米长度内	2	杂质的长度,宽度不大于 1.5 mm,高度或深度不大于 0.5 mm
5	凹凸缺陷	表面	2	宽度不大于 1 mm,长度不大于 3 mm,高度或深度不大于 0.5 mm

4.2 尺寸

集装箱门框密封条截面尺寸按用户要求,并依照 GB/T 3672.1—2002 中 6.3.2 的公差执行,用户无要求时,由生产厂家根据用户提供的门框尺寸制定密封条的预紧安装尺寸(按收缩 1.5%计算)供用户确认。

密封条成框后的内框尺寸应符合式(1)和式(2),集装箱门框与密封条尺寸的相对关系示意图参见图 A.2。

$$W_d = (1 - K_w)W_r \quad \cdots\cdots(1)$$

$$H_d = (1 - K_h)H_r \quad \cdots\cdots(2)$$

式中:

W_r——集装箱门框宽度尺寸;

W_d——密封条宽度尺寸;

H_r——集装箱门框高度尺寸;

H_d——密封条高度尺寸;

K_w——密封条宽度尺寸系数,通常小于 1;

K_h——密封条高度尺寸系数,通常取 0.015。

4.3 物理性能

密封条胶料的物理性能应符合表 2 规定。

表 2 门框密封条胶料物理性能

序号	项目名称		通用箱	保温箱
1	拉伸强度/MPa		≥7	≥7
2	扯断伸长率/%		≥200	≥200
3	100%定伸应力/MPa		≥2.5	≥2.5
4	邵氏 A 型硬度		70±5	65±5
5	脆性温度/℃		≤−45	≤−50
6	压缩永久变形(22 h 压缩 25%)/%	70℃	≤30	≤30
		23℃	≤25	≤25
7	耐臭氧老化(浓度 50×10^{-8},40℃×100 h 伸长 20%)		无裂纹	无裂纹
8	热空气老化(100℃×70 h)	拉伸强度变化率/%	≤±20	≤±20
		扯断伸长变化率/%	≤±30	≤±30
		硬度变化度	+5	+5

4.4 风雨密性和气密性

密封条的风雨密性和气密性应符合 GB/T 7392—1998 的要求。

4.5 环境条件

密封条使用环境温度为－45℃～＋80℃。

4.6 寿命

在正常条件下，密封条的使用寿命不少于5年。

5 试验方法

5.1 外观

密封条的外观质量用目测检验，对密封条表面缺陷的质量判定使用游标卡尺，游标卡尺的测量范围为0～500 mm，分度值为0.02 mm。

5.2 密封条胶料物理性能

5.2.1 密封条胶料拉伸强度，扯断伸长率，100%定伸应力的测定按GB/T 528的规定执行，用Ⅰ型试样。

5.2.2 密封条胶料邵氏A型硬度的测定按GB/T 531的规定执行。

5.2.3 密封条胶料低温脆性的测定按GB/T 1682的规定执行。

5.2.4 密封条胶料压缩永久变形的测定按GB/T 7759的规定执行。

5.2.5 密封条胶料臭氧老化试验按GB/T 7762的规定执行。

5.2.6 密封条胶料热空气老化试验按GB/T 3512的规定执行。

5.3 密封条拼接牢固度

离开拼接处100 mm±10 mm处用力向四个方向用手均匀地折成45°弯曲时，无裂纹。

5.4 密封条风雨密性和气密性试验

风雨密性试验按GB/T 7392—1998中的6.13进行，气密性试验按GB/T 7392—1998中的6.15进行。

6 检验规则

6.1 出厂检验

6.1.1 检验项目为外观质量和规格尺寸，按照4.1和4.2，应全部进行检验。

6.1.2 在正常生产情况下，对同类型密封胶条用胶料以相当于1 000套为一批，对4.3中表2的序号1～4项进行检验。

6.1.3 每月抽取密封条的胶料对4.3中表2的序号6、8项进行检验。

6.1.4 每年对4.3中的表2的序号5、7项检验。

6.1.5 产品检验合格并出具合格证后方可出厂。

6.2 型式检验

6.2.1 框密封条在下列情况之一时应进行型式检验：

a) 新产品的试制定型鉴定；

b) 正式生产后，如结构、材料、工艺有较大改变，可能影响产品性能时；

c) 正式生产时，定期或积累一定产量后，一年进行一次检验；

d) 产品长期停产后，恢复生产时；

e) 出厂检验结果与上次型式检验有较大差异时；

f) 国家质量监督机构提出进行型式检验要求时；

g) 使用单位提出要求时。

6.2.2 型式检验项目包括第4章的所有内容。

6.2.3 在验收中如有一项不合格，应另取双倍试样进行不合格项目复试，仍不合格，则此期间胶料为不合格品。

7 标志、包装、运输、贮存

7.1 集装箱门框密封条包装按左右箱门的密封条分开，通常分别以10个为一个包装，包装内应有产品名称、规格、数量、标记，并应附有制造厂质量检验部门签发的产品合格证。

7.2 集装箱门框密封条贮存时室内温度在－15℃～＋40℃之间，相对湿度在50％～85％，避免阳光直射。防止酸、碱、油等有机溶剂和一切有害于橡胶的化学药品接触，远离热源，存放时应解开塑料绳，平放，不得折叠、重压，以防变形。或按GB/T 5721执行。

7.3 集装箱门框密封条在装运过程中，应保持清洁，包装、裹扎要牢固，不得摔拖或重压，不得与酸、碱、油类等物接触。

7.4 在遵守以上贮存条件下，产品自生产日起有效贮存期为1年，如超过贮存期，经检验仍符合本标准要求的，可正常使用。

附 录 A
(资料性附录)
集装箱门框密封条的典型截面和门框与密封条尺寸的相对关系

A.1 集装箱门框密封条的典型断面参见图 A.1。

"J"型(普通货物通用集装箱用)

"C"型(普通货物通用集装箱用)

"CO"型(保温集装箱用)

"O"型(保温集装箱用)

"JC"型(保温集装箱用)

图 A.1 集装箱门框密封条的典型截面

A.2 集装箱门框与密封条尺寸的相对关系示意图参见图 A.2。

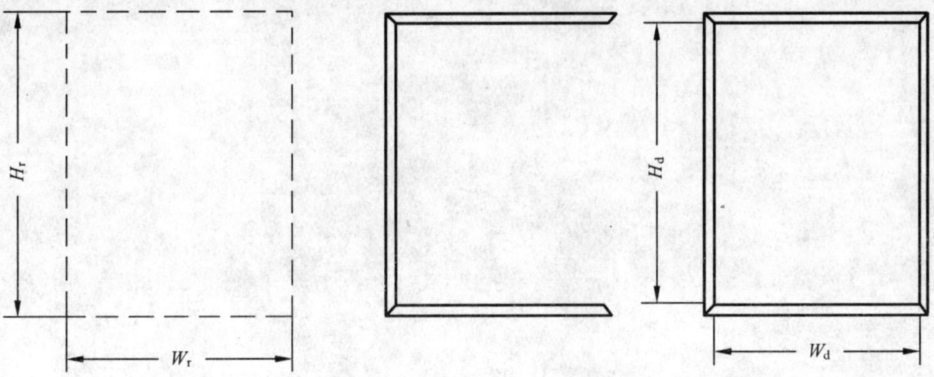

——— 密封条边线　　- - - - 箱门边线

图 A.2 集装箱门框与密封条尺寸的相对关系

ICS 11.020
C 05

中华人民共和国国家标准

GB 15976—2006
代替 GB 15976—1995

血吸虫病控制和消灭标准

Criteria for control and elimination of schistosomiasis

2006-09-29 发布　　　　　　　　　　　　2007-03-01 实施

中华人民共和国国家质量监督检验检疫总局
中国国家标准化管理委员会　发布

前言

本标准修订 GB 15976—1995《我国控制和消灭血吸虫病标准》。

与 GB 15976—1995 相比，本标准主要做了如下修改：

——增加了血吸虫病、急性血吸虫病、感染性钉螺的定义；

——对疫情控制、传播控制和传播阻断三个阶段防治目标的指标进行了修订，增加了血吸虫病消灭标准的指标；

——增加了附录，包括居民粪便检查、家畜粪便检查和钉螺检查的方法及对相关防治档案资料的要求。

本标准的附录 A、附录 B、附录 C 为规范性附录，附录 D 为资料性附录。

本标准实施之日起，GB 15976—1995 废止。

本标准由中华人民共和国卫生部提出并归口。

本标准起草单位：中国疾病预防控制中心寄生虫病预防控制所、复旦大学公共卫生学院、安徽省寄生虫病防治研究所、江西省寄生虫病防治研究所、中南大学湘雅医学院、四川省疾病预防控制中心、云南省大理白族自治州血吸虫病防治办公室。

本标准主要起草人：姜庆五、张世清、林丹丹、汪世平、吴晓华、尹治成、王秀芬、周晓农。

本标准历次版本发布情况：GB 15976—1995 首次发布。

血吸虫病控制和消灭标准

1 范围

本标准规定了控制和消灭血吸虫病工作的定义、要求和考核方法。

本标准适用于我国流行血吸虫病的省、自治区、直辖市防治血吸虫病四个阶段目标的考核。

2 规范性引用文件

下列文件中的条款通过本标准的引用而成为本标准的条款。凡是注日期的引用文件，其随后所有的修改单(不包括勘误的内容)或修订版均不适用于本标准，然而，鼓励根据本标准达成协议的各方研究是否可使用这些文件的最新版本。凡是不注日期的引用文件，其最新版本适用于本标准。

WS 261—2006 血吸虫病诊断标准

3 术语和定义

WS 261—2006 确立的以及下列术语和定义适用于本标准。

3.1

血吸虫病 schistosomiasis japonica

由血吸虫寄生于人体内所引起的疾病。在我国特指日本血吸虫病，是由日本血吸虫(*Schistosoma japonicum*)寄生于人和哺乳动物所引起的疾病。

3.2

急性血吸虫病 acute schistosomiasis

由于人在短期内一次感染或再次感染大量尾蚴而导致出现发热、肝脏肿大及周围血液嗜酸粒细胞增多等一系列的急性症状。潜伏期大多为 30 d～60 d，平均约 41.5 d。

3.3

感染性钉螺 infected *Oncomelania* snail

含有血吸虫胞蚴、尾蚴的钉螺。

4 要求

4.1 疫情控制

4.1.1 居民血吸虫感染率降至 5%以下。

4.1.2 家畜血吸虫感染率降至 5%以下。

4.1.3 不出现急性血吸虫病暴发。

4.1.3.1 以行政村为单位，2 周内发生急性血吸虫病病例(包括确诊病例和临床诊断病例，下同)少于 10 例；

4.1.3.2 同一感染地点 1 周内连续发生急性血吸虫病病例少于 5 例。

4.1.4 已建立以行政村为单位，能反映当地病情、螺情变化的档案资料。

4.2 传播控制

4.2.1 居民血吸虫感染率降至 1%以下。

4.2.2 家畜血吸虫感染率降至 1%以下。

4.2.3 不出现当地感染的急性血吸虫病病例。

4.2.4 连续 2 年以上查不到感染性钉螺。

4.2.5　已建立以行政村为单位，能反映当地病情、螺情变化的档案资料。

4.3　传播阻断

4.3.1　连续5年未发现当地感染的血吸虫病病例。

4.3.2　连续5年未发现当地感染的血吸虫病病畜。

4.3.3　连续2年以上查不到钉螺。

4.3.4　已建立以行政村为单位，能反映当地病情、螺情变化的档案资料，并有监测巩固方案和措施。

4.4　消灭

达到传播阻断标准后，连续5年未发现当地感染的血吸虫病病例和病畜。

5　考核方法

5.1　居民粪便的检查

在血吸虫病传播季节1个月后，以行政村为单位，对90%以上6岁～65岁常住居民进行检查，计算发现的感染人数与检查人数之比的百分值。如直接采用粪便检查，则血吸虫感染率计算公式见式(1)：

$$\text{居民血吸虫感染率}=\frac{\text{粪便检查阳性人数}}{\text{粪便检查人数}}\times 100\% \quad \cdots\cdots\cdots\cdots(1)$$

如采用血清免疫学方法进行过筛，然后对所有血清学检查阳性者再进行粪便检查，则血吸虫感染率计算公式见式(2)：

$$\text{居民血吸虫感染率}=\frac{\text{粪便检查阳性人数}}{\text{粪便检查人数}}\times\frac{\text{血清学检查阳性人数}}{\text{血清学检查人数}}\times 100\% \quad \cdots\cdots(2)$$

在计划达到"疫情控制"标准的行政村，对应检居民采用改良加藤氏厚片法（一粪三检）进行粪便检查，见附录A第A.1章。

在计划达到"传播控制"和"传播阻断"标准的行政村，先采用血清免疫学方法检查，阳性者再采用尼龙绢集卵孵化法（一粪三检）进行粪便检查，见附录A第A.2章。

5.2　家畜粪便的检查

在血吸虫病传播季节1个月后，以行政村为单位，对当地最主要的家畜传染源每种至少调查100头，不足100头全部检查。家畜血吸虫感染率计算公式见式(3)：

$$\text{家畜血吸虫感染率}=\frac{\text{家畜检查阳性数}}{\text{家畜检查数}}\times 100\% \quad \cdots\cdots\cdots\cdots(3)$$

不同种类家畜血吸虫感染率应分别计算。家畜粪便检查采用塑料杯顶管法（一粪三检），按附录B执行。

5.3　钉螺的检查

在春、秋两季执行，对全部历史有螺环境和可疑有螺孳生的环境按附录C方法进行检查。

5.4　档案资料的建立

以行政村为单位，建立并保存能反映当地血吸虫病情、螺情逐年动态变化以及达到各个防治阶段标准的各种图帐、卡、册、报表等血吸虫病防治资料。档案资料内容参见附录D。对因行政区划变动需要调整的有关档案资料，由上一级卫生行政部门和血防业务机构协调解决。

附 录 A
（规范性附录）
居民粪便检查

A.1 改良加藤厚涂片法

置尼龙绢片（80 目/25.4 mm～100 目/25.4 mm）于受检粪样上，用软性塑料刮片在尼龙绢片上轻刮，粪便细渣即由绢片微孔中露至绢片表面。将定量板（3 cm×4 cm×2.5 mm，板中圆孔孔径为 3.5 mm，刮平后，孔中可容粪量 41.7 mg）放在载玻片中部，以刮片从尼龙绢片上刮取细粪渣填入定量板的中央孔中，填满刮平。小心提起定量板，粪样即留在载玻片上。取一张经甘油-孔雀绿溶液浸渍 24 h 以上的亲水性玻璃纸（30 mm×30 mm），盖在粪便上，用橡皮塞或另一块载玻片覆于玻璃纸上轻压，使粪便均匀展开至玻璃纸边缘。编号后置于 25℃室温，相对湿度 75%下过夜，镜检。每份粪样需做 3 张涂片，以镜检检出的每张涂片虫卵数平均值乘以 24 即为 1 g 粪便中的虫卵数（EPG）。

A.2 尼龙绢集卵孵化法

取受检者粪样约 30 g，先置于 40 目/25.4 mm～60 目/25.4 mm 的铜丝筛中，铜丝筛置于下口夹有铁夹的尼龙绢（260 目/25.4 mm）袋口上，淋水调浆，使粪液直接滤入尼龙绢袋中，然后移去铜丝筛，继续淋水冲洗袋内粪渣，并用竹筷在袋外轻轻刮动助滤，直到滤出液变清。取下夹于袋底下口的铁夹，将袋内沉渣淋入三角烧瓶。而后加做沉淀镜检，在烧瓶中吸取沉渣 3 滴～4 滴放在载玻片上，抹成涂片，涂面应占载玻片面积的2/3。涂片的厚度以能透过涂片尚能看清印刷字体为标准，将涂片置于低倍显微镜下检查。全片镜检时间不少于 2 min，每份粪便检查三张涂片，镜检时应仔细识别血吸虫虫卵和其他蠕虫卵。然后将盛有粪便沉渣的三角烧瓶加水至离瓶口 1 cm 处，放入孵化室（箱）或在室温下孵化。一定时间后取出烧瓶，观察毛蚴。一般需观察 2 次～3 次，观察时间随温度高低而不同。温度高时毛蚴孵出较早；温度低时毛蚴孵出迟。气温超过 30℃时，第 1 次观察可在 0.5 h～1 h 后进行，阴性者可在 4 h 后观察第 2 次，8 h 后观察第 3 次，3 次均为阴性者，判作阴性结果；气温在 26℃～30℃时，可在孵化后 4 h 开始观察，阴性者 8 h 及 12 h 再观察 1 次；气温在 20℃～25℃时，则可在 8 h 后观察第 1 次，12 h 后观察第 2 次；如利用自然气温孵化，一昼夜之间的气温悬殊，可在操作后的次晨再观察 1 次；一般室温在 25℃以上时，可利用自然气温孵化，无需加温。

观察毛蚴时，应将烧瓶向着光源，并衬以黑色背景。要注意毛蚴与水中原生动物的区别。如有怀疑，可用毛细吸管吸出，在显微镜下鉴别。

附 录 B
(规范性附录)
家畜粪便检查——塑料杯顶管法

取一定量的粪样(牛、马属 50 g,猪 30 g,羊、犬 10 g)放入搪瓷杯中,加少量 pH 值为 7.2～7.6 的清水,用竹筷进行搅拌,搅拌均匀后经 20 目/25.4 mm 铜筛注入塑料顶管杯中,经静置 20 min 第 1 次换水,再经 20 min 第 2 次换水,然后倾去上清液,加清水至近杯口。安上塑料盖,加清水至近颈口。将顶管注满水,然后在玻璃试管的颈口处铺上一层非常薄的棉花,迅速倒置插入塑料盖的颈口内。将塑料顶管杯置孵化箱(或室)内孵化。塑料顶管杯置于 25℃±3℃的条件下孵化时,孵化 1 h、3 h 和 5 h 各观察毛蚴一次,阴性者 12 h 再观察一次。观察毛蚴时,应将烧瓶向着光源,并衬以黑色背景。如有怀疑,可用毛细吸管吸出,在显微镜下鉴别。

附 录 C
（规范性附录）
钉 螺 调 查

C.1 调查方法

C.1.1 系统抽样调查法

调查时每隔一定距离设框(点)查螺,框(点)的面积为 0.1 m^2(约 1 平方市尺),框(点)距离根据面积大小和钉螺密度决定。河道、沟渠、塘等环境一般每隔 5 m 或 10 m 检查 1 框;江湖洲滩、田地等可采用纵横系统抽样(棋盘式抽样),线距和点距可采取为 10 m～50 m,最大不能超过 50 m。系统抽样调查结果用于钉螺和感染性钉螺密度计算。

C.1.2 环境抽样调查法

根据环境生态特点及钉螺栖息习性,寻找可疑环境进行设框调查。在系统抽样未查出钉螺时,针对复杂可疑环境用该法进行补充调查,以最大限度发现钉螺或感染性钉螺。

C.1.3 全面细查法

适用于血吸虫病传播阻断达标的考核。调查时不设框,全面搜索钉螺是否存在,查出钉螺后采用系统抽样法进行钉螺密度调查。

C.2 钉螺的死活鉴别

采用敲击法进行钉螺死活的鉴别。将现场捕捉的钉螺置于厚玻片或硬物上,用小铁锤轻击使之破碎,如见钉螺有收缩反应为活螺,反之为死螺。

C.3 感染性钉螺检测

采用压碎法进行感染性钉螺的检测。将钉螺置于载玻片上,另用一张较厚的玻片将钉螺轻轻压碎,然后在螺体上加一滴脱氯清水,将钉螺置于解剖镜下,用解剖针拨开外壳,撕碎钉螺肝脏,发现血吸虫尾蚴、子胞蚴即为感染性钉螺,感染早期的钉螺有时可检获母胞蚴。

附 录 D
（资料性附录）
血吸虫病防治档案资料

D.1 基础资料

将各类原始数据过录于有关表、卡，绘制成有关统计图，形成反映血吸虫病防治工作信息的图帐资料。

D.1.1 血吸虫病检查治疗分户登记表

此表是记录流行区人群历年检查、治疗的分户帐册，每年按时将查病、治病的原始信息过录于本表，并以行政村为单位装订成册，妥善保管。应逐步将此表进行微机化管理。

D.1.2 血吸虫病病人名册

本表记录全部血吸虫病病人名单。

D.1.3 急性血吸虫病病例个案调查卡

凡确诊为急性血吸虫病病例，治疗结束后均应填写此卡一式二份，除自留存档外，应按照《中华人民共和国传染病防治法》要求上报省级血吸虫病防治机构。

D.1.4 晚期血吸虫病病例个案登记卡

凡确诊为晚期血吸虫病病例，均应填写此卡，及时补充复查复治记录。新发晚期血吸虫病病例还应及时上报省级血吸虫病防治机构。

D.1.5 查、灭螺记录卡

凡发现有活螺的环境均应建立此卡，原则上每个环境一张卡。此卡记录各个环境逐年查、灭螺工作情况，反映钉螺分布的动态变化。

D.1.6 血吸虫病流行示意图

以乡、县为单位绘制反映血吸虫病流行程度及范围的示意图，并注明流行乡、行政村位置。

D.1.7 钉螺现状分布示意图

以乡、县为单位绘制反映钉螺分布范围的示意图，并注明感染性钉螺分布的具体位置，有螺环境和螺点多的内陆地区，可以行政村为单位绘制。

D.2 汇总资料

对各类基础资料逐年进行整理，形成能够反映血吸虫病疫情动态变化的资料。

D.2.1 人群查、治血吸虫病汇总表

此表反映逐年人群血吸虫病检查、治疗进展情况，其数据从血吸虫病检查治疗分户登记表汇总获得。

D.2.2 家畜查、治血吸虫病汇总表

此表反映逐年家畜血吸虫病检查、治疗进展情况。

D.2.3 查、灭螺汇总表

此表反映逐年钉螺面积、钉螺及感染性钉螺分布及动态变化情况，其数据从查、灭螺记录卡汇总获得。

ICS 11.020
C 60

GB

中华人民共和国国家标准

GB/T 16180—2006
代替 GB/T 16180—1996

劳动能力鉴定　职工工伤与职业病致残等级

Standard for identify work ability—Gradation of disability caused by work-related injuries and occupational diseases

2006-11-02 发布　　2007-05-01 实施

中华人民共和国国家质量监督检验检疫总局
中国国家标准化管理委员会　发布

前　言

本标准的全部内容为推荐性的。

本标准参考了世界卫生组织有关"损害、功能障碍与残疾"的国际分类，以及美国、英国、日本等国家残疾分级原则和基准。

根据《工伤保险条例》(中华人民共和国国务院第375号令)制定本标准。本标准代替GB/T 16180—1996《职工工伤与职业病致残程度鉴定》。

本标准参考与协调的国家文件、医学技术标准与相关评残标准有：残疾人标准，革命伤残军人评定标准等。

为使劳动能力鉴定适应我国当前社会经济发展的要求，保障因工作遭受事故伤害或者患职业病的劳动者获得医疗救治和经济补偿，对工伤或患职业病劳动者的伤残程度做出更加客观、科学的技术鉴定，在总结分析10余年工伤评残实践经验基础上，对GB/T 16180—1996进行了修订与完善，并与我国劳动能力鉴定法规制度相配套，将原标准更名为《劳动能力鉴定　职工工伤与职业病致残等级》，并对以下技术原则作了调整：

——增加了总则中4.1.3医疗依赖的分级判定；
——取消了总则中关于工伤、职业病证明的规定；
——取消了总则中关于重新鉴定的规定；
——伤残类别增加了十二指肠的损伤，同时取消了单列的耳廓缺损；
——智能减退改为智能损伤，增加记忆商(MQ)判定指标；
——取消了利手与非利手的表述；
——增加了低氧血症的判断标准；
——增加了活动性肺结核诊断要点的判定；
——增加了大血管的界定；
——增加了瘢痕诊断的界定；
——增加了贫血诊断标准与分级；
——修订了6.4.1肝功能损害的判定与分级；
——修订了6.5.4中毒性肾病和6.5.5肾功能不全的判定指标；
——取消了辅助器具如安装假肢的表述；
——修订了人格改变的判定基准指标；
——全身瘢痕的最低下限由≤30%修改为<5%，但≥1%；
——对附录A判定基准补充的A.1智能损伤表述内容作了调整；
——取消了判定基准补充的A.3人格障碍与人格改变的表述，同时增加了"与工伤、职业病相关的精神障碍的认定"的表述；
——伤残条目由470条调整为572条；
——根据国家工伤保险法规及有关文件精神，对"于国家社会保险法规所规定的医疗期满后……"的表述改为"于国家工伤保险法规所规定的停工留薪期满……"，达到与相关法规相衔接，以便于判断与执行。

本标准的附录A、附录B是规范性附录。

本标准的附录C是资料性附录。

本标准由中华人民共和国劳动和社会保障部、卫生部共同提出。

本标准由劳动和社会保障部工伤保险司归口。

本标准负责起草单位：中国疾病预防控制中心职业卫生与中毒控制所。

本标准参加起草单位：中国医学科学院协和医院、北京医院、北京积水潭医院、北京市红十字朝阳医院、北京市宣武医院、中日友好医院、北京市安定医院、北京市口腔医院、北京大学第三医院、北京大学第一医院、北京同仁医院、北京友谊医院、北京天坛医院、北京市结核病胸部肿瘤研究所、北京市安贞医院、北京市儿科研究所以及天津市劳动和社会保障局和广州市劳动和社会保障局。

本标准主要起草人：周安寿、李舜伟、田祖恩、张寿林、游凯涛、鲁锡荣、朱秀安、杨秉贤、安宗超、白连启、陈秉良、刘 磊、吕名端、宫月秋、姜宏志、李锦涛、李忠实、梁枝松、沈祖尧、隋良朋、孙家帮、严尚诚、杨和均、于庆波、赵金垣、左 峰、张 敏、陈泰才、任广田、赵振华。

本标准由劳动和社会保障部负责解释。

劳动能力鉴定 职工工伤与职业病致残等级

1 范围

本标准规定了职工工伤致残劳动能力鉴定原则和分级标准。

本标准适用于职工在职业活动中因工负伤和因职业病致残程度的鉴定。

2 规范性引用文件

下列文件中的条款通过本标准的引用而成为本标准的条款。凡是注日期的引用文件，其随后所有的修改单(不包括勘误的内容)或修订版均不适用于本标准，然而，鼓励根据本标准达成协议的各方研究是否可使用这些文件的最新版本。凡是不注日期的引用文件，其最新版本适用于本标准。

GB 4854 校准纯音听力计用的标准零级

GB/T 7341 听力计

GB/T 7582—2004 声学 听阈与年龄关系的统计分布

GB/T 7583 声学 纯音气导听阈测定 保护听力用

GB 11533 标准对数视力表

GBZ 4 职业性慢性二硫化碳中毒诊断标准

GBZ 5 工业性氟病诊断标准

GBZ 7 职业性手臂振动病诊断标准

GBZ 9 职业性急性电光性眼炎(紫外线角膜结膜炎)诊断标准

GBZ 12 职业性铬鼻病诊断标准

GBZ 23 职业性急性一氧化碳中毒诊断标准

GBZ 24 职业性减压病诊断标准

GBZ 35 职业性白内障诊断标准

GBZ 45 职业性三硝基甲苯白内障诊断标准

GBZ 54 职业性化学性眼灼伤诊断标准

GBZ 61 职业性牙酸蚀病诊断标准

GBZ 69 职业性慢性三硝基甲苯中毒诊断标准

GBZ 70 尘肺病诊断标准

GBZ 81 职业性磷中毒诊断标准

GBZ 82 职业性煤矿井下工人滑囊炎诊断标准

GBZ 83 职业性慢性砷中毒诊断标准

GBZ 94 职业性肿瘤诊断标准

GBZ 95 放射性白内障诊断标准

GBZ 96 内照射放射病诊断标准

GBZ 97 放射性肿瘤诊断标准

GBZ 104 外照射急性放射病诊断标准

GBZ 105 外照射慢性放射病诊断标准

GBZ 106 放射性皮肤疾病诊断标准

3 术语和定义

劳动能力鉴定是指劳动能力鉴定机构对劳动者在职业活动中因工负伤或患职业病后，根据国家工伤保险法规规定，在评定伤残等级时通过医学检查对劳动功能障碍程度（伤残程度）和生活自理障碍程度做出的判定结论。

4 总则

4.1 判断依据

本标准依据工伤致残者于评定伤残等级技术鉴定时的器官损伤、功能障碍及其对医疗与护理的依赖程度，适当考虑了由于伤残引起的社会心理因素影响，对伤残程度进行综合判定分级。

4.1.1 器官损伤

是工伤的直接后果，但职业病不一定有器官缺损。

4.1.2 功能障碍

工伤后功能障碍的程度与器官缺损的部位及严重程度有关，职业病所致的器官功能障碍与疾病的严重程度相关。对功能障碍的判定，应以评定伤残等级技术鉴定时的医疗检查结果为依据，根据评残对象逐个确定。

4.1.3 医疗依赖

指工伤致残于评定伤残等级技术鉴定后仍不能脱离治疗者。

医疗依赖判定分级：

a） 特殊医疗依赖　是指工伤致残后必须终身接受特殊药物、特殊医疗设备或装置进行治疗者；

b） 一般医疗依赖　是指工伤致残后仍需接受长期或终身药物治疗者。

4.1.4 护理依赖

指工伤致残者因生活不能自理，需依赖他人护理者。生活自理范围主要包括下列五项：

a） 进食；

b） 翻身；

c） 大、小便；

d） 穿衣、洗漱；

e） 自主行动。

护理依赖的程度分三级：

a） 完全护理依赖　指生活完全不能自理，上述五项均需护理者；

b） 大部分护理依赖　指生活大部不能自理，上述五项中三项需要护理者；

c） 部分护理依赖　指部分生活不能自理，上述五项中一项需要护理者。

4.1.5 心理障碍

一些特殊残情，在器官缺损或功能障碍的基础上虽不造成医疗依赖，但却导致心理障碍或减损伤残者的生活质量，在评定伤残等级时，应适当考虑这些后果。

4.2 门类划分

按照临床医学分科和各学科间相互关联的原则，本标准对残情的判定划分为五个门类。

4.2.1 神经内科、神经外科、精神科门。

4.2.2 骨科、整形外科、烧伤科门。

4.2.3 眼科、耳鼻喉科、口腔科门。

4.2.4 普外科、胸外科、泌尿生殖科门。

4.2.5 职业病内科门。

4.3 条目划分

本标准按照上述五个门类，以附录 B 中表 B.1～B.5 及一至十级分级系列，根据伤残的类别和残情的程度划分伤残条目，共列出残情 572 条。

4.4 等级划分

根据条目划分原则以及工伤致残程度，综合考虑各门类间的平衡，将残情级别分为一至十级。最重为第一级，最轻为第十级。对本标准未列载的个别伤残情况，可根据上述原则，参照本标准中相应等级进行评定。

4.5 晋级原则

对于同一器官或系统多处损伤，或一个以上器官不同部位同时受到损伤者，应先对单项伤残程度进行鉴定。如果几项伤残等级不同，以重者定级；如果两项及以上等级相同，最多晋升一级。

4.6 对原有伤残及合并症的处理

如受工伤损害的器官原有伤残和疾病史，或工伤及职业病后出现合并症，其致残等级的评定以鉴定时实际的致残结局为依据。

5 分级原则

5.1 一级

器官缺失或功能完全丧失，其他器官不能代偿，存在特殊医疗依赖，或完全或大部分护理依赖。

5.2 二级

器官严重缺损或畸形，有严重功能障碍或并发症，存在特殊医疗依赖，或大部分护理依赖。

5.3 三级

器官严重缺损或畸形，有严重功能障碍或并发症，存在特殊医疗依赖，或部分护理依赖。

5.4 四级

器官严重缺损或畸形，有严重功能障碍或并发症，存在特殊医疗依赖，或部分护理依赖或无护理依赖。

5.5 五级

器官大部缺损或明显畸形，有较重功能障碍或并发症，存在一般医疗依赖，无护理依赖。

5.6 六级

器官大部缺损或明显畸形，有中等功能障碍或并发症，存在一般医疗依赖，无护理依赖。

5.7 七级

器官大部分缺损或畸形，有轻度功能障碍或并发症，存在一般医疗依赖，无护理依赖。

5.8 八级

器官部分缺损，形态异常，轻度功能障碍，存在一般医疗依赖，无护理依赖。

5.9 九级

器官部分缺损，形态异常，轻度功能障碍，无医疗依赖或者存在一般医疗依赖，无护理依赖。

5.10 十级

器官部分缺损，形态异常，无功能障碍，无医疗依赖或者存在一般医疗依赖，无护理依赖。

6 各门类工伤、职业病致残分级判定基准

6.1 神经内科、神经外科、精神科门

6.1.1 智能损伤分级

a) 极重度智能损伤
   1) 记忆损伤，记忆商(MQ)0～19；
   2) 智商(IQ)＜20；
   3) 生活完全不能自理。

b) 重度智能损伤
   1) 记忆损伤，MQ 20～34；

2） IQ 20～34；

3） 生活大部不能自理。

c） 中度智能损伤

1） 记忆损伤，MQ 35～49；

2） IQ 35～49；

3） 生活能部分自理。

d） 轻度智能损伤

1） 记忆损伤，MQ 50～69；

2） IQ 50～69；

3） 生活勉强能自理，能做一般简单的非技术性工作。

6.1.2 精神病性症状

有下列表现之一者：

a） 突出的妄想；

b） 持久或反复出现的幻觉；

c） 病理性思维联想障碍；

d） 紧张综合征，包括紧张性兴奋与紧张性木僵；

e） 情感障碍显著，且妨碍社会功能(包括生活自理功能、社交功能及职业和角色功能)。

6.1.3 人格改变

个体原来特有的人格模式发生了改变，一般需有两种或两种以上的下列特征，至少持续6个月方可诊断：

a） 语速和语流明显改变，如以赘述或粘滞为特征；

b） 目的性活动能力降低，尤以耗时较久才能得到满足的活动更明显；

c） 认知障碍，如偏执观念、过分沉湎于某一主题(如宗教)，或单纯以对或错来对他人进行僵化的分类；

d） 情感障碍，如情绪不稳、欣快、肤浅、情感流露不协调、易激惹，或淡漠；

e） 不可抑制的需要和冲动(不顾后果和社会规范要求)。

6.1.4 癫痫的诊断分级

a） 轻度

需系统服药治疗方能控制的各种类型癫痫发作者。

b） 中度

各种类型的癫痫发作，经系统服药治疗两年后，全身性强直-阵挛发作、单纯或复杂部分发作，伴自动症或精神症状(相当于大发作、精神运动性发作)平均每月1次或1次以下，失神发作和其他类型发作平均每周1次以下。

c） 重度

各种类型的癫痫发作，经系统服药治疗两年后，全身性强直-阵挛发作、单纯或复杂部分发作，伴自动症或精神症状(相当于大发作、精神运动性发作)平均每月1次以上，失神发作和其他类型发作平均每周1次以上者。

6.1.5 运动障碍

6.1.5.1 肢体瘫 以肌力作为分级标准。为判断肢体瘫痪程度，将肌力分级划分为0～5级。

0级：肌肉完全瘫痪，毫无收缩。

1级：可看到或触及肌肉轻微收缩，但不能产生动作。

2级：肌肉在不受重力影响下，可进行运动，即肢体能在床面上移动，但不能抬高。

3级：在和地心引力相反的方向中尚能完成其动作，但不能对抗外加的阻力。

4 级：能对抗一定的阻力，但较正常人为低。

5 级：正常肌力。

6.1.5.2 非肢体瘫的运动障碍 包括肌张力增高、深感觉障碍和(或)小脑性共济失调、不自主运动或震颤等。根据其对生活自理的影响程度划分为轻、中、重三度。

a) 重度

不能自行进食，大小便、洗漱、翻身和穿衣需由他人护理。

b) 中度

上述动作困难，但在他人帮助下可以完成。

c) 轻度

完成上述运动虽有一些困难，但基本可以自理。

6.2 骨科、整形外科、烧伤科门

6.2.1 颜面毁容

6.2.1.1 重度

面部瘢痕畸形，并有以下六项中四项者：

a) 眉毛缺失；

b) 双睑外翻或缺失；

c) 外耳缺失；

d) 鼻缺失；

e) 上下唇外翻、缺失或小口畸形；

f) 颈颏粘连。

6.2.1.2 中度

具有下述六项中三项者：

a) 眉毛部分缺失；

b) 眼睑外翻或部分缺失；

c) 耳廓部分缺失；

d) 鼻部分缺失；

e) 唇外翻或小口畸形；

f) 颈部瘢痕畸形。

6.2.1.3 轻度

含中度畸形六项中二项者。

6.2.2 面部异物色素沉着或脱失

6.2.2.1 轻度

异物色素沉着或脱失超过颜面总面积的 1/4。

6.2.2.2 重度

异物色素沉着或脱失超过颜面总面积的 1/2。

6.2.3 高位截肢

指肱骨或股骨缺失 2/3 以上。

6.2.4 关节功能障碍

6.2.4.1 功能完全丧失

指非功能位关节僵直、固定或关节周围其他原因导致关节连枷状或严重不稳，以致无法完成其功能活动者。

6.2.4.2 功能大部分丧失

指残留功能不能完成原有专业劳动，并影响日常生活活动者。

6.2.4.3 功能部分丧失

指残留功能不能完成原有专业劳动，但不影响日常生活活动者。

6.2.5 放射性皮肤损伤

6.2.5.1 急性放射性皮肤损伤Ⅳ度

初期反应为红斑、麻木、搔痒、水肿、刺痛，经过数小时至 10 d 假愈期后出现第二次红斑、水泡、坏死、溃疡，所受剂量可能≥20 Gy。

6.2.5.2 慢性放射性皮肤损伤Ⅱ度

临床表现为角化过度、皲裂或皮肤萎缩变薄，毛细血管扩张，指甲增厚变形。

6.2.5.3 慢性放射性皮肤损伤Ⅲ度

临床表现为坏死、溃疡，角质突起，指端角化与融合，肌腱挛缩，关节变形及功能障碍(具备其中一项即可)。

6.3 眼科、耳鼻喉科、口腔科门

6.3.1 视力的评定

6.3.1.1 视力检查

按照视力检查标准(GB 11533)执行。视力记录可采用 5 分记录(对数视力表)或小数记录两种方式(详见表 1)。

表 1 小数记录折算 5 分记录参考表

旧法记录		0(无光感)				1/∞(光感)					0.001(光感)	
5 分记录		0				1					2	
旧法记录，cm (手指/cm)	6	8	10	12	15	20	25	30	35	40	45	
5 分记录	2.1	2.2	2.3	2.4	2.5	2.6	2.7	2.8	2.85	2.9	2.95	
走近距离	50 cm	60 cm	80 cm	1 m	1.2 m	1.5 m	2 m	2.5 m	3 m	3.5 m	4 m	4.5 m
小数记录	0.01	0.012	0.015	0.02	0.025	0.03	0.04	0.05	0.06	0.07	0.08	0.09
5 分记录	3.0	3.1	3.2	3.3	3.4	3.5	3.6	3.7	3.8	3.85	3.9	3.95
小数记录	0.1	0.12	0.15	0.2	0.25	0.3	0.4	0.5	0.6	0.7	0.8	0.9
5 分记录	4.0	4.1	4.2	4.3	4.4	4.5	4.6	4.7	4.8	4.85	4.9	4.95
小数记录	1.0	1.2	1.5	2.0	2.5	3.0	4.0	5.0	6.0	8.0	10.0	
5 分记录	5.0	5.1	5.2	5.3	5.4	5.5	5.6	5.7	5.8	5.9	6.0	

6.3.1.2 盲及低视力分级(见表 2)。

表 2 盲及低视力分级

类 别	级 别	最佳矫正视力
盲	一级盲	<0.02～无光感，或视野半径<5°
	二级盲	<0.05～0.02，或视野半径<10°
低视力	一级低视力	<0.1～0.05
	二级低视力	<0.3～0.1

6.3.2 周边视野

6.3.2.1 视野检查的要求

视标颜色：白色；视标大小：3 mm；检查距离：330 mm；视野背景亮度：31.5 asb。

6.3.2.2 视野缩小的计算

视野有效值计算公式：

$$实测视野有效值=\frac{8条子午线实测视野值}{500}\times100\%$$

6.3.3　伪盲鉴定方法

6.3.3.1　单眼全盲检查法

a）　视野检查法

在不遮盖眼的情况下，检查健眼的视野，鼻侧视野＞60°者，可疑为伪盲。

b）　加镜检查法

将准备好的试镜架上（好眼之前）放一个屈光度为＋6.00D 的球镜片，在所谓盲眼前放上一个屈光度为＋0.25D 的球镜片，戴在患者眼前以后，如果仍能看清 5m 处的远距离视力表时，即为伪盲。或嘱患者两眼注视眼前一点，将一个三棱镜度为 6 的三棱镜放于所谓盲眼之前，不拘底向外或向内，注意该眼球必向内或向外转动，以避免发生复视。

6.3.3.2　单眼视力减退检查法

a）　加镜检查法　先记录两眼单独视力，然后将平面镜或不影响视力的低度球镜片放于所谓患眼之前，并将一个屈光度为＋12.00D 的凸球镜片同时放于好眼之前，再检查两眼同时看的视力，如果所得的视力较所谓患眼的单独视力更好时，则可证明患眼为伪装视力减退。

b）　视觉诱发电位（VEP）检查法（略）。

6.3.4　听力损伤计算法

6.3.4.1　听阈值计算　30 岁以上受检者在计算其听阈值时，应从实测值中扣除其年龄修正值，见表 3。后者取 GB/T 7582—2004 附录 B 中数值。

表 3　纯音气导阈的年龄修正值

年龄/岁	频率/Hz					
	男			女		
	500	1 000	2 000	500	1 000	2 000
30	1	1	1	1	1	1
40	2	2	3	2	2	3
50	4	4	7	4	4	6
60	6	7	12	6	7	11
70	10	11	19	10	11	16

6.3.4.2　单耳听力损失计算法　取该耳语频 500 Hz、1 000 Hz 及 2 000 Hz 纯音气导听阈值相加取其均值，若听阈超过 100 dB，仍按 100 dB 计算。如所得均值不是整数，则小数点后之尾数采用四舍五入法进为整数。

6.3.4.3　双耳听力损失计算法　听力较好一耳的语频纯音气导听阈均值（PTA）乘以 4 加听力较差耳的均值，其和除以 5。如听力较差耳的致聋原因与工伤或职业无关，则不予计入，直接以较好一耳的语频听阈均值为准。在标定听阈均值时，小数点后之尾数采取四舍五入法进为整数。

6.3.5　张口度判定及测量方法　以患者自身的食指、中指、无名指并列垂直置入上、下中切牙切缘间测量。

6.3.5.1　正常张口度　张口时上述三指可垂直置入上、下切牙切缘间（相当于 4.5 cm 左右）。

6.3.5.2　张口困难Ⅰ度　大张口时，只能垂直置入食指和中指（相当于 3 cm 左右）。

6.3.5.3　张口困难Ⅱ度　大张口时，只能垂直置入食指（相当于 1.7 cm 左右）。

6.3.5.4　张口困难Ⅲ度　大张口时，上、下切牙间距小于食指之横径。

6.3.5.5　完全不能张口。

6.4 普外科、胸外科、泌尿生殖科门

6.4.1 肝功能损害的判定与分级 以血清白蛋白、血清胆红素、腹水、脑病和凝血酶原时间五项指标在肝功能损害中所占积分的多少作为其损害程度的判定(见表4),并将其分为重度、中度和轻度三级。

表4 肝功能损害的判定

项目	分数		
	1分	2分	3分
血清白蛋白	3.0 g/dL～3.5 g/dL	2.5 g/dL～3.0 g/dL	＜2.5 g/dL
血清胆红素	1.5 mg/dL～2.0 mg/dL	2.0 mg/dL～3.0 mg/dL	＞3.0 mg/dL
腹水	无	少量腹水,易控制	腹水多,难于控制
脑病	无	轻度	重度
凝血酶原时间	延长＞3 s	延长＞6 s	延长＞9 s

6.4.1.1 肝功能重度损害:10～15分。

6.4.1.2 肝功能中度损害:7～9分。

6.4.1.3 肝功能轻度损害:5～6分。

6.4.2 肺、肾、心功能损害

参见6.5。

6.4.3 甲状腺功能低下分级

6.4.3.1 重度

a) 临床症状严重;

b) T_3、T_4 或 FT_3、FT_4 低于正常值,TSH＞50 μU/L。

6.4.3.2 中度

a) 临床症状较重;

b) T_3、T_4 或 FT_3、FT_4 正常,TSH＞50 μU/L。

6.4.3.3 轻度

a) 临床症状较轻;

b) T_3、T_4 或 FT_3、FT_4 正常,TSH 轻度增高但＜50 μU/L。

6.4.4 甲状旁腺功能低下分级

6.4.4.1 重度:空腹血钙质量浓度＜6 mg/dL;

6.4.4.2 中度:空腹血钙质量浓度6～7 mg/dL;

6.4.4.3 轻度:空腹血钙质量浓度7～8 mg/dL。

注:以上分级均需结合临床症状分析。

6.4.5 肛门失禁

6.4.5.1 重度

a) 大便不能控制;

b) 肛门括约肌收缩力很弱或丧失;

c) 肛门括约肌收缩反射很弱或消失;

d) 直肠内压测定:采用肛门注水法测定时直肠内压应小于1 961 Pa(20 cm H_2O)。

6.4.5.2 轻度

a) 稀便不能控制;

b) 肛门括约肌收缩力较弱;

c) 肛门括约肌收缩反射较弱;

d) 直肠内压测定:采用肛门注水法测定时直肠内压应为1 961 Pa～2 942 Pa(20～30 cm H_2O)。

6.4.6 排尿障碍

6.4.6.1 重度：系出现真性重度尿失禁或尿潴留残余尿体积≥50 mL 者。

6.4.6.2 轻度：系出现真性轻度尿失禁或残余尿体积<50 mL 者。

6.4.7 生殖功能损害

6.4.7.1 重度：精液中精子缺如。

6.4.7.2 轻度：精液中精子数<500 万/mL 或异常精子>30%或死精子或运动能力很弱的精子>30%。

6.4.8 血睾酮正常值

血睾酮正常值为 14.4 nmol/L～41.5 nmol/L(<60 ng/dL)。

6.4.9 左侧肺叶计算

本标准按三叶划分，即顶区、舌叶和下叶。

6.4.10 大血管界定

本标准所称大血管是指主动脉、上腔静脉、下腔静脉、肺动脉和肺静脉。

6.4.11 呼吸困难

参见 6.5.1。

6.5 职业病内科门

6.5.1 呼吸困难及呼吸功能损害

6.5.1.1 呼吸困难分级

Ⅰ级：与同龄健康者在平地一同步行无气短，但登山或上楼时呈现气短。

Ⅱ级：平路步行 1 000 m 无气短，但不能与同龄健康者保持同样速度，平路快步行走呈现气短，登山或上楼时气短明显。

Ⅲ级：平路步行 100 m 即有气短。

Ⅳ级：稍活动(如穿衣、谈话)即气短。

6.5.1.2 肺功能损伤分级(详见表 5)。

表 5 肺功能损伤分级

单位为%

损伤级别	FVC	FEV_1	MVV	FEV_1/FVC	RV/TLC	DL_{co}
正常	>80	>80	>80	>70	<35	>80
轻度损伤	60～79	60～79	60～79	55～69	36～45	60～79
中度损伤	40～59	40～59	40～59	35～54	46～55	45～59
重度损伤	<40	<40	<40	<35	>55	<45
注：FVC、FEV_1、MVV、DL_{co}为占预计值百分数。						

6.5.1.3 低氧血症分级

正常：p_{O_2} 为 13.3 kPa～10.6 kPa(100 mmHg～80 mmHg)；

轻度：p_{O_2} 为 10.5 kPa～8.0 kPa(79 mmHg～60 mmHg)；

中度：p_{O_2} 为 7.9 kPa～5.3 kPa(59 mmHg～40 mmHg)；

重度：p_{O_2}<5.3 kPa(<40 mmHg)。

6.5.2 活动性肺结核病诊断要点 尘肺合并活动性肺结核，应根据胸部 X 射线片、痰涂片、痰结核杆菌培养和相关临床表现作出判断。

6.5.2.1 涂阳肺结核诊断

符合以下三项之一者：

a) 直接痰涂片镜检抗酸杆菌阳性 2 次；

b) 直接痰涂片镜检抗酸杆菌 1 次阳性，且胸片显示有活动性肺结核病变；

c） 直接痰涂片镜检抗酸杆菌1次阳性加结核分枝杆菌培养阳性1次。

6.5.2.2 涂阴肺结核的判定

直接痰涂片检查三次均阴性者，应从以下几方面进行分析和判断：

a） 有典型肺结核临床症状和胸部X线表现；

b） 支气管或肺部组织病理检查证实结核性改变。

此外，结核菌素（PPD 5IU）皮肤试验反应≥15 mm或有丘疹水疱；血清抗结核抗体阳性；痰结核分枝杆菌PCR加探针检测阳性以及肺外组织病理检查证实结核病变等可作为参考指标。

6.5.3 心功能不全

6.5.3.1 一级心功能不全 能胜任一般日常劳动，但稍重体力劳动即有心悸、气急等症状。

6.5.3.2 二级心功能不全 普通日常活动即有心悸、气急等症状，休息时消失。

6.5.3.3 三级心功能不全 任何活动均可引起明显心悸、气急等症状，甚至卧床休息仍有症状。

6.5.4 中毒性肾病 肾小管功能障碍为中毒性肾病的特征性表现。

6.5.4.1 轻度中毒性肾病

a） 近曲小管损伤：尿β_2微球蛋白持续＞1 000 μg/g肌酐，可见葡萄糖尿和氨基酸尿，尿钠排出增加，临床症状不明显；

b） 远曲小管损伤：肾脏浓缩功能降低，尿液稀释（尿渗透压持续＜350 mOsm/kg·H_2O），尿液碱化（尿液pH持续＞6.2）。

6.5.4.2 重度中毒性肾病

除上述表现外，尚可波及肾小球，引起白蛋白尿（持续＞150 mg/24 h），甚至肾功能不全。

6.5.5 肾功能不全

6.5.5.1 肾功能不全尿毒症期 内生肌酐清除率＜25 mL/min，血肌酐浓度为450 μmol/L～707 μmol/L（5 mg/dL～8 mg/dL），血尿素氮浓度＞21.4 mmol/L（60 mg/dL），常伴有酸中毒及严重尿毒症临床症象。

6.5.5.2 肾功能不全失代偿期 内生肌酐清除率25 mL/min～49 mL/min，血肌酐浓度＞177 μmol/L（2 mg/dL），但＜450 μmol/L（5 mg/dL），无明显临床症状，可有轻度贫血、夜尿、多尿。

6.5.5.3 肾功能不全代偿期 内生肌酐清除率降低至正常的50%（50 mL/min～70 mL/min），血肌酐及血尿素氮水平正常，通常无明显临床症状。

6.5.6 中毒性血液病诊断分级

6.5.6.1 重型再生障碍性贫血

急性再生障碍性贫血及慢性再生障碍性贫血病情恶化期

a） 临床：发病急，贫血呈进行性加剧，常伴严重感染，内脏出血；

b） 血象：除血红蛋白下降较快外，须具备下列三项中之二项：

1） 网织红细胞＜1%，含量＜15×10^9/L；

2） 白细胞明显减少，中性粒细胞绝对值＜0.5×10^9/L；

3） 血小板＜20×10^9/L。

c） 骨髓象

1） 多部位增生减低，三系造血细胞明显减少，非造血细胞增多。如增生活跃须有淋巴细胞增多；

2） 骨髓小粒中非造血细胞及脂肪细胞增多。

6.5.6.2 慢性再生障碍性贫血

a） 临床：发病慢，贫血，感染，出血均较轻。

b） 血象：血红蛋白下降速度较慢，网织红细胞、白细胞、中性粒细胞及血小板值常较急性再生障碍性贫血为高。

c) 骨髓象

1) 三系或二系减少,至少一个部位增生不良,如增生良好,红系中常有晚幼红(炭核)比例增多,巨核细胞明显减少。

2) 骨髓小粒中非造血细胞及脂肪细胞增多。

6.5.6.3 骨髓增生异常综合征

须具备以下条件:

a) 骨髓至少两系呈病态造血;

b) 外周血一系、二系或全血细胞减少,偶可见白细胞增多,可见有核红细胞或巨大红细胞或其他病态造血现象;

c) 除外其他引起病态造血的疾病。

6.5.6.4 贫血

重度贫血:血红蛋白含量(Hb)<60 g/L,红细胞含量(RBC)<2.5×10^{12}/L;

轻度贫血:成年男性 Hb<120 g/L, RBC<4.5×10^{12}/L 及红细胞比积(HCT)<0.42,成年女性 Hb<11 g/L, RBC<4.0×10^{12}/L 及 HCT<0.37。

6.5.6.5 粒细胞缺乏症

外周血中性粒细胞含量低于 0.5×10^{9}/L。

6.5.6.6 中性粒细胞减少症

外周血中性粒细胞含量低于 2.0×10^{9}/L。

6.5.6.7 白细胞减少症

外周血白细胞含量低于 4.0×10^{9}/L。

6.5.6.8 血小板减少症

外周血液血小板计数<8×10^{10}/L,称血小板减少症;当<4×10^{10}/L 以下时,则有出血危险。

6.5.7 再生障碍性贫血完全缓解

贫血和出血症状消失,血红蛋白含量:男不低于 120 g/L,女不低于 100 g/L;白细胞含量 4×10^{9}/L 左右;血小板含量达 8×10^{10}/L;3 个月内不输血,随访 1 年以上无复发者。

6.5.8 急性白血病完全缓解

a) 骨髓象:原粒细胞Ⅰ型+Ⅱ型(原单+幼稚单核细胞或原淋+幼稚淋巴细胞)≤5%,红细胞及巨核细胞系正常。

M2b 型:原粒Ⅰ型+Ⅱ型≤5%,中性中幼粒细胞比例在正常范围。

M3 型:原粒+早幼粒≤5%。

M4 型:原粒Ⅰ、Ⅱ型+原红及幼单细胞≤5%。

M6 型:原粒Ⅰ、Ⅱ型≤5%,原红+幼红以及红细胞比例基本正常。

M7 型:粒、红二系比例正常,原巨+幼稚巨核细胞基本消失。

b) 血象:男 Hb 含量≥100 g/L 或女 Hb 含量≥90 g/L;中性粒细胞含量≥1.5×10^{9}/L;血小板含量≥10×10^{10}/L;外周血分类无白血病细胞。

c) 临床无白血病浸润所致的症状和体征,生活正常或接近正常。

6.5.9 慢性粒细胞白血病完全缓解

a) 临床:无贫血、出血、感染及白血病细胞浸润表现。

b) 血象:Hb 含量>100 g/L,白细胞总数(WBC)<10×10^{9}/L,分类无幼稚细胞,血小板含量 10×10^{10}/L~40×10^{10}/L。

c) 骨髓象:正常。

6.5.10 慢性淋巴细胞白血病完全缓解

外周血白细胞含量≤10×10^{9}/L,淋巴细胞比例正常(或<40%),骨髓淋巴细胞比例正常

(或<30%)临床症状消失,受累淋巴结和肝脾回缩至正常。

6.5.11 慢性中毒性肝病诊断分级

6.5.11.1 慢性轻度中毒性肝病

出现乏力、食欲减退、恶心、上腹饱胀或肝区疼痛等症状,肝脏肿大,质软或柔韧,有压痛;常规肝功能试验或复筛肝功能试验异常。

6.5.11.2 慢性中度中毒性肝病

a) 上述症状较严重,肝脏有逐步缓慢性肿大或质地有变硬趋向,伴有明显压痛。

b) 乏力及胃肠道症状较明显,血清转氨酶活性、γ-谷氨酰转肽酶或γ-球蛋白等反复异常或持续升高。

c) 具有慢性轻度中毒性肝病的临床表现,伴有脾脏肿大。

6.5.11.3 慢性重度中毒性肝病

有下述表现之一者:

a) 肝硬化;

b) 伴有较明显的肾脏损害;

c) 在慢性中度中毒性肝病的基础上,出现白蛋白持续降低及凝血机制紊乱。

6.5.12 慢性肾上腺皮质功能减退

6.5.12.1 功能明显减退

a) 乏力,消瘦,皮肤、黏膜色素沉着,白癜,血压降低,食欲不振;

b) 24 h 尿中 17-羟类固醇<4 mg,17-酮类固醇<10 mg;

c) 血浆皮质醇含量 早上 8 时,<9 mg/100 mL,下午 4 时,<3 mg/100 mL;

d) 尿中皮质醇<5 mg/24 h。

6.5.12.2 功能轻度减退

a) 具有 6.5.12.1b)、c)两项;

b) 无典型临床症状。

6.5.13 免疫功能减低

6.5.13.1 功能明显减低

a) 表现为易于感染,全身抵抗力下降;

b) 体液免疫(各类免疫球蛋白)及细胞免疫(淋巴细胞亚群测定及周围血白细胞总数和分类)功能减退。

6.5.13.2 功能轻度减低

a) 具有 6.5.13.1b)项;

b) 无典型临床症状。

附　录　A
（规范性附录）
判定基准的补充

A.1　智能损伤

a）　症状标准

1）　记忆减退，最明显的是学习新事物的能力受损；

2）　以思维和信息处理过程减退为特征的智能损害，如抽象概括能力减退，难以解释成语、谚语，掌握词汇量减少，不能理解抽象意义的词汇，难以概括同类事物的共同特征，或判断力减退；

3）　情感障碍，如抑郁、淡漠，或敌意增加等；

4）　意志减退，如懒散、主动性降低；

5）　其他高级皮层功能受损，如失语、失认、失用，或人格改变等；

6）　无意识障碍。

b）　严重标准

日常生活或社会功能受损。

c）　病程标准

符合症状标准和严重标准至少已 6 个月。

A.2　特殊类型意识障碍

意识是急性器质性脑功能障碍的临床表现。如持续性植物状态、去皮层状态、动作不能性缄默等常常长期存在，久治不愈。遇到这类意识障碍，因患者生活完全不能自理，一切需别人照料，应评为最重级。

A.3　与工伤、职业病相关的精神障碍的认定

a）　精神障碍的发病基础需有工伤、职业病的存在；

b）　精神障碍的起病时间需与工伤、职业病的发生相一致；

c）　精神障碍应随着工伤、职业病的改善和缓解而恢复正常；

d）　无证据提示精神障碍的发病有其他原因（如强阳性家族病史）。

A.4　继发于工伤或职业病的癫痫

要有工伤或职业病的确切病史，有医师或其他目击者叙述或证明有癫痫的临床表现，脑电图显示异常，方可诊断。

A.5　神经心理学障碍

指局灶性皮层功能障碍，内容包括失语、失用、失写、失读、失认等，前三者即在没有精神障碍、感觉缺失和肌肉瘫痪的条件下，患者失去用言语或文字去理解或表达思想的能力（失语），或失去按意图利用物体来完成有意义的动作的能力（失用），或失去书写文字的能力（失写）。失读指患者看见文字符号的形象，读不出字音，不了解意义，就像文盲一样。失认指某一种特殊感觉的认知障碍，如视觉失认就是失读。临床上以失语为最常见，其他较少单独出现。

A.6　创伤性骨关节炎（骨质增生）评定时的年龄界定

年龄大于50岁者的骨关节炎是否确定为创伤性骨关节炎应慎重，因为普通人50岁以后骨性关节炎发病率已明显增高。故评残时必须考虑年龄因素。

A.7　女性面部毁容年龄界定

40周岁以下的女职工发生面部毁容，含单项鼻缺损、颌面部缺损（不包括耳廓缺损）和面瘫，按其伤残等级晋一级。晋级后之新等级不因年龄增长而变动。

A.8　视力减弱补偿率

视力减弱补偿率是眼科致残评级依据之一。从表A.1中提示，双眼视力等于0.8，其补偿率为0，而当一眼视力＜0.05，另一眼视力等于0.05时，其补偿率为百分之一百。余可类推。

表 A.1　视力减弱补偿率

%

左眼		右眼												
		6/6	5/6	6/9	5/9	6/12	6/18	6/24	6/36		6/60	4/60	3/60	
		1～0.9	0.8	0.6	0.6	0.5	0.4	0.3	0.2	0.15	0.1	1/15	1/20	＜1/20
6/6	1～0.9	0	0	2	3	4	6	9	12	16	20	23	25	27
5/6	0.8	0	0	3	4	5	7	10	14	18	22	24	26	28
6/9	0.7	2	3	4	5	6	8	12	16	20	24	26	28	30
5/9	0.6	3	4	5	6	7	10	14	19	22	26	29	32	35
6/12	0.5	4	5	6	7	8	12	17	22	25	28	32	36	40
6/18	0.4	6	7	8	10	12	16	20	25	28	31	35	40	45
6/24	0.3	9	10	12	14	17	20	25	33	38	42	47	52	60
6/36	0.2	12	14	16	19	22	25	33	47	55	60	67	75	80
	0.15	16	18	20	22	25	28	38	55	63	70	78	83	83
6/60	0.1	20	22	24	26	28	31	42	60	70	80	80	90	95
4/60	1/15	23	24	26	29	32	35	47	67	78	85	92	95	98
3/60	1/20	25	26	28	32	36	40	52	75	83	90	95	98	100
	＜1/20	27	28	30	35	40	45	60	80	88	95	98	100	100

A.9　无晶体眼的视觉损伤程度评价

因工伤或职业病导致眼晶体摘除，除了导致视力障碍外，还分别影响到患者视野及立体视觉功能，因此，对无晶体眼中心视力（矫正后）的有效值的计算要低于正常晶体眼。计算办法可根据无晶体眼的只数和无晶体眼分别进行视力最佳矫正（包括戴眼镜或接触镜和植入人工晶体）后，与正常晶体眼，依视力递减受损程度百分比进行比较来确定无晶体眼视觉障碍的程度，见表A.2。

表 A.2　无晶体眼视觉损伤程度评价参考表

视　力	无晶体眼中心视力有效值百分比		
	晶体眼	单眼无晶体	双眼无晶体
1.2	100	50	75
1.0	100	50	75
0.8	95	47	71
0.6	90	45	67

表 A.2（续）

视　力	无晶体眼中心视力有效值百分比		
	晶体眼	单眼无晶体	双眼无晶体
0.5	85	42	64
0.4	75	37	56
0.3	65	32	49
0.25	60	30	45
0.20	50	25	37
0.15	40	20	30
0.12	30	—	22
0.1	20	—	—

A.10　面神经损伤的评定

面神经损伤分中枢性(核上性)和外周性损伤。本标准所涉及到的面神经损伤主要指外周性(核下性)病变。

一侧完全性面神经损伤系指面神经的五个分支支配的全部颜面肌肉瘫痪,表现为:

a)　额纹消失,不能皱眉;

b)　眼睑不能充分闭合,鼻唇沟变浅;

c)　口角下垂,不能示齿、鼓腮、吹口哨,饮食时汤水流逸。

不完全性面神经损伤系指面神经颧枝损伤或下颌枝损伤或颞枝和颊枝损伤者。

A.11　脾切除年龄界定

脾外伤全切除术评残时,青年指年龄在35岁以下者,成人指年龄在35岁以上者。

A.12　肾损伤性高血压判定

肾损伤所致高血压系指血压的两项指标(收缩压≥21.3 kPa,舒张压≥12.7 kPa)只须具备一项即可成立。

A.13　非职业病内科疾病的评残

由职业因素所致内科以外的,且属于卫生部颁布的职业病名单中的病伤,在经治疗于停工留薪期满时其致残等级皆根据附录B中表B.1～表B.5部分中相应的残情进行鉴定,其中因职业肿瘤手术所致的残情,参照主要受损器官的相应条目进行评定。

A.14　瘢痕诊断界定

指创面愈合后的增生性瘢痕,不包括皮肤平整、无明显质地改变的萎缩性瘢痕或疤痕。

附　录　B
（规范性附录）
劳动能力鉴定——职工工伤与职业病致残等级分级

B.1　分级系列

a）　一级

1）　极重度智能损伤；

2）　四肢瘫肌力≤3级或三肢瘫肌力≤2级；

3）　颈4以上截瘫，肌力≤2级；

4）　重度运动障碍（非肢体瘫）；

5）　面部重度毁容，同时伴有表B.2中二级伤残之一者；

6）　全身重度瘢痕形成，占体表面积≥90%，伴有脊柱及四肢大关节活动功能基本丧失；

7）　双肘关节以上缺失或功能完全丧失；

8）　双下肢高位缺失及一上肢高位缺失；

9）　双下肢及一上肢严重瘢痕畸形，活动功能丧失；

10）　双眼无光感或仅有光感但光定位不准者；

11）　肺功能重度损伤和呼吸困难Ⅳ级，需终生依赖机械通气；

12）　双肺或心肺联合移植术；

13）　小肠切除≥90%；

14）　肝切除后原位肝移植；

15）　胆道损伤原位肝移植；

16）　全胰切除；

17）　双侧肾切除或孤肾切除术后，用透析维持或同种肾移植术后肾功能不全尿毒症期；

18）　尘肺Ⅲ期伴肺功能重度损伤及/或重度低氧血症[p_{O_2}<5.3 kPa(40 mmHg)]；

19）　其他职业性肺部疾患，伴肺功能重度损伤及/或重度低氧血症[p_{O_2}<5.3 kPa(40 mmHg)]；

20）　放射性肺炎后，两叶以上肺纤维化伴重度低氧血症[p_{O_2}<5.3 kPa(40 mmHg)]；

21）　职业性肺癌伴肺功能重度损伤；

22）　职业性肝血管肉瘤，重度肝功能损害；

23）　肝硬化伴食道静脉破裂出血，肝功能重度损害；

24）　肾功能不全尿毒症期，内生肌酐清除率持续<10 mL/min，或血浆肌酐水平持续>707 μmol/L(8 mg/dL)。

b）　二级

1）　重度智能损伤；

2）　三肢瘫肌力3级；

3）　偏瘫肌力≤2级；

4）　截瘫肌力≤2级；

5）　双手全肌瘫肌力≤3级；

6）　完全感觉性或混合性失语；

7）　全身重度瘢痕形成，占体表面积≥80%，伴有四肢大关节中3个以上活动功能受限；

8）　全面部瘢痕或植皮伴有重度毁容；

9）　双侧前臂缺失或双手功能完全丧失；

10） 双下肢高位缺失；
11） 双下肢瘢痕畸形，功能完全丧失；
12） 双膝双踝僵直于非功能位；
13） 双膝以上缺失；
14） 双膝、踝关节功能完全丧失；
15） 同侧上、下肢瘢痕畸形，功能完全丧失；
16） 四肢大关节（肩、髋、膝、肘）中四个以上关节功能完全丧失者；
17） 一眼有或无光感，另眼矫正视力≤0.02，或视野≤8%（或半径≤5°）；
18） 无吞咽功能，完全依赖胃管进食；
19） 双侧上颌骨完全缺损；
20） 双侧下颌骨完全缺损；
21） 一侧上颌骨及对侧下颌骨完全缺损，并伴有颜面软组织缺损＞30 cm^2；
22） 一侧全肺切除并胸廓成形术，呼吸困难Ⅲ级；
23） 心功能不全三级；
24） 食管闭锁或损伤后无法行食管重建术，依赖胃造瘘或空肠造瘘进食；
25） 小肠切除 3/4，合并短肠综合症；
26） 肝切除 3/4，并肝功能重度损害；
27） 肝外伤后发生门脉高压三联症或发生 Budd-chiari 综合征；
28） 胆道损伤致肝功能重度损害；
29） 胰次全切除，胰腺移植术后；
30） 孤肾部分切除后，肾功能不全失代偿期；
31） 肺功能重度损伤及/或 重度低氧血症；
32） 尘肺Ⅲ期伴肺功能中度损伤及/或中度低氧血症；
33） 尘肺Ⅱ期伴肺功能重度损伤及/或重度低氧血症［p_{O_2}＜5.3 kPa(40 mmHg)］；
34） 尘肺Ⅲ期伴活动性肺结核；
35） 职业性肺癌或胸膜间皮瘤；
36） 职业性急性白血病；
37） 急性重型再生障碍性贫血；
38） 慢性重度中毒性肝病；
39） 肝血管肉瘤；
40） 肾功能不全尿毒症期，内生肌酐清除率＜25 mL/min 或血浆肌酐水平持续＞ 450 μmol/L (5 mg/dL)；
41） 职业性膀胱癌；
42） 放射性肿瘤。

c） 三级
1） 精神病性症状表现为危险或冲动行为者；
2） 精神病性症状致使缺乏生活自理能力者；
3） 重度癫痫；
4） 偏瘫肌力 3 级；
5） 截瘫肌力 3 级；
6） 双足全肌瘫肌力≤2 级；
7） 中度运动障碍（非肢体瘫）；
8） 完全性失用、失写、失读、失认等具有两项及两项以上者；

9) 全身重度瘢痕形成，占体表面积≥70%，伴有四肢大关节中2个以上活动功能受限；
10) 面部瘢痕或植皮≥2/3并有中度毁容；
11) 一手缺失，另一手拇指缺失；
12) 双手拇、食指缺失或功能完全丧失；
13) 一侧肘上缺失；
14) 一手功能完全丧失，另一手拇指对掌功能丧失；
15) 双髋、双膝关节中，有一个关节缺失或无功能及另一关节伸屈活动达不到0°～90°者；
16) 一侧髋、膝关节畸形，功能完全丧失；
17) 非同侧腕上、踝上缺失；
18) 非同侧上、下肢瘢痕畸形，功能完全丧失；
19) 一眼有或无光感，另眼矫正视力≤0.05或视野≤16%(半径≤10°)；
20) 双眼矫正视力<0.05或视野≤16%(半径≤10°)；
21) 一侧眼球摘除或眶内容剜出，另眼矫正视力<0.1或视野≤24%(或半径≤15°)；
22) 呼吸完全依赖气管套管或造口；
23) 静止状态下或仅轻微活动即有呼吸困难(喉源性)；
24) 同侧上、下颌骨完全缺损；
25) 一侧上颌骨完全缺损，伴颜面部软组织缺损>30 cm^2；
26) 一侧下颌骨完全缺损，伴颜面部软组织缺损>30 cm^2；
27) 舌缺损>全舌的2/3；
28) 一侧全肺切除并胸廓成形术；
29) 一侧胸廓成形术，肋骨切除6根以上；
30) 一侧全肺切除并隆凸切除成形术；
31) 一侧全肺切除并血管代用品重建大血管术；
32) Ⅲ度房室传导阻滞；
33) 肝切除2/3，并肝功能中度损害；
34) 胰次全切除，胰岛素依赖；
35) 一侧肾切除，对侧肾功能不全失代偿期；
36) 双侧输尿管狭窄，肾功能不全失代偿期；
37) 永久性输尿管腹壁造瘘；
38) 膀胱全切除；
39) 尘肺Ⅲ期；
40) 尘肺Ⅱ期伴肺功能中度损伤及(或)中度低氧血症；
41) 尘肺Ⅱ期合并活动性肺结核；
42) 放射性肺炎后两叶肺纤维化，伴肺功能中度损伤及(或)中度低氧血症；
43) 粒细胞缺乏症；
44) 再生障碍性贫血；
45) 职业性慢性白血病；
46) 中毒性血液病，骨髓增生异常综合征；
47) 中毒性血液病，严重出血或血小板含量≤2×10^{10}/L；
48) 砷性皮肤癌；
49) 放射性皮肤癌。

d) 四级

1) 中度智能损伤；

2) 精神病性症状致使缺乏社交能力者；
3) 单肢瘫肌力≤2级；
4) 双手部分肌瘫肌力≤2级；
5) 一手全肌瘫肌力≤2级；
6) 脑脊液漏伴有颅底骨缺损不能修复或反复手术失败；
7) 面部中度毁容；
8) 全身瘢痕面积≥60%，四肢大关节中1个关节活动功能受限；
9) 面部瘢痕或植皮≥1/2并有轻度毁容；
10) 双拇指完全缺失或无功能；
11) 一侧手功能完全丧失，另一手部分功能丧失；
12) 一侧膝以下缺失，另一侧前足缺失；
13) 一侧膝以上缺失；
14) 一侧踝以下缺失，另一足畸形行走困难；
15) 双膝以下缺失或无功能；
16) 一眼有或无光感，另眼矫正视力＜0.2或视野≤32%(或半径≤20°)；
17) 一眼矫正视力＜0.05，另眼矫正视力≤0.1；
18) 双眼矫正视力＜0.1或视野≤32%(或半径≤20°)；
19) 双耳听力损失≥91dB；
20) 牙关紧闭或因食管狭窄只能进流食；
21) 一侧上颌骨缺损1/2，伴颜面部软组织缺损＞20 cm^2；
22) 下颌骨缺损长6 cm以上的区段，伴口腔、颜面软组织缺损＞20 cm^2；
23) 双侧颞下颌关节骨性强直，完全不能张口；
24) 面颊部洞穿性缺损＞20 cm^2；
25) 双侧完全性面瘫；
26) 一侧全肺切除术；
27) 双侧肺叶切除术；
28) 肺叶切除后并胸廓成形术后；
29) 肺叶切除并隆凸切除成形术后；
30) 一侧肺移植术；
31) 心瓣膜置换术后；
32) 心功能不全二级；
33) 食管重建术后吻合口狭窄，仅能进流食者；
34) 全胃切除；
35) 胰头、十二指肠切除；
36) 小肠切除3/4；
37) 小肠切除2/3，包括回盲部切除；
38) 全结肠、直肠、肛门切除，回肠造瘘；
39) 外伤后肛门排便重度障碍或失禁；
40) 肝切除2/3；
41) 肝切除1/2，肝功能轻度损害；
42) 胆道损伤致肝功能中度损害；
43) 甲状旁腺功能重度损害；
44) 肾修补术后，肾功能不全失代偿期；

45) 输尿管修补术后，肾功能不全失代偿期；
46) 永久性膀胱造瘘；
47) 重度排尿障碍；
48) 神经原性膀胱，残余尿≥50 mL；
49) 尿道狭窄，需定期行扩张术；
50) 双侧肾上腺缺损；
51) 未育妇女双侧卵巢切除；
52) 尘肺Ⅱ期；
53) 尘肺Ⅰ期伴肺功能中度损伤或中度低氧血症；
54) 尘肺Ⅰ期伴活动性肺结核；
55) 病态窦房结综合征(需安装起搏器者)；
56) 肾上腺皮质功能明显减退；
57) 免疫功能明显减退。

e) 五级

1) 癫痫中度；
2) 四肢瘫肌力4级；
3) 单肢瘫肌力3级；
4) 双手部分肌瘫肌力3级；
5) 一手全肌瘫肌力3级；
6) 双足全肌瘫肌力3级；
7) 完全运动性失语；
8) 完全性失用、失写、失读、失认等具有一项者；
9) 不完全性失用、失写、失读、失认等具有多项者；
10) 全身瘢痕占体表面积≥50%，并有关节活动功能受限；
11) 面部瘢痕或植皮≥1/3并有毁容标准之一项；
12) 脊柱骨折后遗30°以上侧弯或后凸畸形，伴严重根性神经痛(以电生理检查为依据)；
13) 一侧前臂缺失；
14) 一手功能完全丧失；
15) 肩、肘、腕关节之一功能完全丧失；
16) 一手拇指缺失，另一手除拇指外三指缺失；
17) 一手拇指无功能，另一手除拇指外三指功能丧失；
18) 双前足缺失或双前足瘢痕畸形，功能完全丧失；
19) 双跟骨足底软组织缺损瘢痕形成，反复破溃；
20) 一髋(或一膝)功能完全丧失；
21) 一侧膝以下缺失；
22) 第Ⅲ对脑神经麻痹；
23) 双眼外伤性青光眼术后，需用药物维持眼压者；
24) 一眼有或无光感，另眼矫正视力≤0.3或视野≤40%(或半径≤25°)；
25) 一眼矫正视力<0.05，另眼矫正视力≤0.2～0.25；
26) 一眼矫正视力<0.1，另眼矫正视力等于0.1；
27) 双眼视野≤40%(或半径≤25°)；
28) 一侧眼球摘除者；
29) 双耳听力损失≥81 dB；

30） 一般活动及轻工作时有呼吸困难；

31） 吞咽困难，仅能进半流食；

32） 双侧喉返神经损伤，喉保护功能丧失致饮食呛咳、误吸；

33） 一侧上颌骨缺损＞1/4，但＜1/2，伴软组织缺损＞10 cm^2，但＜20 cm^2；

34） 下颌骨缺损长 4 cm 以上的区段，伴口腔、颜面软组织缺损＞10 cm^2；

35） 舌缺损＞1/3，但＜2/3；

36） 一侧完全面瘫，另一侧不完全面瘫；

37） 双肺叶切除术；

38） 肺叶切除术并血管代用品重建大血管术；

39） 隆凸切除成形术；

40） 食管重建术后吻合口狭窄，仅能进半流食者；

41） 食管气管（或支气管）瘘；

42） 食管胸膜瘘；

43） 胃切除 3/4；

44） 十二指肠憩室化；

45） 小肠切除 2/3，包括回肠大部；

46） 直肠、肛门切除，结肠部分切除，结肠造瘘；

47） 肝切除 1/2；

48） 胰切除 2/3；

49） 甲状腺功能重度损害；

50） 一侧肾切除，对侧肾功能不全代偿期；

51） 一侧输尿管狭窄，肾功能不全代偿期；

52） 尿道瘘不能修复者；

53） 两侧睾丸、副睾丸缺损；

54） 生殖功能重度损伤；

55） 双侧输精管缺损，不能修复；

56） 阴茎全缺损；

57） 未育妇女子宫切除或部分切除；

58） 已育妇女双侧卵巢切除；

59） 未育妇女双侧输卵管切除；

60） 阴道闭锁；

61） 会阴部瘢痕挛缩伴有阴道或尿道或肛门狭窄；

62） 未育妇女双侧乳腺切除；

63） 肺功能中度损伤；

64） 中度低氧血症；

65） 莫氏Ⅱ型Ⅱ度房室传导阻滞；

66） 病态窦房结综合征（不需安起博器者）；

67） 中毒性血液病，血小板减少（$\leqslant 4\times10^{10}$/L）并有出血倾向；

68） 中毒性血液病，白细胞含量持续＜3×10^9/L（＜3 000/mm^3）或粒细胞含量＜1.5×10^9/L（1 500/mm^3）；

69） 慢性中度中毒性肝病；

70） 肾功能不全失代偿期，内生肌酐清除率持续＜50 mL/min 或血浆肌酐水平持续＞177 μmol/L（＞2 mg/dL）；

71） 放射性损伤致睾丸萎缩；
72） 慢性重度磷中毒；
73） 重度手臂振动病。

f） 六级
1） 轻度智能损伤；
2） 精神病性症状影响职业劳动能力者；
3） 三肢瘫肌力 4 级；
4） 截瘫双下肢肌力 4 级伴轻度排尿障碍；
5） 双手全肌瘫肌力 4 级；
6） 双足部分肌瘫肌力≤2 级；
7） 单足全肌瘫肌力≤2 级；
8） 轻度运动障碍（非肢体瘫）；
9） 不完全性失语；
10） 面部重度异物色素沉着或脱失；
11） 面部瘢痕或植皮≥1/3；
12） 全身瘢痕面积≥40%；
13） 撕脱伤后头皮缺失 1/5 以上；
14） 脊柱骨折后遗小于 30°畸形伴根性神经痛（神经电生理检查不正常）；
15） 单纯一拇指完全缺失，或连同另一手非拇指二指缺失；
16） 一拇指功能完全丧失，另一手除拇指外有二指功能完全丧失；
17） 一手三指（含拇指）缺失；
18） 除拇指外其余四指缺失或功能完全丧失；
19） 一侧踝以下缺失；
20） 一侧踝关节畸形，功能完全丧失；
21） 下肢骨折成角畸形＞15°，并有肢体短缩 4 cm 以上；
22） 一前足缺失，另一足仅残留拇趾；
23） 一前足缺失，另一足除拇趾外，2～5 趾畸形，功能丧失；
24） 一足功能丧失，另一足部分功能丧失；
25） 一髋或一膝关节伸屈活动达不到 0°～ 90°者；
26） 单侧跟骨足底软组织缺损瘢痕形成，反复破溃；
27） 一眼有或无光感，另一眼矫正视力≥0.4；
28） 一眼矫正视力≤0.05，另一眼矫正视力≥0.3；
29） 一眼矫正视力≤0.1，另一眼矫正视力≥0.2；
30） 双眼矫正视力≤0.2 或视野≤48%（或半径≤30°）；
31） 第Ⅳ或第Ⅵ对脑神经麻痹，或眼外肌损伤致复视的；
32） 双耳听力损失≥71 dB；
33） 双侧前庭功能丧失，睁眼行走困难，不能并足站立；
34） 单侧或双侧颞下颌关节强直，张口困难Ⅲ°；
35） 一侧上颌骨缺损 1/4，伴口腔、颜面软组织缺损＞10 cm^2；
36） 面部软组织缺损＞20 cm^2，伴发涎瘘；
37） 舌缺损＞1/3，但＜1/2；
38） 双侧颧骨并颧弓骨折，伴有开口困难Ⅱ°以上及颜面部畸形经手术复位者；

39) 双侧下颌骨髁状突颈部骨折，伴有开口困难Ⅱ°以上及咬合关系改变，经手术治疗者；
40) 一侧完全性面瘫；
41) 肺叶切除并肺段或楔形切除术；
42) 肺叶切除并支气管成形术后；
43) 支气管(或气管)胸膜瘘；
44) 冠状动脉旁路移植术；
45) 血管代用品重建大血管；
46) 胃切除 2/3；
47) 小肠切除 1/2，包括回盲部；
48) 肛门外伤后排便轻度障碍或失禁；
49) 肝切除 1/3；
50) 胆道损伤致肝功能轻度损伤；
51) 腹壁缺损面积≥腹壁的 1/4；
52) 胰切除 1/2；
53) 青年脾切除；
54) 甲状腺功能中度损害；
55) 甲状旁腺功能中度损害；
56) 肾损伤性高血压；
57) 膀胱部分切除合并轻度排尿障碍；
58) 两侧睾丸创伤后萎缩，血睾酮低于正常值；
59) 生殖功能轻度损伤；
60) 阴茎部分缺损；
61) 已育妇女双侧乳腺切除；
62) 女性双侧乳房完全缺损或严重瘢痕畸形；
63) 尘肺Ⅰ期伴肺功能轻度损伤及(或)轻度低氧血症；
64) 放射性肺炎后肺纤维化(<两叶)，伴肺功能轻度损伤及(或)轻度低氧血症；
65) 其他职业性肺部疾患，伴肺功能轻度损伤；
66) 白血病完全缓解；
67) 中毒性肾病，持续性低分子蛋白尿伴白蛋白尿；
68) 中毒性肾病，肾小管浓缩功能减退；
69) 肾上腺皮质功能轻度减退；
70) 放射性损伤致甲状腺功能低下；
71) 减压性骨坏死Ⅲ期；
72) 中度手臂振动病；
73) 工业性氟病Ⅲ期。

g) 七级

1) 偏瘫肌力 4 级；
2) 截瘫肌力 4 级；
3) 单手部分肌瘫肌力 3 级；
4) 双足部分肌瘫肌力 3 级；
5) 单足全肌瘫肌力 3 级；
6) 中毒性周围神经病重度感觉障碍；
7) 不完全性失用、失写、失读和失认等具有一项者；

8) 符合重度毁容标准之二项者；
9) 烧伤后颅骨全层缺损≥30 cm^2，或在硬脑膜上植皮面积≥10 cm^2；
10) 颈部瘢痕挛缩，影响颈部活动；
11) 全身瘢痕面积≥30%；
12) 面部瘢痕、异物或植皮伴色素改变占面部的10%以上；
13) 女性两侧乳房部分缺损；
14) 骨盆骨折后遗产道狭窄(未育者)；
15) 骨盆骨折严重移位，症状明显者；
16) 一拇指指间关节离断；
17) 一拇指指间关节畸形，功能完全丧失；
18) 一手除拇指外，其他2～3指(含食指)近侧指间关节离断；
19) 一手除拇指外，其他2～3指(含食指)近侧指间关节功能丧失；
20) 肩、肘、腕关节之一损伤后活动度未达功能位者；
21) 一足1～5趾缺失；
22) 一足除拇趾外，其他四趾瘢痕畸形，功能完全丧失；
23) 一前足缺失；
24) 四肢大关节人工关节术后，基本能生活自理；
25) 四肢大关节创伤性关节炎，长期反复积液；
26) 下肢伤后短缩>2 cm，但<3 cm者；
27) 膝关节韧带损伤术后关节不稳定，伸屈功能正常者；
28) 一眼有或无光感，另眼矫正视力≥0.8；
29) 一眼有或无光感，另一眼各种客观检查正常；
30) 一眼矫正视力≤0.05，另眼矫正视力≥0.6；
31) 一眼矫正视力≤0.1，另眼矫正视力≥0.4；
32) 双眼矫正视力≤0.3或视野≤64%(或半径≤40°)；
33) 单眼外伤性青光眼术后，需用药物维持眼压者；
34) 双耳听力损失≥56 dB；
35) 咽成形术后，咽下运动不正常；
36) 牙槽骨损伤长度≥8 cm，牙齿脱落10个及以上；
37) 一侧颧骨并颧弓骨折；
38) 一侧下颌骨髁状突颈部骨折；
39) 双侧颧骨并颧弓骨折，无功能障碍者；
40) 单侧颧骨并颧弓骨折，伴有开口困难Ⅱ°以上及颜面部畸形经手术复位者；
41) 双侧不完全性面瘫；
42) 肺叶切除术；
43) 限局性脓胸行部分胸廓成形术；
44) 气管部分切除术；
45) 肺功能轻度损伤；
46) 食管重建术后伴返流性食管炎；
47) 食管外伤或成形术后咽下运动不正常；
48) 胃切除1/2；
49) 小肠切除1/2；
50) 结肠大部分切除；

51) 肝切除 1/4；
52) 胆道损伤，胆肠吻合术后；
53) 成人脾切除；
54) 胰切除 1/3；
55) 一侧肾切除；
56) 膀胱部分切除；
57) 轻度排尿障碍；
58) 已育妇女子宫切除或部分切除；
59) 未育妇女单侧卵巢切除；
60) 已育妇女双侧输卵管切除；
61) 阴道狭窄；
62) 未育妇女单侧乳腺切除；
63) 尘肺Ⅰ期，肺功能正常；
64) 放射性肺炎后肺纤维化(＜两叶)，肺功能正常；
65) 轻度低氧血症；
66) 心功能不全一级；
67) 再生障碍性贫血完全缓解；
68) 白细胞减少症，[含量持续＜4×10^9/L(4 000/mm^3)]；
69) 中性粒细胞减少症，[含量持续＜2×10^9/L(2 000/mm^3)]；
70) 慢性轻度中毒性肝病；
71) 肾功能不全代偿期，内生肌酐清除率＜70 mL/min；
72) 三度牙酸蚀病。

h) 八级

1) 人格改变；
2) 单肢体瘫肌力 4 级；
3) 单手全肌瘫肌力 4 级；
4) 双手部分肌瘫肌力 4 级；
5) 双足部分肌瘫肌力 4 级；
6) 单足部分肌瘫肌力≤3 级；
7) 脑叶切除术后无功能障碍；
8) 符合重度毁容标准之一项者；
9) 面部烧伤植皮≥1/5；
10) 面部轻度异物沉着或色素脱失；
11) 双侧耳廓部分或一侧耳廓大部分缺损；
12) 全身瘢痕面积≥20%；
13) 女性一侧乳房缺损或严重瘢痕畸形；
14) 一侧或双侧眼睑明显缺损；
15) 脊椎压缩骨折，椎体前缘总体高度减少 1/2 以上者；
16) 一手除拇、食指外，有两指近侧指间关节离断；
17) 一手除拇、食指外，有两指近侧指间关节无功能；
18) 一足拇趾缺失，另一足非拇趾一趾缺失；

19） 一足拇趾畸形，功能完全丧失，另一足非拇趾一趾畸形；
20） 一足除拇趾外，其他三趾缺失；
21） 因开放骨折感染形成慢性骨髓炎，反复发作者；
22） 四肢大关节创伤性关节炎，无积液；
23） 急性放射皮肤损伤Ⅳ度及慢性放射性皮肤损伤手术治疗后影响肢体功能；
24） 放射性皮肤溃疡经久不愈者；
25） 一眼矫正视力≤0.2，另眼矫正视力≥0.5；
26） 双眼矫正视力等于0.4；
27） 双眼视野≤80%（或半径≤50°）；
28） 一侧或双侧睑外翻或睑闭合不全者；
29） 上睑下垂盖及瞳孔1/3者；
30） 睑球粘连影响眼球转动者；
31） 外伤性青光眼行抗青光眼手术后眼压控制正常者；
32） 双耳听力损失≥41 dB或一耳≥91 dB；
33） 体力劳动时有呼吸困难；
34） 发声及言语困难；
35） 牙槽骨损伤长度≥6 cm，牙齿脱落8个及以上；
36） 舌缺损<舌的1/3；
37） 双侧鼻腔或鼻咽部闭锁；
38） 双侧颞下颌关节强直，张口困难Ⅱ°；
39） 上、下颌骨骨折，经牵引、固定治疗后有功能障碍者；
40） 双侧颧骨并颧弓骨折，无开口困难，颜面部凹陷畸形不明显，不需手术复位；
41） 肺段切除术；
42） 支气管成形术；
43） 双侧多根多处肋骨骨折致胸廓畸形；
44） 膈肌破裂修补术后，伴膈神经麻痹；
45） 心脏、大血管修补术；
46） 心脏异物滞留或异物摘除术；
47） 食管重建术后，进食正常者；
48） 胃部分切除；
49） 十二指肠带蒂肠片修补术；
50） 小肠部分切除；
51） 结肠部分切除；
52） 肝部分切除；
53） 胆道修补术；
54） 腹壁缺损面积<腹壁的1/4；
55） 脾部分切除；
56） 胰部分切除；
57） 甲状腺功能轻度损害；
58） 甲状旁腺功能轻度损害；
59） 输尿管修补术；

60） 尿道修补术；

61） 一侧睾丸、副睾丸切除；

62） 一侧输精管缺损，不能修复；

63） 性功能障碍；

64） 一侧肾上腺缺损；

65） 已育妇女单侧卵巢切除；

66） 已育妇女单侧输卵管切除；

67） 已育妇女单侧乳腺切除；

68） 其他职业性肺疾患，肺功能正常；

69） 中毒性肾病，持续低分子蛋白尿；

70） 慢性中度磷中毒；

71） 工业性氟病Ⅱ期；

72） 减压性骨坏死Ⅱ期；

73） 轻度手臂振动病；

74） 二度牙酸蚀。

i） 九级

1） 癫痫轻度；

2） 中毒性周围神经病轻度感觉障碍；

3） 脑挫裂伤无功能障碍；

4） 开颅手术后无功能障碍者；

5） 颅内异物无功能障碍；

6） 颈部外伤致颈总、颈内动脉狭窄，支架置入或血管搭桥手术后无功能障碍；

7） 符合中度毁容标准之二项或轻度毁容者；

8） 发际边缘瘢痕性秃发或其他部位秃发，需戴假发者；

9） 颈部瘢痕畸形，不影响活动；

10） 全身瘢痕占体表面积≥5%；

11） 面部有≥8 cm^2 或三处以上≥1 cm^2 的瘢痕；

12） 两个以上横突骨折后遗腰痛；

13） 三个节段脊柱内固定术；

14） 脊椎压缩前缘高度<1/2者；

15） 椎间盘切除术后无功能障碍；

16） 一拇指末节部分1/2缺失；

17） 一手食指2～3节缺失；

18） 一拇指指间关节功能丧失；

19） 一足拇趾末节缺失；

20） 除拇趾外其他二趾缺失或瘢痕畸形，功能不全；

21） 跖骨或跗骨骨折影响足弓者；

22） 患肢外伤后一年仍持续存在下肢中度以上凹陷性水肿者；

23） 骨折内固定术后，无功能障碍者；

24） 外伤后膝关节半月板切除、髌骨切除、膝关节交叉韧带修补术后无功能障碍；

25） 第Ⅴ对脑神经眼支麻痹；

26） 眶壁骨折致眼球内陷、两眼球突出度相差＞2 mm或错位变形影响外观者；
27） 一眼矫正视力≤0.3，另眼矫正视力＞0.6；
28） 双眼矫正视力等于0.5；
29） 泪器损伤，手术无法改进溢泪者；
30） 双耳听力损失≥31 dB或一耳损失≥71 dB；
31） 发声及言语不畅；
32） 铬鼻病有医疗依赖；
33） 牙槽骨损伤长度＞4 cm，牙脱落4个及以上；
34） 上、下颌骨骨折，经牵引、固定治疗后无功能障碍者；
35） 肺修补术；
36） 肺内异物滞留或异物摘除术；
37） 膈肌修补术；
38） 限局性脓胸行胸膜剥脱术；
39） 食管修补术；
40） 胃修补术后；
41） 十二指肠修补术；
42） 小肠修补术后；
43） 结肠修补术后；
44） 肝修补术后；
45） 胆囊切除；
46） 开腹探查术后；
47） 脾修补术后；
48） 胰修补术后；
49） 肾修补术后；
50） 膀胱修补术后；
51） 子宫修补术后；
52） 一侧卵巢部分切除；
53） 阴道修补或成形术后；
54） 乳腺成形术后。

j） 十级

1） 符合中度毁容标准之一项者；
2） 面部有瘢痕，植皮，异物色素沉着或脱失＞2 cm^2；
3） 全身瘢痕面积＜5%，但≥1%；
4） 外伤后受伤节段脊柱骨性关节炎伴腰痛，年龄在50岁以下者；
5） 椎间盘突出症未做手术者；
6） 一手指除拇指外，任何一指远侧指间关节离断或功能丧失；
7） 指端植皮术后（增生性瘢痕1 cm^2以上）；
8） 手背植皮面积＞50 cm^2，并有明显瘢痕；
9） 手掌、足掌植皮面积＞30%者；
10） 除拇指外，余3～4指末节缺失；
11） 除拇趾外，任何一趾末节缺失；
12） 足背植皮面积＞100 cm^2；
13） 膝关节半月板损伤、膝关节交叉韧带损伤未做手术者；

14） 身体各部位骨折愈合后无功能障碍；
15） 一手或两手慢性放射性皮肤损伤Ⅱ度及Ⅱ度以上者；
16） 一眼矫正视力≤0.5，另一眼矫正视力≥0.8；
17） 双眼矫正视力≤0.8；
18） 一侧或双侧睑外翻或睑闭合不全行成形手术后矫正者；
19） 上睑下垂盖及瞳孔 1/3 行成形手术后矫正者；
20） 睑球粘连影响眼球转动行成形手术后矫正者；
21） 职业性及外伤性白内障术后人工晶状体眼，矫正视力正常者；
22） 职业性及外伤性白内障，矫正视力正常者；
23） 晶状体部分脱位；
24） 眶内异物未取出者；
25） 眼球内异物未取出者；
26） 外伤性瞳孔放大；
27） 角巩膜穿通伤治愈者；
28） 双耳听力损失≥26 dB，或一耳≥56 dB；
29） 双侧前庭功能丧失，闭眼不能并足站立；
30） 铬鼻病（无症状者）；
31） 嗅觉丧失；
32） 牙齿除智齿以外，切牙脱落 1 个以上或其他牙脱落 2 个以上；
33） 一侧颞下颌关节强直，张口困难Ⅰ度；
34） 鼻窦或面颊部有异物未取出；
35） 单侧鼻腔或鼻孔闭锁；
36） 鼻中隔穿孔；
37） 一侧不完全性面瘫；
38） 血、气胸行单纯闭式引流术后，胸膜粘连增厚；
39） 开胸探查术后；
40） 肝外伤保守治疗后；
41） 胰损伤保守治疗后；
42） 脾损伤保守治疗后；
43） 肾损伤保守治疗后；
44） 膀胱外伤保守治疗后；
45） 卵巢修补术后；
46） 输卵管修补术后；
47） 乳腺修补术后；
48） 免疫功能轻度减退；
49） 慢性轻度磷中毒；
50） 工业性氟病Ⅰ期；
51） 煤矿井下工人滑囊炎；
52） 减压性骨坏死Ⅰ期；
53） 一度牙酸蚀病；
54） 职业性皮肤病久治不愈。

B.2 分级表

表 B.1 神经内科、神经外科、精神科门

伤残类别	分级									
	1	2	3	4	5	6	7	8	9	10
智能损伤	极重度	重度		中度		轻度				
精神症状			1. 精神病性症状表现为危险或冲动行为者 2. 精神病性症状致使缺乏生活自理能力者	精神病性症状致使缺乏社交能力者		精神病性症状影响职业劳动能力者		人格改变		
癫痫			重度		中度				轻度	
运动障碍 脑损伤	四肢瘫肌力≤3级或三肢瘫肌力≤2级	1. 三肢瘫肌力3级 2. 偏瘫肌力≤2级	偏瘫肌力3级	单肢瘫肌力≤2级	1. 四肢瘫肌力4级 2. 单肢瘫肌力3级	三肢肌瘫肌力4级	偏瘫肌力4级	单肢体瘫肌力4级		
脊髓损伤	颈4以上截瘫，肌力≤2级	截瘫肌力≤2级	截瘫肌力3级			截瘫双下肢肌力4级伴轻度排尿障碍	截瘫肌力4级			
周围神经损伤		双手全肌瘫肌力≤3级	双足全肌瘫肌力≤2级	1. 双手部分肌瘫肌力≤2级 2. 一手全肌瘫肌力≤2级	1. 双手部分肌瘫肌力3级 2. 一手全肌瘫肌力3级 3. 双足全肌瘫肌力3级	1. 双手全肌瘫肌力4级 2. 双足部分肌瘫肌力≤2级 3. 单足全肌瘫肌力≤2级	1. 单手部分肌瘫肌力3级 2. 双足部分肌瘫肌力3级 3. 单足全肌瘫肌力3级 4. 中毒性周围神经病重度感觉障碍	1. 单手全肌瘫肌力4级 2. 双手部分肌瘫肌力4级 3. 双足部分肌瘫肌力4级 4. 单足部分肌瘫肌力≤3级	中毒性周围神经病轻度感觉障碍	

表 B.1（续）

伤残类别	分级									
	1	2	3	4	5	6	7	8	9	10
非肢体瘫的运动障碍	重度		中度			轻度				
特殊皮层功能障碍 1. 失语		完全感觉性或混合性失语			完全运动性失语	不完全失语				
2. 失用、失写、失读、失认等			两项以上完全性		1. 单项完全性 2. 多项不完全性		单项不完全性			
颅脑损伤				脑脊液漏伴有颅底骨缺损不能修复，或反复手术失败				脑叶切除术后无功能障碍	1. 脑挫裂伤无功能障碍 2. 开颅手术后无功能障碍 3. 颅内异物无功能障碍 4. 颈部外伤致颈总、颈内动脉狭窄，支架置入或血管搭桥手术后无功能障碍	

表 B.2 骨科、整形外科、烧伤科门

伤残类别	分级									
	1	2	3	4	5	6	7	8	9	10
头面部毁容	1. 面部重度毁容，同时伴有表B.2中二级伤残之一 2. 全身重度瘢痕形成，占体表面积≥90%，伴有脊柱及四肢大关节活动功能基本丧失	1. 全身重度瘢痕形成，占体表面积≥80%，伴有四肢大关节中3个以上活动功能受限 2. 全面部瘢痕或植皮伴有重度毁容	1. 全身重度瘢痕形成，占体表面积≥70%，伴有四肢大关节中2个以上活动功能受限 2. 面部瘢痕或植皮≥2/3并有中度毁容	1. 面部中度毁容 2. 全身瘢痕面积≥60%，四肢大关节中1个关节活动功能受限 3. 面部瘢痕或植皮≥1/2并有轻度毁容	1. 全身瘢痕占体表面积≥50%，并有关节活动功能受限 2. 面部瘢痕或植皮≥1/3并有毁容标准之一项	1. 面部重度异物色素沉着或脱失 2. 面部瘢痕或植皮≥1/3 3. 全身瘢痕面积≥40% 4. 撕脱伤后头皮缺失1/5以上 5. 女性两侧乳房完全缺损或严重瘢痕畸形	1. 符合重度毁容标准之二项者 2. 烧伤后颅骨全层缺损≥30 cm²，或在硬脑膜上植皮面积≥10 cm² 3. 颈部瘢痕挛缩，影响颈部活动 4. 全身瘢痕面积≥30% 5. 面部瘢痕、异物或植皮伴色素改变占面部的10%以上 6. 女性两侧乳房部分缺损	1. 符合重度毁容标准之一项者 2. 面部烧伤植皮≥1/5 3. 面部轻度异物沉着或色素脱失 4. 双侧耳廓部分或一侧耳廓大部分缺损 5. 全身瘢痕面积≥20% 6. 女性一侧乳房缺损或严重瘢痕畸形 7. 一侧或双侧眼睑明显缺损	1. 符合中度毁容标准之二项或轻度毁容者 2. 发际边缘瘢痕性秃发或其他部位秃发，需戴假发者 3. 面部有≥8 cm²或三处以上≥1 cm²的瘢痕 4. 颈部瘢痕畸形，不影响活动 5. 全身瘢痕占体表面积≥5%	1. 符合中度毁容标准之一项者 2. 面部有瘢痕，植皮，异物色素沉着或脱失>2 cm² 3. 全身瘢痕面积<5%，≥1%
脊柱损伤					脊柱骨折后遗30°以上侧弯或后凸畸形，伴严重根性神经痛（以电生理检查为依据）	脊柱骨折后遗小于30°畸形伴根性神经痛（神经电生理检查不正常）	1. 骨盆骨折后遗产道狭窄（未育者） 2. 骨盆骨折严重移位，症状明显者	脊椎压缩骨折，前缘高度减少1/2以上者	1. 两个以上横突骨折后遗腰痛 2. 三个节段脊柱内固定术 3. 脊椎压缩前缘高度<1/2者 4. 椎间盘切除术后，无功能障碍	1. 外伤后受伤节段脊柱骨性关节炎伴腰痛，年龄在50岁以下者 2. 椎间盘突出症未做手术者

表 B.2（续）

伤残类别	分级									
	1	2	3	4	5	6	7	8	9	10
上肢	双肘关节以上缺失或功能完全丧失	双侧前臂缺失或双手功能完全丧失	1. 一手缺失，另一手拇指缺失 2. 双手拇、食指缺失或功能完全丧失 3. 一侧肘上缺失 4. 一侧手功能完全丧失，另一手拇指对掌功能丧失	1. 双拇指完全缺失或无功能 2. 一侧手功能完全丧失，另一手部分功能丧失	1. 一侧前臂缺失 2. 一侧手功能完全丧失 3. 肩、肘、腕关节之一功能完全丧失 4. 一手拇指缺失，另一手除拇指外三指缺失 5. 一手拇指无功能，另一手除拇指外三指功能丧失	1. 单纯一拇指完全缺失，或连同另一手非拇指二指缺失 2. 一拇指功能完全丧失，另一手除拇指外有二指功能完全丧失 3. 一手三指（含拇指）缺失 4. 除拇指外其余四指缺失或功能完全丧失	1. 一拇指指间关节离断 2. 一拇指指间关节畸形，功能完全丧失 3. 一手除拇指外，其他2～3指（含食指）近侧指间关节离断 4. 一手除拇指外，其他2～3指（含食指）近侧指间关节功能丧失 5. 肩、肘、腕关节之一损伤后活动度未达功能位者	1. 一手除拇、食指外，有两指近侧指间关节离断 2. 一手除拇、食指外，有两指近侧指间关节无功能	1. 一拇指末节部分1/2缺失 2. 一手食指2～3节缺失 3. 一拇指指关节功能丧失	1. 一手除拇指外，任何一指远侧指间关节离断或功能完全丧失 2. 指端植皮术后（增生性瘢痕 1 cm² 以上） 3. 手背植皮面积＞50 cm²，并有明显瘢痕 4. 手掌、足掌植皮面积＞30%者 5. 除拇指外，余3～4指末节缺失

表 B.2(续)

伤残类别	分级 1	2	3	4	5	6	7	8	9	10
下肢		1. 双下肢高位缺失 2. 双下肢瘢痕畸形，功能完全丧失 3. 双膝双踝僵直于非功能位 4. 双膝以上缺失 5. 双膝、踝关节功能完全丧失	1. 双髋、双膝关节中，有一个关节缺失或无功能及另一关节伸屈活动达不到0°～90°者 2. 一侧髋、膝关节畸形，功能完全丧失	1. 一侧膝以下缺失，另一侧前足缺失 2. 一侧膝以上缺失 3. 一侧踝以下缺失，另一足畸形行走困难 4. 双膝以下缺失或无功能	1. 双前足缺失或双前足瘢痕畸形，功能完全丧失 2. 双跟骨足底软组织缺损瘢痕形成，反复破溃 3. 一髋（或一膝）功能完全丧失 4. 一侧膝以下缺失	1. 一侧踝以下缺失 2. 一侧踝关节畸形，功能完全丧失 3. 下肢骨折成角畸形>15°并有肢体缩短4 cm以上 4. 一前足缺失，另一足仅残留拇趾 5. 一前足缺失，另一足除拇趾外，2～5趾畸形，功能丧失 6. 一足功能丧失，另一足部分功能丧失 7. 一髋或一膝关节伸屈活动达不到0°～90°者 8. 单侧跟骨足底软组织缺损瘢痕形成，反复破溃	1. 一足1～5趾缺失 2. 一足除拇趾外，其他4趾瘢痕畸形，功能完全丧失 3. 一前足缺失 4. 下肢伤后短缩<3 cm，>2 cm者 5. 膝关节韧带损伤术后关节不稳定，伸屈功能正常者	1. 一足拇趾缺失，另一足非拇趾一趾缺失 2. 一足拇趾畸形，功能完全丧失，另一足非拇趾一趾畸形 3. 一足除拇趾外，其他三趾缺失 4. 因开放骨折感染，形成慢性骨髓炎反复发作者	1. 一足拇趾末节缺失 2. 除拇趾外其他二趾缺失或瘢痕畸形，功能不全 3. 跖骨或跗骨骨折影响足弓者 4. 患肢外伤后1年仍持续存在下肢中度以上凹陷性水肿者	1. 除拇趾外，任何一趾末节缺失 2. 足背植皮面积>100 cm²
上肢及下肢	1. 双下肢高位缺失及一上肢高位缺失 2. 双下肢及一上肢严重瘢痕畸形，活动功能丧失	1. 同侧上、下肢瘢痕畸形，功能完全丧失 2. 四肢大关节（肩、髋、膝、肘）中四个以上关节功能完全丧失	1. 非同侧腕上、踝上缺失 2. 非同侧上、下肢瘢痕畸形，功能完全丧失				1. 四肢大关节创伤性关节炎，长期反复积液 2. 四肢大关节人工关节术后，基本能生活自理	1. 急性放射性皮肤损伤Ⅳ度及慢性放射性皮肤损伤手术治疗后影响肢体功能者 2. 放射性皮肤溃疡经久不愈者 3. 四肢大关节创伤性关节炎，无积液	1. 骨折内固定术后，无功能障碍 2. 外伤后膝关节半月板切除、髌骨切除、膝关节交叉韧带修补术后无功能障碍	1. 一手或两手慢性放射性皮肤损伤Ⅱ度及Ⅱ度以上 2. 膝关节半月板损伤、膝关节交叉韧带损伤未做手术者 3. 身体各部位骨折愈合后无功能障碍

表 B.3　眼科、耳鼻喉科、口腔科门

伤残类别	分级									
	1	2	3	4	5	6	7	8	9	10
眼损伤与视功能障碍	双眼无光感或仅有光感但光定位不准者	一眼有或无光感，另眼矫正视力≤0.02或视野≤8%（或半径≤5°）	1. 一眼有或无光感，另眼矫正视力≤0.05或视野≤16%（或半径≤10°） 2. 双侧矫正视力<0.05或视野≤16%（或半径≤10°） 3. 一侧眼球摘除或眶内容剜出，另眼矫正视力<0.1或视野≤24%（或半径≤15°）	1. 一眼有或无光感，另眼矫正视力<0.2或视野≤32%（或半径≤20°） 2. 一眼矫正视力<0.05，另眼矫正视力≤0.1 3. 双眼矫正视力<0.1或视野≤32%（或半径≤20°）	1. 一眼有或无光感，另眼矫正视力≤0.3或视野≤40%（或半径≤25°） 2. 一眼矫正视力<0.05，另眼矫正视力≤0.2～0.25 3. 一眼矫正视力<0.1，另眼矫正视力等于0.1 4. 双眼视野≤40%（或半径≤25°） 5. 一侧眼球摘除者 6. 第Ⅲ对脑神经麻痹 7. 双眼外伤性青光眼术后，需用药物维持眼压者	1. 一眼有或无光感，另眼矫正视力≥0.4 2. 一眼矫正视力≤0.05，另眼矫正视力≥0.3 3. 一眼矫正视力≤0.1，另眼矫正视力≥0.2 4. 双眼矫正视力≤0.2或视野≤48%（或半径≤30°） 5. 第Ⅳ或第Ⅵ对脑神经麻痹，或眼外肌损伤致复视的	1. 一眼有或无光感，另眼矫正视力≥0.8 2. 一眼有或无光感，另眼各种客观检查正常 3. 一眼矫正视力≤0.05，另眼矫正视力≥0.6 4. 一眼矫正视力≤0.1，另眼矫正视力≥0.4 5. 双眼矫正视力≤0.3或视野≤64%（或半径≤40°） 6. 单眼外伤性青光眼术后，需用药物维持眼压者	1. 一眼矫正视力≤0.2，另眼矫正视力≥0.5 2. 双眼矫正视力等于0.4 3. 双眼视野≤80%（或半径≤50°） 4. 一侧或双侧睑外翻或睑闭合不全者 5. 上睑下垂盖及瞳孔1/3者 6. 睑球粘连影响眼球转动者 7. 外伤性青光眼行抗青光眼手术后眼压控制正常者	1. 一眼矫正视力≤0.3，另眼矫正视力>0.6 2. 双眼矫正视力等于0.5 3. 泪器损伤，手术无法改进溢泪者 4. 第Ⅴ对脑神经眼支麻痹 5. 眶壁骨折致眼球内陷、两眼球突出度相差>2 mm或错位变形影响外观者	1. 一眼矫正视力≤0.5，另眼矫正视力≥0.8 2. 双眼矫正视力≤0.8 3. 一侧或双侧睑外翻或睑闭合不全行成形术矫正者 4. 上睑下垂盖及瞳孔1/3，行成形术矫正者 5. 睑球粘连影响眼球转动行成形术矫正者 6. 职业性及外伤性白内障，矫正视力正常者 7. 职业性及外伤性白内障术后人工晶状体眼，矫正视力正常者或术后无晶状体眼，矫正视力正常者 8. 晶状体部分脱位 9. 眶内异物未取出 10. 球内异物未取出 11. 外伤性瞳孔放大 12. 角巩膜穿通伤治愈者

表 B.3（续）

伤残类别	分级									
	1	2	3	4	5	6	7	8	9	10
听功能障碍				双耳听力损失≥91 dB	双耳听力损失≥81 dB	双耳听力损失≥71 dB	双耳听力损失≥56 dB	双耳听力损失≥41 dB或一耳听力损失≥91 dB	双耳听力损失≥31 dB或一耳听力损失≥71 dB	双耳听力损失≥26 dB或一耳听力损失≥56 dB
前庭性平衡障碍						双侧前庭功能丧失，睁眼行走困难，不能并足站立				双侧前庭功能丧失，闭眼不能并足站立
喉原性呼吸困难及发声障碍			1. 呼吸完全依赖气管套管或造口 2. 静止状态下或轻微活动即有呼吸困难		一般活动及轻工作时有呼吸困难			1. 体力劳动时有呼吸困难 2. 发声及言语困难	发声及言语不畅	
吞咽功能障碍		无吞咽功能，完全依赖胃管进食		牙关紧闭或因食管狭窄只能进流食	1. 吞咽困难，仅能进半流食 2. 双侧喉返神经损伤，喉保护功能丧失致饮食呛咳、误吸		咽成形术后，咽下运动不正常			
嗅觉障碍和铬鼻病									铬鼻病有医疗依赖	1. 铬鼻病（无症状者） 2. 嗅觉丧失

表 B.3（续）

伤残类别	分级									
	1	2	3	4	5	6	7	8	9	10
口腔颌面损伤		1. 双侧上颌骨完全缺损 2. 双侧下颌骨完全缺损 3. 一侧上颌骨及对侧下颌骨完全缺损并伴有颜面部软组织缺损>30 cm²	1. 同侧上下颌骨完全缺损 2. 一侧上颌骨完全缺损,伴颜面部软组织缺损>30 cm² 3. 一侧下颌骨完全缺损,伴颜面部软组织缺损>30 cm² 4. 舌缺损>全舌的2/3	1. 一侧上颌骨缺损1/2,伴颜面部软组织缺损>20 cm² 2. 下颌骨缺损长6 cm以上的区段伴口腔颜面部软组织缺损>20 cm² 3. 双侧颞下颌关节骨性强直,完全不能张口 4. 面颊部洞穿性缺损>20 cm²	1. 一侧上颌骨缺损>1/4,但<1/2,伴软组织缺损<20 cm²,但>10 cm² 2. 下颌骨缺损长4 cm以上的区段,伴口腔颜面软组织缺损>10 cm² 3. 舌缺损>1/3,但<2/3	1. 单侧或双侧颞下颌关节强直,张口困难Ⅲ° 2. 面部软组织缺损>20 cm²,伴发涎瘘 3. 一侧上颌骨缺损1/4,伴口腔、颜面软组织缺损>10 cm² 4. 舌缺损>1/3,但<1/2 5. 双侧颧骨并颧弓骨折,伴有开口困难Ⅱ°以上及颜面部畸形经手术复位者 6. 双侧下颌骨髁状突颈部骨折,伴有开口困难Ⅱ°以上及咬合关系改变,经手术治疗者	1. 牙槽骨损伤长度≥8 cm,牙齿脱落10个及以上 2. 一侧颧骨并颧弓骨折 3. 一侧下颌骨髁状突颈部骨折 4. 双侧颧骨并颧弓骨折,无功能障碍者 5. 单侧颧骨并颧弓骨折,伴有开口困难Ⅱ°以上及颜面部畸形经手术复位者	1. 牙槽骨损伤长度≥6 cm,牙脱落8个及以上 2. 舌缺损<舌的1/3 3. 双侧鼻腔或鼻咽部闭锁 4. 双侧颞下颌关节强直,张口困难Ⅱ度 5. 上、下颌骨骨折,经牵引、固定治疗后有功能障碍者 6. 双侧颧骨并颧弓骨折,无开口困难,颜面部凹陷畸形不明显,不需手术复位	1. 牙槽骨损伤长度>4 cm,牙脱落4个及以上 2. 上、下颌骨骨折,经牵引、固定治疗后无功能障碍者	1. 牙齿除智齿以外,切牙脱落1个以上或其他牙脱落2个以上 2. 一侧颞下颌关节强直,张口困难Ⅰ度 3. 鼻窦或面颊部有异物未取出 4. 单侧鼻腔或鼻孔闭锁 5. 鼻中隔穿孔
面神经损伤				双侧完全性面瘫	一侧完全面瘫,另一侧不完全面瘫	一侧完全性面瘫	双侧不完全面瘫			一侧不完全面瘫

表 B.4 普外、胸外、泌尿生殖科门

伤残类别	分级 1	2	3	4	5	6	7	8	9	10
胸壁、气管、支气管、肺	1. 肺功能重度损伤和呼吸困难Ⅳ级，需终生依赖机械通气 2. 双肺或心肺联合移植术	一侧全肺切除并胸廓成形术，呼吸困难Ⅲ级	1. 一侧全肺切除并胸廓成形术 2. 一侧胸廓成形术，肋骨切除6根以上 3. 一侧全肺切除并隆凸切除成形术 4. 一侧全肺切除并血管代用品重建大血管术	1. 一侧全肺切除术 2. 双侧肺叶切除术 3. 肺叶切除并胸廓成形术 4. 肺叶切除并隆凸切除成形术 5. 一侧肺移植术	1. 双肺叶切除术 2. 肺叶切除术并血管代用品重建大血管术 3. 隆凸切除成形术	1. 肺叶切除并肺段或楔形切除术 2. 肺叶切除并支气管成形术 3. 支气管（或气管）胸膜瘘	1. 肺叶切除术 2. 限局性脓胸行部分胸廓成形术 3. 肺功能轻度损伤 4. 气管部分切除术	1. 肺段切除术 2. 支气管成形术 3. 双侧多根多处肋骨骨折致胸廓畸形 4. 膈肌破裂修补术后，伴膈神经麻痹	1. 肺修补术 2. 肺内异物滞留或异物摘除术 3. 膈肌修补术 4. 限局性脓胸行胸膜剥脱术	1. 血、气胸行单纯闭式引流术后，胸膜粘连增厚 2. 开胸探查术后
心脏与大血管		心功能不全三级	Ⅲ度房室传导阻滞	1. 瓣膜置换术 2. 心功能不全二级		1. 冠状动脉旁路移植术 2. 血管代用品重建大血管		1. 心脏、大血管修补术 2. 心脏异物滞留或异物摘除术		
食管		食管闭锁或损伤后无法行食管重建术，依赖胃造瘘或空肠造瘘进食		食管重建术吻合口狭窄，仅能进流食者	1. 食管重建术后吻合狭窄，仅能进半流食者 2 食管气管(或支气管)瘘 3. 食管胸膜瘘		1. 食管重建术后伴返流性食管炎 2. 食管外伤或成形术后咽下运动不正常	食管重建术后，进食正常者	食管修补术后	
胃				全胃切除	胃切除 3/4	胃切除 2/3	胃切除 1/2	胃部分切除	胃修补术后	
十二指肠				胰头、十二指肠切除	十二指肠憩室化			十二指肠带蒂肠片修补术	十二指肠修补术	

表 B.4（续）

伤残类别	分级									
	1	2	3	4	5	6	7	8	9	10
小肠	切除≥90%	切除 3/4，合并短肠综合症		1. 切除 3/4 2. 切除 2/3，包括回盲部切除	小肠切除 2/3，包括回肠大部	小肠切除 1/2，包括回盲部	小肠切除 1/2	小肠部分切除	小肠修补术后	
结肠、直肠				1. 全结肠、直肠、肛门切除、回肠造瘘 2. 外伤后肛门排便重度障碍或失禁	直肠、肛门切除、结肠部分切除，结肠造瘘	肛门外伤后排便轻度障碍或失禁	结肠大部分切除	结肠部分切除	结肠修补术后	
肝	肝切除后原位肝移植	1. 肝切除 3/4，并肝功能重度损害 2. 肝外伤后发生门脉高压三联症或发生 Budd-Chiari 综合征	肝切除 2/3，并肝功能中度损害	1. 肝切除 2/3 2. 肝切除1/2，肝功能轻度损害	肝切除 1/2	肝切除 1/3	肝切除 1/4	肝部分切除	肝修补术后	肝外伤保守治疗后
胆道	胆道损伤原位肝移植	胆道损伤致肝功能重度损害		胆道损伤致肝功能中度损害		胆道损伤致肝功能轻度损伤	胆道损伤，胆肠吻合术后	胆道修补术	胆囊切除	
腹壁						腹壁缺损≥腹壁 1/4		腹壁缺损<腹壁的 1/4	开腹探查术后	
胰、脾	全胰切除	胰次全切除，胰腺移植术后	胰次全切除，胰岛素依赖		胰切除 2/3	1. 胰切除 1/2 2. 青年脾切除	1. 胰切除 1/3 2. 成人脾切除	胰部分切除 脾部分切除	1. 脾修补术后 2. 胰修补术后	1. 胰损伤保守治疗后 2. 脾损伤保守治疗后
甲状腺					甲状腺功能重度损害	甲状腺功能中度损害		甲状腺功能轻度损害		

表 B.4（续）

伤残类别	分级									
	1	2	3	4	5	6	7	8	9	10
甲状旁腺				甲状旁腺功能重度损害		甲状旁腺功能中度损害		甲状旁腺功能轻度损害		
肾脏	双肾切除或孤肾切除术后，用透析维持或同种肾移植术后肾功能不全尿毒症期	孤肾部分切除后，肾功能不全失代偿期	一侧肾切除，对侧肾功能不全失代偿期	肾修补术后，肾功能不全失代偿期	一侧肾切除，对侧肾功能不全代偿期	肾损伤性高血压	一侧肾切除		肾修补术后	肾损伤保守治疗后
输尿管			1. 双侧输尿管狭窄，肾功能不全失代偿期 2. 永久性输尿管腹壁造瘘	输尿管修补术后，肾功能不全失代偿期	一侧输尿管狭窄，肾功能不全代偿期			输尿管修补术		
膀胱			膀胱全切除	1. 永久性膀胱造瘘 2. 重度排尿障碍 3. 神经原性膀胱，残余尿≥50 mL		膀胱部分切除合并轻度排尿障碍	1. 轻度排尿障碍 2. 膀胱部分切除		膀胱修补术后	膀胱外伤保守治疗后
尿道				尿道狭窄，需定期行扩张术	尿道瘘不能修复者			尿道修补		
睾丸					1. 两侧睾丸、副睾丸缺损 2. 生殖功能重度损伤	1. 两侧睾丸创伤后萎缩，血睾酮低于正常值 2. 生殖功能轻度损伤		一侧睾丸、副睾丸切除		

表 B.4（续）

伤残类别	分级 1	2	3	4	5	6	7	8	9	10
输精管					双侧输精管缺损，不能修复			一侧输精管缺损，不能修复		
阴茎					阴茎全缺损	阴茎部分缺损		性功能障碍		
肾上腺				双侧肾上腺缺损				一侧肾上腺缺损		
子宫					未育妇女子宫切除或部分切除		已育妇女子宫切除或部分切除		子宫修补术后	
卵巢				未育妇女双侧卵巢切除	已育妇女双侧卵巢切除		未育妇女单侧卵巢切除	已育妇女单侧卵巢切除	一侧卵巢部分切除	卵巢修补术后
输卵管					未育妇女双侧输卵管切除		已育妇女双侧输卵管切除	已育妇女单侧输卵管切除		输卵管修补术后
阴道					1. 阴道闭锁 2. 会阴部瘢痕挛缩伴有阴道或尿道或肛门狭窄		阴道狭窄		阴道修补或成形术后	
乳腺					未育妇女双侧乳腺切除	1. 已育妇女双侧乳腺切除 2. 女性双侧乳房完全缺损或严重瘢痕畸形	未育妇女单侧乳腺切除	已育妇女单侧乳腺切除	乳腺成形术后	乳腺修补术后

表 B.5 职业病内科门

伤残类别	分级 1	2	3	4	5	6	7	8	9	10
肺部疾患	1. 尘肺Ⅲ期伴肺功能重度损伤及/或重度低氧血症[p_{O_2}＜5.3 kPa (＜40 mmHg)] 2. 其他职业性肺部疾患,伴肺功能重度损伤及/或重度低氧血症[p_{O_2}＜5.3 kPa (40 mmHg)] 3. 放射性肺炎后,两叶以上肺纤维化伴重度低氧血症[p_{O_2}＜5.3 kPa(40 mmHg)] 4. 职业性肺癌伴肺功能重度损伤	1. 肺功能重度损伤及/或重度低氧血症 2. 尘肺Ⅲ期伴肺功能中度损伤及(或)中度低氧血症 3. 尘肺Ⅱ期伴肺功能重度损伤及/或重度低氧血症[p_{O_2}＜5.3 kPa (40 mmHg)] 4. 尘肺Ⅲ期合并活动性肺结核 5. 职业性肺癌或胸膜间皮瘤	1. 尘肺Ⅲ期 2. 尘肺Ⅱ期伴肺功能中度损伤及/或中度低氧血症 3. 放射性肺炎后两叶肺纤维化伴肺功能中度损伤及/或中度低氧血症 4. 尘肺Ⅱ期合并活动性肺结核	1. 尘肺Ⅱ期 2. 尘肺Ⅰ期伴肺功能中度损伤及/或中度低氧血症 3. 尘肺Ⅰ期合并活动性肺结核	1. 肺功能中度损伤 2. 中度低氧血症	1. 尘肺Ⅰ期伴肺功能轻度损伤及/或轻度低氧血症 2. 放射性肺炎后肺纤维化(＜两叶),伴肺功能轻度损伤及/或轻度低氧血症 3. 其他职业性肺部疾患,伴肺功能轻度损伤	1. 尘肺Ⅰ期,肺功能正常 2. 放射性肺炎后肺纤维化(＜两叶),肺功能正常 3. 轻度低氧血症	其他职业性肺疾患,肺功能正常		
心脏		心功能不全三级	Ⅲ度房室阻滞	1. 病态窦房结综合征(需要装起搏器者) 2. 心功能不全二级	1. 莫氏Ⅱ型Ⅱ度房室阻滞 2. 病态窦房结综合征(不需安装起搏器者)		心功能不全一级			

表 B.5（续）

伤残类别	分级								
	1	2	3	4	5	6	7	8	9	10
血液		1. 职业性急性白血病 2. 急性重型再生障碍性贫血	1. 粒细胞缺乏症 2. 再生障碍性贫血 3. 职业性慢性白血病 4. 中毒性血液病，骨髓增生异常综合征 5. 中毒性血液病，严重出血或血小板含量 $\leqslant 2\times10^{10}/L$		1. 中毒性血液病，血小板减少并有出血倾向 $(\leqslant 4\times10^{10}/L)$ 2. 中毒性血液病，白细胞含量持续 $<3\times10^{9}/L$（3 000/mm³）或粒细胞含量 $<1.5\times10^{9}/L$（1 500/mm³）	白血病完全缓解	1. 再生障碍性贫血完全缓解 2. 白细胞减少症，含量持续 $<4\times10^{9}/L$ 3. 中性粒细胞减少症，含量持续 $<2\times10^{9}/L$			
肝脏	1. 职业性肝血管肉瘤，重度肝功能损害 2. 肝硬化伴食道静脉破裂出血，肝功能重度损害	1. 慢性重度中毒性肝病 2. 肝血管肉瘤			慢性中度中毒性肝病		慢性轻度中毒性肝病			
肾脏	肾功能不全尿毒症期，内生肌酐清除率持续 <10 mL/min，或血浆肌酐水平持续 > 707 μmol/L (8 mg/dL)	肾功能不全尿毒症期，内生肌酐清除率 <25 mL/min 或血浆肌酐水平持续 > 450 μmol/L (5 mg/dL)			肾功能不全失代偿期，内生肌酐清除率持续 <50 mL/min 或血浆肌酐水平持续 >177 μmol/L (2 mg/dL)	1. 中毒性肾病，持续性低分子蛋白尿伴白蛋白尿 2. 中毒性肾病，肾小管浓缩功能减退	肾功能不全代偿期，内生肌酐清除率 <70 mL/min	中毒性肾病，持续低分子蛋白尿		

表 B.5（续）

伤残类别	分级									
	1	2	3	4	5	6	7	8	9	10
内分泌				肾上腺皮质功能明显减退		肾上腺皮质功能轻度减退				
免疫功能				明显减退						轻度减退
其他		职业性膀胱癌 放射性肿瘤	砷性皮肤癌 放射性皮肤癌		1. 放射性损伤致睾丸萎缩 2. 慢性重度磷中毒 3. 重度手臂振动病	1. 放射性损伤致甲状腺功能低下 2. 减压性骨坏死Ⅲ期 3. 中度手臂振动病 4. 工业性氟病Ⅲ期	三度牙酸蚀病	1. 慢性中度磷中毒 2. 减压性骨坏死Ⅱ期 3. 轻度手臂振动病 4. 二度牙酸蚀病 5. 工业性氟病Ⅱ期		1. 慢性轻度磷中毒 2. 工业性氟病Ⅰ期 3. 煤矿井下工人滑囊炎 4. 减压性骨坏死Ⅰ期 5. 一度牙酸蚀病 6. 职业性皮肤病久治不愈

附 录 C
（资料性附录）
正确使用本标准的说明

C.1 关于标准“总则”与“分级原则”

C.1.1 医疗依赖的判定分为一般依赖和特殊依赖。特殊依赖是指致残后必须终生接受特殊药物、特殊医疗设备或装置进行治疗者，如血液透析、人工呼吸机以及免疫抑制剂等的治疗；一般医疗依赖是指致残后仍需接受长期或终生药物治疗者，如降压药、降糖药、抗凝剂以及抗癫痫药治疗等。

C.1.2 护理依赖程度主要根据生活自理能力做出判断。下列生活自理范围及护理依赖程度是指：

a) 进食：是指完全不能自主进食，需依赖他人者；

b) 翻身：是指不能自主翻身；

c) 大、小便：是指不能自主行动，排大、小便需依靠他人者；

d) 穿衣、洗漱：是指不能自己穿衣、洗漱，完全依赖他人者；

e) 自主行动：是指不能自主走动。

C.1.3 劳动能力鉴定的前提应是劳动者因公负伤或患职业病，其工伤或职业病的认定依照《工伤保险条例》第十八条和第十九条的规定执行。

C.1.4 在劳动能力鉴定后伤残情况发生变化，应根据《工伤保险条例》第二十八条的规定，对残情进行复查鉴定。

C.1.5 残情晋级原则 当被鉴定者同一器官或系统或一个以上器官不同部位同时受到损伤，应首先完成单项残情的鉴定，若有两项以上或多项残情的，如果伤残等级不同，以重者定级，如果两项以上等级相同，最多晋升一级。

C.1.6 原有伤残及合并症的处理 在劳动能力鉴定过程中，遇到被鉴定者受损害器官或组织原有伤残或疾病，或工伤及职业病后发生的合并症，本标准规定以鉴定时实际的致残结局为依据，所谓实际致残结局是指：若为单个器官或系统损伤，本次鉴定时应包括在发生工伤前已经存在的残情（包括原有疾病致功能的损伤或原有工伤所致的残情）；若为双器官如双眼、四肢、肾脏的损伤，本次鉴定时应同时对另一侧的残情或功能（无论是否工伤引起）进行鉴定，并作为伤残等级评定的依据。

C.1.7 关于分级原则 本次修订在原标准规定基础上，分别对八级、九级、十级做了适当调整，即在八级中明确存在有一般医疗依赖，而在九级、十级中明确无医疗依赖或存在一般医疗依赖。

C.2 神经内科、神经外科、精神科门

C.2.1 反复发作性的意识障碍，作为伤残的症状表现，多为癫痫的一组症状或癫痫发作的一种形式，故不单独评定其致残等级。

C.2.2 精神分裂症和躁郁症均为内源性精神病，发病主要决定于病人自身的生物学素质。在工伤或职业病过程中伴发的内源性精神病不应与工伤或职业病直接所致的精神病相混淆。精神分裂症和躁郁症不属于工伤或职业病性精神病。

C.2.3 智能损伤说明

1) 智能损伤的总体严重性以记忆或智能损伤程度予以考虑，按“就重原则”其中哪项重，就以哪项表示；

2) 记忆商（MQ）的测查，按照中国科学院心理研究所 1984 年编印的《临床记忆量表手册》要求执行。智商（IQ）的测查，根据湖南医学院 1982 年龚耀先主编的《修订韦氏成人智力量表手册》的要求进行。

C.2.4 鉴于手、足部肌肉由多条神经支配，可出现完全瘫，亦可表现不完全瘫，在评定手、足瘫致残程度时，应区分完全性瘫与不完全性瘫，再根据肌力分级判定基准，对肢体瘫痪致残程度详细分级。

C.2.5 神经系统多部位损伤或合并其他器官的伤残时，其致残程度的鉴定依照本标准总则中的有关规定处理。

C.2.6 癫痫是一种以反复发作性抽搐或以感觉、行为、意识等发作性障碍为特征的临床征候群，属于慢性病之一。因为它的临床体征较少，若无明显颅脑器质性损害则难于定性。工伤和职业病所致癫痫的诊断前提应有严重颅脑外伤或中毒性脑病的病史。为了科学、合理地进行劳动能力鉴定，在进行致残程度评定时，应尽可能收集相关信息资料。每次鉴定时，应要求被鉴定者提供下列相关信息材料（至少两项），以供判定时参考。

a) 两年来系统治疗病历资料；

b) 脑电图资料；

c) 原工作单位或现工作单位组织上提供的患者平时发病情况的资料；

d) 必要时测定血药浓度。

C.2.7 各种颅脑损伤出现功能障碍参照有关功能障碍评级。

C.2.8 为便于分类分级，将运动障碍按损伤部位不同分为脑、脊髓、周围神经损伤三类。鉴定中首先分清损伤部位，再给予评级。

C.2.9 考虑到颅骨缺损多可修补后按开颅术定级，且颅骨缺损的大小与功能障碍程度无必然联系，故不再以颅骨缺损大小作为评级标准。

C.2.10 脑挫裂伤应具有相应病史、临床治疗经过，经 CT 及（或）MRI 等辅助检查证实有脑实质损害征象。

C.2.11 开颅手术包括开颅探查、去骨瓣减压术、颅骨整复、各种颅内血肿清除、慢性硬膜下血肿引流、脑室外引流、脑室-腹腔分流等。

C.2.12 脑叶切除术后合并人格改变或边缘智能应晋升到七级。

C.2.13 脑脊液漏手术修补成功无功能障碍按开颅手术定为九级；脑脊液漏伴颅底骨缺损反复修补失败或无法修补者定为四级。

C.2.14 中毒性周围神经病表现为四肢对称性感觉减退或消失，肌力减退，肌肉萎缩，四肢腱反射（特别是跟腱反射）减退或消失。神经肌电图显示神经源性损害。如仅表现以感觉障碍为主的周围神经病，有深感觉障碍的定为七级，只有浅感觉障碍的定为九级（见表 B.1），出现运动障碍者可参见神经科部分“运动障碍”定级。

外伤或职业中毒引起的周围神经损害，如出现肌萎缩者，可按肌力予以定级。

C.2.15 有关大小便障碍参见表 B.4。

C.2.16 由于外伤或职业中毒引起的前庭功能障碍，参见表 B.3。

C.2.17 外伤或职业中毒引起的同向偏盲或象限性偏盲，其视野缺损程度可参见眼科标准予以定级。

C.3 骨科、整形外科、烧伤科门

C.3.1 本标准只适用于因工负伤或职业病所致脊柱、四肢损伤的致残程度鉴定之用，其他先天畸形，或随年龄增长出现的退行性改变，如骨性关节炎等，不适用本标准。

C.3.2 有关节内骨折史的骨性关节炎或创伤后关节骨坏死，按该关节功能损害程度，列入相应评残等级处理。

C.3.3 创伤性滑膜炎，滑膜切除术后留有关节功能损害或人工关节术后残留有功能不全者，按关节功能损害程度，列入相应等级处理。

C.3.4 脊柱骨折合并有神经系统症状，骨折治疗后仍残留不同程度的脊髓和神经功能障碍者，参照表 B.1 评残等级处理。

C.3.5 外伤后(一周内)发生的椎间盘突出症，经劳动与社会保障部门认定为工伤的，按本标准相应条款进行伤残等级评定，若手术后残留有神经系统症状者，参照表 B.1 进行处理。

C.3.6 职业性损害如氟中毒或减压病等所致骨与关节损害，按损害部位功能障碍情况列入相应评残等级处理。

C.3.7 神经根性疼痛的诊断除临床症状外，需有神经电生理改变。

C.3.8 烧伤面积、深度不作为评残标准，需等治疗停工留薪期满后，依据造成的功能障碍程度、颜面瘢痕畸形程度和瘢痕面积(包括供皮区明显瘢痕)大小进行评级。

C.3.9 诊断椎管狭窄症，除临床症状外，需有 CT 或 MRI 检查证据。

C.3.10 在实际应用中，如果仍有某些损伤类型未在本标准中提及者，可按其对劳动、生活能力影响程度列入相应等级，如果划入某一分类项中有疑问时，可列入高一级分类中。

C.3.11 面部异物色素沉着是指由于工伤如爆炸伤所致颜面部各种异物(包括石子、铁粒等)的存留，或经取异物后仍有不同程度的色素沉着。但临床上很难对面部异物色素沉着量及面积作出准确的划分，同时也因性别、年龄等因素造成的心理影响更难一概而论，而考虑到实际工作中可能遇见多种复杂情况，故本标准将面部异物色素沉着分为轻度及重度两个级别，分别以超过颜面总面积的 1/4 及 1/2 作为判定轻、重的基准(参见 6.2.2)。

C.3.12 以外伤为主导诱因引发的急性腰椎间盘突出症，应按下列要求确定诊断：

a) 急性外伤史并发坐骨神经刺激征；

b) 有 CT 或 MRI 影像学依据；

c) 临床体征应与 CT 或 MRI 影像符合。

C.3.13 膝关节损伤的诊断应从以下几方面考虑：明确的外伤史；相应的体征；结合影像学资料。如果还不能确诊者，可行关节镜检查确定。

C.4 眼科、耳鼻喉科、口腔科门

C.4.1 非工伤和职业性五官科疾病如夜盲、立体盲、耳硬化症等不适用本标准。

C.4.2 职工工伤与职业病所致视觉损伤不仅仅是眼的损伤或破坏，重要的是涉及视功能的障碍以及有关的解剖结构和功能的损伤如眼睑等。因此，视觉损伤的鉴定包括：

a) 眼睑、眼球及眼眶等的解剖结构和功能损伤或破坏程度的鉴定；

b) 视功能(视敏锐度、视野和立体视觉等)障碍程度的鉴定。

C.4.3 眼伤残鉴定标准主要的鉴定依据为眼球或视神经器质性损伤所致的视力、视野、立体视功能障碍及其他解剖结构和功能的损伤或破坏。其中视力残疾主要参照了盲及低视力分级标准和视力减弱补偿率视力损伤百分计算办法(A.9)。“一级”划线的最低限为双眼无光感或仅有光感但光定位不准；“二级”等于“盲”标准(见 6.3.1.2)的一级盲；“三级”等于或相当于二级盲；“四级”相当于一级低视力；“五级”相当于二级低视力，“六～十级”则分别相当于视力障碍的 0.2～0.8。

C.4.4 周边视野损伤程度鉴定以实际测得的 8 条子午线视野值的总和，计算平均值即有效视野值。计算方法参见 6.3.2。当视野检查结果与眼部客观检查不符时，可用 Humphrey 视野或 Octopus 视野检查。

C.4.5 中心视野缺损目前尚无客观的计量办法，评残时可根据视力受损程度确定其相应级别。

C.4.6 无晶状体眼视觉损伤程度评价参见 A.9。在确定无晶状体眼中心视力的实际有效值之后，分别套入本标准的实际级别。

C.4.7 眼非工伤致残的鉴定可参照总则判断依据对双眼进行鉴定。但非工伤残疾眼工伤临床鉴定可能有多种复杂情况，比如：

a) 在双残疾眼的基础上发生的一眼或两眼的工伤及单残疾眼的工伤；

b) 单残疾眼工伤又分别可有以下三种情况，即：

1) 残疾眼工伤；

2) 正常眼工伤；

3) 正常眼及残疾眼同时因工损伤。

鉴于以上情况，在对非工伤残疾眼眼工伤致残程度最终评定等级时，应兼顾国家、集体和个人三方面的合法利益。

C.4.8 中央视力及视野(周边视力)的改变，均须有相应的眼组织器质性改变来解释，如不能解释则要根据视觉诱发电位及多焦视网膜电流图检查结果定级。

C.4.9 伪盲鉴定参见6.3.3。视觉诱发电位等的检查可作为临床鉴定伪盲的主要手段。如一眼有或无光感，另眼眼组织无器质性病变，并经视觉诱发电位及多焦视网膜电流图检查结果正常者，应考虑另眼为伪盲眼。也可采用其他行之有效的办法包括社会调查、家庭采访等。

C.4.10 睑球粘连严重、同时有角膜损伤者按中央视力定级。

C.4.11 职业性眼病(包括白内障、电光性眼炎、二硫化碳中毒、化学性眼灼伤)的诊断可分别参见GBZ 35、GBZ 9、GBZ 4、GBZ 45、GBZ 54。

C.4.12 职业性及外伤性白内障视力障碍程度较本标准所规定之级别重者(即视力低于标准9级和10级之0.5～0.8)，则按视力减退情况分别套入不同级别。白内障术后评残办法参见A.9。如果术前已经评残者，术后应根据矫正视力情况，并参照A.9无晶状体眼视觉损伤程度评价重新评级。

外伤性白内障未做手术者根据中央视力定级；白内障摘除人工晶状体植入术后谓人工晶状体眼，人工晶状体眼根据中央视力定级。白内障摘除未能植入人工晶状体者，谓无晶状体眼，根据其矫正视力并参见C.4.6的要求定级。

C.4.13 泪器损伤指泪道(包括泪小点、泪小管、泪囊、鼻泪管等)及泪腺的损伤。

C.4.14 有明确的外眼或内眼组织结构的破坏，而视功能检查好于本标准第十级(即双眼视力≤0.8)者，可视为十级。

C.4.15 本标准没有对光觉障(暗适应)作出规定，如果临床上确有因工或职业病所致明显暗适应功能减退者，应根据实际情况，作出适当的判定。

C.4.16 一眼受伤后健眼发生交感性眼炎者无论伤后何时都可以申请定级。

C.4.17 本标准中的双眼无光感、双眼矫正视力或双眼视野，其“双眼”为临床习惯称谓，实际工作(包括评残)中是以各眼检查或矫正结果为准。

C.4.18 听功能障碍包括长期暴露于生产噪声所致的职业性噪声聋，压力波、冲击波造成的爆破性聋等，颅脑外伤所致的颞骨骨折、内耳震荡、耳蜗神经挫伤等产生的耳聋及中、外耳伤后遗的鼓膜穿孔、鼓室瘢痕粘连，外耳道闭锁等产生的听觉损害。

C.4.19 听阈测定的设备和方法必须符合国家标准：GB/T 7341、GB 4854、GB/T 7583。

C.4.20 纯音电测听重度、极重度听功能障碍时，应同时加测听觉脑干诱发电位(A.B.R)。

C.4.21 耳廓、外鼻完全或部分缺损，可参照整形科“头面部毁容”。

C.4.22 耳科平衡功能障碍指前庭功能丧失而平衡功能代偿不全者。因肌肉、关节或其他神经损害引起的平衡障碍，按有关学科残情定级。

C.4.23 如职工因与工伤或职业有关的因素诱发功能性视力障碍和耳聋，应用相应的特殊检查法明确诊断，在其器质性视力和听力减退确定以前暂不评残。伪聋，也应先予排除，然后评残。

C.4.24 喉原性呼吸困难系指声门下区以上呼吸道的阻塞性疾患引起者。由胸外科、内科病所致的呼吸困难参见6.5.1。

C.4.25 发声及言语困难系指喉外伤后致结构改变，虽呼吸通道无障碍，但有明显发声困难及言语表达障碍；轻者则为发声及言语不畅。

发声障碍系指声带麻痹或声带的缺损、小结等器质性损害致不能胜任原来的嗓音职业工作者。

C.4.26 职业性铬鼻病、工业性氟病、减压病、尘肺病、职业性肿瘤、慢性砷中毒、磷中毒、手臂振动病、牙酸蚀病以及煤矿井下工人滑囊炎等的诊断分别参见 GBZ 12、GBZ 5、GBZ 24、GBZ 70、GBZ 94、GBZ 83、GBZ 81、GBZ 7、GBZ 61、GBZ 82。

C.4.27 颞下颌关节强直，临床上分二类：一为关节内强直，一为关节外强直（颌间挛缩），本标准中颞下颌关节强直即包括此二类。

C.4.28 本标准将舌划分为三等份即按舌尖、舌体和舌根计算损伤程度。

C.4.29 头面部毁容参见 6.2.1。

C.5 普外科、胸外科、泌尿生殖科门

C.5.1 器官缺损伴功能障碍者，在评残时一般应比器官完整伴功能障碍者级别高。

C.5.2 多器官损害的评级标准依照本标准总则中制定的有关规定处理。

C.5.3 任何并发症的诊断都要有影像学和实验室检查的依据，主诉和体征供参考。

C.5.4 评定任何一个器官的致残标准，都要有原始病历记录，其中包括病历记录、手术记录、病理报告等。

C.5.5 甲状腺损伤若伴有喉上神经和喉返神经损伤致声音嘶哑、呼吸困难或呛咳者，判定级别标准参照耳鼻喉科部分。

C.5.6 阴茎缺损指阴茎全切除或部分切除并功能障碍者。

C.5.7 心脏及大血管的各种损伤其致残程度的分级，均按治疗期满后的功能不全程度分级。

C.5.8 胸部（胸壁、气管、支气管、肺）各器官损伤的致残分级除按表 B.4 中列入各项外，其他可按治疗期结束后的肺功能损害和呼吸困难程度分级。

C.5.9 生殖功能损害主要指放射性损伤所致。

C.5.10 性功能障碍系指脊髓神经周围神经损伤，或盆腔、会阴手术后所致。

C.5.11 肝、脾、胰挫裂伤，有明显外伤史并有影像学诊断依据者，保守治疗后可定为十级。

C.5.12 普外科开腹探查术后或任何开腹手术后发生粘连性肠梗阻，且反复发作，有明确影像学诊断依据，应在原级别基础上上升一级。

C.6 职业病内科门

C.6.1 本标准适用于确诊患有中华人民共和国卫生部颁布的职业病名单中的各种职业病所致肺脏、心脏、肝脏、血液或肾脏损害经治疗停工留薪期满时需评定致残程度者。

C.6.2 心律失常（包括传导阻滞）与心功能不全往往有联系，但两者的严重程度可不平衡，但心律失常者，不一定有心功能不全或劳动能力减退，评残时应按实际情况定级。

C.6.3 本标准所列各类血液病、内分泌及免疫功能低下及慢性中毒性肝病等，病情常有变化，对已进行过评残，经继续治疗后残情发生变化者应按国家社会保险法规的要求，对残情重新进行评级。

C.6.4 肝功能的测定

肝功能的测定包括：

常规肝功能试验：包括血清丙氨酸氨基转换酶（ALT 即 GPT）、血清胆汁酸等。

复筛肝功能试验：包括血清蛋白电泳，总蛋白及白蛋白、球蛋白、血清天门冬氨酸氨基转移酶（AST 即 GOT）、血清谷氨酰转肽酶（γ-GT），转铁蛋白或单胺氧化酶测定等，可根据临床具体情况选用。

静脉色氨酸耐量试验（ITTT），吲哚氰绿滞留试验（IGG）是敏感性和特异性都较好的肝功能试验，有备件可作为复筛指标。

C.6.5 职业性肺部疾患主要包括尘肺、铍病、职业性哮喘等，在评定残情分级时，除尘肺在分级表中明确注明外，其他肺部疾病可分别参照相应的国家诊断标准，以呼吸功能损害程度定级。

C.6.6 对职业病患者进行肺部损害鉴定的要求：

a) 须持有职业病诊断证明书；

b) 须有近期胸部X线平片；

c) 须有肺功能测定结果及(或)血气测定结果。

C.6.7 肺功能测定时注意的事项：

a) 肺功能仪应在校对后使用；

b) 对测定对象，测定肺功能前应进行训练；

c) FVC、FEV_1 至少测定二次，二次结果相差不得超过5%；

d) 肺功能的正常预计值公式宜采用各实验室的公式作为预计正常值。

C.6.8 鉴于职业性哮喘在发作或缓解期所测得的肺功能不能正确评价哮喘病人的致残程度，可以其发作频度和影响工作的程度进行评价。

C.6.9 在判定呼吸困难有困难时或呼吸困难分级与肺功能测定结果有矛盾时，应以肺功能测定结果作为致残分级标准的依据。

C.6.10 石棉肺是尘肺的一种，本标准未单独列出，在评定致残分级时，可根据石棉肺的诊断，主要结合肺功能损伤情况进行评定。

C.6.11 鉴于职业性呼吸系统疾病一般不存在医疗终结问题，所以在执行此标准时，应每1～2年鉴定一次，故鉴定结果的有效期为1～2年。

C.6.12 放射性疾病包括外照射急性放射病，外照射慢性放射病，放射性皮肤病、放射性白内障、内照射放射病、放射性甲状腺疾病、放射性性腺疾病、放射性膀胱疾病、急性放射性肺炎及放射性肿瘤，临床诊断及处理可参照GBZ 104、GBZ 105、GBZ 106、GBZ 95、GBZ 96、GBZ 101、GBZ 107、GBZ 109、GBZ 110、GBZ 94。放射性白内障可参照眼科评残处理办法，其他有关放射性损伤评残可参照相应条目进行处理。

C.6.13 本标准中有关慢性肾上腺皮质功能减低、免疫功能减低及血小板减少症均指由于放射性损伤所致不适用于其他非放射性损伤的评残。

ICS 35.080
L 77

中华人民共和国国家标准

GB/T 16260.1—2006/ISO/IEC 9126-1:2001
代替 GB/T 16260—1996

软件工程　产品质量
第1部分:质量模型

**Software engineering—
Product quality—
Part 1:Quality model**

(ISO/IEC 9126-1:2001,IDT)

2006-03-14 发布　　2006-07-01 实施

中华人民共和国国家质量监督检验检疫总局
中国国家标准化管理委员会　发布

前　言

GB/T 16260《软件工程　产品质量》分为如下几部分：

——第1部分(即GB/T 16260.1)：质量模型；

——第2部分(即GB/T 16260.2)：外部度量；

——第3部分(即GB/T 16260.3)：内部度量；

——第4部分(即GB/T 16260.4)：使用质量的度量。

本部分为GB/T 16260的第1部分。

本部分等同采用ISO/IEC 9126-1:2001《软件工程　产品质量　第1部分：质量模型》。

为便于使用，本部分做了下列编辑性修改：

a) “ISO/IEC 9126的本部分”改为“本部分”；

b) 删除了国际标准的前言，修改了国际标准的引言；

c) 纠正了国际标准中的一些错误。ISO/IEC 9126-1:2001的第5章中，“这一质量模型的具体体现在第6章和7.5.1中给出”，但全篇并没有7.5.1，应改为第7章。

本部分从实施之日起代替GB/T 16260—1996。

本部分与GB/T 16260—1996的主要差别是：

a) 在结构上，GB/T 16260—1996包括软件质量特性和质量特性使用指南，不仅描述了软件质量特性，而且还描述了对软件质量的不同观点、软件过程评价模型和评价步骤，在本部分中有关软件评价的内容没有列入(这些内容已在GB/T 18905.1～18905.6中阐述)；

b) 在内容上，GB/T 16260—1996提供了6个软件质量特性，将21个子特性作为参考信息列在附录A中。本部分提出了质量模型的概念，提供了两种质量模型：内部/外部质量的模型和使用质量的模型。其中，内/外部质量模型中保留了6个软件质量特性，将子特性扩充为27个，均列在标准正文中。增加的使用质量模型中有4个特性，没有子特性。

本部分的附录A是规范性附录，附录B和附录C是资料性附录。

本部分由中华人民共和国信息产业部提出。

本部分由中国电子技术标准化研究所归口。

本部分起草单位：上海计算机软件技术开发中心、中国电子技术标准化研究所。

本部分主要起草人：朱三元、宗宇伟、陈森芬、冯惠、孔磊。

引　言

计算机在越来越广泛的应用领域中使用,其正确的运作通常是业务成功和/或人类安全的关键,因此开发或选用高质量的软件产品是至关重要的。对软件产品质量的全面说明和评价是保证足够质量的关键因素。这可以通过考虑软件产品的使用目的的情况下,定义适当的质量特性来实现。重要的是要规定和评价每个相关的软件产品质量特性,无论何时都要尽可能使用经确认的或被广泛接受的度量。

GB/T 16260—1996《信息技术　软件产品评价　质量特性及其使用指南》是为支持这些要求而制订的,它定义了六种质量特性,并描述了一个软件产品评价过程模型。

因为质量特性和相关的度量不仅可用于评价软件产品,而且也可用于定义质量需求以及其他用途,所以 GB/T 16260—1996 已经被两个相关的系列标准:GB/T 16260—2006(软件产品质量)和 GB/T 18905—2002(软件产品评价)所取代。本部分定义的软件产品质量特性可用于说明功能性与非功能性的客户和用户的需求。

本部分是对 GB/T 16260—1996 的修订,它保留了相同的软件质量特性。主要的区别在于:

- 规范性子特性的引入,其中大多数都是基于 GB/T 16260—1996 的资料性附录中的子特性;
- 质量模型的规格说明;
- 使用质量的引入;
- 删除了评价过程(现已在 GB/T 18905—2002 标准中对其进行了说明);
- 与 GB/T 18905.1—2002 的内容相协调。

图 1 描述了 GB/T 16260—2006 和 GB/T 18905—2002(见参考文献)之间的关系。

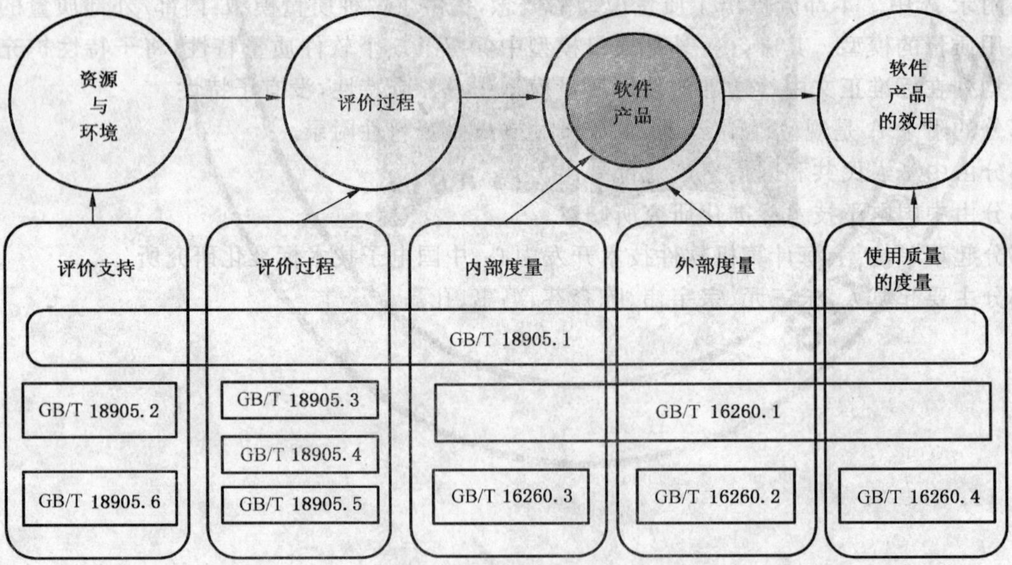

图 1　GB/T 16260 与 GB/T 18905 标准之间的关系

软件工程　产品质量　第1部分:质量模型

1　范围

GB/T 16260 的本部分描述了关于软件产品质量的两部分模型:a)内部质量和外部质量,b)使用质量。模型的第一部分为内部质量和外部质量规定了六个特性,它们可进一步细分为子特性。当软件作为计算机系统的一部分时,这些子特性作为内部软件属性的结果,从外部显现出来。本部分并没有在低于子特性的层次上详细阐述内部质量和外部质量模型。

模型的第二部分规定了四个使用质量的特性,但没有在低于特性的层次上详细阐述使用质量的模型。使用质量是面向用户的六个软件产品质量特性的组合效用。

定义的特性适用于每一类软件,包括固件中的计算机程序和数据。特性和子特性为软件产品质量提供了一致的术语,也为确定软件的质量需求和权衡软件产品的能力提供了一个框架。

附录A为软件产品度量和使用质量的度量提供了建议和需求。这些度量的实例包含在本标准的其他部分中。这些度量可应用于说明包括中间产品在内的软件产品质量需求和设计目标。关于在软件产品评价中如何应用这个质量模型的说明包含在 GB/T 18905.1—2002 中。

本部分可使软件产品质量从软件的获取、需求、开发、使用、评价、支持、维护、质量保证和审核相关的不同视面来确定和评价。例如它可以被开发者、需方、质量保证人员和独立评价者,特别是那些对确定和评价软件产品质量负责的人员所使用。本部分中定义的质量模型使用实例是:

- 确认需求定义的完整性;
- 确定软件需求;
- 确定软件设计目标;
- 确定软件测试目标;
- 确定质量保证准则;
- 为完整的软件产品确定验收准则。

注1:本部分可以和 ISO/IEC 15504(与软件过程评估有关)一起使用以提供:

- 一个客户－供方过程中的软件产品质量定义框架;
- 在支持过程中对于评审、验证和确认的支持以及一个定量的质量评价框架;
- 在管理过程中对于设置组织质量目标的支持。

注2:本部分可以和 GB/T 8566—2001(与软件生存周期有关)一起使用以提供:

- 一个生存周期基本过程中的软件产品质量需求定义框架;
- 在生存周期支持过程中对于评审、验证和确认的支持。

注3:本部分可以和 GB/T 19001(与质量保证过程有关)一起使用以提供:

- 对于设立质量目标的支持;
- 对于设计评审、验证和确认的支持。

2　符合性

遵照本质量模型的任何软件产品的质量需求、规格说明或评价应使用本部分第6章、第7章中的特性和子特性,其中,对于没有使用的特性和子特性应给出理由。否则,应描述软件产品质量属性的独特的分类,并给出相应于第6、7章特性和子特性的映射。

包含用于比较的度量的软件产品质量需求或规格说明应陈述这些度量是否具有 A.4 中规定的性质。

3 规范性引用文件

下列文件中的条款通过 GB/T 16260 的本部分的引用而成为本部分的条款。凡是注日期的引用文件,其随后所有的修改单(不包括勘误的内容)或修订版均不适用于本部分,然而,鼓励根据本部分达成协议的各方研究是否可使用这些文件的最新版本。凡是不注日期的引用文件,其最新版本适用于本部分。

GB/T 18905.1—2002 软件工程 产品评价 第1部分:概述 (ISO/IEC 14598-1:1999,IDT)

4 术语和定义

下列术语和定义以及 GB/T 18905.1—2002 中的术语和定义适用于本标准的所有部分。

注:包含在 GB/T 18905.1—2002 中的术语和定义在附录 B 中列出。

4.1

性能级别 level of performance

要求被满足的程度,它由一组质量特性的特定值来表示。

5 质量模型框架

本章描述了一个说明不同质量途径间关系的质量模型框架。这一质量模型的具体体现在第 6 章和第 7 章中给出。

5.1 质量途径

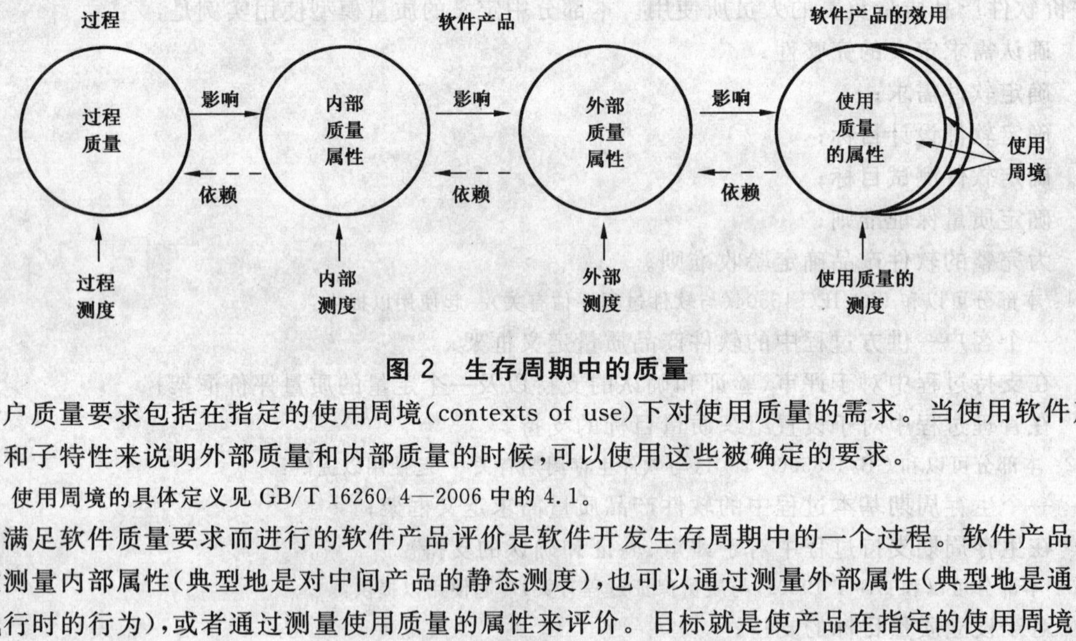

图 2 生存周期中的质量

用户质量要求包括在指定的使用周境(contexts of use)下对使用质量的需求。当使用软件产品质量特性和子特性来说明外部质量和内部质量的时候,可以使用这些被确定的要求。

注:使用周境的具体定义见 GB/T 16260.4—2006 中的 4.1。

为满足软件质量要求而进行的软件产品评价是软件开发生存周期中的一个过程。软件产品质量可以通过测量内部属性(典型地是对中间产品的静态测度),也可以通过测量外部属性(典型地是通过测量代码执行时的行为),或者通过测量使用质量的属性来评价。目标就是使产品在指定的使用周境下具有所需的效用(图 2)。

过程质量(即在 GB/T 8566—2001 中定义的任一生存周期过程的质量)有助于提高产品质量,而产品质量又有助于提高使用质量。因此,评估和改进一个过程是提高产品质量的一种手段,而评价和改进产品质量则是提高使用质量的方法之一。同样,评价使用质量可以为改进产品提供反馈,而评价产品则可以为改进过程提供反馈。

合适的软件内部属性是获得所需外部行为的先决条件,而适当的外部行为则是获得使用质量的先决条件(图 2)。

软件产品质量需求一般要包括对于内部质量、外部质量和使用质量的评估准则,以满足开发者、维

护者、需方以及最终用户的需要。(见 GB/T 18905.1—2002,第 8 章)

5.2 产品质量和生存周期

内部质量、外部质量和使用质量的观点在软件生存周期中是变化的。例如,在生存周期开始阶段作为质量需求而规定的质量大多数是从外部和用户的角度出发的,它与如设计质量这样的中间产品质量不同,后者大多是从内部和开发者的角度来看问题的。为获得必要的质量级别,使用诸如质量的规格说明和评价这样的技术需要支持这些不同的观点。为了在生存周期的每个阶段正确地管理质量,需要对质量定义这些观点和相关技术。

因为目标是为了获得必须的和足够的质量以满足用户的实际需要,所以 GB/T 6583 根据满足明确和隐含要求的能力来定义质量。然而,用户所描述的要求并不总是反映该实际用户的需要,因为:(1)用户并不是经常可以意识到自己的实际需要,(2)要求在被说明之后可能会变化,(3)不同的用户可能具有不同的操作环境,(4) 特别是对于现货软件,咨询所有可能类型的用户是办不到的。因此,质量需求不可能在开始设计前得到完整的定义。然而,尽可能详细地理解实际用户的需要并在需求中表示它们是必须的。获得完美质量的目标是不必要的,但是当产品被交付并由用户实际使用的时候,对于每个特定的使用周境,必要的和足够的质量却是必须的。

用于质量需求度量的测量标度可以根据对于需求的不同满足程度细分为多个类别。例如,标度可以划分为两类:不能令人满意的和令人满意的,或者四类:超出需求、达到目标、最低限度地可接受的以及不可接受的(见 GB/T 18905.1—2002)。类别宜明确说明,这样用户和开发者都可以避免不必要的花费以及进度的超限。

在软件生存周期的不同阶段存在着关于产品质量和相关度量的不同观点(见图 3)。

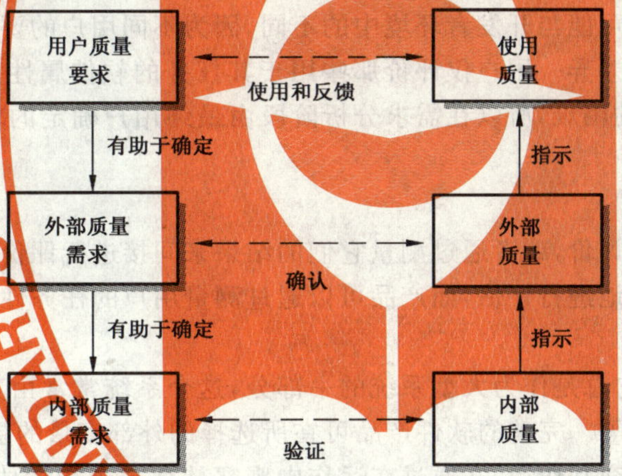

注:此图是 GB/T 18905.1—2002 图 4 的简化版本,经修改与 GB/T 16260.1 保持一致。

图 3 软件生存周期中的质量

用户质量要求可通过使用质量的度量、外部度量,有时是内部度量来确定为质量需求。当确认产品时,这些度量确定的需求应该作为准则来使用。获得满足用户要求的产品通常需要一个可以不断从用户角度得到反馈的迭代的软件开发方法。

外部质量需求从外部视角来规定要求的质量级别。包括用户质量要求派生的需求(包括使用质量需求)。外部质量需求用作不同开发阶段的确认目标。对在本部分中定义的所有质量特性,外部质量需求应在质量需求规格说明中用外部度量加以描述,宜转换为内部质量需求,而且在评价产品时应该作为准则使用。

内部质量需求从产品的内部视角来规定要求的质量级别。内部质量需求用来规定中间产品的特性。这些可以包括静态的和动态的模型,其他的文档和源代码。内部质量需求可用作不同开发阶段的确认目标,也可以用于开发期间定义开发策略以及评价和验证的准则。这可能会包括对于一些超出本标准范围的附加度量(如适合于可重用性的度量)的使用。具体的内部质量需求应使用内部度量加以定量地说明。

内部质量是基于内部视角的软件产品特性的总体。内部质量针对内部质量需求被测量和评价。软件产品质量的枝节部分可以在代码实现、评审和测试期间被改进,但是由内部质量表示的软件产品质量的基本性质不会改变,除非进行重新设计。

估计的(或预测的)外部质量是在了解内部质量的基础上,对每个开发阶段的最终软件产品的各个质量特性加以估计或预测的质量。

外部质量是基于外部视角的软件产品特性的总体。即当软件执行时,典型地是在模拟环境中用模拟数据测试时,使用外部度量所测量和评价的质量。在测试期间,大多数故障都应该可以被发现和消除。然而,在测试后仍会存在一些故障。这是因为难以校正软件的体系结构或软件其他的基础设计方面,所以基础设计在整个测试中通常保持不变。

估计的(或预测的)使用质量是在了解内部和外部质量的基础上,对每个开发阶段的最终软件产品的各个使用质量的特性加以估计或预测的质量。

注:在适当的技术得到发展时,对于本部分中定义的每个质量特性,外部质量和使用质量可以在开发期间被估计和预测。然而对于预测来说,目前的技术发展水平不能提供所有必需的支持,所以应该发展更多的用于显示内部质量、外部质量以及使用质量间相关性的技术。

使用质量是基于用户观点的软件产品用于指定的环境和使用周境时的质量。它测量用户在特定环境中能达到其目标的程度,而不是测量软件自身的属性(使用质量在本部分的第 7 章中定义)。

注:"用户"指的是任何类型的预期的用户,包括操作者和维护者,而他们的需求可以是不同的。

用户环境中的质量级别可能与开发者环境中的不同,因为不同用户的要求和能力间存在着差别,以及不同硬件和支持环境间有差异。用户仅评价那些用于其任务的软件属性。有的时候,因为用户需求的改变,以及确定隐含要求的困难,所以在需求分析阶段由最终用户确定的软件属性,当产品投入使用时不再满足用户的需求。

5.3 需评价的项

项可以通过直接测量来评价,或者通过测量它们的结果来间接进行评价。例如,一个过程可以通过测量和评价它的产品来间接地进行评估,而产品可以通过测量用户的任务性能来间接地评价(采用使用质量的度量)。

软件从不会单独运行,它总是作为大型系统的一部分,这个系统常常由其他软件产品组成,具有接口、硬件、操作员和作业流程等。完整的软件产品可在所选择的外部度量的层次上进行评价。这些度量描述了它与其所在环境间的交互作用,并通过在运作中观察软件来进行评估。使用质量可以依据由具体用户使用的产品满足他们获得包括有效性、生产率、安全性和满意度在内的明确目标所要求的程度进行测量。一般可根据更多的规定的软件产品质量特性的测度来完成,这有可能在开发过程中比较早地被执行。

在开发的最早阶段,仅能测量资源和过程。当中间产品(规格说明、源代码等)可用时,就可以在选择的内部度量层次上对它们进行评价。这些度量可用来预测外部度量的值,也可以在自身的范围内作为外部质量的基本先决因素而被测量。

在软件产品评价和其执行时所在系统的评价之间可以做进一步的区分。

注 1:例如,系统的可靠性通过观察所有的无论何种原因(硬件、软件、人为错误等等)造成的失效来评估,然而软件产品的可靠性则是通过从所观察的失效中抽取那些由软件的故障(源于需求、设计或实现)引起的失效来评估。

并且,系统的界限判定依赖于评价的目的和用户是谁。

注 2:例如,对于具有基于计算机的飞行控制系统的飞机而言,若用户是乘客的话,则他们所依赖的系统包括机组成员、机身以及飞行控制系统中的硬件和软件,然而如果机组成员作为用户的话,则他们所依赖的系统仅仅由机身和飞行控制系统所组成。

5.4 质量模型的使用

软件产品质量宜使用已定义的质量模型来评价。质量模型宜在为软件产品和中间产品设置质量目标时使用。软件产品质量应该按层次分解为一个由特性和子特性所组成的质量模型，该模型可作为与质量相关的问题清单来使用。第6章、第7章定义了一个分层的质量模型(虽然在特殊环境中其他的质量分类方法可能更合适些)。

对大型软件产品的所有部分，测量其所有内部和外部子特性实际上是不可能的。类似地，为所有可能的用户－任务方案测量使用质量通常也是不切实际的。评价资源需要基于业务目标和产品与设计过程的性质在不同类别的测量间进行分配。

6 外部和内部质量的质量模型

本章定义了外部和内部质量的质量模型。它将软件质量属性划分为六个特性(功能性、可靠性、易用性、效率、维护性和可移植性)，并进一步细分为若干子特性(图4)。这些子特性可用内部或者外部度量来测量。

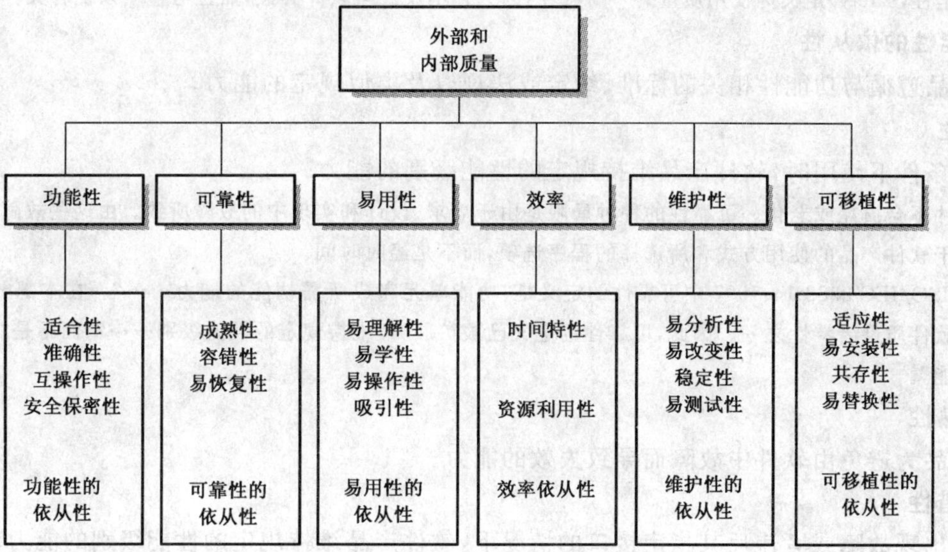

图4 外部和内部质量的质量模型

对软件的每个质量特性和影响质量特性的子特性都给予定义。对于每个特性和子特性，软件的能力由可测量的一组内部属性所决定。内部度量的实例在GB/T 16260.3中给出。这些特性和子特性可依据包含该软件的系统所提供该能力的程度从外部来测量。外部度量的实例在GB/T 16260.2中给出。

注1：所有特性都有依从性子特性，因为这一原则通常适用于所有的内部和外部质量特性。

注2：本部分的一些特性与可信性有关。在IEC 60050-191中为所有类型的系统定义了可信性特性，而本部分中的一个术语也在IEC 60050-191中被定义，所给出的定义具有广泛的兼容性。

6.1 功能性

当软件在指定条件下使用时，软件产品提供满足明确和隐含要求的功能的能力。

注1：本特性与软件为满足要求要做什么有关，而其他特性则主要与何时满足要求以及如何满足要求有关。

注2：B.21中对于质量定义的注解适用于本特性中的明确和隐含的要求。

注3：对于用户操作的系统，功能性、可靠性、易用性和效率的组合可以通过使用质量从外部测量(见第7章)。

6.1.1 适合性

软件产品为指定的任务和用户目标提供一组合适的功能的能力。

注1：适合程度的例子如面向任务的由子功能构成的功能组合是否合适以及表的容量是否合适等。

注2：适合性相当于 ISO 9241-10 中任务的适合性。

注3：适合性也影响易操作性。

6.1.2 准确性

软件产品提供具有所需精度的正确或相符的结果或效果的能力。

6.1.3 互操作性

软件产品与一个或更多的规定系统进行交互的能力。

注：用互操作性代替兼容性是为了避免可能与易替换性(见 6.6.4)的含义产生混淆。

6.1.4 安全保密性

软件产品保护信息和数据的能力，以使未授权的人员或系统不能阅读或修改这些信息和数据，而不拒绝授权人员或系统对它们的访问。

[GB/T 8566—2001]

注1：这也适用于传送中的数据。

注2：安全性(safety)定义为使用质量的一个特性，因为它不仅仅与软件有关，而且与整个系统有关。

6.1.5 功能性的依从性

软件产品遵循与功能性相关的标准、约定或法规以及类似规定的能力。

6.2 可靠性

在指定条件下使用时，软件产品维持规定的性能级别的能力。

注1：软件不会损耗或老化。可靠性的种种局限是由于需求、设计和实现中的故障所致。由这些故障引起的失效取决于软件产品的使用方式和所选择的程序选项，而不是经时时间。

注2：在 ISO/IEC 2382-14:1997 中可靠性的定义是“功能单元完成所需功能的能力……”。在本部分中，功能性仅是软件质量诸特性之一。因此，可靠性的定义已被扩展为“维持规定的性能级别……”，而不是“……完成所需功能”。

6.2.1 成熟性

软件产品为避免由软件中故障而导致失效的能力。

6.2.2 容错性

在软件出现故障或者违反其指定接口的情况下，软件产品维持规定的性能级别的能力。

注：规定的性能级别可能包括失效防护能力。

6.2.3 易恢复性

在失效发生的情况下，软件产品重建规定的性能级别并恢复受直接影响的数据的能力。

注1：在失效发生后，软件产品有时候会在某些时间宕掉，这段时间的长短可根据其易恢复性评估。

注2：有效性(availability)是在规定的使用条件下，软件产品处在给定的时间点完成所需功能的状态的能力。有效性可以根据软件产品在全部时间中处于正常工作状态的百分比进行外部评估。因此，有效性是成熟性(控制失效的频度)、容错性和易恢复性(控制每个失效发生后的宕机时间长短)的组合。因为这个原因，它没有作为单个子特性被包括进来。

6.2.4 可靠性的依从性

软件产品遵循与可靠性相关的标准、约定或法规的能力。

6.3 易用性

在指定条件下使用时，软件产品被理解、学习、使用和吸引用户的能力。

注1：功能性、可靠性和效率的某些方面也会影响易用性，但是按本部分的意图，它们没被分类为易用性。

注2：用户可能包括操作员、最终用户和受该软件的使用影响或依赖于该软件使用的间接用户。易用性必须针对软件所影响的所有不同的用户环境，这可能包括对使用的准备和结果的评价。

6.3.1 易理解性

软件产品使用户能理解软件是否合适以及如何能将软件用于特定的任务和使用条件的能力。

注：这要依赖于软件提供的文档和初始印象。

6.3.2 易学性

软件产品使用户能学习其应用的能力。

注：该内部属性相当于 ISO 9241-10 中定义的对学习的适合性。

6.3.3 易操作性

软件产品使用户能操作和控制它的能力。

注 1：适合性、易改变性、适应性和易安装性的某些方面可能会影响易操作性。

注 2：易操作性相当于 ISO 9241-10 中定义的可控性、容错性和与用户期望的符合性。

注 3：对于用户所操作的系统，功能性、可靠性、易用性和效率的组合可通过使用质量从外部进行测量。

6.3.4 吸引性

软件产品吸引用户的能力。

注：这涉及到软件旨在使自身对用户更具吸引力的属性，例如颜色的使用和图形化设计的特征。

6.3.5 易用性的依从性

软件产品遵循与易用性相关的标准、约定、风格指南或法规的能力。

6.4 效率

在规定条件下，相对于所用资源的数量，软件产品可提供适当性能的能力。

注 1：资源可能包括其他软件产品、系统的软件和硬件配置，以及物质材料(如打印纸，磁盘等)。

注 2：对于用户所操作的系统，功能性、可靠性、易用性和效率的组合可以由使用质量从外部进行测量。

6.4.1 时间特性

在规定条件下，软件产品执行其功能时，提供适当的响应和处理时间以及吞吐率的能力。

6.4.2 资源利用性

在规定条件下，软件产品执行其功能时，使用合适数量和类别的资源的能力。

注：人力资源作为生产率的一部分被包括进来(7.1.2)。

6.4.3 效率依从性

软件产品遵循与效率相关的标准或约定的能力。

6.5 维护性

软件产品可被修改的能力。修改可能包括纠正、改进或软件对环境、需求和功能规格说明变化的适应。

6.5.1 易分析性

软件产品诊断软件中的缺陷或失效原因或识别待修改部分的能力。

6.5.2 易改变性

软件产品使指定的修改可以被实现的能力。

注 1：实现包括编码、设计和文档的更改。

注 2：如果软件由最终用户修改，那么易改变性可能会影响易操作性。

6.5.3 稳定性

软件产品避免由于软件修改而造成意外结果的能力。

6.5.4 易测试性

软件产品使已修改软件能被确认的能力。

6.5.5 维护性的依从性

软件产品遵循与维护性相关的标准或约定的能力。

6.6 可移植性

软件产品从一种环境迁移到另外一种环境的能力。

注：环境可能包括组织、硬件或软件的环境。

6.6.1 适应性

软件产品毋需采用额外的活动或手段就可适应不同指定环境的能力。

注 1：适应性包括内部容量的可伸缩性(例如屏幕域，表，事务量，报告格式等等)。

注 2：如果软件能被最终用户所适应，那么适应性就相当于 ISO 9241-10 中所定义的个性化的适合性，而且可能会影响易操作性。

6.6.2 易安装性

软件产品在指定环境中被安装的能力。

注：如果软件由最终用户安装，那么易安装性就可能导致对适合性与易操作性的影响。

6.6.3 共存性

软件产品在公共环境中同与其分享公共资源的其他独立软件共存的能力。

6.6.4 易替换性

软件产品在同样环境下，替代另一个相同用途的指定软件产品的能力。

注 1：例如，软件产品的新版本的易替换性在升级时对于用户来说是重要的。

注 2：易替换性用来代替兼容性，目的是为了避免可能与互操作性(见 6.1.3)的含义相混淆。

注 3：易替换性可能包括易安装性和适应性的属性。由于此概念的重要性，故作为一个独立的子特性被引入。

6.6.5 可移植性的依从性

软件产品遵循与可移植性相关的标准或约定的能力。

7 使用质量的质量模型

本章定义了使用质量的质量模型。使用质量的属性分类为四个特性：有效性，生产率，安全性和满意度(图 5)。

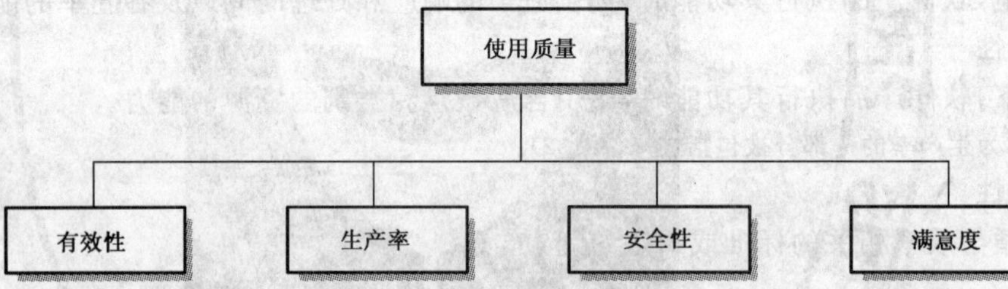

图 5 使用质量的质量模型

使用质量是基于用户观点的质量。使用质量的获得依赖于取得必需的外部质量，而外部质量的获得则依赖于取得必需的内部质量(图 2)。测度通常在三个层次上都是需要的，因为满足内部测度准则的要求常常并不足以确保符合外部测度准则，而满足子特性的外部测度准则也常常不足以保证符合使用质量准则。使用质量的度量的实例在 GB/T 16260.4 中给出。

7.1 使用质量

软件产品使指定用户在特定的使用周境下达到满足有效性、生产率、安全性及满意度要求的特定目标的能力。

注 1：使用质量是基于用户观点的包含软件在内的环境的质量，而且是通过在该环境中使用此软件的结果而不是软件本身的属性来测量的。

注 2：GB/T 18905.1—2002 中关于使用质量的定义(参见附录 B)目前还不包括“安全性”这一新特性。

注 3：按照与本部分中使用质量定义的同样方式，在 ISO 9241-11 中对易用性进行了定义。使用质量可能会受到任何一个质量特性的影响，因此它比易用性的范围要广。在本部分中，依据易理解性、易学性、易操作性、吸引性和依从性对易用性进行了定义。

7.1.1 有效性

软件产品在指定的使用周境下，使用户能达到与准确性和完备性相关的规定目标的能力。

7.1.2 生产率

软件产品在指定的使用周境下，使用户为达到有效性而消耗适当数量的资源的能力。

注：相关资源可以包括完成任务的时间、用户的工作量、物质材料和使用的财政支出。

7.1.3 安全性

软件产品在指定使用周境下，达到对人类、业务、软件、财产或环境造成损害的可接受的风险级别的能力。

注：风险常常是由功能性（包括安全保密性）、可靠性、易用性或维护性中的缺陷所致。

7.1.4 满意度

软件产品在指定的使用周境下，使用户满意的能力。

注：满意度是用户对其与产品交互的反应，还包括对产品使用的意见。

附 录 A
（规范性附录）
度　　量

A.1 软件度量

A.1.1 内部和外部属性

已经发现某些内部属性的级别对一些外部属性的级别产生影响，所以大多数特性既有外部属性也有内部属性。例如，可靠性可以通过观察软件在试用期内一段给定的执行时间中的失效数从外部进行测量，也可以通过审查详细的规格说明和源代码来评估容错性级别而从内部进行测量。内部属性被称为外部属性的指标。一个内部属性可能影响一个或更多的特性，而一个特性也可能受到多个属性的影响（图 A.1）。在这个模型中，软件产品质量属性的总体分类为特性和子特性的一个层次树结构。结构的最高一层由质量特性所组成，最低层则由若干软件质量属性所组成。这个层次并不完美，因为一些属性可能对多个子特性起作用。

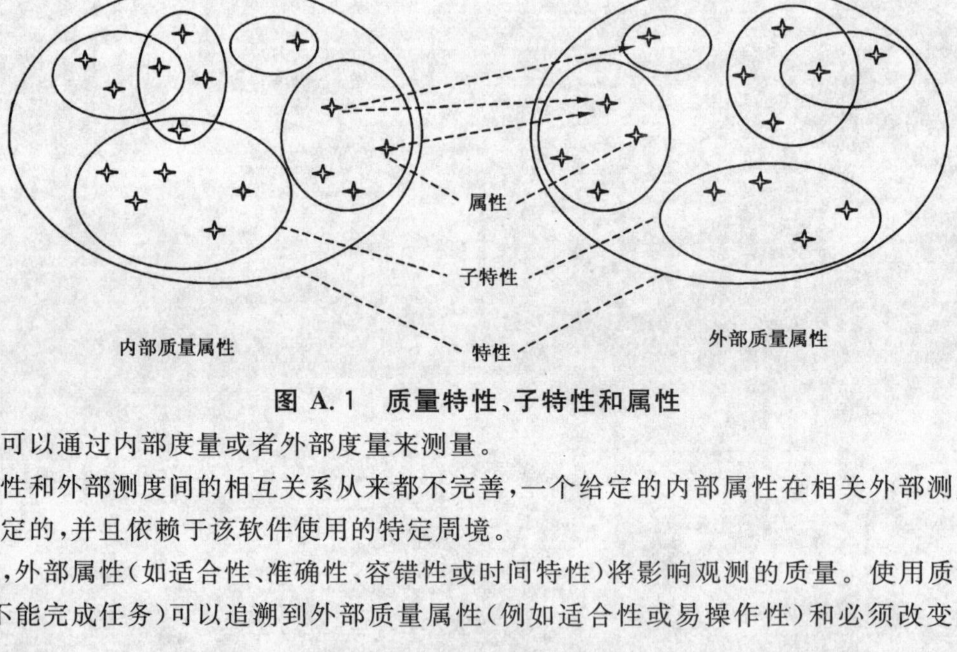

图 A.1 质量特性、子特性和属性

子特性可以通过内部度量或者外部度量来测量。

内部属性和外部测度间的相互关系从来都不完善，一个给定的内部属性在相关外部测度上的作用是靠经验决定的，并且依赖于该软件使用的特定周境。

同样地，外部属性（如适合性、准确性、容错性或时间特性）将影响观测的质量。使用质量中的失效（例如用户不能完成任务）可以追溯到外部质量属性（例如适合性或易操作性）和必须改变的相关内部属性。

A.1.2 内部度量

内部度量可以应用于设计和编码期间的非执行软件产品（如规格说明或源代码）。当开发一个软件产品时，中间产品宜使用测量内在性质的内部度量来评价，这些中间产品包括那些从模拟行为中得到的。这些内部度量的主要目的是为了确保获得所需的外部质量和使用质量：在 GB/T 16260.3 中给出实例。内部度量使得用户、评价者、测试人员和开发者可以在软件产品可执行之前就能评价软件产品质量和尽早地提出质量问题。

内部度量通过分析中间的或可交付的软件产品的静态性质来测量内部属性或指示外部属性。内部度量的测量使用呈现在如源代码语句、控制图、数据流和状态转变表述上的软件组成元素的数量或频率。

注：文档也可以用内部度量进行评价。

A.1.3 外部度量

外部度量所用的软件产品的测度是通过测试、运行和观察可执行的软件或系统，由该软件产品所在的系统行为的测度而导出。在获取或使用软件产品之前，宜在指定的组织和技术环境中使用基于与产品使用、广告和管理相关的业务目标的度量对产品进行评价。在GB/T 16260.2中给出的实例是主要的外部度量。外部度量使得用户、评价者、测试人员和开发者可以在测试或操作期间评价软件产品质量。

A.1.4 内部度量和外部度量之间的关系

当定义了软件产品的质量需求后，把有助于质量需求的软件产品质量特性和子特性编列成表。然后，确定适当的外部度量和接受范围来量化确认软件满足用户要求的质量准则。定义和规定软件的内部质量属性以策划最终获得所需的外部质量和使用质量，并在开发期间将这些内部质量属性纳入到产品中。确定适当的内部度量与接受范围来量化内部质量属性，这样就可在开发期间使用这些属性来验证中间软件是否满足内部质量的规格说明。

建议尽可能使用与目标外部度量有密切联系的内部度量，这样可用内部度量来预测外部度量的值。但是，一般来说难以设计一种可以提供内部和外部度量之间密切联系的精确理论模型。

A.2 使用质量的度量

使用质量的度量测量产品在特定的使用周境下，满足特定用户达到特定目标所要求的有效性、生产率、安全性和满意度的程度。使用质量的评价即确认在特定的用户－任务方案中软件产品的质量。

注：GB/T 18905.6—2002的附录D包含了资料性的使用质量评价模块的实例。

使用质量是用户观点的包含软件的系统的质量，它是根据使用软件的结果而不是软件自身的属性来测量的。使用质量是面向用户的内部和外部质量的组合效果。

使用质量与其他软件产品质量特性之间的关系取决于用户的类型：

- 对最终用户来说使用质量主要是功能性、可靠性、易用性和效率的结果。
- 对维护软件的人员来说使用质量是维护性的结果。
- 对移植软件的人员来说使用质量是可移植性的结果。

A.3 度量的选择与测量准则

选择度量的基础取决于产品的业务目标和评价者的要求。这些要求由测度准则确定。本部分的模型支持多种评价需求，如：

- 用户或用户的业务单位可采用使用质量的度量来评价软件产品的适合性。
- 需方可以根据功能性、可靠性、易用性和效率的外部测度的准则值或者使用质量的准则值来评价软件产品。
- 维护人员可以使用维护性的度量来评价软件产品。
- 负责在不同环境中实现软件的人员可以使用可移植性的度量来评价软件产品。
- 开发人员可以根据使用任一质量特性的内部测度的准则值来评价软件产品。

注：GB/T 18905.1—2002为软件产品评价的度量选择和测量准则提供了要求和指导。

A.4 用于比较的度量

在报告使用定量度量进行产品间或准则值间的比较的结果时，该报告应说明度量是否是客观的，是否有经验地使用已知值项，且是否是可再现的。

仅当使用精确度量时，才可在产品间或者准则值间做可信赖的比较。测量规程宜测量软件产品的质量特性（或子特性），并要求足够的精确以使测量可以允许确定准则和进行比较。应该允许由测量工具或人为错误引起测量误差的可能。

为使可信赖的比较成为可能，用于比较的度量应该是有效的且足够精确的。这意味着测量应该是客观的、经验性地使用有效标度，且可再现的：

- 应该有一个书面的且一致的规程来为产品的这个属性指定数或类别以示客观；
- 数据应该源自于观察或有效的心理测量调查表以获得经验数据；
- 为使用有效的标度，数据应该基于等值的或已知值的项。如果用清单来提供数据，则项应该在必要时加权；
- 为了再现，测量规程应该在不同场合由不同人员对同一软件产品进行相同测量时，可以获得相同的测度(在适当的允许误差下)。

内部度量也应该具有可预测的有效性，也就是说应该与一些所期望的外部测度联系起来。例如，某个特定的软件属性的一个内部测度宜与软件使用时的质量的一些可测量的方面相联系。测量指定一些与正常的期望相符的值是重要的；例如，如果测量显示产品是高质量的，那么它应该与产品满足特定用户的要求相一致。

附 录 B
（资料性附录）
源自其他标准的定义

除非另外说明，以下定义皆源自于GB/T 18905.1—2002。

B.1

需方 acquirer

从供方获得或采购系统、软件产品或软件服务的组织。

[GB/T 8566—2001]

B.2

属性 attribute

实体的可以测量的物理或理论上的性质。

注：属性可以是内部的或外部的。

B.3

开发者 developer

在软件生存周期过程中执行开发活动（包括需求分析、设计、测试直至验收）的组织。

[GB/T 8566—2001]

B.4

直接测度 direct measure

不依赖于任何其他属性测度的一种属性测度。

B.5

评价模块 evaluation module

针对特定软件质量特性或子特性的评价技术包。

注：该评价技术包概括了评价方法和技术、要评价的输入、要测量和收集的数据，以及支持规程和工具。

B.6

外部测度 external measure

通过系统行为的测度导出的产品的一种间接测度，其中产品是系统的一部分。

注1：系统包括任何相关的硬件、软件（定制的软件或现货软件）和用户。

注2：在测试中发现的失效数量是程序中的故障数量的外部测度，因为失效的数量是在运行程序的计算机系统运作期间而计算的。

注3：外部测度可以用来评价更接近于最终设计目标的质量属性。

B.7

外部质量 external quality

产品在特定条件下使用时，满足明确或隐含要求的程度。

B.8

失效 failure

产品完成所需功能的能力的终止，或在原先规定的限制内没有能力完成。

B.9

故障 fault

计算机程序中的不正确的步骤、过程或数据定义。

注：该定义取自于GB/T 11457。

B.10

隐含的要求　implied needs

当实体用在特定条件下时，尚未说明但又是实际需要的要求。

注：隐含的要求是未形成文档的真实要求。

B.11

指标　indicator

能用来估计或预计另一测度的一种测度。

注1：预计的测度可能属于相同或不同的软件质量特性。

注2：指标可用来估计软件质量的属性和开发过程的属性，它们是属性的不精确的间接测度。

B.12

间接测度　indirect measure

从一个或一个以上的其他属性的测度导出的一种属性测度。

注：对计算系统属性(例如对用户输入的响应时间)的外部测度就是软件属性的一种间接测度，因这种测度要受计算环境的属性和软件属性的影响。

B.13

软件中间产品　intermediate software product

软件开发过程中的产品，用作软件开发过程另一阶段的输入。

注：在某些情况下，中间产品也可能是最终产品。

B.14

内部测度　internal measure

产品本身的一种测度，或是直接的或是间接的。

注：代码行数、复杂度测度、在走查和 Fog 索引中发现的故障数都是产品本身的内部测度。

B.15

内部质量　internal quality

产品属性的总和，决定了产品在特定条件下使用时，满足明确和隐含要求的能力。

注1：在 GB/T 18905—2002 中，与术语“外部质量”对应的“内部质量”基本上与 GB/T 6583—1994 中“质量”的含义相同。

注2：术语“属性”与 4.1 中“特性”的含义相同，因为术语“特性”在本标准中有更具体的含义。

B.16

维护者　maintainer

执行维护活动的组织。

[GB/T 8566—2001]

B.17

测量(动词)　**measure**(verb)

进行一次测量。

B.18

测度(名词)　**measure**(noun)

通过进行一次测量赋予实体属性的数或类别。

B.19

测量(名词)　**measurement**(noun)

使用一种度量，把标度值(可以是数或类别)赋予实体的某个属性。

注：使用类别时，测量可以是定性的。如软件产品的一些重要属性，例如源程序语言(ADA，C，COBOL 等)就是定性的类别。

B.20

度量　metric

定义的测量方法和测量标度。

注1：度量可以是内部的或外部的，可以是直接的或间接的。

注2：度量包括把定性数据进行分类的方法。

B.21

质量　quality

实体特性的总和，表示实体满足明确或隐含要求的能力。

注1：在某种契约的环境或在某个受控的环境中，如核安全领域，要求是明确规定的，而在其他环境中，宜确定和定义隐含的要求(GB/T 6583—1994，注1)。

注2：在GB/T 18905—2002中相关的实体是指软件产品。

B.22

质量评价　quality evaluation

对实体能满足特定需求的程度的系统检测。

注：当按照合同为某个特定用户开发产品时，其需求是正式规定的；当产品是为非特定用户开发时，如消费软件，其需求由开发组织来规定；当用户为比较和选择的目的评价产品时，需求可以是更一般的。

[GB/T 6583—1994]

B.23

使用质量　quality in use

特定用户使用产品满足其在特定使用周境下达到特定目标所要求的有效性、生产率、安全性及满意度的程度。

注：这种使用质量的定义类似于ISO 9241-11中易用性(usability)的定义。在GB/T 18905—2002中术语"易用性"用来指在本部分中描述的软件质量特性。

B.24

质量模型　quality model

一组特性及特性之间的关系，它提供规定质量需求和评价质量的基础。

B.25

评级　rating

把测量值映射到相应的评定等级的活动，用于确定与软件某一质量特性相关的等级。

B.26

评定等级　rating level

在有序标尺上的某个刻度，用于分类某一测量的标度。

注1：评定等级能使软件按照明确或隐含的要求进行分类(评定)(见10.2)。

注2：相应的评定等级与质量的不同观点有关，如"用户"、"管理者"或"开发者"的观点。

B.27

标度　scale

具有特性定义的一组值。

注：标度类型的例子有：与一组类别对应的标称标度、与一组有序刻度对应的顺序标度、与一组等距的有序刻度对应的间隔标度，以及既有等距刻度，也具有绝对零度的比率标度。使用标称标度或顺序标度的度量产生定性的数据，而使用间隔标度和比例标度的度量产生定量的数据。

B.28

软件　software

信息处理系统的部分或全部程序、规程、规则及相关的文档。

注：软件是独立于所记录媒体的智力创作。

[GB/T 5271.1—2000]

B.29

软件产品　software product

一组计算机程序、规程以及可能有的相关文档和数据。

注：产品包括中间产品和打算由开发者和维护者等用户使用的产品。

[GB/T 8566—2001]

B.30

供方　supplier

同需方签订合同，并按合同的规定提供系统、软件产品或软件服务的组织。

[GB/T 8566—2001]

B.31

系统　system

由一个或多个过程、硬件、软件、设施和人员组成的集合体，提供满足明确要求或目标的能力。

[GB/T 8566—2001]

B.32

用户　user

使用软件产品执行特定功能的个人。

注：用户可以包括操作者、软件结果的接受者或软件的开发者或维护者。

B.33

确认　validation

通过检查和提供客观证据证实某一规定预期用途的特殊需求已经满足。

注1：在设计和开发中，确认关系到检查产品是否符合用户要求的过程；

注2：确认一般是在规定的操作条件下对最终产品进行的。在早期阶段，这样做可能是必要的；

注3："确认过的"一词用来表示相应的状况；

注4：如果有几种不同的预期用途，可进行多种确认。

[GB/T 6583—1994]

B.34

验证　verification

通过检查和提供客观证据证实规定的需求已经满足。

注1：在设计和开发中，验证是指对某项指定活动的结果进行检查的过程，以确定该活动是否符合明确的需求。

注2："验证过的"一词用来表示相应的状况。

[GB/T 6583—1994]

附　录　C
（资料性附录）
ISO/IEC 9126 工作历史

C.1　背景

软件产业正进入一个成熟的时期，而与此同时软件正在成为许多现代产品中一个关键部分。软件的渗透性已使其成为贸易中新的主要因素。此外，随着对安全和质量的全球化新要求，有关软件质量评价过程的国际性协定的要求变得至关重要。

基本上可用两种途径来保证产品质量，一是保证产品的开发过程，另一个是评价最终产品的质量。这两种途径均很重要，都要求有一系统来管理质量。该系统确定对质量的管理承诺，说明其策略以及恰当的详细执行步骤。

为通过某些定量方法来评价产品质量，要求有一组描述产品且构成评价基础的质量特性。ISO/IEC 9126 的这一部分为软件产品定义了这些质量特性。

C.2　历史

软件技术发展的现状尚不能提供一种非常明确的，且被广泛接受的描述方法来评估软件产品的质量。自 1976 年以来，已经有许多人为了定义一种软件质量框架做了大量工作。许多年来由 McCall、Boehm、美国空军及其他机构提出的模型多年来被采用并得到改进。然而，当今软件产品的用户或客户对软件质量仍难以理解或进行比较。

长时期以来，可靠性一直是衡量质量的唯一途径。在此期间，也提出过其他质量模型，并交付使用，尽管这些研究是有用的，但由于他们提出了许多质量观点，因而引起了混乱。为此，有必要建立一个标准模型。

鉴于这个原因，ISO/IEC JTC 1 开始着手判定所要求的一致性以及鼓励世界范围的标准化工作。

初步设想起始于 1978 年，1985 年开始制订 ISO/IEC 9126，最初提出的模型引入了由应用或实现方面（或两者）决定的软件性质，并用这些性质来描述软件质量。

ISO 技术委员会对这些性质进行系统整理的第一步工作由于缺乏定义而告失败。专家对术语有不同解释，因此，所有探讨的结构均较武断，缺乏一个共同的基础。

结果决定编制一个标准的最好时机是规定一组基于后来在 ISO 8402:1994 中所用的质量定义的特性。这个定义对各类产品和服务均能接受，它是从用户的要求出发的。

C.3　ISO 六个软件质量特性

ISO/IEC 9126 所描述的质量特性的选择需求有如下几个方面：

- 要同时覆盖根据 ISO 质量定义衍生的软件质量的所有方面；
- 要以最小的重叠描述产品质量；
- 要尽可能地靠近既定术语；
- 为了清晰和便于使用，要建立不超过 6～8 个特性的一组特性；
- 要确定供进一步细化的软件产品的属性域。

技术委员会的工作产生了上述一组特性。

然而一个只包含特性定义的纯术语标准是不足以支持用户评估软件质量，因此就把如何进行软件产品质量评价的描述编入了 ISO/IEC 9126。

在实践中，对软件产品质量评价可能还需要除目前掌握的特性以外的其他特性，并需要有对于每一特性的度量。但是就目前的技术水平而言，在此领域还不能建立标准。然而要是等待这方面改进，则会大大地推迟 ISO/IEC 9126 的发布。

鉴于上述原因，技术委员会发布了 ISO/IEC 9126 的 1991 版本以便协调今后工作。

C.4 ISO/IEC 9126 的修订

1994 年在产品质量评价领域中其他标准的产生使得有必要对 ISO/IEC 9126 进行修订。这个修订版本保留了相同的六个质量特性，但是阐明了它们与内部和外部度量之间的关系。特性和使用质量之间的关系也做了解释。

质量在 ISO 8402:1994 中被定义为“一个实体有关……的特性总和”。该定义中的注 4 说明“术语质量不宜作为单独的一个术语去表示一个有比较意义的优秀程度”。基于这个原因，在 ISO/IEC 14598-1 中定义的术语“内部质量”和“外部质量”指出了可以被测量的一些质量方面。质量特性定义的措词已经从“关于……的一组属性”改为“软件具有的……能力”，所以它们可用使得内部和外部质量都可以测量的术语来解释。

引入的子特性是基于 ISO/IEC 9126 先前版本的资料性附录中的子特性。依从性成为所有特性的一个子特性，因为该原则通常对所有的软件特性都适用。

评价过程模型已被移到 ISO/IEC 14598-1。三个新的技术报告即 ISO/IEC 9126 的第 2、3、4 已经发布，它们分别给出了外部度量、内部度量和使用质量的度量的实例。

参 考 文 献

GB/T 5271.1—2000 信息技术 词汇 第1部分:基本术语(eqv ISO/IEC 2382-1:1993)

GB/T 5271.20—1994 信息技术 词汇 第20部分:系统开发(eqv ISO/IEC 2382-20:1990)

GB/T 8566—2001 信息技术 软件生存周期过程(idt ISO/IEC 12207:1995)

GB/T 11457—1995 软件工程术语

GB/T 16260.2—2006 软件工程 产品质量 第2部分:外部度量(ISO/IEC TR 9126-2:2003,IDT)

GB/T 16260.3—2006 软件工程 产品质量 第3部分:内部度量(ISO/IEC TR 9126-3:2003,IDT)

GB/T 16260.4—2006 软件工程 产品质量 第4部分:使用质量度量(ISO/IEC TR 9126-4:2004,IDT)

GB/T 18905.2—2002 软件工程 产品评价 第2部分:策划和管理(ISO/IEC 14598-2:2000,IDT)

GB/T 18905.3—2002 软件工程 产品评价 第3部分:开发者用的过程(ISO/IEC 14598-3:2000,IDT)

GB/T 18905.4—2002 软件工程 产品评价 第4部分:需方用的过程(ISO/IEC 14598-4:1999,IDT)

GB/T 18905.5—2002 软件工程 产品评价 第5部分:评价者用的过程(ISO/IEC 14598-5:1998,IDT)

GB/T 18905.6—2002 软件工程 产品评价 第6部分:评价模块的文档编制(ISO/IEC 14598-6:2001,IDT)

GB/T 19000—2000 质量管理体系 基础和术语(idt ISO 9000:2000)

GB/T 19001—2000 质量管理体系 要求(idt ISO 9001:2000)

ISO/IEC 2382-14:1997 信息技术 词汇 第14部分:可靠性、可维护性和可用性

ISO 9241-10:1996 使用视觉显示终端(VDTs)办公的人类工效学要求 第10部分:对话原则

ISO 9241-11:1997 使用视觉显示终端(VDTs)办公的人类工效学要求 第11部分:易用性指南

ISO 13407:1999 交互系统的以人为中心的设计过程

ISO/IEC TR 15504(所有部分) 信息技术 软件过程评估

IEC 60050-191 国际电工词汇 第191部分:可信性和服务质量

ICS 35.080
L 77

中华人民共和国国家标准

GB/T 16260.2—2006/ISO/IEC TR 9126-2:2003

软件工程 产品质量 第2部分:外部度量

Software engineering—
Product quality—
Part 2:External metrics

(ISO/IEC TR 9126-2:2003,IDT)

2006-03-14 发布 2006-07-01 实施

中华人民共和国国家质量监督检验检疫总局
中国国家标准化管理委员会 发布

前　言

GB/T 16260《软件工程　产品质量》分为如下几部分：

——第1部分(即GB/T 16260.1)：质量模型；

——第2部分(即GB/T 16260.2)：外部度量；

——第3部分(即GB/T 16260.3)：内部度量；

——第4部分(即GB/T 16260.4)：使用质量的度量。

本部分为GB/T 16260的第2部分。

本部分等同采用ISO/IEC TR 9126-2:2003《软件工程　产品质量　第2部分:外部度量》。

为便于使用，本部分做了下列编辑性修改：

a)　"ISO/IEC 9126的本部分"改为"本部分"；

b)　删除了国际标准的前言，修改了国际标准的引言；

c)　对国际标准ISO/IEC TR 9126-2:2003的第8章中的部分内容作了编辑性修改，对表述不明确的地方给出了明确表述，即：将第8章各度量表中的"5.3 软件集成"明确为"5.3.8 软件集成"、将"5.3 合格性测试"明确为"5.3.9 合格性测试"，以及将"5.4 运行测试"明确为"5.4.2 运行测试"，使之与GB/T 8566标准的条目编号一致。去掉了第8章中的注2，保留了注1。

本部分的附录A、附录B、附录C和附录D是资料性附录。

本部分由中华人民共和国信息产业部提出。

本部分由中国电子技术标准化研究所归口。

本部分起草单位：中国电子技术标准化研究所、上海计算机软件技术开发中心、杭州波导软件有限公司。

本部分主要起草人：王凌、陈淼芬、冯惠、韩红强、金荣得、王欣、赵建东。

引　言

本部分提供了外部度量，以测量 GB/T 16260.1—2006 中定义的 6 个外部质量特性的属性。本部分所列的度量并非一个完备集。开发者、评价者、质量管理者和需方可以从本部分中选择合适的度量，用来定义质量需求、评价软件产品、测量质量情况或作其他用途；亦可以修改度量或使用本部分未包括的其他度量。本部分适用于各种软件产品，但并非每种度量适用于各种软件产品。

GB/T 16260.1—2006 定义了软件质量特性的术语，及这些特性如何被分解为子特性。但在该部分中并没有描述这些子特性是如何被测量的。对于这些特性或子特性的测量，GB/T 16260.2—2006 定义了外部度量，GB/T 16260.3—2006 定义了内部度量，GB/T 16260.4—2006 定义了使用质量的度量。内部度量用来测量软件本身，外部度量用来测量包含该软件的基于计算机系统的行为，使用质量的度量则测量软件在某个特定使用周境中的使用效果。

本部分旨在与 GB/T 16260.1—2006 一起使用。极力推荐读者在使用本部分之前阅读 GB/T 16260.1—2006和 GB/T 18905.1—2002，尤其是在读者不熟悉使用软件度量进行产品规格说明和产品评价的情况下。

第 1 章至第 7 章以及附录 A 到附录 D 为 GB/T 16260 的第 2 部分、第 3 部分和第 4 部分共有。

软件工程 产品质量
第2部分:外部度量

1 范围

GB/T 16260 的本部分定义了依据 GB/T 16260.1—2006 标准定义的特性和子特性来定量测量软件外部质量的外部度量。本部分旨在与 GB/T 16260.1—2006 一起使用。

本部分包括以下内容:

a) 如何使用软件质量度量的解释;

b) 每个子特性的基本度量集;

c) 在软件产品生存周期内如何使用这些度量的实例。

本部分没有为某个评定级别或依从性等级而设置这些度量值的范围,因为这些值是依据每个软件产品或软件产品的一部分的自身特性而定的,也即依赖于软件分类、完整性级别和用户需求等因素。一些属性可能会有期望的取值范围,但不依赖于特定用户的需求,而范围的确定往往依赖于一般因素,例如人类认知因素。

本部分可用于各种应用软件。用户可以选择、修改及应用本部分中的度量和测度,也可以针对独特的应用领域定义特定应用的度量。例如,对于安全性和安全保密性等质量特性的具体测量可参见有关国家标准和国际标准。

本部分旨在针对以下使用者:

a) 需方(从供方获得或采购系统、软件产品或软件服务的个体或组织);

b) 评价者(实施评价的个体或组织。例如评价者可以是测试实验室、软件开发组织的质量部门、政府组织或用户);

c) 开发者(执行开发活动的个体或组织,开发活动包括软件生存周期过程中的需求分析、设计、测试直至验收等活动);

d) 维护者(执行维护活动的个体或组织);

e) 供方(按所签合同向需方提供系统、软件产品或软件服务的个体或组织),其在合格性测试中确认软件质量时使用;

f) 用户(使用软件产品执行具体功能的个体或组织),其在验收测试中评价软件产品质量时使用;

g) 质量管理者(执行软件产品或软件服务的系统性检查的个体或组织),作为质量保证和质量控制的组成部分评价软件质量时使用。

2 符合性

符合性不作要求。

注:在 GB/T 16260.1—2006 质量模型中有关于度量的一般符合性要求。

3 规范性引用文件

下列文件中的条款通过 GB/T 16260 的本部分的引用而成为本部分的条款。凡是注日期的引用文件,其随后所有的修改单(不包括勘误的内容)或修订版均不适用于本部分,然而,鼓励根据本部分达成协议的各方研究是否可使用这些文件的最新版本。凡是不注日期的引用文件,其最新版本适用于本部分。

GB/T 5271.20—1994 信息技术 词汇 第20部分:系统开发(eqv ISO/IEC 2382-20:1990)

GB/T 8566—2001 信息技术 软件生存周期过程(idt ISO/IEC 12207:1995)

GB/T 16260.1—2006 软件工程 产品质量 第1部分:质量模型(ISO/IEC 9126-1:2001,IDT)

GB/T 16260.3—2006 软件工程 产品质量 第3部分:内部度量(ISO/IEC TR 9126-3:2003,IDT)

GB/T 16260.4—2006 软件工程 产品质量 第4部分:使用质量的度量(ISO/IEC TR 9126-4:2004,IDT)

GB/T 18491.1—2001 信息技术 软件测量 功能规模测量 第1部分:概念定义(idt ISO/IEC 14143-1:1998)

GB/T 18905.1—2002 软件工程 产品评价 第1部分:概述(ISO/IEC 14598-1:1999,IDT)

GB/T 18905.2—2002 软件工程 产品评价 第2部分:策划和管理(ISO/IEC 14598-2:2000,IDT)

GB/T 18905.3—2002 软件工程 产品评价 第3部分:开发者用的过程(ISO/IEC 14598-3:2000,IDT)

GB/T 18905.4—2002 软件工程 产品评价 第4部分:需方用的过程(ISO/IEC 14598-4:1999,IDT)

GB/T 18905.5—2002 软件工程 产品评价 第5部分:评价者用的过程(ISO/IEC 14598-5:1998,IDT)

GB/T 18905.6—2002 软件工程 产品评价 第6部分:评价模块的文档编制(ISO/IEC 14598-6:2001,IDT)

ISO 9241-10:1996 使用视觉显示终端(VDT)办公的人类工效学要求 第10部分:对话原则

4 术语和定义

在GB/T 18905.1—2002和GB/T 16260.1—2006中定义的术语适用于本部分,并且这些术语列在了附录D中。

5 符号和缩略语

SQA:软件质量保证(组)

SLCP:软件生存周期过程

6 软件质量度量的使用

GB/T 16260的第2部分、第3部分和第4部分提出了与第1部分"质量模型"一起使用的一组软件质量度量(外部质量、内部质量和使用质量的度量)的建议。这些部分的用户可以修改已定义的度量,和/或也可以使用未列出的度量。当使用一个已修改的或一个未在各部分中定义的新度量时,用户宜说明这些度量与第1部分中的质量模型或任何其他所用的替代质量模型之间的关系。

GB/T 16260的用户宜从第1部分中选择用于评价的质量特性和子特性,确定要采用的适当的直接测度和间接测度,确定相关的度量,并以客观的方式解释测量结果。GB/T 16260的用户也可以从GB/T 18905系列标准中选择软件生存周期中的产品质量评价过程。上述这些标准给出了测量、评估和评价软件产品质量的方法,旨在供开发者、需方和独立的评价者使用,特别是那些负责软件产品评价的人员(见图1)。

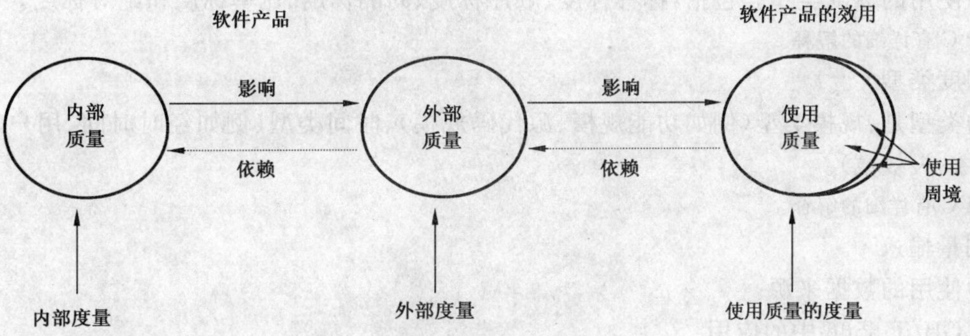

图 1　度量类型之间的关系

内部度量可用于开发阶段的非执行软件产品(例如标书、需求定义、设计规格说明或源代码等)。内部度量为用户提供了测量中间可交付项的质量的能力,从而可以预测最终产品的质量。这样就可以使用户尽可能在开发生存周期的早期察觉质量问题,并采取纠正措施。

外部度量可以通过测量该软件产品作为其一部分的系统行为来测量软件产品的质量。外部度量只能在生存周期过程中的测试阶段和任何运行阶段使用。在所属系统环境下运行该软件产品即可获得这样的测量。

使用质量的度量是测量产品在特定的使用周境下,满足特定用户达到特定目标所要求的有效性、生产率、安全性和满意度的程度。这只能在真实的系统环境下获得。

用户的质量要求可用使用质量的度量、外部度量甚至是内部度量的质量需求来规定。这些由度量规定的需求宜作为产品评价时的准则。

建议尽可能采用与目标外部度量有密切关系的内部度量,以便能用这些内部度量来预测外部度量的值。然而,往往很难设计出一个能够在内部和外部度量间提供密切关系的严格的理论模型。因此,假设模型可能是模糊的,所以在使用度量时,外部度量和内部度量关系密切程度模型应该使用统计建模的方法。

GB/T 16260 的第 1 部分附录 A 中的 A.4 列出了与有效性和可信赖性相关的建议和需求。另外,本部分的附录 A 列出了使用度量时的一些考虑细节。

7　度量表的阅读和使用

第 8 章列出的度量依据 GB/T 16260.1—2006 中的特性和子特性进行分类。下面是表中的每个度量应给出的信息:

a)　度量名称

在内部度量表和外部度量表中的相应度量的类似名称。

b)　度量目的

在度量应用中以回答问题的形式进行描述。

c)　应用的方法

提供一个应用的大纲。

d)　测量、公式和数据元素计算

给出测量公式,并解释所用的数据元素的意义。

注:在某些情况下一个度量对应多个公式。

e)　测量值解释

给出范围和最佳值。

f)　度量标度类型

度量中使用的标度类型。包括:标称标度、顺序标度、间隔标度、比率标度和绝对标度。

注:附录C有详细的解释。

g) 测度类型

所用的类型是:规模类型(例如功能规模、源代码规模)、时间类型(例如经时时间、用户时间)、计数类型(变更数、失效数)。

注:附录C有详细的解释。

h) 测量输入

测量中使用的数据来源。

i) 在GB/T 8566中的应用

标识出应用度量的软件生存周期过程。

j) 目标用户

标识测量结果的使用者。

8 度量表

本章列出的度量并不是一个完备集,而且可能还有未经确认的。这些度量按照GB/T 16260.1—2006中说明的软件质量特性和子特性的顺序列出。

可用的度量并不仅局限于所列的。其他特定用途的具体度量将由其他相关文档提出,例如:功能规模的测量、精确时间效率的测量。

注1:推荐使用有关标准、技术报告或指南中规定的度量或测量。功能规模测量的定义见GB/T 18491.1—2001。精确时间效率测量的实例见ISO/IEC 14756。

在一个特定环境中应用度量之前,宜确认该度量(见附录A)。

8.1 功能性度量

外部功能性度量宜对这样的属性进行测量,即包含该软件的系统的功能行为。系统的行为可以从下列方面加以观察:

a) 当前实际执行的结果与质量需求规格说明之间的差别;

注1:功能性质量需求规格说明通常描述为功能需求规格说明。

b) 实际用户在操作期间检测到的功能欠缺,这些功能是在规格说明中未明确但却是隐含的需求。

注2:当隐含的操作或功能被检测出后,宜评审、批准它们,并在规格说明中陈述。就其实现程度达成一致意见。

8.1.1 适合性度量

外部适合性度量(见表8.1.1)宜对这样的属性进行测量,即在测试和用户运行系统期间出现未满足的功能或不满意的操作。

未满足的功能或不满意的操作可能是:

a) 功能或操作未能按照用户手册或需求规格说明中规定的那样执行;

b) 功能或操作未能提供合理的和可接受的结果以实现用户任务所期望的特定目标。

8.1.2 准确性度量

外部准确性度量(见表8.1.2)宜对这样的属性进行测量,即用户遇到不准确的事项的频率。这包括:

a) 由于不充分的数据引起的不正确或不精确,如数据的有效数字太少不足以做精确的计算;

b) 实际的操作规程与操作手册上描述的规程不一致;

c) 在运行期间所执行的任务的实际结果与预期的结果有差别。

8.1.3 互操作性度量

外部互操作性度量(见表8.1.3)宜对这样的属性进行测量,诸如涉及数据和命令的通信缺失的功能数或事件数，而这类数据和命令在该软件产品和与之相连的其他系统、其他软件产品或设备之间应易于传送。

8.1.4 安全保密性度量

外部安全保密性度量(见表 8.1.4)宜对这样的属性进行测量，即带有安全保密问题的功能或事件的数目，包括：

a) 未能防止安全保密输出信息或数据的泄露；

b) 未能防止重要数据的丢失；

c) 未能防止非法的访问或非法的操作。

注 1：建议执行模拟攻击的入侵式测试，因为这种危及安全保密的攻击在通常测试中一般不会发生。真正的安全保密性度量只有在"实际生存系统环境"中，即"使用质量"中才会执行。

注 2：从独立存在的系统的情况到与互联网相连的系统的情况，对安全保密保障的需求变化很大。确定所需的功能性及确保这些功能的有效性已经在相关标准中广泛阐明。对于那些任何损害造成的影响是重大或是关键的情况，本部分的用户宜使用适当方式和标准来确定安全保密性功能。对于其他情况，用户可以限制其范围为通常接受的"信息技术(IT)"的保护测量，即抗病毒的备份方式及访问权限的控制。

8.1.5 功能性的依从性度量

外部功能性的依从性度量(见表 8.1.5)宜对这样的属性进行测量，即带有依从性问题的功能或事件的数目，这些依从性问题是指软件产品不遵从标准、约定、合同或其他法定的需求。

8.2 可靠性度量

外部可靠性度量应对这样一些属性进行测量，在执行测试时，它们与软件作为其一部分的系统的行为有关，以表明在系统运作过程中软件的可靠性程度。在大多数情况下，系统与软件不互相区分。

8.2.1 成熟性度量

外部成熟性度量(见表 8.2.1)应对这样一些属性进行测量，即由于软件本身存在的故障而导致的软件失效的可能程度。

8.2.2 容错性度量

外部容错性度量(见表 8.2.2)是指一旦发生运行故障或违反规定接口时，软件维持规定性能水平的能力的度量。

8.2.3 易恢复性度量

外部易恢复性度量(见表 8.2.3)应对这样一些属性进行测量，即在失效的情况下系统中的软件仍能重新建立适当的性能水平并恢复直接受影响的数据。

8.2.4 可靠性的依从性度量

外部可靠性的依从性度量(见表 8.2.4)应对这样一些属性进行测量，即带有依从性问题的功能或事件的数目，这些问题是指软件产品不遵循与可靠性有关的标准、约定或法规。

8.3 易用性度量

易用性度量是测量软件能被理解、学习和操作，能被吸引，以及遵循易用性法规和指南的程度。

许多外部易用性度量通过用户尝试使用某一功能来进行测试。其结果将受用户的能力及宿主系统特性的影响。这并非是使测量无效，因为评价的软件应当在明确规定的条件下由代表指定用户群的样本用户来运行。(对于通用产品，可使用一定范围的用户群的代表。)尽管从较小的用户群中也能得到有用的信息，但为得到可靠的结果，必须使用至少有 8 个用户的样本。在用户进行这些测试时不宜得到任何提示或外来的辅助。

易理解性、易学性及易操作性的度量有两类应用方法：用户测试或产品的使用测试。

注 1：用户测试

试图使用某一功能的用户测试多种外部度量。在不同个体之间，这些测量的面很广。宜由代表某一指定用户群的样本用户在没有任何提示或外来辅助的情况下执行测试。(对于通用产品，可使用一定范围用户群的代表)。尽管从较小的用户群中也能得到有用的信息，但为了得到可靠的结果，必须使用至少有 8 个用户的样本。

对所用的测量,宜尽可能建立验收准则或在产品之间进行比较。这意味着测量宜是有已知值的计数项。其结果宜报告均值及均值的标准差。

许多这类度量可用早期的软件原型来测试。所实施的度量将依赖于易用性不同方面的相对重要性,以及后续的使用质量测试的程度。

注 2:产品的使用测试

不同于具体功能的测试,某些外部度量要观察产品在更广泛的应用中对某项功能的使用,以完成作为使用质量测试的一部分的典型任务(GB/T 16260.4—2006)。它的优点是要做的测试较少,但缺点是某些功能在正常使用中很少被用到。

对所用的测量,宜尽可能建立验收准则或在产品之间进行比较。这意味着测量宜是有已知值的计数项。其结果宜报告均值及均值的标准差。

8.3.1 易理解性度量

用户宜能选择一个适合他们的使用要求的软件产品。外部易理解性度量(见表 8.3.1)宜能够评估新的用户能否理解下列内容:

- 软件是否合适;
- 怎样用它去完成特殊任务。

8.3.2 易学性度量

外部易学性度量(见表 8.3.2)宜能够评估用户要用多长时间才能学会如何使用某一特殊的功能,及评估它的帮助系统和文档的有效性。

易学性与易理解性有很密切的关系,易理解性的测量可作为软件易学性的潜在指标。

8.3.3 易操作性度量

外部易操作性度量(见表 8.3.3)宜能够评估用户能否操作和控制软件。易操作性度量可按 ISO 9241-10中的对话原则进行分类:

- 软件对任务的适合性;
- 软件的自我描述性;
- 软件的可控制性;
- 软件对用户期望的符合性;
- 软件的容错性;
- 软件对各种特例的适合性;

对测试功能的选择受使用这一功能的预期频率、功能的关键性以及任何涉及的使用问题的影响。

8.3.4 吸引性度量

外部吸引性度量(见表 8.3.4)宜能够评估软件的外观,并受屏幕设计、颜色等因素的影响。这一点对于消费类产品特别重要。

8.3.5 易用性的依从性度量

外部易用性的依从性度量(见表 8.3.5)宜能够评估与易用性相关的标准、约定、风格指南或法规的依附性。

8.4 效率度量

外部效率度量宜能够测量这样一类属性,即在测试或运行期间包含软件的计算机系统的时间消耗及资源利用特性。在测试和运行的多个实例中,建议调查最大时间和时间分布,因为使用条件对这一测量有很大的影响并会造成波动,例如处理数据的负载、使用频率、相连的站点数等等。因此,效率度量可以包括带误差波动的测量的实际值与规格说明中要求的允许误差波动范围的设计值的比率。

建议列出并调查各种因素所起的作用,例如其他软件所用的"CPU"和内存、网络流量和定时的后台处理等。宜建立合适的波动及测量值的有效范围,并把它们与需求规格说明进行比较。

建议标识和定义适合于软件应用的任务:例如作为业务应用任务的一个事务、作为通信应用任务的一个交换或数据包的发送、作为控制应用任务的一个事件控制，以及作为普通用户应用的由用户可调用功能产生的一个数据输出。

注：

a) 响应时间：从按动传送键到得到结果为止所需要的时间。这意味着响应时间包括处理时间和传输时间。响应时间只应用于交互系统。在一个单独的系统中，这没有什么明显的不同。但在互联网系统或其他实时系统中，有时传输时间要长一些。

b) 处理时间：从接受一个消息到送出它的结果之间计算机的经时时间。有时它包括运行的系统开销时间，在其他情况下，它只意味着应用程序所用的时间。

c) 周转时间：从提出要求到得到结果所需要的时间。在许多情况下，一个周转时间包括多个响应。例如，在银行的自动柜员机的例子中，周转时间是从按动初始键直到取出钱为止所用的时间，这意味着您必须选择交易类型并等待消息、输入口令并等待下一个信息等。

8.4.1 时间特性度量

外部时间特性度量(见表8.4.1)宜能对这样一些属性进行测量，即在测试及运行中包含软件的计算机系统的时间特性。

8.4.2 资源利用性度量

外部资源利用性度量(见表8.4.2)宜能对这样一些属性进行测量，即在测试及运行中包含软件的计算机系统的资源利用的特性。

8.4.3 效率的依从性度量

外部效率的依从性度量(见表8.4.3)宜能对这样一些属性进行测量，即软件产品不能遵循与效率相关的标准、约定或法规的功能数或出现依从性问题的数目。

8.5 维护性度量

外部维护性度量宜对这样一些属性进行测量，即在测试和维护中，当软件被维护或修改时，维护者、用户和包含该软件的系统的行为。

8.5.1 易分析性度量

外部易分析性的度量(见表8.5.1)宜对这样一些属性进行测量，即当试图诊断缺陷或失效的原因，或标识需要修改的部分时，维护者或用户的工作量或耗费的资源。

8.5.2 易改变性度量

外部易改变性度量(见表8.5.2)宜对这样一些属性进行测量，即当试图实施规定的修改时，通过维护者、用户和包含该软件的系统的行为来测量维护者或用户的工作量。

8.5.3 稳定性度量

外部稳定性度量(见表8.5.3)宜对修改后的软件进行测试或运行时，与包含该软件的系统意外的行为有关的属性进行测量。

8.5.4 易测试性度量

外部易测试性度量(见表8.5.4)宜对这样一些属性进行测量，即当试图测试已修改或未修改的软件时，通过维护者、用户和包含该软件的系统的行为来测量维护者或用户的工作量。

8.5.5 维护性的依从性度量

外部维护性的依从性度量(见表8.5.5)宜对这样一些属性进行测量，即软件产品不遵循所要求的与可维护性相关的标准、约定或法规的功能数和出现依从性问题的数目。

8.6 可移植性度量

外部可移植性度量宜对移植活动期间操作者或系统的行为这样一些属性进行测量。

8.6.1 适应性度量

外部适应性度量(见表8.6.1)宜对这样一些属性进行测量，即系统或用户试图使软件适应于不同的规定环境时的用户行为。当用户必须实施一个新的、而不是原先由适应性要求所指定的适应性规程时，也宜测量适应要求的用户工作量。

8.6.2 易安装性度量

外部易安装性度量(见表 8.6.2)宜对这样一些属性进行测量,即当系统或用户试图在其特定的环境中安装该软件产品时的用户行为。

8.6.3 共存性度量

外部共存性度量(见表 8.6.3)宜对这样一些属性进行测量,即当系统或用户试图将软件与其他的独立软件在公共环境中共享公共资源时的用户行为。

8.6.4 易替换性度量

外部易替换性度量(见表 8.6.4)宜对这样一些属性进行测量,即当系统或用户试图用该软件代替软件环境中其他规定的软件时的用户行为。

8.6.5 可移植性的依从性度量

外部可移植性的依从性的度量(见表 8.6.5)宜对这样一些属性进行测量,即软件产品不遵循所要求的与可移植性相关的标准、约定或法规的功能数和出现依从性问题的数目。

表 8.1.1　适合性度量

外部适合性度量									
度量名称	度量目的	应用的方法	测量、公式及数据元素计算	测量值解释	度量标度类型	测度类型	测量输入	在 GB/T 8566 中的应用	目标用户
功能的充分性	被评价的功能其充分程度如何？	适于执行特定任务的功能数与评价的功能数相比较。	$X=1-A/B$ A=在评价中检测出有问题的功能数 B=被评价的功能数	$0.0\leqslant X\leqslant 1.0$ 越接近 1.0，越充分。	绝对标度	X=计数/计数 A=计数 B=计数	需求规格说明 评价报告	6.5 确认 6.3 质量保证 5.3.9 合格性测试	开发者 SQA
功能实现的完整性	按照需求规格说明，功能实现的完整程度如何？	按照需求规格说明对系统做功能性测试（黑盒测试）。对在评价中检测到缺少的功能数进行计数，将其与需求规格说明中描述的功能数相比较。	$X=1-A/B$ A=在评价中检测出缺少的功能数 B=需求规格说明中描述的功能数	$0.0\leqslant X\leqslant 1.0$ 越接近 1.0，越完整。	绝对标度	A=计数 B=计数 X=计数/计数	需求规格说明 评价报告	6.5 确认 6.3 质量保证 5.3.9 合格性测试	开发者 SQA
注 1：测量过程的输入是更新过的需求规格说明。在生存周期中标识的对需求规格说明的任何变更都必须在应用测量过程之前完成。 注 2：建议本度量作为试验性使用。									
注：任何缺少的功能均不能通过测试来检查，因为它们并没有实现。为了检测出缺少的功能，建议对需求规格说明中说明的每种功能都要在功能测试时一一进行测试，并把它的结果作为“功能实现的完整性”度量的输入。为了检测出已实现、但却不够充分的功能，建议对每种功能都用多个规定的任务进行测试。其结果作为“功能的充分性”度量的输入。因此建议度量的用户在功能测试中同时使用上述两种度量。									
功能实现的覆盖率	功能实现的正确程度如何？	按照需求规格说明对系统做功能测试（黑盒测试）。对在评价中检测出不能正确实现或缺少的功能数进行计数，将其与需求规格说明中描述的功能总数相比较。 能完成的功能数计数与未能完成的功能数计数之比。	$X=1-A/B$ A=在评价中检测出的不能正确实现或缺少的功能数 B=需求规格说明中描述的功能数	$0.0\leqslant X\leqslant 1.0$ 越接近 1.0，越好。	绝对标度	A=计数 B=计数 X=计数/计数	需求规格说明 评价报告	6.5 确认 6.3 质量保证 5.3.9 合格性测试	开发者 SQA
注 1：测量过程的输入是变更过的需求规格说明。在生存周期中标识的对需求规格说明的任何修改都必须在应用测量过程之前完成。 注 2：本测量用二进制值检测表示确定特征的存在。									

表 8.1.1（续）

外部适合性度量									
度量名称	度量目的	应用的方法	测量、公式及数据元素计算	测量值解释	度量标度类型	测度类型	测量输入	在 GB/T 8566 中的应用	目标用户
功能规格说明的稳定性（挥发度）	在进入运行之后，功能规格说明的稳定性如何？	对系统在投入运行后，必须变更功能规格说明中描述的功能数进行计数，将其与需求规格说明中描述的功能总数相比较。	$X=1-A/B$ A=从系统投入运行开始到运行后变更的功能数 B=需求规格说明中描述的功能数	$0.0\leqslant X\leqslant 1.0$ 越接近 1.0，越好。	绝对标度	A=计数 B=计数 X=计数/计数	需求规格说明 评价报告	6.8 问题解决 5.4 运作	维护者 SQA
注：建议本度量作为试验性使用。									

表 8.1.2 准确性度量

外部准确性度量									
度量名称	度量目的	应用的方法	测量、公式及数据元素计算	测量值解释	度量标度类型	测度类型	测量输入	在 GB/T 8566 中的应用	目标用户
预期的准确性	实际的与预期合理的结果之间的差别可接受吗？	执行输入与输出对应的测试用例，把输出与预期合理的结果进行比较。 对用户得到结果与预期合理之间有不可接受的差别的用例数进行计数。	$X=A/T$ A=按照预期合理的结果，用户得到的结果超出可允许范围的差别的用例数 T=运行时间	$0\leqslant X$ 越接近 0 越好。	比率标度	A=计数 T=时间 X=计数/时间	需求规格说明 用户操作手册 用户的反映 测试报告	6.5 确认 6.3 质量保证	开发者 用户
注：预期合理的结果可以在需求规格说明、用户操作手册或用户的期望中标识。									
计算的准确性	最终用户得到不准确结果的频率如何？	记录基于规格说明计算出不准确结果的次数。	$X=A/T$ A=用户得到的不准确计算的次数 T=运行时间	$0\leqslant X$ 越接近 0 越好。	比率标度	A=计数 T=时间 X=计数/时间	需求规格说明 测试报告	6.5 确认 6.3 质量保证	开发者 用户

表 8.1.2（续）

外部准确性度量									
度量名称	度量目的	应用的方法	测量、公式及数据元素计算	测量值解释	度量标度类型	测度类型	测量输入	在 GB/T 8566 中的应用	目标用户
精度	最终用户得到精度不足结果的频率如何？	记录精度不足的结果的次数。	$X=A/T$ A=用户得到的结果精度不同于要求的精度的次数 T=运行时间	$0\leqslant X$ 越接近0越好。	比率标度	A=计数 T=时间 X=计数/时间	需求规格说明 测试报告	6.5 确认 6.3 质量保证	开发者 用户
注：用来计算外部度量的数据元素设计为使用外部可访问的信息，因为这有助于最终用户、操作者、维护者或需方使用外部度量。因此在外部度量中常出现时间基准度量，这点与内部度量不同。									

表 8.1.3 互操作性度量

外部互操作性度量									
度量名称	度量目的	应用的方法	测量、公式及数据元素计算	测量值解释	度量标度类型	测度类型	测量输入	在 GB/T 8566 中的应用	目标用户
数据的可交换性（基于数据格式）	对于规定的数据传输，交换接口的功能已经被实现的正确程度如何？	按照数据字段规格说明，测试系统的每一个下游接口功能输出记录的格式。 对在测试数据交换中证实能与其他软件或系统交换的数据格式的数目进行计数，并与数据交换的总数相比较。	$X=A/B$ A=在测试数据交换时，证实能成功地与其他软件或系统进行交换的数据格式的数目 B=要被交换的数据格式的总数	$0.0\leqslant X\leqslant 1.0$ 越接近1.0越好。	绝对标度	A=计数 B=计数 X=计数/计数	需求规格说明（用户手册） 测试报告	6.5 确认	开发者
注：建议测试规定的数据处理。									
数据的可交换性（基于用户的成功尝试）	最终用户不能在目标软件与其他软件之间交换数据的频度如何？ 在目标软件与其他软件之间数据成功传送的程度如何？ 用户能否经常成功地交换数据？	对使用接口功能和失败的次数进行计数。	a) $X=1-A/B$ A=用户不能与其他软件或系统交换数据的数目 B=用户企图交换数据的总数目 b) $Y=A/T$ T= 运行时间的周期	$0.0\leqslant X\leqslant 1.0$ 越接近1.0越好。 $0\leqslant Y$ 越接近0越好。	a) 绝对标度 b) 比率标度	A=计数 B=计数 X=计数/计数 Y=计数/时间 T=时间	需求规格说明（用户手册） 测试报告	5.4 运作	维护者

表 8.1.4 安全保密性度量

外部安全保密性度量

度量名称	度量目的	应用的方法	测量、公式及数据元素计算	测量值解释	度量标度类型	测度类型	测量输入	在 GB/T 8566 中的应用	目标用户
访问的可审核性	审核追踪用户访问系统和数据的完整程度如何?	评价在系统的访问历史数据库中记录的访问量。	$X=A/B$ A=在访问历史数据库中记录的“用户访问系统和数据”的次数 B=在评价过程中记录的“用户访问系统和数据”的次数	$0.0\leqslant X\leqslant 1.0$ 越接近 1.0 越好。	绝对标度	A=计数 B=计数 X=计数/计数	测试规格说明 测试报告	6.5 确认	开发者

注 1：对数据的访问可能仅在测试活动中测量。

注 2：建议本度量作为试验性使用。

注 3：建议执行模拟攻击事件的入侵式测试，因为这种危及安全保密性的攻击在通常测试中一般不会发生。真正的安全保密性度量只有在“实际生存系统环境”中，即“使用质量”中才会采用。

注 4：“用户访问系统和数据”的记录可包括防止病毒的“病毒检测记录”。计算机抗病毒概念的目的是创建适当的安全保密措施，以防止计算机病毒侵入系统或尽早地将其检测出来。

度量名称	度量目的	应用的方法	测量、公式及数据元素计算	测量值解释	度量标度类型	测度类型	测量输入	在 GB/T 8566 中的应用	目标用户
访问的可控制性	对系统进行访问的可控程度如何?	对检测出的非法操作的数量进行计数，将其与规格说明中的非法操作数相比较。	$X=A/B$ A=检测出非法操作的不同类型数 B=规格说明中非法操作的类型数	$0.0\leqslant X\leqslant 1.0$ 越接近 1.0 越好。	绝对标度	A=计数 B=计数 X=计数/计数	测试规格说明 测试报告 运行报告	6.5 确认 6.3 质量保证	开发者

注 1：如果有必要要补充对未预期的非法操作的检测，那么，宜进行额外的强化异常操作的测试；

注 2：建议执行模拟攻击事件的入侵式试验，因为这种危及安全保密性的攻击在通常测试中一般不会发生。真正的安全保密性度量只有在“实际生存系统环境”(“使用质量”)中才会采用。

注 3：这些功能能防止非授权的人创建、删除或修改程序或信息。因此，建议在测试用例中包括这类非法操作。

表 8.1.4（续）

外部安全保密性度量									
度量名称	度量目的	应用的方法	测量、公式及数据元素计算	测量值解释	度量标度类型	测度类型	测量输入	在 GB/T 8566 中的应用	目标用户
防止数据讹误	数据讹误事件发生的频率如何？	对重大和次要的数据讹误事件发生的次数进行计数。	a) $X=1-A/N$ A=重大数据讹误事件发生的次数 N=试图造成数据讹误事件的测试用例数	$0.0\leqslant X\leqslant 1.0$ 越接近 1.0 越好。	a）绝对标度	A=计数 B=计数 N=计数 X=计数/计数	测试规格说明 测试报告 运行报告	6.5 确认 5.3.9 合格性测试 5.4 运作	维护者 开发者
			b) $Y=1-B/N$ B=次要数据讹误事件发生的次数	$0.0\leqslant Y\leqslant 1.0$ 越接近 1.0 越好。	b）绝对标度	Y=计数/计数 T=时间			
			c) $Z=A/T$ 或 B/T T=运行时间的周期(在运行测试期间)	$0\leqslant Z$ 越接近 0 越好。	c）比率标度	Z=计数/时间			

注 1：需要进行强化的异常操作测试来获得重大的和次要的数据讹误事件；

注 2：建议对数据讹误事件的影响分级，例如可分成：

重大的(致命的)数据讹误事件：

——不可再现与不可恢复的事件；

——次级影响散布过宽的事件；

——数据本身的重要性事件。

次要的数据讹误事件：

——可能再现或恢复的事件；

——次级影响没有散布的事件；

——数据本身不够重要的事件。

注 3：用来计算外部度量的数据元设计为使用外部可访问的信息，因为这有助于最终用户、操作者、维护者或需方使用外部度量。因此，这里使用的事件和时间的计数不同于内部度量中的计数。

注 4：建议执行模拟攻击事件的入侵式测试，因为这种危及安全保密性的攻击在通常测试中一般不会发生。真正的安全保密性度量只有在“实际生存系统环境”中，也即“使用质量”才会采用。

注 5：建议试验性的使用该度量。

注 6：数据备份是防止数据讹误的有效方法之一。备份的建立确保必要的数据在部分操作数据丢失的事件发生后能很快地恢复。但在本部分中，备份只代表了可靠性度量的一部分。

注 7：建议试验性的使用该度量。

表 8.1.5 功能性的依从性度量

度量名称	度量目的	应用的方法	测量、公式及数据元素计算	测量值解释	度量标度类型	测度类型	测量输入	在 GB/T 8566 中的应用	目标用户
外部功能性的依从性度量									
功能性的依从性	产品的功能遵循所实施法规、标准和约定的程度如何？	对已满足所要求的依从性的项数进行计数，并与规格说明中要求的依从性项数相比较； 按照依从性的项目来设计测试用例； 对这些测试用例进行功能性测试； 对满足依从性的项数进行计数。	$X=1-A/B$ A=在测试中还未实现规定的功能性的依从性的项数 B=规定的功能性的依从性项的总数	$0.0\leqslant X\leqslant 1.0$ 越接近 1.0 越好。	绝对标度	A=计数 B=计数 X=计数/计数	有关依从性的产品描述(用户手册或规格说明)以及相关标准、约定和法规 测试规格说明和报告	5.3.9 合格性测试 6.5 确认	供方 用户
注 1：随时间收集几种测量值可能有助于分析满足依从性项的增长倾向，以及这些项是否彻底地满足依从性； 注 2：建议对失效的次数进行计数，因为问题检测是有效测试的目标，也适用于计数和记录。									
界面标准的依从性	界面遵循应用的法规、标准和约定的程度如何？	对满足所要求依从性的界面数进行计数，并与规格说明中要求依从性的界面数相比较。	$X=A/B$ A=按规定正确实现的界面数目 B=要求依从性的界面总数	$0.0\leqslant X\leqslant 1.0$ 越接近 1.0 越好。	绝对标度	A=计数 B=计数 X=计数/计数	有关依从性的产品描述以及相关标准、约定和法规 测试规格说明和报告	6.5 确认	开发者
注：标准的所有规定属性都必须测试。									

表 8.2.1 成熟性度量

外部成熟性度量									
度量名称	度量目的	应用的方法	测量、公式及数据元素计算	测量值解释	度量标度类型	测度类型	测量输入	在 GB/T 8566 中的应用	目标用户
估计潜在的故障密度	将来可能出现的故障问题有多少?	对在一定的试验周期内检测到的故障数进行计数,并用可靠性增长估计模型来预测未来潜在的故障数。	$X=\{ABS(A_1-A_2)\}/B$ (X:估计残存的潜在故障密度) $ABS()$=绝对值 A_1=在软件产品中预测的潜在故障总数 A_2=实际已检测到的故障总数 B=产品的规模	$0\leqslant X$ 取决于测试阶段,在以后的阶段中 X 值越小越好。	绝对标度	A_1=计数 A_2=计数 B=规模 X=计数/规模	测试报告 运行报告 问题报告	5.3.8 软件集成 5.3.9 合格性测试 5.4 运作 6.5 确认 6.3 质量保证	开发者 测试者 SQA 用户
注 1:如果实际检测到的故障比预测的潜在故障的总数还要多,建议再做预测并估计一个更大的数字。估计一个较大的数字旨在预测合理的潜在失效,但并不能使产品变得更好; 注 2:建议使用几种可靠性增长估计模型,选出最适合的一种,并通过监视检测的故障重新进行预测; 注 3:对潜在的故障数预测出一个上限数和一个下限数可能会有帮助; 注 4:在概述特性时有必要将 X 归到[0,1]区间。									
针对测试用例的失效密度	在一定的试验周期内检测出多少失效?	对检测到的失效个数和执行测试用例的个数进行计数。	$X=A_1/A_2$ A_1=检测到的失效个数 A_2=执行测试用例的个数	$0\leqslant X$ 取决于测试阶段,在以后的阶段中 X 值越小越好。	绝对标度	A_1=计数 A_2=计数 B=规模 X=计数/计数	测试报告 运行报告 问题报告	5.3.8 软件集成 5.3.9 合格性测试 5.4 运作 6.3 质量保证	开发者 测试者 SQA
注 1:在测试的早期阶段,它越大越好,相反,在以后的测试阶段或运行阶段,越小越好。建议监控这一随时间变化的测量趋势; 注 2:本度量取决于测试用例是否充足,宜将测试用例设计为包括适当的测试用例,即正常的、例外的和异常的用例; 注 3:在概述特性时有必要将 X 归到[0,1]区间。									

表 8.2.1(续)

外部成熟性度量									
度量名称	度量目的	应用的方法	测量、公式及数据元素计算	测量值解释	度量标度类型	测度类型	测量输入	在 GB/T 8566 中的应用	目标用户
失效解决	有多少失效的条件已经解决?	在一定的试验周期内,对有多少失效在同样的条件下再未出现进行计数。 维护描述所有这些失效的状态的解决问题报告。	$X=A_1/A_2$ A_1=解决的失效数 A_2=实际检测到的失效总数	$0.0\leqslant X\leqslant 1.0$ 越接近 1.0 越好因为解决了更多的失效。	绝对标度	A_1=计数 A_2=计数 X=计数/计数	测试报告 运行(测试)报告	5.3.8 软件集成 5.3.9 合格性测试 5.4 运作	用户 SQA 维护者
注 1:在使用这一度量时,建议监视其趋势; 注 2:可以用可靠性增长模型来估计预测的潜在失效总数,并用与相似软件产品有关的实际历史数据来校正。在这种情况下,可以比较实际的失效数与预测的失效数,测量残存的未解决的失效数。									
故障密度	在一定的试验周期内检测出多少故障?	对检测到的故障个数进行计数并计算密度。	$X=A/B$ A=检测到的故障数目 B=产品的规模	$0\leqslant X$ 取决于测试阶段,在以后的阶段中 X 值越小越好。	绝对标度	A=计数 B=规模 X=计数/计数	测试报告 运行报告 问题报告	5.3.8 软件集成 5.3.9 合格性测试 5.4 运作 6.3 质量保证	开发者 测试者 SQA
注 1:在测试的早期阶段,它越大越好,相反,在以后的测试阶段和运行阶段,越小越好。建议监控这一随时间变化的测量趋势; 注 2:检测到的故障数除以测试用例数表明测试用例的有效性; 注 3:在概述特性时有必要将 X 归到[0,1]区间; 注 4:在对故障进行计数时,应注意: ——重复的可能性,因为多个报告中可能包括与其他报告相同的故障; ——除了故障的可能性,因为有些用户或测试者分不清他们的问题是操作的差错、环境的差错还是软件的失效。									

表 8.2.1(续)

外部成熟性度量									
度量名称	度量目的	应用的方法	测量、公式及数据元素计算	测量值解释	度量标度类型	测度类型	测量输入	在 GB/T 8566 中的应用	目标用户
故障排除	已经纠正了多少故障?	对在测试阶段已经排除的故障数进行计数,并与已检测到的故障总数及预测的故障总数相比较。	a) $X=A_1/A_2$ A_1=纠正的故障数 A_2=实际检测到的故障总数 b) $Y=A_1/A_3$ A_3=在软件产品中预测的潜在故障总数	$0.0\leqslant X\leqslant 1.0$ 越接近1.0越好因为只留下较少的故障。 $0\leqslant Y$ 越接近1.0越好因为只留下较少的故障。	a) 绝对标度 b) 绝对标度	A_1=计数 A_2=计数 A_3=计数 X=计数/计数 Y=计数/计数	测试报告 组织的数据库	5.3.8 软件集成 5.3.9 合格性测试 6.3 质量保证 6.5 确认	开发者 SQA 维护者
注1:建议在一定的时间周期内监视其变化的趋势; 注2:可以用可靠性增长模型来估计预测的潜在故障总数,并用与相似软件产品有关的实际历史数据来校正; 注3:建议监视估计的故障解决率 Y,若 $Y>1$,调查其原因,是否因为已经较早地检测出较多故障,或是因为软件产品包含了特别多的故障。否则,若 $Y<1$,调查是否因为软件中包含的故障比一般检测出的故障少,或是因为该测试不足以检测所有可能的故障; 注4:在概述特性时有必要将 X 归到[0,1]区间; 注5:在对故障进行计数时,应注意重复计算的可能,因为许多报告中都包括与其他报告相同的故障。									
平均失效间隔时间(MTBF)	软件在运行中失效的频率如何?	对在一定的运行周期内发生失效的次数进行计数,并计算失效的平均间隔时间。	a) $X=T_1/A$ b) $Y=T_2/A$ T_1=运行时间 T_2=相继发生失效之间的时间间隔累计 A=实际检测出失效的总数(在运行时间内观察到发生的失效)	$0<X, Y$ 越长越好,因为期望失效之间间隔的时间较长为好。	a) 比率标度 b) 比率标度	A=计数 T_1=时间 T_2=时间 X=时间/计数 Y=时间/计数	测试报告 运行(测试)报告	5.3.8 软件集成 5.3.9 合格性测试 5.4 运作 5.4.2 运行测试	维护者 用户
注1:进行下列调查可能是有帮助的: ——失效发生之间的时间间隔分布; ——随着间隔运行时间周期的平均时间的变化; ——指出频繁发生失效的功能的分布,以及功能与使用的可信性有关的操作的分布; 注2:故障率或风险率的计算可以互换使用; 注3:在概述特性时有必要将 X 归到[0,1]区间。									

表 8.2.1（续）

外部成熟性度量									
度量名称	度量目的	应用的方法	测量、公式及数据元素计算	测量值解释	度量标度类型	测度类型	测量输入	在 GB/T 8566 中的应用	目标用户
测试覆盖率（规定的测试覆盖运行场景）	在测试期间执行过多少要求的测试用例?	对在测试期间执行的测试用例个数进行计数，并与为获得充分的测试覆盖率而要求的测试用例数相比较。	$X=A/B$ A=在测试期间实际执行的表示运行场景的测试用例数 B=按照覆盖需求要执行的测试用例数	$0.0\leqslant X\leqslant 1.0$ 越接近 1.0 覆盖率越高。	绝对标度	X=计数/计数 A=计数 B=计数	需求规格说明 测试规格说明 或用户手册 测试报告 运行报告	5.3.9 合格性测试 6.3 质量保证 6.5 确认	开发者 测试者 SQA
注：测试用例可以根据软件的规模进行规范，即测试覆盖密度 $Y=A/C$，这里 C=被测试的产品规模。Y 越大越好，产品规模可以是用户可测量的功能规模。									
测试的成熟性	产品是否很好地测试?（注解：这是预测产品在未来测试中达到成功的比率。）	对实际执行通过的测试用例个数进行计数，并与每个需求要执行的测试用例总数相比较。	$X=A/B$ A=在测试或运行中通过的测试用例个数 B=覆盖需求所要运行的测试用例个数	$0.0\leqslant X\leqslant 1.0$ 越接近 1.0 越好。	绝对标度	X=计数/计数 A=计数 B=计数	需求规格说明 测试规格说明 或用户手册 测试报告 运行报告	5.3.9 合格性测试 6.3 质量保证	开发者 测试者 SQA

注 1：建议使用有效的历史数据，特别是高峰周期的数据作强度测试。也建议确保执行下列类型的测试并顺利地通过它们：

——用户操作的场景测试；

——高峰期的强度测试；

——过载的数据输入测试。

注 2：通过的测试用例可根据软件的规模进行规范，即通过的测试用例密度 $Y=A/C$，这里 C=要测试的产品规模。Y 越大越好，产品规模可以是用户可测量的功能规模。

表 8.2.2 容错性度量

外部容错性度量									
度量名称	度量目的	应用的方法	测量、公式及数据元素计算	测量值解释	度量标度类型	测度类型	测量输入	在 GB/T 8566 中的应用	目标用户
避免死机	软件产品引起整个运行环境死机的情况如何？	对与失效数有关的损坏发生的次数进行计数。 若处在运行情况下，分析用户的运行历史日志。	$X=1-A/B$ A=死机发生的次数 B=软件失效的数目	$0.0\leqslant X\leqslant 1.0$ X 值越接近 1.0 越好。	绝对标度	A=计数 B=计数 X=计数/计数	测试报告 运行报告	5.3.8 软件集成 5.3.9 合格性测试 5.4 运作	用户 维护者
注 1：死机意味着在系统重新启动之前，用户所有的任务均已暂停，或对系统失去控制，系统只得被迫停机； 注 2：若没有失效或只观察到很少的失效，两次死机之间的间隔时间可能是更合适。									
避免失效	能控制多少种故障模式以避免关键性的或严重的失效？	对已经避免的故障模式的个数进行计数，并与考虑到的故障模式数相比较。	$X=A/B$ A=对应故障模式的测试用例，避免关键和严重失效发生的次数 B=在测试中执行的故障模式的测试用例（几乎会引起失效）的个数	$0.0\leqslant X\leqslant 1.0$ X 值越接近 1.0 越好。因为用户能更经常地避免关键或严重的失效。	绝对标度	A=计数 B=计数 X=计数/计数	测试报告 运行报告	5.3.8 软件集成 5.3.9 合格性测试 5.4 运作 6.5 确认	用户 维护者

注 1：建议将避免失效的水平依对故障影响的缓急程度进行分类，例如：

——关键的：整个系统中止或严重毁坏数据库；

——严重的：重要的功能不能执行，并且没有替代的运行方式（与工作有关）；

——平均的：绝大部分功能仍然可用，但有限的功能受到限制或要采用替代方式（与工作有关）；

——较轻的：少数功能在有限的操作中受到限制；

——忽略的：影响未波及到最终用户。

注 2：避免失效的水平也可根据 GB/T 18492—2001《信息技术　系统及软件完整性级别》中提出的后果的严重性及发生的频率组成的风险矩阵。

注 3：故障模式举例：

——数据超范围；

——死锁。

故障树分析技术可用来检测故障模式。

注 4：测试用例可包括人为的误操作。

表 8.2.2（续）

外部容错性度量									
度量名称	度量目的	应用的方法	测量、公式及数据元素计算	测量值解释	度量标度类型	测度类型	测量输入	在 GB/T 8566 中的应用	目标用户
抵御误操作	实现了多少种抵御误操作能力的功能？	对避免引起关键或严重失效的误操作的测试用例个数进行计数，并与执行的考虑误操作模式的测试用例个数相比较。	$X=A/B$ A=避免关键和严重失效发生的次数 B=在测试中执行的(几乎引起失效的)误操作模式的测试用例的个数	$0.0\leqslant X\leqslant 1.0$ X 值越接近1.0越好，以避免更多的用户误操作。	绝对标度	A=计数 B=计数 X=计数/计数	测试报告 运行报告	5.3.8 软件集成 5.3.9 合格性测试 5.4 运作	用户 维护者

注 1：除系统失效之外还会有数据损害。

注 2：误操作的模式：

——错误的数据类型作参数；

——错误的输入数据序列；

——错误的操作序列。

注 3：故障树分析技术可用来检测误操作模式。

注 4：本度量可作为经验参数使用。

表 8.2.3　易恢复性度量

外部易恢复性度量									
度量名称	度量目的	应用的方法	测量、公式及数据元素计算	测量值解释	度量标度类型	测度类型	测量输入	在 GB/T 8566 中的应用	目标用户
可用性	在规定的时间周期内系统的可用程度如何？	在类似于生产环境的特定时间周期内执行所有的用户操作来测试系统。 测量试验中系统因故障不能用后，每次的修复时间。 计算修复的平均时间。	a) $X=\{T_o/(T_o+T_r)\}$ b) $Y=A_1/A_2$ T_o=操作时间 T_r=修复时间 A_1=用户试图使用软件时能成功使用该软件的总次数 A_2=观察期间用户试图使用该软件的总次数 这出自于用户可用功能操作的角度。	$0.0\leqslant X\leqslant 1.0$ X 值越大越接近 1.0 越好。因为用户能使用此软件的时间更长。 $0.0\leqslant Y\leqslant 1.0$ Y 值越大越接近 1.0 越好。	(a)，(b) 绝对标度	T_o=时间 T_r=时间 X=时间/时间 A_1=计数 A_2=计数 Y=计数/计数	测试报告 运行报告	5.3.8 软件集成 5.3.9 合格性测试 5.4 运作	用户 维护者

注：建议本度量只包括软件提供的自动修复，排除人工执行的维护工作。

表 8.2.3（续）

外部易恢复性度量									
度量名称	度量目的	应用的方法	测量、公式及数据元素计算	测量值解释	度量标度类型	测度类型	测量输入	在 GB/T 8566 中的应用	目标用户
平均宕机时间	出现失效时系统逐步启动之前，不能使用系统的平均时间是多少？	测量在特定的试验周期内每次系统不能用时的宕机时间，计算其平均时间。	$X=T/N$ T=总的宕机时间 N=所观察到的中断次数 宜测量最坏的情况及宕机时间的分布情况。	$0<X$ X 值越小越好，这样系统宕机时间就越短。	比率标度	T=时间 N=计数 X=时间/计数	测试报告 运行报告	5.3.8 软件集成 5.3.9 合格性测试 5.4 运作 6.5 确认	用户 维护者
注 1：建议这种可恢复性度量只包括软件提供的自动修复，排除人工执行的维护工作； 注 2：在概述特性时有必要将 X 归到[0,1]区间。									
平均恢复时间	从初始的部分恢复到完全恢复系统要花费的平均时间？	在特定的试验周期内测量系统每次宕机所花费的全部恢复时间，计算其平均时间。	$X=\mathrm{Sum}(T)/N$ T=软件系统在每次宕机中的恢复时间 N=观察到的软件系统进入恢复的总次数	$0<X$ 越小越好。	比率标度	T=时间 X=时间/计数 N=计数	测试报告 运行报告	5.3.8 软件集成 5.3.9 合格性测试 5.4 运作 6.5 确认	用户 维护者
注 1：建议测量多个用例中最坏情况下的最大恢复时间或恢复时间的分布情况； 注 2：建议这种易恢复性度量只包括软件提供的自动修复，排除人工执行的维护工作； 注 3：建议区分恢复工作的难度，例如恢复被毁坏的数据库比恢复被破坏的事务难得多； 注 4：在概述特性时有必要将 X 归到[0,1]区间。									
可重新启动性	在要求的时间内系统能重新启动为用户提供服务的频度如何？	对系统在目标要求的时间内重新启动并为用户提供服务的次数进行计数，与在规定的试验周期内系统中断后重新启动的总次数相比。	$X=A/B$ A=在测试或用户运行支持期间符合时间要求重新启动的次数 B=在测试或用户运行支持期间重新启动的总次数	$0.0\leq X\leq 1.0$ X 值越大越接近 1.0 越好，这样用户更易于重新启动。	绝对标度	A=计数 B=计数 X=计数/计数	测试报告 运行报告	5.3.8 软件集成 5.3.9 合格性测试 5.4 运作 6.5 确认	用户 维护者
注 1：建议针对不可操作的严重性级别估计不同的重新启动时间，例如：数据库毁坏、丢失多项事务、丢失单项事务或临时的数据库损坏； 注 2：建议这种易恢复性度量只包括软件提供的自动修复，排除人工执行的维护工作。									

表 8.2.3(续)

外部易恢复性度量									
度量名称	度量目的	应用的方法	测量、公式及数据元素计算	测量值解释	度量标度类型	测度类型	测量输入	在 GB/T 8566 中的应用	目标用户
易修复性	软件产品在异常情况下或需要时自身的修复能力如何?	对成功修复的次数进行计数,并与规格说明中要求的测试修复的总次数相比较。 修复需求举例: 数据库检查点;事务检查点;重做功能;还原功能等。	$X=A/B$ A=成功完成恢复的用例数 B=每个需求要测试的恢复用例的总数	$0.0\leqslant X\leqslant 1.0$ X 值越大越接近 1.0 越好,这样产品更能在一定的用例中修复。	绝对标度	A=计数 B=计数 X=计数/计数	功能规格说明 测试规格说明或用户手册 测试报告 运行报告	5.3.8 软件集成 5.3.9 合格性测试 5.4 运作 6.5 确认	用户 维护者
注:建议这种易恢复性度量只包括软件提供的自动修复,排除人工执行的维护工作。									
修复的有效性	修复能力的有效程度如何?	对满足目标修复时间的测试修复的次数进行计数,与特定目标时间所要求的修复次数相比较。	$X=A/B$ A=满足目标修复时间成功修复的用例数 B=执行的用例数	$0.0\leqslant X\leqslant 1.0$ X 值越大越接近 1.0 越好,这样产品的修复过程更有效。	绝对标度	A=计数 B=计数 X=计数/计数	测试报告 运行报告	5.3.8 软件集成 5.3.9 合格性测试 5.4 运作 6.5 确认	用户 维护者
注:建议这种易恢复性度量只包括软件提供的自动修复,排除人工执行的维护工作。									

表 8.2.4 可靠性的依从性度量

外部可靠性的依从性度量									
度量名称	度量目的	应用的方法	测量、公式及数据元素计算	测量值解释	度量标度类型	测度类型	测量输入	在 GB/T 8566 中的应用	目标用户
可靠性的依从性	遵循与产品的可靠性适用的法规、标准和约定的程度如何?	对要求的依从性已经满足的项数进行计数,与在规格说明中要求的依从性项数相比较。	$X=1-A/B$ A=在测试中规定的可靠性的依从性还未完全实现的项数 B=规定的可靠性的依从性项总数	$0.0\leqslant X\leqslant 1.0$ 越接近 1.0 越好。	绝对标度	X=计数/计数 A=计数 B=计数	产品的依从性描述(用户手册或规格说明)和相关标准、约定或法规 测试规格说明和测试报告	5.3.9 合格性测试 6.5 确认	供方 用户
注:随时间变化收集若干测量的值可能对分析满足依从性项的增长趋势及确定它们是否充分满意是有用的。									

表 8.3.1 易理解性度量

外部易理解性度量									
度量名称	度量目的	应用的方法	测量、公式及数据元素计算	测量值解释	度量标度类型	测度类型	测量输入	在 GB/T 8566 中的应用	目标用户
描述的完整性	在阅读完产品描述后能理解的功能(或功能的类型)比例是多少?	用问卷调查或观察用户的表现来进行用户测试和与用户交谈。 对被充分理解的功能数进行计数,与产品的功能总数进行比较。	$X=A/B$ A=被理解的功能(或功能的类型)数 B=功能(或功能的类型)总数	$0.0\leqslant X\leqslant 1.0$ 越接近 1.0 越好。	绝对标度	A=计数 B=计数 X=计数/计数	用户手册 运行(测试)报告	5.3.9 合格性测试 5.4 运作	用户 维护者
注:表明潜在用户在阅读了产品描述后理解产品的能力。									
演示的获得性	用户能获得演示或指导的比例是多少?	进行用户测试和观察用户的表现。 对能充分演示的功能数进行计数,并与要求演示的功能总数相比较。	$X=A/B$ A=被用户成功访问的演示与指导的数目 B=可用的演示与指导的总数	$0.0\leqslant X\leqslant 1.0$ 越接近 1.0 越好。	绝对标度	A=计数 B=计数 X=计数/计数	用户手册 运行(测试)报告	5.3.9 合格性测试 5.4 运作	用户 维护者
注:表明用户能否找到演示和/或指导。									

表 8.3.1(续)

外部易理解性度量									
度量名称	度量目的	应用的方法	测量、公式及数据元素计算	测量值解释	度量标度类型	测度类型	测量输入	在 GB/T 8566 中的应用	目标用户
使用时演示的获得性	用户在运行时无论何时有实际需要，用户能得到演示或指导的比例是多少?	观察试图观看演示/指导的用户的表现。可通过摄像来观察人类的认知活动。	$X=A/B$ A=当用户试图观看演示时，用户能成功看到演示的事例个数 B=在观察期间用户试图观看演示的事例总数	$0.0 \leqslant X \leqslant 1.0$ 越接近 1.0 越好。	绝对标度	A=计数 B=计数 X=计数/计数	用户手册 运行（测试）报告 用户监视记录（录像带或活动记录）	5.3.9 合格性测试 5.4 运作	用户 维护者
注：表明在使用产品时用户能否设法得到演示和/或指导。									
演示的有效性	在演示或指导之后用户能成功执行功能的比例是多少?	观察试图观看演示/指导的用户的表现。可通过摄像来观察人类的认知活动。	$X=A/B$ A=成功执行的功能个数 B=得到的演示与指导的总数	$0.0 \leqslant X \leqslant 1.0$ 越接近 1.0 越好。	绝对标度	A=计数 B=计数 X=计数/计数	用户手册 运行（测试）报告	5.3.9 合格性测试 5.4 运作	用户 维护者
注：表明在联机演示或指导之后，用户能否成功地执行各种功能。									
明显的功能	基于初始的条件，产品的功能(或功能类别)能被用户识别的比例是多少?	用问卷调查或观察用户的表现进行用户测试和与用户交谈。对用户来说是明显的功能数进行计数，并与功能总数相比较。	$X=A/B$ A=用户识别的功能(或功能的类别)的个数 B=实际功能(或功能的类别)的总数	$0.0 \leqslant X \leqslant 1.0$ 越接近 1.0 越好。	绝对标度	A=计数 B=计数 X=计数/计数	用户手册 运行（测试）报告	5.3.9 合格性测试 5.4 运作	用户 维护者
注：表明用户是否可通过考察界面(例如通过检查菜单)来落实这些功能。									
功能的易理解性	产品中的功能被用户正确地理解的比例是多少?	用问卷调查进行用户测试和与用户交谈。对易被用户理解的界面功能数进行计数，并与用户的可用功能总数相比较。	$X=A/B$ A=目的能被用户正确描述的界面功能的数量 B=界面上可用的功能总数	$0.0 \leqslant X \leqslant 1.0$ 越接近 1.0 越好。	绝对标度	A=计数 B=计数 X=计数/计数	用户手册 运行（测试）报告	5.3.9 合格性测试 5.4 运作	用户 维护者
注：表明用户可通过考察界面(例如通过检查菜单)来落实能否理解这些功能。									

表 8.3.1（续）

外部易理解性度量									
度量名称	度量目的	应用的方法	测量、公式及数据元素计算	测量值解释	度量标度类型	测度类型	测量输入	在 GB/T 8566 中的应用	目标用户
易理解的输入和输出	用户能否理解对输入数据的要求是什么？以及软件系统提供的输出是什么？	用问卷调查和观察用户的表现进行用户测试和与用户交谈。对被用户理解的输入和输出项进行计数，并与用户可得到的总项数相比较。	$X=A/B$ A=用户成功理解的输入和输出数据项的数量 B=从界面上能得到的输入和输出数据项总数	$0.0\leqslant X\leqslant 1.0$ 越接近 1.0 越好。	绝对标度	A=计数 B=计数 X=计数/计数	用户手册 运行（测试）报告	5.3.9 合格性测试 5.4 运作	用户 维护者
注：表明用户能理解数据输入的格式和能够正确识别输出数据的含义。									

表 8.3.2 易学性度量

外部易学性度量									
度量名称	度量目的	应用的方法	测量、公式及数据元素计算	测量值解释	度量标度类型	测度类型	测量输入	在 GB/T 8566 中的应用	目标用户
功能学习的难易性	用户要用多长时间学习使用一项功能？	进行用户测试和观察用户的表现。	T=学习正确使用一项功能要用的平均时间	$0<T$ 越短越好。	比率标度	T=时间	运行（测试）报告 用户监视记录	5.3.9 合格性测试 5.4 运作 6.5 确认	用户 维护者
注：本度量通常作为一种经验或验证性的度量来使用。									
在使用中学习执行一项任务的难易性	用户要用多长时间学习如何有效地执行一项任务？	观察用户从开始学习到能有效地操作为止的表现。	T=用户能在较短时间内执行具体任务所用的操作时间的总和。	$0<T$ 越短越好。	比率标度	T=时间	运行（测试）报告 用户监视记录	5.3.9 合格性测试 5.4 运作 6.5 确认	用户 维护者
注 1：所谓短时间建议为预期的用户操作时间。这样的用户操作时间可作为阈值，例如把用户首次使用的时间的 70%作为一个公平的比例。 注 2：工作量也可以用人-小时为单位替换表示时间。									

表 8.3.2（续）

外部易学性度量									
度量名称	度量目的	应用的方法	测量、公式及数据元素计算	测量值解释	度量标度类型	测度类型	测量输入	在 GB/T 8566 中的应用	目标用户
用户文档和/或帮助机制的有效性	在使用了用户文档和/或帮助系统后，能正确地完成任务的比例是多少？	进行用户测试和观察用户的表现。对在访问联机帮助系统和/或文档后能成功完成的任务数进行计数，并与要测试的任务总数进行比较。	$X=A/B$ A=在访问在线帮助系统和/或文档后能成功完成的任务数 B=测试任务的总量	$0\leqslant X\leqslant 1.0$ 越接近 1.0 越好。	绝对标度	A=计数 B=计数 X=计数/计数	运行（测试）报告 用户监视记录	5.3.9 合格性测试 5.4 运作 6.5 确认	用户 人机界面的设计者
注：可能有三项度量：文档的完整性、帮助机制的完整性或所用的帮助机制与文档结合的完整性。									
所用的用户文档和帮助机制的有效性	在阅读用户文档或使用帮助系统后，能正确使用功能的比例是多少？	观察用户的表现。对在阅读了文档或使用帮助系统后能正确使用的功能数进行计数，并与功能的总数相比较。	$X=A/B$ A=能使用的功能数 B=提供的功能总数	$0\leqslant X\leqslant 1.0$ 越接近 1.0 越好。	绝对标度	A=计数 B=计数 X=计数/计数	用户手册 运行（测试）报告 用户监视记录	5.3.9 合格性测试 5.4 运作 6.5 确认	用户 人机界面的设计者
注：本度量通常作为一种经验或验证性的度量来使用，而不是其他。									
帮助的获得性	用户能定位找到帮助主题的比例是多少？	进行用户测试和观察用户的表现。对被正确定位找到的联机帮助的任务数进行计数，并与要测试的任务总数进行比较。	$X=A/B$ A=正确定位找到的联机帮助的任务数 B=要测试的任务总数	$0\leqslant X\leqslant 1.0$ 越接近 1.0 越好。	绝对标度	A=计数 B=计数 X=计数/计数	运行（测试）报告 用户监视记录	5.3.9 合格性测试 5.4 运作 6.5 确认	用户 人机界面的设计者
帮助的频率	用户必须频繁访问帮助学习操作以便完成其工作任务的程度如何？	进行用户测试和观察用户的表现。对用户访问帮助以完成任务的事例数进行计数。	$X=A$ A=访问帮助直到完成其任务的事例数	$0\leqslant X$ 越接近 0 越好。	绝对标度	X=计数 A=计数	运行（测试）报告 用户监视记录	5.3.9 合格性测试 5.4 运作 6.5 确认	用户 人机界面的设计者

表 8.3.3 易操作性度量 a) 与操作用户的期望相符

外部易操作性度量 a) 与操作用户的期望相符									
度量名称	度量目的	应用的方法	测量、公式及数据元素计算	测量值解释	度量标度类型	测度类型	测量输入	在 GB/T 8566 中的应用	目标用户
在使用中操作的一致性	用户界面组成的一致性如何?	观察用户的表现并询问他们的意见。	a) $X = 1-A/B$ A=用户发现与他们的期望不一致的不可接受的消息或功能的数目 B=消息或功能的总数	$0.0 \leqslant X \leqslant 1.0$ 越接近 1.0 越好。	a) 绝对标度	A=计数 B=计数 X=计数/计数	运行(测试)报告 用户监视记录	5.3.9 合格性测试 5.4 运作 6.5 确认	用户 人机界面的设计者
			b) $Y = N/UOT$ N=用户发现与他们的期望不一致的不可接受的操作的数目 UOT=用户操作时间(在观察期间内)	$0.0 \leqslant Y$ 越小或越接近 0.0 越好。	b) 比率标度	UOT=时间 N=计数 Y=计数/时间			
注 1：用户的操作经验对认识各种操作模式通常是有帮助的，而这引导了用户的期望； 注 2：对于操作的一致性，"输入的可预测性"和"输出的可预测性"都是有效的； 注 3：本度量可用来测量"引导操作的难易"和"通信的顺畅"。									

表 8.3.3 易操作性度量 b)可控制性

外部易操作性度量 b)可控制性									
度量名称	度量目的	应用的方法	测量、公式及数据元素计算	测量值解释	度量标度类型	测度类型	测量输入	在 GB/T 8566 中的应用	目标用户
错误的纠正	用户能否容易地纠正任务中的错误?	进行用户测试和观察用户的表现。	$T=T_c-T_s$ T_c=完成纠正任务执行中的特定类型的错误的时间 T_s=开始纠正任务执行中的特定类型的错误的时间	$0<T$ 越短越好。	比率标度	T_c,T_s=时间 T=时间	运行(测试)报告 用户监视记录	5.3.9 合格性测试 5.4 运作 6.5 确认	用户 人机界面的设计者
注：建议本度量的用户在考虑测试用例时规定错误的类型，例如，严重的类型(显示错误或毁坏数据)、输入/输出错误的类型(输入正文错误、向数据库输出数据错误，或显示时的图形错误)或错误操作情况类型(互操作的使用或应急操作)。									

表 8.3.3 b)(续)

外部易操作性度量 b)可控制性									
度量名称	度量目的	应用的方法	测量、公式及数据元素计算	测量值解释	度量标度类型	测度类型	测量输入	在 GB/T 8566 中的应用	目标用户
使用中的错误纠正	用户能否容易地修复他们的错误或重新执行任务?	观察运行软件的用户的表现。	a) $X=A/UOT$ A=用户成功撤销其错误操作的次数 UOT =在观察周期内用户的操作时间 注解:在逐个测试功能时,也可以计算用户成功撤销其错误的数目与功能总数的比率。	$0\leqslant X$ 越大越好。	比率标度	A=计数 UOT=时间 X=计数/时间	运行(测试)报告 用户监视记录	5.3.9 合格性测试 5.4 运作 6.5 确认	用户 人机界面的设计者
	用户能否容易地修复他们的输入?	观察运行软件的用户的表现。	b) $X=A/B$ A=在详细说明输入数据之前成功地修改或变更其中输入数据的屏幕数或表格数 B=在观察用户操作期间用户试图修改或变更其中输入数据的屏幕数或表格数	$0.0\leqslant X\leqslant 1.0$ 越接近 1.0 越好。	绝对标度	X=计数/计数 A=计数 B=计数	运行(测试)报告 用户监视记录	5.3.9 合格性测试 5.4 运作 6.5 确认	用户 人机界面的设计者

表 8.3.3　易操作性度量 c)对执行任务的适合性

外部易操作性度量 c)对执行任务的适合性									
度量名称	度量目的	应用的方法	测量、公式及数据元素计算	测量值解释	度量标度类型	测度类型	测量输入	在 GB/T 8566 中的应用	目标用户
使用中默认值的可用性	为便于操作,用户能否易于选择参数值?	观察运行软件的用户的表现。 对用户企图建立或选择参数值但不能成功进行的次数进行计数 (因为用户不能使用软件提供的默认值)	$X=1-A/B$ A=在短时间内用户未能建立或选择参数值的次数(因为用户不能使用软件提供的默认值) B=用户试图建立或选择参数值的总次数	$0.0\leqslant X\leqslant 1.0$ 越接近 1.0 越好。	绝对标度	A=计数 B=计数 X=计数/计数	运行(测试)报告 用户监视记录	5.3.9 合格性测试 5.4 运作 6.5 确认	用户 人机界面的设计者

注 1:建议观察和记录操作者的表现,并决定多长的时间可作为选择参数值"短时间";
注 2:在用每个功能测试设置参数时,还能计算可允许的功能的比率;
注 3:建议对包含参数设置的功能进行功能测试。

表 8.3.3 易操作性度量 d)自描述性(可引导性)

外部易操作性度量 d)自我描述性(可引导性)									
度量名称	度量目的	应用的方法	测量、公式及数据元素计算	测量值解释	度量标度类型	测度类型	测量输入	在 GB/T 8566 中的应用	目标用户
使用中的消息的可理解性	用户是否容易理解软件系统的消息?在开始下一步动作之前是否有任何引起用户延缓理解的消息? 用户是否容易记住重要的消息?	观察正在操作软件的用户的表现。	$X=A/UOT$ A=由于消息比较费解而导致用户长时间停顿或对同一操作反复失败的次数 B=用户的操作时间(观察时段)	$0.0 \leqslant X$ 越小和越接近 0.0 越好。	比率标度	A=计数 UOT=时间 X=计数/时间	运行(测试)报告 用户监视记录	5.3.9 合格性测试 5.4 运作 6.5 确认	用户 人机界面的设计者
注 1:对消息理解的难易程度用在开始下一个动作之前因用户理解消息而耽误的时间长度来表示。因此,建议观察和记录操作者的表现并决定停顿多长时间看作是"长时段"。 注 2:建议尽可能调查下列用户的理解消息问题的原因: a) 注意力:注意力隐含用户可成功识别带有信息的重要消息,例如对用户下一步活动的指南、要查看的数据项的名称以及小心操作的警告。 ——当遇到重要消息时,用户是否未曾看见? ——由于识别了重要的消息,用户能否在操作中避免错误? b) 记忆力:记忆力隐含用户回忆带有信息的重要消息,例如对用户下一步活动的指南、要查看的数据项名称以及小心操作的警告。 ——用户能否容易地回忆重要的消息? ——回忆重要的消息对用户是否有帮助? ——是否只需要用户回忆起少数重要的消息而不必太多? 注 3:当逐个测试消息时,还要计算能理解的消息占总消息数的比率。 注 4:在观察多个参加操作测试的用户时,还要计算能理解消息的用户占全体用户的比率。									
自解释的出错信息	用户提议正确的恢复动作占出错条件的比例是多少?	进行用户测试和观察用户的表现。	$X=A/B$ A=用户提议正确恢复动作的出错条件个数 B=测试的出错条件总数	$0.0 \leqslant X \leqslant 1.0$ 越接近 1.0 越好。	绝对标度	X=计数/计数 A=计数 B=计数	运行(测试)报告 用户监视记录	5.3.9 合格性测试 5.4 运作 6.5 确认	用户 人机界面的设计者
注:本度量通常作为一种经验或验证性的度量来使用。									

表 8.3.3　易操作性度量 e)操作的容错性(不受人为错误影响)

外部易操作性度量 e)操作的容错性(不受人为错误影响)

度量名称	度量目的	应用的方法	测量、公式及数据元素计算	测量值解释	度量标度类型	测度类型	测量输入	在 GB/T 8566 中的应用	目标用户
在使用中操作错误的易恢复性	用户能否容易从更坏的情况中恢复?	观察正在操作软件的用户的表现。	$X=1-A/B$ A=(在用户出错或变更后)系统没有通知用户有关的风险,未能成功地从困境中恢复的次数 B=用户出错或变更的总数	$0.0\leqslant X\leqslant 1.0$ 越接近 1.0 越好。	绝对标度	X=计数/计数 A=计数 B=计数	运行(测试)报告 用户监视记录	5.3.9 合格性测试 5.4 运作 6.5 确认	用户 人机界面的设计者
注:上述式子代表最坏的情况。本度量的用户可结合下列情况考虑:1)用户被或未被软件系统警告的错误个数,2)用户成功或不成功地摆脱困境的次数。									
在使用中人为错误操作的间隔时间	用户能否长时间的操作软件而不犯人为错误?	观察正在操作软件的用户的表现。	$X=T/N$(在时间$[t-T,t]$中的时刻 t) T=观察期间的操作时段(或用户人为操作错误之间操作时间的累加) N=用户人为操作错误发生的次数	$0.0<X$ 越高越好。	比率标度	X=时间/计数 T=时间 N=计数	运行(测试)报告 用户监视记录	5.3.9 合格性测试 5.4 运作 6.5 确认	用户 人机界面的设计者
注 1:通过对下列用户的行为进行计数,可以检测出人为的错误操作: a) 简单的人为错误(疏忽):用户在输入数据时犯简单错误的次数; b) 故意错误(过失):在观察期间用户由于误解,在同一操作中重复犯一个错误的次数; c) 操作犹豫停顿:在观察期间用户由于犹豫造成长时段停顿的次数; 建议此度量的用户分别测量上述各项。 注 2:操作停顿视作隐含用户对操作的犹豫。 它取决于功能、操作的过程、应用领域和用户是否考虑长时段的停顿操作。因此,评价者需要考虑这些因素并确定一个合理的时间阈值。在交互作业中,"长时段"的阈值范围为 1 min 到 3 min。									

表 8.3.3 e)（续）

外部易操作性度量 e)操作的容错性(不受人为错误影响)									
度量名称	度量目的	应用的方法	测量、公式及数据元素计算	测量值解释	度量标度类型	测度类型	测量输入	在 GB/T 8566 中的应用	目标用户
(用户错误纠正的)可还原性	用户成功地纠正输入错误的频率如何?	进行用户测试和观察用户的表现。	a) $X=A/B$ A=用户成功纠正输入错误的次数 B=试图纠正输入错误的总次数	$0.0 \leqslant X \leqslant 1.0$ 越接近 1.0 越好。	a) 绝对标度	A=计数 B=计数 X=计数/计数	运行（测试）报告 用户监视记录	5.3.9 合格性测试 5.4 运作 6.5 确认	用户 人机界面的设计者
	用户正确地还原错误的频率如何?	进行用户测试和观察用户的表现。	b) $Y=A/B$ A=用户成功纠正的错误条件数 B=测试的错误条件的总数	$0.0 \leqslant Y \leqslant 1.0$ 越接近 1.0 越好。	b) 绝对标度	A=计数 B=计数 Y=计数/计数	运行（测试）报告 用户监视记录	5.3.9 合格性测试 5.4 运作 6.5 确认	用户 人机界面的设计者
注：本度量通常作为一种经验或验证性的度量来使用。									

表 8.3.3 易操作性度量 f)对个性化的适合性

外部易操作性度量 f)对个性化的适合性									
度量名称	度量目的	应用的方法	测量、公式及数据元素计算	测量值解释	度量标度类型	测度类型	测量输入	在 GB/T 8566 中的应用	目标用户
易定制性	用户能否为方便自己容易地定制其操作规程? 指导最终用户的用户能否为防止最终用户出错而容易地定制操作规程模板? 功能能被定制的比例是多少?	进行用户测试和观察用户的表现。	$X=A/B$ A=能成功定制的功能数 B=试图定制的功能总数	$0.0 \leqslant X \leqslant 1.0$ 越接近 1.0 越好。	绝对标度	A=计数 B=计数 X=计数/计数	用户手册 运行（测试）报告 用户监视记录	5.3.9 合格性测试 5.4 运作 6.5 确认	用户 人机界面的设计者

表 8.3.3 f)(续)

<table>
<tr><td colspan="10">外部易操作性度量 f)对个性化的适合性</td></tr>
<tr><td>度量名称</td><td>度量目的</td><td>应用的方法</td><td>测量、公式及数据元素计算</td><td>测量值解释</td><td>度量标度类型</td><td>测度类型</td><td>测量输入</td><td>在 GB/T 8566 中的应用</td><td>目标用户</td></tr>
<tr><td colspan="10">注 1:可以测量用户定制失败的比率:
$Y=1-(C/D)$
C=用户未能定制操作的事例数;
D=用户试图为方便自己操作而定制的操作总数;
$0 \leqslant Y \leqslant 1$,越接近 1.0
越好。
注 2:建议考虑下列内容作为定制操作的变量:
——选择替代的操作,例如用选择菜单代替输入指令;
——组合用户的操作过程,例如把记录和编辑的操作过程进行组合;
——设置限制性模板操作,如把编程过程或设置模板作为输入指南。
注 3:本度量通常作为一种经验或验证性的度量来使用。</td></tr>
<tr><td>操作规程的减少</td><td>用户能否为方便自己容易地减少操作规程?</td><td>对用户在具体操作中的击打数进行计数,并与定制操作前后的击打数进行比较。</td><td>$X=1-A/B$
A=在定制操作后减少的操作规程数
B=在定制操作前的操作规程数</td><td>$0.0 \leqslant X \leqslant 1.0$
越接近 1.0
越好。</td><td>绝对标度</td><td>X=计数/计数
A=计数
B=计数</td><td>运行(测试)报告
用户监视记录</td><td>5.3.9 合格性测试
5.4 运作
6.5 确认</td><td>用户
人机界面的设计者</td></tr>
<tr><td colspan="10">注 1:建议对不同的用户任务分别取样,并区分熟练的用户和初学者。
注 2:操作规程的个数可以通过对操作击打数进行计数来代表,如点击、拖动、触键、触屏等等。
注 3:包括快捷键。</td></tr>
<tr><td>物理可访问性</td><td>能让有身体缺陷的用户访问的功能比例是多少?</td><td>进行用户测试和观察用户的表现。</td><td>$X=A/B$
A=能成功访问的功能数
B=功能的总数</td><td>$0.0 \leqslant X \leqslant 1.0$
越接近 1.0
越好。</td><td>绝对标度</td><td>X=计数/计数
A=计数
B=计数</td><td>运行(测试)报告
用户监视记录</td><td>5.3.9 合格性测试
5.4 运作
6.5 确认</td><td>用户
人机界面的设计者</td></tr>
<tr><td colspan="10">注:不可物理访问的例子如无能力使用鼠标的人或盲人。</td></tr>
</table>

表 8.3.4 吸引性度量

外部吸引性度量									
度量名称	度量目的	应用的方法	测量、公式及数据元素计算	测量值解释	度量标度类型	测度类型	测量输入	在 GB/T 8566 中的应用	目标用户
相互吸引	界面对用户有多大的吸引性?	向用户问卷调查。	在用户使用过界面后,用问卷的方式评估界面对用户的吸引力。	取决于问卷评分的方法。	绝对标度	计数	问卷调查结果	5.3.9 合格性测试 5.4 运作 6.5 确认	用户 人机界面的设计者
界面外观的易定制性	界面元素能定制为用户满意的外观的比例是多少?	进行用户测试和观察用户的表现。	$X=A/B$ A=能定制为用户满意的外观的界面元素数 B=用户希望定制的界面元素的总数	$0.0\leqslant X\leqslant 1.0$ 越接近 1.0 越好。	绝对标度	X=计数/计数 A=计数 B=计数	用户的请求 运行(测试)报告	5.3.9 合格性测试 5.4 运作 6.5 确认	用户 人机界面的设计者

注:本度量通常作为一种经验或验证性的度量来使用。

表 8.3.5 易用性的依从性度量

外部易用性的依从性度量									
度量名称	度量目的	应用的方法	测量、公式及数据元素计算	测量值解释	度量标度类型	测度类型	测量输入	在 GB/T 8566 中的应用	目标用户
易用性的依从性	遵循产品的易用性适用的标准、约定、风格指南或法规的程度如何?	根据与易用性有关的标准、约定、风格指南或法规,规定所要求的依从性项。 按照依从性项设计测试用例。 对这些测试用例进行功能测试。	$X=1-A/B$ A=在测试期间规定的易用性的依从性项还未实现的数目 B=规定的易用性的依从性项的总数	$0.0\leqslant X\leqslant 1.0$ 越接近 1.0 越好。	绝对标度	X=计数/计数 A=计数 B=计数	产品对依从性的描述(用户手册或规格说明)和相关的标准、惯例、风格指南或法规。 测试规格说明和报告	5.3.9 合格性测试 6.5 确认	供方 用户

注:随时间变化收集若干测量的值可能对分析满足依从性项的增长趋势及确定它们是否充分满意是有用的。

表 8.4.1 时间特性度量 a)响应时间

外部时间特性度量 a)响应时间									
度量名称	度量目的	应用的方法	测量、公式及数据元素计算	测量值解释	度量标度类型	测度类型	测量输入	在 GB/T 8566 中的应用	目标用户
响应时间	完成一项规定任务所花费的时间？ 系统响应一项规定的操作之前要花去多长时间？	开始一项规定的任务。 测量为完成其操作所花费的时间。 保持每次尝试操作的记录。	T=(获得结果的时间)−(完成命令输入的时间)	$0 < T$ 越快越好。	比率标度	T=时间	测试报告 显示经时时间的运行报告	5.3 系统/软件集成 5.3.9 合格性测试 5.4 运作 5.5 维护	用户 开发者 维护者 SQA
注：建议考虑时间带宽并使用统计分析来测量多项任务(测试样本)，不要只测一个任务。									
响应时间(平均响应时间)	就并发任务及系统运算来说，在一个特定计算机系统负载中，从发出请求直到请求完成为止，用户经历的平均等待时间有多长？	执行若干个并发任务的场景。 测量为完成所选择的操作而耗费的时间。 保存每次尝试操作的记录并为每个方案计算平均时间。	$X=T_{mean}/TX_{mean}$ $T_{mean}=\sum(T_i)/N$，(i=1 到 N) TX_{mean}=需要的平均响应时间 T_i=第 i 个评价的响应时间(点) N=评价的总数(样本点)	$0 \leqslant X$ 越接近并小于 1.0 越好。	绝对标度	T_{mean}=时间 TX_{mean}=时间 T_i=时间 N=计数 X=时间/时间	测试报告 显示经时时间的运行报告	5.3 系统/软件集成 5.3.9 合格性测试 5.4 运作 5.5 维护	用户 开发者 维护者 SQA
注：所要求的平均响应时间可从所要求的实时处理规格说明、用户对商业要求的期望或对用户反应的观察中导出。可能需要考虑在人类工效学方面的用户感受。									
响应时间(最坏情况下的响应时间比率)	实现某项功能所需的绝对时间极限是什么？ 在最坏的情况下，用户能否在规定的时间限度内仍得到响应？ 在最坏的情况下，用户从软件中获得回答的时间能否短到用户容忍的限度内？	校准测试。 模拟使系统达到最大负载的条件，运行应用并监视结果。	$X=T_{max}/R_{max}$ T_{max}=MAX(T_i) (i=1 到 N) R_{max}=需要的最大响应时间 MAX(T_i)=在评价中最长的响应时间 N=评价的次数(样本点) T_i=第 i 次的响应时间(点)	$0.0 < X$ 越接近并小于 1.0 越好。	绝对标度	T_{max}=时间 R_{max}=时间 T_i=时间 N=计数 X=时间/时间	测试报告 显示经时时间的运行报告	5.3 系统/软件集成 5.3.9 合格性测试 5.4 运作 5.5 维护	用户 开发者 维护者 SQA

表 8.4.1 a)（续）

外部时间特性度量 a)响应时间									
度量名称	度量目的	应用的方法	测量、公式及数据元素计算	测量值解释	度量标度类型	测度类型	测量输入	在 GB/T 8566 中的应用	目标用户
			注解：可按下述方式计算响应时间的分布： 统计的最大比率：$Y= T_{dev}/R_{max}$ $T_{dev} = T_{mean} + K(DEV)$ T_{dev}取值为评价中平均响应时间值加减 2 倍或 3 倍的标准偏差值。 K：系数(2 或 3) $DEV=SQRT\{\sum((T_i-T_{mean})**2)/(N-1)\}$ (i=1 到 N) $T_{mean}=\sum(T_i)/N$ (i=1 到 N) Tx_{mean}=需要的平均响应时间						

表 8.4.1　时间特性度量 b)吞吐量

外部时间特性度量 b)吞吐量									
度量名称	度量目的	应用的方法	测量、公式及数据元素计算	测量值解释	度量标度类型	测度类型	测量输入	在 GB/T 8566 中的应用	目标用户
吞吐量	有多少个任务能在给定的时间周期内成功地执行？	按照给定的预想优先级校准各个任务； 开始几项作业任务； 测量完成测量任务而进行的操作所花费的时间； 保留每次尝试操作的记录。	$X=A/T$ A=完成的任务个数 T=观察的时间段	$0<X$ 越大越好。	比率标度	A=计数 T=时间 X=计数/时间	测试报告 显示经时时间的运行报告	5.3 系统/软件集成 5.3.9 合格性测试 5.4 运作 5.5 维护	用户 开发者 维护者 SQA

表 8.4.1 b)(续)

外部时间特性度量 b)吞吐量									
度量名称	度量目的	应用的方法	测量、公式及数据元素计算	测量值解释	度量标度类型	测度类型	测量输入	在 GB/T 8566 中的应用	目标用户
吞吐量(平均吞吐量)	在一个设定的单位时间内系统能处理的并发任务的平均数是多少?	按照给定的预想优先级校准各个任务; 执行数项并发任务; 测量在给定的流量中,完成选定任务所花费的时间。 保留每次尝试操作的记录	$X = X_{mean}/R_{mean}$ $X_{mean} = \sum(X_i)/N$ R_{mean} = 所要求的平均吞吐量 $X_i = A_i/T_i$ A_i = 在第 i 次评价中在设定的时间段内观察到的并发任务个数 T_i = 在第 i 次评价中设定的时间段 N = 评价的次数	$0<X$ 越大越好。	绝对标度	X_{mean} = 计数 R_{mean} = 计数 A_i = 计数 T_i = 时间 X_i = 计数/时间 N = 计数 X = 计数/计数	测试报告 显示经时时间的运行报告	5.4 运作 5.5 维护	用户 开发者 维护者 SQA
吞吐量(最坏吞吐量比率)	系统的并发任务数量和处理量即吞吐量的绝对限度是多大?	校准测试。 模拟系统达到最大负载的条件。 进行并发的作业任务并监视其结果。	$X = X_{max}/R_{max}$ $X_{max} = MAX(X_i)$ (i = 1 到 N) R_{max} = 所需要的最大吞吐量 $MAX(X_i)$ = 在评价期间工作任务的最大数 $X_i = A_i/T_i$ A_i = 在第 i 次评价中在设定的时间段内观察到的并发任务个数 T_i = 在第 i 次评价中设定的时间段 N = 评价的次数	$0<X$ 越大越好。	绝对标度	X_{max} = 计数 R_{max} = 计数 A_i = 计数 T_i = 时间 X_i = 计数/时间 N = 计数 X_{dev} = 计数 X = 计数/计数	测试报告 显示经时时间的运行报告	5.4 运作 5.5 维护	用户 开发者 维护者 SQA

表 8.4.1 b)(续)

外部时间特性度量 b)吞吐量									
度量名称	度量目的	应用的方法	测量、公式及数据元素计算	测量值解释	度量标度类型	测度类型	测量输入	在 GB/T 8566 中的应用	目标用户
注：可按下述的方式计算分布： 统计的最大比率 $Y= X_{dev}/X_{max}$ $X_{dev}= X_{mean}+K(DEV)$ X_{dev}取值为评价中平均吞吐量值加减 2 倍或 3 倍的标准偏差值。 K:系数(2 或 3) $DEV=SQRT\{\sum((X_i-X_{mean})**2)/(N-1)\}$ (i=1 到 N) $X_{mean}=\sum(X_i)/N$									

表 8.4.1 时间特性度量 c)周转时间

外部时间特性度量 c)周转时间									
度量名称	度量目的	应用的方法	测量、公式及数据元素计算	测量值解释	度量标度类型	测度类型	测量输入	在 GB/T 8566 中的应用	目标用户
周转时间	从发出一条指令开始一组相关的任务直至其完成，用户经历的等待时间有多长？	因此校准这次试验。开始作业任务。测量为完成其操作，作业任务所花费的时间；保留每次尝试的记录。	T=从用户发完要求到用户接受输出结果之间的时间	$0<T$ 越短越好。	比率标度	T=时间	测试报告 显示经时时间的运行报告	5.3 系统/软件集成 5.3.9 合格性测试 5.4 运作 5.5 维护	用户 开发者 维护者 SQA
注：建议考虑时间带宽并使用统计分析来测量多项任务(样本点)，而不要只测一个任务(点)。									
周转时间(平均周转时间)	就并发任务及系统利用来说，从发出一条指令开始一组相关的任务直到其在一个特定的系统负载之内完成，用户经历的平均等待时间有多长？	校准测试。通过执行一些并发任务(样本点)模拟将负载放在系统中的条件。测量在给定的流量下完成选定任务所花费的时间。保留每次尝试的记录。	$X=T_{mean}/TX_{mean}$ $T_{mean}=\sum(T_i)/N$ (i=1 到 N) TX_{mean}=所需要的平均周转时间 T_i=在第 i 次评价中的周转时间(点) N=评价数(样本点)	$0<X$ 越短越好。	绝对标度	T_{mean}=时间 TX_{mean}=时间 T_i=时间 N=计数 X=时间/时间	测试报告 显示经时时间的运行报告	5.3 系统/软件集成 5.3.9 合格性测试 5.4 运作 5.5 维护	用户 开发者 维护者 SQA

表 8.4.1 c)（续）

外部时间特性度量 c)周转时间									
度量名称	度量目的	应用的方法	测量、公式及数据元素计算	测量值解释	度量标度类型	测度类型	测量输入	在 GB/T 8566 中的应用	目标用户
周转时间（最坏情况下周转时间的比率）	为完成一项作业任务所需的时间的绝对限度有多长？在最坏的情况下，软件系统要多长的时间才能完成所规定的任务？	校准测试。 根据所执行的任务模拟使系统达到最大负载的条件。 运行选择的工作任务并监视结果。	$X=T_{max}/R_{max}$ $T_{max}=MAX(T_i)$ ($i=1$ 到 N) R_{max}＝所需要的最大周转时间 $MAX(T_i)$＝在评价中最长的周转时间 N＝评价数(样本点) T_i＝第 i 次评价中的周转时间(点)	$0<X$ 越接近并小于 1.0 越好。	绝对标度	X＝时间/时间 T_{max}＝时间 R_{max}＝时间 T_i＝时间 N＝计数 T_{dev}＝时间	测试报告 显示经时时间的运行报告	5.4 运作 5.5 维护	用户 开发者 维护者 SQA
注：可按下述的方式计算分布： 统计的最大比率：$Y=T_{dev}/R_{max}$ $T_{dev}=T_{mean}+K(DEV)$ T_{dev}取值为评价中平均周转时间值加减 2 倍或 3 倍的标准偏差值。 K：系数(2 或 3) $DEV=SQRT\{\Sigma((T_i-T_{mean})**2)/(N-1)\}$ ($i=1$ 到 N) $T_{mean}=\Sigma(T_i)/N$，($i=1$ 到 N) TX_{mean}＝所需要的平均周转时间。									
等待时间	用户等待系统响应的时间占任务所用总时间的比例是多少？	执行多项并发任务的场景。 测量完成选择的操作所花费的时间。 保持每次尝试的记录并为每个场景计算平均时间。	$X=T_a/T_b$ T_a＝用于等待的总时间 T_b＝任务所用的时间	$0\leq X$ 越小越好。	绝对标度	T_a＝时间 T_b＝时间 X＝时间/时间	测试报告 显示经时时间的运行报告	5.3 系统/软件集成 5.3.9 合格性测试 5.4 运作 5.5 维护	用户 开发者 维护者 SQA
注：若这些任务只是部分完成，在做比较时宜使用任务效率度量。									

表 8.4.2　资源利用性度量 a) 输入/输出设备资源的利用性

外部资源利用性度量 a) 输入/输出设备资源的利用性									
度量名称	度量目的	应用的方法	测量、公式及数据元素计算	测量值解释	度量标度类型	测度类型	测量输入	在 GB/T 8566 中的应用	目标用户
I/O 设备的利用性	I/O 设备利用是否过高，造成效率不高？	执行大量的并发任务，记录 I/O 设备利用情况，并与设计目标进行比较。	$X=A/B$ A=占用 I/O 设备的时间 B=在设计时规定占用 I/O 设备的时间	$0.0\leqslant X\leqslant 1.0$ 越接近并小于 1.0 越好。	绝对标度	A=时间 B=时间 X=时间/时间	测试报告 运行报告	5.3.9 合格性测试 5.4 运作 5.5 维护	开发者 维护者 SQA
I/O 负载的限度	在完成功能时，I/O 利用的绝对限度是什么？	校准测试条件。模拟使系统达到最大 I/O 负载的条件。运行并监视结果。	$X=A_{max}/R_{max}$ A_{max}=MAX(A_i) (i=1 到 N) R_{max}=要求的 I/O 最大的消息数 MAX(A_i)=从第 1 次到第 N 次评价中 I/O 消息的最大数 N=评价次数	$0.0\leqslant X$ 越小越好。	绝对标度	A_{max}=计数 R_{max}=计数 A_i=计数 N=计数 X=计数/计数	测试报告 运行报告显示 经时时间	5.3.9 合格性测试 5.4 运作 5.5 维护	用户 开发者 维护者 SQA
与错误相关的 I/O	用户是否经常遇到与操作有关的 I/O 设备的问题？	校准测试条件。模拟使系统达到最大 I/O 负载的条件。运行并记录由于 I/O 失效造成的错误数及警告次数。	$X=A/T$ A=警告消息数或系统失效数 T=观察期间用户运行的时间	$0.0\leqslant X$ 越小越好。	比率标度	A=计数 T=时间 X=计数/时间	测试报告 运行报告显示 经时时间	5.3.9 合格性测试 5.4 运作 5.5 维护	用户 维护者 SQA
平均 I/O 完成比率	在规定的时间长度内和规定的利用率的情况下，与错误消息和失效相关的 I/O 的平均数是多少？	校准测试条件。模拟系统达到最大负载的条件。运行应用并记录由于 I/O 失效引起的错误数及警告的次数。	$X=A_{mean}/R_{mean}$ $A_{mean}=\sum(A_i)/N$ R_{mean}=所要求的 I/O 消息的平均数 A_i=在第 i 次评价中 I/O 错误消息数 N=评价次数	$0.0\leqslant X$ 越小越好。	绝对标度	A_{mean}=计数 R_{mean}=计数 A_i=计数 N=计数 X=计数/计数	测试报告 运行报告显示 经时时间	5.3.9 合格性测试 5.4 运作 5.5 维护	用户 开发者 维护者 SQA

表 8.4.2 a)(续)

外部资源利用性度量 a) 输入/输出设备资源的利用性									
度量名称	度量目的	应用的方法	测量、公式及数据元素计算	测量值解释	度量标度类型	测度类型	测量输入	在 GB/T 8566 中的应用	目标用户
I/O 设备利用的用户等待时间	在用户的等待时间方面 I/O 设备利用的影响如何?	并行执行大量的任务,测量用户等待时间作为 I/O 设备操作的结果。	T=为等待 I/O 设备操作完成所花费的时间	0<T 越短越好。	比率标度	T=时间	测试报告 运行报告	5.3.9 合格性测试 5.4 运作 5.5 维护	用户 开发者 维护者 SQA
注:建议调查几次测试与运行实例中的最大时间与时间分布,因为这一测量往往因使用周境而引起波动。									

表 8.4.2 资源利用性度量 b) 内存的资源利用性

外部资源利用性度量 b) 存储器资源的利用性									
度量名称	度量目的	应用的方法	测量、公式及数据元素计算	测量值解释	度量标度类型	测度类型	测量输入	在 GB/T 8566 中的应用	目标用户
最大的内存利用数	在完成某个功能时,需要的内存的绝对限度是多少?	校准测试条件。模拟使系统达到最大负载的条件。运行并监视结果。	$X= A_{max}/R_{max}$ A_{max}=MAX(A_i) (i=1 到 N) R_{max}=所要求的与内存有关的最大错误消息数 MAX(A_i)=从第 1 次到第 N 次评价与内存有关的最大错误消息数 N=评价次数	0.0≤X 越小越好。	比率标度	A_{max}=计数 R_{max}=计数 A_i=计数 N=计数 X=计数/计数	测试报告 运行报告显示经时时间	5.3.9 合格性测试 5.4 运作 5.5 维护	用户 开发者 维护者 SQA
内存错误的平均发生数	在系统中规定的负载下和规定的时间长度内与内存有关的错误消息及失效的平均次数是多少?	校准测试条件。模拟使系统达到最大负载的条件。运行应用并记录由于内存失效造成的错误数和警告次数。	$X= A_{mean}/R_{mean}$ $A_{mean}=\sum(A_i)/N$ R_{mean}=所要求的与内存有关的平均错误消息数 A_i=在第 i 次评价中与内存有关的错误消息数 N=评价次数	0.0≤X 越小越好。	绝对标度	A_{mean}=计数 R_{mean}=计数 A_i=计数 N=计数 X=计数/计数	测试报告 运行报告显示经时时间	5.3.9 合格性测试 5.4 运作 5.5 维护	用户 开发者 维护者 SQA

表 8.4.2 b)(续)

外部资源利用性度量 b) 存储器资源的利用性									
度量名称	度量目的	应用的方法	测量、公式及数据元素计算	测量值解释	度量标度类型	测度类型	测量输入	在 GB/T 8566 中的应用	目标用户
内存错误与时间的比率	在设定的时间周期内及规定的资源利用率下,经历了多少次内存错误?	校准测试条件。模拟使系统达到最大负载的条件。运行应用并记录由于内存失效造成的错误数和警告次数。	$X=A/T$ A=警告消息数或系统失效数 T=在观察期内用户的操作时间	$0.0 \leqslant X$ 越小越好。	比率标度	X=计数/时间 A=计数 T=时间	测试报告 运行报告显示 经时时间	5.3.9 合格性测试 5.4 运作 5.5 维护	用户 维护者 SQA

表 8.4.2 资源利用性度量 c) 传输资源的利用性

外部资源利用性度量 c) 传输资源的利用性									
度量名称	度量目的	应用的方法	测量、公式及数据元素计算	测量值解释	度量标度类型	测度类型	测量输入	在 GB/T 8566 中的应用	目标用户
最大的传输利用限度	完成一项功能所需的传输的绝对限度是什么?	评价对一个要达到最大负载的系统来说什么是所需的。模拟这种条件。运行应用并监视结果。	$X=A_{max}/R_{max}$ $A_{max}=MAX(A_i)$ (i=1 到 N) R_{max}=所要求的与传输有关的最大错误消息与失效数 $MAX(A_i)$=从第 1 次到第 N 次评价中与传输有关的最大错误消息和失效的次数 N=评价次数	$0.0 \leqslant X$ 越小越好。	绝对标度	A_{max}=计数 R_{max}=计数 A_i=计数 N=计数 X=计数/计数	测试报告 运行报告显示 经时时间	5.3.9 合格性测试 5.4 运作 5.5 维护	用户 开发者 维护者 SQA
介质设备利用的平衡	在设定的时间周期内,不同介质同步运行的程度如何?	校准测试条件。模拟使系统传输达到最大负载的条件。运行应用并记录处理不同的介质类别所造成的延迟。	X=SyncTime/T SyncTime=在连续的资源上耗费的时间 T=期望不同介质同步完成其任务所要求的时间周期	越小越好。	比率标度	SyncTime=时间 T=时间 X=时间/时间	测试报告 运行报告显示 经时时间	5.3.9 合格性测试 5.4 运作 5.5 维护	用户 维护者 SQA

表 8.4.2 c)(续)

外部资源利用性度量 c) 传输资源的利用性									
度量名称	度量目的	应用的方法	测量、公式及数据元素计算	测量值解释	度量标度类型	测度类型	测量输入	在 GB/T 8566 中的应用	目标用户
传输错误的平均发生情况	在规定的时间长度内和规定的利用率下,与传输有关的平均错误消息和失效数是多少?	校准测试条件。模拟使系统达到最大负载的条件。运行应用并记录由于传输失败而造成的错误和警告次数。	$X= A_{mean}/R_{mean}$ $A_{mean}=\sum(A_i)/N$ R_{mean}=所要求的与传输有关的平均错误消息及失效数 A_i=在第 i 次评价中与传输有关的错误消息及失效的次数 N=评价次数	$0.0\leqslant X$ 越小越好。	绝对标度	A_{mean}=计数 R_{mean}=计数 A_i=计数 N=计数 X=计数/计数	测试报告 运行报告显示 经时时间	5.3.9 合格性测试 5.4 运作 5.5 维护	用户 开发者 维护者 SQA
传输错误与时间的平均比	在设定的时间周期内及规定的资源利用率下,经历了多少与传输有关的错误?	校准测试条件。模拟使系统传输达到最大负载的条件。运行应用并记录由于传输失败造成的错误和警告次数。	$X=A/T$ A=警告消息数与系统失效数 T=在观察期间用户的操作时间	$0.0\leqslant X$ 越小越好。	比率标度	A=计数 T=时间 X=计数/时间	测试报告 运行报告显示 经时时间	5.3.9 合格性测试 5.4 运作 5.5 维护	用户 维护者 SQA
传输能力的利用	软件系统能否在期望的传输能力下执行任务?	由多个用户并发执行规定的数个任务,观察传输能力并与规定值比较。	$X=A/B$ A=传输能力 B=在软件执行期间,软件设计使用的规定传输能力	$0.0\leqslant X\leqslant 1.0$ 越接近并小于 1.0 越好。	绝对标度	A=大小 B=大小 X=大小/大小	测试报告 运行报告	5.3.9 合格性测试 5.4 运作 5.5 维护	开发者 维护者 SQA

注:建议动态地测量多个用户的峰值。

表 8.4.3 效率的依从性度量

效率的依从性度量									
度量名称	度量目的	应用的方法	测量、公式及数据元素计算	测量值解释	度量标度类型	测度类型	测量输入	在 GB/T 8566 中的应用	目标用户
效率的依从性	产品的效率遵循于适用的法规、标准及约定的程度如何?	计算所要求的依从性已得到满足的项数，并与规格说明中要求依从的项数相比较。	$X=1-A/B$ (X:与效率有关的满意依从性的项目的比率) A=在测试期间规定的效率依从性还未实现的项数 B=规定在效率上有依从性要求的项数	$0.0 \leqslant X \leqslant 1.0$ 越接近 1.0 越依从。	绝对标度	A=计数 B=计数 X=计数/计数	产品对依从性的描述(用户手册或规格说明)和相关的标准、约定或法规测试规格说明和报告	5.3.9 合格性测试 6.5 确认	供应者 用户
注：随时收集几种测量结果是有用的，以分析增加满意的依从性项目的趋势和决定它们是否充分满意。									

表 8.5.1 易分析性度量

外部易分析性度量									
度量名称	度量目的	应用的方法	测量、公式及数据元素计算	测量值解释	度量标度类型	测量的类别	测量输入	在 GB/T 8566 中的应用	目标用户
审核追踪的能力	用户能否标识引起失效的是哪个具体操作? 维护者能否容易地发现哪个具体操作引起失效?	观察试图解决失效的用户或维护者的表现。	$X=A/B$ A=在运行中实际记录到的数据数 B=计划在运行中要记录的足以监视软件状态的数据数	$0.0 \leqslant X \leqslant 1.0$ 越接近 1.0 越好。	绝对标度	A=计数 B=计数 X=计数/计数	问题解决报告 运行报告	5.3.9 合格性测试 5.4 运作 5.5 维护	操作者 开发者 维护者
对诊断功能的支持	在支持原因分析方面诊断功能的能力怎样? 用户能否标识引起失效的是哪个具体功能?(用户可能用替代的操作来避免同样的失效发生。) 维护者能否容易地发现失效的原因?	观察试图用诊断功能解决失效的用户或维护者的表现。	$X=A/B$ A=维护者能(利用诊断功能)进行诊断以理解因果关系的失效数 B=登记的失效总数	$0.0 \leqslant X \leqslant 1.0$ 越接近 1.0 越好。	绝对标度	A=计数 B=计数 X=计数/计数	问题解决报告 运行报告	5.3.9 合格性测试 5.4 运作 5.5 维护	操作者 开发者 维护者

表 8.5.1(续)

外部易分析性度量									
度量名称	度量目的	应用的方法	测量、公式及数据元素计算	测量值解释	度量标度类型	测量的类别	测量输入	在 GB/T 8566 中的应用	目标用户
失效分析的能力	用户能否标识引起失效的是哪个具体操作? 维护者能否容易地找到失效的原因?	观察试图解决失效的用户或维护者的表现。	$X=1-A/B$ A=原因仍未找到的失效数 B=登记的失效总数	$0.0 \leqslant X \leqslant 1.0$ 越接近 1.0 越好。	绝对标度	A=计数 B=计数 X=计数/计数	问题解决报告 运行报告	5.3.9 合格性测试 5.4 运作 5.5 维护	用户 操作者 开发者 维护者
失效分析的效率	用户能否有效地分析失效的原因?(用户有时通过设定参数来进行维护。) 维护者能否容易地找到失效的原因?	观察试图解决失效的用户或维护者的表现。	$X=\mathrm{Sum}(T)/N$	$0.0 \leqslant X$ 越短越好。	比率标度	T=时间	问题解决报告 运行报告	5.3.9 合格性测试 5.4 运作 5.5 维护	操作者 开发者 维护者
注 1:建议测量在最坏情况下的最长时间和表示偏差的时间长度(带宽)。 注 2:建议排除在测量时失效原因尚未发现的失效数,但这类不明原因的失效的比率宜一起测量和提出。 注 3:从个别用户的观点看,要关心时间,但从维护者的观点看,还要关心付出的工作量。因此人-小时也可以代替时间。									
状态监视的能力	通过取得运行时的监视数据,用户是否能标识引起失效的具体操作? 通过取得运行时的监视数据,维护者是否容易找到失效的原因?	观察用户或维护者试图取得运行时记录运行状态的监视数据时用户或维护者的表现。	$X=1-A/B$ A=维护者(或用户)未能取得监视数据的事例个数 B=维护者(或用户)企图取得运行时记录软件状态的监视数据的事例个数	$0.0 \leqslant X \leqslant 1.0$ 越接近 1.0 越好。	绝对标度	A=计数 B=计数 X=计数/计数	问题解决报告 运行报告	5.3.9 合格性测试 5.4 运作 5.5 维护	用户 操作者 开发者 维护者

表 8.5.2 易改变性度量

外部易改变性度量									
度量名称	度量目的	应用的方法	测量、公式及数据元素计算	测量值解释	度量标度类型	测量的类别	测量输入	在 GB/T 8566 中的应用	目标用户
变更周期的效率	用户的问题是否能在可接受的时间限度内得到满意地解决？	监视用户和供方之间的相互关系。 记录从用户最初提出要求到问题解决为止的时间。	平均时间：T_{av} = Sum $(T_u)/N$ $T_u = T_{rc} - T_{sn}$ T_{sn} = 用户借问题报告完成向供方发送维护请求的时间 T_{rc} = 用户收到修订版本发行(或状态报告)的时间 N = 修订版本的次数	$0 < T_{av}$ 越短越好，除非修订版本的次数太多。	比率标度	T_u = 时间 T_{rc}，T_{sn} = 时间 N = 计数 T_{av} = 时间	问题解决报告 维护报告 运行报告	5.3.9 合格性测试 5.4 运作 5.5 维护	用户 维护者 操作者
实施变更所用的时间	维护者能否容易地变更软件以解决失效问题？	观察在试图变更软件时用户或维护者的表现。 另外，调查问题解决报告或维护报告。	平均时间：T_{av} = Sum $(T_m)/N$ $T_m = T_{out} - T_{in}$ T_{out} = 通过变更软件消除失效原因的时间(或状态报告返回用户的时间) T_{in} = 找到失效原因的时间 N = 登记并消除了的失效数	$0 < T_{av}$ 越短越好，除非失效数量太多。	比率标度	T_m = 时间 T_{in}，T_{out} = 时间 T_{av} = 时间	问题解决报告 维护报告 运行报告	5.3.9 合格性测试 5.4 运作 5.5 维护	开发者 维护者 操作者

注 1：建议测量在最坏情况下的最长时间和表示偏差的时间带宽。

注 2：建议排除在测量时失效原因尚未发现的失效数，但这类不明原因的失效的比率宜一起测量和介绍。

注 3：从个别用户的观点看，要关心时间，但从维护者的观点看，还要关心付出的工作量，因此也可以用人-小时代替时间。

表 8.5.2(续)

外部易改变性度量									
度量名称	度量目的	应用的方法	测量、公式及数据元素计算	测量值解释	度量标度类型	测量的类别	测量输入	在 GB/T 8566 中的应用	目标用户
修改的复杂性	维护者能否容易地变更软件以解决问题?	观察维护者在试图变更软件时的行为。 另外,调查问题解决报告或维护报告和产品描述。	$T=\mathrm{Sum}(A/B)/N$ A=变更所花的工作时间 B=软件变更的规模 N=变更的次数	$0<T$ 越短越好,或所要求的变更数过多。	比率标度	A=时间 B=规模 N=计数 T=时间	问题解决报告 维护报告 运行报告	5.3.9 合格性测试 5.4 运作 5.5 维护	开发者 操作者 维护者
注:软件的变更规模可以按源程序中可执行语句、需求规格说明中的变更项数或文档变更的页数来计算。									
参数表示的可修改性	用户或维护者能否容易地变更参数以变更软件并解决问题?	观察用户或维护者在试图变更软件时的表现。 另外,调查问题解决报告或维护报告。	$X=1-A/B$ A=维护者未能用参数变更软件的次数 B=维护者企图用参数变更软件的次数	$0.0\leqslant X\leqslant 1.0$ 越接近 1.0 越好。	绝对标度	A=计数 B=计数 X=计数/计数	问题解决报告 维护报告 运行报告	5.3.9 合格性测试 5.4 运作 5.5 维护	开发者 维护者 操作者 用户
软件变更控制的能力	用户能否容易地标识修订的版本? 维护者能否容易地变更软件以解决问题?	观察用户或维护者在试图变更软件时的表现。 另外,调查问题解决报告或维护报告。	$X=A/B$ A=实际记录在工作日志上的变更次数 B=计划在工作日志上记录的足以追踪软件变更的次数	$0.0\leqslant X\leqslant 1.0$ 越接近 1.0 越好或者越接近 0 说明变更很少发生。	绝对标度	A=计数 B=计数 X=计数/计数	用户手册或规格说明 问题解决报告 维护报告 运行报告	5.3.9 合格性测试 5.4 运作 5.5 维护	开发者 操作者 维护者

表 8.5.3 稳定性度量

外部稳定性度量

度量名称	度量目的	应用的方法	测量、公式及数据元素计算	测量值解释	度量标度类型	测量的类别	测量输入	在 GB/T 8566 中的应用	目标用户
变更成功的比率	在维护之后用户能否运行软件系统不再出现失效？ 维护者能否容易地缓解因维护的副作用引起的失效？	观察用户或维护者在维护后运行软件时的表现。 对用户和维护者在维护前后运行软件时遇到的失效数进行计数。 另外，调查问题解决报告、运行报告或维护报告。	$X=N_a/T_a$ $Y=\{(N_a/T_a)/(N_b/T_b)\}$ N_a＝软件变更后用户在运行中遇到失效的事例数 N_b＝软件变更前用户在运行中遇到失效的事例数 T_a＝软件变更后特定观察期内运行的时间 T_b＝软件变更前特定观察期内运行的时间	$0\leqslant X,Y$ 越小越接近 0 越好。	比率标度	N_a、N_b＝计数 T_a、T_b＝时间 X＝计数/时间 Y＝[(计数/时间)/(计数/时间)]	问题解决报告 维护报告 运行报告	5.3.9 合格性测试 5.4 运作 5.5 维护	开发者 操作者 维护者
注 1：X 和 Y 隐含“在变更后遇到失效的频率”和“在变更前后遇到失效频率的波动”。 注 2：软件的修订版被用来解决问题时，用户可能需要特定的一段时间来确定软件变更的副作用。 注 3：建议比较在变更前后的失效频率。 注 4：如果已经标识了变更的功能，建议确定在变更的功能本身或在其他功能中是否遇到检测出的失效。它影响的范围可就每个失效来衡量。									
修改影响局部化（变更后出现失效）	在维护之后用户能否运行软件系统不再出现失效？ 维护者能否容易地缓解因维护的副作用引起的失效？	对在变更之后出现受变更影响并且相互连锁的失效次数进行计数。	$X=A/N$ A＝在特定的时期内通过变更解决失效后再出现的失效数 N＝解决的失效数	$0\leqslant X$ 越小越接近 0 越好。	绝对标度	A＝计数 N＝计数 X＝计数/计数	问题解决报告 运行报告	5.3.9 合格性测试 5.4 运作 5.5 维护	开发者 操作者 维护者
注：X 隐含着“每个解决的失效所显现的连锁失效”。建议通过检查当前的失效是否可归结于解决原先失效所引起的变更来进行尽可能给出精确的测量。									

表 8.5.4　易测试性度量

外部易测试性度量									
度量名称	度量目的	应用的方法	测量、公式及数据元素计算	测量值解释	度量标度类型	测量的类别	测量输入	在 GB/T 8566 中的应用	目标用户
内置测试功能的有效性	用户与维护者能否不必准备附加的测试设施就可容易地做运行测试?	观察用户或维护者在维护后测试软件系统时的表现。	$X=A/B$ A=维护者能利用合适的内置测试功能的事例数 B=测试机会的事例数	$0.0\leqslant X\leqslant 1.0$ 越大越接近1.0越好。	绝对标度	A=计数 B=计数 X=计数/计数	问题解决报告 运行报告	5.3.9 合格性测试 5.4 运作 5.5 维护	开发者 操作者 维护者
注：内置测试功能的例子包括模拟功能、备用的预检功能等。									
重新测试的效率	用户与维护者能否容易地进行运行测试并确定软件是否准备好运行?	观察用户或维护者在维护后测试软件系统时的表现。	$X=\mathrm{Sum}(T)/N$ T=为确认是否已经解决所报告的失效而花费的测试时间 N=解决的失效总数	$0\leqslant X$ 越小越好。	比率标度	T=时间 N=计数 X=时间/计数	问题解决报告 运行报告	5.3.9 合格性测试 5.4 运作 5.5 维护	开发者 操作者 维护者
注：X 隐含“在解决失效后做测试的平均时间(工作量)”。如果未能解决或固定失效，则把它们排除在外并分别测量这类失效的比率。									
测试的重启性	在维护后用户与维护者能否容易地用检测点做运行测试?	观察用户或维护者在维护后测试软件系统时的表现。	$X=A/B$ A=在所希望的点上逐步检测时维护者能够暂停并重新开始测试的事例数 B=在测试中暂停的总次数	$0.0\leqslant X\leqslant 1.0$ 越大越接近1.0越好。	绝对标度	A=计数 B=计数 X=计数/计数	问题解决报告 运行报告	5.3.9 合格性测试 5.4 运作 5.5 维护	开发者 操作者 维护者

表 8.5.5 维护性的依从性度量

外部维护性的依从性度量									
度量名称	度量目的	应用的方法	测量、公式及数据元素计算	测量值解释	度量标度类型	测量的类别	测量输入	在 GB/T 8566 中的应用	目标用户
维护性的依从性	遵循于产品的可维护性适用的法规、标准及约定的程度如何?	对所要求的依从性已得到满足的项数进行计数,并与规格说明中要求依从性的项数相比较。	$X=1-A/B$ A=在测试期间规定的可维护性的依从性还未实施的项数 B=规定的维护性的依从性的项目总数	$0.0\leqslant X\leqslant 1.0$ 越接近 1.0 则依从性越好。	绝对标度	A=计数 B=计数 X=计数/计数	产品对依从性的描述(用户手册或规格说明)和相关的标准、约定或法规 测试规格说明和报告	5.3.9 合格性测试 6.5 确认	供应者 用户
注:随时间收集几种测量结果是有用的,以分析增加满意的依从性项目的趋势和决定它们是否充分满意。									

表 8.6.1 适应性度量

外部适应性度量									
度量名称	度量目的	应用的方法	测量、公式及数据元素计算	测量值解释	度量标度类型	测度类型	测量输入	在 GB/T 8566 中的应用	目标用户
数据结构的适应性	用户或维护者能否容易地使软件适应新环境中的数据集?	观察试图使软件适应运行环境时的用户或维护者的表现。	$X=A/B$ A=可操作但因适应性限制引起运行不完整而未观察到的数据数 B=希望能在软件适应的环境中运行的数据总数	$0.0\leqslant X\leqslant 1.0$ 越大越接近 1.0越好。	绝对标度	A=计数 B=计数 X=计数/计数	问题解决报告 运行报告	5.3.9 合格性测试 5.4 运作 5.5 维护	开发者 维护者 操作者
注:这些数据主要包括的数据类型有数据文件、数据元组或数据库,以便适应不同的数据量、数据项或数据结构。在公式中的 A 和 B 必须计数相同类型的数据。当业务的范围扩展时,可能需要这样的适应性。									
硬件环境的适应性(指适应硬件设备及网络设施)	用户或维护者能否容易地使软件适应环境? 软件系统是否有足够的能力使它自身适应运行环境?	观察试图使软件适应运行环境的用户或维护者的表现。	$X=1-A/B$ A=在结合硬件环境进行运行测试时未能完成任务或不足以使任务满足适当级别的运行功能数 B=进行测试的功能总数	$0.0\leqslant X\leqslant 1.0$ 越大越好。	绝对标度	A=计数 B=计数 X=计数/计数	问题解决报告 运行报告	5.3.9 合格性测试 5.4 运作 5.5 维护	开发者 维护者 操作者
注:建议进行有硬件环境配置的过载组合测试,这些硬件环境配置可能会与用户的各种运行环境结合起来。									

表 8.6.1(续)

外部适应性度量									
度量名称	度量目的	应用的方法	测量、公式及数据元素计算	测量值解释	度量标度类型	测度类型	测量输入	在 GB/T 8566 中的应用	目标用户
组织环境的适应性(指对组织的基础设施的适应性)	用户或维护者能否容易地使软件适应环境? 软件系统是否有足够的能力使它自身适应运行环境?	观察试图使软件适应运行环境的用户或维护者的表现。	$X=1-A/B$ A=在用户的业务环境中运行测试期间没有完成任务或不足以使任务满足适当级别的运行的功能数 B=进行测试的功能总数	$0.0 \leqslant X \leqslant 1.0$ 越大越好。	绝对标度	A=计数 B=计数 X=计数/计数	问题解决报告 运行报告	5.3.9 合格性测试 5.4 运作 5.5 维护	开发者 维护者 操作者
注 1:建议在测试中要考虑与用户的业务环境的基础部分相结合的各种可能的问题; 注 2:“组织的环境适应性”涉及用户组织的业务运行环境。“系统软件的环境适应性”涉及系统的技术运行环境。因而,两者之间的区别是很明显的。									
用户移植的友好性	用户或维护者能否容易地使软件适应环境?	观察试图使软件适应运行环境的用户或维护者的表现。	T=当用户试图安装或变更安装软件时,用户花费在使软件完全适应用户环境所用的运行时间之和	$0<T$ 越短越好。	比率标度	T=时间	问题解决报告 运行报告	5.3.9 合格性测试 5.4 运作 5.5 维护	开发者 维护者 操作者
注:T 隐含“为适应用户环境所需的用户工作量”,可用人-小时代替时间。									
系统软件环境的适应性(OS、网络软件及合作应用软件的适应性)	用户或维护者能否容易地使软件适应环境? 软件系统是否有足够的能力使它自身适应运行环境?	观察试图使软件适应运行环境的用户或维护者的表现。	$X=1-A/B$ A=在结合操作系统软件或并行应用软件进行运行测试期间未能完成任务或不足以使任务满足适当级别的运行功能数 B=进行测试的功能总数	$0.0 \leqslant X \leqslant 1.0$ 越大越好。	绝对标度	A=计数 B=计数 X=计数/计数	问题解决报告 运行报告	5.3.9 合格性测试 5.4 运作 5.5 维护	开发者 维护者 操作者
注 1:建议进行与操作系统软件或并行的应用软件结合的过载组合测试,这些软件可能会在用户的各种运行环境中结合起来运行。 注 2:“组织的环境适应性”涉及用户组织的业务运行环境。“系统软件的环境适应性”涉及系统技术运行的环境。因而,两者之间的区别是很明显的。									

表 8.6.2　易安装性度量

外部的易安装性度量									
度量名称	度量目的	应用的方法	测量、公式及数据元素计算	测量值解释	度量标度类型	测度类型	测量输入	在 GB/T 8566 中的应用	目标用户
易于安装	用户或维护者能否容易地把软件安装在运行环境中?	观察试图在运行环境中安装软件时用户或维护者的表现。	$X=A/B$ A=用户为自己方便成功地变更安装操作的次数 B=用户为自己方便企图变更安装操作的总次数	$0.0\leqslant X\leqslant 1.0$ 越接近 1.0 越好。	绝对标度	X=计数/计数 A=计数 B=计数	问题解决报告 运行报告	5.3.9 合格性测试 5.4 运作 5.5 维护	开发者 维护者 操作者
注 1：建议本度量作为试验性使用； 注 2：当需要此度量以时间为单位时，安装所花费的时间是可测量的。									
易于重新安装	用户或维护者能否容易地重新安装软件?	观察试图重新安装软件时用户或维护者的表现。	$X=1-A/B$ A=在安装操作中，用户试图重新安装而遭到失败的次数 B=在安装操作中，用户试图重新安装的总次数	$0.0\leqslant X\leqslant 1.0$ 越接近 1.0 越好。	绝对标度	X=计数/计数 A=计数 B=计数	问题解决报告 运行报告	5.3.9 合格性测试 5.4 运作 5.5 维护	开发者 维护者 操作者
注：建议本度量作为试验性使用。									
注：可以使用下列补充性度量： 1　安装的费力程度：在安装中用户的手工动作数 $X=A$；A=为安装所需要用户手工动作数； $0<X$，X 越小越好； 2　安装的简易性：支持安装的级别 $X=A$；A 是这样一些等级，如： ——只要执行安装程序，其他什么也不必干(最好)； ——按安装指南安装(好)； ——在安装中需要修改程序的源代码(差)； X=测量值的直接解释。 3　在安装中所费人力的减少：用户安装过程减少的比率 $X=1-A/B$，其中： A=在步骤简化后用户必须要执行的安装操作步骤数； B=一般要执行的安装操作步骤数； $0.0\leqslant X\leqslant 1.0$，越接近 1.0 越好。 4　用户手工安装操作的简易性：用户手工安装操作的简单程度，X=用户手工操作简易性的评分； 简易性的级别举例： [非常容易]只需要用户启动安装功能，然后观察安装过程； [容易]只需要用户回答安装功能中提出的问题； [不容易]需要用户从表或填充框中看参数； [复杂] 需要用户搜寻参数文件，从中寻找参数，并对它们变更或写。 X=测量值的直接解释。									

表 8.6.3　共存性度量

外部共存性度量									
度量名称	度量目的	应用的方法	测量、公式及数据元素计算	测量值解释	度量标度类型	测度类型	测量输入	在 GB/T 8566 中的应用	目标用户
有效的共存性	在与其他软件共同运行时，用户遇到限制或意外失效的频繁程度如何？	使用评价的与用户经常使用的其他软件并存的软件。	$X=A/T$ A=在与其他软件共同运行时，用户遇到的限制或意外失效的次数 T=与其他软件共同运行的时间	$0.0\leqslant X$ 越接近 0 越好。	比率标度	X=计数/时间 A=计数 T=时间	问题解决报告 运行报告	5.3.9 合格性测试 5.4 运作 5.5 维护	开发者 维护者 SQA 操作者

表 8.6.4　易替换性度量

外部易替换性度量									
度量名称	度量目的	应用的方法	测量、公式及数据元素计算	测量值解释	度量标度类型	测度类型	测量输入	在 GB/T 8566 中的应用	目标用户
数据的连续使用	在更换原先的软件之后观察用户或维护者能否继续使用同样的数据？ 软件系统是否成功地转移？	当用户更换软件时，观察用户或维护者的表现。	$X=A/B$ A=在其他更换的软件中使用并证实能继续使用的数据个数 B=在其他更换的软件中使用并计划能继续重新使用的数据个数	$0.0\leqslant X\leqslant 1.0$ 越大越好。	绝对标度	A=计数 B=计数 X=计数/计数	问题解决报告 运行报告	5.3.9 合格性测试 5.4 运作 5.5 维护	开发者 维护者 操作者
注：本度量适用于替换整个不同的软件和用同一软件系列的不同版本替换原先版本的情况。									
功能的内含性	在用软件更换原先软件之后，观察用户或维护者能否继续容易地使用类似功能？ 软件系统是否成功地转移？	当用户更换软件时，观察用户或维护者的表现。	$X=A/B$ A=在新版软件中产生类似结果而无需变更的功能数 B=由要更换的其他软件提供的有类似功能并已测试过的功能数	$0.0\leqslant X\leqslant 1.0$ 越大越好。	绝对标度	A=计数 B=计数 X=计数/计数	问题解决报告 运行报告	5.3.9 合格性测试 5.4 运作 5.5 维护	开发者 维护者 操作者
注：本度量适用于更换整个不同的软件和用同一软件系列的不同版本更换原先版本的情况。									

表 8.6.4(续)

外部易替换性度量									
度量名称	度量目的	应用的方法	测量、公式及数据元素计算	测量值解释	度量标度类型	测度类型	测量输入	在 GB/T 8566 中的应用	目标用户
用户支持功能的一致性	新部件与原有用户界面一致的程度如何?	观察用户的表现,并询问他们的意见。	$X=1-A_1/A_2$ A_1=用户发现新功能与自己的期望不一致的不可接受地数目 A_2=新功能的总数	$0.0\leqslant X$ 越大越好。	绝对标度	A_1=计数 A_2=计数 X=计数/计数	测试报告 运行报告	5.3.8 软件集成 5.3.9 合格性测试 5.4 运作 6.3 质量保证	用户 用户界面设计者 维护者 开发者 测试者 SQA
注 1:当引入一个不同的软件来代替原先的软件时,这一不同的新软件可当作现有软件的新版本考虑; 注 2:当新版本中为改进用户界面,变更了交互作用的模式时,建议观察用户的表现并统计用户由于不能与自己从旧版本中得到的印象相符而不能接受新功能的事例数。									

表 8.6.5 可移植性的依从性度量

外部可移植性的依从性度量									
度量名称	度量目的	应用的方法	测量、公式及数据元素计算	测量值解释	度量标度类型	测量的类别	测量输入	在 GB/T 8566 中的应用	目标用户
可移植性的依从性	遵循于产品的可移植性适用的法规、标准及约定的程度如何?	对所要求的依从性已得到满足的项数进行计数,并与规格说明中要求依从性的项数相比较。	$X=1-A/B$ A=在测试中规定的可移植性的依从性项还未实现的项数 B=规定的可移植性的依从性的项数	$0.0\leqslant X\leqslant 1.0$ 越接近 1.0 越好。	绝对标度	A=计数 B=计数 X=计数/计数	产品对依从性的描述(用户手册或规格说明)和相关的标准、约定及法规。 测试规格说明和报告	5.3.9 合格性测试 6.5 确认	供应者 用户
注:随时间收集的几种测量结果是有用的,以分析增加满意的依从性项目的趋势和决定它们是否充分满意。									

附 录 A
（资料性附录）
使用度量时的考虑

A.1 测度的解释

A.1.1 测试使用周境与运行使用周境之间的潜在差异

在策划使用度量或解释测度时，理解清楚软件所要的使用周境，以及测试使用周境与运行使用周境之间的潜在差异是很重要的。例如：在类似的软件系统中，"学会操作所需的时间"的测度，对技术熟练的操作者与非熟练的操作者常常不一样。下面给出一些潜在差异的例子：

a） 测试环境与运行环境之间的差异

测试环境与运行环境之间是否有明显差异？

下面是一些实例：

- 具有较高/相当/较低的运行计算机 CPU 性能的测试环境；
- 具有较高/相当/较低的运行网络和通信性能的测试环境；
- 具有较高/相当/较低的运行操作系统性能的测试环境；
- 具有较高/相当/较低的运行用户界面性能的测试环境。

b） 测试的执行与实际运作的执行之间的差异

测试的执行与用户环境中运行的执行之间是否有明显差异？

下面是一些实例：

- 测试环境中功能的覆盖率；
- 测试用例的抽样率；
- 实时事务的自动测试；
- 压力负载；
- 每周 7×24 h（不间断）运行；
- 用来测试异常和差错的合适数据；
- 周期性处理；
- 资源利用率；
- 中断级别；
- 生产强度；
- 干扰。

c） 观察用户的特征

测试时用户的特征与运行时用户的特征是否有明显差异？

如下列实例：

- 混合类型的用户；
- 用户的技能水平；
- 专业用户或一般用户；
- 受限用户组或公共用户。

A.1.2 影响结果有效性的问题

下列问题可能会影响所收集的数据的有效性。

a） 收集评价结果的规程

借助工具或设施自动收集/手工收集/问卷调查或面谈。

b) 评价结果的来源

开发者的自述报告/评审者的报告/评价者的报告。

c) 结果数据的确认

开发者自查/由独立评价者检查。

A.1.3 测量资源的平衡

在每个阶段使用的测度的平衡是否适合于评价的目的?

在为内部测量、外部测量和使用质量的测度应用适当的度量范围时,平衡所用的工作量是很重要的。

A.1.4 规格说明的正确性

软件规格说明与实际操作要求之间是否有明显差异?

在不同阶段评价软件产品时,所采取的测量就是与产品的规格说明进行比对。因此,通过确认和验证来确保用于评价的产品规格说明能反映出运行中真实和实际的需要是非常重要的。

A.2 度量的确认

A.2.1 度量的理想性质

为了从质量评价中获得有效结果,度量应具有下列性质。若某种度量不具备这些性质,那么,度量描述应说明对其有效性的约束,并尽可能解释如何处理这类情况。

a) (度量的)可靠性:可靠性与随机误差有关。如果随机变量不影响度量的结果,则度量是没有随机差错的。

b) (度量的)可重复性:由相同的评价者使用相同的评价规格说明(包括在相同的环境中)和相同的用户类型及环境,对相同产品重复进行的度量宜在适当的容差范围内得出相同的结果。这里所谓适当的容差应包括诸如疲劳、学习效应等因素。

c) (度量的)可再现性:由不同的评价者使用相同的评价规格说明(包括在相同的环境中)和相同的用户类型及环境,对相同产品进行的度量宜在适当的容差范围内得出相同的结果。

注 1:建议对测量结果的可变性进行统计分析。

d) (度量的)可用性:度量应明确指出其约束使用条件(如特定因素存在的条件)。

e) (度量的)指示性:度量标识软件应改进的部分或改进的项,并给出与期望值进行比较的测量结果的能力。

注 2:与只检查所需的项目不同,对选定或建议的度量宜提供使用度量可用性的书面证据。

f) (测度的)正确性:度量应具备下列性质:

1) (测度的)客观性:度量的结果与其数据输入应是有据可查的,即不受评价者、测试用户的感觉或观点的影响(除非满意度或吸引性度量,因为用户的感觉与观点也是测量的对象)。

2) (测度的)公正性:度量不应偏向任何特殊的结果。

3) (测度的)充分精确性:精确性由度量的设计,特别是作为度量基础的材料的选择来确定。度量的用户将描述度量的精确性和灵敏性。

g) (测度的)意义:测量应产生有关软件行为或质量特性的有意义的结果。度量也应具有成本效益:即成本越高的度量,提供的结果应越具价值。

A.2.2 度量有效性的证实

度量的用户应标识一些证实度量的有效性的方法,例如:

a) 相关性

质量特性值(对运行使用中的主要度量的测度)中的变化可以用度量值中的变化来解释,用线性系数的平方表示。

利用相关性度量,评价者不用直接测量就可以预测质量特性的值。

b) 跟踪

若度量值 M 和质量特性值 Q(对运行使用中的主要度量的测度)直接相关,给定一个产品或过程,当值 $Q(T_1)$ 变为 $Q(T_2)$ 时,度量值也以相同的趋势,从 $M(T_1)$ 变为 $M(T_2)$(若 Q 值增加,则 M 值也增加)。

评价者不必直接测量而是通过使用那些具有跟踪能力的度量就可以检测质量特性随时间周期的变化。

c) 一致性

若质量特性值(对运行使用中的主要度量的测度)$Q_1,Q_2,\cdots,Q_n$ 对应于产品或过程 $1,2,\cdots,n$,当有关系 $Q_1>Q_2>\cdots>Q_n$ 时,则对应的度量值也有关系 $M_1>M_2>\cdots>M_n$。

评价者可以使用具有一致性能力的度量来关注软件的异常部件和易出差错的部件。

d) 可预测性

若使用时间 T_1 的度量来预测时间 T_2 质量特性值 Q(对运行使用中的主要度量的测度)。预测误差=(预测值 $Q(T_2)$-实际值 $Q(T_2)$)/ 实际值 $Q(T_2)$,预测误差值会在预测允许的范围内。

评价者可以通过可预测性的度量预测质量特性今后的变化趋势。

e) 可判别性

度量能够判别出软件质量的高低。

评价者可以使用具有判别能力的度量对软件部件进行分类和对质量特性值定级。

A.3 使用度量进行估计(判断)与预测(展望)

用如下两种方法在早期阶段估计和预测软件产品的质量特性是最具价值的度量。

A.3.1 利用当前的数据预测质量特性

a) 利用回归分析来预测

当通过使用特性(属性)的当前值(数据)来预测同一特性(属性)的未来值(测度)时,根据一个足够长的时间内观察到的一组数据进行回归分析是有用的。

例如在测试阶段(活动)中获得的 MTBF(平均失效间隔时间)的值可用于估计在运行阶段的 MTBF。

b) 利用相关性分析来预测

当用不同属性的当前测量值来预测特性(属性)的未来值(测度)时,使用一个确认的表明相关性的函数进行相关性分析是有用的。

例如在编码阶段,模块的复杂性可用来预测在维护过程中程序修改和测试所花费的时间与工作量。

A.3.2 根据当前的事实估计当前的质量特性

a) 利用相关性分析来估计

在估计不可直接测量的属性的当前值时,若任何其他的测度与目标测度密切相关时,相关性分析方法是有用的。

例如软件产品中遗留的故障数是不可测的,但它可以用检测出的故障数及故障趋势进行估计。

对于不能直接测量的属性进行预测的那些度量应用下述解释来估计:

- 使用模型来预测属性;
- 使用公式来预测属性;
- 基于经验来预测属性;
- 使用合理判断来预测属性。

对于不能直接测量的属性进行预测的那些度量可以用下述解释来确认:

- 标识要预测的属性的测度;
- 标识要用来预测的度量;

- 进行基于确认的统计分析；
- 将结果归档；
- 定期地重复上述工作。

A.4 检测易发生质量问题的部件中的偏差或异常

下列质量控制工具可用来分析在软件产品部件中的偏差和异常情况：

a) 流程图(软件的功能模块)

b) 排列分析和排列图

c) 直方图和散点图

d) 运行图、相关图和层次图

e) 鱼骨图

f) 统计过程控制(软件功能模块)

g) 检查单

上述工具可用于标识源于数据的质量问题，这些数据是通过应用度量来获得的。

A.5 显示测量结果

a) 显示质量特性评价的结果

对于每个质量特性和子特性可用下列图示法显示质量评价的结果：

雷达图、条形图、数字化的直方图、多变量图、重要性能矩阵图等。

b) 显示测度

可利用一些有用的图形表示，如排列图、趋势图、直方图、相关图等。

附 录 B
（资料性附录）
使用质量的度量、外部度量和内部度量的用法(框架实例)

B.1 引言

本框架实例是一个高层描述，它描述的是关于如何在软件开发和实现过程中使用GB/T 16260.1—2006中的质量模型和相关的度量来获得满足用户要求的质量产品。本实例所示的概念可用不同的定制形式来实现，以适应个体、组织或者项目。本实例使用的GB/T 8566—2001中的生存周期过程可作为传统软件开发生存周期的基准，使用的GB/T 18905.3—2002中的质量评价过程的步骤可作为传统软件产品质量评价过程的基准。只要能理解基本概念，如果用户愿意，也可以把这些概念映射为其他的软件生存周期模型。

B.2 开发及质量过程的概述

为了测量可交付项(即使用质量、外部质量和内部质量)的质量，表B.1描述了一个示例模型，它把软件开发生存周期过程的活动(从活动1到活动8)与其关键的可交付项及相关的引用模型联系起来。

第一行描述软件开发的生存周期过程的活动。(可为适应独特的要求来定制)。第二行描述可能作为测量类别(如使用质量，外部质量或内部质量)的一种实际的测度或者预测。第三行描述可以测量质量的关键可交付项，第四行描述在每个过程活动中可适用于每个可交付项的度量。

表 B.1 质量测量模型

	活动1	活动2	活动3	活动4	活动5	活动6	活动7	活动8
阶段	需求分析(软件与系统)	体系结构设计(软件与系统)	软件的详细设计	软件编码与测试	软件集成及软件的合格性测试	系统集成及系统合格性测试	软件的安装	软件的验收支持
模型的引用	所需的用户质量 所需的内部质量 所需的外部质量	预测的使用质量， 预测的外部质量， 测量的内部质量	预测的使用质量， 预测的外部质量， 测量的内部质量	预测的使用质量， 测量的外部质量， 预测的外部质量， 测量的内部质量	预测的使用质量， 测量的外部质量， 预测的外部质量， 测量的内部质量	预测的使用质量， 测量的外部质量， 测量的内部质量	预测的使用质量， 测量的外部质量， 测量的内部质量	测量的使用质量， 测量的外部质量， 测量的内部质量
活动的关键可交付项	用户的质量需求(规定的)， 外部的质量需求(规定的)， 内部的质量需求(规定的)	软件/系统体系结构设计	软件详细设计	软件代码， 测试结果	软件产品，测试结果	集成的系统， 测试结果	安装的系统	交付的软件产品
用于测量的度量	内部度量(外部度量可用于确认需求规格说明)	内部度量	内部度量	内部度量 外部度量	内部度量 外部度量	内部度量 外部度量	内部度量 外部度量	使用质量度量 内部度量 外部度量

B.3 质量途径步骤

B.3.1 概述

开发周期中对质量的评价分为下列步骤。步骤1必须在需求分析活动中完成,步骤2到步骤5必须在上述定义的每个过程活动中重复进行。

B.3.2 步骤1:质量需求的确定

对质量模型中定义的每个质量特性和子特性,用表B.2中的两个例子对每类测量(使用质量、外部和内部质量)确定用户要求的权重。根据分配的相对权重,允许评价者集中精力于最重要的子特性上。

表 B.2 用户要求的特性与权重 a)

使用质量		
	特性	权重(高/中/低)
	有效性	高
	生产率	高
	安全性	低
	满意度	中

表 B.2 用户要求的特性与权重 b)

外部与内部质量		
特性	子特性	权重(高/中/低)
功能性	适合性	高
	准确性	高
	互操作性	低
	安全保密性	低
	功能性的依从性	中
可靠性	成熟性(硬件、软件、数据)	低
	容错性	低
	易恢复性(数据、过程、技术)	高
	可靠性的依从性	高
易用性	易理解性	中
	易学性	低
	易操作性	高
	吸引性	中
	易用性的依从性	高
效率	时间特性	高
	资源利用性	高
	效率的依从性	高

表 B.2（续）

外部与内部质量		
特性	子特性	权重(高/中/低)
维护性	易分析性	高
	易改变性	中
	稳定性	低
	易测试性	中
	维护性的依从性	高
可移植性	适应性	高
	易安装性	低
	共存性	高
	易替换性	中
	可移植性的依从性	高

注：权重可用高/中/低的方式表示，也可在1～9的范围内用顺序标度来表示（例如1～3＝低、4～6＝中、7～9＝高）。

B.3.3 步骤2：评价的规格说明

每个开发过程活动都要实施本步骤。

质量模型中定义的每个质量子特性均标识要应用的度量和要求的级别，以便达到在第1步骤中设定的用户要求，并按表B.3的例子加以记录。

对内容阐述的基本输入及用法说明可在表B.1的例子中得到，其中解释了在开发周期的这一阶段中能测量什么。

注：在开发周期的特定活动中，表中的某些行可以是空的，因为在开发过程的早期，不可能测量所有子特性。

表 B.3 质量测量表 a)

使用质量测量类别				
	特性	度量	要求的级别	评估实际结果
	效率			
	生产率			
	安全性			
	满意度			

表 B.3 质量测量表 b)

外部质量测量类别				
特性	子特性	度量	要求的级别	评估实际结果
功能性	适合性			
	准确性			
	互操作性			
	安全保密性			
	功能性的依从性			

表 B.3（续）

外部质量测量类别				
特性	子特性	度量	要求的级别	评估实际结果
可靠性	成熟性(硬件/软件/数据)			
	容错性			
	易恢复性(数据、过程、技术)			
	可靠性的依从性			
易用性	易理解性			
	易学性			
	易操作性			
	吸引性			
	易用性的依从性			
效率	时间特性			
	资源利用性			
	效率的依从性			
维护性	易分析性			
	易改变性			
	稳定性			
	易测试性			
	维护性的依从性			
可移植性	适应性			
	易安装性			
	共存性			
	易替换性			
	可移植性的依从性			

表 B.3 质量测量表 c)

内部质量测量类别				
特性	子特性	度量	要求的级别	评估实际结果
功能性	适合性			
	准确性			
	互操作性			
	安全保密性			
	功能性的依从性			
可靠性	成熟性(硬件/软件/数据)			
	容错性			
	易恢复性(数据、过程、技术)			
	可靠性的依从性			

表 B.3（续）

内部质量测量类别				
特性	子特性	度量	要求的级别	评估实际结果
易用性	易理解性			
	易学性			
	易操作性			
	吸引性			
	易用性的依从性			
效率	时间特性			
	资源利用性			
	效率的依从性			
维护性	易分析性			
	易改变性			
	稳定性			
	易测试性			
	维护性的依从性			
可移植性	适应性			
	易安装性			
	共存性			
	易替换性			
	可移植性的依从性			

B.3.4　步骤 3：评价的设计

每个开发过程活动都要实施本步骤。

制定一个包括可交付项的测量计划（类似于表 B.4 中的例子），这些交付项用作要实施的度量和测量过程的输入。

表 B.4　测量计划

子特性	要评价的可交付项	应用的内部度量	应用的外部度量	应用的使用质量度量
1. 适合性	1. 2. 3.	1. 2. 3.	1. 2. 3.	（不适用）
2. 满意度	1. 2. 3.	（不适用）	（不适用）	1. 2. 3.
3.				
4.				
5.				
6.				

B.3.5　步骤 4：评价的执行

每个开发过程活动都要实施本步骤。

执行评价计划，填写表 B.3 例子中的每一列。GB/T 18905 系列标准可用作编制计划和执行测量过程的指南。

B.3.6　步骤 5：反馈给组织

每个开发过程活动都要实施本步骤。

一旦所有测量均已完成，要把结果映射到表 B.1 中并以报告的形式将结论写成文件。同时标识产品质量需要改进的特定区域以使其满足用户的需要。

附 录 C
（资料性附录）
度量标度类型和测度类型的详细解释

C.1 度量标度的类型

当度量的用户得到了测量结果并使用该测度进行计算和比较时，宜对每种测度标识下列度量标度类型。对某些测度，平均值、比率或差值可能没有意义。度量标度类型有：标称标度、顺序标度、间隔标度、比率标度和绝对标度。$M'=F(M)$，这里 F 是一个容许函数。每个测量标度类型的描述包含容许函数的描述（若 M 是一个度量，则 $M'=F(M)$ 也是一个度量）。

a） 标称标度

$M'=F(M)$，这里 F 是一对一的映射。

标称标度包括分类，例如软件的故障类型（数据、控制、其他）。只有用相同类型的频率计算时，平均值才有意义。只有用经过映射的每种类型的频率计算时，比率也才有意义。因此，平均值和比率可以用来代表相同类型频率的早期和后来情况之间或两个类似情况之间的差。否则，它们可以用来相互比较每种类型各自的频率。

例如：城市交通线标识号、编译器出错消息标识号。

含义说明：只是不同类别的数。

b） 顺序标度

$M'=F(M)$，这里 F 是一个单调递增的映射，即：若 $M(x)\geqslant M(y)$，则 $M'(x)\geqslant M'(y)$。

顺序标度包括排序，例如：软件的失效按严重程度排序（忽略不计的、轻微的、严重的、灾难性的）。只有用经过映射的相同顺序的频率计算时，平均值才有意义。只有用经过映射的每种顺序的频率计算时，比率也才有意义。因此，比率和平均值可用来代表相同顺序频率的早期和后来情况之间或两个类似情况之间的差。否则，它们可以用来相互比较每种顺序的频率。

例如：学校的考试成绩：优、良、及格和不及格。

含义说明：每个量取决于它们在顺序中的位置，如中值。

c） 间隔标度

$M' = aM + b\ (a>0)$

当两次测度之间的差值有经验意义时，间隔标度包括排序的等级标度。但间隔标度中两次测度的比率可能没有相同的经验意义。

例如：温度（摄氏、华氏、开氏），实际计算时间与预测的时间的差。

含义说明：算术平均值和任何依赖排序的值。

d） 比率标度

$M' = aM\ (a>0)$

当两次测度之间的差值及两次测度的比例有相同的经验意义时，比率标度包括排序的等级标度。平均值和比率有各自的含义，它们给出了值的实际含义。

例如：长度、重量、时间、规模、计数。

含义说明：几何平均、百分比。

e） 绝对标度

$M'=M$，它们只能按一种方式测量。

任何与测度有关的说明都是有意义的。例如，当测量的单位相同时，一个比率标度类型的测度除以另一个比率标度类型的测度，结果是一个绝对值。一个绝对标度类型的测量值事实上不带任何单位。

例如:带注释的代码行数除以代码的总行数。

含义描述:一切事情。

C.2 测度类型

C.2.0 概述

为了设计一个收集数据、正确解释其含义并且把测度规范化以便进行比较的过程,度量的用户宜标识并考虑度量所使用的测度类型。

C.2.1 规模测度类型

C.2.1.0 导引

按其定义中所声称的测度内容,本类型的测度代表软件的一种特殊规模。

注:软件可以有多种表示规模的方法(就像任何一个实体可以进行多维测量——质量、体积、表面积等等。)

用一种规模测度来使其他的测度规范化,可以根据规模单位给出可比值。下列描述的规模测度类型可用于软件质量的测量。

C.2.1.1 功能规模类型

功能规模是软件可能有的一种规模类型(一维)的例子。任何一个软件实例可能会有多个功能规模,例如取决于:

a) 测量软件规模的目的(它影响到在测量中包含的软件范围);

b) 所用的特定功能规模测量方法(它将改变其单位和标度)。

GB/T 18491.1—2001 提供了概念定义和使用功能规模的测量方法(FSM 方法)的过程。

为了规范化地使用功能规模,必须确保采用相同的功能规模方法,基于同样的目的,还要确保要比较的不同软件已经过测量,因而具有可比较的范围。

尽管下列内容经常声称代表了功能规模,但不能保证它们等同于应用 FSM 方法所获得的功能规模,也不能保证它们依从于 GB/T 18491.1—2001 标准。不过,在软件开发中,如下的方法仍被广泛使用。

1) 电子表格数;

2) 屏幕数;

3) 要处理的文件或数据集合数;

4) 用户需求规格说明描述的逐条列举的功能需求数。

C.2.1.2 程序规模类型

本条中,术语"程序设计"代表当执行时导致一些动作的表达式,术语"语言"代表所用的表达式类型。

1. 源程序规模

应解释程序设计语言,它应提供如何处理诸如注释行这样的不可执行语句。经常使用下列测度:

非注释性源语句(NCSS)包括可执行语句和带有逻辑性源语句的数据声明语句。

注1:新程序规模

开发者可能使用新开发的程序规模来代表开发与维护工作产品的规模;

注2:变更的程序规模

开发者可能使用变更的程序规模来代表包含修改过的部件的软件规模;

注3:计算的程序规模

计算程序规模的公式的例子:新代码行+ 0.2 * 修改过的部件中的代码行(NASA Goddard)

可能有必要更详细地区分下列源代码语句的类型:

Ⅰ. 语句的类型

逻辑性源语句(LSS):LSS 测量软件指令的数量。这些语句不考虑与行的关系,独立于表现它们的物理格式。

物理源语句(PSS):PSS测量软件的源代码行数。

Ⅱ.语句的属性

可执行语句;

数据声明语句;

编译程序命令语句;

注释性源语句;

Ⅲ.源

修改的源语句;

增加的源语句;

删除的源语句;

- 新开发的源语句(= 增加的源语句 + 修改的源语句);
- 重用的源语句(= 原来的源语句－修改的源语句－删除的源语句)

2. 程序字计数规模

可采用下列Halstead测度方法计算测量值:

程序的词汇数 $=n_1+n_2$;观察到的程序长度 $=N_1+N_2$,其中:

- n_1:程序源代码中被程序语言预留的不同操作符的字数;
- n_2:程序源代码中由编程人员定义的不同操作数的字数;
- N_1:程序源代码中不同操作符出现的次数;
- N_2:程序源代码中不同操作数出现的次数。

3. 模块数

本测量计算可独立执行的对象个数,例如程序中的模块个数。

C.2.1.3 利用的资源规模测度类型

本测度类型标识要评价的软件在运行中所用的资源。例如:

a) 存储器的数量,例如在软件执行过程中,临时和永久占用的磁盘或内存的数量;

b) I/O负载,例如通信数据流量总数(对网络中的备份工具有意义);

c) CPU负载,例如每秒钟CPU指令集占用的百分比(本测度类型对测量CPU的利用率或在并发/并行系统中软件的多线程运行时测量进程分配的效率时有意义);

d) 文件与数据记录,例如文件或记录的位长度;

e) 文档,例如文档的页数。

注意峰值(最大值)、最小值和平均值,以及时间周期及观察的次数等数据可能很重要。

C.2.1.4 特定的操作规程步骤类型

本测度类型标识在人工界面的设计规格说明或用户手册中规定的规程的静态步骤。本测量值可能依测量所用的描述类型的不同而有所区别,例如用户的操作规程可以用图形也可以用文字来表示。

C.2.2 时间测度类型

C.2.2.0 导引

时间测度类型度量的用户应记录时间周期、检查过多少站点及有多少用户参与了这一测量。有多种以时间为单位进行测量的方式,例如:

a) 实时单位

这是物理时间单位,如秒、分或小时。这种单位常用来描述实时软件的任务处理时间。

b) 计算机机器时间单位

这是计算机处理器的时钟时间,即CPU时间的秒、分或小时。

c) 正式的日程表上的时间单位

包括工作小时、日历(日、月或年)。

d) 部件的时间单位

在有多个站点时,部件时间单位标识各个站点,部件时间单位是每个站点单独时间的累计。这种单位通常用来描述部件的可靠性,如部件的失效率。

e) 系统时间单位

在有多个站点时,系统时间不标识单独的站点,而标识整个系统中所有运行的站点。这种单位常用来描述系统的可靠性,如系统的失效率。

C.2.2.1 系统运行时间类型

系统运行时间类型为测量软件的可用性提供了基础。主要用于评价可靠性。应确定软件是间断运行还是连续地运行。如果软件是间断运行的,应确保在软件运行期间对时间进行测量(这显然可以扩展到连续运行的情况)。

a) 经时时间

当软件在不变的情况下使用时,如系统每周运行时间长度相同。

b) 机器加电时间

用于实时的、嵌入的或操作系统软件,它在系统运行的全部时间内都得到充分使用。

c) 规格化的机器时间

类似于机器加电时间,但把多台机器上不同的加电时间数据汇集起来并用一个修正因子进行调整。

C.2.2.2 执行时间类型

执行时间类型是指为完成特定任务所需要执行软件的时间。应分析几种尝试的分布,应计算均值、方差和最大值。应检查在特定条件下,特别是在过载条件下的执行时间。执行时间类型主要用于评价效率。

C.2.2.3 用户时间类型

用户时间类型测量单个用户在使用软件完成任务时所花费的时间。例如:

a) 会话时间

会话开始和结束的时间。如一个家庭银行系统的用户提取钱的行为。对于交互程序来说,只研究交互的易用性问题,不研究空闲时期。

b) 任务时间

单个用户每次试图运行软件完成任务所花费的时间。应定义好测量的起点和终点。

c) 用户时间

从开始到某个时间点,用户使用软件所花费的时间(从开始时起,用户使用软件大约有多少小时的时间或天数)。

C.2.2.4 工作量类型

工作量类型是指与某特定项目任务有关的生产时间。

a) 个人工作量

开发者、维护者或操作者为完成特定任务进行工作所需要的生产时间。个人的工作量只是每天一定数量的生产小时数。

b) 任务工作量

任务工作量是指所有单个的项目人员(开发者、维护者、操作者、用户或其他)为完成特定任务进行工作的人员工作量的累计值。

C.2.2.5 事件的时间间隔类型

本测度类型是指在观察期间,一个事件与下一个事件之间的时间间隔。可用观察时段的频率代替本测度。本测度可以典型地用来描述相继发生的失效之间的时间。

C.2.3 计数测度类型

C.2.3.0 导引

若对软件产品的文档属性进行计数，则为静态计数类型。若对事件或人的动作进行计数，则为动态计数类型。

C.2.3.1 检测的故障数类型

本测量对在评审、测试、纠正、运行或维护期间检测到的故障个数进行计数。按照故障所造成的影响，可为这些故障的严重程度进行分类。

C.2.3.2 程序结构的复杂度类型

本测量对程序结构的复杂度进行计数。例如不同路径的数目或 McCabe 圈复杂度。

C.2.3.3 检测不一致的个数类型

本测度对调查所准备的不一致项数进行计数。

a) 不符合的项数

例如：

- 与需求规格说明的规定项不相符；
- 与法律、法规或标准不相符；
- 与协议、数据格式、介质格式、字符编码不相符。

b) 用户期望的不能实现实例数

本测量对所列举的满意或不满意的项数进行计数，这些项描述用户合理的期望与软件产品性能间的差别。

本测量可用问卷的方式向测试者、客户、操作者或最终用户就发现的缺陷进行调查。例如：

- 功能是否可用；
- 功能是否有效地执行；
- 功能是否可用于用户特定的预期使用；
- 功能是否是预期的、需要的或不需要的。

C.2.3.4 变更数类型

本类型标识检测出的已经变更的软件配置项。如在源代码中发生变更的行数。

C.2.3.5 检测到失效数类型

本测量对在产品开发、测试、运作或维护过程中检测出的失效个数进行计数。根据这些失效造成的影响，可以按严重性的等级进行分类。

C.2.3.6 尝试(试验)次数类型

本测度对与故障造成的缺陷相关的尝试次数进行计数。例如在评审、测试和维护中的尝试次数。

C.2.3.7 人工操作过程中的点击类型

当用户与软件在操作中发生互动时，本测度对用户作为的动态步骤活动所产生的点击个数进行计数。本测度量化了人类工效的易用性及使用的工作量。因此，本测度可用于易用性测量。如执行任务时的点击次数，眼睛活动的次数等。

C.2.3.8 记分类型

本类型标识算术计算的记分或结果。记分可包括计数或按检查表进行或不进行加权计算。例如检查表的记分；问卷调查的记分；Delphi 方法等。

附 录 D
（资料性附录）
术 语

D.1 定义

除非特别指出，全部的定义都引自 GB/T 18905.1—2002 和 GB/T 16260.1—2006。

D.1.1 质量 quality

外部质量 external quality

产品在特定条件下使用时，满足明确或隐含要求的程度。

内部质量 internal quality

产品属性的总和，决定了产品在特定条件下使用时，满足明确和隐含要求的能力。

注1：当术语“特性”在本标准中用于更特定的意思时，使用术语“属性”（而不是3.1.3中使用的术语“特性”）。

质量 quality

实体特性的总和，表示实体满足明确或隐含要求的能力。

注2：在某种契约的环境或在某个受控的环境中，如核安全领域，要求是明确规定的，而在其他环境中，宜确定和定义隐含的要求。

使用质量 quality in use

特定用户使用产品满足其要求的程度，以达到在特定应用环境中的有效性、生产率和满意度等特定目标。

注3：使用质量是在包含软件的环境中质量的用户观点，它可以用在环境中使用软件的结果来测量，而不是根据软件本身的性质来测量。

注4：在 GB/T 18905.1—2002 中使用质量的定义目前不包括新的“安全性”特性。

质量模型 quality model

一组特性及特性之间的关系，它提供规定质量需求和评价质量的基础。

D.1.2 软件与用户 software and user

软件 software

信息处理系统的部分或全部程序、过程、规则及相关的文档。[GB/T 5271.1—1993]。

注1：软件是独立于所记录媒体的智力创作。

软件产品 software product

一组计算机程序、规程以及可能有的相关文档和数据。[GB/T 8566—2001]

注2：产品包括中间产品及专为开发者或维护者这样的用户所准备的产品。

用户 user

使用软件产品执行特定功能的个人。

注3：用户可以包括操作者、软件结果的接受者或软件的开发者或维护者。

D.1.3 测量 measurement

属性 attribute

实体的可以测量的物理或理论上的性质。

直接测度 direct measure

不依赖于任何其他属性测度的一种对属性的测度。

外部测度 external measure

从对系统行为的测度导出的对产品的一种间接测度，其中产品是系统的一部分。

注1：系统包括任何相关的硬件、软件（定制的软件或现货软件）和用户。

注2：在测试中发现的故障数量是对程序中的故障数量的外部测度，因为故障的数量是在计算机系统运行程序的过程中计数，以便标识代码中故障的数量。

注3：外部测度可以用来评价更接近于最终设计目标的质量属性。

指标 indicator

能用来估计或预测另一测度的一种测度。

注4：预测的测度可以是针对相同或不同的软件质量特性。

注5：指标可用来估计软件质量的属性和开发过程的属性，它们是对属性的不精确的间接测度。

间接测度 indirect measure

从一个或一个以上的其他属性的测度导出的一种对属性的测度。

注6：对计算机系统属性(例如对用户输入的响应时间)的外部测度就是对软件属性的一种间接测度，因这种测度要受计算环境的属性和软件属性的影响。

内部测度 internal measure

对产品本身的一种测度，或是直接的或是间接的。

注7：代码行数、复杂度、在走查和Fog索引中发现的故障数都是对产品本身进行的内部测度。

测度(名词) measure(noun)

通过执行一次测量赋予实体属性的数或类别。

测量 measurement

使用一种度量，把标度值(可以是数或类别)赋予实体的某个属性。

注8："类别"可用于指示属性的定性测度。如软件产品的一些重要属性，例如源程序语言(Ada,C,COBOL等)就是定性的类别。

度量 metric

定义的测量方法和测量标度。

注9：度量可以是内部的或外部的，直接的或间接的。

度量包括把定性数据进行分类的方法。

ICS 35.080
L 77

中华人民共和国国家标准

GB/T 16260.3—2006/ISO/IEC TR 9126-3:2003

软件工程　产品质量
第3部分:内部度量

Software engineering—
Product quality—
Part 3:Internal metrics

(ISO/IEC TR 9126-3:2003,IDT)

2006-03-14 发布　　2006-07-01 实施

中华人民共和国国家质量监督检验检疫总局
中国国家标准化管理委员会　发布

前　言

GB/T 16260《软件工程 产品质量》分为如下几部分：

——第1部分(即GB/T 16260.1)：质量模型；

——第2部分(即GB/T 16260.2)：外部度量；

——第3部分(即GB/T 16260.3)：内部度量；

——第4部分(即GB/T 16260.4)：使用质量的度量。

本部分为GB/T 16260的第3部分。

本部分等同采用ISO/IEC TR 9126-3:2003《软件工程　产品质量　第3部分:内部度量》。

为便于使用，本部分做了下列编辑性修改：

a) "ISO/IEC 9126的本部分"改为"本部分"；

b) 删除了国际标准的前言，修改了国际标准的引言；

c) 纠正了国际标准中的一些错误。9126-3的第E.1节中，"……that will influence the same or all of the overall software……"中的"same"应改为"some"，即"……影响软件的一些或全部特性和子特性"。

本部分的附录A、附录B、附录C、附录D和附录E是资料性附录。

本部分由中华人民共和国信息产业部提出。

本部分由中国电子技术标准化研究所归口。

本部分起草单位：中国电子技术标准化研究所、上海计算机软件技术开发中心、杭州波导软件有限公司。

本部分主要起草人：韩红强、杨根兴、王欣、王凌、冯惠、丁志刚、吴黎辉。

引　言

本部分提供了内部度量以测量 GB/T 16260.1—2006 中定义的 6 个内部质量特性的属性。本部分所列的度量并非一个完备集。开发者、评价者、质量管理者和需方可以从本部分中选择合适的度量，用来定义质量需求、评价软件产品、测量质量情况或做其他用途；亦可以修改度量或使用本部分未包括的其他度量。本部分适用于各种软件产品，但并非每种度量适用于各种软件产品。

GB/T 16260.1—2006 定义了软件质量特性，及这些特性如何被分解为子特性。但在该部分中并没有描述这些子特性是如何被测量的。对于这些特性和子特性的测量，GB/T 16260.2—2006 定义了外部度量，GB/T 16260.3—2006 定义了内部度量，而 GB/T 16260.4—2006 定义了使用中的质量的度量。内部度量测量软件本身，外部度量测量包含该软件的计算机系统的行为，使用中的质量的度量则测量在指定条件中使用该软件的效果。

本部分旨在与 GB/T 16260.1—2006 一起使用。极力推荐读者在使用本部分之前阅读 GB/T 16260.1—2006和 GB/T 18905.1—2002，尤其是在读者不熟悉使用软件度量进行产品规格说明和产品评价的情况下。

第 1 章至第 7 章以及附录 A 到附录 D 为 GB/T 16260 的第 2 部分、第 3 部分和第 4 部分共有。附录 E 仅供本部分使用。

软件工程 产品质量
第3部分:内部度量

1 范围

GB/T 16260的本部分定义了依据GB/T 16260.1—2006定义的特性和子特性来定量测量软件内部质量的内部度量。本部分旨在与GB/T 16260.1—2006一起使用。

本部分包括以下内容:

a) 如何使用软件质量度量的解释;

b) 每个子特性的基本度量集;

c) 在软件产品生存周期内如何使用这些度量的实例。

本部分没有为某个评定级别或依从性等级而设置这些度量值的范围,因为这些值是依据每个软件产品或软件产品的一部分的自身特性而定的,也即依赖于软件分类、完整性级别和用户需求等因素。一些属性可能会有期望的取值范围,但不依赖于特定用户的需求,而范围的确定往往依赖于一般因素,例如人类认知因素。

本部分可用于各种应用软件。用户可以选择、修改及应用本部分中的度量和测度,也可以针对独特的应用领域定义特定应用的度量。例如,对于安全性和安全保密性等质量特性的具体测量可参见有关国家标准和国际标准。

本部分旨在针对以下使用者:

a) 需方(从供方获得或采购系统、软件产品或软件服务的个体或组织);

b) 评价者(实施评价的个体或组织。例如评价者可以是测试实验室、软件开发组织的质量部门、政府组织或用户);

c) 开发者(执行开发活动的个体或组织,开发活动包括软件生存周期过程中的需求分析、设计、测试直至验收等活动);

d) 维护者(执行维护活动的个体或组织);

e) 供方(按所签合同向需方提供系统、软件产品或软件服务的个体或组织),其在合格性测试中确认软件质量时使用;

f) 用户(使用软件产品执行具体功能的个体或组织),其在验收测试中评价软件产品质量时使用;

g) 质量管理者(执行软件产品或软件服务的系统性检查的个体或组织),作为质量保证和质量控制的组成部分评价软件质量时使用。

2 符合性

符合性不作要求。

注:在GB/T 16260.1—2006质量模型中有关于度量的一般符合性要求。

3 规范性引用文件

下列文件中的条款通过GB/T 16260的本部分的引用而成为本部分的条款。凡是注日期的引用文件,其随后所有的修改单(不包括勘误的内容)或修订版均不适用于本部分,然而,鼓励根据本部分达成协议的各方研究是否可使用这些文件的最新版本。凡是不注日期的引用文件,其最新版本适用于本部分。

GB/T 5271.20—1994 信息技术 词汇 20 部分 系统开发(eqv ISO/IEC 2382-20:1990)

GB/T 8566—2001 信息技术 软件生存周期过程 (idt ISO/IEC 12207:1995)

GB/T 16260.1—2006 软件工程 产品质量 第1部分:质量模型 (ISO/IEC 9126-1:2001,IDT)

GB/T 16260.2—2006 软件工程 产品质量 第2部分:外部度量 (ISO/IEC TR 9126-2:2003,IDT)

GB/T 16260.4—2006 软件工程 产品质量 第4部分:使用质量的度量 (ISO/IEC TR 9126-4:2004,IDT)

GB/T 18491.1—2001 信息技术 软件测量 功能规模测量 第1部分:概念定义(ISO/IEC 14143-1:1998,IDT)

GB/T 18905.1—2002 软件工程 产品评价 第1部分:概述 (ISO/IEC 14598-1:1999,IDT)

GB/T 18905.2—2002 软件工程 产品评价 第2部分:策划和管理 (ISO/IEC 14598-2:2000,IDT)

GB/T 18905.3—2002 软件工程 产品评价 第3部分:开发者用的过程 (ISO/IEC 14598-3:2000,IDT)

GB/T 18905.4—2002 软件工程 产品评价 第4部分:需方用的过程 (ISO/IEC 14598-4:1999,IDT)

GB/T 18905.5—2002 软件工程 产品评价 第5部分:评价者用的过程 (ISO/IEC 14598-5:1998,IDT)

GB/T 18905.6—2002 软件工程 产品评价 第6部分:评价模块的文档编制 (ISO/IEC 14598-6:2001,IDT)

ISO 9241-10:1996 使用视觉显示终端(VDT)办公的人类工效学要求 第10部分:对话原则

4 术语和定义

在 GB/T 18905.1—2002 和 GB/T 16260.1—2006 中定义的术语适用于本部分,并且这些术语列在了附录D中。

5 符号和缩略语

SQA:软件质量保证(组)

SLCP:软件生存周期过程

6 软件质量度量的使用

GB/T 16260 的第2、第3和第4部分提出了与第1部分“质量模型”一起使用的一组软件质量度量(外部质量、内部质量和使用质量的度量)的建议。这些部分的用户可以修改已定义的度量,和/或也可以使用未列出的度量。当使用一个已修改的或一个未在各部分中定义的新度量时,用户宜说明这些度量与第1部分中的质量模型或任何其他所用的替代质量模型之间的关系。

GB/T 16260 的用户宜从第1部分中选择用于评价的质量特性和子特性,确定要采用的适当的直接测度和间接测度,确定相关的度量,并以客观的方式解释测量结果。GB/T 16260 的用户也可以从 GB/T 18905 系列标准中选择软件生存周期中的产品质量评价过程。上述这些标准给出了测量、评估和评价软件产品质量的方法,旨在供开发者、需方和独立的评价者使用,特别是那些负责软件产品评价的人员(见图1)。

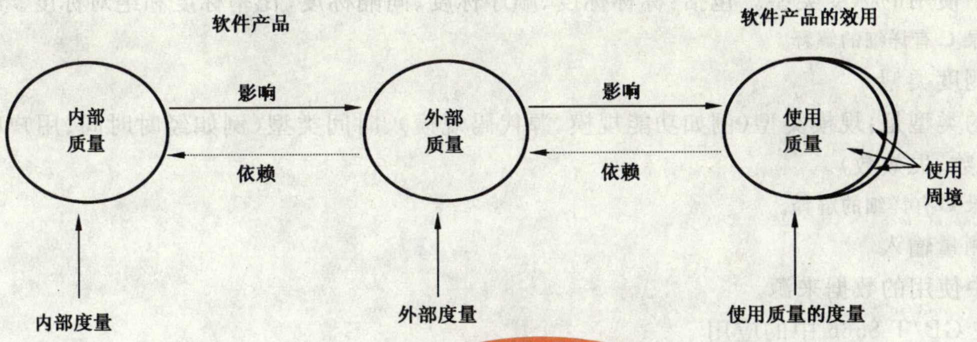

图 1　度量类型之间的关系

内部度量可用于开发阶段的非执行软件产品(例如标书、需求定义、设计规格说明或源代码等)。内部度量为用户提供了测量中间可交付项的质量的能力,从而可以预测最终产品的质量。这样就可以使用户尽可能在开发生存周期的早期察觉质量问题,并采取纠正措施。

外部度量可以通过测量该软件产品作为其一部分的系统行为来测量软件产品的质量。外部度量只能在生存周期过程中的测试阶段和任何运行阶段使用。在所属系统环境下运行该软件产品即可获得这样的测量。

使用质量的度量是测量产品在特定的使用周境下,满足特定用户达到特定目标所要求的有效性、生产率、安全性和满意度的程度。这只能在真实的系统环境下获得。

用户的质量要求可用使用质量的度量、外部度量甚至是内部度量的质量需求来规定。这些由度量规定的需求宜作为产品评价时的准则。

建议尽可能采用与目标外部度量有密切关系的内部度量,以便能用这些内部度量来预测外部度量的值。然而,往往很难设计出一个能够在内部和外部度量间提供密切关系的严格的理论模型。因此,假设模型可能是模糊的,所以在使用度量时,外部度量和内部度量关系密切程度模型应该使用统计建模的方法。

GB/T 16260 的第 1 部分附录 A 中的 A.4 列出了与有效性和可信赖性相关的建议和需求。另外,本部分的附录 A 列出了使用度量时的一些考虑细节。

7　度量表的阅读和使用

第 8 章列出的度量依据 GB/T 16260.1—2006 中的特性和子特性进行分类。下面是表中的每个度量应给出的信息:

a)　度量名称

在内部度量表和外部度量表中的相应度量的类似名称。

b)　度量目的

在度量应用中以回答问题的形式进行描述。

c)　应用的方法

提供一个应用的大纲。

d)　测量、公式和数据元素计算

给出测量公式,并解释所用的数据元素的意义。

注:在某些情况下一个度量对应多个公式。

e)　测量值解释

给出范围和最佳值。

f)　度量标度类型

度量中使用的标度类型。包括:标称标度、顺序标度、间隔标度、比率标度和绝对标度。

注:附录C有详细的解释。

g) 测度类型

所用的类型是:规模类型(例如功能规模、源代码规模)、时间类型(例如经时时间、用户时间)、计数类型(变更数、失效数)。

注:附录C有详细的解释。

h) 测量输入

测量中使用的数据来源。

i) 在GB/T 8566中的应用

标识出应用度量的软件生存周期过程。

j) 目标用户

标识测量结果的使用者。

8 度量表

本章列出的度量并不是一个完备集,而且可能还有未经确认的。这些度量按照GB/T 16260.1—2006中介绍的软件质量特性和子特性的顺序列出。可用的度量并不仅局限于这里所列的。其他特定用途的具体度量将由其他相关文档提出,例如:功能规模的测量、精确时间效率的测量。

注:推荐使用有关标准、技术报告或指南中规定的度量或测量。功能规模测量的定义见GB/T 18491.1—2001。精确时间效率测量的实例见ISO/IEC 14756。

在一个特定环境中应用度量之前,应确认该度量(见附录A)。

8.1 功能性度量

内部功能性度量用来预测该软件产品是否将满足规定的功能需求和隐含的用户要求。

8.1.1 适合性度量

内部适合性度量(见表8.1.1)指明一组属性,这组属性用来明确评估规定任务的功能,以及确定执行任务的充分性。

8.1.2 准确性度量

内部准确性度量(见表8.1.2)指明一组属性,这组属性用来评估软件产品达到正确结果或商定结果的能力。

8.1.3 互操作性度量

内部互操作性度量(见表8.1.3)指明一组属性,这组属性用来评估软件产品与指定系统之间交互的能力。

8.1.4 安全保密性度量

内部安全保密性度量(见表8.1.4)指明一组属性,这组属性用来评估软件产品抵御非法访问系统和/或数据的能力。

8.1.5 功能性的依从性度量

内部功能性的依从性度量(见表8.1.5)指明一组属性,这组属性用来评估软件产品遵循与功能性有关的用户组织的标准、约定或法规的能力。

8.2 可靠性度量

在软件产品的开发期间,内部可靠性度量用来预测该软件产品是否满足规定的可靠性要求。

8.2.1 成熟性度量

内部成熟性度量(见表8.2.1)指明用于评估软件成熟度的一组属性。

8.2.2 容错性度量

内部容错性度量(见表8.2.2)指明一组属性,这组属性用于评估软件产品在发生操作故障或违反其规定的接口时维持期望的性能水平的能力。

8.2.3 **易恢复性度量**

内部易恢复性度量(见表 8.2.3)指明一组属性，这组属性用来评估软件产品在失效时能重新建立一个有足够的性能水平，并恢复直接受影响的数据的能力。

8.2.4 **可靠性的依从性度量**

内部可靠性的依从性度量(见表 8.2.4)指明一组属性，这组属性用来评估软件产品遵循与可靠性有关的用户组织的标准、约定和法规的能力。

8.3 **易用性度量**

内部易用性度量用来预测该软件被理解、学习和操作，被吸引以及遵循易用性法规和指南的程度。所实施的测度应尽可能用于建立验收准则或进行产品之间的比较。这意味着测度应是对已知值的项进行计数。结果应报告均值和均值的标准差。

8.3.1 **易理解性度量**

用户能够选择一个适合他们期望的用法的软件产品。内部易理解性度量(见表 8.3.1)用来评估新用户能否理解下列内容：

- 软件是否合适；
- 如何用于特定任务。

8.3.2 **易学性度量**

内部易学性度量(见表 8.3.2)用来评估用户要用多长时间才能学会使用各项具体的功能，以及评估帮助系统和文档的效用。

易学性与易理解性有很密切的关系。易理解性的测量可作为软件潜在的易学性指标。

8.3.3 **易操作性度量**

内部易操作性度量(见表 8.3.3)评估用户是否能够操作和控制软件。易操作性度量可按 ISO 9241-10:1998中的对话原则进行分类：

- 软件对任务的适合性；
- 软件的自描述性；
- 软件的可控制性；
- 软件与用户期望的符合性；
- 软件的容错性；
- 软件对个性化的适应性；

要测试的功能选择与功能使用的预期频率、功能的关键性程度以及预期的易用性问题有关。

8.3.4 **吸引性度量**

内部吸引性度量(见表 8.3.4)用来评估软件的外观，并受屏幕设计、颜色等因素的影响。这一点对于消费者产品特别重要。

8.3.5 **易用性的依从性度量**

内部易用性的依从性度量(见表 8.3.5)评估与易用性相关的标准、约定、风格指南或法规的遵循性。

8.4 **效率度量**

内部效率度量用来在测试或运行期间预测软件产品所表现出的效率。为测量效率，应定义明确的条件，即应定义一个参照环境(必须在软件规格说明中定义)中的硬件配置和软件配置。在引用测量的时间特性值时，应说明参照环境。

8.4.1 **时间特性度量**

内部时间特性度量(见表 8.4.1)指明一组属性，这组属性用来预测在测试或运行中包含软件产品的计算机系统的时间特性。

8.4.2 资源利用性度量

内部资源利用性度量(见表 8.4.2)指明一组属性,这组属性用来预测在测试或运行中包含软件产品的计算机系统对硬件资源的利用情况。

8.4.3 效率的依从性度量

内部效率的依从性度量(见表 8.4.3)指明一组属性,这组属性用来评估该软件产品遵循与效率相关的用户组织的标准、约定或法规的能力。

8.5 维护性度量

内部维护性度量用来预测为修改软件产品需要付出的工作量。

8.5.1 易分析性度量

内部易分析性度量(见表 8.5.1)指明一组属性,这组属性用来预测维护者或用户在试图诊断软件产品的缺陷或失效的原因时、或标识需要修改的部分时所耗费的工作量或耗费的资源。

8.5.2 易改变性度量

内部易改变性度量(见表 8.5.2)指明一组属性,这组属性用来预测维护者或用户在对软件产品进行某项特定的修改时所需耗费的工作量。

8.5.3 稳定性度量

内部稳定性度量(见表 8.5.3)指明一组属性,这组属性用来预测对软件产品进行任何修改后的稳定程度。

8.5.4 易测试性度量

内部易测试性度量(见表 8.5.4)指明一组属性,这组属性用来预测软件产品中已设计并实现的自动测试辅助功能的总量。

8.5.5 维护性的依从性度量

内部维护性的依从性度量(见表 8.5.5)指明一组属性,这组属性用来评估软件产品遵循与维护性有关的用户组织的标准、约定或法规的能力。

8.6 可移植性度量

内部可移植性度量用来预测在移植活动期间,软件产品对实现者或系统的行为所产生的影响。

8.6.1 适应性度量

内部适应性度量(见表 8.6.1)指明一组属性,当用户试图使软件产品适用于不同的特定环境时,这组属性用来预测软件产品对用户需付出努力程度的影响。

8.6.2 易安装性度量

内部易安装性度量(见表 8.6.2)指明一组属性,当用户试图在一个指定用户环境中安装软件时,这组属性用来预测软件产品对用户需付出努力程度的影响。

8.6.3 共存性度量

内部共存性度量(见表 8.6.3)指明一组属性,这组属性用来预测当软件产品与其他软件产品共享相同的可运行硬件资源时对其他软件产品产生的影响。

8.6.4 易替换性度量

内部易替换性度量(见表 8.6.4)指明一组属性,当用户试图在规定环境及使用条件中用该软件代替其他指定软件时,这组属性用来预测软件产品对用户需付出努力程度的影响。

8.6.5 可移植性的依从性度量

可移植性的依从性度量(见表 8.6.5)指明一组属性,这组属性用来评估软件产品遵循与可移植性有关的用户组织的标准、约定或法规的能力。

表 8.1.1 适合性度量

度量名称	度量目的	应用的方法	测量、公式及数据元素计算	测量值解释	度量标度类型	测度类型	测量输入	在 GB/T8566 中的应用	目标用户
功能的充分性	检查的功能的充分程度如何?	对已实现的适合于执行特定任务的功能进行计数,然后测量它与实现的功能数的比率。 可测量下列指标: ——全部或部分设计规格说明; ——完成的模块/部分软件产品。	$X=1-A/B$ A=在评价中检测到有问题的功能数 B=检查的功能数	$0\leqslant X\leqslant 1$ 越接近 1,越充分	绝对标度	X = 计数/计数 A=计数 B=计数	需求规格说明 设计文档 源代码 评审报告	6.5 确认 6.6 联合评审	需方 开发者
功能实现的完整性	功能实现的完整程度如何?	对评价中检测到遗漏的功能进行计数,并与需求规格说明中描述的功能数相比较。	$X=1-A/B$ A=评价中检测到遗漏的功能数 B=在需求规格说明描述的功能数	$0\leqslant X\leqslant 1$ 越接近 1,越完整	绝对标度	X = 计数/计数 A=计数 B=计数	需求规格说明 设计文档 源代码 评审报告	6.5 确认 6.6 联合评审	需方 开发者
注:测量过程的输入是更新的需求规格说明。在生存周期中标识的任何变更必须在测量过程使用之前对需求规格说明进行更新。									
功能实现的覆盖率	正确实现功能的程度如何?	对不能正确实现或遗漏的功能进行计数,并与需求规格说明中描述的功能数相比较。 注解:用功能项评审。	$X=1-A/B$ A=检测到的不能正确实现或遗漏的功能数 B=需求规格说明中描述的功能数	$0\leqslant X\leqslant 1$ 越接近 1,越正确	绝对标度	X = 计数/计数 A=计数 B=计数	需求规格说明 设计文档 源代码 评审报告	6.5 确认 6.6 联合评审	需方 开发者
注:测量过程的输入是更新的需求规格说明。在生存周期中标识的任何变更必须在测量过程使用之前对需求规格说明进行更新。									
功能规格说明的稳定性(易变性)	在生存周期开发阶段功能规格说明的稳定性如何?	对在生存周期开发阶段中变更(增加、修改、删除)的功能进行计数,并与需求规格说明中描述的功能数相比较。	$X=1-A/B$ A=在生存周期开发阶段变更的功能数 B=在需求规格说明中描述的功能数	$0\leqslant X\leqslant 1$ 越接近 1,越稳定	绝对标度	A=计数 B=计数 X = 计数/计数	需求规格说明 评审报告	6.5 确认 6.3 质量保证 5.3 鉴定测试 6.8 问题解决 5.4 运作	开发者 维护者

表 8.1.2 准确性度量

度量名称	度量目的	应用的方法	测量、公式及数据元素计算	测量值解释	度量标度类型	测度类型	测量输入	在 GB/T 8566 中的应用	目标用户
计算的准确性	准确性需求已经完全实现的程度如何？	对已经实现准确性需求的功能进行计数，并与有特定准确性需求的功能数相比较。	$X=A/B$ A=在评价中已证实的实现准确性需求的功能数 B=需要实现特定准确性需求的功能数	$0\leqslant X\leqslant 1$ 越接近 1，越完全	绝对标度	X=计数/计数 A=计数 B=计数	需求规格说明 设计 源代码 评审报告	6.4 验证 6.6 联合评审	需方 开发者
精度	完全实现数据项的特定级别精度的程度如何？	对满足特定级别精度需求的数据项进行计数，并与有特定精度需求的数据项总数相比较。	$X=A/B$ A=在评价中已证实的满足特定级别精度要求的数据项数 B=需要特定级别精度要求的数据项数	$0\leqslant X\leqslant 1$ 越接近 1，越完全	绝对标度	X=计数/计数 A=计数 B=计数	需求规格说明 设计 源代码 评审报告	6.4 验证 6.6 联合评审	需方 开发者

表 8.1.3 互操作性度量

度量名称	度量目的	应用的方法	测量、公式及数据元素计算	测量值解释	度量标度类型	测度类型	测量输入	在 GB/T 8566 中的应用	目标用户
数据的可交换性（依据数据格式）	正确实现接口数据格式的程度如何？	对按规格说明已经正确实现的接口数据格式进行计数，并与规格说明中要交换的数据格式数相比较。	$X=A/B$ A=按规格说明正确实现接口数据格式数 B=规格说明中要交换的数据格式数	$0\leqslant X\leqslant 1$ 越接近 1，越正确	绝对标度	X=计数/计数 A=计数 B=计数	需求规格说明 设计 源代码 评审报告	6.4 验证 6.6 联合评审	需方 开发者
接口的一致性（协议）	正确实现接口协议的程度如何？	对按规格说明已经正确实现的接口协议进行计数，并与规格说明中要实现的接口协议数相比较。	$X=A/B$ A=在评审中已证实的按规格说明正确实现的接口协议数 B=规格说明中要实现的接口协议数	$0\leqslant X\leqslant 1$ 越接近 1，越一致	绝对标度	X=计数/计数 A=计数 B=计数	需求规格说明 设计 源代码 评审报告	6.4 验证 6.6 联合评审	需方 开发者

表 8.1.4 安全保密性度量

度量名称	度量目的	应用的方法	测量、公式及数据元素计算	测量值解释	度量标度类型	测度类型	测量输入	在 GB/T 8566 中的应用	目标用户
访问的可审核性	访问记录可审核能力如何？	对按照规格说明被正确记录的访问类型进行计数，并与规格说明中需要记录的访问类型计数相比较。	$X=A/B$ A=按规格说明被记录的访问类型数 B=规格说明中要求记录的访问类型数	$0\leqslant X\leqslant 1$ 越接近 1，审核能力越强	绝对标度	X = 计数/计数 A=计数 B=计数	需求规格说明 设计 源代码 评审报告	6.5 确认 6.6 联合评审	需方 开发者
访问的可控制性	对系统访问的可控程度如何？	对按照规格说明已被正确实现的可控制访问需求进行计数，并与规格说明中的可控制访问需求数相比较。	$X=A/B$ A=按规格说明被正确实现的可控制访问需求数 B=规格说明中的可控制访问需求数	$0\leqslant X\leqslant 1$ 越接近 1，越可以控制	绝对标度	X = 计数/计数 A=计数 B=计数	需求规格说明 设计 源代码 评审报告	6.5 确认 6.6 联合评审	需方 开发者
数据的抗讹误性	数据的抗讹误性完全实现的程度如何？	对按照规定实现数据抗讹误性的实例进行计数，并与需求中规定为能讹误/破坏数据的操作/访问的实例数相比较。	$X=A/B$ A=在评审中已证实的按规定实现的数据抗讹误的实例数 B=需求中确定为能讹误/破坏数据的操作/访问实例数	$0\leqslant X\leqslant 1$ 越接近 1，越完全	绝对标度	X = 计数/计数 A=计数 B=计数	需求规格说明 设计 源代码 评审报告	6.5 确认 6.6 联合评审	开发者
注：使用这一度量时要考虑安全保密性级别。									
数据加密	实现数据加密的完备程度如何？	对按照规定已实现的可以加密/解密的数据项的实例进行计数，并与规格说明中要求加密/解密功能的数据项实例数相比较。	$X=A/B$ A=在评审中已证实的按规定已实现的可以加密/解密的数据项实例数 B=规格说明中要求加密/解密功能的数据项实例数	$0\leqslant X\leqslant 1$ 越接近 1，越完全	绝对标度	X = 计数/计数 A=计数 B=计数	需求规格说明 设计 源代码 评审报告	6.5 确认	开发者
注：数据加密：例如，开放数据库中的数据，公用通信设备中的数据。									

表 8.1.5 功能性的依从性度量

度量名称	度量目的	应用的方法	测量、公式及数据元素计算	测量值解释	度量标度类型	测度类型	测量输入	在 GB/T 8566 中的应用	目标用户
功能性的依从性	遵循与产品的功能性有关的法规、标准和约定的程度如何?	对已满足的需要依从的项进行计数,并与规格说明要求的依从性项数相比较。	$X=A/B$ A=在评价中已证实的正确实现的与功能性的依从性有关的项数 B=依从性项目总数	$0\leqslant X\leqslant 1$ 越接近1,依从性越强	绝对标度	X=计数/计数 A=计数 B=计数	依从性的规格说明和相关的标准、约定或法规 设计 源代码 评审报告	6.4 验证 6.6 联合评审	需方 开发者
系统间标准的依从性	遵循与接口有关的法规、标准和约定的程度如何?	对已满足的需要依从的接口进行计数,并与规格说明要求依从的接口数相比较。	$X=A/B$ A=在评审中已证实的按规格正确实现的接口数 B=需要依从的接口总数	$0\leqslant X\leqslant 1$ 越接近1,依从性越强	绝对标度	X=计数/计数 A=计数 B=计数	需求规格说明 设计 源代码 评审报告	6.4 验证 6.6 联合评审	开发者 需方

注:必须检查标准规定的所有属性。

表 8.2.1 成熟性度量

度量名称	度量目的	应用的方法	测量、公式及数据元素计算	测量值解释	度量标度类型	测度类型	测量输入	在 GB/T 8566 中的应用	目标用户
故障检测	已评审的产品中检测到多少故障?	对评审中检测到的故障进行计数,并与此阶段估计会检测出的故障数相比较。	$X=A/B$ A=在评审中检测到的故障的绝对数 B=在评审中估计会检测出的故障数(根据过去的历史或引用的模型)	$0\leqslant X$ X值越大,产品质量越好,但A=0并不表明被评审项中没有隐含的故障。	绝对标度	X=计数/计数 A=计数 B=计数	值A取自评审报告 值B取自组织数据库	6.4 验证 6.6 联合评审	需方 开发者

注1:本度量仅宜在开发过程中用于预测。

注2:在概述特性时有必要将X归到[0.1]区间。

表 8.2.1（续）

度量名称	度量目的	应用的方法	测量、公式及数据元素计算	测量值解释	度量标度类型	测度类型	测量输入	在 GB/T 8566 中的应用	目标用户
故障排除	有多少故障已被纠正？ 故障被排除的比例是多少？	对设计/编码期间被排除的故障进行计数，并与设计/编码期间的评审中检测出的故障数相比较。	$X=A$ A=设计/编码中已纠正的故障数 $Y=A/B$ A=设计/编码中已纠正的故障数 B=评审中检测到的故障数	$0\leqslant X$ X 越大，残存的故障越少 $0\leqslant Y\leqslant 1$ 越接近 1，越好（越多故障被纠正）	绝对标度 比率标度	X=计数 A=计数 Y=计数/计数 B=计数	值 A 取自故障排除报告 值 B 取自评审报告	6.4 验证 6.6 联合评审	需方 开发者
注：在概述特性时有必要将 X 归到[0.1]区间。									
测试充分性	测试计划覆盖了多少要求的测试用例？	对计划的测试用例进行计数，并与为获得充分测试覆盖率而要求的测试用例数相比较。	$X=A/B$ A=在测试计划中设计并在评审中证实的测试用例数 B=要求的测试用例数	$0\leqslant X$ X 越大越充分	绝对标度	X=计数/计数 A=计数 B=计数	值 A 取自测试计划 值 B 取自需求	6.3 质量保证 6.8 问题解决 6.4 验证	开发者 维护者

表 8.2.2　容错性度量

度量名称	度量目的	应用的方法	测量、公式及数据元素计算	测量值解释	度量标度类型	测度类型	测量输入	在 GB/T 8566 中的应用	目标用户
避免失效	为避免关键的和严重的失效，可以控制多少种故障模式？	对可避免的故障模式进行计数，并与要考虑的故障模式数相比较。	$X=A/B$ A=在设计/编码过程中可以避免的故障模式个数 B=要考虑的故障模式个数 注解：故障模式举例： 数据出界 死锁 注解：故障树分析技术可被用来检测故障模式。	$0\leqslant X$ X 值越大，避免失效越好。	绝对标度	X=计数/计数 A=计数 B=计数	值 A 取自评审报告 值 B 取自需求规格说明文档	6.4 验证 6.5 确认 6.6 联合评审 6.8 问题解决	开发者 需方 维护者

表 8.2.2（续）

度量名称	度量目的	应用的方法	测量、公式及数据元素计算	测量值解释	度量标度类型	测度类型	测量输入	在 GB/T 8566 中的应用	目标用户
抵御误操作	有多少具有抵御误操作能力的功能被实现？	对抵御因误操作引起关键和严重的失效而实现的功能进行计数，并与要考虑的误操作模式数相比较。 注解：除系统失效以外，还有数据毁坏。	$X=A/B$ A=为抵御误操作模式而实现的功能数 B=要考虑的误操作模式数 注解：误操作模式、错误的参数数据类型、错误的数据输入序列、错误的操作序列 注解：故障树分析技术可用来检测误操作模式。	$0\leqslant X$ X越大，抵御抗误操作的能力越强。	绝对标度	X=计数/计数 A=计数 B=计数	值A取自评审报告 值B取自需求规格说明文档	6.4 验证 6.5 确认 6.6 联合评审 6.8 问题解决	开发者 需方 维护者

表 8.2.3　易恢复性度量

度量名称	度量目的	应用的方法	测量、公式及数据元素计算	测量值解释	度量标度类型	测度类型	测量输入	在 GB/T 8566 中的应用	目标用户
易复原性	在异常事件或在需要时，产品本身的复原能力如何？	对已实现的复原需求进行计数，并与规格说明中的复原需求数相比较。 复原需求的例子： 数据库检查点； 事务检查点； 重复功能； 还原功能。	$X=A/B$ A=在评审中证实的已实现的复原需求数 B=规格说明中的复原需求数	$0\leqslant X\leqslant 1$ X值越大易复原性越好	绝对标度	X=计数/计数 A=计数 B=计数	A取自评审文档 B取自需求或设计文档	6.4 验证 6.6 联合评审	开发者 维护者

表 8.2.3（续）

度量名称	度量目的	应用的方法	测量、公式及数据元素计算	测量值解释	度量标度类型	测度类型	测量输入	在 GB/T 8566 中的应用	目标用户
复原的有效性	复原能力的有效性如何？	对已实现的满足目标修复时间（通过计算或模拟）的修复需求进行计数，并与规定的目标时间的修复需求数相比较。	$X=A/B$ A=已实现的满足目标修复时间的修复需求数 B=有规定目标时间要求的修复需求数	$0\leqslant X\leqslant 1$ X 越大，有效性越好	绝对标度	X=计数/计数 A=计数 B=计数	A 取自评审文档 B 取自需求或设计文档	6.4 验证 6.6 联合评审	开发者 维护者

表 8.2.4 可靠性的依从性度量

度量名称	度量目的	应用的方法	测量、公式及数据元素计算	测量值解释	度量标度类型	测度类型	测量输入	在 GB/T 8566 中的应用	目标用户
可靠性的依从性	遵循与产品的可靠性有关的法规、标准和约定的程度如何？	对已满足的需要依从的项进行计数，并与规格说明要求的依从性项数相比较。	$X=A/B$ A=在评价中证实的已正确实现与可靠性依从相关的项数 B=依从项总数	$0\leqslant X\leqslant 1$ 越接近 1，依从性越好	绝对标度	X=计数/计数 A=计数 B=计数	依从性规格说明和相关标准、约定或法规 设计 源代码 评审报告	6.4 验证 6.6 联合评审	需方 开发者

表 8.3.1 易理解性度量

度量名称	度量目的	应用的方法	测量、公式及数据元素计算	测量值解释	度量标度类型	测度类型	测量输入	在 GB/T 8566 中的应用	目标用户
描述的完整性	在产品描述中被描述的功能（或功能类型）的比例是多少？	对被充分描述的功能进行计数，并与产品的总功能数相比较。	$X=A/B$ A=在产品描述中被描述的功能（或功能类型）数 B=功能（或功能类型）的总数	$0\leqslant X\leqslant 1$ 越接近 1，越完整	绝对标度	X=计数/计数 A=计数 B=计数	需求规格说明 设计 评审报告	6.4 验证 6.6 联合评审	需方 开发者

注 1：指出潜在用户在阅读了产品描述后能否理解产品的能力。

注 2：见 ISO/IEC 9127 消费者软件包。

表 8.3.1（续）

度量名称	度量目的	应用的方法	测量、公式及数据元素计算	测量值解释	度量标度类型	测度类型	测量输入	在 GB/T 8566 中的应用	目标用户
演示能力	需要演示的功能中具有演示能力的比例是多少？	对具有充分演示能力的功能进行计数，并与要求有演示能力的总功能数相比较。	$X=A/B$ A=在评审中已证实和演示的功能数 B=要求有演示能力的功能总数	$0\leqslant X\leqslant 1$ 越接近 1，越有能力	绝对标度	X=计数/计数 A=计数 B=计数	需求规格说明 设计 评审报告	6.4 验证 6.6 联合评审	需方 开发者
注：演示产品如何使用过程的演示步骤，包括“向导”。									
功能的显见性	产品功能对用户是明显显见的比例是多少？	对用户是显见的功能进行计数，并与总功能数相比较。	$X=A/B$ A=对用户是显见的功能（或功能类型）数 B=功能（或功能类型）的总数	$0\leqslant X\leqslant 1$ 越接近 1，越好	绝对标度	X=计数/计数 A=计数 B=计数	需求规格说明 设计 评审报告	6.4 验证 6.6 联合评审	需方 开发者
注：说明用户能否通过界面（例如通过检查菜单）来定位这些功能。									
功能的易理解性	产品功能能被用户正确理解的比例是多少？	对能被用户理解的界面功能进行计数，并与用户界面功能的总数相比较。	$X=A/B$ A=能被用户理解的界面功能数 B=用户界面功能总数	$0\leqslant X\leqslant 1$ 越接近 1，越好	绝对标度	X=计数/计数 A=计数 B=计数	需求规格说明 设计 评审报告	6.4 验证 6.6 联合评审	需方 开发者

表 8.3.2 易学性度量

度量名称	度量目的	应用的方法	测量、公式及数据元素计算	测量值解释	度量标度类型	测度类型	测量输入	在 GB/T 8566 中的应用	目标用户
用户文档和/或帮助机制的完整性	在用户文档和/或帮助机制中描述了功能的比例是多少？	对帮助机制和/或文档中已实现的功能进行计数，并与产品功能总数相比较。	$X=A/B$ A=描述过的功能数 B=提供的功能总数	$0\leqslant X\leqslant 1$ 越接近 1，越完整	绝对标度	X=计数/计数 A=计数 B=计数	需求规格说明 设计 评审报告	6.4 验证 6.6 联合评审	需方 开发者
注：可能有三项度量：文档的完整性、帮助机制的完整性或帮助及文档组合使用的完整性。									

表 8.3.3 易操作性度量

度量名称	度量目的	应用的方法	测量、公式及数据元素计算	测量值解释	度量标度类型	测度类型	测量输入	在 GB/T 8566 中的应用	目标用户
输入的有效性检查	输入项提供了对有效数据进行检查的比例是多少？	对检查有效数据的输入项进行计数，并与在输入数据项中可能进行有效性检查的总项数相比较。	$X=A/B$ A=对有效数据进行检查的输入项数 B=对有效数据可能进行检查的输入项数	$0\leqslant X\leqslant 1$ 越接近 1,越好	绝对标度	X = 计数/计数 A=计数 B=计数	需求规格说明 设计 评审报告	6.4 验证 6.6 联合评审	需方 开发者
用户操作的易取消性	功能在完成之前能被取消的比例是多少？	对已实现的能在完成之前被用户取消的功能进行计数，并与要求具备预取消能力的功能总数相比较。	$X=A/B$ A=已实现的能被用户取消的功能数 B=要求具备预取消能力的功能总数	$0\leqslant X\leqslant 1$ 越接近 1,易取消性越强	绝对标度	X = 计数/计数 A=计数 B=计数	需求规格说明 设计 评审报告	6.4 验证 6.6 联合评审	需方 开发者
用户操作的易还原性	功能能被还原的比例是多少？	对已实现的能在动作完成之后被用户还原的功能进行计数，并与功能总数相比较。	$X=A/B$ A=已实现的能被用户还原的功能数 B=功能总数	$0\leqslant X\leqslant 1$ 越接近 1,越有还原能力	绝对标度	X = 计数/计数 A=计数 B=计数	需求规格说明 设计 评审报告	6.4 验证 6.6 联合评审	需方 开发者
注：在几个连续的动作之后既可以单次还原，也可以多次还原。									
易定制性	能在运行中被定制的功能的比例是多少？	对已实现的能在操作中被用户定制的功能进行计数，并与要求具有定制能力的功能总数相比较。	$X=A/B$ A=能在运行中被用户定制的功能数 B=要求具有定制能力的功能数	$0\leqslant X\leqslant 1$ 越接近 1,易定制性越强	绝对标度	X = 计数/计数 A=计数 B=计数	需求规格说明 设计 评审报告	6.4 验证 6.6 联合评审	需方 开发者
物理易访问性	能为有生理缺陷的用户定制访问的功能的比例是多少？	对已实现的能为用户定制的功能进行计数，并与功能的总数相比。	$X=A/B$ A=能被定制的功能数 B=功能的总数	$0\leqslant X\leqslant 1$ 越接近 1,物理易访问性越强	绝对标度	X = 计数/计数 A=计数 B=计数	需求规格说明 设计 评审报告	6.4 验证 6.6 联合评审	需方 开发者
注：物理易访问性的例子如无能力使用鼠标的人或盲人。									

表 8.3.3(续)

度量名称	度量目的	应用的方法	测量、公式及数据元素计算	测量值解释	度量标度类型	测度类型	测量输入	在 GB/T 8566 中的应用	目标用户
运行状态的易监控性	具有运行状态监控能力的功能的比例是多少?	对已实现的、状态能被监控的功能进行计数,并与要求有监控能力的功能总数相比较。	$X=A/B$ A=具有状态监控能力的功能数 B=要求有监控能力的功能总数	$0\leqslant X\leqslant 1$ 越接近1,易监控性越好	绝对标度	X=计数/计数 A=计数 B=计数	需求规格说明 设计 评审报告	6.4 验证 6.6 联合评审	需方 开发者
注:状态也包括进程的监控。									
操作的一致性	操作行为与系统其他部分的类似操作相同的比例是多少?	对操作行为不一致的操作实例进行计数,并与操作的总数相比较。	$X=1-A/B$ A=操作行为不一致的操作实例数 B=操作的总数	$0\leqslant X\leqslant 1$ 越接近1,越一致	绝对标度	X=计数/计数 A=计数 B=计数	需求规格说明 设计 评审报告	6.4 验证 6.6 联合评审	需方 开发者
消息的明确性	消息能自解释的比例是多少?	对已实现的有明确解释的消息进行计数,并与要实现的消息总量相比较。	$X=A/B$ A=已实现的带有明确解释的消息数 B=要实现的消息总数	$0\leqslant X\leqslant 1$ 越接近1,越清晰	绝对标度	X=计数/计数 A=计数 B=计数	需求规格说明 设计 评审报告	6.4 验证 6.6 联合评审	需方 开发者
注:清晰的出错消息向用户解释采取什么动作能从出错中恢复。									
界面元素的明确性	界面元素能自解释的比例是多少?	对带自解释的界面元素进行计数,并与界面元素的总数相比较。	$X=A/B$ A=带自解释的界面元素数 B=界面元素的总数	$0\leqslant X\leqslant 1$ 越接近1,越清晰	绝对标度	X=计数/计数 A=计数 B=计数	需求规格说明 设计 评审报告	6.4 验证 6.6 联合评审	需方 开发者
注:当元素使用简洁文字或提供了"帮助框"或"工具条"时就称为带有自解释。									
运行差错的易恢复性	能够容忍用户差错的功能的比例是多少?	对已实现的、能容忍用户差错的功能进行计数,并与要求有容错能力的功能总数相比较。	$X=A/B$ A=已实现的有用户容错能力的功能数 B=要求有容错能力的功能总数	$0\leqslant X\leqslant 1$ 越接近1,越易恢复	绝对标度	X=计数/计数 A=计数 B=计数	需求规格说明 设计 评审报告	6.4 验证 6.6 联合评审	需方 开发者

表 8.3.4 吸引性度量

度量名称	度量目的	应用的方法	测量、公式及数据元素计算	测量值解释	度量标度类型	测度类型	测量输入	在 GB/T 8566 中的应用	目标用户
交互吸引性	界面对用户的吸引程度如何?	对用户的问卷调查。	用问卷的方式向用户调查界面对用户的吸引程度,要考虑颜色与图像设计等属性。 注解:吸引性的潜在因素包括:项的排列(水平和竖直)、分组、颜色的使用、适当及合理的图像大小、空白/间隔/边界的使用、动画、排印及 3D 界面等	分类评估	顺序标度	X=计数(计数表示得分)	需求规格说明 设计 评审报告	6.4 验证 6.6 联合评审	需方 开发者
注:这与屏幕布局或实物模型有关。									
用户界面外观的易定制性	有多大比例的用户界面元素能从外观上被定制?	检查(由专家进行)。	$X=A/B$ A=能被定制的界面元素的类型数 B=界面元素类型的总数	$0\leqslant X\leqslant 1$ 越接近 1,越好	绝对标度	X=计数/计数 A=计数 B=计数	需求规格说明 设计 评审报告	6.4 验证 6.6 联合评审	需方 开发者

表 8.3.5 易用性的依从性度量

度量名称	度量目的	应用的方法	测量、公式及数据元素计算	测量值解释	度量标度类型	测度类型	测量输入	在 GB/T 8566 中的应用	目标用户
易用性的依从性	遵循与产品的易用性有关的法规、标准和约定的程度如何?	对已经满足的要求的依从性项进行计数,并与规格说明要求依从的总项数相比较。	$X=A/B$ A=在评价中已证实的正确实现与易用性的依从性相关的项数 B=依从性的总项数	$0\leqslant X\leqslant 1$ 越接近 1,越好	绝对标度	X=计数/计数 A=计数 B=计数	依从性的规格说明和相关的标准、约定或法规 设计 源代码 评审报告	6.4 验证 6.6 联合评审	需方 开发者

表 8.4.1 时间特性度量

度量名称	度量目的	应用的方法	测量、公式及数据元素计算	测量值解释	度量标度类型	测度类型	测量输入	在 GB/T 8566 中的应用	目标用户
响应时间	估计完成一项特定任务要多长时间?	评价操作系统和应用系统调用的效率。据此估计响应时间。 可在下列事项中测量: ——部分或全部的设计规格说明; ——测试完成事务的路径; ——测试完成的模块或部分软件产品; ——在测试阶段完成的软件产品。	X=时间(计算的或模拟的)	越短越好	比率标度	X=时间	已知的操作系统 在系统调用中的估计用时	6.4 验证 6.6 联合评审	需方 开发者
吞吐量时间	估计在单位时间内能执行的任务数?	评价在系统中处理资源的效率。根据在处理资源时对系统的应用调用,产生一个因子	X=每单位时间完成的任务个数	越大越好	比率标度	X=计数	已知的操作系统 在系统调用中的估计用时	6.4 验证 6.6 联合评审	需方 开发者
周转时间	估计整批完成一组相关任务需要多长时间?	评价操作系统和应用系统调用的效率。据此估计完成一组相关任务的响应时间。 可在下列事项中测量: ——部分或全部的设计规格说明; ——测试完成事务的路径; ——测试完成模块或部分软件产品; ——在测试阶段完成软件产品。	X=时间(计算的或模拟的)	越短越好	比率标度	X=时间	已知的操作系统 在系统调用中的估计用时	6.4 验证 6.6 联合评审	需方 开发者

表 8.4.2 资源利用性度量

度量名称	度量目的	应用的方法	测量、公式及数据元素计算	测量值解释	度量标度类型	测度类型	测量输入	在 GB/T 8566 中的应用	目标用户
I/O 利用率	估计完成特定任务的 I/O 利用率是多大？	估计此项应用对 I/O 利用率的需求。	X=缓冲区数目 (计算的或模拟的)	越少越好	比率标度	X=大小	源代码	6.4 验证	开发者
I/O 利用的消息密度	在负责实现系统调用的代码行中涉及 I/O 利用率的消息的密度是多少？	对属于 I/O 失效的错误及告警数进行计数，并与估计的承担系统调用的代码行数相比较。	X=A/B A=与 I/O 相关的错误消息数 B=直接与系统调用相关的代码行数	越大越好	绝对标度	X=计数/计数 A=计数 B=计数	源代码	6.4 验证	开发者
内存利用率	估计产品为完成特定任务将占用多大的内存？	估计内存的需求。	X=以字节为单位的大小 (计算的或模拟的)	越少越好	比率标度	X=大小	内存利用的估计大小	6.4 验证	开发者
内存利用率的消息密度	在负责实现系统调用的代码行中，涉及内存利用率的消息的密度是多少？	对属于内存失效的错误及告警数进行计数，并与估计的承担系统调用的代码行数相比较。	X=A/B A=与内存相关的错误消息数 B=直接与系统调用相关的代码行数	越大越好	比率标度	X=计数/计数 A=计数 B=计数	源代码	6.4 验证	开发者
传输利用率	估计传输资源利用率的总数是多少？	通过估计传输容量来估计传输资源利用率的需求。	X=位/时间 (计算的或模拟的)	越少越好	比率标度	X=时间	已知的操作系统 在系统调用中的估计用时	6.4 验证	开发者

表 8.4.3 效率的依从性度量

度量名称	度量目的	应用的方法	测量、公式及数据元素计算	测量值解释	度量标度类型	测度类型	测量输入	在 GB/T 8566 中的应用	目标用户
效率的依从性	遵循与产品的效率有关的法规、标准及约定的程度如何？	对已经满足的要求的依从性项进行计数，并与规格说明要求依从的项数相比较。	$X=A/B$ A=在评价中已证实正确实现的与效率依从性有关的项数 B=依从性项总数	$0\leqslant X\leqslant 1$ 越接近1，依从性越好	绝对标度	X=计数/计数 A=计数 B=计数	依从性的规格说明 相关的标准、约定和法规 设计 源代码 评审报告	6.4 验证 6.6 联合评审	需方 开发者

表 8.5.1 易分析性度量

度量名称	度量目的	应用的方法	测量、公式及数据元素计算	测量值解释	度量标度类型	测度类型	测量输入	在 GB/T 8566 中的应用	目标用户
活动的记录	系统状态记录的完整程度如何？	对按照规定在活动日志中记录的项进行计数，并与需要记录的项数相比较。	$X=A/B$ A=在评审中已证实按照规定已实现数据记录的项数 B=在规格说明中定义的要记录的数据项数	$0\leqslant X\leqslant 1$ 越接近1，记录系统状态的数据提供得越完整 注解：在概述特性时有必要将 X 归到[0，1]区间。	绝对标度	X=计数/计数 A=计数 B=计数	A 取自评审报告，B 取自需求规格说明。	6.4 验证 6.6 联合评审	维护者 用户
诊断功能准备的情况	诊断功能准备得全面程度如何？	对按规定已实现诊断功能的项进行计数，并与规格说明中要求的诊断功能数相比较。 注解：此度量也可用来测量失效分析能力及因果分析能力。	$X=A/B$ A=在评审中已证实按照规定实现诊断功能的项数 B=要求的诊断功能数	$0\leqslant X$ 越接近1，诊断功能实现得越好。 注解：在概述特性时有必要将 X 归到[0，1]区间。	绝对标度	X=计数/计数 A=计数 B=计数	A 取自评审报告，B 取自规定的要求。	6.4 验证 6.6 联合评审	维护者 用户

表 8.5.2 易改变性度量

度量名称	度量目的	应用的方法	测量、公式及数据元素计算	测量值解释	度量标度类型	测度类型	测量输入	在 GB/T 8566 中的应用	目标用户
变更的记录	规格说明和程序模块的变更是否在代码的注释行中被恰当记录下来?	模块变更信息的记录比率。	$X=A/B$ A=在评审中已证实有变更注释内容的功能/模块的变更数 B=按源代码变更的功能/模块的总数	$0\leqslant X\leqslant 1$ 越接近 1,可记录的内容越多。 变更控制为 0,说明变更控制差,或变更小,稳定性高	绝对标度	X=计数/计数 A=计数 B=计数	配置控制系统 版本记录 规格说明	6.4 验证 6.6 联合评审	开发者 维护者 需方

表 8.5.3 稳定性度量

度量名称	度量目的	应用的方法	测量、公式及数据元素计算	测量值解释	度量标度类型	测度类型	测量输入	在 GB/T 8566 中的应用	目标用户
变更的影响	修改后发生不利影响的频率是多少?	对检测到的在修改之后发生不利影响的次数进行计数,并与已执行的修改次数相比较。	$X=1-A/B$ A=检测到修改之后发生不利影响的次数 B=实施修改的次数	$0\leqslant X\leqslant 1$ 越接近 1,越好	绝对标度	X=计数/计数 A=计数 B=计数	A 取自评审报告,B 也取自评审报告。	6.4 验证 6.6 联合评审	开发者 维护者 需方
修改影响的局部化	软件产品修改后,受到的影响有多大?	对一次修改中受影响的变量进行计数,并把它与产品的变量总数进行比较。 注解:受影响的变量是 a) 被变更的指令中的所有变量 b) 处在 a)项定义的变量的相同指令中的变量	$X=A/B$ A=在评审中证实受修改影响的变量数 B=变量的总数	$0\leqslant X\leqslant 1$ 越接近 0 修改的影响越小。	绝对标度	X=计数/计数 A=计数 B=计数	A 取自评审报告,B 也取自评审报告。	6.4 验证 6.6 联合评审	开发者 维护者 需方

表 8.5.4 易测试性度量

度量名称	度量目的	应用的方法	测量、公式及数据元素计算	测量值解释	度量标度类型	测度类型	测量输入	在 GB/T 8566 中的应用	目标用户
内置测试功能的完整性	内置测试能力的完整性如何?	对按照规定已实现内置测试的功能进行计数,并与需求规格说明中内置测试的功能数相比较。	$X=A/B$ A=在评审中证实按照规定实现内置测试的功能数 B=要求内置测试的功能数	$0\leqslant X\leqslant 1$ 越接近 1,越好	绝对标度	X=计数/计数 A=计数 B=计数	A取自评审报告,B取自需求规格说明或设计文件。	6.4 验证 6.6 联合评审	开发者 维护者
易测试性的自主性	软件测试的独立性如何?	对依赖于其他系统的已经用桩模块模拟的测试项进行计数,并与依赖于其他系统的测试总数相比较。	$X=A/B$ A=依赖于其他系统的已经用桩模块模拟的测试项数 B=依赖于其他系统的测试总数	$0\leqslant X\leqslant 1$ 越接近 1,越好	绝对标度	X=计数/计数 A=计数 B=计数	A取自评审报告,B取自需求规格说明或设计文件。	6.4 验证 6.6 联合评审	开发者 维护者 需方
测试进程的可观察性	在测试期间内置测试结果显示的完整程度如何?	对按规定已实现的检查点进行计数,并与设计要求规定的检查点数目相比较。	$X=A/B$ A=在评审中证实按规定已实现的检查点数 B=设计中的检查点总数	$0\leqslant X\leqslant 1$ 越接近 1,越好	绝对标度	X=计数/计数 A=计数 B=计数	A取自评审报告,B取自设计文件。		开发者 维护者 需方

表 8.5.5 维护性的依从性度量

度量名称	度量目的	应用的方法	测量、公式及数据元素计算	测量值解释	度量标度类型	测度类型	测量输入	在 GB/T 8566 中的应用	目标用户
维护性的依从性	遵循与产品的维护性有关的法规、标准及约定的程度如何?	对要求的依从性已经满足的项进行计数,并与规格说明中要求的依从性项数相比较。	$X=A/B$ A=在评价中证实已正确实现的与维护性的依从性有关的项数 B=依从项总数	$0\leqslant X\leqslant 1$ 越接近 1,依从性越好	绝对标度	X=计数/计数 A=计数 B=计数	依从性的规格说明 相关的标准、约定和法规 设计 源代码 评审报告	6.4 验证 6.6 联合评审	开发者 需方

表 8.6.1 适应性度量

度量名称	度量目的	应用的方法	测量、公式及数据元素计算	测量值解释	度量标度类型	测度类型	测量输入	在 GB/T 8566 中的应用	目标用户
数据结构的适应性	产品对数据结构的变更的适应程度如何?	对适应后能够操作且没有限制的数据结构进行计数,并与要求适应能力的数据结构的总数相比较。	$X=A/B$ A=经评审证实在适应后能够操作且不含限制的数据结构的计数 B=要求有适应能力的数据结构的总数	$0\leqslant X\leqslant 1$ 越接近 1,越好	绝对标度	X=计数/计数 A=计数 B=计数	需求规格说明 设计 评审报告	6.4 验证 6.6 联合评审	开发者 维护者 需方
硬件环境的适应性(对硬件设备和网络设施的适应性)	产品对与 H/W 相关的环境变更的适应程度如何?	对已实现的能在指定的多种 H/W 环境中按规定取得所要求的结果的功能进行计数,并与具有 H/W 环境适应能力要求的功能总数相比较。	$X=A/B$ A=经评审证实已实现的能在指定的多种 H/W 环境中取得所要求结果的功能数 B=具有 H/W 环境适应能力要求的功能总数	$0\leqslant X\leqslant 1$ 越接近 1,越好	绝对标度	X=计数/计数 A=计数 B=计数	需求规格说明 设计 评审报告	6.4 验证 6.6 联合评审	开发者 维护者 需方
组织环境的适应性(对组织的基础设施的组织适应性)	产品对组织变更的适应程度如何?	对已实现的能在指定的多种组织及业务环境中按规定取得所要求的结果的功能进行计数,并与具有组织环境适应能力要求的功能总数相比较。	$X=A/B$ A=经评审证实已实现的能在指定的多种组织及业务环境中按规定取得所要求结果的功能数 B=具有组织环境适应能力要求的功能总数	$0\leqslant X\leqslant 1$ 越接近 1,越好	绝对标度	X=计数/计数 A=计数 B=计数	需求规格说明 设计 评审报告	6.4 验证 6.6 联合评审	开发者 维护者 需方

表 8.6.1（续）

度量名称	度量目的	应用的方法	测量、公式及数据元素计算	测量值解释	度量标度类型	测度类型	测量输入	在 GB/T 8566 中的应用	目标用户
用户移植的友好性	对产品执行移植操作的容易程度如何？	对已实现的能按规定支持易被用户掌握的功能进行计数，并与要求易于掌握的功能总数相比较。	$X=A/B$ A=经评审证实按规定支持易被用户掌握的功能的计数 B=具有易于掌握要求的功能总数	$0\leqslant X\leqslant 1$ 越接近 1，越友好	绝对标度	X=计数/计数 A=计数 B=计数	需求规格说明 设计 评审报告	6.4 验证 6.6 联合评审	开发者 维护者 需方
系统软件环境的适应性（对OS、网络软件和合作应用软件的适应性）	产品对与系统软件相关的环境变更的适应程度如何？	对已实现的能在指定的多种系统软件环境中按规定获取所要求结果的功能进行计数，并与具有系统软件环境适应能力要求的功能总数相比较。	$X=A/B$ A=经评审证实已实现的能在指定的多种系统软件环境中获取所要求结果的功能数 B=具有系统软件环境适应能力要求的功能总数	$0\leqslant X\leqslant 1$ 越接近 1，越好	绝对标度	X=计数/计数 A=计数 B=计数	需求规格说明 设计 评审报告	6.4 验证 6.6 联合评审	开发者 维护者 需方

表 8.6.2　易安装性度量

度量名称	度量目的	所采用的方式	测量、公式及数据元素计算	测量值解释	度量标度类型	测度类型	测量输入	在 GB/T 8566 中的应用	目标用户
易于重新安装	重复安装操作是否容易？	对已实现的重新安装操作的操作数进行计数，并与要求的重新安装操作的总计数相比较。	$X=A/B$ A=经评审证实已实现的重新安装操作的计数 B=要求重新安装操作的总计数	$0\leqslant X\leqslant 1$ 越接近 1，越容易	绝对标度	X=计数/计数 A=计数 B=计数	评审报告	6.5 确认	开发者

表 8.6.2(续)

度量名称	度量目的	所采用的方式	测量、公式及数据元素计算	测量值解释	度量标度类型	测度类型	测量输入	在 GB/T 8566 中的应用	目标用户
安装的工作量	安装需要付出多少工作量?	对已实现的自动安装的步骤进行计数,并与规定要实现的安装步骤总数进行比较。	$X=A/B$ A=经评审证实自动的安装步骤数 B=要求的安装步骤总数 注解:规定的:如,视窗/命令/手动操作的数目,以达到目标操作。	$0 \leqslant X \leqslant 1$ 越接近1,越好	绝对标度	X=计数/计数 A=计数 B=计数	评审报告	6.5 确认	开发者
安装的灵活性	安装时的灵活性和可定制性如何?	对已实现的按规定可定制的安装操作进行计数,并与有定制能力要求的安装操作总数进行比较。	$X=A/B$ A=经评审证实已实现的按规定可定制的安装操作的计数 B=要求可定制安装的操作总数 注解:可定制的:如,嵌套深度、操作视窗个数	$0 \leqslant X \leqslant 1$ 越接近1,越灵活	绝对标度	X=计数/计数 A=计数 B=计数	需求规格说明 评审报告	6.5 确认	开发者

表 8.6.3 共存性度量

度量名称	度量目的	所采用的方式	测量、公式及数据元素计算	测量值解释	度量标度类型	测度类型	测量输入	在 GB/T 8566 中的应用	目标用户
可行的共存性	产品在对其他软件不产生不良影响的前提下与其他软件灵活地共享环境的程度如何?	对能按规定共存的产品的实体进行计数,并与需要在产品环境中共存的实体总数相比较。	$X=A/B$ A=能按规定共存的产品实体数 B=需要在产品环境中共存的实体总数	$0 \leqslant X \leqslant 1$ 越接近1,越好	绝对标度	X=计数/计数 A=计数 B=计数	要求 规定 评审报告 测试报告	6.4 验证 6.6 联合评审	需方 开发者 维护者

表 8.6.4 易替换性度量

度量名称	度量目的	所采用的方式	测量、公式及数据元素计算	测量值解释	度量标度类型	测度类型	测量输入	在 GB/T 8566 中的应用	目标用户
数据的连续使用	在产品被替代后原有数据保持不变的总数有多少?	对产品被替代后按规定继续使用的数据项进行计数，并与软件被替代后要求使用的旧数据的总项数相比较。	$X=A/B$ A=经评价证实按规定在替代之后继续使用的数据个数 B=从原软件中要求使用的旧数据项总数	$0\leqslant X\leqslant 1$ 越接近1，越好	绝对标度	X=计数/计数 A=计数 B=计数	设计 源代码 评审报告 测试报告	6.4 验证 6.6 联合评审	需方 开发者 维护者
功能的内含性	有多少功能保持不变?	对被产生类似结果的新软件覆盖的功能数进行计数，并与旧软件的功能总数相比较。	$X=A/B$ A=经评审证实被产生类似结果的新软件覆盖的功能数 B=旧软件的功能总数	$0\leqslant X\leqslant 1$ 越接近1，越好	绝对标度	X=计数/计数 A=计数 B=计数	设计 源代码 评审报告 测试报告	6.4 验证 6.6 联合评审	需方 开发者 维护者

表 8.6.5 可移植性的依从性度量

度量名称	度量目的	所采用的方式	测量、公式及数据元素计算	测量值解释	度量标度类型	测度类型	测量输入	在 GB/T 8566 中的应用	目标用户
可移植性的依从性	遵循与产品的可移植性有关的法规、标准及约定的程度如何?	对已满足要求的依从性的项进行计数，并与规格说明中要求的依从性项数相比较。	$X=A/B$ A=在评价中证实已正确实现的与可移植性的依从性有关的项数 B=依从项总数	$0\leqslant X\leqslant 1$ 越接近1，依从性越好	绝对标度	X=计数/计数 A=计数 B=计数	依从性的规格说明 相关的标准、约定和法规 设计 源代码 评审报告	6.4 验证 6.6 联合评审	需方 开发者

附 录 A
（资料性附录）
使用度量时的考虑

A.1 测度的解释

A.1.1 测试使用周境与运行使用周境之间的潜在差异

在策划使用度量或解释测度时，理解清楚软件所要的使用周境，以及测试使用周境与运行使用周境之间的潜在差异是很重要的。例如：在类似的软件系统中，“学会操作所需的时间”的测度，对技术熟练的操作者与非熟练的操作者常常不一样。下面给出一些潜在差异的例子：

a） 测试环境与运行环境之间的差异

测试环境与运行环境之间是否有明显差异？

下面是一些实例：

- 具有较高/相当/较低的运行计算机 CPU 性能的测试环境；
- 具有较高/相当/较低的运行网络和通信性能的测试环境；
- 具有较高/相当/较低的运行操作系统性能的测试环境；
- 具有较高/相当/较低的运行用户界面性能的测试环境。

b） 测试的执行与实际运作的执行之间的差异

测试的执行与用户环境中运行的执行之间是否有明显差异？

下面是一些实例：

- 测试环境中功能的覆盖率；
- 测试用例的抽样率；
- 实时事务的自动测试；
- 压力负载；
- 每周 7 h×24 h(不间断)运行；
- 用来测试异常和差错的合适数据；
- 周期性处理；
- 资源利用率；
- 中断级别；
- 生产强度；
- 干扰。

c） 观察用户的特征

测试时用户的特征与运行时用户的特征是否有明显差异？

如下列实例：

- 混合类型的用户；
- 用户的技能水平；
- 专业用户或一般用户；
- 受限用户组或公共用户。

A.1.2 影响结果有效性的问题

下列问题可能会影响所收集的数据的有效性。

a） 收集评价结果的规程

- 借助工具或设施自动收集/手工收集/问卷调查或面谈。

b) 评价结果的来源

● 开发者的自述报告/评审者的报告/评价者的报告。

c) 结果数据的确认

● 开发者自查/由独立评价者检查。

A.1.3 测量资源的平衡

在每个阶段使用的测度的平衡是否适合于评价的目的?

在为内部测量、外部测量和使用质量的测度应用适当的度量范围时,平衡所用的工作量是很重要的。

A.1.4 规格说明的正确性

软件规格说明与实际操作要求之间是否有明显差异?

在不同阶段评价软件产品时,所采取的测量就是与产品的规格说明进行比对。因此,通过确认和验证来确保用于评价的产品规格说明能反映出运行中真实和实际的需要是非常重要的。

A.2 度量的确认

A.2.1 度量的理想性质

为了从质量评价中获得有效结果,度量应具有下列性质。若某种度量不具备这些性质,那么,度量描述应说明对其有效性的约束,并尽可能解释如何处理这类情况。

a) (度量的)可靠性:可靠性与随机误差有关。如果随机变量不影响度量的结果,则度量是没有随机差错的。

b) (度量的)可重复性:由相同的评价者使用相同的评价规格说明(包括在相同的环境中)和相同的用户类型及环境,对相同产品重复进行的度量宜在适当的容差范围内得出相同的结果。这里所谓适当的容差应包括诸如疲劳、学习效应等因素。

c) (度量的)可再现性:由不同的评价者使用相同的评价规格说明(包括在相同的环境中)和相同的用户类型及环境,对相同产品进行的度量宜在适当的容差范围内得出相同的结果。

注1:建议对测量结果的可变性进行统计分析。

d) (度量的)可用性:度量应明确指出其约束使用条件(如特定因素存在的条件)。

e) (度量的)指示性:度量标识软件应改进的部份或改进的项,并给出与期望值进行比较的测量结果的能力。

注2:与只检查所需的项目不同,对选定或建议的度量宜提供使用度量可用性的书面证据。

f) (测度的)正确性:度量宜应具备下列性质:

1) (测度的)客观性:度量的结果与其数据输入应是有据可查的,即不受评价者、测试用户的感觉或观点的影响(除非满意度或吸引性度量,因为用户的感觉与观点也是测量的对象)。

2) (测度的)公正性:度量不应偏向任何特殊的结果。

3) (测度的)充分精确性:精确性由度量的设计,特别是作为度量基础的材料的选择来确定。度量的用户将描述度量的精确性和灵敏性。

g) (测度的)意义:测量应产生有关软件行为或质量特性的有意义的结果。度量也应具有成本效益:即成本越高的度量,提供的结果应越具价值。

A.2.2 度量有效性的证实

度量的用户应标识一些证实度量的有效性的方法,例如:

a) 相关性

质量特性值(对运行使用中的主要度量的测度)中的变化可以用度量值中的变化来解释,用线性系数的平方表示。

利用相关性度量,评价者不用直接测量就可以预测质量特性的值。

b） 跟踪

若度量值 M 和质量特性值 Q(对运行使用中的主要度量的测度)直接相关，给定一个产品或过程，当值 $Q(T_1)$变为 $Q(T_2)$时，度量值也以相同的趋势，从 $M(T_1)$变为 $M(T_2)$(若 Q 值增加，则 M 值也增加)。

评价者不必直接测量而是通过使用那些具有跟踪能力的度量就可以检测质量特性随时间周期的变化。

c） 一致性

若质量特性值(对运行使用中的主要度量的测度)$Q_1, Q_2, ..., Q_n$ 对应于产品或过程 1，2，…，n，当有关系 $Q_1 > Q_2 > \cdots > Q_n$ 时，则对应的度量值也有关系 $M_1 > M_2 > \cdots > M_n$。

评价者可以使用具有一致性能力的度量来关注软件的异常部件和易出差错的部件。

d） 可预测性

若使用时间 T_1 的度量来预测时间 T_2 质量特性值 Q(对运行使用中的主要度量的测度)，则预测误差值应在预测允许的范围内。预测误差＝(预测值 $Q(T_2)$－实际值 $Q(T_2)$)/ 实际值 $Q(T_2)$。

评价者可以通过可预测性的度量预测质量特性今后的变化趋势。

e） 可判别性

度量能够判别出软件质量的高低。

评价者可以使用具有判别能力的度量对软件部件进行分类和对质量特性值定级。

A.3 使用度量进行估计(判断)与预测(展望)

用如下两种方法在早期阶段估计和预测软件产品的质量特性是最具价值的度量。

A.3.1 利用当前的数据预测质量特性

a） 利用回归分析来预测

当通过使用特性(属性)的当前值(数据)来预测同一特性(属性)的未来值(测度)时，根据一个足够长的时间内观察到的一组数据进行回归分析是有用的。

例如在测试阶段(活动)中获得的 MTBF(平均失效间隔时间)的值可用于估计在运行阶段的 MT-BF。

b） 利用相关性分析来预测

当用不同属性的当前测量值来预测特性(属性)的未来值(测度)时，使用一个确认的表明相关性的函数进行相关性分析是有用的。

例如在编码阶段，模块的复杂性可用来预测在维护过程中程序修改和测试所花费的时间与工作量。

A.3.2 根据当前的事实估计当前的质量特性

a） 利用相关性分析来估计

在估计不可直接测量的属性的当前值时，若任何其他的测度与目标测度密切相关时，相关性分析方法是有用的。

例如软件产品中遗留的故障数是不可测的，但它可以用检测出的故障数及故障趋势进行估计。

对于不能直接测量的属性进行预测的那些度量应用下述解释来估计：

- 使用模型来预测属性；
- 使用公式来预测属性；
- 基于经验来预测属性；
- 使用合理判断来预测属性。

对于不能直接测量的属性进行预测的那些度量可以用下述解释来确认：

- 标识要预测的属性的测度；
- 标识要用来预测的度量；

- 进行基于确认的统计分析；
- 将结果归档；
- 定期地重复上述工作。

A.4 检测易发生质量问题的部件中的偏差或异常

下列质量控制工具可用来分析在软件产品部件中的偏差和异常情况：

a) 流程图(软件的功能模块)

b) 排列分析和排列图

c) 直方图和散点图

d) 运行图、相关图和层次图

e) 鱼骨图

f) 统计过程控制(软件功能模块)

g) 检查单

上述工具可用于标识源于数据的质量问题，这些数据是通过应用度量来获得的。

A.5 显示测量结果

a) 显示质量特性评价的结果

对于每个质量特性和子特性可用下列图示法显示质量评价的结果：

雷达图、条形图、数字化的直方图、多变量图、重要性能矩阵图等。

b) 显示测度

可利用一些有用的图形表示，如排列图、趋势图、直方图、相关图等。

附 录 B
(资料性附录)
使用质量的度量、外部度量和内部度量的用法(框架实例)

B.1 引言

本框架实例是一个高层描述,它描述的是关于如何在软件开发和实现过程中使用 GB/T 16260.1—2006中的质量模型和相关的度量来获得满足用户要求的质量产品。本实例所示的概念可用不同的定制形式来实现,以适应个体、组织或者项目。本实例使用的 GB/T 8566—2001 中的生存周期过程可作为传统软件开发生存周期的基准,使用的 GB/T 18905.3—2002 中的质量评价过程的步骤可作为传统软件产品质量评价过程的基准。只要能理解基本概念,如果用户愿意,也可以把这些概念映射为其他的软件生存周期模型。

B.2 开发及质量过程的概述

为了测量可交付项(即使用质量、外部质量和内部质量)的质量,表 B.1 描述了一个示例模型,它把软件开发生存周期过程的活动(从活动 1 到活动 8)与其关键的可交付项及相关的引用模型联系起来。

第一行描述软件开发的生存周期过程的活动。(可为适应独特的要求来定制)。第二行描述可能作为测量类别(如使用质量,外部质量或内部质量)的一种实际的测度或者预测。第三行描述可以测量质量的关键可交付项,第四行描述在每个过程活动中可适用于每个可交付项的度量。

表 B.1 质量测量模型

	活动 1	活动 2	活动 3	活动 4	活动 5	活动 6	活动 7	活动 8
阶段	需求分析(软件与系统)	体系结构设计(软件与系统)	软件的详细设计	软件编码与测试	软件集成及软件的合格性测试	系统集成及系统合格性测试	软件的安装	软件的验收支持
模型的引用	所需的用户质量 所需的内部质量 所需的外部质量	预测的使用质量, 预测的外部质量, 测量的内部质量	预测的使用质量, 预测的外部质量, 测量的内部质量	预测的使用质量, 测量的外部质量, 预测的外部质量, 测量的内部质量	预测的使用质量, 测量的外部质量, 预测的外部质量, 测量的内部质量	预测的使用质量, 测量的外部质量, 测量的内部质量	预测的使用质量, 测量的外部质量, 测量的内部质量	测量的使用质量, 测量的外部质量, 测量的内部质量
活动的关键可交付项	用户的质量需求(规定的), 外部的质量需求(规定的), 内部的质量需求(规定的)	软件/系统体系结构设计	软件详细设计	软件代码, 测试结果	软件产品,测试结果	集成的系统,测试结果	安装的系统	交付的软件产品
用于测量的度量	内部度量(外部度量可用于确认需求规格说明)	内部度量	内部度量	内部度量 外部度量	内部度量 外部度量	内部度量 外部度量	内部度量 外部度量	使用质量度量 内部度量 外部度量

B.3 质量途径步骤

B.3.1 概述

开发周期中对质量的评价分为下列步骤。步骤1必须在需求分析活动中完成，步骤2到步骤5必须在上述定义的每个过程活动中重复进行。

B.3.2 步骤1：质量需求的确定

对质量模型中定义的每个质量特性和子特性，用表B.2中的两个例子对每类测量（使用质量、外部和内部质量）确定用户要求的权重。根据分配的相对权重，允许评价者集中精力于最重要的子特性上。

表 B.2 用户要求的特性与权重 a)

使用质量		
	特性	权重(高/中/低)
	有效性	高
	生产率	高
	安全性	低
	满意度	中

表 B.2 用户要求的特性与权重 b)

外部与内部质量		
特性	子特性	权重(高/中/低)
功能性	适合性	高
	准确性	高
	互操作性	低
	安全保密性	低
	功能性的依从性	中
可靠性	成熟性(硬件、/软件、/数据)	低
	容错性	低
	易恢复性(数据、过程、技术)	高
	可靠性的依从性	高
易用性	易理解性	中
	易学性	低
	易操作性	高
	吸引性	中
	易用性的依从性	高
效率	时间特性	高
	资源利用性	高
	效率的依从性	高

表 B.2 b)（续）

外部与内部质量		
特性	子特性	权重(高/中/低)
维护性	易分析性	高
	易改变性	中
	稳定性	低
	易测试性	中
	维护性的依从性	高
可移植性	适应性	高
	易安装性	低
	共存性	高
	易替换性	中
	可移植性的依从性	高

注：权重可用高/中/低的方式表示，也可在1～9的范围内用顺序标度来表示(例如1～3＝低、4～6＝中、7～9＝高)。

B.3.3　步骤2:评价的规格说明

每个开发过程活动都要实施本步骤。

质量模型中定义的每个质量子特性均标识要应用的度量和要求的级别，以便达到在第1步骤中设定的用户要求，并按表B.3的例子加以记录。

对内容阐述的基本输入及用法说明可在表B.1的例子中得到，其中解释了在开发周期的这一阶段中能测量什么。

注：在开发周期的特定活动中，表中的某些行可以是空的，因为在开发过程的早期，不可能测量所有子特性。

表 B.3　质量测量表 a)

使用质量测量类别				
	特性	度量	要求的级别	评估实际结果
	效率			
	生产率			
	安全性			
	满意度			

表 B.3　质量测量表 b)

外部质量测量类别				
特性	子特性	度量	要求的级别	评估实际结果
功能性	适合性			
	准确性			
	互操作性			
	安全保密性			
	功能性的依从性			

表 B.3 b)(续)

外部质量测量类别				
特性	子特性	度量	要求的级别	评估实际结果
可靠性	成熟性(硬件/软件/数据)			
	容错性			
	易恢复性(数据、过程、技术)			
	可靠性的依从性			
易用性	易理解性			
	易学性			
	易操作性			
	吸引性			
	易用性的依从性			
效率	时间特性			
	资源利用性			
	效率的依从性			
维护性	易分析性			
	易改变性			
	稳定性			
	易测试性			
	维护性的依从性			
可移植性	适应性			
	易安装性			
	共存性			
	易替换性			
	可移植性的依从性			

表 B.3 质量测量表 c)

内部质量测量类别				
特性	子特性	度量	要求的级别	评估实际结果
功能性	适合性			
	准确性			
	互操作性			
	安全保密性			
	功能性的依从性			
可靠性	成熟性(硬件/软件/数据)			
	容错性			
	易恢复性(数据、过程、技术)			
	可靠性的依从性			

表 B.3 c)(续)

内部质量测量类别				
特性	子特性	度量	要求的级别	评估实际结果
易用性	易理解性			
	易学性			
	易操作性			
	吸引性			
	易用性的依从性			
效率	时间特性			
	资源利用性			
	效率的依从性			
维护性	易分析性			
	易改变性			
	稳定性			
	易测试性			
	维护性的依从性			
可移植性	适应性			
	易安装性			
	共存性			
	易替换性			
	可移植性的依从性			

B.3.4 步骤 3:评价的设计

每个开发过程活动都要实施本步骤。

制定一个包括可交付项的测量计划(类似于表 B.4 中的例子),这些交付项用作要实施的度量和测量过程的输入。

表 B.4 测量计划

子特性	要评价的可交付项	应用的内部度量	应用的外部度量	应用的使用质量度量
1.适合性	1. 2. 3.	1. 2. 3.	1. 2. 3.	(不适用)
2.满意度	1. 2. 3.	(不适用)	(不适用)	1. 2. 3.
3.				
4.				
5.				
6.				

B.3.5 步骤 4:评价的执行

每个开发过程活动都要实施本步骤。

执行评价计划，填写表 B.3 实例中的每一列。GB/T 18905 系列标准可用作编制计划和执行测量过程的指南。

B.3.6 步骤 5:反馈给组织

每个开发过程活动都要实施本步骤。

一旦所有测量均已完成，要把结果映射到表 B.1 中并以报告的形式将结论写成文件。同时标识产品质量需要改进的特定区域以使其满足用户的需要。

附 录 C
（资料性附录）
度量标度类型和测度类型的详细解释

C.1 度量标度的类型

当度量的用户得到了测量结果并使用该测度进行计算和比较时，宜对每种测度标识下列度量标度类型。对某些测度，平均值、比率或差值可能没有意义。度量标度类型有：标称标度、顺序标度、间隔标度、比率标度和绝对标度。$M'=F(M)$，这里 F 是一个容许函数。每个测量标度类型的描述包含容许函数的描述（若 M 是一个度量，则 $M'=F(M)$ 也是一个度量）。

a） 标称标度

$M'=F(M)$，这里 F 是一对一的映射。

标称标度包括分类，例如软件的故障类型（数据、控制、其他）。只有用相同类型的频率计算时，平均值才有意义。只有用经过映射的每种类型的频率计算时，比率也才有意义。因此，平均值和比率可以用来代表相同类型频率的早期和后来情况之间或两个类似情况之间的差。否则，它们可以用来相互比较每种类型各自的频率。

注 1：例如：城市交通线标识号、编译器出错消息标识号。

注 2：含义说明：只是不同类别的数。

b） 顺序标度

$M'=F(M)$，这里 F 是一个单调递增的映射，即：若 $M(x)\geqslant M(y)$，则 $M'(x)\geqslant M'(y)$。

顺序标度包括排序，例如：软件的失效按严重程度排序（忽略不计的、轻微的、严重的、灾难性的）。只有用经过映射的相同顺序的频率计算时，平均值才有意义。只有用经过映射的每种顺序的频率计算时，比率也才有意义。因此，比率和平均值可用来代表相同顺序频率的早期和后来情况之间或两个类似情况之间的差。否则，它们可以用来相互比较每种顺序的频率。

注 1：例如：学校的考试成绩：优、良、及格和不及格。

注 2：含义说明：每个量取决于它们在顺序中的位置，如中值。

c） 间隔标度

$M' = aM + b\ (a>0)$

当两次测度之间的差值有经验意义时，间隔标度包括排序的等级标度。但间隔标度中两次测度的比率可能没有相同的经验意义。

注 1：例如：温度（摄氏、华氏、开氏），实际计算时间与预测的时间的差。

注 2：含义说明：算术平均值和任何依赖排序的值。

d） 比率标度

$M' = aM\ (a>0)$

当两次测度之间的差值及两次测度的比例有相同的经验意义时，比率标度包括排序的等级标度。平均值和比率有各自的含义，它们给出了值的实际含义。

注 1：例如：长度、重量、时间、规模、计数。

注 2：含义说明：几何平均、百分比。

e） 绝对标度

$M'=M$，它们只能按一种方式测量。

任何与测度有关的说明都是有意义的。例如，当测量的单位相同时，一个比率标度类型的测度除以另一个比率标度类型的测度，结果是一个绝对值。一个绝对标度类型的测量值事实上不带任何单位。

注 1：例如：带注释的代码行数除以代码的总行数。

注 2：含义描述：一切事情。

C.2 测度类型

C.2.0 概述

为了设计一个收集数据、正确解释其含义并且把测度规范化以便进行比较的过程，度量的用户宜标识并考虑度量所使用的测度类型。

C.2.1 规模测度类型

C.2.1.0 导引

按其定义中所声称的测度内容，本类型的测度代表软件的一种特殊规模。

注：软件可以有多种表示规模的方法（就像任何一个实体可以进行多维测量——质量、体积、表面积等等。）

用一种规模测度来使其他的测度规范化，可以根据规模单位给出可比值。下列描述的规模测度类型可用于软件质量的测量。

C.2.1.1 功能规模类型

功能规模是软件可能有的一种规模类型（一维）的例子。任何一个软件实例可能会有多个功能规模，例如取决于：

a) 测量软件规模的目的（它影响到在测量中包含的软件范围）；

b) 所用的特定功能规模测量方法（它将改变其单位和标度）。

GB/T 18491.1—2001 提供了概念定义和使用功能规模的测量方法（FSM 方法）的过程。

为了规范化地使用功能规模，必须确保采用相同的功能规模方法，基于同样的目的，还要确保要比较的不同软件已经过测量，因而具有可比较的范围。

尽管下列内容经常声称代表了功能规模，但不能保证它们等同于应用 FSM 方法所获得的功能规模，也不能保证它们依从于 GB/T 18491.1—2001 标准。不过，在软件开发中，如下的方法仍被广泛使用。

1) 电子表格数；

2) 屏幕数；

3) 要处理的文件或数据集合数；

4) 用户需求规格说明描述的逐条列举的功能需求数。

C.2.1.2 程序规模类型

本条中，术语“程序设计”代表当执行时导致一些动作的表达式，术语“语言”代表所用的表达式类型。

1. 源程序规模

应解释程序设计语言，它应提供如何处理诸如注释行这样的不可执行语句。经常使用下列测度：

非注释性源语句（NCSS）包括可执行语句和带有逻辑性源语句的数据声明语句。

注 1：新程序规模

开发者可能使用新开发的程序规模来代表开发与维护工作产品的规模；

注 2：变更的程序规模

开发者可能使用变更的程序规模来代表包含修改过的部件的软件规模；

注 3：计算的程序规模

计算程序规模的公式的例子：新代码行＋ 0.2 * 修改过的部件中的代码行（NASA Goddard）

可能有必要更详细地区分下列源代码语句的类型：

Ⅰ. 语句的类型

逻辑性源语句（LSS）：LSS 测量软件指令的数量。这些语句不考虑与行的关系，独立于表现它们的物理格式。

物理源语句（PSS）：PSS 测量软件的源代码行数。

Ⅱ. 语句的属性

可执行语句；

数据声明语句；

编译程序命令语句；

注释性源语句；

Ⅲ. 源

修改的源语句；

增加的源语句；

删除的源语句；

- 新开发的源语句(＝ 增加的源语句 ＋ 修改的源语句)；
- 重用的源语句(＝ 原来的源语句－修改的源语句－删除的源语句)

2. 程序字计数规模

可采用下列 Halstead 测度方法计算测量值：

程序的词汇数 ＝n_1＋ n_2；观察到的程序长度 ＝ N_1＋ N_2，其中：

- n_1：程序源代码中被程序语言预留的不同操作符的字数；
- n_2：程序源代码中由编程人员定义的不同操作数的字数；
- N_1：程序源代码中不同操作符出现的次数；
- N_2：程序源代码中不同操作数出现的次数。

3. 模块数

本测量计算可独立执行的对象个数，例如程序中的模块个数。

C.2.1.3 利用的资源规模测度类型

本测度类型标识要评价的软件在运行中所用的资源。例如：

a) 存储器的数量，例如在软件执行过程中，临时和永久占用的磁盘或内存的数量；

b) I/O 负载，例如通信数据流量总数(对网络中的备份工具有意义)；

c) CPU 负载，例如每秒钟 CPU 指令集占用的百分比(本测度类型对测量 CPU 的利用率或在并发/并行系统中软件的多线程运行时测量进程分配的效率时有意义)；

d) 文件与数据记录，例如文件或记录的位长度；

e) 文档，例如文档的页数。

注意峰值(最大值)、最小值和平均值，以及时间周期及观察的次数等数据可能很重要。

C.2.1.4 特定的操作规程步骤类型

本测度类型标识在人工界面的设计规格说明或用户手册中规定的规程的静态步骤。本测量值可能依测量所用的描述类型的不同而有所区别，例如用户的操作规程可以用图形也可以用文字来表示。

C.2.2 时间测度类型

C.2.2.0 导引

时间测度类型度量的用户应记录时间周期、检查过多少站点及有多少用户参与了这一测量。有多种以时间为单位进行测量的方式，例如：

a) 实时单位

这是物理时间单位，如秒、分或小时。这种单位常用来描述实时软件的任务处理时间。

b) 计算机机器时间单位

这是计算机处理器的时钟时间，即 CPU 时间的秒、分或小时。

c) 正式的日程表上的时间单位

包括工作小时、日历(日、月或年)。

d) 部件的时间单位

在有多个站点时,部件时间单位标识各个站点,部件时间单位是每个站点单独时间的累计。这种单位通常用来描述部件的可靠性,如部件的失效率。

e) 系统时间单位

在有多个站点时,系统时间不标识单独的站点,而标识整个系统中所有运行的站点。这种单位常用来描述系统的可靠性,如系统的失效率。

C.2.2.1 系统运行时间类型

系统运行时间类型为测量软件的可用性提供了基础。主要用于评价可靠性。应确定软件是间断运行还是连续地运行。如果软件是间断运行的,应确保在软件运行期间对时间进行测量(这显然可以扩展到连续运行的情况)。

a) 经时时间

当软件在不变的情况下使用时,如系统每周运行时间长度相同。

b) 机器加电时间

用于实时的、嵌入的或操作系统软件,它在系统运行的全部时间内都得到充分使用。

c) 规格化的机器时间

类似于机器加电时间,但把多台机器上不同的加电时间数据汇集起来并用一个修正因子进行调整。

C.2.2.2 执行时间类型

执行时间类型是指为完成特定任务所需要执行软件的时间。应分析几种尝试的分布,应计算均值、方差和最大值。应检查在特定条件下,特别是在过载条件下的执行时间。执行时间类型主要用于评价效率。

C.2.2.3 用户时间类型

用户时间类型测量单个用户在使用软件完成任务时所花费的时间。例如:

a) 会话时间

会话开始和结束的时间。如一个家庭银行系统的用户提取钱的行为。对于交互程序来说,只研究交互的易用性问题,不研究空闲时期。

b) 任务时间

单个用户每次试图运行软件完成任务所花费的时间。应定义好测量的起点和终点。

c) 用户时间

从开始到某个时间点,用户使用软件所花费的时间(从开始时起,用户使用软件大约有多少小时的时间或天数)。

C.2.2.4 工作量类型

工作量类型是指与某特定项目任务有关的生产时间。

a) 个人工作量

开发者、维护者或操作者为完成特定任务进行工作所需要的生产时间。个人的工作量只是每天一定数量的生产小时数。

b) 任务工作量

任务工作量是指所有单个的项目人员(开发者、维护者、操作者、用户或其他)为完成特定任务进行工作的人员工作量的累计值。

C.2.2.5 事件的时间间隔类型

本测度类型是指在观察期间,一个事件与下一个事件之间的时间间隔。可用观察时段的频率代替本测度。本测度可以典型地用来描述相继发生的失效之间的时间。

C.2.3 计数测度类型

C.2.3.0 导引

若对软件产品的文档属性进行计数,则为静态计数类型。若对事件或人的动作进行计数,则为动态计数类型。

C.2.3.1 检测的故障数类型

本测量对在评审、测试、纠正、运行或维护期间检测到的故障个数进行计数。按照故障所造成的影响,可为这些故障的严重程度进行分类。

C.2.3.2 程序结构的复杂度类型

本测量对程序结构的复杂度进行计数。例如不同路径的数目或 McCabe 圈复杂度。

C.2.3.3 检测不一致的个数类型

本测度对调查所准备的不一致项数进行计数。

a) 不符合的项数

例如:

- 与需求规格说明的规定项不相符;
- 与法律、法规或标准不相符;
- 与协议、数据格式、介质格式、字符编码不相符;

b) 用户期望的不能实现实例数

本测量对所列举的满意或不满意的项数进行计数,这些项描述用户合理的期望与软件产品性能间的差别。

本测量可用问卷的方式向测试者、客户、操作者或最终用户就发现的缺陷进行调查。例如:

- 功能是否可用;
- 功能是否有效地执行;
- 功能是否可用于用户特定的预期使用;
- 功能是否是预期的、需要的或不需要的;

C.2.3.4 变更数类型

本类型标识检测出的已经变更的软件配置项。如在源代码中发生变更的行数。

C.2.3.5 检测到失效数类型

本测量对在产品开发、测试、运作或维护过程中检测出的失效个数进行计数。根据这些失效造成的影响,可以按严重性的等级进行分类。

C.2.3.6 尝试(试验)次数类型

本测度对与故障造成的缺陷相关的尝试次数进行计数。例如在评审、测试和维护中的尝试次数。

C.2.3.7 人工操作过程中的点击类型

当用户与软件在操作中发生互动时,本测度对用户作为的动态步骤活动所产生的点击个数进行计数。本测度量化了人类工效的易用性及使用的工作量。因此,本测度可用于易用性测量。如执行任务时的点击次数,眼睛活动的次数等。

C.2.3.8 记分类型

本类型标识算术计算的记分或结果。记分可包括计数或按检查表进行或不进行加权计算。例如检查表的记分;问卷调查的记分;Delphi 方法等。

附 录 D
（资料性附录）
术 语

D.1 定义

除非特别指出，全部的定义都引自 GB/T 18905.1—2002 和 GB/T 16260.1—2006。

D.1.1 质量 quality

外部质量 External quality

产品在特定条件下使用时，满足明确或隐含要求的程度。

内部质量 internal quality

产品属性的总和，决定了产品在特定条件下使用时，满足明确和隐含要求的能力。

注 1：当术语“特性”在本部分中用于更特定的意思时，使用术语“属性”（而不是 3.1.3 中使用的术语“特性”）。

质量 quality

实体特性的总和，表示实体满足明确或隐含要求的能力。

注 2：在某种契约的环境或在某个受控的环境中，如核安全领域，要求是明确规定的，而在其他环境中，宜确定和定义隐含的要求。

使用质量 quality in use

特定用户使用产品满足其要求的程度，以达到在特定应用环境中的有效性、生产率和满意度等特定目标。

注 3：使用质量是在包含软件的环境中质量的用户观点，它可以用在环境中使用软件的结果来测量，而不是根据软件本身的性质来测量。

注 4：在 GB/T 18905.1—2002 中使用质量的定义目前不包括新的“安全性”特性。

质量模型 quality model

一组特性及特性之间的关系，它提供规定质量需求和评价质量的基础。

D.1.2 软件与用户 software and user

软件 software

信息处理系统的部分或全部程序、过程、规则及相关的文档。[GB/T 5271.1—1993]。

注 1：软件是独立于所记录媒体的智力创作。

软件产品 software product

一组计算机程序、规程以及可能有的相关文档和数据。[GB/T 8566—2001]

注 2：产品包括中间产品及专为开发者或维护者这样的用户所准备的产品。

用户 user

使用软件产品执行特定功能的个人。

注 3：用户可以包括操作者、软件结果的接受者或软件的开发者或维护者。

D.1.3 测量 measurement

属性 attribute

实体的可以测量的物理或理论上的性质。

直接测度 direct measure

不依赖于任何其他属性测度的一种对属性的测度。

外部测度　external measure

从对系统行为的测度导出的对产品的一种间接测度，其中产品是系统的一部分。

注 1：系统包括任何相关的硬件、软件(定制的软件或现货软件)和用户。

注 2：在测试中发现的故障数量是对程序中的故障数量的外部测度，因为故障的数量是在计算机系统运行程序的过程中计数，以便标识代码中故障的数量。

注 3：外部测度可以用来评价更接近于最终设计目标的质量属性。

指标　indicator

能用来估计或预测另一测度的一种测度。

注 4：预测的测度可以是针对相同或不同的软件质量特性。

注 5：指标可用来估计软件质量的属性和开发过程的属性，它们是对属性的不精确的间接测度。

间接测度　indirect measure

从一个或一个以上的其他属性的测度导出的一种对属性的测度。

注 6：对计算机系统属性(例如对用户输入的响应时间)的外部测度就是对软件属性的一种间接测度，因这种测度要受计算环境的属性和软件属性的影响。

内部测度　internal measure

对产品本身的一种测度，或是直接的或是间接的。

注 7：代码行数、复杂度、在走查和 Fog 索引中发现的故障数都是对产品本身进行的内部测度。

测度(名词)　measure(noun)

通过进行一次测量赋予实体属性的数或类别。

测量(动词)　measure(verb)

进行一次测量。

测量　measurement

使用一种度量，把标度值(可以是数或类别)赋予实体的某个属性。

注 8："类别"可用于指示属性的定性测度。如软件产品的一些重要属性，例如源程序语言(Ada，C，COBOL 等)就是定性的类别。

度量　metric

定义的测量方法和测量标度。

注 9：度量可以是内部的或外部的。

度量包括对定性数据进行分类的方法。

附 录 E
(资料性附录)
单纯的内部度量

E.1 单纯的内部度量

单纯的内部度量用来测量软件设计和软件产品的代码的某些属性,它们将影响软件的一些或全部特性和子特性。

表 E.1.1 单纯的内部度量

度量名称	度量目的	应用的方法	测量、公式及数据元素计算	测量值解释	度量标度类型	测度类型	测量输入	在 GB/T 8566 中的应用	目标用户
可追踪性	测量从需求到实现映射功能的过程中软件产品的文档、设计结构和代码的有效性。		$X=A/B$ A=在评审中已证实的可追踪的项数 B=被检测的项数	$0.0\leqslant X\leqslant 1.0$ 越接近 1.0,越好	绝对标度	X=计数/计数 A=计数 B=计数			
圈复杂度	测量软件设计和编码结构的复杂性级别。		$e-n+2p$ e:边数 n:结点数 p:不连通部分的数目						
信息流复杂度	测量设计控制结构的复杂度。(参照 IEEE 982.1)		IFC(信息流复杂度)=(扇入×扇出)^2						
自描述性									
模块性	测量更新和概括基于程序功能/数据、执行序列和控制流层次的功能性知识的容易程度。		$X1=A1/B1$ 其中 $A1$=功能上互相关联的模块数 $B1$=模块数 $X2=A2/B2$ 其中 $A2$=数据结构上互相关联的模块数 $B2$=模块数						
自包含性									
程序规模	测量程序的规模。		$(N_1+N_2)\log_2(n_1+n_2)$ N_1:操作符出现次数 N_2:操作数出现次数 n_1:操作符总数 n_2:操作数总数						

表 E.1.1(续)

度量名称	度量目的	应用的方法	测量、公式及数据元素计算	测量值解释	度量标度类型	测度类型	测量输入	在 GB/T 8566 中的应用	目标用户
条件词句	测量编码模块的复杂性级别。		$X=A$ A=条件语句数	$0.0\leqslant X$		X=大小 A=大小			
统一数据基准	测量数据统一性。		$X=A/B$ A=评审中已证实的具有统一名字的数据基准数 B=数据基准的总数	$0.0\leqslant X\leqslant 1.0$ 越接近1,越好	绝对标度	X=计数/计数 A=计数 B=计数			
变量名的适当性	测量变量名的适当性。		$X=A/B$ A=评审中已证实的具有适当名字的变量数 B=变量的总数	$0.0\leqslant X\leqslant 1.0$ 越接近1,越好	绝对标度	X=计数/计数 A=计数 B=计数			
数据耦合的模块率	测量数据耦合的模块率。		$X=A/B$ A=评审中已证实的数据耦合的模块数 B=模块总数	$0.0\leqslant X\leqslant 1.0$ 越接近1,越好	绝对标度	X=计数/计数 A=计数 B=计数			
程序语句	测量程序源语句。		$X=A$ A=程序语句的总数	$0.0\leqslant X$		X=大小 A=大小			
平均模块大小	测量平均模块规模。		$X=A/B$ A=所有模块中源语句的总行数 B=模块总数	$0.0\leqslant X$	绝对标度	X=大小 A=大小			
功能耦合的模块率	测量功能耦合的模块率。		$X=A/B$ A=评审中已证实的功能耦合的模块数 B=模块总数	$0.0\leqslant X\leqslant 1.0$ 越接近1,越好	绝对标度	X=计数/计数 A=计数 B=计数			

ICS 35.080
L 77

中华人民共和国国家标准

GB/T 16260.4—2006/ISO/IEC TR 9126-4:2004

软件工程 产品质量
第4部分:使用质量的度量

Software engineering—
Product quality—
Part 4:Quality in use metrics

(ISO/IEC TR 9126-4:2004,IDT)

2006-03-14 发布 2006-07-01 实施

中华人民共和国国家质量监督检验检疫总局
中国国家标准化管理委员会 发布

前 言

GB/T 16260《软件工程 产品质量》分为如下几部分:
——第 1 部分(即 GB/T 16260.1):质量模型;
——第 2 部分(即 GB/T 16260.2):外部度量;
——第 3 部分(即 GB/T 16260.3):内部度量;
——第 4 部分(即 GB/T 16260.4):使用质量的度量。

本部分为 GB/T 16260 的第 4 部分。

本部分等同采用 ISO/IEC TR 9126-4:2004《软件工程 产品质量 第 4 部分:使用质量的度量》。

为便于使用,本部分做了下列编辑性修改:

a) “本技术报告”改为“本部分”;

b) 删除了国际标准的前言,修改了国际标准的引言;

c) 由于原国际标准 ISO 8402:1994 已废止,因而本部分第 3 章删去了 ISO/IEC TR 9126-4:2004 中第 3 章对这个文件的引用;同时,据此原因,本部分中 D.1.1 也删去了原文中的注 1,使本部分的附录 D 与 GB/T 16260 第 2、3 部分的附录 D 保持一致。

本部分的附录 A、附录 B、附录 C、附录 D、附录 E、附录 F 和附录 G 是资料性附录。

本部分由中华人民共和国信息产业部提出。

本部分由中国电子技术标准化研究所归口。

本部分起草单位:上海计算机软件技术开发中心、中国电子技术标准化研究所、浙江省电子产品检验所。

本部分主要起草人:杨根兴、葛孝堃、韩良秀、冯惠、王凌、宣以广。

引　言

GB/T 16260的本部分所述的使用质量的度量是用来测量GB/T 16260.1—2006中所定义的使用质量的属性。本部分所列的度量并非一个完备的度量集合。开发者、评价者、质量管理者及需方可以从中选择度量来定义需求、评价软件产品、测量质量和用于其他目的。他们也可以修改这些度量或使用本部分未包括的其他度量。本部分适用于各种软件产品，但是并非每种度量都适用于每种软件产品。

GB/T 16260.1—2006定义了软件质量特性，及这些特性又如何分解成各个子特性的相关术语。但在该部分中，并没有描述这些子特性是如何被测量的。对于这些特性或子特性的测量GB/T 16260.2—2006定义了外部度量，GB/T 16260.3—2006定义了内部度量，GB/T 16260.4—2006定义了使用质量的度量。内部度量用来测量软件本身；外部度量用来测量包括软件在内的基于计算机系统的行为；而使用质量的度量则是测量软件在某个特定使用周境中的使用效果。

本部分旨在和GB/T 16260.1—2006结合使用。因此，在使用本部分以前，极力推荐读者先阅读GB/T 18905.1—2002和GB/T 16260.1—2006。尤其是读者不熟悉在产品规格说明和评价中如何使用软件度量的情况下。

软件工程 产品质量
第4部分:使用质量的度量

1 范围

GB/T 16260的本部分为GB/T 16260.1—2006中所规定的质量特性定义了使用质量的度量。本部分旨在与GB/T 16260.1—2006一起使用。

本部分包括以下内容:

a) 如何应用软件质量度量的解释;

b) 每种特性的基本度量集;

c) 在软件产品生存周期中如何应用这些度量的实例。

它包括了作为附录的使用质量的评价过程和报告格式。

本部分没有为某个评定级别或依从性等级设置这些度量值的范围,因为这些值是依据每个软件产品或软件产品的一部分的自身特性而定的,即依赖于软件分类、完整性级别和用户需求等因素。一些属性可能会有期望的取值范围,但不依赖于特定用户的需求,而范围的确定往往依赖于一般因素,例如人类认知因素。

本部分可用于各种应用软件。用户可以选择、修改及应用本部分中的度量和测度,也可以针对独特应用领域定义特定的应用的度量。例如,对于安全性和安全保密性等质量特性的具体测量可参见有关国家标准和国际标准。

本部分旨在针对以下使用者:

a) 需方(从供方获得或采购系统、软件产品或软件服务的个体或组织);

b) 评价者(实施评价的个体或组织。例如评价者可以是测试实验室、软件开发组织的质量部门、政府组织或用户);

c) 开发者(执行开发活动的个体或组织,开发活动包括软件生存周期过程中的需求分析、设计、测试直至验收等活动);

d) 维护者(执行维护活动的个体或组织);

e) 供方(按所签合同向需方提供系统、软件产品或软件服务的个体或组织),其在合格性测试中确认软件质量时使用;

f) 用户(使用软件产品执行具体功能的个体或组织),其在验收测试中评价软件产品质量时使用;

g) 质量管理者(执行软件产品或软件服务的系统性检查的个体或组织),其在质量保证和质量控制中评价软件质量时使用。

2 符合性

符合性不作要求。

注:在GB/T 16260.1—2006质量模型中有关于度量的一般符合性要求。

3 规范性引用文件

下列文件中的条款通过GB/T 16260的本部分的引用而成为本部分的条款。凡是注日期的引用文件,其随后所有的修改单(不包括勘误的内容)或修订版均不适用于本部分,然而,鼓励根据本部分达成协议的各方研究是否可使用这些文件的最新版本。凡是不注日期的引用文件,其最新版本适用于本部分。

GB/T 8566—2001 信息技术 软件生存周期过程(idt ISO/IEC 12207:1995)

GB/T 16260.1—2006 软件工程 产品质量 第1部分:质量模型(ISO/IEC 9126-1:2001,IDT)

GB/T 16260.2—2006 软件工程 产品质量 第2部分:外部度量(ISO/IEC TR 9126-2:2003,IDT)

GB/T 16260.3—2006 软件工程 产品质量 第3部分:内部度量(ISO/IEC TR 9126-3:2003,IDT)

GB/T 18905.1—2002 软件工程 产品评价 第1部分:概述(ISO/IEC 14598-1:1999,IDT)

GB/T 18905.2—2002 软件工程 产品评价 第2部分:策划和管理(ISO/IEC 14598-2:2000,IDT)

GB/T 18905.3—2002 软件工程 产品评价 第3部分:开发者用的过程(ISO/IEC 14598-3:2000,IDT)

GB/T 18905.4—2002 软件工程 产品评价 第4部分:需方用的过程(ISO/IEC 14598-4:1999,IDT)

GB/T 18905.5—2002 软件工程 产品评价 第5部分:评价者用的过程(ISO/IEC 14598-5:1998,IDT)

GB/T 18905.6—2002 软件工程 产品评价 第6部分:评价模块的文档编制(ISO/IEC 14598-6:2001,IDT)

GB/T 18491.1—2001 信息技术 软件测量 功能规模测量 第1部分:概念定义(idt ISO/IEC 14143-1:1998)

ISO 9241-11:1998 使用视觉显示终端(VDTs)办公的人类工效学要求 易用性指南

4 术语和定义

在 GB/T 18905.1—2002 和 GB/T 16260.1—2006 中定义的术语适用于本部分,并且这些术语列在了附录 D 中。

4.1

使用周境 context of use

用户、任务、设备(硬件、软件和材料)及产品使用的物理和社会环境。

[ISO 9241-11:1998]

4.2

目标 goal

预期的结果。

[ISO 9241-11:1998]

4.3

任务 task

实现目标所必需的活动。

注1:这些活动可能是体力的或脑力的。

注2:工作职责可以决定目标和任务。

[ISO 9241-11:1998]

5 符号和缩略语

SQA 软件质量保证(组)

SLCP 软件生存周期过程

6 软件质量度量的使用

GB/T 16260 的第 2、第 3 和第 4 部分提出了与第 1 部分“质量模型”一起使用的一组质量度量(外部质量、内部质量和使用质量的度量)的建议。这些部分的用户可以修改已定义的度量,也可以使用未列出的度量。当使用一个已修改的或一个未在各部分中定义的新度量时,用户宜说明这些度量与第 1 部分中的质量模型或任何其他所用的替代质量模型之间的关系。

GB/T 16260 的用户宜从第 1 部分中选择用于评价的质量特性和子特性,确定要采用的适当的直接测度和间接测度,确定相关的度量,并以客观的方式解释测量结果。GB/T 16260 的用户也可以从 GB/T 18905 系列标准中选择软件生存周期中的产品质量评价过程。上述这些标准给出了测量、评估和评价软件产品质量的方法,旨在供开发者、需方和独立的评价者使用,特别是那些负责软件产品评价的人员(见图 1)。

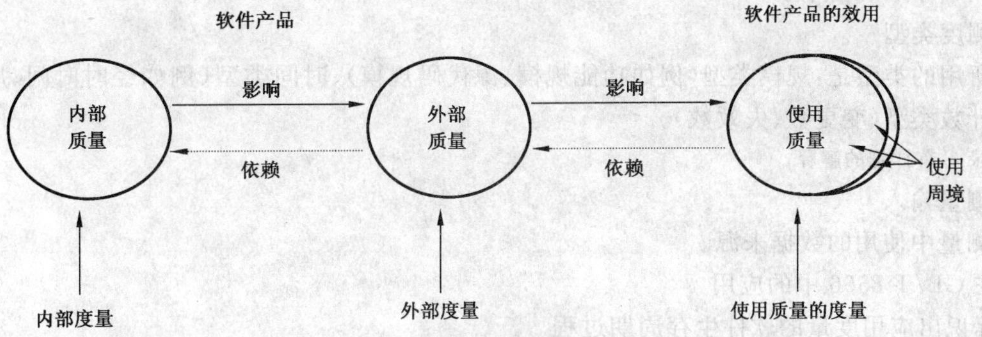

图 1 不同度量类型之间的关系

内部度量可用于开发阶段的非执行软件产品(例如标书、需求定义、设计规格说明或源代码等)。内部度量为用户提供了测量中间可交付项的质量的能力,从而可以预计最终产品的质量。这样就可使用户尽可能在软件生存周期的开发阶段的早期识别质量问题,并实施纠正措施。

外部度量可以通过测量该软件产品作为其一部分的系统的行为来测量软件产品的质量。外部度量只能在生存周期过程的测试阶段和任何运行阶段使用。当在其所在系统环境下运行软件产品时就可以执行这样的测量。

使用质量的度量是测量产品在特定的使用周境中,是否满足特定用户达到特定目标所要求的有效性、生产率、安全性及满意度。这只能在真实的系统环境中获得。

用户的质量要求可用使用质量的度量、外部度量,甚至是内部度量的质量需求来说明。这些由度量规定的需求宜作为产品评价时的准则。

建议尽可能采用与目标外部度量有密切关系的内部度量,以便可以用这些内部度量来预计外部度量的值。然而,往往很难设计出一个能够在内部和外部度量间提供密切关系的严格的理论模型。因此,假设模型可能是模糊的,所以在使用度量时,外部度量和内部度量关系密切程度模型应该使用统计建模的方法。

GB/T 16260 的第 1 部分附录 A 中的 A.4 列出了与有效性和可信赖性相关的建议和需求。另外,本部分的附录 A 列出了使用度量时的一些考虑细节。

7 度量表的阅读和使用

第 8 章列出的度量依据 GB/T 16260.1—2006 中的特性和子特性进行分类。下面是表中的每个度量应给出的信息:

a) 度量名称

在内部度量表和外部度量表中的相应度量的类似名称。

b) 度量目的

在度量应用中以回答问题的形式进行描述。

c) 应用的方法

提供一个应用的大纲。

d) 测量、公式和数据元素计算

给出测量公式,并解释所用的数据元素的意义。

注:在某些情况下一个度量对应多个公式。

e) 测量值解释

给出范围和最佳值。

f) 度量标度类型

度量中使用的标度类型。包括:标称标度、顺序标度、间隔标度、比率标度和绝对标度。

注:附录C有详细的解释。

g) 测度类型

所用的类型是:规模类型(例如功能规模、源代码规模)、时间类型(例如经时时间、用户时间)、计数类型(变更数、失效数)。

注:附录C有详细的解释。

h) 测量输入

测量中使用的数据来源。

i) 在 GB/T 8566 中的应用

标识出应用度量的软件生存周期过程。

j) 目标用户

标识测量结果的使用者。

8 度量表

8.0 综述

在本章列出的所有度量不是一个完备的集合,而且可能还有未经确认的。这些度量按照 GB/T 16260.1—2006 中说明的软件质量特性的顺序列出。

可应用的度量并不局限于这里所列的。其他特定用途的具体度量将由其他相关文档给出,如功能规模测量或精确时间的效率测量。

注:推荐选用有关标准、技术报告或指南中规定的度量或测量。功能规模的测量定义见 GB/T 18491.1—2001。精确时间的效率测量的实例见 ISO/IEC 14756。

在一个特定环境中应用度量前,应确认该度量(见附录 A)。

本章所列的使用质量的度量是测量产品在特定的使用周境中,满足特定用户达到特定目标所要求的有效性、生产率、安全性及满意度的程度。使用质量不仅依赖于软件产品,而且依赖于产品使用的特定周境,而使用周境是由用户、任务、物理或社会环境因素决定的。

在实际的使用周境中,通过观察典型用户完成的典型任务来评估使用质量(见附录 E)。这些测度可以通过模拟一个实际的工作环境(如易用性实验室)或是观察产品的运行使用情况来获得。为了说明或测量使用质量,首先必须要明确使用周境中的各个部分:用户、用户目标及使用环境。评价的设计应该和这些使用周境尽可能地相匹配。不过在运行环境下为用户提供有利的帮助和协助的方式也是重要的。

注:在某些情况下,易用性和使用质量有相类似的意义(安全性除外)(如 ISO 9241-11)。

一些外部的易用性度量(GB/T 16260.2—2006)使用类似的方法进行测试。但对特定产品特征使用的评价,要在产品更为通用的使用期内完成具有代表性任务(作为测试使用质量一部分)时进行。

使用质量有四个特性:有效性、生产率、安全性和满意度,没有子特性。

8.1 有效性度量

有效性度量(见表8.1)评估的是在特定的使用周境中,用户执行任务时是否能够准确和完全地达到规定的目标。这种度量只考虑已经完成目标的程度,而不考虑是如何达到目标的。

8.2 生产率度量

生产率度量(见表8.2)评估的是在特定的使用周境中用户消耗的与所达到的有效性相关的资源。虽然其他相关资源可能包含用户的工作量、材料或使用的财务成本,但最常见的资源是完成任务的时间。

8.3 安全性度量

安全性度量(见表8.3)评估的是在特定的使用周境中对人、业务、软件、财产或环境产生伤害的风险级别。包括用户以及那些受使用影响的人的健康和安全以及意想不到的生理的或经济的后果。

8.4 满意度度量

满意度度量(见表8.4)评估的是在特定的使用周境中用户对产品使用的态度。

注:满意度受用户对软件产品的属性的感知(例如可由那些外部度量所测得的)和用户对使用中的软件效率、生产率以及安全性的感知的影响。

表 8.1　有效性度量

度量名称	度量目的	应用的方法	测量、公式及数据元素计算	测量值解释	度量标度类型	测度类型	测量输入	在 GB/T8566 中的应用	目标用户
任务有效性	已正确完成任务目标的比例是多少？	用户测试	$M_1 = \| 1-\Sigma A_i \|$ A_i＝任务输出中遗漏或不正确的组件的比例值	$0.0 \leqslant M_1 \leqslant 1.0$ 越接近 1.0 越好		A＝比例	运行(测试)报告 用户监控记录 用户监视记录	6.5 确认 5.3.9 合格性测试 5.4 运作	用户 人机界面设计者
注：根据每项潜在遗漏的或不完全的任务输出部件给业务或用户带来的损失程度，分别定出相应的权值 A_i(如果权值总和大于 1，度量通常得 0，即使这可能暗示着负的结果和潜在的安全隐患。)(见例 G 3.1.1)记分机制是通过将其应用于一系列的任务输出，并调整权值直至测度具有可重复性、可再现性且有意义后经迭代确定出来的。									
任务完成量	已完成的任务比例是多少？	用户测试	$X=A/B$ A＝已完成的任务数 B＝试图完成的总任务数	$0.0 \leqslant X \leqslant 1.0$ 越接近 1.0 越好	比率标度	A＝计数 B＝计数 X＝计数/计数	运行(测试)报告 用户监控记录	6.5 确认 5.3.9 合格性测试 5.4 运作	用户 人机界面设计者
注：度量可以通过测量一个或一组用户得出。如果任务可以部分地完成，那么就可以使用任务有效性度量了。									
出错频率	出错频率怎样？	用户测试	$X=A/T$ A＝用户导致的错误数 T＝任务时间或任务数。	$0 \leqslant X$ 越接近 0 越好	绝对标度	A＝计数	运行(测试)报告 用户监控记录	6.5 确认 5.3.9 合格性测试 5.4 运作	用户 人机界面设计者
注：这种度量仅适用于错误具有等同权重或定义了权值的情况下做出的比较。									

表 8.2 生产率度量

度量名称	度量目的	应用的方法	测量、公式及数据元素计算	测量值解释	度量标度类型	测度类型	测量输入	在 GB/T 8566 中的应用	目标用户
任务时间	完成一项任务所需的时间？	用户测试	$X=T_a$ T_a＝任务时间	0.0≤X 越小越好	间隔标度	T＝时间	运行(测试)报告 用户监视记录	6.5 确认 5.3.9 合格性测试 5.4 运作	用户 人机界面设计者
任务效率	用户的效率如何？	用户测试	$X=M_1/T$ M_1＝任务的有效时间 T＝任务时间	0.0≤X 越大越好		T＝时间 X＝比例/时间	运行(测试)报告 用户监视记录	6.5 确认 5.3.9 合格性测试 5.4 运作	用户 人机界面设计者
注1：任务效率测量每个单位时间内所完成目标的比率。高比值表明在短期内任务的完成比例高。从而任务效率具有了可比性，如将速度快但容易出错的界面和速度慢但操作简单的界面的比较(见 F.2.4.4)。 注2：如果已经测量出了任务完成量，那么任务效率可以用任务完成量/任务时间来得到。它可测量出每单位时间成功用户的比例。高比值表明在短时间内就有高比例成功的用户。									
经济生产率	用户的成本有效性如何？	用户测试	$X= M_1/C$ M_1＝任务有效成本 C＝任务总成本	0.0≤X 越大越好		T＝时间 X＝	运行(测试)报告 用户监视记录	6.5 确认 5.3.9 合格性测试 5.4 运作	用户 人机界面设计者
注：成本包括如用户花费的时间，其他人提供帮助的时间，计算资源、电话、材料的开销。									
生产比例	用户实施生产行为的时间比率怎样？	用户测试	$X=T_a/T_b$ T_a＝生产时间＝任务时间－帮助时间－出错时间－搜索时间 T_b＝任务时间	0.0≤X≤1.0 越趋近于1.0越好	绝对标度	T_a＝时间 T_b＝时间 X＝时间/时间	运行(测试)报告 用户监视记录	6.5 确认 5.3.9 合格性测试 5.4 运作	用户 人机界面设计者
注：这种度量要求对具有相互作用的录影带进行详尽的分析。(见 Macleod M，Bowden R，Bevan N 和 Curson I (1997) The MUSIC Performance Measurement method，Behaviour and information Technology，16，279—293。)									
相对的用户效率	与专家相比一个普通用户的效率如何？	用户测试	相对的用户效率 $X=A/B$ A＝普通用户的任务效率 B＝专家用户的任务效率	0.0≤X≤1.0 越趋近于1.0越好	绝对标度	X＝比例/比例	运行(测试)报告 用户监视记录	6.5 确认 5.3.9 合格性测试 5.4 运作	用户 人机界面设计者
注：普通用户和专家执行同样的任务。假设专家有100%的生产率，普通用户和专家有同样的有效性，那么这种度量将得到一个与生产比例相近的值。									

表 8.3　安全性度量

度量名称	度量目的	应用的方法	测量、公式及数据元素计算	测量值解释	度量标度类型	测度类型	测量输入	在 GB/T 8566 中的应用	目标用户
用户健康和安全	用户受到健康问题的影响范围怎样?	使用统计	$X=1-A/B$ A=报告有 RSI 的用户数 B=用户总数	$0.0\leqslant X\leqslant 1.0$ 越趋近于 1.0 越好	绝对标度	A=计数 B=计数 X=计数/计数	使用监控记录	5.4 运作	用户 人机界面设计者
注：健康问题可以包括重复性的劳损(RSI)、疲倦、头痛等。									
使用该系统对人身安全的影响	用户使用系统所遇到灾难的影响范围怎样?	使用统计	$X=1-A/B$ A=遇到灾难的用户数 B=受系统影响的潜在用户总数	$0.0\leqslant X\leqslant 1.0$ 越趋近于 1.0 越好	绝对标度	A=计数 B=计数 X=计数/计数	使用监控记录	5.3.9 合格性测试 5.4 运作	用户 人机界面设计者 开发者
注：患者的安全性是这种度量的一个实例，其中 A=被错误诊断的患者数，B=患者总数。									
经济损失	经济损失的影响范围怎样?	使用统计	$X=1-A/B$ A=发生经济损失的次数 B=使用总数	$0.0\leqslant X\leqslant 1.0$ 越趋近于 1.0 越好	绝对标度	A=计数 B=计数 X=计数/计数	使用监控记录	5.4 运作	用户 人机界面设计者 开发者
注：这种度量也可由具有经济损失风险的情况的发生次数来测量。									
软件损坏	软件讹误(corruption)的影响范围怎样?	使用统计	$X=1-A/B$ A=发生软件讹误的次数 B=使用总数	$0.0\leqslant X\leqslant 1.0$ 越趋近于 1.0 越好	绝对标度	A=计数 B=计数 X=计数/计数	使用监控记录	5.4 运作	用户 人机界面设计者 开发者
注 1：这种度量也可由具有软件损坏风险的情况的发生次数来测量。 注 2：也可用另一种测量方法：X=软件讹误引起的累积成本/使用时间。									

表 8.4 满意度度量

度量名称	度量目的	应用的方法	测量、公式及数据元素计算	测量值解释	度量标度类型	测度类型	测量输入	在 GB/T 8566 中的应用	目标用户
满意度标度	用户满意程度?	用户测试	$X=A/B$ A=通过调查问卷得到的心理测试标度 B=人口总体平均数	$0.0<X$ 越大越好	比率标度	A=计数 X=计数	运行(测试)报告 用户监视记录	6.5 确认 5.3.9 合格性测试 5.4 运作	用户 人机界面设计者
注：心理测试调查问卷的范例参见 F.3。									
满意度问卷	用户对具体的软件特征的满意程度怎样?	用户测试	$X=\Sigma(A_i)/n$ A_i=对问题的响应 n=响应数	与前面得到的值相比较或与总体平均数比较	顺序标度	A=计数 X=计数	运行(测试)报告 用户监视记录	6.5 确认 5.3.9 合格性测试 5.4 运作	用户 人机界面设计者 开发者
注：如果由问卷中的各项综合给出一个总的记分，由于不同的问题可能有不同的重要性，应该对其进行加权。									
选用度	选择使用该系统的潜在用户的比例是多少?	使用观察	$X=A/B$ A=使用特定软件功能/软件应用/软件系统的次数 B=打算使用它们的次数	$0.0\leqslant X\leqslant 1.0$ 越趋近于 1.0 越好	比率标度	A=计数 B=计数 X=计数/计数	运行(测试)报告 使用用户监视记录	6.5 确认 5.3.9 合格性测试 5.4 运作	用户 人机界面设计者 开发者
注：这种度量适用于任意使用的情况。									

附　录　A
（资料性附录）
使用度量时的考虑

A.1　测量的解释

A.1.1　测试使用周境与运行使用周境之间的潜在差异

在策划使用度量或解释测度时，理解清楚软件所要的使用周境，以及测试使用周境与运行使用周境之间的潜在差异是很重要的。例如：在类似的软件系统中，"学会操作所需的时间"的测度，对技术熟练的操作者与非熟练的操作者常常不一样。下面给出一些潜在差异的例子：

a）　测试环境与运行环境之间的差异

测试环境与运行环境之间是否有明显差异？

下面是一些实例：

- 具有较高/相当/较低的运行计算机 CPU 性能的测试环境；
- 具有较高/相当/较低的运行网络和通信性能的测试环境；
- 具有较高/相当/较低的运行操作系统性能的测试环境；
- 具有较高/相当/较低的运行用户界面性能的测试环境。

b）　测试的执行与实际运作的执行之间的差异

测试的执行与用户环境中运行的执行之间是否有明显差异？

下面是一些实例：

- 测试环境中功能的覆盖率；
- 测试用例的抽样率；
- 实时事务的自动测试；
- 压力负载；
- 每周 7×24 h(不间断)运行；
- 用来测试异常和差错的合适数据；
- 周期性处理；
- 资源利用率；
- 中断级别；
- 生产强度；
- 干扰。

c）　观察用户的特征

测试时用户的特征与运行时用户的特征是否有明显差异？

如下列实例：

- 混合类型的用户；
- 用户的技能水平；
- 专业用户或一般用户；
- 受限用户组或公共用户。

A.1.2　影响结果有效性的问题

下列问题可能会影响所收集的数据的有效性。

a）　收集评价结果的规程

- 借助工具或设施自动收集/手工收集/问卷调查或面谈。

b) 评价结果的来源

- 开发者的自述报告/评审者的报告/评价者的报告。

c) 结果数据的确认

- 开发者自查/由独立评价者检查。

A.1.3 测量资源的平衡

在每个阶段使用的测度的平衡是否适合于评价的目的？

在为内部测量、外部测量和使用质量的测度应用适当的度量范围时，平衡所用的工作量是很重要的。

A.1.4 规格说明的正确性

软件规格说明与实际操作要求之间是否有明显差异？

在不同阶段评价软件产品时，所采取的测量就是与产品的规格说明进行比对。因此，通过确认和验证来确保用于评价的产品规格说明能反映出运行中真实和实际的需要是非常重要的。

A.2 度量的确认

A.2.1 度量的理想性质

为了从质量评价中获得有效结果，度量应具有下列性质。若某种度量不具备这些性质，那么，度量描述应说明对其有效性的约束，并尽可能解释如何处理这类情况。

a) （度量的）可靠性：可靠性与随机误差有关。如果随机变量不影响度量的结果，则度量是没有随机差错的。

b) （度量的）可重复性：由相同的评价者使用相同的评价规格说明（包括在相同的环境中）和相同的用户类型及环境，对相同产品重复进行的度量宜在适当的容差范围内得出相同的结果。这里所谓适当的容差应包括诸如疲劳、学习效应等因素。

c) （度量的）可再现性：由不同的评价者使用相同的评价规格说明（包括在相同的环境中）和相同的用户类型及环境，对相同产品进行的度量宜在适当的容差范围内得出相同的结果。

注 1：建议对测量结果的可变性进行统计分析。

d) （度量的）可用性：度量应明确指出其约束使用条件（如特定因素存在的条件）。

e) （度量的）指示性：度量标识软件应改进的部份或改进的项，并给出与期望值进行比较的测量结果的能力。

注 2：与只检查所需的项目不同，对选定或建议的度量宜提供使用度量可用性的书面证据。

f) （测度的）正确性：度量宜应具备下列性质：

1) （测度的）客观性：度量的结果与其数据输入应是有据可查的，即不受评价者、测试用户的感觉或观点的影响（除非满意度或吸引性度量，因为用户的感觉与观点也是测量的对象）。

2) （测度的）公正性：度量不应偏向任何特殊的结果。

3) （测度的）充分精确性：精确性由度量的设计，特别是作为度量基础的材料的选择来确定。度量的用户将描述度量的精确性和灵敏性。

g) （测度的）意义：测量应产生有关软件行为或质量特性的有意义的结果。度量也应具有成本效益：即成本越高的度量，提供的结果应越具价值。

A.2.2 度量有效性的证实

度量的用户应标识一些证实度量的有效性的方法，例如：

a) 相关性

质量特性值（对运行使用中的主要度量的测度）中的变化可以用度量值中的变化来解释，用线性系数的平方表示。

利用相关性度量，评价者不用直接测量就可以预测质量特性的值。

b) 跟踪

若度量值 M 和质量特性值 Q(对运行使用中的主要度量的测度)直接相关,给定一个产品或过程,当值 $Q(T_1)$ 变为 $Q(T_2)$ 时,度量值也以相同的趋势,从 $M(T_1)$ 变为 $M(T_2)$(若 Q 值增加,则 M 值也增加)。

评价者不必直接测量而是通过使用那些具有跟踪能力的度量就可以检测质量特性随时间周期的变化。

c) 一致性

若质量特性值(对运行使用中的主要度量的测度)$Q_1, Q_2, \ldots, Q_n$ 对应于产品或过程 $1,2,\cdots,n$,当有关系 $Q_1>Q_2>\cdots>Q_n$ 时,则对应的度量值也有关系 $M_1>M_2>\cdots>M_n$。

评价者可以使用具有一致性能力的度量来关注软件的异常部件和易出差错的部件。

d) 可预测性

若使用时间 T_1 的度量来预测时间 T_2 质量特性值 Q(对运行使用中的主要度量的测度),则预测误差值应在预测允许的范围内。预测误差=(预测值 $Q(T_2)$-实际值 $Q(T_2)$)/ 实际值 $Q(T_2)$。

评价者可以通过可预测性的度量预测质量特性今后的变化趋势。

e) 可判别性

度量能够判别出软件质量的高低。

评价者可以使用具有判别能力的度量对软件部件进行分类和对质量特性值定级。

A.3 使用度量进行估计(判断)与预测(展望)

用如下两种方法在早期阶段估计和预测软件产品的质量特性是最具价值的度量。

A.3.1 利用当前的数据预测质量特性

a) 利用回归分析来预测

当通过使用特性(属性)的当前值(数据)来预测同一特性(属性)的未来值(测度)时,根据一个足够长的时间内观察到的一组数据进行回归分析是有用的。

例如在测试阶段(活动)中获得的 MTBF(平均失效间隔时间)的值可用于估计在运行阶段的 MT-BF。

b) 利用相关性分析来预测

当用不同属性的当前测量值来预测特性(属性)的未来值(测度)时,使用一个确认的表明相关性的函数进行相关性分析是有用的。

例如在编码阶段,模块的复杂性可用来预测在维护过程中程序修改和测试所花费的时间与工作量。

A.3.2 根据当前的事实估计当前的质量特性

a) 利用相关性分析来估计

在估计不可直接测量的属性的当前值时,若任何其他的测度与目标测度密切相关时,相关性分析方法是有用的。

例如软件产品中遗留的故障数是不可测的,但它可以用检测出的故障数及故障趋势进行估计。

对于不能直接测量的属性进行预测的那些度量应用下述解释来估计:

- 使用模型来预测属性;
- 使用公式来预测属性;
- 基于经验来预测属性;
- 使用合理判断来预测属性。

对于不能直接测量的属性进行预测的那些度量可以用下述解释来确认:

- 标识要预测的属性的测度;
- 标识要用来预测的度量;

- 进行基于确认的统计分析；
- 将结果归档；
- 定期地重复上述工作。

A.4 检测易发生质量问题的部件中的偏差或异常

下列质量控制工具可用来分析在软件产品部件中的偏差和异常情况：

a) 流程图(软件的功能模块)；

b) 排列分析和排列图；

c) 直方图和散点图；

d) 运行图、相关图和层次图；

e) 鱼骨图；

f) 统计过程控制(软件功能模块)；

g) 检查单。

上述工具可用于标识源于数据的质量问题，这些数据是通过应用度量来获得的。

A.5 显示测量结果

a) 显示质量特性评价的结果

对于每个质量特性和子特性可用下列图示法显示质量评价的结果：

雷达图、条形图、数字化的直方图、多变量图、重要性能矩阵图等。

b) 显示测度

可利用一些有用的图形表示，如排列图、趋势图、直方图、相关图等。

附　录　B
（资料性附录）
使用质量的度量、外部度量和内部度量的用法（框架实例）

B.1　引言

本框架实例是一个高层描述，它描述的是关于如何在软件开发和实现过程中使用GB/T 16260.1—2006 中的质量模型和相关的度量来获得满足用户要求的质量产品。本实例所示的概念可用不同的定制形式来实现，以适用于个体、组织或者项目。本实例使用的 GB/T 8566—2001 中的生存周期过程可作为传统软件开发生存周期的基准，使用的 GB/T 18905.3—2002 中的质量评价过程的步骤可作为传统软件产品质量评价过程的基准。只要能理解基本概念，如果用户愿意，也可以把这些概念映射为其他的软件生存周期模型。

B.2　开发及质量过程的概述

为了测量可交付项（即使用质量、外部质量和内部质量）的质量，表 B.1 描述了一个示例模型，它把软件开发生存周期过程的活动（从活动 1 到活动 8）与其关键的可交付项及相关的引用模型联系起来。

第一行描述软件开发生存周期过程的活动。（可为适应独特的要求来定制）。第二行描述可能作为测量类别（如使用质量，外部质量或内部质量）的一种实际的测度或者预测。第三行描述可以测量质量的关键可交付项，第四行描述在每个过程活动中可适用于每个可交付项的度量。

表 B.1　质量测量模型

	活动 1	活动 2	活动 3	活动 4	活动 5	活动 6	活动 7	活动 8
阶段	需求分析（软件与系统）	体系结构设计（软件与系统）	软件的详细设计	软件编码与测试	软件集成及软件的合格性测试	系统集成及系统合格性测试	软件的安装	软件的验收支持
模型的引用	所需的用户质量 所需的内部质量 所需的外部质量	预测的使用质量， 预测的外部质量， 测量的内部质量	预测的使用质量， 预测的外部质量， 测量的内部质量	预测的使用质量， 测量的外部质量， 预测的外部质量， 测量的内部质量	预测的使用质量， 测量的外部质量， 预测的外部质量， 测量的内部质量	预测的使用质量， 测量的外部质量， 测量的内部质量	预测的使用质量， 测量的外部质量， 测量的内部质量	测量的使用质量， 测量的外部质量， 测量的内部质量
活动的关键可交付项	用户的质量需求（规定的）， 外部的质量需求（规定的）， 内部的质量需求（规定的）	软件/系统体系结构设计	软件详细设计	软件代码， 测试结果	软件产品，测试结果	集成的系统， 测试结果	安装的系统	交付的软件产品
用于测量的度量	内部度量（外部度量可用于确认需求规格说明）	内部度量	内部度量	内部度量 外部度量	内部度量 外部度量	内部度量 外部度量	内部度量 外部度量	使用质量度量 内部度量 外部度量

B.3 质量途径步骤

B.3.1 概述

开发周期中对质量的评价分为下列步骤。步骤1必须在需求分析活动中完成，步骤2到5必须在上述定义的每个过程活动中重复进行。

B.3.2 步骤1:质量需求的确定

对质量模型中定义的每个质量特性和子特性，用表B.2中的两个例子对每类测量(使用质量、外部和内部质量)确定用户要求的权重。根据分配的相对权重，允许评价者将精力集中在最重要的子特性上。

表 B.2 用户要求的特性与权重a)

使用质量		
	特性	权重(高/中/低)
	有效性	高
	生产率	高
	安全性	低
	满意度	中

表 B.2 用户要求的特性与权重 b)

外部与内部质量		
特性	子特性	权重(高/中/低)
功能性	适合性	高
	准确性	高
	互操作性	低
	安全保密性	高
	功能性的依从性	中
可靠性	成熟性(硬件/软件/数据)	低
	容错性	低
	易恢复性(数据、过程、技术)	高
	可靠性的依从性	高
易用性	易理解性	中
	易学性	低
	易操作性	高
	吸引性	中
	易用性的依从性	高
效率	时间特性	高
	资源利用性	高
	效率的依从性	高

表 B.2 b)(续)

外部与内部质量		
特性	子特性	权重(高/中/低)
维护性	易分析性	高
	易改变性	中
	稳定性	低
	易测试性	中
	维护性的依从性	高
可移植性	适应性	高
	易安装性	低
	共存性	高
	易替换性	中
	可移植性的依从性	高

注：权重可用高/中/低的方式表示，也可在1～9的范围内用顺序标度来表示(例如1～3＝低、4～6＝中、7～9＝高)。

B.3.3 步骤2:评价的规格说明

每个开发过程活动都要实施本步骤。

质量模型中定义的每个质量子特性均标识要应用的度量和要求的级别，以便达到在第1步中设定的用户要求，并按表B.3的例子加以记录。

对内容阐述的基本输入及用法说明可在表B.1的例子中得到，其中解释了在开发周期的这一阶段中能测量什么。

注：在开发周期的特定活动中，表中的某些行可以是空的，因为在开发过程的早期，不可能测量所有子特性。

表 B.3 质量测量表 a)

使用质量测量类别				
	特性	度量	要求的级别	评估实际结果
	效率			
	生产率			
	安全性			
	满意度			

表 B.3 质量测量表 b)

外部质量测量类别				
特性	子特性	度量	要求的级别	评估实际结果
功能性	适合性			
	准确性			
	互操作性			
	安全保密性			
	功能性的依从性			

表 B.3 b)（续）

外部质量测量类别				
特性	子特性	度量	要求的级别	评估实际结果
可靠性	成熟性(硬件/软件/数据)			
	容错性			
	易恢复性(数据、过程、技术)			
	可靠性的依从性			
易用性	易理解性			
	易学性			
	易操作性			
	吸引性			
	易用性的依从性			
效率	时间特性			
	资源利用性			
	效率的依从性			
维护性	易分析性			
	易改变性			
	稳定性			
	易测试性			
	维护性的依从性			
可移植性	适应性			
	易安装性			
	共存性			
	易替换性			
	可移植性的依从性			

表 B.3 质量测量表 c)

内部质量测量类别				
特性	子特性	度量	要求的级别	评估实际结果
功能性	适合性			
	准确性			
	互操作性			
	安全保密性			
	功能性的依从性			
可靠性	成熟性(硬件/软件/数据)			
	容错性			
	易恢复性(数据、过程、技术)			
	可靠性的依从性			

表 B.3 c)(续)

内部质量测量类别				
特性	子特性	度量	要求的级别	评估实际结果
易用性	易理解性			
	易学性			
	易操作性			
	吸引性			
	易用性的依从性			
效率	时间特性			
	资源利用性			
	效率的依从性			
维护性	易分析性			
	易改变性			
	稳定性			
	易测试性			
	维护性的依从性			
可移植性	适应性			
	易安装性			
	共存性			
	易替换性			
	可移植性的依从性			

B.3.4 步骤3:评价的设计

每个开发过程活动都要实施本步骤。

制定一个包括可交付项的测量计划(类似于表B.4中的例子),这些交付项用作要实施的度量和测量过程的输入。

表 B.4 测量计划

子特性	要评价的可交付项	应用的内部度量	应用的外部度量	应用的使用质量度量
1. 适合性	1. 2. 3.	1. 2. 3.	1. 2. 3.	(不适用)
2. 满意度	1. 2. 3.	(不适用)	(不适用)	1. 2. 3.
3.				
4.				
5.				
6.				

B.3.5 步骤4:评价的执行

每个开发过程活动都要实施本步骤。

执行评价计划，填写表 B.3 实例中的每一列。GB/T 18905 系列标准可用作编制计划和执行测量过程的指南。

B.3.6 步骤 5：反馈给组织

每个开发过程活动都要实施本步骤。

一旦所有测量均已完成，要把结果映射到表 B.1 中并以报告的形式将结论写成文件。同时标识产品质量需要改进的特定区域，以使其满足用户的需要。

附 录 C
（资料性附录）
度量标度类型和测量类型的详细解释

C.1 度量标度的类型

当度量的用户得到了测量结果并使用该测度进行计算和比较时，宜对每种测度标识下列度量标度类型。对某些测度，平均值、比率或差值可能没有意义。度量标度类型有：标称标度、顺序标度、间隔标度、比率标度和绝对标度。$M'=F(M)$，这里 F 是一个容许函数。每个测量标度类型的描述包含容许函数的描述（若 M 是一个度量，则 $M'=F(M)$ 也是一个度量）。

a） 标称标度

$M'=F(M)$，这里 F 是一对一的映射。

标称标度包括分类，例如软件的故障类型（数据、控制、其他）。只有用相同类型的频率计算时，平均值才有意义。只有用经过映射的每种类型的频率计算时，比率也才有意义。因此，平均值和比率可以用来代表相同类型频率的早期和后来情况之间或两个类似情况之间的差。否则，它们可以用来相互比较每种类型各自的频率。

注 1：例如：城市交通线标识号、编译器出错消息标识号。

注 2：含义说明：只是不同类别的数。

b） 顺序标度

$M'=F(M)$，这里 F 是一个单调递增的映射，即：若 $M(x)\geqslant M(y)$，则 $M'(x)\geqslant M'(y)$。

顺序标度包括排序，例如：软件的失效按严重程度排序（忽略不计的、轻微的、严重的、灾难性的）。只有用经过映射的相同顺序的频率计算时，平均值才有意义。只有用经过映射的每种顺序的频率计算时，比率也才有意义。因此，比率和平均值可用来代表相同顺序频率的早期和后来情况之间或两个类似情况之间的差。否则，它们可以用来相互比较每种顺序的频率。

注 1：例如：学校的考试成绩：优、良、及格和不及格。

注 2：含义说明：每个量取决于它们在顺序中的位置，如中值。

c） 间隔标度

$M' = aM + b\ (a>0)$

当两次测度之间的差值有经验意义时，间隔标度包括排序的等级标度。但间隔标度中两次测度的比率可能没有相同的经验意义。

注 1：例如：温度（摄氏、华氏、开氏），实际计算时间与预测的时间的差。

注 2：含义说明：算术平均值和任何依赖排序的值。

d） 比率标度

$M' = aM\ (a>0)$

当两次测度之间的差值及两次测度的比例有相同的经验意义时，比率标度包括排序的等级标度。平均值和比率有各自的含义，它们给出了值的实际含义。

注 1：例如：长度、重量、时间、规模、计数。

注 2：含义说明：几何平均、百分比。

e） 绝对标度

$M'=M$，它们只能按一种方式测量。

任何与测度有关的说明都是有意义的。例如，当测量的单位相同时，一个比率标度类型的测度除以另一个比率标度类型的测度，结果是一个绝对值。一个绝对标度类型的测量值事实上不带任何单位。

注 1：例如：带注释的代码行数除以代码的总行数。

注 2：含义描述：一切事情。

C.2 测度类型

C.2.0 概述

为了设计一个收集数据、正确解释其含义并且把测度规范化以便进行比较的过程，度量的用户宜标识并考虑度量所使用的测度类型。

C.2.1 规模测度类型

C.2.1.0 导引

按其定义中所声称的测度内容，本类型的测度代表软件的一种特殊规模。

注：软件可以有多种表示规模的方法（就像任何一个实体可以进行多维测量——质量、体积、表面积等等。）

用一种规模测度来使其他的测度规范化，可以根据规模单位给出可比值。下列描述的规模测度类型可用于软件质量的测量。

C.2.1.1 功能规模类型

功能规模是软件可能有的一种规模类型（一维）的例子。任何一个软件实例可能会有多个功能规模，例如取决于：

a） 测量软件规模的目的（它影响到在测量中包含的软件范围）；

b） 所用的特定功能规模测量方法（它将改变其单位和标度）。

GB/T 18491.1—2001 提供了概念定义和使用功能规模的测量方法（FSM 方法）的过程。

为了规范化地使用功能规模，必须确保采用相同的功能规模方法，基于同样的目的，还要确保要比较的不同软件已经过测量，因而具有可比较的范围。

尽管下列内容经常声称代表了功能规模，但不能保证它们等同于应用 FSM 方法所获得的功能规模，也不能保证它们依从于 GB/T 18491.1—2001。不过，在软件开发中，如下的方法仍被广泛使用。

1） 电子表格数；

2） 屏幕数；

3） 要处理的文件或数据集合数；

4） 用户需求规格说明描述的逐条列举的功能需求数。

C.2.1.2 程序规模类型

本条中，术语“程序设计”代表当执行时导致一些动作的表达式，术语“语言”代表所用的表达式类型。

1. 源程序规模

应解释程序设计语言，它应提供如何处理诸如注释行这样的不可执行语句。经常使用下列测度：

非注释性源语句（NCSS）包括可执行语句和带有逻辑性源语句的数据声明语句。

注 1：新程序规模：

开发者可能使用新开发的程序规模来代表开发与维护工作产品的规模；

注 2：变更的程序规模：

开发者可能使用变更的程序规模来代表包含修改过的部件的软件规模；

注 3：计算的程序规模：

计算程序规模的公式的例子：新代码行＋0.2＊修改过的部件中的代码行（NASA Goddard）

可能有必要更详细地区分下列源代码语句的类型：

Ⅰ. 语句的类型

逻辑性源语句（LSS）：LSS 测量软件指令的数量。这些语句不考虑与行的关系，独立于表现它们的物理格式。

物理源语句（PSS）：PSS 测量软件的源代码行数。

Ⅱ. 语句的属性

可执行语句；

数据声明语句；

编译程序命令语句；

注释性源语句。

Ⅲ. 源

修改的源语句；

增加的源语句；

删除的源语句。

- 新开发的源语句(＝增加的源语句＋修改的源语句)；
- 重用的源语句(＝原来的源语句－修改的源语句 － 删除的源语句)。

2. 程序字计数规模

可采用下列 Halstead 测度方法计算测量值：

程序的词汇数 ＝ $n_1 + n_2$；观察到的程序长度 ＝ $N_1 + N_2$。其中：

- n_1：程序源代码中被程序语言预留的不同操作符的字数；
- n_2：程序源代码中由编程人员定义的不同操作数的字数；
- N_1：程序源代码中不同操作符出现的次数；
- N_2：程序源代码中不同操作数出现的次数。

3. 模块数

本测量计算可独立执行的对象个数，例如程序中的模块个数。

C.2.1.3 利用的资源规模测度类型

本测度类型标识要评价的软件在运行中所用的资源。例如：

a) 存储器的数量，例如在软件执行过程中，临时和永久占用的磁盘或内存的数量；

b) I/O 负载，例如通信数据流量总数(对网络中的备份工具有意义)；

c) CPU 负载，例如每秒钟 CPU 指令集占用的百分比(本测度类型对测量 CPU 的利用率或在并发/并行系统中软件的多线程运行时测量进程分配的效率时有意义)；

d) 文件与数据记录，例如文件或记录的位长度；

e) 文档，例如文档的页数。

注意峰值(最大值)、最小值和平均值，以及时间周期及观察的次数等数据可能很重要。

C.2.1.4 特定的操作规程步骤类型

本测度类型标识在人工界面的设计规格说明或用户手册中规定的规程的静态步骤。本测量值可能依测量所用的描述类型的不同而有所区别，例如用户的操作规程可以用图形也可以用文字来表示。

C.2.2 时间测度类型

C.2.2.0 导引

时间测度类型度量的用户应记录时间周期、检查过多少站点及有多少用户参与了这一测量。有多种以时间为单位进行测量的方式，例如：

a) 实时单位

这是物理时间单位，如秒、分或小时。这种单位常用来描述实时软件的任务处理时间。

b) 计算机机器时间单位

这是计算机处理器的时钟时间，即 CPU 时间的秒、分或小时。

c) 正式的日程表上的时间单位

包括工作小时、日历(日、月或年)。

d) 部件的时间单位

在有多个站点时，部件时间单位标识各个站点，部件时间单位是每个站点单独时间的累计。这种单位通常用来描述部件的可靠性，如部件的失效率。

e) 系统时间单位

在有多个站点时，系统时间不标识单独的站点，而标识整个系统中所有运行的站点。这种单位常用来描述系统的可靠性，如系统的失效率。

C.2.2.1 系统运行时间类型

系统运行时间类型为测量软件的可用性提供了基础。主要用于评价可靠性。应确定软件是间断运行还是连续地运行。如果软件是间断运行的，应确保在软件运行期间对时间进行测量（这显然可以扩展到连续运行的情况）。

a) 经时时间

当软件在不变的情况下使用时，如系统每周运行时间长度相同。

b) 机器加电时间

用于实时的、嵌入的或操作系统软件，它在系统运行的全部时间内都得到充分使用。

c) 规格化的机器时间

类似于机器加电时间，但把多台机器上不同的加电时间数据汇集起来并用一个修正因子进行调整。

C.2.2.2 执行时间类型

执行时间类型是指为完成特定任务所需要执行软件的时间。应分析几种尝试的分布，应计算均值、方差和最大值。应检查在特定条件下，特别是在过载条件下的执行时间。执行时间类型主要用于评价效率。

C.2.2.3 用户时间类型

用户时间类型测量单个用户在使用软件完成任务时所花费的时间。例如：

a) 会话时间

会话开始和结束的时间。如一个家庭银行系统的用户提取钱的行为。对于交互程序来说，只研究交互的易用性问题，不研究空闲时期。

b) 任务时间

单个用户每次试图运行软件完成任务所花费的时间。应定义好测量的起点和终点。

c) 用户时间

从开始到某个时间点，用户使用软件所花费的时间（从开始时起，用户使用软件大约有多少小时的时间或天数）。

C.2.2.4 工作量类型

工作量类型是指与某特定项目任务有关的生产时间。

a) 个人工作量

开发者、维护者或操作者为完成特定任务进行工作所需要的生产时间。个人的工作量只是每天一定数量的生产小时数。

b) 任务工作量

任务工作量是指所有单个的项目人员（开发者、维护者、操作者、用户或其他）为完成特定任务进行工作的人员工作量的累计值。

C.2.2.5 事件的时间间隔类型

本测度类型是指在观察期间，一个事件与下一个事件之间的时间间隔。可用观察时段的频率代替本测度。本测度可以典型地用来描述相继发生的失效之间的时间。

C.2.3 计数测度类型

C.2.3.0 导引

若对软件产品的文档属性进行计数，则为静态计数类型。若对事件或人的动作进行计数，则为动态计数类型。

C.2.3.1 检测的故障数类型

本测量对在评审、测试、纠正、运行或维护期间检测到的故障个数进行计数。按照故障所造成的影响,可为这些故障的严重程度进行分类。

C.2.3.2 程序结构的复杂度类型

本测量对程序结构的复杂度进行计数。例如不同路径的数目或 McCabe 圈复杂度。

C.2.3.3 检测不一致的个数类型

本测度对调查所准备的不一致项数进行计数。

a) 不符合的项数

例如:

- 与需求规格说明的规定项不相符;
- 与法律、法规或标准不相符;
- 与协议、数据格式、介质格式、字符编码不相符。

b) 用户期望的不能实现实例数

本测量对所列举的满意或不满意的项数进行计数,这些项描述用户合理的期望与软件产品性能间的差别。

本测量可用问卷的方式向测试者、客户、操作者或最终用户就发现的缺陷进行调查。例如:

- 功能是否可用;
- 功能是否有效地执行;
- 功能是否可用于用户特定的预期使用;
- 功能是否是预期的、需要的或不需要的。

C.2.3.4 变更数类型

本类型标识检测出的已经变更的软件配置项。如在源代码中发生变更的行数。

C.2.3.5 检测到失效数类型

本测量对在产品开发、测试、运作或维护过程中检测出的失效个数进行计数。根据这些失效造成的影响,可以按严重性的等级进行分类。

C.2.3.6 尝试(试验)次数类型

本测度对与故障造成的缺陷相关的尝试次数进行计数。例如在评审、测试和维护中的尝试次数。

C.2.3.7 人工操作过程中的点击类型

当用户与软件在操作中发生互动时,本测度对用户行为的动态步骤活动所产生的点击个数进行计数。本测度量化了人类工效的易用性及使用的工作量。因此,本测度可用于易用性测量。如执行任务时的点击次数,眼睛活动的次数等。

C.2.3.8 记分类型

本类型标识算术计算的记分或结果。记分可包括计数或按检查表进行或不进行加权计算。例如检查表的记分;问卷调查的记分;Delphi 方法等。

附 录 D
（资料性附录）
术 语

D.1 定义

除非特别指出，全部的定义都引自 GB/T 18905.1—2002 和 GB/T 16260.1—2006。

D.1.1 质量 quality

外部质量 external quality

产品在特定条件下使用时，满足明确或隐含要求的程度。

内部质量 internal quality

产品属性的总和，决定了产品在特定条件下使用时，满足明确和隐含要求的能力。

注 1：当术语“特性”在本部分中用于更特定的意思时，使用术语“属性”（而不是 3.1.3 中使用的术语“特性”）。

质量 quality

实体特性的总和，表示实体满足明确或隐含要求的能力。

注 2：在某种契约的环境或在某个受控的环境中，如核安全领域，要求是明确规定的，而在其他环境中，宜确定和定义隐含的要求。

使用质量 quality in use

特定用户使用产品满足其要求的程度，以达到在特定应用环境中的有效性、生产率和满意度等特定目标。

注 3：使用质量是在包含软件的环境中质量的用户观点，它可以用在环境中使用软件的结果来测量，而不是根据软件本身的性质来测量。

注 4：在 GB/T 18905.1—2002 中使用质量的定义目前不包括新的“安全性”特性。

质量模型 quality model

一组特性及特性之间的关系，它提供规定质量需求和评价质量的基础。

D.1.2 软件与用户 software and user

软件 software

信息处理系统的部分或全部程序、过程、规则及相关的文档。[GB/T 5271.1—1993]。

注 1：软件是独立于所记录媒体的智力创作。

软件产品 software product

一组计算机程序、规程以及可能有的相关文档和数据。[GB/T 8566—2001]

注 2：产品包括中间产品及专为开发者或维护者这样的用户所准备的产品。

用户 user

使用软件产品执行特定功能的个人。

注 3：用户可以包括操作者、软件结果的接受者或软件的开发者或维护者。

D.1.3 测量 measurement

属性 attribute

实体的可以测量的物理或理论上的性质。

直接测度 direct measure

不依赖于任何其他属性测度的一种对属性的测度。

外部测度　external measure

从对系统行为的测度导出的对产品的一种间接测度,其中产品是系统的一部分。

注 1:系统包括任何相关的硬件、软件(定制的软件或现货软件)和用户。

注 2:在测试中发现的故障数量是对程序中的故障数量的外部测度,因为故障的数量是在计算机系统运行程序的过程中计数,以便标识代码中故障的数量。

注 3:外部测度可以用来评价更接近于最终设计目标的质量属性。

指标　indicator

能用来估计或预测另一测度的一种测度。

注 4:预测的测度可以是针对相同或不同的软件质量特性。

注 5:指标可用来估计软件质量的属性和开发过程的属性,它们是对属性的间接测度。

间接测度　indirect measure

从一个或一个以上的其他属性的测度导出的一种对属性的测度。

注 6:对计算机系统属性(例如对用户输入的响应时间)的外部测度就是对软件属性的一种间接测度,因这种测度要受计算环境的属性和软件属性的影响。

内部测度　internal measure

对产品本身的一种测度,或是直接的或是间接的。

注 7:代码行数、复杂度、在走查和 Fog 索引中发现的故障数都是对产品本身进行的内部测度。

测度(名词)　measure(noun)

通过进行一次测量赋予实体属性的数或类别。

测量(动词)　measure(verb)

进行一次测量。

测量(名词)　measurement(noun)

使用一种度量,把标度值(可以是数或类别)赋予实体的某个属性。

注 8:"类别"可用于指示属性的定性测度。如软件产品的一些重要属性,例如源程序语言(Ada,C,COBOL 等)就是定性的类别。

度量　metric

定义的测量方法和测量标度。

注 9:度量可以是内部的或外部的。

度量包括对定性数据进行分类的方法。

附　录　E
（资料性附录）
使用质量的评价过程

E.1　确定评价需求

本章遵循 GB/T 18905.1—2002 中的评价过程结构。

E.1.1　确定评价目的

评价使用质量的目的是评估在特定使用周境(使用场景)中,为达到特定目标,产品满足用户要求的程度。

E.1.1.1　获取

开发前,为了确定产品是否满足使用质量需求,一个组织寻求获取适合其需要的产品时,可以将使用质量作为框架,用以确定产品应该满足的以及经验收测试而不能满足的使用质量需求。应确定测量使用质量的特定使用周境,选择有效性、生产率、安全性及满意度的测度并确立基于这些测度的验收准则。

E.1.1.2　供给

供方通过评价使用质量以确保产品满足特定用户类型和特定使用环境的需要。给潜在的需方提供使用质量的结果将有助于需方判断产品是否符合特定需要。(见附录 F,附录 G 中的例子)

E.1.1.3　开发

对不同使用场景下的使用质量来说,对用户需求的清晰理解将有助于开发团队针对满足真实的用户要求去进行设计决策,把开发目标集中在满足使用质量的准则上。在软件开发完成时,以评价这些准则。

E.1.1.4　运作

运行系统的组织可以通过测量使用质量来评价系统满足其要求的程度,及评估在未来的版本中可能需要的变更。

E.1.1.5　维护

对于软件维护者,可以测量维护任务的使用质量。对于软件移植者,可以测量移植任务的使用质量。

E.1.2　确定产品类型

为了评价使用质量,需要一个工作原型或最终产品。

E.1.3　规定质量模型

使用质量所选用的质量模型是 GB/T 16260.1—2006 中的质量模型。其中,使用质量是指:在特定的使用周境中,产品使特定用户达到特定目标所要求的有效性、生产率、安全性及满意度的能力。

E.2　规定评价

E.2.1　标识使用周境

为了规定或测量使用质量,必须标识使用周境各个组成部分,如用户、目标及使用的环境。通常,要测试所有可能的使用周境是不可能的。因此,有必要选择重要的或有代表性的用户组和任务。

E.2.1.1　用户

需要规定用户在使用产品时影响用户能力的特征。包括知识、技能、经验、教育、培训、体格特性、驱动力和感官能力。必须定义不同类型用户的特征,例如,具有不同经验水平和扮演不同角色的用户

E.2.1.2　目标

应规定产品的使用目标。规定要达到的目标,而不是如何达到目标。目标可以分解成各子目标及

满足各子目标的准则,这些子目标构成了总目标。例如,如果目标是要完成客户订单,子目标可能就是在每个字段输入正确信息。总目标的大小依赖于评价范围。任务是为了完成目标所需要的活动。

E.2.1.3 环境

运行环境

应规定硬件和软件运行环境,因为运行环境可能会影响软件执行的方式。包括网络响应时间等更广泛的内容。

用户环境

应规定影响用户能力的工作环境的各个方面,例如物理环境(如工作场所、设备)、野外环境(如温度、光照)及社会文化环境(工作实践,获取帮助的渠道及动机)。

E.2.2 选择评价的周境

重要的是评价使用的周境要尽可能和产品实际使用环境相接近。用来预测产品在实际使用时使用质量所达到级别的测度的有效性依赖于用户、任务、环境和实际环境相接近的程度。一个极端的情况是在野外可使用实际的工作情况作为评价产品使用质量的基础。另一方面,也可以在以一种典型的和可控制的方式重建的与使用周境相关的实验室环境中来评价产品的特定方面。实验室中评价的优势是这种方法可以对影响使用质量水平的关键变量实施更多的控制,并可以进行更精确的测量。缺点就是实验环境是人为制造的,可能会产生不现实的结果。

E.2.3 选择度量

E.2.3.1 选择测度

为了规定或评价使用质量,通常必须对有效性、生产率、满意度及相关的安全性至少测量一种度量。

度量及其测量周境的选择依赖于测量所涉及的各方的目标。应考虑每种度量对目标的相对重要性。如对不常使用的度量,则应更注重它的易理解性和易学性而不是使用质量方面。

使用质量的测度应基于数据。这些数据反映了用户与产品交互的结果。利用客观手段采集数据是可能的。如输出,工作速度及特定事件发生率的测量。另外,也可以对用户表达的情感、信仰、态度或偏好等主观反应采集数据。客观测度直接表明了有效性和生产率,而主观测度则直接与满意度相关。

根据需要研究的问题和可用以测试产品的完备性,可以在现场和实验室等不同地点进行评价。测度和测试环境的选择依赖于测量活动的目标及其与设计周期的关系。

E.2.3.2 有效性

有效性度量是用来测量目标可以达到的准确性和完备性。

例如,如果期望的目标是依据规定的格式准确地重新生成两页文档,那么准确性就可以通过拼写错误数、与规定格式相偏离数来规定或测量,完备性可用转录文档中的字数除以源文档中的字数来规定或测量。

E.2.3.3 生产率

生产率测度将达到的有效性级别与所消耗的资源相关联。相关的资源包括智力、体力、时间、材料和财力。如,有效性/人力=人的生产率。有效性/时间=时间生产率,有效性/支出=经济生产率。

如果预期目标是打印几份报告,那么,用可用的打印的报告数除以消耗资源(如工时、过程开销和材料损耗)来规定或测量生产率。

E.2.3.4 安全性

安全性测度与超时运行软件产品所产生的风险、使用条件及使用周境相关。安全性根据运行安全和应急安全来分析。运行安全是指软件在对环境和资源不产生危害的正常运行下,软件满足用户需求的能力。应急安全是指超出正常运行以外软件的运行能力以及改变资源阻止风险逐步扩大的能力。

E.2.3.5 满意度

满意度测度是指用户对产品的舒适程度及对产品使用的看法。

满意度可通过对标度的主观评级来规定和测量:如对产品的喜欢程度、对产品使用的满意度、在完成不同任务时可接受的工作负荷或特定使用质量目标的(如生产率、易学性)满足程度。其他满意度测度可能还包括在软件使用过程中记录的正面和负面的评论。其他附加信息可以从长期测量中获得，如：缺席率，用户心理认为的或是实际体力所承受的工作的超负荷和欠负荷、健康问题报告或用户要求调换工作的频率。

满意度的主观测度是通过对用户的主观反映、态度或意见进行量化而获得的。量化过程可以有很多方式，如通过询问用户在任何特殊时刻的感觉的程度来量化，或按优先顺序评级，或根据问卷的势态标度量化。

如果使用得当，势态标度具有使用快捷、可靠性强及不需要特别的技巧的优点。使用心理测量学技术势态问卷是人们所熟知的，并且可对可靠性和有效性进行量化估计，也可以抵制如伪装的、正面的、负面的偏见及社会愿望的因素；其结果也可以和由过去获得的反映所确立的标准进行比较。见 F.3 中基于计算机系统测量满意度的问卷。

E.2.4 确立评估准则

使用质量的测度准则值的选择依赖于设置准则的组织的需要和产品需求。使用质量的目标和主要的目标(如写一封信)或子目标相关(如查询和替换)。将使用质量目标集中在最重要的用户目标上意味着忽略了许多功能，但这可能是最实际的方法。为具体子目标设置使用质量目标允许在开发过程的早期阶段进行评价。

为用户组设置准则值时，对于个体(如所有用户在 10 min 内完成任务)或是用户所占百分比(如 90%的用户在 10 min 内完成)来说，可以将准则值设为平均值(如完成任务的平均时间不超过 10 min)。

设置准则时，宜仔细地为每个测量项考虑合适的权值。如基于错误设置准则，必须分配权值以反映不同错误类型的相对重要性。

E.2.5 测度的解释

因为使用质量特性的相对重要性依赖于使用周境及规定或评价使用质量的目的，所以测度的选择和组合并没有通用的规则。

在将任何使用质量的测量结果推广至其他使用周境(不同的用户、任务和环境)时，宜小心。如果使用质量的测度是短时期内获得的，可以不考虑对使用质量有重要影响的罕见事件的取值。如间歇性系统错误。

对于通用的产品，通常有必要规定或测量不同的具有代表性的周境中的使用质量，这里的代表性的周境是指可能的使用周境的子集及可能被执行的任务子集。在这些周境中，使用质量也可能不同。

E.3 设计评价

宜尽可能地在与产品使用环境相接近的条件下评价产品。下列内容是重要的：

- 用户是指使用产品的具有代表性的用户；
- 任务是指系统要完成的具有代表性的任务；
- 条件是指产品使用的具有代表性的正常条件(包括获取帮助的方式，时间压力和干扰)。经验表明，通过控制评价条件，利用 8 个参与者的样本能获得可靠的结果。(见 F.2.4.1)

E.4 执行评价

E.4.1 执行用户测试和数据采集

评估使用质量时，用户独立工作是重要的。只有在正常使用条件下时，用户才能获得帮助。通常，对用户所碰到的问题记录，以及在使用阶段结束时与用户讨论并澄清的问题，也测量其有效性、生产率和满意度。使用录像技术对评价过程录像，有利于细节分析和录像结果剪辑。

如果通过远程监控用户，用户可以不受干扰的工作。

E.4.2 生成报告

如果需要综合的报告，通用行业格式(附录 F)提供了一种报告使用质量的良好结构。

附 录 F
（资料性附录）
使用质量测试报告的通用行业格式[1)]

F.1 目的和目标

易用性(usability)测试报告的通用行业格式(CIF)的主要目的是促使易用性结合为交互产品决策过程的一部分。这种决策过程的例子包括:购买、升级和自动化。它为供方的人类工效学工程师和易用性专业人员提供了一个向客户组织报告易用性测试的方法和结果的通用行业格式。

F.1.1 读者

供方组织中的易用性专业人员可利用CIF生成可供客户组织使用的报告。CIF也供客户组织用来验证一份特定的报告是否符合CIF。

易用性测试报告本身针对两类读者:

1) 客户组织的评价易用性测试技术价值和产品易用性的人类工效学工程师或其他易用性专业人员;

2) 其他专业技术人员和根据测试结果作出商业决策的管理者。

方法和结果部分针对第一类读者。这里对可重复测试方法和结果进行了技术细节描述。也支持对预期的开销和受益质疑的测试数据应用。为更好地使用它,需要有人类工程学或易用性工程的技术背景来理解和解释这些部分。引言针对第二类对象,它为非易用性专业人员和管理者提供概括信息。其他计算机专业人员一般也会对这部分感兴趣。

F.1.2 范围

CIF报告格式的试验使用将在一个试验研究中产生。更多的关于试验研究信息请留意下列网站上的文档(http://www.nist.gov/usr/documents/whitepaper)。报告的格式假定在测试的设计和执行中已经遵循了合理的习惯(如参考文献[8,9])。推荐使用求和类型易用性测试。格式支持对任何经验的测试结果均有清晰和完全的报告。应使用可产生概括易用性测度的测试规程。对于一些易用性评价方法,如格式化测试:旨在确定问题而不是产生测度,目前的格式并不是针对这些测试方法的结果而构造的。此一般格式涵盖了需要报告的最少的信息。供方可以选择包含更多的信息。尽管可以将格式扩充到诸如具有用户接口的硬件等更广泛的应用,然而这次没有包括在内。当我们在试验性研究中获得更多的经验时这些问题将会被提出来。

F.1.3 与现行标准的关系

本文档并不是制订标准的正式参考文档,但现行的标准如ISO 13407,ISO 9241-11和GB/T 18905.5—2002的附录C中已提供了资料。本文档和上述标准文档的主要部分是一致的,但在范围上有更多的限制。

F.2 报告格式描述

格式宜作为通用模板。根据客户组织、产品供方和任何第三方测试组织间所使用的协议来撰写所有部分的报告。

---

1) 附录F和G是由IUSR行业组织提供的,并非ISO的版权,在这里,是作为使用质量的测试结果报告的推荐用例。其最终版已作为美国国家标准ANSI/INCITS-354—2001《易用性测试报告通用行业格式》而出版。出版这些附录中使用的术语“易用性(usability)”和ISO 9241-11中的使用质量的定义是相似的。(但不包括安全性,也不使用术语:生产率有效性)。

CIF 的组成部分或是强制的或是推荐的，并在正文中分别用记号“❖”“◆”表示。

F.2.1 标题页

本部分包含：

❖ 标明该报告作为通用行业格式文档(CIF)；声明 CIF 版本；

❖ 命名测试的产品和版本；

❖ 测试负责人；

❖ 测试时间；

❖ 报告起草日期；

❖ 报告起草人；

❖ 对测试方面所有问题都清楚的个人联系信息如电话、email、邮寄地址等，以便支持确认和复测。

F.2.2 执行概要

本部分提供测试的高层次概述。本部分以新一页开始，以一个分页符结束以便于将它用作一个独立的概要。本部分主要为客户组织提供决策方法的信息。这些人或许没有阅读本文档的技术内容，但是仍然会对下列问题感兴趣：

❖ 产品的描述和识别；

❖ 包括参与者及其任务的类型、数量的测试方法概要；

❖ 以平均记分或其他合适的重要趋势的测度来表述结果；

◆ 测试的理由和性质；

◆ 执行结果的表格汇总。

如果声明的产品之间或数值之间存在差异，应说明这个差异不是偶然发生的概率。

F.2.3 引言

F.2.3.1 整个产品的描述

❖ 本部分确定正式产品名称以及发布号或版本号。它描述此产品需要评价的部分。本部分还要确定：

❖ 本产品的意向用户数；

◆ 任何具有特殊需求的组；

◆ 产品使用环境的简要描述；

◆ 产品支持的用户工作的类型。

F.2.3.2 测试目标

❖ 本部分描述测试和任何特定兴趣领域的所有目标。可能的目标包括测试用户执行工作任务的情况及使用产品的主观满意度。本部分应包括：

❖ 在测试中与用户直接和间接交互的产品的功能和部件；

◆ 如果被测产品的功能和组件是全部产品的子集，要解释集中在子集的原因。

F.2.4 方法

这是首要的关键技术部分，它必须提供充分的信息允许一个独立的测试者重复执行测试过程。

F.2.4.1 参与者

本部分根据人口统计学、专业经验、计算机经验和特殊需求来描述参加测试的用户。这些描述应该充分提供了通过对参与者类似取样就可以重复研究的信息。如果用户数总体和参与者样本之间有任何已知的差别，则应注意这种差别。如实际用户可能参加了培训而测试对象没有培训过。参与者不应来自同一个测试组织或供方组织。当报告人口统计组之间在易用性度量上的差别时，应给予特别注意。

通用描述应包括下列重要因素：

❖ 参加受测人数，建议每个分组最少是 8 个人[10]。

❖ 受测用户组的划分(如果超过一个受测用户组),如新手和专家。

❖ 预期的要评价的用户组的能力和关键特性。

❖ 选择参与者的方法及参与者是否有基本的能力和特性。

◆ 参与者样本是否包括具有特殊要求的代表性组。如年轻的、年老的、或智力和体力有缺陷的。

对于规定的测试参与者的特征和能力的表格,行宜表示每个参与者的情况,列宜表示每个特性的情况。宜选择与产品易用性相关的特性;宜允许客户来决定参与者与客户群的相似程度;并且参与者必须足够完整,这样可以保证召集到相似的参与者群。下表是一个例子;表中的特性是典型的但不可能覆盖所有的测试情况类型。

表 F.1

	性别	年龄	教育情况	职业/职责	专业经验	计算机经验	产品经验
P1							
P2							
Pn							

“性别”栏,显示男性或女性。

“年龄”栏,描述参与者的年龄,或在准确年龄未知的情况下填写年龄段(如 25～45)或年龄段分类(如 18 岁以下,65 岁以上)。

“教育情况”栏,描述受正规教育的年数(如在美国,受过中学教育就是 12 年,受过大学教育则是 16 年)。

“职业/职责”栏,描述当用户使用该产品时,他的工作角色。如果角色已知则填写角色名称。

“专业经验”栏,给出用户从事该角色的时间。

“计算机经验”栏,描述相关背景,诸如用户使用平台或操作系统,或产品范围等的经验。可能不止一列。

“产品经验”表示以前使用该产品或同类产品的时间和任何经验。

F.2.4.2 测试中产品的使用周境

这部分描述测试执行的任务、场景和条件,其中任务、应用系统的运行平台以及由测试参与者所做的特定配置是评价的一部分。评价的使用周境和预期的使用周境之间的任何差异都应在相对应部分注明。

任务

对参与者所执行的任务的充分描述对测试的正面有效性是关键的。

❖ 描述测试的任务场景;

❖ 解释选择这些任务原因(如频次最高的任务、最棘手的任务);

❖ 描述任务的来源(如使用类似产品的客户的观察报告,产品市场规范);

❖ 也包括任何提供给参与者的任务数据;

❖ 为每个任务确立的任何完成的或是执行的标准。

测试设备

这部分涉及测试设备的物理描述。

◆ 描述进行评价的环境、空间(如实验室的易用性,方形的办公室,会客室、家庭办公室、寓所、场地);

◆ 详细说明任何影响结果的质量的相关特征和环境,如视频,音频录制设备、单向镜像和自动的数据采集设备。

参与者的计算环境❖

这部分应包括确认测试和重复测试所要求的所有细节。包括参与者的计算机的合适的配置，如硬件型号，操作系统，版本和任何需要的环境和程序库。如果产品使用WEB浏览器，应标识浏览器的版本、名称及任何相关插件的版本。

显示设备✣ 如果产品是基于显示器的可视化接口，则应该详细标明显示屏尺寸，监视器的分辨率及颜色设置(色素数)。如果是基于打印的可视化接口，则应该标明介质大小、打印机的分辨率。如果可视化接口的组件在尺寸大小上有不同，应明确测试中所使用的尺寸。这和字体有关。

音频设备◆ 如果产品有音频接口，要确定相关环境或音频位值，音量大小等。

手工输入设备◆ 如果需要使用手工设备，如键盘、鼠标、操纵杆等，要明确测试中所使用的设备结构和型号。

测试管理工具

✣ 如果使用标准的问卷，可以在测试管理工具中加以明确描述。包括后附的定制问卷。

◆ 描述用于控制测试或记录数据的任何软件和硬件。

F.2.4.3 实验设计

✣ 描述测试的逻辑设计，定义独立变量和控制变量。简短地描述源自于每种条件下记录的数据的测度。

规程

这部分细化了测试协议。

✣ 给出测度的操作定义及任何存在的独立变量和控制变量。描述任何任务的时限，任何策略和培训、帮助、干扰，或对问题响应的过程；

◆ 包括从对参与者问候致意到解散的事件序列；

◆ 包括协议的机密性、完成形式、准备工作、预先培训和听取报告等细节；

◆ 查证参与者的学识，理解作为主体的人的权利和义务[1]；

◆ 规定评价团队遵循测试会话执行和数据记录的步骤；

◆ 规定在测试会话期间的参与者交互人数，简短描述他们所承担的角色；

◆ 声明出现在测试环境中的其他个体和他们的角色；

◆ 声明是否支付或赔偿参与者。

对参与者的一般性指导

✣ 这里和附录中的所有指导都是为参与者提供的(参与者任务指导部分中提供的实际任务指导除外)；

✣ 包括参与者在测试环境中与任何其他在场的人怎样进行交互的指导，包括如何请求帮助及如何与其他参与者交流。

参与者任务指导

✣ 这部分是对任务指导的总结，附录中给出了精确的指导。

F.2.4.4 易用性度量

✣ 解释所用的每类易用性度量的测度：有效性、效率和满意度。下面给出了这些度量的概念描述和实例：

有效性

有效性将使用该产品的目标与这些目标可达到的准确性和完备性相关联。一般的有效性测度包括任务完成的百分比、出错频率、协助参与者频率及在执行任务期间参与者获得文档或帮助的频率。该测度不考虑目标怎样达到，只考虑目标达到的程度。效率将有效性等级与资源开销的数量相关联。

完成率

结果应该包括参与者完全并正确地达到每个任务目标。如果目标可以部分完成(如未完成或未达到最佳结果)，则根据与部分结果值相关的特定标准按0～100%记分，得到所达到的平均目标。如拼写校对任务涉及确定和校正十个拼写错误，则完成率可以根据校正错误的百分率计算。另一个计算完成率的方法是权值；如在文档标题页中的拼写错误比其他页中的错误严重两倍。如果在报告中包括这种分析结果，就要说明进行分析时所选择的特定方法的基本原理。

注：应有独立完成率(如无测试者干预的完成率)和非独立完成率(有测试者干预的完成率)这两个不同度量的报告。

错误

错误是指测试参与者未成功完成的任务，或不止一次尝试完成部分任务。推荐使用数据记分法，包括根据某种分类法对错误进行分类的方法[2]。

帮助

当参与者不能继续一个任务时，有时测试管理者会直接给予程序上的帮助，以使测试继续进行。这种测试者的介入类型称作对该报告目的的“协助(assist)”。如果有必要给参与者提供协助，则必须确定在有协助和无协助条件下的效率和有效性度量。例如，如果参与者在任务A中接受了协助，在计算独立完成率时，就不应该包括任务A。不过，如果计算非独立完成率，则可以包括任务A。当允许或提供协助时，必须在测试结果报告中说明协助类型和次数。

在一些易用性测试中，当参与者不能完成任务时，他们可以得到类似于在线帮助或文档的指导。对本报告来说，获取相关的产品信息特征和在线帮助(help)不算是一种协助(assist)。不过，如果产品特征可以使参与者获得独立使用产品的能力，那么还是应该在报告中记录获取不同产品信息的次数。

效率

效率将所达到有效性级别的与资源开销的数量相关联。效率通常是用完成任务的平均时间来评估的。效率和其他资源如使用的总开销相关。一般效率的测度是用完成任务的时间来衡量的。

任务时间

结果必须包括所有参与者完成每个任务的平均时间，及时间范围和时间偏差标准。有时，需要更细的分类，如用户寻求或获得帮助的时间(包括文档、系统帮助或帮助桌面)。该时间应包括在任务的总时间里。

完成率/任务时间均值

完成率/任务时间均值测度是效率测度的核心测度。它确定在单位时间内顺利完成任务的用户的百分比(或目标完成的百分比)。公式表明随着时间增加，期望用户将会更成功。高效率产品意味着在较少的时间内用户顺利完成任务的百分比越高。它允许客户将快速但容易出错的界面(如有通配符命令行中删除文件命令)和慢但易使用的界面(如可以利用鼠标、键盘将文件拖至回收站)进行对比。

注：在特定使用周境中，即使在很难于解释的情况下，也要对有效性和效率的结果进行报告。必须要确定供 方不考虑度量意义的原因。如假定产品的使用周境包括实时，及密切相关事务间的自由交互的环境，在这种情况下任务时间解释为效率测度或许没有意义。因为对于大多数用户来说，完成任务时间就是有效地使用时间。

满意度

满意度是指使用产品时，用户的主观反应。用户满意度可能和使用产品的动机相关，可能影响某些情况下的使用性能。用于测量满意度和相关看法的问卷，通常使用Likert标度和语义分化标度来构造。

可以使用不同的仪器测量交互软件产品用户满意度，许多公司自行建立了自己的仪器。不管是使用外部的、标准的或定制的仪器，建议包含主观评级方法如满意度，有用性，和易使用性，因为客户组织普遍对此感兴趣。

许多问卷方法被广泛使用，包括ASQ[5]，CSUI[6]，PSSUQ[6]，QUIS[3]，SUMI[4]，SUS[7]。尽管每种问卷法给出了产品易用性主观测度，但大多数都包括满意度、有用性、易使用性。

供方可以选择使用已经确认的、发布的满意度测度或提交他们自己开发的度量。

结果

这是报告中的第二个主要的技术部分。包括对数据记分、简化和分析方法的说明,给出了定量化格式方面的主要研究成果。

数据分析

数据记分❖

应该对采集的数据记分方法作详细的描述,这样以便于在其他组织重复测试时,可以使用重复记分方法。尤其是对排除在外的人员的范围、错误数据分类和独立完成/非独立完成的记分等特定项进行详细描述。

数据简化❖

应该对采集的数据简化方法作详细的描述,这样以便于在其他组织重复测试时,可以使用数据简化方法。尤其是对任务和任务分类中的数据崩溃等特定项要详细描述。

统计分析❖

应该对数据分析方法作详细的描述,这样以便于在其他组织重复测试时,可以重复使用数据分析方法。尤其是对统计过程(如数据转化)和检验(t-检验,F 检验和区间的显著性检验)要详细描述。报告中的平均记分必须包括标准偏差估计和可选的均值的标准误差。

结果表述

❖ 必须对有效性,效率和满意度测量的结果进行报告。

应该包括图表形式的两种结果在内。偶尔使用不同的图形格式描述易用性数据是有效的。附录 C 中有测试报告的样例。条形图用来表示主观数据如利用 likert 标度方法采集的数据。可以通过有效使用不同的图形对专家基准时间和参与者执行的平均时间进行对比。可以对这些数据结果有一些简短的解释,但是不必详细地描述。

执行结果❖

建议对参与者以每个单位任务为基础将有效性和效率的结果制成表格。对于相关任务的组来说(一个组包括所有的程序编制任务,另一组包括调试任务),表格的结果和表述是合理的。如果单元任务有子任务,那么在总结中记录子任务。如,如果单元任务是明确一页中的拼写错误单词,那么可以对发现错误拼写的百分率汇总,最终,汇总表中显示总的平均任务时间和完成率。如果和产品设计特殊应用相关,测试者应该附上另外的度量表。

表 F.2 任务 A

用户#	无协助情况下的任务有效性[(%)完成量]	有协助情况下的任务有效性[(%)完成量]	任务时间分	有效性/任务时间均值	错误	协助
1						
2						
N						
均值						
标准偏差						
最小值						
最大值						

表 F.3 汇总

用户#	无协助情况下的任务有效性总量[(%)完成量]	有协助情况下的任务有效性总量[(%)完成量]	总任务时间分	有效性/任务平均时间	总错误	总协助
1						
2						
N						
均值						
标准偏差						
最小值						
最大值						

满意度结果❖

满意度问卷的数据可以采用与上述执行数据相同的汇总方法。每列表示一个单独的测量标度。

表 F.4 满意度

用户#	标度 1	标度 2	标度 3	…	标度 N
1					
2					
N					
均值					
标准偏差					
最小值					
最大值					

F.2.5 附录

定制问卷、参与者一般指导和参与者任务指导可作为附录。发布的注释也应作为单独的附录，它包含供应商希望包含的自测试开始以来的可以解释或更新的测试结果的任何信息(例如，自测试以来，UI(用户界面)设计已确定的情况)。

F.3 参考文献

[1] American Psychological Association. Ethical Principles in the Conduct of Research with Human Participants. 1982.

[2] Norman, D. A. (1983) Design Rules Based on Analyses of Human Error. Communications of the ACM, 26(4), 254-218.

[3] Chin, J. P., Diehl, V. A., and Norman, K. (1988). Development of an instrument measuring user satisfaction of the human-computer interface. In the Proceeding of ACM CHI '88 (Washinton D. C.), 213-218.

[4] Kirakowski, J. (1996). The software usability measurement inventory: Background and usage. In Jordan, P., Thomas, B., and Weerdmeester, B. (Eds.), Usability Evaluation in Industry. UK: Taylor and Francis.

[5] Lewis, J. R. (1991). Psychometric Evaluation of an After-Scenario Questionnaires for Computer Usability Studies: the ASQ. SIGCHI Bulletin, 23(1), 78-81.

[6] Lewis, J. R. (1995). IBM Computer Usability Satisfaction Questionnaires: Psychometric Evaluation and Instructions for Use. International Journal of Human-Computer Interaction, 7, 57-78.

[7] Brooke, J. (1996). SUS: A "quick and dirty" usability scale. Usability Evaluation in Industry. UK: Taylor and Francis. (http://www.usability.serco.com/trump/documents/Suschapt.doc).

[8] Rubin, J. (1994) Handbook of Usability Testing, How to Plan, Design, and Conduct Effective Tests. New York: John Wiley & Sons, Inc.

[9] Dumas, J. & Redish, G. (1993). A Practical Guide to Usability Testing. New Jersey: Ablex Publishing Corp.

[10] Nielsen, J. & Landauer, T. K. (1993) A mathematical model of the finding of usability problems. In :CHI '93. Conference proceedings on Human factors in computing systems, 206-213

附 录 G
(资料性附录)
通用行业格式易用性测试实例[2)]

DiaryMate 版本 1.1

报告者:A Brown

C Davidson

Super Software Inc

(1999 年 9 月 1 日)

1999 年 8 月测试

如果对该报告有疑问,请致信至:
E Frost,易用性经理
Super software Inc
19483 Outerbelt Ave
Hayden CA 95014 USA
408 555-2340
Efrost@supersoft. com

2) 附录 F 和 G 是由 IUSR 行业组织提供的,并非 ISO 的版权,在这里,是作为使用质量的测试结果报告的推荐用例。这些附件中所使用的术语“易用性”和 ISO 9241-11 中的使用质量的定义是相似的。(但不包括安全性,不使用生产率的效率术语),附录 G 是根据真实的评价编写的样例。

G.1 引言

G.1.1 执行概要

DiaryMate 软件是计算机版的日记和通讯录。DiaryMate 软件为个人和工作组提供了日记、联系和会议管理的功能。该测试是证明 DiaryMate 软件的安装、日历表示和通讯录任务对秘书和经理的易用性。

给 8 个经理提供磁盘和用户手册，并要求他们安装该产品。在已经花费了一定时间熟悉软件后，要求他们使用该软件的功能添加新的联系信息和安排会议。

所有参与者在平均 5.6 min 安装产品(尽管很小的安装子组件遗失了)。所有的参与者成功的添加上联系信息。完成的平均时间是 4.3 min。

8 个人中有 7 个人在 4.5 min 内安排了会议。

SUMI 问卷总得分为 51。对于所有的标度，目标值 50 是在 95%置信度内(行业平均 SUMI 记分)。

G.1.2 整个产品描述

DiaryMate 软件是计算机版的日记和通讯录。DiaryMate 软件为个人和工作组提供了日志、联系和会议管理的功能。这是一个包括在线帮助和 50 页的用户手册商业产品。

主要用户组是办公室工作人员，具有代表性的初级和中级的经理。DiaryMate 软件要求 Windows 3.0 以上，用户应该有基本的 Windows 知识。在网站 www. supersoft. com/diarymate 上提供了所有的技术规范。

G.1.3 测试目标

评价目的是确认日历和通讯录功能的易用性，这是 DiaryMate 软件的主要特征。要求具有代表性的用户完成典型任务，并采用有效性、效率、满意度测度。

预期安装少于 10 min。所有的用户在 5 min 内添加联系信息。SUMI 总得分应该比行业平均分 50 还要高。

G.2 方法

G.2.1 参与者

打算使用的周境：期望的 DiaryMate 软件用户的关键特征和能力是：

- 熟悉 PC 和基本的微软 Windows 知识
- 英语运用能力
- 精通办公室业务

每天至少花 10 min 处理日记和联系信息的相关任务。

用户还应该有一些特征可能影响 DiaryMate 的易用性：

有一定的使用微软 Windows 的经验。

- 有使用其他日记应用软件的一定经验
- 对使用电子日记任务软件持有的态度
- 当前工作中的工作职能和从事该项工作的时间

测试使用的周境：选择 8 个具有关键特征和能力的初级或中级经理，他们以前并没有使用过 DiaryMate 软件。对其他可能影响易用性的参与者的特征以及年龄段、性别都进行了记录。

	职务	工作时间/年	使用 Windows 的经验/年	使用电子日记的经验/年	对电子日记的态度（1～7）[a]	性别	年龄组
1	中级经理	5.5	3.5	0.0	6	女	20～35
2	初级经理	0.8	2.1	0.8	1	女	20～35
3	中级经理	2.1	2.5	2.1	3	男	20～35
4	初级经理	4.9	3.5	1.5	2	女	36～50
5	中级经理	0.7	0.7	0.7	2	男	20～35
6	初级经理	1.6	2.1	0.0	3	女	36～50
7	中级经理	4.3	1.4	0.0	4	男	36～50
8	初级经理	2.7	4.6	2.7	4	男	20～35

a 1=喜欢尽可能多用计算机，7=宁愿尽可能少用计算机。

G.2.2 测试中产品使用的周境

G.2.2.1 任务

打算使用的周境：通过与潜在用户的沟通使其明确软件安装是一项重要的任务。在对软件熟练应用后，其他的关键任务就是添加联系信息，以及安排一次会议。

测试使用的周境：为了评价所选择的任务是：

- ◆ 为参与者提供应用程序的拷贝和文档，并要求其安装该软件；
- ◆ 每个参与者重新启用程序，并花一定的时间熟悉 DiaryMate 软件的日记和通讯录功能；
- ◆ 要求参与者利用信息支持功能添加新的联系信息；
- ◆ 要求参与者使用日记功能安排会议。

G.2.2.2 测试设备

打算使用的周境：办公环境。

测试使用的周境：评价在 Hayden 的易用性实验室完成。测试室是封闭的，配有桌子、椅子和其他办公家具。参与者不受干扰。可以通过单向镜像，及电视录像和远程屏幕观察参与者。

G.2.2.3 参与者的计算环境

打算使用的周境：DiaryMate 软件运行在奔腾处理器，操作系统为 Windows，至少 8 M 内存的 PC 机上。

测试使用的周境：标准的配置为 Netex PC-560/1（pentium 60，32 M 内存），Netex 鼠标，432 mm（17 英寸）分辨率为 800×600 的显示器，操作系统为 Windows 95。

G.2.2.4 测试管理工具

使用 Hanks 软件进行易用性登录计时。尽管电视录像的信息不作为报告的一部分，但仍使用电视录像录制会话(参与者视图和屏幕图形结合起来)。会话结束时，参与者完成主观评级标度及 SUMI 满意度问卷。SUMI 记分为均值 50 和标准偏差 10(根据对欧洲和美国的被测的 200 个办公类型标准样本，详细信息参见，www. ucc. ie/hfrg/questionnaires/sumi/index. htm)。

G.2.3 测试设计

对 8 个初级和中级的经理进行测试。

对于以下 3 种任务，可以计算完成率的平均值，完成目标的平均值、平均任务时间，平均完成率的效率和完成目标的效率。

- 安装产品；
- 添加新的联系信息；
- 安排会议。

G.2.3.1 规程

当参与者到达时，告诉他们正在测试 DiaryMate 软件的易用性，目的是为了了解 DiaryMate 软件是否符合用户要求，而不是对他们能力的测试；将参与者带至评价地点，包括控制室，告知参与者要对整个测试过程进行录像；要求参与者签一个发布形式，并要求他们确认在参加测试前已提供的信息：工作描述，工作时间(年)，使用 Windows 的经验(年)，使用电子日记的经验(年)及年龄组。他们自己也要对支持日记和联系管理任务的计算机应用的态度评分(等级为 1～7)，如喜欢尽可能多用计算机、宁愿尽可能少用计算机。

先给参与者入门指导，评价者在每个任务开始前重置计算机，并提供下一个任务的指导。并告诉参与者为每个任务所分配的时间。要求参与者完成任务后就告诉评价者(通过电话)。不给参与者提供任何外部帮助。

在最后一个任务完成后，要求参与者完成主观评级及 SUMI 的问卷。

评价者询问参与者所遭遇的困难。(这个信息不在报告中出现)

最后付给参与者 $75。

G.2.4 度量

G.2.4.1 有效性

完成率：正确完成每个任务的参与者的百分比；

目标完成均值：是指正确完成每个任务的程度的均值，以百分比记分；

差错：不测量差错；

协助：不给参与者提供任何协助。

G.2.4.2 效率

任务时间：正确完成每个任务的平均时间(对于已完成的正确任务来说)；

完成率效率：完成率均值/任务时间均值；

目标完成率：完成目标均值/任务时间均值；

查阅手册次数：对手册单独进行查阅的次数。

G.2.4.3 满意度

满意度使用主观评级测量和 SUMI 问卷，在会话结束时，参与者对产品的总的满意度，效率，影响，可控制性和易学习性记分。

G.3 结果

G.3.1 数据处理

G.3.1.1 数据记分

目标完成均值：指正确完成每个任务的程度的均值，以百分比记分。

通过和几个用户讨论潜在的日记和联系信息差错对业务的影响，得出了下列计算目标完成的均值的记分机制。

◆ 安装：所有组件成功安装：100%；安装中每有一个被省略的必要子组件就扣除20%。

◆ 新联系：所有内容输入正确：100%；每漏掉一项信息，扣除50%；错误字段中的每项信息，扣除20%；每个排版问题扣除5%。

◆ 新会议：所有内容输入正确：100%；错误时间或数据：0%；错误字段中的每项信息，扣除20%；每个排版问题扣除5%。

综合所有扣除量，等于或超过100%，那么完成的目标的记分为0%。

G.3.1.2 数据简化

除了每项任务的数据，综合结果显示了有效性和效率度量的总任务时间和方法结果。

G.3.1.3 数据分析

使用SUMI记分程序(SUMISCO)分析SUMI的结果。

G.3.2 执行结果

SUMI满意度问卷的分数是51。目标值为50(行业平均SUMI分数)说明在所有领域中达到95%的置信度。

G.3.2.1 安装

所有参与者在5.6 min的平均时间内成功安装产品(虽然漏掉了一个次要的子组件)。

参与者#	没有协助情况下的任务完成率/%	目标完成率/%	任务时间/min	完成率/任务时间/%/min[a]	查阅手册次数
1	100	100	5.3	19	1
2	100	100	3.9	26	0
3	100	100	6.2	16	1
4	100	80	9.5	11	2
5	100	100	4.1	24	0
6	100	100	5.9	17	1
7	100	100	4.2	24	0
8	100	100	5.5	18	0
均值	100	98	5.6	19	0.6
均值的标准差	0.0	2.5	0.6	1.8	0.3
标准偏差	0.0	7.1	1.8	5.1	0.7
最小值	100	80	3.9	11	0.0
最大值	100	100	9.5	26	2.0

a 当在两个产品间进行比较时，这种每分钟完成的百分比的组合数字是有用的。通过完成目标/任务时间就得到了一种相关的测度方法。

G.3.2.2 添加新的联系信息

所有的参与者成功地增加了新的联系信息(其中两人有排版错误)。完成任务的平均时间是4.3 min。

参与者#	没有协助情况下的任务完成率/%	目标完成率/%	任务时间/min	完成率/任务时间均值/(%/min)	查阅手册次数
1	100	100	4.4	23	0
2	100	100	3.5	29	0
3	100	95	4.6	22	1
4	100	100	5.5	18	1
5	100	100	3.8	26	0
6	100	100	4.5	22	0
7	100	95	4.9	20	1
8	100	100	3.3	30	0
均值	100	99	4.3	24	0.4
均值的标准差	0.0	0.8	0.3	1.5	0.2
标准偏差	0.0	2.3	0.7	4.2	0.5
最小值	100	95	3.3	18	0.0
最大值	100	100	5.5	30	1.0

G.3.2.3 安排会议

8个参与者中有7个在4.5min的平均时间内成功地安排了会议。有些信息没有填进预期的字段中，这些做了标记的字段在产品的发布版本中已经做了改进。

没能完成任务的参与者在此之前从未使用过电子日记，并对此持否定态度。菜单结构随后得到了改进，使之可以说明安排的过程。

参与者#	没有协助情况下的任务完成率/%	目标完成率/%	任务时间/min	完成率/任务时间均值/%/min	查阅手册次数
1	0.0	0.0	0.0	0.0	3
2	100	95	4.2	24	2
3	100	80	5.6	18	0
4	100	100	3.5	29	1
5	100	90	3.8	26	1
6	100	60	6.1	16	0
7	100	75	4.6	22	0
8	100	80	3.5	29	2
均值(#2～7)	100	73	4.5	22	1.1
均值的标准差	0.0	4.8	0.4	1.7	0.4
标准偏差	0.0	13.5	1.0	4.9	1.1
最小值(#2～7)	100	60	3.5	16	0
最大值(#2～7)	100	100	6.1	29	3

注：已给出7个参与者完成任务的汇总数据。

G.3.3 综合执行结果

参与者＃	没有协助情况下的任务完成率/%(全部任务)	平均目标/(%)	总任务时间/min	完成率/总任务时间/(%/min)	查阅手册次数
1	67	67	9.7	7	4.0
2	100	98	11.6	9	2.0
3	100	92	16.4	6	2.0
4	100	93	18.5	5	4.0
5	100	97	11.7	9	1.0
6	100	87	16.5	6	1.0
7	100	90	13.7	7	1.0
8	100	93	12.3	8	2.0
均值(＃2～7)	100	93	14.4	7	1.9
均值的标准差	0.0	1.5	1.0	0.5	0.4
标准偏差	0.0	3.9	2.7	1.3	1.1
最小值(＃2～7)	100	87	11.6	5	1.0
最大值(＃2～7)	100	98	18.5	9	4.0

注：已给出7个参与者完成任务的汇总数据。

G.3.4 满意度结果

G.3.4.1 主观评级结果

根据“7点两端(7-point bipolar)”的Likert类型标度得到主观评级的数据，1＝最坏等级，7＝最好等级，关于不同标度的评级如下：

参与者＃	满意度	有用性	易用性	清晰度	吸引性
1	5	3	3	3	4
2	5	6	6	5	5
3	5	5	4	5	6
4	2	5	4	2	5
5	4	4	4	4	5
6	4	4	6	5	6
7	3	2	4	2	3
8	6	6	4	5	6
均值	4.3	4.4	4.4	3.9	5.0
标准偏差	1.3	1.4	1.1	1.4	1.1
最小值	2	2	3	2	3
最大值	6	6	6	5	6

G.3.4.2 SUMI结果

SUMI满意度问卷的分数是51。目标值为50(行业平均SUMI分数)说明在所有标度中达到95%的置信度。

参与者#	整体性	效率	感情	帮助	控制	易学性
1	35	39	33	30	40	42
2	50	62	33	44	54	36
3	55	52	45	53	46	49
4	51	53	51	52	55	47
5	48	45	44	46	48	42
6	51	59	36	45	53	38
7	54	52	46	52	47	50
8	52	49	49	53	56	48
中值	51	52	44	49	50	44
置信度上限	58	58	51	55	56	50
置信度下限	44	46	37	43	44	38
最小值	35	39	33	30	40	36
最大值	55	62	51	53	56	50

整体性测度给出满意度的总体情况。效率表示的是参与者对软件效率的感知，感情表示他们对该产品的喜欢程度，帮助表示参与者可以找到软件帮助的程度，控制表示他们在控制方面的感受，易学性是参与者对软件是否易于学习的感觉。

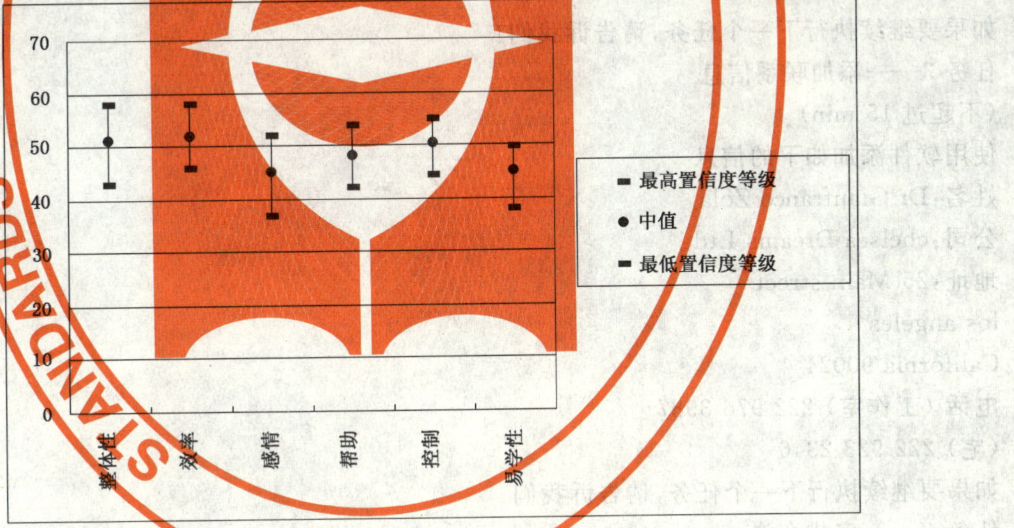

G.4 附录A 对参与者的指导

G.4.1 对参与者的一般性的指导

谢谢您在这次评价中给予的帮助。

这次测试的目的是使人们认识到使用 DiaryMate，及其日记和联系的管理功能是如何方便。

为了完成这个目的，我们将要求您执行一些任务，您的执行情况将被录像并分析。为了有助于我们理解结果，我们将请求您完成标准问卷并回答几个关于您自己的和您的工作地点的问题。

评价的目的就是帮助评估产品，而且结果也有助于新版本的设计。

请记住，我们测试的是软件，而不是您。

当您完成每个任务时，请打电话-1234 告诉我们。

在此期间，我们不能给予您任何协助。

G.4.2 参与者任务说明

您已经收到了 DiaryMate 软件的拷贝，在您看到产品以前，您非常渴望了解产品以便于知道是否符合您的业务要求。

您将执行以下任务：

1. 安装软件
2. 重启程序，并花一定的时间熟悉软件的日记和通讯录的功能
3. 利用提供的信息，在通讯录中添加一个详细的新的联系信息
4. 使用日记功能安排会议

我们感兴趣的是您是如何使用 DiaryMate 软件完成这些任务的，及您觉得该软件是否有用。

如果您已经准备开始，请告诉我们！

任务 1——安装软件

（限 15 min 内装好）

桌上有一个标有 DiaryMat 的信封，内装有 DiaryMate 软件磁盘、指导手册。

如果准备好了，请安装软件。

所有的您需要的信息均在信封里。

如果要继续执行下一个任务，请告诉我们！

任务 2——熟悉期

花一些时间熟悉软件的日记和通讯录的功能。

（不能超过 20 min）

如果要继续执行下一个任务，请告诉我们！

任务 3——添加联系信息

（不超过 15 min）

使用软件添加如下的信息

姓名：Dr Gianfranco Zola

公司：chelsea Dreams Ltd

地址：25 Main street

los angeles

California 90024

电话（工作室）222 976 3987

（宅）222 923 2346

如果要继续执行下一个任务，请告诉我们

任务 4 ——安排会议

（不超过 15min）

使用软件安排会议：

日期：2001 年，11 月 23 日

地点：The Blue Flag Inn. cambridge

时间：中午 12:00～下午 1:30

出席者：参与者本人和 Dr Gianfranco Zola

如果已完成任务，请告诉我们！
